Gustav Hartenstein

Die Grundbegriffe der ethischen Wissenschaften

Gustav Hartenstein

Die Grundbegriffe der ethischen Wissenschaften

ISBN/EAN: 9783957004192

Auflage: 1

Erscheinungsjahr: 2015

Erscheinungsort: Norderstedt, Deutschland

Hergestellt in Europa, USA, Kanada, Australien, Japan
Verlag der Wissenschaften in Hansebooks GmbH, Norderstedt

Die Grundbegriffe

der

ethischen Wissenschaften.

Die Grundbegriffe

der

ethischen Wissenschaften

dargestellt

von

G. Hartenstein,

ord. Professor der Philosophie an der Universität Leipzig.

Leipzig:

F. A. Brockhaus.

1844.

Vorrede.

Die vorliegende Schrift ist ein Versuch, die Grundzüge der Ethik in dem Sinne darzustellen, in welchem die Alten sie behandelten, bevor die doppelte Abtrennung des Rechtlichen von dem übrigen Sittlichen, des sogenannten Naturrechts von der Moral, und der Verhältnisse des Privatlebens von denen des öffentlichen für die Bedingung einer richtigen Lösung der hierher gehörigen Aufgaben angesehen zu werden begann. Daß das Recht auf ethischem Grund und Boden wurzelt, und daß die Ansprüche des sittlichen Lebens nicht blos dem individuellen Wollen des Einzelnen, sondern auch dem gesellschaftlichen gelten, das dringt sich selbst einer fragmentarischen Ueberlegung so vielfältig auf, daß wenigstens in dieser Hinsicht ein Versuch, die Grundbegriffe der ganzen Ethik auch wirklich als Ein zusammengehöriges wissenschaftliches Ganze zu entwickeln, kein Befremden erregen wird. Einem solchen Versuche stehen jedoch nicht geringe Schwierigkeiten entgegen. Denn selbst unter Voraussetzung eines vollkommenen Einverständnisses über die höchsten, in letzter Instanz entscheidenden und maaßgebenden ethischen Begriffe entspringt in der Anwendung dieser Musterbegriffe auf die bunte Mannigfaltigkeit des menschlichen Lebens unvermeidlich eine Mehrheit specieller Aufgaben, deren Lösung Untersuchungen von solchem Umfange und solcher Bedeutung in Anspruch nimmt, daß die letzteren in Gefahr kommen, über der Erforschung und Bestimmung des Einzelnen ihren Zusammenhang mit dem Ganzen der Ethik aus dem Auge zu verlieren. Die Pädagogik, die Verwaltungslehren, die Philosophie des Rechts, die Politik sind die nächsten und allgemeinsten Beispiele solcher Lehren, die wohl Manchem als unabhängige und selbstständige erscheinen, und deren Weisungen gleichwohl durchaus von der Anwendung der ethischen Ideen auf die gegebenen Naturverhältnisse des menschlichen Lebens abhängen, falls sie überhaupt irgendwie eine ethische Bedeutung sollen in Anspruch nehmen dürfen. Wenn ich daher diesem Buche die Aufschrift: Grundbegriffe der ethischen Wissenschaften, gegeben habe, so geschah dies in Beziehung auf die speciellen Untersuchungen, welche sich aus dem gemeinschaftlichen Boden der Ethik entwickeln, nicht in dem Sinne, als seien diese letzteren hier irgendwie erschöpft.

Vielmehr kam es mir zunächst auf Folgendes an. Zuvörderst wünschte ich etwas zu der Begründung, oder vielmehr zu der Wiederbelebung der, unter den Streitigkeiten der neueren Systeme abhanden gekommenen Ueberzeugung beizutragen, daß die ethische Beurtheilung so vollkommen selbstständig und unabhängig ist, daß keinerlei theoretische Untersuchung, sei sie nun psychologisch oder allgemein metaphysisch, die Bedeutung derselben stellvertretend ersetzen oder gar begründen kann. Deshalb faßt das erste Buch das Bedürfniß, welches ursprünglich den Versuchen einer systematischen Ausbildung der Ethik zu Grunde liegt, in seiner einfachsten Gestalt so, wie es sich der philosophischen Reflexion thatsächlich aufdringt, und sucht die daraus sich ergebenden Bestimmungen mit der Art und Weise kritisch zu vergleichen, in welcher namentlich die neueren Systeme seit Kant sich der Principien der Ethik zu bemächtigen gestrebt haben. Wenn die Resultate dieser historisch-kritischen Vergleichung, die noch viel weiter ins Einzelne fortgesetzt werden könnte, als hier geschehen ist, bei weitem mehr ablehnend, als zustimmend sind, so verzichte ich sehr bereitwillig auf den Beifall derer, welche nun einmal, wie uneinig sie auch unter einander selbst sind, in der von Fichte, Schelling und Hegel eingeschlagenen Richtung einen wahren Fortschritt der Philosophie zu erkennen glauben. Wohl aber hoffe ich, daß, wer unbefangen prüft, finden wird, daß ohne die durchgreifendste Umgestaltung der ganzen inneren Construction jener Systeme sich von ihnen für die Ethik nichts wahrhaft Förderndes wird erwarten lassen.

Daß ferner, wo von den Grundbegriffen der ethischen Wissenschaften die Rede ist, die ethischen Ideen selbst, als der wahre Ausdruck aller ethischen Beurtheilungen und als die letzte Quelle aller ethischen Weisungen, eine möglichst klare, bestimmte und vollständige Darlegung in Anspruch nehmen, bedarf nicht erst der Erinnerung; denn nicht von dunkeln Gefühlen und nebelhaft verschwimmenden Anschauungen, sondern von einer vollkommenen Klarheit der Gedankenbestimmungen, auf denen die Unterscheidung des Guten und des Schlechten beruht, hängt die Sicherheit der Weisungen ab, welche die Ethik dem Wollen und Handeln zu geben ihrer Natur nach berufen ist. Endlich aber sollte der Versuch gemacht werden, zu zeigen, wie die Ideen, zusammengenommen mit den gegebenen Naturverhältnissen des menschlichen Lebens, theils die Quelle der allgemeinsten abgeleiteten ethischen Begriffe sind, theils eben in ihrer Beziehung auf einen höchst mannigfaltigen und veränderlichen, nur in den allgemeinsten Grundzügen sich überall nahe gleich gestaltenden Stoff die Aufforderung zu einer Reihe specieller Untersuchungen enthalten, von denen hier nur gezeigt werden sollte, daß und an welcher Stelle sie aus der Ethik hervorgehen, ohne sie ins Einzelne zu verfolgen. Wie sich die Metaphysik in die Naturphilosophie auszubreiten die Bestimmung hat, so verzweigt sich hier die Ethik in eine Mehrzahl specieller Kunstlehren. Dabei befindet sie sich in dem ungünstigen Falle, für die Ausbildung der letzteren ein theoretisches Wissen voraussetzen zu müssen, welches sie von der theoretischen Wissenschaft entlehnen muß. Deshalb liegt zwischen den höchsten ethischen Ideen und den concreten Verhältnissen des wirklichen Lebens mehr als eine Reihe vermittelnder Begriffe, an deren vollständiger Bestimmung und Entwickelung so lange immer noch etwas fehlen wird, als die Empirie nicht die Gesammtheit des Einzelnen erschöpft, und die

Theorie nicht die Gesetze vollkommen ergründet hat, nach denen dieses Mannigfaltige in seinen Verflechtungen das menschliche Leben bestimmt. Auf diese Grenze hinzuweisen, fanden sich die Erörterungen des dritten und vierten Buches mehr als einmal veranlaßt. Trotzdem gibt es in der Linie des Fortschritts von dem Einfachen zu dem Zusammengesetzten, von dem Allgemeinen zu dem Besondern, von den Principien zu den Anwendungen ein Mehr und Weniger; und in dieser Beziehung muß ich bitten, bei der Beurtheilung dieser Schrift die Grenzen in Anschlag zu bringen, innerhalb deren sie sich hat halten müssen, wenn das Ebenmaaß ihrer Theile nicht aufgehoben werden sollte, oder wenn sie nicht durch einen allzu großen Umfang den Verdacht einer gewissen Zudringlichkeit auf sich laden wollte. Wenn es jedoch einer allgemeinen Entscheidung der ethischen Fragen vor allem darum zu thun ist, sittliche Grundsätze und Ueberzeugungen zu bestimmen und zu befestigen, und dadurch die auf das wirkliche Handeln sich beziehenden Ueberlegungen zu leiten, so wird der Zweck auch dieser beiden Bücher erreicht sein, wenn sie einestheils den Blick für die Art öffnen, wie die menschlichen Angelegenheiten den Ideen gegenüber erscheinen, anderntheils eine Veranlassung geben zu genaueren und specielleren Untersuchungen namentlich über die Natur der Gesellschaft und des Staates und die Bedingungen der Darstellung der Ideen in ihm. In Beziehung auf alles, was die Gesellschaft betrifft, würde, wo es um eine wirkliche Ausführung der Lehre vom Staate zu thun ist, unter Voraussetzung des hier ganz unentbehrlichen historischen Materials die Gliederung der ethischen Begriffe viel reicher entfaltet und feiner bestimmt werden müssen, als hier geschehen ist. Dazu gehören aber nothwendig nicht nur weitgreifende Vergleichungen empirischer Data, sondern auch die entsprechende Reihe specieller theoretischer Untersuchungen; hier kam es vor allem darauf an, die gegenseitige Abhängigkeit sichtbar zu machen, welche die möglichen Fortschritte der sittlichen Cultur im Großen mit der sittlichen Durchbildung und Veredelung des Einzelnen verknüpft.

Ihren Zusammenhang mit der Begründung und Ausführung, welche Herbart der Ethik vorgezeichnet hat, verleugnet diese Schrift nicht im geringsten. Dennoch glaube ich in dieser Hinsicht durch die Darstellung der Grundzüge der praktischen Philosophie so wenig etwas Ueberflüssiges gethan zu haben, als früher mit der Darstellung der Metaphysik, welche vielfältig statt der eigenen Schriften Herbart's genannt, benutzt oder auch angegriffen worden ist. Indessen werden die Kenner der praktischen Philosophie jenes Denkers hier nicht nur in der Anordnung und Ausführung des Einzelnen, sondern selbst in den Principien manche, ausdrückliche oder stillschweigende, zum Theil sehr wesentliche Abweichungen finden, über die ich hier nichts hinzufügen will, weil sie, falls sie sich rechtfertigen lassen, in dem Zusammenhange der Sache selbst ihre Rechtfertigung finden müssen. Daß Herbart der Ethik den Standpunkt, auf dem sie sich halten muß, wenn sie nicht unmittelbar oder mittelbar ihren eigenthümlichen Charakter verlieren soll, richtig angewiesen, daß er das unermeßliche Verdienst, welches sich Kant um dieselbe erworben hat, wesentlich ergänzt, daß er viele Einseitigkeiten und Irrthümer, welche allmählig ihren wissenschaftlichen, wie ihren praktischen Einfluß zu verlieren anfangen, viel früher aufgedeckt hat, als man sie anderwärts zum Theil auf großen Umwegen zu fühlen begann, daß endlich seine Ethik die vielseitigsten und wichtigsten Anknüpfungspunkte für die besseren Bestrebungen nicht nur der Gegenwart, sondern auch der Vergangenheit darbietet, welche auf eine den Ideen wirklich angemessene Ausbildung und Befestigung auch der öffentlichen Verhältnisse gerichtet sind, — davon bin ich zwar überzeugt; aber weder die Ideenlehre, noch die Anwendung derselben schien mir, auch noch abgesehen von dem im zweiten Buche der allgemeinen praktischen Philosophie überall sich aufdringenden Bedürfniß der weiteren Ausführung, Verbesserungen und Berichtigungen unzugänglich zu sein. Man wird daher diese Schrift bei weitem nicht für einen so treuen Ausdruck der eigenen Denkart Herbart's halten können, als dies bei meiner Metaphysik der Fall war; vielmehr wird sie nur als die Darlegung der Gestalt angesehen werden können, welche unter dem Einflusse der praktischen Philosophie Herbart's das Ganze der Ethik bis jetzt in mir durch eigene Prüfung und fortgesetztes Nachdenken erlangt hat. Uebrigens bin ich mir bewußt, diese Arbeit ganz unabhängig von jedem Parteiinteresse ausgeführt zu haben, und deshalb wünsche ich ihr Leser, welche die hier behandelten Fragen nicht als eine Sache der Schule oder sonst einer Partei betrachten, sondern welche es nicht für verlorene Mühe halten, über die Grenzen ihres besondern Berufs oder ihrer individuellen Vorliebe hinaus ihren Blick auf das Ganze der menschlichen Angelegenheiten zu erweitern und den höchsten Aufgaben des Lebens ein reines und ernstes Interesse zu widmen.

Leipzig, im Monat November
1843.

G. Hartenstein.

Inhaltsanzeige.

Erstes Buch. Ueber das Gebiet und die ursprüngliche Aufgabe der Ethik (1—156).

Zweites Buch. Die ethischen Ideen (156—293).

I. Die ursprünglichen ethischen Ideen (165—233).

Viertes Buch. Ueber die Gliederung des ethischen Organismus im menschlichen Leben (431—574).

I. Der Einzelne als Subject und Object der Pflicht (438—486).

II. Die Gesellschaft als Object und Subject der Pflicht (487 —574).

Erstes Buch.

Ueber das Gebiet und die ursprüngliche Aufgabe der Ethik.

Für die Behandlung von Wissenschaften, die sich nicht blos als Aggregat eines empirischen Stoffes, sondern als ein in sich selbst wesentlich verbundenes Ganze gegenseitig in einander eingreifender Gedanken zu entwickeln die Bestimmung haben, ist es ein durchgreifendes Merkmal, daß sich neben der Frage nach dem Inhalte des Wissens sehr bald die nach der Form desselben einstellt, und zwar nicht blos die nach der Form der äußerlich ordnenden Darstellung, sondern die wichtigere nach der Form der inneren Entwickelung, nach der Genesis des Wissens. Ueberall, wo sich ein Wissen als abhängig von Principien darstellt, zu welchen sich die einzelnen Bestimmungen des Inhalts wie Folgen zu ihren Gründen verhalten, erhebt sich diese Frage nach der Form neben der nach dem Inhalte; und wo auf einem gemeinsamen Gebiete mannigfaltig in einander verwebte Gedankenreihen den Inhalt der Wissenschaft bilden, erweitert sich diese Frage von dem Verhältnisse der Folgen zu den Principien zu der nach der Beschaffenheit und dem gegenseitigen Verhältnisse der Principien zu einander. Dieser Fall ist der der Philosophie, für welche neben der Verschiedenheit der Behauptungen über die Entwickelung des Inhalts dieser oder jener besondern Disciplin der Streit über das Verhältniß dieser Disciplinen zu einander, über die Theile der Philosophie, wie man es gewöhnlich zu bezeichnen pflegt, sich durch die ganze Geschichte der Wissenschaft fortzieht. Ob diese aus einem einzigen Principe hervorgehe oder eine Mehrheit von Principien zur Grundlage habe, in welchem Verhältnisse diese Principien zu einander stehen, ob ihre Entwickelung überall an eine einzige, sich durchaus gleichmäßig wiederholende Methode gebunden sei, oder eine Mehrheit von Methoden gestatte, ja viel- leicht sogar fordere, ob sich demgemäß das Ganze der Philosophie in Form einer Reihe, oder eines Systems von Reihen gestalte; alles das sind bekannte Fragen, deren verschiedene Beantwortung auf die Anlage und Ausführung philosophischer Untersuchungen von dem entschiedensten Einflusse ist.

An jeden Versuch, ein bestimmtes Gebiet der Philosophie einer Untersuchung zu unterwerfen, wird also mit Recht die For- derung gestellt, daß sie nicht blos bis zu den Principien zurück- gehe, sondern sich auch über diese Principien selbst und das Verhältniß des durch sie beherrschten Gebietes zu anderen Theilen der Philosophie rechtfertige; indem dadurch allein entschieden wer- den kann, ob diese Principien bloße Lehnsätze seien, oder einhei- mische, für sich selbstständige Grundsätze. Nur ist mit einer dog- matischen Entscheidung dieser Frage wenig gedient; die Unter- suchung muß heuristisch sein; d. h. nicht blos die Resultate, sondern die ganze Aufgabe der Untersuchung müssen so lange problematisch bleiben, bis sich die letztere irgendwo mit unabweis- barer Nothwendigkeit aufdringt; wobei in der Bestimmtheit dieses Wo zugleich die Entscheidung wenigstens darüber liegen muß, ob die Aufgabe eine selbstständige oder eine abhängige sei. Blos formale Betrachtungen können aber eben deshalb, weil sie sich gegen die bestimmtere Natur des Gegenstandes gleichgültig ver- halten, hier unmöglich zum Ziele führen; sondern es kommt dar- auf an, der eigenen Natur der Sache die Bestimmungen abzu- gewinnen, in welchen die Gründe der Entscheidung liegen.

Für den Theil der Philosophie nun, welchen die Alten un- ter dem Namen der Ethik, die Neueren unter dem der prakti- schen Philosophie ausgebildet haben, scheint eine solche Unter- suchung über das Gebiet und die Aufgabe desselben in sofern nicht gerade besonderen Schwierigkeiten unterworfen zu sein, als die Bedeutung, welche seine wissenschaftliche Behandlung in Anspruch nimmt, im Allgemeinen zusammenfällt mit demjenigen, was auch das gemeine Urtheil von einer solchen Untersuchung erwartet und fordert. Denn daß es einen Unterschied des Wollens und Han- delns gebe, der nicht blos in den Gegenständen des Strebens, oder in den Veranlassungen oder in dem mehr oder minder glück- lichen Erfolge desselben liege, sondern den Werth der Handlung selbst treffe, und daß dieser Unterschied durch die Begriffe des Guten und Bösen, des Edlen und des Schlechten oder sonst welche ähnliche charakterisirt sei, ist eine Voraussetzung, welche vor aller Philosophie sich geltend gemacht und selbst erst die Veranlassung gegeben hat, eben diese Begriffe des Guten und Bösen einer näheren Bestimmung und Entwickelung zu unterwerfen und somit die Ethik in den Umkreis philosophischer Versuche hereinzuziehen. Sowie daher die theoretische Speculation sich aus dem gewöhnlichen und natürlichen Gedankenkreise herauszuarbeiten dadurch genöthigt wird, daß in diesem Gedankenkreise Fragen und Probleme enthalten sind, die unwillkührlich zu dem Versuche treiben, entwickelnde, berichtigende oder ergänzende Begriffsreihen auszubilden, so findet auch der Gedanke der Ethik in dem gemeinen Bewußtsein seinen natürlichen Anknüpfungspunkt. Sowie aber die theoretische Untersuchung sehr bald zu einer Kritik der gewöhnlichen Weltansicht führt, und sich durch diese Kritik ein Gegensatz zwischen der ursprünglichen Unbefangenheit eines unabsichtlichen Gedankenlaufes und der gewissenhaften Sorgfalt für die Bestimmtheit und den Zusammenhang absichtlich ausgebildeter Begriffsreihen erzeugt, so könnte auch auf dem ethischen Gebiete bei einer schärferen Reflexion auf die gewöhnliche Denkweise eine schwankende Unsicherheit, ein zersetzender Zweifel entstehen, die, wenn überhaupt die wissenschaftliche Aufgabe der Ethik fest bestimmt, wenn haltbare Stützpunkte gewonnen werden sollen, genauere Unterscheidungen und strengere Begrenzungen nöthig machen, als welche sich in der gewöhnlichen Denkweise ausgeprägt vorfinden. Die Untersuchung über das Gebiet und die Aufgabe der Ethik hat also zweierlei zu thun, zuerst die Begriffe, durch welche sich Unterschiede der Werthschätzung vor aller wissenschaftlichen Untersuchung ankündigen, einer prüfenden Analyse zu unterwerfen, und sodann, zu fragen, in wiefern diese Analyse eine feste Grundlage für eine weitere wissenschaftliche Entwickelung und zugleich die Entscheidung über das, was man den wissenschaftlichen Ort der Ethik im Systeme der Philosophie nennen kann, darbiete oder nicht.

I. Allgemeine Bestimmungen.

Die Thatsache, auf welcher die Präsumtion, daß die Ethik als philosophische Wissenschaft eine Aufgabe für das Denken sei, beruht, liegt ganz allgemein darin: daß menschliche Bestrebungen und Handlungen unwillkührlich einer Beurtheilung unterliegen, die sich als ein Vorziehen und Verwerfen, als ein Billigen und Mißbilligen äußert. Ueber diese Thatsache als solche ist es allerdings nöthig, ganz unabhängig von irgend einer wissenschaftlichen Reflexion ins Reine zu kommen; aber schwerlich steht ihrer Anerkennung etwas entgegen; und wer wirklich im Ernste behaupten wollte, alles Wollen und Handeln sei schlechthin gleichgültig, und es komme darauf in keinem Falle irgend Etwas an, einem Solchen würde man, ohne ihm noch im mindesten mit eigentlich sittlichen Anmuthungen beschwerlich zu fallen, nur seinen eigenen Wünschen und Begierden, den Folgen seiner Handlungen, und der Rückwirkung derselben auf seinen eigenen Zustand zu überlassen haben, um zu warten, bis er erfährt, wie sich für verschiedene Arten des Handelns allerdings Unterschiede fühlbar machen, die ihm unwillkührlich Befriedigung oder Reue und dadurch ein Urtheil über ihre Vorzüglichkeit und Verwerflichkeit abnöthigen.

Aber der obige Ausdruck dieser Thatsache enthält mehr als einen Begriff, der sogleich die große Verschiedenheit der Auslegungen verräth, deren sie fähig ist. Zwar daß jenes Vorziehen und Verwerfen nur auf die Bestrebungen und Handlungen des Menschen bezogen wird, erregt in sofern keinen unmittelbaren Anstoß, als Handlungen von Wesen, deren Natur die des Menschen überragte, überall kein Gegenstand der Erfahrung sind, und in Beziehung auf sie jene Beurtheilung wenigstens unmittelbar keine bestimmte Bedeutung in Anspruch nimmt; während andrerseits die Art, wie die Thätigkeit von Wesen, die zwar unter dem Menschen stehen, aber doch noch das Analogon einer inneren Regsamkeit und eines daraus hervorgehenden Strebens verrathen, überhaupt nicht zu gestatten scheint, auf sie den Begriff des Handelns überzutragen. Denn dadurch unterscheidet auch der gemeine Sprachgebrauch den Begriff der Handlung von dem der bloßen Thätigkeit, daß man sich des letzteren überall bedient, wo überhaupt eine Veränderung, als Wirkung, auf etwas anderes als seine Ursache bezogen wird, unter Handlung aber nur diejenige Thätigkeit versteht, welche mit dem Bewußtsein dessen, was gethan wird, irgendwie verbunden ist; so daß ihr Begriff einen Grad geistiger Entwickelung voraussetzt, der diese Beziehung des Thuns auf das Wissen möglich macht und das äußerlich als That Hervortretende in Verbindung mit einem Inneren, als Wissen und Wollen die äußere That Begleitenden, zu denken erlaubt. Aber eben diese Rückbeziehung des Aeußeren auf das Innere, diese Verbindung des Thuns mit dem Wollen und des Wollens mit dem Wissen erweckt die Frage, was denn bei jenem Vorziehen und Verwerfen der eigentliche Gegenstand der Beurtheilung sei, ob die äußere Handlung losgelöst von der inneren Bestrebung, oder diese ohne jene, oder vielmehr keines ohne das andere? Und zu dieser Frage kommt sogleich eine andere, nämlich welcher Grad, welche Intensität, welche Dauer des Strebens dazu gehöre, um eine Handlung als den Ausdruck dieses Strebens betrachten zu können. Denn die mannigfaltigen Abstufungen, welche hier vorliegen, und an welche schon die Begriffe Wunsch, Sehnsucht, Begierde, Leidenschaft u. s. w. erinnern, lassen sich nicht verkennen; und eben so wenig läßt sich leugnen, daß in sehr vielen Fällen die Handlung nicht sowohl wegen ihrer Beziehung auf das Wollen, sondern unabhängig davon, um ihrer Folgen willen vorgezogen oder verworfen wird, wo dann die Ueberlegungen des handelnden Menschen, ausgehend von der Präsumtion dieser Folgen, dem Streben eine Richtung vorschreiben, die bei einer anderen Präsumtion eine andere sein würde. Jedoch in dem letzteren Falle zeigt sich wenigstens sogleich, daß dann eigentlich nicht die Handlung, sondern das, was durch sie erreicht werden soll, vorgezogen wird; daß also der Begriff des Vorziehens überhaupt noch eine weitere Sphäre seiner Anwendung hat, und daß es sogar zweifelhaft werden könnte, ob irgendwo das Wollen und Handeln als solches, oder ob es nicht immer wegen seiner Beziehung auf etwas Anderes, den Gegenstand, die Wirkung der Thätigkeit, gebilligt oder gemißbilligt wird. Mit einem Worte: es findet sich bei der

Analyse jener Thatsache ein Mannigfaltiges in dem Menschen verwickelt mit einem Mannigfaltigen außer ihm; die Beziehungen beider auf einander durchkreuzen und bedingen sich gegenseitig, aber nicht in allen Fällen auf dieselbe Art; und die Stelle, welche in dem weiten Gebiete des Vorziehens und Verwerfens das sittliche Vorziehen und Verwerfen einnimmt, ist durch den allgemeinen Begriff des Vorziehens und Verwerfens nicht im geringsten bestimmt. Um sie zu finden, ist also nöthig, sowohl zu untersuchen, ob alles Vorziehen und Verwerfen von einerlei Art ist, als auch ob die verschiedenen Gegenstände dieses Vorziehens den verschiedenen Arten desselben gleich zugänglich sind. Denn nur, wenn die ethische Beurtheilung sich als eine der Art und dem Gegenstande nach eigenthümlich bestimmte nachweisen läßt, zerfällt der Gedanke einer wissenschaftlichen Ethik nicht in sich selbst; das schlechthin Unbestimmbare könnte niemals Gegenstand der Wissenschaft sein.

Um nun zuerst die verschiedenen Arten des Vorziehens und Verwerfens auf gewisse Classen zu bringen, ist es nicht nöthig, den Kreis bekannter, auch der gewöhnlichen Vorstellungsweise zugänglicher Begriffe zu überschreiten. Denn daß das Nützliche, das Angenehme im weitesten Sinne des Wortes, das Schöne und das Gute zwar sämmtlich vorgezogen, und ihre Gegensätze verworfen, daß sie aber auch nicht auf dieselbe Weise vorgezogen und verworfen werden, dafür spricht schon das Bedürfniß, für diese verschiedenen Begriffe verschiedene Worte auszubilden. Es macht sich nämlich sogleich ein Unterschied bemerklich, der nicht nur das Schöne und Gute von dem blos Nützlichen bestimmt trennt, sondern auch das Gebiet des Angenehmen in zwei ungleiche Theile zerlegt. Diese Unterscheidung ist dadurch kenntlich, daß das Schöne und Gute wenigstens den Anspruch macht, Gegenstand eines gleichbleibenden und allgemeinen Beifalls zu sein, während das blos Nützliche einer veränderlichen, von besondern Verhältnissen abhängigen Beurtheilung unterworfen ist; und da jener Anspruch überhaupt nicht möglich sein würde, wenn der Werth des Schönen und Guten von irgend welchen fremdartigen, dem Gegenstande selbst zufälligen Rücksichten bedingt wäre, so bekommt jener Unterschied sogleich die Bedeutung, daß die eine Art des Vorziehens oder Verwerfens unabhängig von jeder andern Rücksicht dem Gegenstande selbst, die andere nicht ihm selbst und unmittelbar, sondern ihm um irgend einer Beziehung willen auf irgend etwas außer ihm gilt. Demgemäß zerfällt alles Vorziehen und Verwerfen, aller Beifall und alles Mißfallen in ein absolutes und ein relatives.

Darüber nun, daß das Nützliche, das Brauchbare, das, was Vortheil bringt, oder durch welche andere Ausdrücke man diesen Begriff bezeichnen will, durchaus nur etwas nur relativ Vorzügliches bezeichnet, ist wohl kaum nöthig, ausführlich zu werden. Das Nützliche ist seinem ganzen Begriffe nach charakterisirt durch seine Beziehung auf ein anderes, zu welchem es nütze; das Vorziehen desselben hat seinen Beziehungspunkt nicht in ihm, sondern außer ihm; fällt dieser Beziehungspunkt weg oder ändert er sich in irgend einer Art, so verschwindet oder ändert sich auch die Bedeutung des Nützlichen; an sich selbst hat es als solches keinen Werth.

Nicht ganz so einfach ist die Entscheidung über das Angenehme. In den Umfang dieses Begriffs fällt nämlich offenbar eine Reihe von Empfindungen und Gefühlen, für deren einzelne Glieder die Art, wie das Empfundene vorgezogen oder verworfen wird, nicht ganz dieselbe ist, indem die Empfindung des Angenehmen bald unabhängig ist von einer vorausgehenden Begierde, bald durch diese bedingt. In dem ersteren Falle entsteht das Angenehme im engern Sinne; die zweite Classe angenehmer Empfindungen wird man besser thun, durch den Begriff des Lustbringenden, des die Begierde Befriedigenden zu bezeichnen. Was nun zunächst diese letztere Classe betrifft, so springt es hier wo möglich noch deutlicher in die Augen als bei dem Nützlichen, daß der Gegenstand der Begehrung an sich vollkommen gleichgültig, ja sogar an sich verwerflich sein, und doch eben wegen der Begehrung sehr heftig vorgezogen werden und in sofern einen scheinbaren Werth bekommen kann. Aber auch nur einen scheinbaren, der seinen ganzen Grund nicht nur in der Beziehung des Objects auf das Subject überhaupt, sondern möglicherweise ausschließend in der individuellen, gerade jetzt vorhandenen Gemüthslage des Subjects hat, welches den Gegenstand vorzieht, weil es ihn begehrt. Darin eben liegt das Schwankende und Unsichere, das Flüchtige und Wechselnde desjenigen

Vorziehens und Verwerfens, welches an das launenhafte Spiel der Neigungen und Leidenschaften gefesselt ist; welches die Gegenstände des Strebens, die Zielpunkte des Handelns, die Motive des Hoffens und Fürchtens hinein fallen läßt in den Wirbel und den Kampf in sich selbst haltungsloser Begierden und dem Zuschauer den Anblick eines bald lächerlichen, bald widerlichen, bald bemitleidenswerden Drängens und Treibens darbietet. Was das Begehrte sei, und was es werth sei an sich, darnach fragt vielleicht er, der Zuschauer, wenn er etwas kennt, was einen Werth an sich hat; aber darnach fragt nicht die Begierde; sie will Befriedigung, nichts weiter; was ihr diese verspricht oder vorspiegelt, das ergreift sie; nicht um sein selbst, sondern eben um der Befriedigung willen. So erlöscht sie im Genuß und mit ihr der Werth des Genossenen; was der bloßen Lust dient, dessen Werth vergeht, nichtig an sich selbst, mit ihr. Darum widmet sie sich niemals einem Gegenstande, sondern sie reißt ihn an sich; darum greift sie unruhig hinaus in die Zukunft; sie kennt nichts und will nichts, als sich selbst und was ihr dient; und die Werthgebung, die sie austheilt, ist so vergänglich, wie sie selbst.

Wie verwickelt und schwierig nun auch die psychologische Untersuchung über die Natur, die Entstehung, den Wechsel der Begierden und die Ursachen der sehr mannigfaltigen Gefühle sein möge, welche die Befriedigung und Nichtbefriedigung derselben begleiten, so ist doch nicht nöthig, darauf einzugehen, um der Thatsache ihre Anerkennung zu sichern, daß neben demjenigen Vorziehen und Verwerfen, welches sich als durchaus von der Begierde abhängig darstellt, noch das Angenehme im engern Sinne auf eine eigenthümliche Bedeutung Anspruch macht[1]). Es giebt eine Menge Empfindungen, deren Annehmlichkeit oder Unannehmlichkeit, ganz unabhängig von der vorausgehenden Begierde, unmittelbar an die Auffassung des Gegenstandes selbst geknüpft ist. Am deutlichsten wird dieser Unterschied, wo die Auffassung des Angenehmen oder Unangenehmen zufällig zusammentrifft mit einer Begierde und zwischen dem Gefühle der Annehmlichkeit und der Befriedigung der Begierde ein Gegensatz

1) Vergl. Herbart Psychol. als Wissensch. Bd. II. S. 105—120.

sich geltend macht. Der unvermuthete Besuch eines lange Zeit nicht gesehenen Freundes kann, ohne daß man gerade jetzt begehrt hat, ihn zu sehen, sehr angenehm sein, und doch in einem Augenblicke eintreten, wo er der Befriedigung der Begierde, eine nothwendige Arbeit zu vollenden, hemmend entgegentritt; oder der Kranke, obwohl die antiperistaltische Bewegung des Magens eine an sich unangenehme Empfindung ist, kann doch begehren, daß es bei ihm bis zum Erbrechen kommen möge, und so in unzähligen andern Fällen. Möge nun auch ein großer Theil dessen, was für den Menschen angenehm oder unangenehm ist, wie die verschiedenen Arten der Geschmacks-, der Geruchs- der Gefühlsempfindungen, abhängen von dem Verhältnisse seines Organismus zu den ihm dargebotenen Genießmitteln oder andern constanten Verhältnissen seines Empfindens, das Angenehme erhebt sich demungeachtet durch seine größere Allgemeinheit und Gleichmäßigkeit, durch seine Unabhängigkeit von individuellen Gemüthslagen über das, was nur zur Befriedigung der Begierde dient, merklich empor, und die Annehmlichkeit, welche eine regelmäßig fortgesetzte, von glücklichem Erfolge begleitete Lebensordnung, die freie Entwickelung des Gesprächs mit gebildeten Menschen, eine reine erfrischende Morgenluft, die erquickende Kühle des Abends nach einem heißen Tage ungesucht und unbegehrt, eben indem sie sich darbieten, mit sich führen, kann in einzelnen Fällen ganz nahe an die Grenze des ästhetischen, ja selbst des sittlichen Wohlgefallens streifen.

Aber ebendeshalb weil der Begriff des Angenehmen durch diese Unabhängigkeit von den Zufälligkeiten der individuellen, gerade jetzt so oder anders aufsteigenden Begierde sich von dem des blos Lustbringenden unterscheidet, — eine Unterscheidung die für den Begriff auch dann noch gültig ist, wenn der Genuß des Angenehmen vermöge der psychischen Reproduction die Veranlassung einer auf die Wiederholung dieses Genusses und somit auf den Gegenstand desselben gehenden Begierde wird, — und weil dadurch das Angenehme in Verwandtschaft mit dem Schönen und Guten tritt, während das Lustbringende den reinen Gegensatz dazu bildet, ist es nöthig zu fragen, welcher Werth in der Empfindung des Angenehmen dem Gegenstande beigelegt wird, und ob das Angenehme den Anspruch machen kann, daß das in ihm enthaltene Vorziehen streng genommen dem Gegenstande selbst gelte. Sollte nun dieser Anspruch vollkommen gültig sein, so müßte sich der angenehme Gegenstand genau und bestimmt von der Empfindung ablösen, es müßte sich in Begriffen angeben lassen, was an ihm eigentlich vorgezogen und verworfen wird; dieses Was müßte also fähig sein, die Stelle eines logischen Subjects einzunehmen, auf welches unabhängig von der subjectiven Empfindung das Prädicat des Angenehmen oder Unangenehmen bezogen würde, mit einem Worte: der angenehme oder unangenehme Gegenstand müßte als solcher einer Beurtheilung unterworfen werden können. Das nun gelingt bei dem Angenehmen und Unangenehmen nicht; wie genau man auch die Empfindung desselben zu zerlegen bemüht ist, der Gegenstand läßt sich nicht von ihr, der Empfindung, absondern, nicht für sich, losgelöst von ihr hinstellen; er ist und bleibt als angenehmer mit der Empfindung verschmolzen und entzieht sich somit einer Beurtheilung in Begriffen. Das Angenehme eines guten Weines, das Unangenehme des Gliederschmerzes bleibt immer Empfindung; nicht der Wein oder die Glieder sind angenehm oder unangenehm, sondern die Empfindung des Geschmackes oder des Schmerzes; und das ist der allgemeine Grund, aus welchem sich das Angenehme und Unangenehme nicht blos zufällig, sondern wesentlich in bloßen Gefühlen kund thut, und sich kein absoluter Maaßstab desselben in der Form der denkenden Erkenntniß aufstellen läßt. Wie weit es aber gelingen möchte, jene Sonderung wirklich auszuführen und somit das Angenehme nicht blos von der Befriedigung der Begierde zu unterscheiden, sondern auch ihr entgegenzusetzen, so weit würde das Angenehme auch den Charakter des blos Angenehmen verlieren und in das Gebiet des eigentlich Schönen hinübertreten; so daß in einzelnen Fällen, die in der Wirklichkeit gar nicht selten sind, derselbe Gegenstand von verschiedenen Auffassenden hier als Object einer blos angenehmen Empfindung, dort als Object einer ästethischen Beurtheilung könnte betrachtet werden.

Soll mithin das Schöne und Gute als Gegenstand eines absoluten Beifalls von dem blos Angenehmen sich unterscheiden lassen, so darf es sich nicht blos der Empfindung und dem Gefühle, sondern es muß sich der Beurtheilung in festbestimmten Begriffen darbieten. Es liegt dies streng genommen schon in dem Begriff eines absoluten Beifalls, der dem Gegenstande selbst, d. h. ihm unabhängig von jeder nicht in ihm selbst liegenden Beziehung und Rücksicht gelten soll. Denn soll dies möglich sein, so muß auch der Gegenstand seiner eigenen Beschaffenheit nach aufgefaßt, er, seinem eigenen Was nach, als logisches Subject hingestellt und nun ihm unmittelbar das Prädicat des Schönen oder Guten beigelegt werden. Der Beifall würde dabei nicht als abhängig gedacht werden von der besondern Beschaffenheit und Gemüthslage, oder gar von der Willkühr des auffassenden Subjects, sondern im strengen Gegensatze zu der Begierde, die in die Zukunft greift und deren Vorziehen mit der Gegenwart des Begehrten in der Befriedigung erlöscht, würde er durch die Gegenwart des Objects in einem willenslosen (unwillkührlichen) Urtheile dergestalt bestimmt sein müssen, daß von jeder Intelligenz, die nur nichts einmischte von subjectiver Vorliebe und Abneigung, dasselbe Urtheil über das Object erwartet werden könnte. Gegen diese Forderung einer rein objectiven Beurtheilung wird man in dem Umstande, daß doch auch das Schöne und Gute, um überhaupt als solches beurtheilt zu werden, von irgend einem Subject aufgefaßt werden müsse, daß also darin doch eine Beziehung zwischen diesem und dem Objecte liege, keinen Einwurf zu finden glauben, sobald man sich besinnt, daß hier nicht von einer Beziehung des Objects auf das Subject, durch welche das Object bestimmt würde, sondern umgekehrt von einer des Subjects auf das Object, durch welche das Subject in seinem Urtheile bestimmt werden soll, die Rede ist; mit andern Worten: daß der Inhalt des Urtheils nicht abhängig sein soll von dem, was dem Auffassenden als solchem eigenthümlich wäre. Auch der streng bewiesene mathematische Lehrsatz muß, um als wahr erkannt zu werden, von irgend einer Intelligenz aufgefaßt und gedacht werden; aber diese Wahrheit kommt ihm nicht vom Denken und Auffassen, sondern das Fürwahrhalten ist abhängig von der Qualität des Gedachten und der darin liegenden apodiktischen Nothwendigkeit; ebenso muß das Schöne und Gute, damit es gefalle und geschätzt werde, irgend wem gefallen; aber diese Schätzung muß, falls der Gegenstand wirklich das Prädicat des Schönen und Guten verdient, durchaus nur abhängig sein von der Beschaffenheit des Aufgefaßten. Die Auffassung macht und giebt hier nicht den Werth, sie findet ihn und erkennt ihn an; und obwohl die Sprache diese unwillkührliche Anerkennung genöthigt ist durch die Begriffe des absoluten Beifalls, der Werthgebung, der Achtung u. s. w. zu bezeichnen, welche sämmtlich den Ausdruck dieser Anerkennung von der Seite des Subjects hervorheben, so ist es doch nicht schwer, die Mißverständnisse, welche daraus herausgehen könnten, durch das eben Bemerkte aufzuhellen und zu beseitigen.

Steht es nun fest, daß das Schöne und Gute darin übereinkommt, daß beides einen reinen und unbedingten Beifall als unwillkührlichen Erfolg der durchaus vollendeten, begierde= und leidenschaftslosen Auffassung des Gegenstandes in der Form eines, durch die Beschaffenheit des letzteren festbestimmten, folglich allgemeingültigen Urtheils in Anspruch nimmt, so tritt es dadurch nicht nur ein für allemal dem blos Nützlichen, Lustbringenden und selbst dem Angenehmen gegenüber, sondern es liegen darin auch die bestimmten Merkmale, durch welche es ihnen gegenüber tritt. Dadurch entsteht für die Classe desjenigen Vorziehens, dessen Gegenstände einen eigenen Werth haben und ihn nicht erst durch ihre Brauchbarkeit oder das pathologische Interesse bekommen, welches sich an sie knüpft, zugleich das Bedürfniß eines charakteristischen Namens; und so lange man noch auf dem Punkte der Untersuchung steht, wo man keine Veranlassung hat, auf die specifischen Differenzen des Guten und Schönen ein besonderes Gewicht zu legen, genügt dafür der des ästhetischen Wohlgefallens, des Geschmacksurtheils vollkommen. Die Mißverständnisse und Mißdeutungen, welchen dieser Name ausgesetzt ist, werden verschwinden, sobald man sich die Mühe giebt, ihn genau in der Bedeutung zu nehmen, in welcher er hier eingeführt ist. Bekannt genug ist, daß der Begriff des Aesthetischen gewöhnlich blos von dem Schönen und zwar vorzugsweise von dem Kunstschönen gebraucht wird. Wie erhaben nun auch die Kunst in ihren vollendeten Producten sein möge und wie wenig man in diesem Hinblick auf das Ideal Bedenken getragen hat, das Schöne und das Gute schlechthin für identisch zu erklären, — eine Identificirung, die gerade eben so falsch ist, als wenn man etwa die Hyperbel und die Ellipse des=

halb für identisch erklären wollte, weil sie beide unter den Begriff der Kegelschnitte fallen, — so üben doch die Künste zum großen Theil auch ein so heiteres, ja muthwilliges Spiel, und die Gesinnung, die sich diesem Spiele hingiebt und die man häufig Geschmack zu nennen beliebt, ist der Laune, dem Bedürfniß der Aufregung, Erholung und Unterhaltung so vielfach unterworfen, daß es wohl auch als etwas ganz Willkührliches erscheint, ob man an dem Schönen „Geschmack finde", und sich mehr auf diese als eine andere Art ergötzen lassen wolle. Damit contrastirt denn freilich die Strenge sittlicher Forderungen, der schwere Ernst der Pflicht, der es nicht im mindesten in unser Belieben stellt, ob wir an dem Sittlichen oder an dem Unsittlichen „Geschmack finden" wollen, zu stark, als daß, wo jene Bedeutung des Wortes Geschmack die herrschende ist, man nicht die Befürchtung hegen sollte, daß von der Würde des Sittlichen nicht nur Etwas, sondern Alles eingebüßt werde, wenn man das Gute und das Böse in eine solche Parallele mit dem Schönen und dem Häßlichen stellt. Dann glaubt man voraussehen und voraussagen zu dürfen, daß „auf dem Wege, wo jeder früher eine schöne Seele, als eine vernünftige sein und lieber edel heißen, als gerecht sein will", man dahin kommen werde, zu sagen: „das Laster bestehe nur noch in einem schlechten und verdorbenen Geschmack[1])". Nun

---

1) Diese Worte sind aus Schelling's Abhandl. „Ueber das Wesen der menschl. Freiheit" (Philos. Schriften S. 479) entlehnt. Als Anmerkung dazu findet sich dort noch Folgendes: „Ein junger Mann, der wahrscheinlich, wie jetzt viele andere, zu hochmüthig, den ehrlichen Weg Kant's zu wandeln und doch unfähig, sich zum wirklich Besseren zu erheben, ästhetisch irreredet, hat bereits eine solche Begründung der Moral durch Aesthetik angekündigt. Bei solchen Fortschritten wird vielleicht aus dem kantischen Scherz, den Euklides als eine etwas schwerfällige Anleitung zum Zeichnen zu betrachten, auch noch Ernst werden." Jene Abhandlung ist vom Jahr 1809; Herbart's, der damals noch ein junger Mann war, „allgemeine praktische Philosophie" war im Jahr 1808 erschienen; und da ich diese Aeußerung Schelling's noch nicht gegen Herbart citirt gefunden habe, so habe ich sie für die, welche sich auf sie als Autorität berufen wollen, abgeschrieben. Damals hielt Herbart es nicht der Mühe werth darauf zu antworten (Vergl. dessen kleinere philos. Schriften Bd. I, S. 503), später, als derselbe Einwurf oft wieder vorgebracht wurde, ist er darauf ausführlich eingegangen; zuletzt in den Briefen „Zur Lehre über d. Freiheit d. menschl. Willens" S. 236. Uebrigens ist

besteht das Laster gewiß nicht blos in einem schlechten Geschmack; aber die Verkehrtheit des Urtheils, die das Laster mit der Tugend verwechselte und den absoluten Beifall, welcher dieser gebührt, auf jenes übertrüge, würde mindestens geschmacklos sein, wenn man unter Geschmack ganz allgemein die Fähigkeit versteht, sich in seinem Urtheile und weiterhin in seinem Interesse durch den Werth des Gegenstandes selbst bestimmen zu lassen; also das Gute als gut, das Schöne als schön, das Würdevolle und das Nichtswürdige in seiner Würde und Nichtswürdigkeit auch wirklich anzuerkennen. Umgekehrt kann man ebensowohl von einem künstlerischen, als von einem sittlichen Gewissen sprechen, sobald man nichts weiter dabei im Auge hat, als die Möglichkeit, daß dem, der das Schöne producirt, die ästhetischen Anforderungen an die Vollendung seines Werkes eben so lebendig vor der Seele stehen, wie dem sittlichen Menschen die Forderungen der Tugend und der Pflicht. Daß aber darum der gewissenhafte Künstler auch schon ein gewissenhafter Mensch sei, daß die Vortrefflichkeit des von ihm hervorgebrachten Kunstwerkes auch schon ihm als Person das Prädicat der sittlichen Vortrefflichkeit verschaffe, das folgt daraus nicht im geringsten. Ein Musikstück, welches in lauter Quinten fortschreitet, ist in seiner Art so häßlich, als ein aus Lug und Trug zusammengesetzter Charakter in seiner Art ist; aber die Häßlichkeit des Musikstücks ist kein Prädicat des Charakters, und es gehört eine sehr geringe Uebung des Denkens

---

Herbart gar nicht der Einzige, der den Ausdruck „ästhetisches Wohlgefallen und Urtheil" in diesem Sinne gebraucht hat; in J. G. Fichte's „Grundzügen d. gegenw. Zeitalters" stehen S. 82 folgende Worte: „In wiefern das Vernunftleben lediglich im Bilde und als ein uns fremder Zustand an uns gebracht wird, wird eben dieses Bild selber sich liebend ergreifen und fassen, und mit Wohlgefallen auf sich selber ruhen; denn in so weit wenigstens sind wir sodann in die Sphäre des Vernunftlebens hineingekommen, daß wir eine Vorstellung besitzen, wie es sein sollte. (Es wird, was für die mit den Kunstausdrücken der Philosophie Bekannten angefügt wird, ein ästhetisches Wohlgefallen, was lediglich ein Wohlgefallen an der Vorstellung ist, entstehen und zwar das höchste ästhetische Wohlgefallen, was es giebt.)" In einem andern Sinne spricht freilich Kant vom „Geschmack in der Ausführung des sittlichen Gebots", welchen zu zeigen ganz etwas Anderes sei, als seine moralische Denkungsart äußern. (Krit. d. Urtheilskr. §. 5 a. E.)

oder übler Wille dazu, daraus, daß zwei Begriffe, hier die des musikalischen und sittlichen Beifalls, in gewissen Merkmalen zusammenstimmen uud somit sich der Subsumtion unter einen und denselben höheren Begriff darbieten, zu schließen, daß sie nicht durch nähere Determinationen sehr streng von einander geschieden werden, und sich daraus sehr verschiedenartige Folgen entwickeln können.

Ehe nun die Frage aufgeworfen wird: welche bestimmte Stelle in dem weiten Gebiete der Geschmacksurtheile dem ethischen Urtheile zukomme? muß, um dem allgemeinen Begriffe der ästhetischen Beurtheilung so viel wie möglich abzugewinnen, erörtert werden, ob sich nicht schon aus den allgemeinen Bedingungen jedes Geschmacksurtheiles darüber etwas werde bestimmen lassen, was an dem Gegenstande desselben die Beurtheilung hervorrufe und bestimme? Denn daß sich ein solches Was nachweisen lasse, ist die Bedingung des Versuchs, über das Schöne und Gute in bestimmten Begriffen etwas auszumachen, die Bedingung der Möglichkeit einer Wissenschaft von demselben; dadurch eben sollte das Schöne und Gute sich von dem blos Angenehmen unterscheiden. Faßt man nun diese Forderung scharf auf, so zeigt sich eine Verwickelung. Einen Gegenstand als das, was er ist, auffassen, heißt zunächst ihn theoretisch auffassen. So faßt der Psycholog die geistigen Zustände, der Physiker und Chemiker die Kräfte und Eigenschaften der Dinge, der Geometer die Gestalten, der Metaphysiker die Erscheinungen überhaupt in der Absicht auf, zu bestimmen, was sie sind, und dieses Was zum Inhalt des Wissens über sie zu machen. Aber in der rein theoretischen Auffassung liegt nichts von Beurtheilung, von Werthbestimmung. Ob eine Gestalt schön oder häßlich, ob eine Leidenschaft sittlich oder unsittlich ist, ist dem Geometer, dem Psychologen als solchen gleichgültig; die theoretische Auffassung hat kein Auge für den Zusatz im Urtheile, der den Gegenstand als einen nicht gleichgültigen, sondern als einen vorzüglichen oder verwerflichen bezeichnet[1]). Deshalb sind auch die Aufgaben der theoretischen

---

1) Ut ea, sagt Spinoza (Tract. polit. Cap. I, §. 4), quae ad hanc scientiam spectant, eadem animi libertate, qua res mathematicas solemus, inquirerem, sedulo curavi, humanas actiones non ridere, non lugere,

Untersuchung ganz allgemein, während die ästhetische Auffassung auf einen verhältnißmäßig kleinen Theil des Gegebenen beschränkt ist. Aber innerhalb dieses Gebietes, wie groß oder wie klein es sein möge, treffen beide ihrer Natur nach verschiedenartigen Auffassungen an denselben Gegenständen zusammen. Nun scheint es nothwendig zu sein, daß ein und derselbe Gegenstand, rein an sich und ohne alle fremde Zuthat aufgefaßt, auch nur eine und dieselbe Auffassung hervorrufe und bedinge, und daraus würde folgen, daß theoretische und ästhetische Auffassung identisch sei. Gegen diese Folge streitet aber die Thatsache, daß gewisse Gegenstände nicht blos als gleichgültige, sondern auch als an sich gefallende oder mißfallende aufgefaßt werden, daß sie nicht blos Object einer Untersuchung, die von ihrem Werthe keine Notiz nimmt, sondern auch Gegenstände einer Beurtheilung sind, die lediglich auf diesen Werth geht. Es entsteht also der Widerspruch, daß ein und derselbe Gegenstand eine doppelte, specifisch verschiedene Auffassung bedingen soll und doch nicht bedingen kann. Dieser Widerspruch würde nicht vorhanden sein, wenn sich behaupten ließe, daß es gar nicht derselbe Gegenstand sei, welcher die doppelte Auffassung hervorruft; aber diese Ausflucht ist abgeschnitten, sobald man nicht ganz willkührlich die Thatsache leugnen will, daß die ästhetische Beurtheilung sich wirklich in vielen Fällen auf dieselben Gegenstände bezieht, welche zugleich Gegenstand der theoretischen Untersuchung sind. Oder glaubt man wirklich behaupten zu können, daß z. B. die Töne, die eine bestimmte Harmonie bilden, ganz andere Töne sind, als die, für welche die Akustik eine bestimmte Anzahl von Luftschwingungen als Kennzeichen ihrer Höhe und Tiefe nachweist? Folglich liegt auch in dem obigen Widerspruche die deutliche Anzeige, daß,

---

neque detestari, sed intelligere: atque adeo humanos affectus, ut sunt amor, ira, odium, invidia, gloria, misericordia et reliquae animi commotiones, non ut humanae naturae vitia, sed ut proprietates contemplatus sum, quae ad ipsam ita pertinent, ut ad naturam aëris aestus, frigus, tempestas, tonitru et alia hujusmodi, quae tametsi incommoda sunt, necessaria tamen sunt certasque habent causas, per quas eorum naturam intelligere conamur. Diese Worte enthalten den reinen Ausdruck dessen, was die theoretische Auffassung und Forschung allein kennt und sucht.

ohne etwas Fremdes zu dem Gegenstande hinzuzunehmen, in ihm selbst Unterschiede liegen müssen, welche die verschiedenen Auffassungen desselben möglich machen. Ein schlechthin Einfaches aber schließt jeden Unterschied aus; folglich: sollen in dem Gegenstande Unterschiede liegen, so darf er nicht einfach, sondern muß zusammengesetzt sein. Würden aber die Theile, aus welchen er zusammengesetzt ist, für sich und jeder abgetrennt von den übrigen aufgefaßt, so würde in dieser Zersplitterung die Auffassung des Gegenstandes als Ganzen verloren gehen. Ein Ganzes aber, nicht in seinen Einzelnheiten oder als bloßes Aggregat, als Summe, sondern als Complexion einander gegenseitig und dadurch das Urtheil bestimmender Glieder auffassen, heißt: es den in ihm liegenden Verhältnissen nach auffassen; und nun zeigt sich die Möglichkeit, das thatsächliche Vorhandensein zweier verschiedenartiger Auffassungen mit der Identität des Gegenstandes zu vereinigen und den obigen Widerspruch aufzulösen, in dem Satze: was ästhetisch gefällt oder mißfällt, gefällt oder mißfällt nicht als ein vereinzeltes Element, sondern als Glied eines Verhältnisses, welches sich muß bestimmt nachweisen lassen; und die Gesammtheit aller an dem Gegenstande nachweisbaren ästhetischen Verhältnisse ist das, was an ihm gefällt. Es versteht sich von selbst, daß dieser Satz als allgemein bejahender, sich nicht rein umkehren läßt, in dem Urtheile: was an dem Gegenstande Glied eines Verhältnisses ist, gefällt oder mißfällt; es kann an ihm eine Menge Verhältnisse geben, welche gänzlich gleichgültig sind und gar kein Gegenstand ästhetischer Beurtheilung werden können; aber es reicht auch vollkommen hin, wenn es allgemein feststeht, daß das eigentliche Object der ästhetischen Beurtheilung überall Verhältnisse sind, und die Allgemeinheit und Nothwendigkeit dieses Satzes liegt eben darin, daß im Gegenfalle in dem Begriffe des Gegenstandes, welcher thatsächlich einer verschiedenartigen Auffassung unterliegt, ein Widerspruch entstehen würde.

Bei der Wichtigkeit dieses Satzes für das gesammte Gebiet von Untersuchungen, auf welchem irgendwo die Aufgabe der Ethik liegen muß, ist es nicht überflüssig, ihn sogleich von verschiedenen Seiten zu beleuchten, um die Haltbarkeit und Bedeutung desselben festzustellen. Der Beweis dafür entwickelt sich in einer Form des Gedankenfortschrittes, die in der Metaphysik unter dem Namen der Methode der Beziehungen bekannt ist [1]). Dieser Gedankenfortschritt besteht im Wesentlichen darin, daß der Widerspruch, der unter der Voraussetzung, der Gegenstand der Untersuchung sei schlechthin Einer d. h. einfach, nicht zu vermeiden ist, zu der Annahme einer Vielheit zwingt, welche die Bedingungen der Möglichkeit dessen darbietet, was sich ohne diese Annahme nicht begreifen läßt. Er liegt für die obige Gedankenreihe in der Einsicht, daß in dem Gegenstande selbst Unterschiede liegen müssen, welche die doppelte Auffassung möglich machen. Das Vielfache in dem Gegenstande nämlich bietet sich einer verschiedenartigen Auffassung dar, welche für ein Einfaches unbegreiflich sein würde. Dabei bleibt es aber zunächst noch unbestimmt, ob die einfachen Bestandtheile oder die möglichen Verhältnisse derselben Gegenstand der theoretischen oder ästhetischen Auffassung sind. Will man darüber etwas entscheiden, so hat man zu überlegen, daß die ästhetische Auffassung sich durch den Zusatz des Beifalles und des Mißfallens in dem auffassenden Urtheil kenntlich macht. Folglich: da zu dem Gegenstande selbst nichts hinzukommt, wodurch aus dem gleichgültigen ein gefallender würde, und der Versuch, ihn in seine einzelnen Elemente zu zerlegen und diese als einzelne aufzufassen, den Beifall verschwinden macht, muß das Viele zusammen d. h. seinen Verhältnissen nach aufgefaßt das Gefallende oder Mißfallende sein.

Dieses Resultat einer ganz allgemeinen von jeder bestimmten Erfahrung unabhängigen Betrachtung wird nun auch durch die Erfahrung vollkommen bestätigt. Ein einzelner Ton, ein isolirter Punkt u. s. w. sind kein Gegenstand eines ästhetischen Wohlgefallens; Accorde und Tonfolgen, die Umrisse einer Gestalt u. s. w. tragen schon eine Menge von Verhältnissen in sich; und so wie in der Kunst dieselben Elemente, so oder anders verbunden, eine

---

1) Man vergleiche Herbart's allgem. prakt. Philos. S. 39, und Encyklop. S. 399, welche letztere Stelle in Beziehung auf die hier vorliegende Frage besonders deutlich ist, mit des Verfassers Problemen und Grundl. d. Metaphys. S. 138—152. Für den Willen, als Gegenstand der ethischen Beurtheilung, läßt sich die Nothwendigkeit, daß diese Beurtheilung überall auf Verhältnisse des Wollens geht, auch noch auf andere Art darthun, die später entwickelt werden wird. (Vgl. S. 30 f.)

verschiedene Schönheit erlangen, so liegen in den sittlichen Begriffen der Gerechtigkeit, der Liebe, der Treue u. s. w. offenbar Verhältnisse, ohne welche diese Begriffe jede bestimmte Bedeutung verlieren würden. Dabei ist zweierlei zu bemerken: erstlich, daß der Begriff des Verhältnisses hier ganz allgemein und nicht in der Beschränkung zu nehmen sei, die er in der Mathematik hat. Mathematisch stehen zwei Größen in einem Verhältniß, wenn die eine als aus der andern entstanden betrachtet werden kann; überdies ist in der Mathematik der Begriff des Verhältnisses durch den der Größe im strengsten Sinne des Wortes determinirt und somit lediglich auf Verhältnisse der Größen beschränkt. Zu einer solchen Beschränkung findet sich hier gar keine Veranlassung; sondern der Sinn des obigen Satzes ist ganz einfach der: daß keinem der Glieder für sich der Beifall gilt, sondern jedem nur insofern, als es sich mit den anderen zugleich der Auffassung darbietet. Ob die Glieder als auseinander abgeleitet, oder als nur zufällig zusammentreffend zu betrachten sind, ist dabei zunächst ganz gleichgültig. Damit hängt zweitens zusammen, daß man nicht über dem Begriffe dieser Verhältnisse die Auffassung des Gegenstandes, dessen Verhältnisse sie sind, und somit durch eine zu weit getriebene Abstraction den Gegenstand selbst über den Verhältnissen aus dem Auge verlieren dürfe. In der unmittelbaren Anschauung eines Kunstwerks, eines Charakters u. s. w. ist zwar zu diesem Fehler wenig Veranlassung vorhanden; im Gegentheile tritt hier dies bestimmte Bewußtsein der einzelnen Verhältnisse nur zu leicht hinter den Gesammteindruck des Ganzen zurück. Wohl aber kann es in der wissenschaftlichen Reflexion geschehen, daß der abstracte Begriff des bloßen Verhältnisses, abgesehen von den Gliedern desselben und dem Gegenstande, dessen Bestandtheile sie sind und der durch sie als Glieder eines Verhältnisses so oder anders charakterisirt wird, eine Bedeutung für sich selbst in Anspruch zu nehmen scheint. Aber auch dies würde eine leere Abstraction sein; sofern man unter leeren Abstractionen diejenigen versteht, bei welchen die bestimmte Bedeutung eines Begriffes in Beziehung auf die gerade jetzt vorliegende Aufgabe verloren geht. Die Bedeutung des Begriffes: Verhältniß, für Objecte der ästhetischen Auffassung ist immer daran gebunden, daß der Gegenstand durch die in ihm liegenden Verhältnisse, — nicht diese ohne den Gegenstand aufgefaßt werden, und deshalb darf die Auffassung des letzteren nicht verloren gehen über der abstrahirenden Reflexion auf jene[1]).

Die bisherigen Erörterungen über das Schöne und Gute haben nun allerdings insofern nur einen hypothetischen Charakter, als sie auf dem Gedanken ruhen: gesetzt, es gäbe etwas, was Anspruch darauf machen könnte, im Gegensatze zu dem blos Nützlichen, Lustbringenden und Angenehmen durch jene Begriffe bezeichnet zu werden, wie müßte es denn beschaffen sein? welcherlei Art ist der Beifall, der ihm gebühren würde? und worauf müßte sich die Aufmerksamkeit richten, um diesen Beifall in Form eines Urtheils auszusprechen? Gesetzt nun, es gäbe nichts wahrhaft Schönes und Gutes, so würde zwar die unmittelbare äußere Veranlassung zu dem Versuche einer Wissenschaft von demselben wegfallen; aber der allgemeine Begriff der Aufgabe einer solchen Wissenschaft würde dadurch nicht aufgehoben werden; vielmehr würden für ein Denken, welchem es gelänge, sich in die Anschauung solcher Verhältnisse zu versetzen, deren vollendete Vorstellung von einem willenslosen Urtheile des Beifalls unmittelbar begleitet würde, eine Mehrheit vorbildender Urtheile entstehen, die zugleich einen Maaßstab und somit die Principien für die Beurtheilung der größeren oder geringeren Vorzüglichkeit oder Verwerflichkeit alles desjenigen enthalten würden, was dem

1) Hiermit vergleiche man die Warnung, die Verhältnisse nicht durch ihre „Exponenten" aufzufassen bei Herbart Allg. prakt. Philos. S. 41. Auf diese Warnung, deren wahre Bedeutung in dem Obigen ausgesprochen zu sein scheint, ist der Umstand wohl nicht ohne Einfluß gewesen, daß Herbart den Begriff des Verhältnisses zu sehr auf die Analogie des mathematischen Begriffs davon beschränkt hat, so daß nur das im Verhältniß zu einander stehe, wovon das eine als die Abänderung des andern betrachtet werden kann. Daß das eine in vielen Fällen als Abänderung des andern betrachtet werden kann, mag zugestanden werden; gleichwohl ist das ästhetische Urtheil factisch von der Nachweisung der Entstehung des einen Gliedes aus dem andern ganz unabhängig. Die Frage: warum die Verbindung der Glieder eines dem ästhetischen Urtheile unterliegenden Verhältnisses allerdings eine gewisse Gleichartigkeit, man möchte sagen eine gemeinsame Heimath derselben vorauszusetzen scheint, berührt nicht die Gültigkeit und den Inhalt, sondern den für die Anerkennung dieser Gültigkeit nichts entscheidenden Ursprung des Urtheils.

Begriffe oder der Wirklichkeit nach in den Umfang jener Urtheile irgendwie fallen könnte. Nur würde für die Lösung einer solchen Aufgabe der allgemeine Begriff des Schönen und Guten ganz unbrauchbar sein. Denn dieser ist nichts, als das Abstractum, der allgemeine Ausdruck für die durch den Gegenstand selbst bestimmte absolute Werthgebung, und eben deshalb kann und darf in ihm nichts von dem bestimmten Inhalte der einzelnen ästhetischen Urtheile liegen. Wer Gemälde, Melodien, Gedichte, Bildsäulen durch den gemeinschaftlichen Begriff des Schönen bezeichnet, der denkt darin nichts von dem, was das specifisch Schöne des einen oder des andern ist, und die Idee des Schönen oder durch welchen anderen Ausdruck man dieses leere Abstractum bezeichnen möge, ist, man möge sie zergliedern so viel man wolle, eben so unfähig darüber Aufschluß zu geben, als etwa in der Idee des Guten eine Bestimmung darüber liegt, was das specifisch Verwerfliche der Lüge oder des Neides oder das specifisch Vorzügliche der Wahrhaftigkeit, der Gerechtigkeit u. s. w. sei. Vielmehr gestaltet sich jene Aufgabe der Natur der Sache gemäß so, daß man auszugehen habe von den einzelnen Verhältnissen selbst, welche für ein bestimmtes Gebiet Gegenstand des Beifalls oder des Mißfallens sind, um inne zu werden des Urtheils, welches sie hervorrufen; daß man diese Verhältnisse vollständig kennen zu lernen bemüht sein müsse; daß man dann erst fortschreiten könne zur Verbindung einer Mehrheit solcher Verhältnisse, welche in dieser Verbindung sammt den dadurch entstehenden neuen Verhältnissen ein größeres Ganze darstellen. Hat man auf diese Weise die verschiedenen Gebiete einer möglichen Beurtheilung durchmustert, dann erst würde sich sprechen lassen von dem, was sie mit einander gemein haben, von der Art, wie sie unter einander verbunden werden können, und allgemeine Bestimmungen, die sich auf alle Arten des Schönen gleichmäßig beziehen, würden, so weit sie überhaupt möglich wären, nicht der Anfang, sondern das Ende der ganzen Untersuchung sein. Wer einen festen Maaßstab für das musikalisch oder plastisch Schöne erlangen will, der wird sich, statt sich unter den Begriffen des Schönen, Erhabenen, Komischen, Tragischen u. s. w. umzusehen, an die bestimmten Verhältnisse hier der Töne, dort der Gestalten zu halten haben; und so lange diese Verhältnisse nicht gekannt und nachgewiesen sind, fehlt es an den ersten Elementen einer gründlichen Untersuchung. Diese Nachweisung müßte durch alle Gebiete, wo sich das Schöne darbietet, gleichmäßig geleistet sein; dann würde sich fragen lassen, wie z. B. die Verhältnisse der Töne verschmelzen mit dem Rhythmus, wie sich an beides im Gesange die Poesie anschmiegt; mit einem Worte, wie und in wiefern die natürlichen Grenzen jeder einzelnen Kunst übergehen in die vereinte Wirksamkeit mehrerer Künste, indem fast jedes ästhetische Ganze eine Masse zusammenwirkender, in einander verwebter, sich in ihrer Wirksamkeit gegenseitig unterstützender oder hemmender Reihen von Verhältnissen darstellt. Wie schwierig und weitläufig auch eine solche Untersuchung sein möge, die Wissenschaft darf sich über die ganze Anlage derselben nicht täuschen und das Beispiel der Musik, die in der Harmonienlehre eine zwar nicht vollständige, aber in gewissen Grenzen unerschütterliche ästhetische Grundlage hat, zeigt wenigstens, daß die Lösung einer solchen Aufgabe nicht schlechthin unausführbar ist.

Es würde nicht schwer sein, von hier aus den Charakter einer solchen Untersuchung durch Aussonderung alles dessen noch näher zu bestimmen, was in der Auffassung ästhetischer Objecte nicht ein den Gegenstand selbst betreffendes Urtheil, sondern die psychischen Erregungen bezeichnet, die sich in, neben und zum Theil vielleicht sogar durch die ästhetische Wirkung des Gegenstandes auf den Auffassenden sehr leicht einstellen. Wenigstens ist es ein sehr gewöhnliches Vorurtheil, mit welchem man an eine ästhetische Untersuchung geht, daß die Gefühle der Freude, des Schmerzes, der Bewunderung, der Begeisterung, die man von dem Kunstwerke erwartet, ja fordert[1]), auch aus einer ästhetischen Untersuchung hervorquellen sollen, und daß man diese für der Sache unangemessen hält, wenn sie auf die Erregung dieser oder anderer Gemüthszustände, die sämmtlich bald mehr, bald weniger den reinen, ruhigen, affect- und begierdelosen Beifall überschreiten, theilweis sogar ausschließen, nicht absichtlich oder unabsichtlich hinwirkt. Ist aber das Streben Effect zu machen, d. h. das Gemüth in eine Reihe verschiedenartiger, vielleicht wi-

1) Der Kürze halber verweisen wir auf Herbart Lehrb. zur Einl. 3. Ausg. S. 109 und 129 ff.

derſprechender Erregungen zu verſetzen, für den äſthetiſchen Werth eines Kunſtwerks, das dadurch vorherrſchend charakteriſirt wäre, mehr als verdächtig, ſo kann der wiſſenſchaftlichen Aufgabe einer Unterſuchung über das Schöne, die das Urtheil auf das lenken ſoll, was über dieſem Wechſel an ſich zufälliger Erregungen erhaben iſt, noch viel weniger dadurch genügt werden, daß ſie das Gemüth in die unruhige Beweglichkeit dieſer Zuſtände des Affects und der Leidenſchaft hineinziehe.

II. Begriff und urſprüngliche Aufgabe der Ethik.

Sollen in dem weiten Gebiete der äſthetiſchen Beurtheilung die Grenzlinien zwiſchen dem Schönen und Guten gezogen werden, ſo kann zuvörderſt der Unterſchied beider von einander nicht in der Art der Beurtheilung — denn das eine nimmt wie das andere einen abſoluten, unmittelbaren und unwillkührlichen Beifall in Anſpruch — ſondern er kann nur in dem Gegenſtande derſelben liegen. Nach dem eigenthümlichen Gegenſtande der ethiſchen Beurtheilung hat man aber nicht lange zu ſuchen, er bietet ſich ganz von ſelbſt in der allgemeinen Thatſache dar, welche der Anknüpfungspunkt für die ganze bisherige Unterſuchung war. Soll nämlich die unwillkührliche Beurtheilung des Wollens und Handelns gedacht werden als beſtimmt durch die Begriffe des Guten und Böſen, ſo muß ein gewiſſes Wollen und Handeln, unmittelbar und ohne Beziehung auf etwas außer ihm einen abſoluten und ſelbſtſtändigen Werth in Anſpruch nehmen oder einer eben ſolchen Verurtheilung unterliegen. Denn daß das Wollen und Handeln auch noch mancherlei anderen mittelbaren Beurtheilungen unterliegt, wenn es als Mittel für Zwecke, die dadurch erreicht werden ſollen, betrachtet wird, daß alſo neben der ethiſchen Beurtheilung ſich eine andere nach Rückſichten der Klugheit, der Brauchbarkeit, der Geſchicklichkeit geltend macht, liegt am Tage; aber eben ſo deutlich iſt es, daß das auf ſolche Rückſichten gegründete Vorziehen und Verwerfen nicht die Handlung ſammt dem Willen, aus welchem ſie hervorgeht, ſondern nur die Beziehung derselben auf etwas Anderes außer ihr trifft, so daß das Vorziehen oder Verwerfen mit diesem Beziehungspunkte wegfallen würde. Dabei liegt in dem Begriffe der Handlung (S. 6), daß das bloße Factum, das äußere Ereigniß losgelöst von seinem Zusammenhange mit der geistigen Regsamkeit, aus welcher es hervorgeht, für die ethische Beurtheilung nichts ist. Dadurch tritt nun das Streben und Wollen, als dessen Ausdruck die Handlung gebilligt oder gemißbilligt wird, ein für allemal als der eigentliche Gegenstand der ethischen Beurtheilung hervor, und die Voraussetzung, auf welcher alle Ethik beruht, läßt sich nun mit den kurzen Worten bezeichnen: es giebt einen Unterschied zwischen dem guten und bösen Willen; Billigung und Mißbilligung, Lob und Tadel, welche den Inhalt des ethischen Urtheils bilden, gelten dem Werth oder Unwerth des Wollens. Ob diese Voraussetzung sich bestätigt oder nicht, das läßt sich allerdings erst dann entscheiden, wenn diejenigen absoluten Urtheile, die den Maaßstab dieses Werthes enthalten, nachgewiesen sind; aber wer wirklich im Ernste jene Voraussetzung von vorn herein leugnete, oder sie für eine bloße Täuschung erklärte, für den hätte der Begriff der Ethik schlechterdings keine Bedeutung. Das Wollen möchte einem Solchen immer noch ein interessanter Gegenstand der Beobachtung und der Untersuchung, ein wichtiges Werkzeug in Beziehung auf das sein, was sich mit ihm machen läßt; an sich selbst aber müßte ihm jedes Wollen gleichgelten, und eine Untersuchung, die es unternähme, den eigenen Werth oder Unwerth des Wollens zu bestimmen, müßte, falls er consequent wäre, in seinen Augen als etwas rein Ueberflüssiges erscheinen. Ebenso, wenn vielleicht ein Anderer, jene Voraussetzung zwar zugebend, doch fragen wollte: warum denn nun die Beurtheilung gerade des Wollens der Gegenstand der Ethik sei, so würde das ungefähr so viel bedeuten, als die Frage: warum denn nun gerade die Verhältnisse der Töne und nicht die der Farben Gegenstand der musikalischen Harmonienlehre, oder die Classification der Thiere, und nicht die der Pflanzen Gegenstand der Zoologie sei? Giebt es einen Unterschied solcher und anderer Tonverhältnisse, so versteht es sich von selbst, daß eine auf sie gerichtete Untersuchung gerade diese und keine andern Verhältnisse zum Gegenstande hat; eben so versteht es sich ganz von selbst, daß, wenn es einen Unterschied des guten und bösen Willens giebt, die hierauf gerichtete Untersuchung eben den Willen und zunächst weiter nichts zum Gegenstande hat. Mit welchem Namen man eine solche Unterscheidung bezeichne, darauf kommt an sich nichts an; aber es ist auch kein Grund vorhanden einen Namen zu ändern, der schon als solcher die Beziehung auf den Willen verräth, wie er sich äußert in der Handlung und die bestimmende Kraft der Sitte, der Gesinnung, des Charakters und Lebens wird.

Hält man nun jene Voraussetzung zusammengenommen mit dem Begriffe der absoluten Werthgebung fest, so ergiebt sich durch eine einfache Subsumtion unter den früher (S. 17 ff.) entwickelten allgemeinen Satz: daß das absolut Gefallende niemals als vereinzeltes Element, sondern nur als Glied eines Verhältnisses gefalle, die für jede ethische Untersuchung ganz allgemeine Bestimmung: daß das Wollen nicht als vereinzeltes, sondern nur als Glied eines Verhältnisses Gegenstand des ethischen Lobes oder Tadels sein könne. Aber um die Bedeutung dieses Satzes für weitere Folgerungen zu benutzen, ist es nothwendig, zuvor noch einige an den Begriff des Wollens sich knüpfende Fragen genauer zu erörtern.

Läßt man zunächst alle psychologischen Theorien über die Entstehung und Ausbildung des Wollens bei Seite liegen, und hält man sich nur an das in der innern Erfahrung unmittelbar Gegebene, so tritt sogleich dreierlei hervor; erstlich, daß das Wollen unter den weiteren Begriff des Begehrens fällt, sodann, daß in der inneren Erfahrung kein Begehren im Allgemeinen vorkommt, sondern nur bestimmte Begehrungen, die zwar in mancherlei Verbindungen und Gegensätzen unter einander stehen, aber von denen jede einzelne durch den Gegenstand, auf den sie gerichtet ist, durch das Object der Begehrung individuell bestimmt ist, endlich, daß dieses mannigfaltige, veränderliche, sich tausendfältig durchkreuzende Begehren in der Einheit des persönlichen Bewußtseins ein gemeinschaftliches Centrum findet, vermöge dessen jeder sein Begehren Sich selbst zuschreibt.

Es entsteht also zuerst die Frage: welches Begehren ein Wollen sei? Denn unter den allgemeinen Begriff des erstern fallen noch eine Menge psychischer Phänomene, welche die Sprache durch die zum Theil in einander fließenden Ausdrücke: Wunsch, Verlangen, Sehnsucht, Trieb, Neigung, Hang, Vorsatz, Sucht, Wille u. s. w. bezeichnet. Wie schwierig, ja wie unmöglich es nun auch sein mag, diese innern Zustände, für deren Bezeichnung beinahe jede Sprache andere Nuancen darbietet, auf ganz bestimmte Begriffe zu bringen; unmittelbar deutlich ist doch so viel, daß das Wollen nicht etwas von dem Vorstellen Getrenntes ist. **Ignoti nulla cupido**, ist ein eben so alter, als richtiger Satz. Wenn also die leisen Regungen eines Vorstellens, welches gleichsam nur erst im Begriff ist, im Bewußtsein sich geltend zu machen, oder jenes unbestimmte innere Drängen, welches sich eines bestimmten Gegenstandes nicht bewußt und eben deshalb der Sitz mannigfaltiger Gefühle ist, zwar vielleicht der Anfang und die Quelle sehr heftiger Begehrungen sein können, aber doch auf den Namen des Wollens keinen Anspruch machen, so wird das Wissen von dem, was man will, ein wesentliches Merkmal des Wollens sein. Zu sagen, man könne wollen, ohne zu wissen, was man will, würde wenigstens die auch im gewöhnlichen Sprachgebrauche ausgeprägte Bedeutung dieses Begriffs willkührlich verwirren; das Urtheil: er weiß nicht, was er will, enthält eben die Andeutung eines so unbestimmten und unklaren Begehrens, daß es den Namen des Wollens sich nicht zueignen könne. Aber der Wille unterscheidet sich von dem bloßen Wunsche, der Sehnsucht u. s. w. auch noch durch die Voraussetzung der Erreichbarkeit des Begehrten. Wer da spricht: ich will, der hat sich des Künftigen in Gedanken schon bemächtigt, er sieht sich vollbringend, besitzend, genießend. „Zeigt ihm, daß er nicht könne; er will schon nicht mehr, indem er Euch versteht. Die Begierde aber wird vielleicht bleiben, und mit allem Ungestüm toben oder sich mit aller Schlauheit versuchen. In diesem Versuchen liegt wieder ein neues Wollen; nicht mehr des Gegenstandes, sondern der Bewegungen, die man macht, mit dem Wissen, man sei ihrer mächtig, und werde, vermittelst ihrer, seinen Zweck erreichen. Der Feldherr begehrt zu siegen, darum will er die Manoeuvres seiner Truppen. Er würde auch diese nicht wollen, wäre ihm nicht die Kraft seiner Befehle bekannt. Aber man wolle einmal (diese Aufgabe ist von Jacobi), man wolle einmal so tanzen, wie ein Vestris kann tanzen wollen"[1]). Darum eben giebt es ein verständiges und unverständiges Wollen; denn der Thor setzt die Erreichbarkeit dessen voraus, was er nicht erreichen kann, aber doch will.

Faßt man nun beide Merkmale zusammen, so zeigt sich, daß Wollen das bewußte, mit der Voraussetzung der Erreichbarkeit des Begehrten verbundene Begehren sei. Dieser Begriff des Wollens schneidet nun zwar sogleich die Frage ab: ob denn der Wille auch fortschreiten werde zur Handlung, weil ein Wille, der, obgleich er handeln könnte, gleichsam stecken bliebe im bloßen Begehren, gar nicht im strengen Sinne Willen zu nennen sein würde. Gleichwohl läßt er noch immer sehr verschiedene Grade der Stärke, der Dauer, der Klarheit, der Festigkeit u. s. w. zu und es mögen darin für die Beurtheilung eines wirklichen Wollens große Schwierigkeiten und Verwickelungen liegen. Gerade deshalb ist es für den Anfang nöthig, den Begriff des Wollens möglichst rein festzuhalten, um nicht die Beurtheilung selbst in die Schwankungen zu verwickeln, denen ihr Object unterworfen ist. Denn daß die Berücksichtigung dieser möglichen Modificationen für die Anwendung des ethischen Urtheils auf die Verhältnisse des Lebens nothwendig sein wird, erhellt schon daraus, daß sich jedes Begehren zum Wollen ausbilden kann; daher denn mit Rücksicht auf diese Anwendungen mit Recht gesagt worden ist, daß der Unterschied des Wollens von den übrigen Modificationen des Begehrens für die praktische Philosophie von keinem Einflusse sei[2]). Zunächst aber, und so lange keine bestimmte Veranlassung vorhanden ist, das Begehren in allen seinen möglichen Abstufungen ins Auge zu fassen, werden wir uns, um den Gegenstand der Beurtheilung möglichst rein im Auge zu behalten, auf das Wollen in der angegebenen Bedeutung beschränken.

Wo es sich nun um den Werth oder Unwerth eines solchen oder andern Wollens handelt, da erhellt ferner unmittelbar, daß es sich nicht handle um den Werth des Gegenstandes, welcher gewollt wird. Wäre ein Wollen deshalb gut oder bös, weil es gerade diesen bestimmten Gegenstand begehrte, so käme ihm der Werth vom Objecte, und der ursprüngliche und eigent-

---

1) Herbart allgem. Pädag. S. 330.

2) Herbart allg. prakt. Philos. S. 68.

liche Gegenstand der Werthschätzung wäre nicht das Wollen, sondern das Object des Wollens. Die Evidenz dieses Satzes verdunkelt sich allerdings fast bis zur Unkenntlichkeit dadurch, daß es doch Gegenstände, Zwecke, Aufgaben des sittlichen Strebens, einen Inhalt des sittlichen Wollens geben müsse, so daß eben in der Richtung des Wollens auf diese Zwecke sein sittlicher Werth liege. Die Bedeutung dieses Einwurfs und die Verwickelungen, auf welchen er beruht, lassen sich erst allmählig vollständig aufklären; zunächst diene zur Antwort die Erinnerung daran, daß, wenn etwa die Freundschaft oder die Gerechtigkeit, oder das Mitarbeiten an einem ethischen Gemeinwesen als Object der sittlichen Thätigkeit gesetzt wird, in Beziehung auf welches der Wille gut genannt zu werden verdiene, dann dieses Object selbst durch eine gewisse Beschaffenheit des Willens charakterisirt ist; daß also dann nicht ein von dem Wollen überhaupt verschiedenes ihm äußeres Object, sondern Verhältnisse, Beziehungen der Willen zu einander als Gegenstände und Zielpunkte des Wollens hingestellt werden. Wollte man aber von vorn herein den Werth des Wollens abhängig denken davon, daß es nach äußeren Gegenständen, wie etwa nach einem gewissen Quantum des Besitzes, oder nach dem Beifalle Anderer, oder nach Macht und Ehre strebe, so würde man sehr bald finden, daß darüber der eigene Werth des Wollens verloren geht, indem man den Gegenstand der ursprünglichen Beurtheilung vertauscht und das Object des Wollens an die Stelle des Wollens selbst setzt. Obgleich es daher eine ganz leere Abstraction sein würde, den leeren Allgemeinbegriff des Wollens ohne Rücksicht darauf, daß der Wollende etwas will, festzuhalten, da vielmehr sehr viel davon abhängt, sich immer gegenwärtig zu erhalten, daß der wirklich Wollende auch wirklich etwas will, so kann doch der unmittelbare Gegenstand der ethischen Beurtheilung nicht dieses Etwas sein. Von hieraus nun läßt sich die oben (S. 19) gegebene Deduction des Satzes: daß Verhältnisse des Wollens der eigentliche Gegenstand der ethischen Beurtheilung sind, nicht nur von einer andern Seite darstellen, sondern auch noch einen Schritt weiter führen.

Es handelt sich um ein Urtheil über den Werth, die Würde des Wollens. Der Gegenstand desselben muß das Wollen, d. h. der einzelne bestimmte Willensact entweder blos als solcher, oder nicht blos als solcher sein. Hätte nun das Wollen blos als solches, als innere Thätigkeit und Regsamkeit einen Werth, so fiele damit der Unterschied zwischen dem guten und bösen Willen weg; wollen und gut wollen wäre einerlei. Folglich kann das Prädicat des guten oder bösen dem Wollen nur zukommen, wenn man es nicht als solches, sondern zusammengenommen mit einem Beziehungspunkte desselben, im Verhältnisse dazu betrachtet. Dieser Beziehungspunkt könnte aber ferner gesucht werden entweder in den Gegenständen, in dem, was man will; oder nicht in den Gegenständen. Nun ist der Werth der Gegenstände nicht der des Wollens; hat der Gegenstand einen Werth an sich (wie z. B. das Schöne), so liegt dieser Werth in den eignen Verhältnissen des Gegenstandes, aber nicht in seinem Verhältniß zu einem Wollen, und würde ihm ein Werth beigelegt, weil er gewollt würde, so liegt darin keinerlei Entscheidung über den Werth dieses Wollens. Folglich kann das Verhältniß des Willens, welches die ethische Beurtheilung unmittelbar trifft, nicht ein solches sein, in welchem der Begriff des Gegenstandes als Glied vorkommt. Läßt man nun diese Beziehung auf den Gegenstand fallen, so bleiben als mögliche Beziehungspunkte des Wollens, die fähig sind, als Glied eines Willensverhältnisses aufgefaßt zu werden, nur das eigne Bewußtsein des Wollenden, oder ein anderer Wille übrig; und hier also müssen die Verhältnisse gesucht werden, deren Werth im Allgemeinen durch die Prädicate gut oder bös bezeichnet wird.

Es ist in dem Bisherigen stillschweigend angenommen worden, daß das Wollen, welches als Glied eines Verhältnisses absolut gebilligt oder gemißbilligt wird, ein einzelner, kraft dieses Verhältnisses so oder anders bestimmter Willensact ist. Diese Annahme stimmt mit der Thatsache zusammen, daß die Unterscheidung eines löblichen und verwerflichen Wollens sehr häufig unmittelbar die Verhältnisse der einzelnen Willensacte trifft, noch ohne Beziehung auf die Einheit des persönlichen Bewußtseins, dessen Gesammtauffassung sie mitbestimmen. Die gewaltsame Heftigkeit, durch welche sich ein sonst besonnener Mensch in einem einzelnen Falle zu einer harten, ungerechten Handlung hinreißen läßt, kann sich, abgesehen davon, in wiefern sie in dem Ganzen seines persönlichen Charakters wurzele, dem Tadel nicht entziehen; und das Löbliche einer gerechten Handlung verschwindet nicht, auch wo man eine solche Handlungsweise von der Person nicht gewohnt ist. Aber es könnte sehr leicht scheinen, als sei diese Beurtheilung des einzelnen Willensactes eben nur eine unvollkommene, für die Grundlegung der Wissenschaft untaugliche; und es sei eben darum nothwendig, sie gegen eine richtigere zu vertauschen. Denn offenbar bedeute die ethische Beurtheilung nur in Beziehung auf die Person etwas, die Persönlichkeit sei also dasjenige, was sich jener Beurtheilung zunächst und ursprünglich darbiete, und deshalb müsse die Frage nach den Principien der Ethik unmittelbar vom Begriffe der Persönlichkeit ausgehen.

Was darauf zu antworten ist, ist nicht schwer zu finden. Es müßte nämlich dann vor allem der Begriff der Persönlichkeit so beschaffen sein, daß sich in ihm die Quelle des ethischen Urtheiles nachweisen ließe. Untersucht man nun den Inhalt dieses Begriffs, und hütet man sich, ethische Bestimmungen stillschweigend in ihn hineinzuschieben, um sie hernach scheinbar wieder daraus abzuleiten, so zeigt sich, daß Persönlichkeit zunächst nichts weiter ist, als Selbstbewußtsein, d. h. dasjenige Verhältniß eines vorstellenden Wesens zu sich selbst, vermöge dessen es sich in allem seinen Vorstellen, Denken, Wollen, Fühlen als dasselbe, alles sein Vorstellen u. s. w. als sein Vorstellen weiß. So wichtig es nun auch ist, daß die Person als wollend ihr Wollen sich zuschreibt, so ist doch diese Rückbeziehung des eigenen Wollens auf das eigene Ich nicht etwas, was schon rein an sich selbst einen ethischen Gehalt darzustellen Anspruch machte; jenes Selbstbewußtsein, die Ichheit als der eigentliche Sitz der Persönlichkeit, blos als solche, gilt dem guten und dem schlechten Menschen gleichmäßig, ja sie kann in der verdorbenen Seele sogar weiter ausgebildet sein, als in der schuldlosen und reinen. Persönlichkeit im ethischen Sinne muß also etwas Anderes sein, als Persönlichkeit in der allgemeinen, psychologischen Bedeutung; aber die bestimmten Merkmale, durch welche sich jene von dieser unterscheidet, können nicht in dem allgemeinen Begriffe der Persönlichkeit liegen; sondern sie setzen einen von diesem Begriffe unabhängigen Maaßstab der Beurtheilung voraus, mit welchem verglichen die Person einen solchen oder anderen Werth gewinnt.

Die Person unterliegt dem ethischen Urtheile, das ist keine Frage; aber das ethische Urtheil trifft die Person, nur in sofern sie will und handelt; erst also muß man wissen, welches Wollen und Handeln abgesehen von der Beziehung auf die Einheit des persönlichen Bewußtseins löblich oder schändlich sei, ehe man entscheiden kann, ob eine Person, deren Wollen und Handeln ein solches oder anderes ist, Lob oder Tadel verdiene*). Es ist nöthig diesen Gedanken bei der Frage nach den Anfangspunkten, den Principien der Ethik streng festzuhalten; abgesehen davon versteht sich von selbst, daß die unvermeidlichen, sich überall aufdringenden Beziehungen des Wollens auf die Persönlichkeit jede von den Principien zu den Anwendungen fortschreitende Untersuchung ganz wesentlich begleiten und mitbestimmen müssen.

Obgleich nämlich der Begriff der Persönlichkeit aus den eben angeführten Gründen nicht der Ausgangspunkt für die Feststellung der ethischen Principien ist, so ist doch die Beziehung des Wollens auf die Person so innig und unauflöslich, daß beides in der Auffassung concreter Fälle fast unwillkührlich zusammenfällt. Wie wichtig nun auch für die Beurtheilung solcher concreten Fälle die Frage ist, in wiefern dieses oder jenes Wollen wirklich als Ausdruck der ganzen Persönlichkeit betrachtet werden könne, so genügt doch schon die allgemeine Bemerkung, daß jedes Wollen zu irgend einem Theile den Werth der Person nothwendig mitbestimmt, um die ganz verschiedene Stellung hervorzuheben, in welche ein Vernunftwesen dem allgemein ästhetischen und dem ethischen Urtheile gegenüber gerathen muß. Es ist vollkommen richtig, daß das sittliche Urtheil, als diejenige nähere Bestimmung des ethischen, welche dadurch charakterisirt ist, daß sie eine

*) Wenn vorhin gesagt worden ist, daß das andere Verhältnißglied im ethischen Urtheile entweder das eigene Bewußtsein des Wollenden oder ein anderer Wille sein müsse, so liegt darin für das erste Glied keine Provocation auf die Persönlichkeit, die Ichheit. Jenes Bewußtsein kann ebenfalls ein einzelner mit diesem bestimmten Willensact verbundener Vorstellungsact sein; deshalb wird der specifisch sittliche Gehalt dieses Verhältnisses zwischen Wille und Bewußtsein nicht unmittelbar darin gesucht werden können, daß beide in der Identität einer und derselben Person mit andern Acten des Willens und des Bewußtseins zur Ichheit zusammenfallen.

solche oder andere Beschaffenheit des Willens zur Person, deren Wollen es ist, rechnet, lediglich und ausschließend der Person gilt. Der natürliche Grund davon ist, daß die Person unvermeidlich der Beurtheilung unterliegt, welche das Wollen, durch welches sie charakterisirt ist, trifft. Wenn sich daher alle übrigen Kunstlehren auf den Werth dieser oder jener Sache (eines Gemäldes, einer Bildsäule u. s. w.) beziehen, bestimmt die Ethik wesentlich den Werth der Person. Wo es also irgend in einem Vernunftwesen zur Entwickelung der Persönlichkeit gekommen ist, da ist es für diese Person factisch unmöglich, sich dem sittlichen Urtheile zu entziehen. Denn die Beurtheilung eines solchen oder andern Wollens hängt nicht von dem subjectiven Belieben und der Willkühr ab; wollen, sein Wollen als das seine anerkennen und von dem billigenden oder mißbilligenden Urtheil getroffen werden, ist eins mit dem andern gesetzt. Wenn es daher wohl einen Sinn hat, zu sagen: ich will nicht malen und weder schöne noch unschöne Gemälde produciren, so hat es in Wahrheit keinen Sinn zu sagen: ich will nicht wollen, um keine Veranlassung weder zum Lobe noch zum Tadel zu geben, der mich treffen könnte. Denn dieses Wollen des Nichtwollens, gesetzt die innere Regsamkeit der Person könnte sich in dieses bloße Wollen des Nichtwollens verknöchern, wäre selbst ein Wollen und würde dem sittlichen Ideale gegenüber der — eignen oder der fremden — Beurtheilung unterliegen. Gesetzt also, das ästhetische Urtheil überhaupt verwandelte sich unter gewissen Verhältnissen in die Form eines Gebotes oder Verbotes, — wie denn wirklich keine Kunstlehre solcher Gebote und Verbote entbehrt, — so würden die Imperativen der Aesthetik für die Person immer nur hypothetische sein: wenn du ein Musikstück componiren willst, so vermeide fortschreitende Quinten u. s. w., wobei die Frage: ob die Person componiren solle, von dem Gesichtspunkte der ästhetischen Kunst aus, ganz unentschieden bleibt, vielmehr erst in der Frage nach dem sittlichen Werthe eines auf die Production des Schönen gerichteten Willens selbst ein Gegenstand einer höheren sittlichen Ueberlegung wird, während dagegen die Imperativen der Sittlichkeit kategorisch sind: wolle so und nicht anders. Denn das Wollen ist einmal da; es erzeugt sich in dem geistigen Leben immer von Neuem; und so wenig auch die Ethik dahin reicht, wo kein Wollen ist*), und das ethische Urtheil sich nicht in eine Sittenlehre ausbreiten kann, wo die Bedingungen der Ausbildung der Persönlichkeit fehlen, so gewiß tritt doch die Sittenlehre der Person als eine unentfliehbare Censur gegenüber. Alles das kündigt sich schon für das gewöhnliche sittliche Bewußtsein durch den Begriff des Gewissens so deutlich an, daß es kaum nöthig wäre, ein Wort darüber zu verlieren, wenn nicht die Neigung, der Subsumtion des ethischen Urtheils unter das ästhetische die Consequenz unterzuschieben, als ob deshalb die Ansprüche des ersteren an das Wollen des Menschen auf die des letzteren herabgesetzt werden müßten, eine Erinnerung dieser Art rechtfertigte. Und wie viel fehlt noch, daß das Gesagte schon alles enthielte, wodurch der ganze Ernst der Kunst des sittlichen Lebens sich von dem freien und ungebundenen Spiel unterscheidet, welches andere Künste in ihrem Gebiete zwar nicht fordern, aber gestatten! Gleichwohl muß es, hier, wo weder der Inhalt der ethischen Urtheile, noch die Natur der übrigen Künste als bekannt vorausgesetzt werden können, genügen, wenigstens noch an ein paar möglichen Einwürfen zu zeigen, wie die Ethik als die Wissenschaft von dem absoluten Werthe des Wollens sammt dem aus ihm hervorgehenden Handeln durch das Festhalten an diesem ihrem Gegenstande immer wieder im Stande sein wird, sich aus zufälligen oder absichtlich angelegten Verwickelungen herauszuarbeiten.

Zuerst also: es ist oben (S. 12) aufmerksam gemacht worden auf die Verwandtschaft des Angenehmen mit dem Schönen; mit

*) Daß das ethische Urtheil weiter reicht als der Begriff des Sollens, der Pflicht, beweist die Thatsache, daß, obwohl Niemand von einer Sittenlehre für die Thiere sprechen wird, doch Gutmüthigkeit oder Bosheit, Treue, Falschheit u. s. w. auch an den höheren Thierclassen Gegenstand einer nicht blos nach logischen Unterschieden sich richtenden Auffassung sind. Daß aber vollends der Begriff des Sollens noch nicht identisch ist mit dem der moralischen Selbstnöthigung, beweisen die Urtheile der Kinder, die oft sehr wohl bemerken, was andere zu thun schuldig sind, ohne deshalb sich selbst verpflichtet zu fühlen. Diese Bemerkungen sollen nur vorläufig darauf aufmerksam machen, daß zwischen den Principien und den Spitzen des Baues, in welche die Anwendung jener hinausläuft, mehr als eine Vermittelung liegen muß, die die Wissenschaft nicht überspringen darf.

dem Zugeständniß, daß, falls es gelänge, das, was an dem Angenehmen vorgezogen wird, von der bloßen Empfindung zu sondern und seinen eigenen Verhältnissen nach aufzufassen, dadurch die Empfindung des Angenehmen sich verwandeln würde in die beurtheilende Auffassung desselben als eines Schönen. Töne, Gestalten, Farben sind eben deshalb Gegenstand einer ästhetischen Beurtheilung, weil sich die Verhältnisse derselben abgesondert von der bloßen Empfindung bestimmt nachweisen und sich somit angeben läßt, was eigentlich daran gefällt. Bei den Geschmacks- und Geruchsempfindungen will etwas Aehnliches nicht gelingen. Niemand hat noch im Ernste versucht, die Gastronomie als ein Capitel der Aesthetik abzuhandeln. Gesetzt nun, aus dem Scherze, die Genußlehre des Essens in eine Kunstlehre zu verwandeln*), würde Ernst, gesetzt, es gelänge, die Verhältnisse des Schmeckbaren eben so objectiv zu bestimmen, wie die Verhältnisse des Hörbaren, würde nun wohl daraus eine Gefahr für die Ethik drohen? Nicht die geringste; diese Vermehrung der bekannten Gebiete des Schönen würde das eigenthümliche Gebiet der Ethik eben so wenig beschränken oder erweitern, als dieses durch das Vorhandensein der Musik, der Malerei, der Poesie u. s. w. geschieht. Oder meint man etwa, daß die ethische Beurtheilung sich ändere, oder wegfallen würde, wenn der Mensch keine Ohren hätte, um die Unterschiede des Harmonischen und Disharmonischen in den Tönen aufzufassen?

Dennoch läßt sich einer solchen Frage noch eine andere Seite abgewinnen, durch folgende Reflexion. Die Person ist nicht blos wollend, sondern auch denkend, empfindend; (es giebt ein Mehr und Minder der Einsicht, der Kenntnisse, des Scharfsinns u. s. w.; einen solchen oder andern Rhythmus des Empfindens, so oder anders sich charakterisirende Neigungen u. s. w.); die gesellschaftliche Person hat überdies Prädicate, die aus ihrer Stellung in der Gesellschaft herrühren (Macht, Ehre, Ansehen u. s. f.), der Mensch endlich solche, die sich auf seinen Leib beziehen (Gesundheit, Kraft, Gewandtheit, Wohlgestalt sammt ihren Gegentheilen und Abstufungen). Diese Prädicate können, das läßt sich nicht leugnen, zum großen Theil Subjecte eines ästhetischen Urtheils werden;

*) A. Anthus Vorlesungen über Eßkunst. Leipz. 1838.

und folglich kann die Frage entstehen, welcher Werth etwa den durch diese Subjecte bezeichneten Eigenschaften neben denen des Wollens und abgesehen davon gebühre? Faßt man diese Frage in ihren eigenen Grenzen streng auf und schiebt man nicht jenen Prädicaten (Verstand, Ansehen, Schönheit u. s. w.) stillschweigend schon eine sittliche Bedeutung unter, indem man sie entweder als Product eines auf sie gerichteten Willens oder sonst in einer Beziehung zu sittlichen Zwecken auffaßt, so zeigt sich, daß, weil die Gegenstände der Beurtheilung ganz verschiedenartig sind, die Frage nach der Rangordnung jener Werthe so lange gar keine bestimmte Bedeutung hat, als man nicht einen gemeinsamen Beziehungspunkt hinzudenkt, dessen Werth durch jene Prädicate verschiedenartig bestimmt wird. Ein solcher Beziehungspunkt würde hier die Person sein; die Frage nach jener erwarteten Rangordnung wird also erst da aufgeworfen werden können, wo der Begriff der Persönlichkeit hinzutritt zu der Gesammtheit der ethischen Urtheile oder, wie ihr Ausdruck anticipirend bezeichnet werden darf, zu den ethischen Ideen, und die Beantwortung derselben würde dann abhängen von der Frage: wie wesentlich die Person als solche durch ihr Wollen charakterisirt sei? Ohne diese Beziehung auf die Person hätte eine solche Vergleichung der Werthe gar keinen bestimmten Sinn; denn es ist unmittelbar klar, daß der Werth aller jener verschiedenen Eigenschaften kein sittlicher Werth ist, und daß die Bestimmung dieser Werthe an sich das eigenthümliche Gebiet der Ethik gar nicht berührt.

Fragen dieser Art können also wohl von dem in der Natur der Sache liegenden Gange abführen, aber sie können unmittelbar keine andere Aufklärung geben, als nur diese negative, daß, sobald man die Beurtheilung des Wollens aus dem Auge verliert, man dann in Gefahr komme, von der eigentlichen Aufgabe der Ethik abzuirren. Um aber diese noch näher zu bestimmen, darf die Erinnerung nicht länger zurückgehalten werden, daß mit dem allgemeinen Begriff der Beurtheilung des Wollens und dem Satze: „das (logische) Subject des ethischen Urtheils ist ein Wollen als Glied eines Verhältnisses", für den bestimmten Inhalt dieser Beurtheilung auch nicht das Geringste gewonnen ist; vielmehr stellt sich als die ursprüngliche Aufgabe der Ethik eben die Forderung ein, diesen Inhalt zu finden. Auf die Grundfrage: welcher Wille ist gut, welcher schlecht? ist übereinstimmend mit dem S. 17 ff. Gesagten keine andere Antwort möglich, als die in der Nachweisung derjenigen bestimmten Willensverhältnisse liegt, an deren reine und begierdelose Auffassung sich ein unmittelbares und willenloses Urtheil des Beifalls und Mißfallens, der Billigung und der Mißbilligung knüpft. Diese Willensverhältnisse in Begriffen aufgefaßt und zusammengenommen mit dem in ihrer Auffassung hervortretenden Urtheil würden der Maaßstab der Beurtheilung jedes wirklichen Wollens sein; unabhängig von den concreten Erscheinungen des Lebens, würde jedes dieser Verhältnisse in ein Bild zusammentreten, welches in seiner ganzen Reinheit gedacht, ein Musterbild des Wollens wäre, ein Urbild der Vortrefflichkeit, welchem angemessen oder unangemessen der Wille einen solchen oder andern Werth oder Unwerth bekäme; der begriffsmäßige Ausdruck dieser Musterbilder würde mit Recht auf den alten ehrwürdigen Namen einer ethischen Idee Anspruch machen können; endlich: die ethischen Ideen würden die wahren Principien der Ethik sein, und die Lehre von den Ideen ist nothwendig derjenige Theil der Wissenschaft, welcher erst bestimmt sein muß, ehe sich irgend eine andere Frage auf dem ethischen Gebiete auch nur aufwerfen läßt.

Die Forderung, die Ideen als die Principien der Beurtheilung nachzuweisen, enthält ferner nicht die geringste Entscheidung darüber, ob es nur eine oder ob es mehrere Ideen gebe, sondern es muß sogleich hier ausgesprochen werden, daß, wie es sich damit verhalte, ganz und gar von dem Gange der Untersuchung selbst abhängt. Die Befürchtung wenigstens, daß bei einer Mehrheit der Ideen etwas fehlen würde an der systematischen Abrundung der Wissenschaft, ist weder gegründet; denn ein System, d. h. ein zusammenhängendes und zusammenstimmendes Ganze einer Mehrheit von Theilen könnte sich bei einer Mehrheit der Principien eben so regelmäßig entwickeln, wie dies etwa von einem Principe aus geschehen könnte; noch hat sie als Einwurf irgend eine Bedeutung, weil sich überhaupt bei keiner wissenschaftlichen Untersuchung der Gehalt der Principien nach einer voraus angenommenen Form des Systems, sondern dieses nach jenem zu richten hat. Eine Einheit aber erkünsteln oder erzwingen, wo keine in der Natur der Sache liegt, ist zwar in manchen Fällen sehr leicht, aber niemals ohne nachtheilige Folgen. Wenigstens in Beziehung auf die ethischen Ideen würde es, falls es deren mehrere gäbe, deren jede unabhängig von den übrigen ihre specifische Bedeutung hätte, gewiß nicht schwer sein, von ihnen aus durch Abstraction rückwärts die Idee des Guten zu bilden; aber für diesen allgemeinen Begriff des Guten würde von der specifischen Bedeutung abstrahirt werden müssen, durch welche die Ideen sich als die Principien einer gerade so und nicht anders bestimmten Beurtheilung ankündigen; es würde nichts übrig bleiben als der allgemeine Gegensatz des Guten zu dem Nützlichen, Lustbringenden, Angenehmen, sammt der Unterscheidung desselben von dem Schönen; die Hauptfrage aber: welcher Wille gut oder nicht gut sei? würde dabei ganz unbeantwortet bleiben. Gerade diese Verwechselung des allgemeinen Gegensatzes des Guten zu dem blos Nützlichen u. s. w. mit dem bestimmten Inhalte der ethischen Beurtheilung erregt wohl meistentheils den Schein, als könne die Ethik ohne Einheit des Princips nicht bestehen; eine Täuschung, die sogleich verschwindet, wenn man den Umfang eines wissenschaftlichen Gebietes nicht mit demjenigen verwechselt, was innerhalb dieses Gebietes auf Beachtung und Gehorsam ein Recht hat. Dieser Scheu, eine Mehrheit einander coordinirter Principien anzuerkennen und vollständig zu entwickeln, verdankt die Ethik der Schulen zum Theil auch jene Dürftigkeit, die von den sittlichen oder unsittlichen Erscheinungen des Lebens und der Geschichte so sehr überboten wird. Daß jede einseitige sittliche Beurtheilung schon der einzelnen Handlung und noch mehr eines Charakters, eines Volkes, einer zusammengehörigen Reihe historischer Begebenheiten unzureichend ist, schon diese Thatsache führt auf die Vermuthung, es möge wohl mehrere Quellen der sittlichen Beurtheilung geben, die bei der Bestimmung des Gesammtwerthes gleichmäßig berücksichtigt sein wollen, und enthält eine deutliche Warnung, der freien Entwickelung der Wissenschaft nicht gleich von vorn herein durch das Axiom: es dürfe und könne nur ein Princip geben, hemmend in den Weg zu treten.

Wichtiger, als bei dieser Frage zu verweilen, die sich später von selbst beantworten wird, ist es vorläufig zu überlegen, auf welchem Wege man sich der Ideen werde bemächtigen können.

Der Versuch, ihnen auf empirischem Wege nachzuspüren, würde ganz erfolglos sein. Denn gleichsam herumzugehen auf dem Markte des Lebens, zu fragen: was haltet ihr für gut? und aus den verschiedenen Antworten ein Resultat zusammenzulesen, welches bei den mancherlei Antworten, die man erhalten würde, etwa die durchschnittliche Ansicht darstellte, um dann dieses Resultat als Princip zu benutzen, würde den absoluten Maaßstab doch gar zu deutlich in die Unvollständigkeit, Veränderlichkeit, Mangelhaftigkeit und Beschränktheit der jetzt oder früher vorhandenen sittlichen Bildung hineinziehen heißen, als daß jemand ernsthaft diesen Weg einschlagen sollte. Oder wollte man wählen aus den so vorgefundenen Urtheilen, so setzte diese Wahl schon einen von dem empirisch Gegebenen unabhängigen Maaßstab voraus, so daß jenes empirische Verfahren nur die Probe, nicht die Quelle für die Bestimmung der Ideen wäre. Selbst der Versuch, die Ideen als ein factisch Vorhandenes aus dem eigenen Bewußtsein über einzelne concrete Fälle zu entnehmen, die Empirie der Selbstbeobachtung und Selbstauffassung zur Erkenntnißquelle derselben zu machen, würde sie ebenfalls der Unsicherheit und Veränderlichkeit dieses empirischen Stoffes aussetzen. Denn in dem eigenen Bewußtsein spricht das Gewissen nicht immer gleich deutlich und gleich stark; in dem eigenen Bewußtsein wohnen die bösen wie die guten Gedanken; die successive Entwickelung des geistigen Lebens bringt zwar überall ein mannigfaltiges Vorziehen und Verwerfen zum Vorschein, aber das Kennzeichen, daß ein im eigenen Bewußtsein sich factisch geltend machendes Vorziehen und Verwerfen auch wirklich auf das wahrhaft Vorzügliche und Verwerfliche gehe, darzubieten, ist das bloße Factum des empirischen Vorziehens und Verwerfens und die Vergleichung desselben untereinander ohne einen schon stillschweigend zu Grunde liegenden Maaßstab nicht im Stande. Ueberhaupt liegt es in dem Begriffe einer ethischen Idee, daß sie auf empirischem Wege ganz und gar nicht gefunden werden kann; denn was (nicht blos als allgemeiner Begriff, sondern) als ein Musterbild über allem Gegebenen, welches in den Umfang seines Begriffs fällt, gleichmäßig steht, kann seinen Inhalt nicht aus der empirischen Auffassung dieses Gegebenen entlehnen. Darin liegt nun die Aufgabe einer Construction der Ideenlehre; und die erste Bedingung einer solchen ist, abzusehen nicht nur von den verschiedenen Modificationen des Willens, seiner Entstehung, seiner Stärke, seinem Wachsen und Abnehmen, seiner Verflechtung mit dem buntfarbigen Anderen, was neben ihm im wirklichen Bewußtsein sich regt und es so oder anders bestimmt, sondern auch von der Wirklichkeit desselben, also auch davon, ob es der eigene oder ein fremder Wille sei, dem die Beurtheilung gilt. Nicht, daß ein Wille vorhanden ist und wirkt in der wirklichen Welt, kann einen Aufschluß geben über die Ideen; sondern der bloße Gedanke, das Bild eines Wollens, welches, wenn es wirklich wäre, als Nachbild das Lob oder den Tadel verdienen würde, die sich an das Urbild heften, ist festzuhalten, um an ihm zu prüfen, welcher Wille gut sei oder schlecht. Sich hineinversetzen muß die Ideenlehre unabhängig von der Erfahrung in die reinen Gedankenumrisse möglicher Willensverhältnisse, um die Stimme des Beifalls und Mißfallens zu vernehmen, der ihnen gebührt. So urtheilt sie nicht selbst, aber „sie macht urtheilen"; sie erfindet nicht, aber sie findet; und was sie findet, sucht sie rein und unvermischt mit fremdartigen Zusätzen, die das Urtheil bald nur verdunkeln, bald verderben, der auffassenden Betrachtung darzubieten. Wollte man nun in der Erwartung, daß sich mit dem reinen Gedanken irgend eines in Begriffen bestimmten Willensverhältnisses, welches überhaupt eine ethische Bedeutung hat, unmittelbar und ohne alle weitere Demonstration ein absoluter Beifall oder dessen Gegentheil einstellen werde, der nur anerkannt, nicht weiter bewiesen werden kann, dennoch den Charakter des Empirismus finden, so würde man wenigstens die Bedeutung der Worte ganz willkührlich ändern müssen. Für die allgemeinste und abstracteste Demonstration ist, um sich von ihrer Richtigkeit zu überzeugen, die Erfahrung des Zwanges nothwendig, welchen sie dem Denken anthut, und diese Erfahrung läßt sich nicht wieder von Neuem demonstriren; aber Niemand wird behaupten, daß deshalb etwa eine mathematische Wahrheit auf empirischem Wege gefunden sei. Ebenso, obgleich die Unmittelbarkeit der ethischen Billigung oder Mißbilligung nichts mit dem logischen Zwange gemein hat und der ästhetische Beifall überhaupt specifisch verschieden ist von der logischen Zustimmung, ist es, um des Urtheils inne zu werden, um sich davon zu überzeugen, unvermeidlich, daß man erfahre, daß hier wirklich ein Urtheil sich ankündigt, dessen Inhalt (der Beifall und das Mißfallen) sich nicht weiter beweisen läßt; aber diese Anerkennung eines in seiner Geltung und Bedeutung nicht weiter Vermittelten ist keine Ableitung dieser Bedeutung aus der Erfahrung, wo dann jedes beliebige Urtheil der Rohheit, der Leidenschaften, der Verderbtheit ebenfalls mit in Rechnung und Anschlag gebracht werden müßte. Bleibt diese Anerkennung aus, so ist allerdings die Möglichkeit abgeschnitten, sich über sittliche Grundsätze zu verständigen; aber es ist längst bekannt: daß sich über Principien nicht streiten läßt, weil die Entscheidung jedes Streites schon eine gemeinsame Anerkennung der Principien voraussetzt; und wenn es auch seine vollkommene Richtigkeit hat, daß die Ethik als Wissenschaft, indem sie die Anerkennung gewisser Grundbestimmungen in Form eines Urtheils erwartet und sogar fordert, nicht nur dem Wollen, sondern auch der Beurtheilung des Wollens normirend gegenübertritt, so ist doch dies nicht ein Vorwurf der Anmaßung oder ein Einwand, sondern darin liegt eben die Aufgabe der Ethik, das Urtheil zu bilden und wo nöthig zu berichtigen, damit das gebildete Urtheil das wirkliche Wollen und Handeln regieren und beherrschen könne. Die Ethik kann nicht nur, sie muß sogar warten, bis die Anerkennung der Ideen sich einstellt; ihr ist nicht gegeben zu zwingen; aber sie darf erwarten, daß der durch Vorurtheil und unedle Neigungen nicht getrübte Blick empfänglich sein werde für die Urbilder, die sie der Auffassung vorzulegen die Bestimmung hat. So allein kann sie dem vorbildenden, idealen Charakter entsprechen, den sie nicht aufgeben kann, ohne ihre Natur zu verlieren, und zur bloßen Beobachtung, Beschreibung oder theoretischen Untersuchung herabzusinken.

Endlich aber liegt der Ideenlehre als der nothwendigen Grundlage aller übrigen ethischen Bestimmungen ob, nicht nur die Urbilder des Wollens in ihrer idealen Reinheit aufzufassen, sondern auch in der Construction derselben mit der Sorgfalt zu verfahren, die, falls sich eine Mehrheit von Ideen fände, die Frage nach der Vollständigkeit der Reihe nicht aus dem Auge verlöre. Irgendwo also, gleichviel ob als Regel für die Anlage der Construction, oder als Rechenschaft über dieselbe muß sich die Vollständigkeit derselben nachweisen lassen, und nur wenn und wie weit dies gelingt, wird der Versuch möglich sein, das Gebäude der eigentlichen Sittenlehre nicht nur nicht ohne Basis, sondern auch ohne Lücke über die Ideenlehre zu errichten.

Für eine streng systematische Entwickelung wäre es nun nach den bisherigen Bestimmungen nothwendig, unmittelbar zu der Construction der Ideenlehre selbst fortzuschreiten. Für eine allgemeine Betrachtung aber über das Gebiet und die Aufgabe der Ethik ist es wenigstens zulässig, von dem gewonnenen Standpunkte aus einige vergleichende Blicke auf die Geschichte der Wissenschaft zu werfen, nicht blos um die gewonnenen Resultate und Aufgaben an ihr zu prüfen, sondern auch um über das Verhältniß der Ethik zu andern Theilen der Philosophie eine allgemeine Rechenschaft zu geben; da eine solche oder andere Bestimmung dieses Verhältnisses auf die eigene Gestaltung der Ethik von wesentlichem Einflusse sein muß.

III. Historische Vergleichungen.

Es kann unmittelbar nach den ganz propädeutischen Betrachtungen, die das Vorige enthält, nicht die Absicht sein, auf den speciellen Inhalt auch nur der wichtigeren ethischen Systeme einzugehen; die dazu erforderlichen Vergleichungspunkte könnte nur die ausgeführte Wissenschaft darbieten. Vielmehr handelt es sich zunächst nur darum, die Ausgangspunkte zu zeigen, von welchen aus sie zu der Aufgabe der Ethik hingetrieben wurden, die Art, wie sie dieselbe auffaßten, und die Form, in welcher sie demgemäß die Principien derselben zu bestimmen suchten. Dabei darf als allgemein zugestanden vorausgesetzt werden, daß erst da, wo die Thatsache eines der Sinnesart und Handlungsweise geltenden Vorziehens und Verwerfens zum Object einer begriffsmäßigen Reflexion wird, von Versuchen einer wissenschaftlichen Ethik die Rede sein könne. Daß nämlich diese Thatsache früher vorhanden war, als die Reflexion über dieselbe, daß die Religion, die Gesetzgebung, die Poesie, die Volkssitte weit früher Unterscheidungen des Guten und Bösen, des Löblichen und Schändlichen aufgestellt und anerkannt hatten, als die Philosophie sich ihrer bemächtigte, und sie entweder auf genau bestimmte Begriffe zurückzuführen oder auch zu erweitern, umzubilden und zu berichtigen versuchte; das lehrt die Geschichte der Philosophie deutlich genug, um es hier übergehen zu können. Eben so bekannt ist, daß die ältesten speculativen Versuche bis herab auf Sokrates einen vorherrschend theoretischen Charakter hatten; und die fragmentarischen Bestimmungen über das Gute überhaupt oder über einzelne ethische Begriffe, die sich bei Heraklit, Empedokles, den Pythagoreern, Demokrit u. A. finden, haben, so weit sie uns durch Ueberlieferung bekannt sind, obgleich sie mit der ganzen Lebensansicht dieser Männer eng zusammenhängen, doch vielmehr das Gepräge gelegentlicher Bemerkungen, als einer systematisch angelegten Untersuchung.

Es ist daher nur der Ausdruck einer durch das ganze Alterthum anerkannten Thatsache, wenn Diogenes der Laertier (III, 56) sagt, daß Sokrates die Ethik als die zweite Person in die Philosophie eingeführt habe. Denn von ihm an begannen die ersten umfassenden Bestrebungen, das Gute zum Gegenstande wissenschaftlicher Begriffsbestimmungen zu machen. Dabei ist es für die Stellung der Ethik zu anderen Theilen der Philosophie nicht unwichtig, zu bemerken, daß bei Sokrates und den Sokratikern der Begriff des Guten nicht aus einem anderen Gebiete der Untersuchung entlehnt wird, sondern im Gegensatze zu der gesinnungslosen Klugheits- und Genußlehre der Sophisten sich mit unmittelbarer Evidenz als ein eigenthümlicher Anfangspunkt geltend macht; sodann ist es eben für den Anfang der Reflexion über diesen Begriff charakteristisch, daß die wesentliche Bemühung des Sokrates und noch mehr des Plato darauf gerichtet ist, den Begriff des Guten zuerst wenigstens von der Verwickelung mit den Begriffen der Lust und des Nützlichen, die ihn verdunkelt und verdirbt, zu befreien. Wie weit es nun dem Sokrates selbst damit gelungen sei, läßt sich wohl schwerlich vollkommen genau bestimmen; jedenfalls scheint es zu viel behauptet, wenn man ihm, gestützt auf Xenophon's Denkwürdigkeiten eine solche Verwechselung des Guten mit dem Nützlichen Schuld giebt, daß die ganze Bedeutung des Guten für ihn durch den Begriff des Nützlichen bestimmt gewesen sei*). Vielmehr steht es mit dem sittlichen Gehalte seiner ganzen Persönlichkeit besser in Einklang, anzunehmen, daß, wenn ihm auch eine scharfe logische Unterscheidung des ἀγαθόν, καλόν, ὠφέλιμον, χρήσιμον u. s. w. nicht gelungen ist, doch das stärkste Gesammtgefühl von dem absoluten Werthe des Guten bei ihm lebendig genug war, um vielmehr das wahrhaft Nützliche durch das Gute, als dieses durch jenes zu erklären. Auch verräth die Beziehung des thätigen Handelns auf das Wissen, die er so weit steigerte, daß er das rechte Wollen und Handeln geradezu als den nothwendigen Ausdruck des richtigen Wissens betrachtete, das ernsteste Bestreben, sogleich von vorn herein und selbst mit einer nicht zu verkennenden Einseitigkeit auf diejenige sittliche Grundbestimmung zurückzugehen, die wir später unter dem Namen der innern Freiheit werden kennen lernen, und für welche in dem schon Entwickelten die Bestimmung, daß das Gute nicht blos Gegenstand des subjectiven Gefühls, sondern der Beurtheilung ist, die Parallele darbietet.

Zu welchem Umfange sich diese ersten Keime der Ethik sogleich bei Plato entwickelt haben und wie sehr für ihn die Idee des Guten nicht nur der Schlußstein der Metaphysik, sondern auch der die gesammte menschliche Thätigkeit bis in die weiten Kreise des Staatslebens beherrschende Begriff ist, auch dieses braucht hier nicht ausgeführt zu werden; wenn die Kraft der Ueberzeugung und die milde Wärme einer tiefen und eben darum besonnenen Begeisterung für das Gute, die sich in den platonischen Schriften ausspricht, ihrer Wirkung auf jedes empfängliche Gemüth immer von Neuem sicher ist, so muß Plato als der eigentliche Begründer der Ethik als Wissenschaft betrachtet werden. Es wäre Gegenstand einer eigenen Untersuchung, zu zeigen, wie neben der unmittelbaren Evidenz der Mathematik, die ebenso unmittelbare Gültigkeit ethischer Begriffe den eigenthümlichen Charakter der platonischen Denkweise mit bestimmt habe; und allerdings bot die platonische Dialektik, das Bestreben, jeden Begriff seinem Was nach in der größten Reinheit und Vollständigkeit

*) Vergl. Dissen de philosophia morali in Xenophontis de Socrate commentariis tradita. Gotting. 1812; mit den Abhandlungen von Schleiermacher, Brandis u. van Limburg-Brouwer über die sokratische Lehre.

aufzufassen und zu bestimmen, für die Feststellung der ethischen Grundbegriffe die stärkste Aufforderung und zugleich die beste Gelegenheit dar. Daher sehen wir Plato fortwährend bemüht, die Entscheidung über das, was das Gute sei, nicht in veränderlichen Neigungen, sondern in einem gleichbleibenden, durch die unveränderliche, über jeden Wechsel erhabene Natur seines Gegenstandes bestimmten Begriffe zu finden. Mit einem bei weitem höheren Grade von Umsicht und Scharfsinn, als Sokrates, ringt er darnach, nicht nur den Unterschied, sondern den Gegensatz des Guten gegen die Lust (ἡδονή) in Begriffen festzustellen. Die drei Hauptstellen, wo er diese Untersuchung ausführt (Protag. 352 ff. Gorg. 494 ff. und Phileb. 20—66), lehren trotz mancher schwankenden Bestimmungen im Einzelnen, im Ganzen deutlich, daß die Abhängigkeit der Lust von der Begierde ihm vollkommen klar war, im Gegensatze zu dem Guten, welches, dem Wechsel der Begierden nicht ausgesetzt, das Genügende, und in sich selbst Vollständige (ἱκανόν, τελεόν) zu sein Anspruch mache. Eben so tritt für ihn das Gute in eine Reihe mit dem Schönen (besonders Phileb. 64 d. e.) und erscheint somit als Gegenstand einer solchen Beurtheilung, die wir früher mit dem Namen des ästhetischen Urtheils bezeichnet haben. Auch die Verwandtschaft des Schönen mit dem eigentlich Angenehmen, aber auch zugleich der Mangel eines unterscheidenden Merkmals verräth sich bei ihm in der Aussonderung der reinen Lust (ἡδονὴ καθαρά), welche durch eine nicht ins Bewußtsein kommende Begierde*), durch eine schmerzlose Befriedigung charakterisirt und deren Gegenstand nicht in Beziehung auf Anderes schön sei, sondern eigenthümliche Lust enthalte; wo denn beispielsweise der unreinen und gemischten Lust, wie sie sich in der Schadenfreude, dem Vergnügen am Lächerlichen und an tragischen Gegenständen zeigt, das reine Wohlgefallen an Tönen, Gestalten und Farben entgegengesetzt wird. Dennoch tragen diese Untersuchungen, durch welche Plato den Weg der Feststellung ethischer Grundbegriffe betrat, das Gepräge

---

*) ὅσα τὰς ἐνδείας ἀναισθήτους ἔχοντα καὶ ἀλύπους τὰς πληρώσεις αἰσθητάς. Phileb. 51 b. Die ἔνδειαι ἀναίσθητοι werden nur der Consequenz wegen eingeführt, da im Gorgias jede ἡδονή auf eine vorausgehende ἔνδεια und ἐπιθυμία bezogen wird.

eines mehr versuchenden, als abschließenden Denkens. Denn es kommt weder zu einer ganz klaren Sonderung des Angenehmen von dem Schönen, noch zu einer solchen Bestimmung des Guten, in der eine Hinweisung auf den Inhalt dieses Begriffs enthalten wäre. Zwar erhebt sich gegen jeden Versuch, das Gute in der Lust untergehen zu lassen, und gegen jeden noch so scheinbaren Einwurf, der auf die Schwierigkeit genauer logischer Unterscheidungen gestützt, die eigenthümliche Bedeutung des Guten in Gefahr bringen könnte, bei ihm immer wieder die unerschütterliche Ueberzeugung: daß es unvernünftig sei zu behaupten, es gebe nichts Schönes und Gutes, als nur in der Lust, und den müsse man schlecht nennen, der Schmerz habe, gut aber den, der Lust, und zwar je mehr Lust, desto besser (Phileb. 55 a); aber darüber, was das Gute sei, kommt es doch zu keiner gleichbleibenbenden inhaltvollen Entscheidung, sondern es bleibt immer bei den formalen Merkmalen, das Gute sei das Genügende, Vollendete, Voraussetzungslose, oder das aus der Schönheit, dem Maaße und der Wahrheit Gemischte, oder endlich das, was als die Sonne im Reiche der Ideen, das Sein an Würde und Macht noch überragend, dem Seienden das Sein und dem Erkannten das Erkanntwerden verleihe (Rep. VI, 505 ff.). Vorzugsweise in dieser letzten Bestimmung verräth sich eine Verwickelung, welche, so wichtig sie für das platonische System als solches ist, doch eine wesentliche Veranlassung war, daß der natürliche Fortschritt ethischer Untersuchungen lange Zeit aufgehalten wurde. Offenbar nämlich fällt für Plato die unmittelbare Gültigkeit des ethischen Urtheils, der Begriff des wandellos Guten und Schönen zusammen mit der Realität dessen, was dieser Begriff bezeichnet; der absolute Werth des Guten hat für ihn unmittelbar die Bedeutung der absoluten Setzung, des Seins: denn das Gute kann erkannt, in Begriffen bestimmt werden; wie aber, fragt Plato, sollte das, was nicht ist, erkannt werden können? (Rep. V, 476 e). Indem dadurch die Idee des Guten, möge sie nun Plato für identisch gehalten haben mit der Gottheit oder nicht, eine wesentlich metaphysische Bedeutung erhielt, lag darin für seine Ethik der Grund, daß sie sich wesentlich als Güterlehre ausbildete. Er konnte, wenn die objective Realität des Guten, die Idee des Guten als ein Seiendes, als das allem Uebrigen das Sein Ertheilende feststand, das Gute nicht unmittelbar suchen in der Beschaffenheit des Willens, sondern es mußte ihm zunächst als Object, als Gegenstand des Willens erscheinen, als das, welches sich aneignend der Wille selbst gut und selig werde. Dies beweist die ganze Untersuchung über das Gute im Philebus, deren Zielpunkt die obwohl schwankende Bestimmung einer Rangordnung der Güter ist, um deren willen ein solches oder anderes Streben selbst gut genannt werden könne. Natürlich bekommt dadurch für Plato der Tugendbegriff, so sorgfältig er auch den Theilen der Tugend, sowie der gegenseitigen Beziehung dieser Theile auf einander und zu der Einheit des sittlichen Lebens nachspürt, eine von der Beziehung des Willens auf das objective und außer ihm vorhandene Gute abhängige Bedeutung. Daher auch die Tugend, wo der allgemeine Begriff derselben zur Sprache kommt, weniger als eine bestimmte Beschaffenheit des Wollens, sondern vielmehr als ein Gesammtzustand der Seele aufgefaßt wird (Gorg. 506 e. Rep. I, 353; IV, 444 e).

Läßt sich nun das Urtheil über die Art, wie Plato sich der Principien der Ethik zu bemächtigen suchte, dahin zusammenfassen: daß er durch den Versuch einer strengen Scheidung des sittlichen Werthes vom Glück, des Ethischen von der Befriedigung der Begierde zwar den ersten nothwendigen Schritt zur wahren Ethik gethan, aber dennoch den eigentlichen Gegenstand der ethischen Beurtheilung, das Wollen sammt dem daraus hervorgehenden Handeln, verfehlt oder wenigstens nur stillschweigend vorausgesetzt habe, ohne es als wesentlichen Beziehungspunkt bestimmt an die Spitze der ganzen Untersuchung zu stellen, und von hier aus dem Inhalt der Idee des Guten nachzuspüren, so erhellt zugleich, daß, falls dieser Mangel nicht mit der nöthigen Schärfe verbessert wurde, darin eine Veranlassung zu immer größeren Verwickelungen lag, die, wo nicht eine von der Form der Wissenschaft unabhängige sittliche Gesinnung dem Uebel vorbeugte, die eigentliche Aufgabe der Ethik dem Gesichtskreise des Untersuchenden ganz entrücken konnten. Eben darin nämlich, daß als die ursprüngliche Form der Ethik die einer Güterlehre, als der die Ethik beherrschende Begriff der des ἀγαθόν mit seiner zwischen dem Begriffe des Gutes und des Guten schwankenden Zweideutigkeit aufgefaßt wird, liegt der Keim der Verwandlung der

Ethik in den Eudämonismus, der Sittenlehre in eine Glückseligkeitslehre; und es ist nicht schwer nachzuweisen, wie Aristoteles, weit entfernt die Mängel des Plato da, wo es am nöthigsten war, zu ergänzen, die Grundbegriffe der Ethik nach dieser Seite hin bei weitem mehr verwickelte, als entwickelte.

Aus der ganzen Anlage der ethischen Untersuchung bei Aristoteles (Eth. Nic. 1, 1. 2.) in ihrer genauen Verbindung mit dem Begriffe des Begehrens, von welchem ihm der des Guten abhängt (de anim. III, 10), geht sogleich hervor, daß ihm das Gute mit noch größerer Entschiedenheit, als dem Plato, etwas dem Begehren gegenständlich Gegenüberstehendes ist, ein Object der Begehrung, welches sich als der Zweck, als das, um dessenwillen begehrt und gehandelt wird (τὸ οὗ ἕνεκα) darstellt. Das nun, um dessen willen alles Uebrige gewollt und begehrt wird, ist das höchste Gut, und es muß ein höchstes Gut, ein Gut schlechthin geben, weil sonst für das Begehren eine ungereimte unendliche Reihe entstände (Eth. Nic. 1, 2.). Daß das höchste Gut in die Glückseligkeit (εὐδαιμονία) gesetzt wird (ebendas. c. 7), ist nur die unmittelbare Folge der stillschweigenden Voraussetzung, daß Alles unter dem Gesichtspunkte des Gutes begehrt werde; wird diese Bestimmung streng festgehalten, so liegt darin, weil ein von dem Begriffe der Glückseligkeit unabhängiger Maaßstab der Entscheidung über das, was zur wahren Glückseligkeit gehöre, in diesem Zusammenhange noch nicht vorhanden ist, die allgemeine Folge: daß die Befriedigung der Begierde und der daraus resultirende Zustand (die Glückseligkeit) das allgemeine Maaß der sittlichen Vollendung sei. Dieser Consequenz sucht nun freilich Aristoteles zu entgehen; aber die Mangelhaftigkeit jener Grundbestimmung wirkt unvermeidlich auf die übrigen allgemeinen Bestimmungen über das Ethische bei ihm ein. Zuerst nämlich entsteht die Frage: was für einen Inhalt denn jener Begriff der Glückseligkeit habe? und die natürliche Antwort darauf wäre: daß dieser Inhalt an sich unbestimmbar sei und ganz und gar von der Richtung der Begierden abhänge, um deren Befriedigung es sich handle*). Deshalb ist es auch bei Aristoteles gar

*) Spuren dieser Consequenz finden sich in der Polemik gegen die platonischen Bestimmungen der Lust, daß sie ἀόριστος, κίνησις, ἀτελής, in sich

nichts Zufälliges, daß er allgemein durchgreifende Bestimmungen über das Ethische ablehnt (Eth. Nic. 1, 3.), sondern er muß sich nicht blos für die Anwendung, sondern ganz eigentlich für die Grundlegung der Ethik auf die menschliche Natur beschränken, um relativ für sie den Inhalt der εὐδαιμονία zu bestimmen. Das menschliche Gut aber wird bestimmt durch die charakteristischen Merkmale der menschlichen Natur, durch das Werk, welches der Mensch als Mensch ausführt, und das ist ψυχῆς ἐνέργεια κατὰ λόγον; darin besteht die eigenthümliche Tüchtigkeit (ἀρετή) des Menschen; ἕκαστον δὲ εὖ κατὰ τὴν οἰκείαν ἀρετὴν ἀποτελεῖται· εἰ οὕτω, τὸ ἀνθρωπίνον ἀγαθὸν ψυχῆς ἐνέργεια γίνεται κατ᾽ ἀρετήν. (Eth. Nic. I, 7, 15.) Was also nothwendig im Begriffe dieser Tüchtigkeit, der Tugend liegt, eine gewisse Beschaffenheit des Wollens und des dadurch bedingten Handelns, das ist nicht selbst und unmittelbar der Gegenstand der Werthbestimmung, sondern es ist Mittel zum Zwecke der εὐδαιμονία, oder vielmehr der Ausdruck der Art, wie sich die εὐδαιμονία erzeugt und vollendet; immer aber liegt darin für die Rangordnung der Begriffe eine Unterordnung des Tugendbegriffs unter den Güterbegriff. Diese Unterordnung spricht sich nicht nur mittelbar dadurch aus, daß Aristoteles zum glückseligen Leben ganz consequent eine nicht in der Gewalt des Handelnden stehende Verknüpfung äußerer günstiger Umstände verlangt, sondern auch unmittelbar darin, daß besonders hervorgehoben wird, das Lob sei nicht der höchste Ausdruck der Werthschätzung, sondern das εὐδαιμονίζειν und μακαρίζειν; daher das Lob der Tugend gehöre, die Glückseligkeit aber ehrwürdig und vollkommen sei (ἡ εὐδαιμονία τῶν τιμίων καὶ τελείων. Eth. Nic. I, 12).

Daß nun Aristoteles in der consequenten Verfolgung dieses obersten Begriffs der Glückseligkeit zu einem unsittlichen Hedonismus herabgesunken sei, wie wir ihn etwa bei den Sophisten und der cyrenaischen Schule ausgebildet finden, wird Niemand be-

---

haltungslos und unvollendbar sei (Eth. Nic. X, 2—4). Dem Aristoteles fehlt der Gegensatz des Guten gegen die Lust, den Plato in Begriffen zu fixiren gestrebt hatte; die Lust vollendet ihm die auf das Gut gerichtete Thätigkeit, verhält sich wie Frucht zur Blüthe, als das οὗ ἕνεκα in letzter Instanz.

haupten, der sich erinnert, wie stark er, um nur Einiges zu erwähnen, das blos genießende Leben (βίος ἀπολαυστικός), wie es die Thiere führen, verwirft, wie wenig er überhaupt für den Menschen eine andere Glückseligkeit kennt, als welche in der vernünftigen Thätigkeit besteht, und wie er das wissenschaftliche Leben als den wahren Ausdruck einer fast über das menschliche Loos erhabenen Glückseligkeit mehr als einmal erhebt (z. B. Eth. Nic. VII, 13. X, 3. 5). Nur verdankt er diese höhere Richtung seiner Sittenlehre der stillschweigenden, in den ersten Grundbegriffen nicht enthaltenen Voraussetzung eines über die Begierde erhabenen Maaßstabes, keinesweges aber der consequenten Entwickelung der von ihm aufgestellten Grundbegriffe selbst. Daher denn auch, kurz gesagt, seine Ethik, eben weil sie in den Begriff des höchsten Gutes (bonum) den Begriff des Guten (honestum) mit hereinzieht, im Ganzen den Charakter einer sich mit sich selbst im Kreise drehenden Güterlehre hat. Es verräth sich dies schon dadurch, daß, obgleich der Begriff der ἀρετή von dem der εὐδαιμονία abhängig ist, er doch fühlt, daß er sich an die Entwickelung des Tugendbegriffs halten müsse, um der Glückseligkeit einen bestimmten Inhalt zu verschaffen (Eth. Nic. I, 13); es tritt aber ganz unverkennbar da hervor, wo er mehr als einmal auf die Frage stößt, ob es denn nicht eben so ein scheinbares und falsches, wie ein wahres Gut gebe, und ob nicht jede Thätigkeit ihre Lust habe, so daß der guten Thätigkeit eine gute, der schlechten aber eine schlechte Lust folge und sie begleite. Diese Fragen, die auf Thatsachen beruhen, deren Anerkennung sich Aristoteles als ein ehrlicher Empiriker nicht entziehen konnte, weisen nämlich deutlich auf einen von der Genüge, die die Thätigkeit verschafft und in sich trägt, verschiedenen, ihr möglicherweise entgegengesetzten Maaßstab der Beurtheilung hin; diese Beurtheilung der Thätigkeit geht aber dann nicht mehr aus von der Abschätzung der Lust und Genüge, die sie verschafft, sondern diese sammt der Thätigkeit wird beurtheilt durch das Prädicat: gut oder schlecht. Hier hilft nun keineswegs die Berufung auf die εὐδαιμονία, und Aristoteles muß auch wirklich, da wo jene Fragen ihm in den Weg treten, zu der fast naiven Bestimmung seine Zuflucht nehmen: gut sei, was der Gute dafür erkläre, schlecht aber, was der

Schlechte*); womit wir denn von der εὐδαιμονία, die mit dem Anspruch zu bestimmen, was das Gute sei, auftrat, zu der Frage: welche εὐδαιμονία gut sei? und somit in den Anfangspunkt der ganzen Untersuchung zurückgewiesen sind, um klar einzusehen, daß es für die Ethik gar nichts hilft, unter Voraussetzung des an sich ganz unbestimmten Zweckbegriffs den Objecten des Wollens je nach ihrer Beziehung auf das Wollen einen Werth zu bestimmen, um daraus den Werth dieses Wollens selbst abzuleiten.

Sowie es nun dem Aristoteles keineswegs gelungen war, die für die Ethik unentbehrliche Sonderung eines Vorziehens und Verwerfens, welches den Gegenständen der Begehrung gilt, von dem, welches unmittelbar auf den Werth dieses Begehrens und Wollens selbst geht, auf die ihr entsprechenden Begriffe zurückzuführen, so lassen sich die Folgen dieser Verwickelung auch in den späteren ethischen Systemen der Griechen nachweisen. Für die Ethik des Epikur, wie sehr auch der persönlich mäßige Sinn desselben jede Maaßlosigkeit des Genießens zurückwies, bedarf es dafür keines besondern Beweises; denn bei ihm tritt die Lust ganz unverhüllt an die Spitze des Systems (Diog. Laert. X, 128. 129.) und wird nur geregelt durch die Rücksicht darauf, welches Handeln die nachhaltigste Lust verschaffe; daher er auch, ohne das Princip aufzugeben, der geistigen Lust den Vorzug vor der körperlichen ertheilt, weil diese, nicht auf den gegenwärtigen Augenblick beschränkt, zugleich mit auf die Vergangenheit und Zukunft gehe (Diog. L. X, 137). Bei den Stoikern dagegen ist es, obgleich uns ihre, aus einem

---

*) Z. B. Eth Nic. III, 4. ἡ βούλησις δοκεῖ τοῖς μὲν τἀγαθοῦ εἶναι, τοῖς δὲ τοῦ φαινομένου ἀγαθοῦ. Ἐι δὲ δὴ ταῦτα μὴ ἀρέσκει, ἆρα φατέον, ἁπλῶς μὲν καὶ κατ᾽ ἀλήθειαν βουλητὸν εἶναι τἀγαθόν, ἑκάστῳ δὲ τὸ φαινόμενον; τῷ μὲν οὖν σπουδαίῳ τὸ κατ᾽ ἀλήθειαν εἶναι, τῷ δὲ φαύλῳ τὸ τυχόν; Καὶ διαφέρει πλεῖστον ἴσως ὁ σπουδαῖος τῷ τἀληθὲς ἐν ἑκάστοις ὁρᾷν, ὥσπερ κανὼν καὶ μέτρον αὐτῶν ὤν· τοῖς πολλοῖς δὲ ἡ ἀπάτη διὰ τὴν ἡδονὴν ἔοικε γίνεσθαι. Ebenso Eth. Nic. X, 5. δοκεῖ ἐν ἅπασι τοῖς τοιούτοις εἶναι τὸ φαινόμενον τῷ σπουδαίῳ (ἀγαθόν)· εἰ δὲ τοῦτο καλῶς λέγεται, καθάπερ δοκεῖ, καὶ ἔστιν ἑκάστου μέτρον ἡ ἀρετὴ καὶ ὁ ἀγαθὸς ᾗ τοιοῦτος, καὶ ἡδοναὶ εἶεν ἂν αἱ τούτῳ φαινόμεναι, καὶ ἡδέα, οἷς οὗτος χαίρει u. s. w. Vergl. Herbart analyt. Beleucht. des Naturrechts und der Moral S. 4.

ernsten sittlichen Geiste hervorgegangene Ethik nicht mehr im Zusammenhange vorliegt, doch nicht schwer zu sehen, wie der wissenschaftlichen Form derselben die Unsicherheit über den eigentlichen Gegenstand der ethischen Beurtheilung in den Weg getreten ist. Zwar das Gefühl der Nothwendigkeit, das Sittliche von seiner Unterordnung unter die Befriedigung des Begehrens zu befreien, spricht sich im Allgemeinen auf das entschiedenste bei ihnen aus. Gut (ἀγαθόν) ist alles, was Tugend ist oder an der Tugend Theil hat; die Tugend ist vorzuziehen, um ihrer selbst willen und nicht wegen Furcht oder Hoffnung oder irgend eines anderen außer ihr (**Diog. L. VII, 189**); die Lust ist etwas nur hinzukommendes (ἐπιγέννημα); das sittliche Handeln kann nicht von der Rücksicht auf sie ausgehen, und obgleich die εὐδαιμονία der Ausdruck des Gemüthszustandes ist, der dem Weisen als solchem zukommt, so ist doch die Bedeutung derselben ganz und gar abhängig von dem Begriff der Tugend. Wenn daher, wie Kant*) es kurz und treffend ausdrückt, „der Epikuräer sagte: sich seiner auf Glückseligkeit führenden Maxime bewußt sein, das ist Tugend, sagte der Stoiker: sich seiner Tugend bewußt sein, ist Glückseligkeit." Es kommt hierbei ganz wesentlich auf die Rangordnung dieser Begriffe an; bei Aristoteles fließen beide so ziemlich in einander, bei Epikur beherrscht der Begriff der Glückseligkeit den der Tugend, bei den Stoikern umgekehrt der der Tugend den der Glückseligkeit; und den Stoikern gebührt das Verdienst, in der Auffassung der Aufgabe der Ethik wieder zurückgelenkt zu haben auf die schon von Plato mit reinem Sinne vorgezeichnete Bahn**). Gleichwohl fehlt sehr viel, daß sie den eigentlichen Gegenstand der sittlichen Beurtheilung, das Wollen selbst, bestimmt hervorgehoben und von da aus eine regelmäßige Untersuchung

---

*) Krit. d. pr. Vern. Werke herausg. von Hartenstein Bd. IV, S. 230.

**) Die römische Sprache erleichterte die Darlegung der Amphibolie, die im Begriffe des ἀγαθόν (bonum) liegt, und den griechischen Schulen fortwährend anhängt. Wenn Cic. de fin. II, 14 sagt: honestum id intelligimus, quod tale est, ut detracta omni utilitate sine aliis praemiis fructibusque per se ipsum possit laudari, so wird es Niemanden einfallen, dieses honestum als ein Prädicat einer Sache, eines Gegenstandes aufzufassen.

begonnen hätten. Denn sonst würde sich die Schule in der allgemeinen Formel, mit der sie, wenn auch in nicht ganz gleichbleibenden Wendungen das Wesen des Sittlichen bezeichneten, schwerlich vorzugsweise an den Begriff der Uebereinstimmung mit der Natur gehalten haben*). Denn dieser Begriff ist an sich offenbar so zweideutig, daß sich auf ihn allein gar nichts bauen läßt. Daher sehen wir auch, so viel sich aus den fragmentarischen Ueberlieferungen schließen läßt, die späteren Stoiker beschäftigt, den Begriff der Natur näher zu bestimmen, und das bestimmende Merkmal der vernünftigen Natur (der *φύσις λογικοῦ*, **Diog. L. VII, 94**, dem *ὀρθὸς λόγος* **Stob. ecl. II, p. 190**) zu entlehnen. Fragt man aber nun weiter nach dem Inhalt dessen, was sie Vernunft nennen, so findet sich darauf keine bestimmtere Antwort, als die in der Verweisung auf die allgemeine göttliche Vernunft liegt, die sich in der Anordnung des Weltganzen bethätige**), womit denn die Bestimmung der ethischen Principien von der theoretischen Einsicht in die Ordnung des Weltganzen abhängig gemacht und somit auf ein Gebiet verwiesen wird, von welchem sich hier noch nicht entscheiden läßt, ob und in wiefern die Entwickelung der Ethik von der Lösung der durch dasselbe bezeichneten Aufgabe abhängig ist oder nicht.

Wenn somit die Ethik der griechischen Schulen das Schauspiel eines mit sehr verschiedener Gesinnung geführten, aber dennoch nicht zu einer ganz klaren Entscheidung gebrachten Kampfes zwi-

---

*) Die verschiedenen Formeln zählt **Stob. ecl. II., p. 132 ed. Heeren** auf. **Diog. L. VII, 87** leitet den Zusatz *τῇ φύσει* zu dem *ὁμολογουμένως ζῆν* schon von Zeno her. Hat Stobäus Recht, der ihn erst seinen Nachfolgern zuschreibt, so verräth sich dadurch das Bedürfniß der Schule, der leeren Consequenz, der bloßen Uebereinstimmung mit sich selbst, in der gleichwohl die Andeutung eines richtigen Grundgedankens liegt, einen Inhalt zu geben.

) **D. L. VII, 87. *Ἴσον ἐστὶ τὸ κατ' ἀρετὴν ζῆν τῷ κατ' ἐμπειρίαν τῶν φύσει συμβαινόντων ζῆν, ὥς φησι Χρύσιππος· μέρη γάρ εἰσιν αἱ ἡμέτεραι φύσεις τῆς τοῦ ὅλου. Διόπερ τέλος γίνεται τὸ ἀκολούθως τῇ φύσει ζῆν, ὅπερ ἐστὶ κατά γε τὴν αὑτοῦ καὶ κατὰ τὴν τῶν ὅλων, οὐδὲν ἐνεργοῦντας ὧν ἀπαγορεύειν εἴωθεν ὁ νόμος ὁ κοινὸς, ὅσπερ ἐστὶν ὁ ὀρθὸς λόγος διὰ πάντων ἐρχόμενος, ὁ αὐτὸς ὢν τῷ Διὶ καθηγεμόνι τούτῳ τῆς τῶν ὄντων διοικήσεως ὄντι.*

schen dem Güterbegriffe und dem Tugendbegriffe darstellt, eines Kampfes, der deshalb mit abwechselndem Glücke geführt werden konnte, weil keinem von beiden Begriffen seine ihm mit dem andern vollkommen gleichmäßige Abhängigkeit von den Ideen nachgewiesen, sondern diese fortwährend mehr stillschweigend vorausgesetzt und fragmentarisch geltend gemacht, als vollständig entwickelt wurden, so trat in der spätern Zeit der Pflichtbegriff in den Vordergrund der Ethik, dessen erste Spuren bei den Stoikern vorkommen, und von welchem nach ihrem Beispiele Cicero, dessen römische, mit der Natur der Rechtsverhältnisse vielfältig vertraute Denkart sich hier kund giebt, bekanntlich den Titel zu einer seiner ausführlicheren ethischen Abhandlungen entlehnte. Die Veranlassung, daß die Behandlung der Ethik als einer Pflichtenlehre später beinahe die ausschließlich herrschende wurde, liegt in dem Einflusse, welchen das Christenthum auf ihre Gestaltung gewann. Wenn irgend etwas, so war das Christenthum geeignet, der Ethik den richtigen Weg ihrer Ausbildung vorzuzeichnen. Denn unmittelbar, ohne irgend einen Umweg zu nehmen, dringt es auf die Gesinnung, auf den Willen; es sucht das Gut nicht, wie die alte Welt, in den Werken und Thaten, in dem, was heraustritt in die Erscheinung, sondern in der Reinigkeit und Heiligkeit des Herzens, die man zwar erkennen kann an den Früchten, weil ein guter Baum gute Frucht, ein schlechter Baum aber schlechte bringt, deren eigener Werth aber nicht von der Tauglichkeit dieser Früchte zu allerlei Zwecken abhängt, sondern in sich selbst, auch da, wo sie nicht eingreift in die Kette äußerer Veränderungen, unerschütterlich gegründet ist*). Für den Inhalt dieser Gesinnung bot überdies die Idee Gottes, des Heiligen, Gütigen, Gerechten, Weisen, Haltepunkte dar, die, an Vollständigkeit und Reinheit weit erhaben über die religiösen Vorstellungen und ethischen Grundbegriffe des Alterthums, fast unmittelbar auf die ethischen Ideen selbst führen konnten. Wenn gleichwohl das Christenthum nicht zu einer solchen wissenschaftlichen Ausbildung der Ethik führte, welcher gegenüber der Streit

*) Ueber diesen sittlichen Charakter des Christenthums verdient nicht vergessen zu werden, was Kant Relig. innerh. der Grenz. d. bloß. Vern. IV. St. 1. Th. 1. Abschn. (Werke Bd. VI, S. 339 f.) sagt.

der Schulen hätte verstummen müssen, so ist dieses ganz allgemein darin begründet, daß die Art, wie die Völker und Jahrhunderte die Lehren des Evangeliums auffaßten, durch den Gedankenkreis und die Gesichtspunkte mitbedingt war, aus welchen die Kirche sie als Inhalt des Glaubens und Motiv des Handelns ausbildete. Zweierlei tritt hier als vorzüglich wichtig hervor. Als himmlische Botschaft trat das Christenthum auf im Gegensatz zu dem Irdischen und Weltlichen; abwendend die Gemüther von diesem auf ein Jenseits, in welchem der Gläubige die Vollendung dessen zu erwarten habe, was hier unvollendbar ist. Die ideale Bedeutung dieses Gegensatzes, der bestimmt war, in ethischer Beziehung die Gemüther von dem Nichtigen und Veränderlichen zu dem, was als Inhalt des geistigen Lebens für sich selbst Halt und Bestand hat, hinzulenken, und der diese Bestimmung in den Gemüthern der Besseren auch zu allen Zeiten mehr oder weniger erreicht hat, verschwand aber allmählig hinter einer solchen Auslegung desselben, vermöge deren es dem Menschen vergönnt wurde, die Wünsche und Neigungen, die Hoffnungen und Befürchtungen, die das Herz bewegen, in den einen Begriff der Glückseligkeit zusammenfallen zu lassen und das Jenseits als das Gebiet zu betrachten, in welchem diese Glückseligkeit zu erwarten stehe. So verlor nicht nur das irdische Leben seine eigene Bedeutung, sondern es verlor auch das eigentlich Ethische seinen absoluten Werth; es wurde herabgesetzt zu einem Mittel für einen außer ihm liegenden Zweck, die Glückseligkeit*), und so wie das jüdische Gesetz sagte: du sollst Vater und Mutter ehren, damit es dir wohl gehe und du lange lebest auf Erden, so suchte die Kirche durch die Motive des Lohnes und der Strafe die Kraft zu ersetzen, welche auf dem sittlichen Gebiete den Ideen und nur den Ideen gebührt. Zu diesem allmähligen Abgleiten in den Eudämonismus, der sich mit der wachsenden Ausartung des Katholicismus innerhalb der christlichen Kirche unter dem Deckmantel des religiösen Mysteriums in so roher und unsittlicher

*) Wie nahe der religiöse Eudämonismus mit dem äußerlichsten Epikureismus zusammengrenzt, ja wie sehr beide im Principe identisch sind, hat in einer Parallele Lavater's und Wieland's neuerdings Gervinus (N. Gesch. d. poet. Nationallit. Bd. II. S. 304 ff.) treffend nachgewiesen.

Form geltend gemacht hat, als nur irgend wo anders, kommt noch ein zweiter Umstand, der die Ethik von der geraden Richtung ihrer Entwickelung ablenkte. Das Christenthum trat auf als geoffenbarte, als positive Religion; und hierin lag die Veranlassung, daß man auf das Factum der Offenbarung im Laufe der Zeit mehr Gewicht legte, als auf den Inhalt derselben. Für den ethischen Gehalt des Christenthums hatte dies zur Folge, daß die sittlichen Vorschriften nicht von Seiten ihrer inneren Vortrefflichkeit, ihrer Wahrheit, sondern von Seiten ihres Ursprungs zur Nachahmung geltend gemacht zu werden anfingen. Der Wille Gottes als solcher trat an die Spitze der Ethik; das Gebot Gottes verlangte Gehorsam als Gebot, und die Frage nach der Würde dieses Gebotes trat zurück vor dem Namen dessen, als dessen Gebot es sich ankündigte. So wurde die Moral des Christenthums eine Pflichtenlehre, aber nicht eine solche, die den Grund der Verpflichtung aus den Ideen entlehnt, sondern eine solche, die ihn in dem bloßen Dasein einer allmächtigen Autorität findet; und während das Motiv des sittlichen Handelns in Furcht und Hoffnung lag, quoll der Inhalt der sittlichen Gebote aus positiven Befehlen der Gottheit und der Auslegung, welche die Kirche ihnen zu geben für nöthig erachtete. Hiermit war aber die Wissenschaft, welche die ethische Ueberzeugung, wie jede andere, nur dem eigenen Forschen und Denken zu verdanken haben will, überflüssig gemacht; und nur dem unverwüstlichen Bedürfnisse des Geistes, über seine wesentlichen Interessen sich selbst zu orientiren, verdankt die Kirche den Kampf um die Wahrheit und die Reinigung ihres Bodens, durch welche es der Wissenschaft möglich ward, auf ihm sich wiederanzubauen*).

---

*) Der Gegensatz zwischen der Berufung auf die innere Wahrheit des Christenthums und der auf die äußere Autorität seines Ursprungs, zwischen Philosophie und statutarischer Theologie zieht sich durch die ganze Geschichte der Kirche hindurch. Zur Bezeichnung des Unterschiedes, der daraus für die Ethik erwächst, mag es genügen, den Worten des Augustinus: Non ideo malum est, quia vetatur lege, sed ideo vetatur lege, quia malum est, oder des Thomas von Aquino: Volitum divinum secundum rationem communem quale sit scire possumus. Scimus enim, quod Deus, quidquid vult, vult sub ratione boni; ideo quicunque vult aliquid sub ratione

Sieht man nun nicht sowohl auf die einzelnen Bestimmungen und Vorschriften, in welche nach der Emancipation der freien Forschung von den Fesseln einer blos äußerlichen Autorität eine solche oder andere Gestaltung der Ethik auf dem Gebiete der Philosophie sich ausgebreitet hat, als vielmehr auf den allgemeinen Standpunkt, aus welchem sie die Aufgabe und die Bedeutung derselben auffaßte, so ist es erlaubt, die mannigfaltigen Wendungen und Verzweigungen des Eudämonismus, die Versuche, bald diesen, bald jenen einzelnen Gedanken an die Spitze der Ethik zu stellen, wie sie namentlich die englischen und schottischen Moralphilosophen charakterisiren, sowie alles das, was sich auf die allmählige Entwickelung der Rechtsphilosophie und ihre Loslösung von dem mütterlichen Boden der Ethik bezieht, hier zu übergehen. Die erste durchgreifende Reform wurde nach langem unsicheren Schwanken der Ethik durch Kant zu Theil, und Kant's Verdienst ist in dieser Beziehung so groß, daß jeder Versuch, die systematische Grundlage der Ethik nachzuweisen, über sein Verhältniß zur Lehre Kant's sich wird zu rechtfertigen haben. Die erste Zeile seiner „Grundlegung zur Metaphysik der Sitten"*) beginnt mit der Erklärung: es ist überall nichts in der Welt, ja überhaupt auch außer derselben zu denken möglich, was ohne Einschränkung für gut könnte gehalten werden, als allein ein guter Wille" u. s. w., und bald darauf: „der gute Wille ist nicht durch das, was er bewirkt oder ausrichtet, nicht durch seine Tauglichkeit zur Erreichung irgend eines vorgesetzten Zweckes, sondern allein durch das Wollen d. i. an sich gut, und für sich selbst betrachtet ohne Vergleich weit höher zu schätzen, als alles, was durch ihn zu Gunsten irgend einer Neigung, ja wenn man will, der Summe aller Neigungen nur immer zu Stande gebracht werden kann." In diesen Bestimmungen liegt die Anerkennung nicht nur des eigentlichen Gegenstandes der sittlichen Werth-

boni, habet voluntatem conformem voluntati divinae, gegenüber zu stellen die Bestimmung des Tertullian: Non quia bonum est, auscultare debemus, sed quia deus praecepit, oder die des Occam: Ea est boni et mali moralis natura, ut cum a liberrima dei voluntate sancita sit ac definita, ab eadem facile possit emoveri et refigi, adeo ut mutata ea voluntate, quod sanctum et justum est, possit evadere injustum.

*) Werke Bd. IV, S. 10. 11.

bestimmung nämlich des Willens, sondern auch der Art dieser Werthschätzung als einer absoluten. Die Klarheit, mit welcher Kant diese Bestimmungen dachte, reicht hin, um die Ethik aus „dem wunderbaren Gemische*)" herauszureißen, in welchem man zu ihrer Begründung „bald die besondere Bestimmung der menschlichen Natur, (mitunter auch die Idee einer vernünftigen Natur überhaupt), bald Vollkommenheit, bald Glückseligkeit, hier moralisches Gefühl, dort Gottesfurcht, von diesem etwas, von jenem auch etwas" bis dahin benutzte. Denn man darf nur den Begriff eines Urtheils über den Willen mit einiger Schärfe festhalten, um allgemein zu finden, daß wenigstens keinerlei Güterlehre, sie mag sich wenden wie sie will, der Ethik eine Grundlage darbieten kann. Will man nämlich nicht in den Begriff des Gutes schon versteckterweise sittliche Werthbestimmungen hineinlegen, um sie nachher scheinbar daraus abzuleiten, was, da es sich um die Auffindung der ethischen Principien, um die Quelle aller sittlichen Bestimmungen handelt, eine bloße Erschleichung sein würde, so hat man kein Recht, von der Bedeutung des Wortes: Gut, die es unabhängig von einer ethischen Beschränkung hat, abzuweichen. Dann bedeutet ein Gut überhaupt jeden Gegenstand, in sofern er begehrt wird, und das Urtheil über die Güte des Gegenstandes trifft den Gegenstand wegen seiner Beziehung zum Willen. Es geht folglich aus vom Willen, an diesen hat man sich zu wenden, um zu erfahren, was ein Gut sei; zu der Beurtheilung dieses Wollens, was es selbst werth sei, liegt darin gar keine Veranlassung. Jede Güterlehre wird daher, wenn sie nur mit selbstbewußter Consequenz zu Werke geht, die Censur des Willens in eine Censur durch den Willen verwandeln, statt des Willens als Objectes der Beurtheilung den Willen als Quelle derselben, als Richter hinstellen müssen**).

---

*) Ebendas. S. 30.

**) Schon die logische Unterscheidung des allgemeinen Begriffs des Gutes von dem des sittlichen Gutes, genügt um einzusehen, daß jener erst irgendwie determinirt werden muß, um eine sittliche Bedeutung zu gewinnen. Diese Determination liegt aber nicht in dem allgemeinen Begriffe des Gutes selbst. Sittliche Güter haben ihre Bedeutung nur unter Voraussetzung des

Dennoch entwickelt Kant, so lebendig und durchgreifend der Gegensatz zwischen Güterlehre und Sittenlehre von ihm in den Vordergrund der Ethik gestellt wird*), die Unmöglichkeit, die letztere irgendwie in Form der ersteren zu begründen, nicht auf diesem einfachsten, unmittelbar in der Natur der Sache liegenden Wege. Sondern verleitet von dem kritischen Standpunkte seiner ganzen Untersuchung, wendet er sich, statt an den Gegenstand und den Inhalt der ethischen Beurtheilung, vielmehr an die Quelle derselben, die er in einem besondern Vermögen, der reinen praktischen Vernunft, zu finden glaubte. Das Merkmal, wodurch sich Begriffe und Grundsätze, die in der Vernunft ihre Quelle haben, von blos empirischen unterscheiden, war ihm ihre Allgemeingültigkeit, und diese Allgemeingültigkeit wurde ihm der Grundbegriff, auf welchen er den Gegensatz des Eudämonismus und der Ethik zurückbezieht**). Daher der Lehrsatz***): „wenn ein vernünftiges Wesen sich seine Maximen als praktische allgemeine Gesetze denken soll, so kann es sich dieselben nur als solche Principien denken, die nicht der Materie (d. h. dem Gegenstande des Willens), sondern blos der Form nach den Bestimmungsgrund des Willens enthalten." Diese Form sollte nun eben jene Allgemeinheit oder Allgemeingültigkeit selbst sein, und indem Kant die „praktische Vernunft oder das obere Begehrungsvermögen"****) unmittelbar als gesetzgebend auffaßte, so entsprang daraus nothwendig die Formel für das Grundgesetz der reinen

---

sittlichen Willens; erst muß man daher wissen, welcher Wille auf das Prädicat des sittlichen Anspruch machen könne, ehe man bestimmen kann, was für einen solchen Willen ein Gut sein werde. Der Begriff des Gutes braucht daher nicht verbannt zu werden aus der Ethik, aber er darf, an sich unbestimmt, wie er ist, durchaus nicht an die Spitze derselben treten.

*) Man vergleiche darüber noch den ganzen Abschnitt „von dem Begriff eines Gegenstandes der reinen praktischen Vernunft" (Kr. d. pr. Vern. Werke Bd. IV, S. 166 ff.) Was dort nicht blos zur Unterscheidung, sondern zur Entgegensetzung der Begriffe des Guten und Bösen und der des Wohles und des Uebels entwickelt ist, läßt kaum etwas zu wünschen übrig.

**) Kr. d. pr. Vern. §. 1—3. (Werke IV, S. 116—119).

***) Ebendas. §. 4 (S. 125).

****) Ebendas. S. 119. 122 a. E.

praktischen Vernunft: handle so, daß die Maxime deines Willens jederzeit zugleich als Princip einer allgemeinen Gesetzgebung gelten könne; der kategorische Imperativ als das oberste Princip der Sittenlehre*). Wie entscheidend es für die Ethik Kant's war, daß er statt von dem Inhalt der ethischen Beurtheilung von der Form einer allgemeinen Gesetzgebung ausging, erhellt theils daraus, daß nunmehr der Pflichtbegriff nothwendig der die ganze Ethik ausschließend beherrschende werden mußte, theils aus dem im Zusammenhange der kant'schen Lehre vollkommen consequenten Paradoxon: „daß der Begriff des Guten und Bösen nicht vor dem moralischen Gesetze, (dem es dem Anschein nach sogar zum Grunde gelegt werden müßte), sondern nur nach demselben und durch dasselbe bestimmt werden müsse"**). Den Beweis dieses Satzes stellt Kant so, daß er von der Bemerkung ausgeht, man müsse es anfänglich, wo es sich um die Feststellung der Grundbegriffe handelt, wenigstens unausgemacht lassen, ob der Wille blos empirische, oder auch reine Bestimmungsgründe a priori habe. Allerdings lag es für Kant an jener Stelle schon sehr fern, zu überlegen, daß es sich für den Anfang gar nicht um Bestimmungsgründe des Willens als psychische Kräfte, sondern um Musterbilder der Beurtheilung handelt, welche zwar Motive des Wollens werden können und sollen, deren Darlegung aber nicht im mindesten von der Einsicht in die Art und Weise abhängt, ob und wie sie Motive eines solchen oder anderen Begehrens werden können. Kant fährt daher fort: „gesetzt wir wollten nun vom Begriffe des Guten anfangen, so würde dieser Begriff von einem Gegenstande (als einem guten) zugleich diesen als den einzigen Bestimmungsgrund des Willens angeben; und der Probirstein des Guten oder Bösen könnte dann in nichts anderem, als in der Uebereinstimmung des Gegenstandes mit unserem Gefühle der Lust oder Unlust bestehen." Das ist ganz richtig, denn es bezeichnet die gänzliche Unstatthaftigkeit eines Verfahrens, welches eine Güterlehre an die Stelle der Ethik setzen würde; aber nicht deshalb, weil dieses Ausgehen von den Gegen-

*) Kr. d. pr. Vern. §. 7 (S. 130). Grundl. z. Metaphys. d. S. S. 34 — 44.

**) Kr. d. pr. Vern. S. 171. Vgl. Vorrede dazu S. 103.

ständen des Begehrens, die nicht ohne Zweideutigkeit Bestimmungsgründe desselben genannt werden können, uns auf das empirische Gebiet versetzt, worin Kant den entscheidenden Grund findet, sondern weil es sich für die Feststellung praktischer Grundsätze um eine Beurtheilung des Willens, nicht um ein Urtheil durch den Willen handelt. Zwar sah Kant ganz richtig, daß, da aus der Beziehung der Objecte auf den Willen unmittelbar sich etwas Ethisches nicht ableiten lasse, man sich an die Form des Willens wenden müsse, und wenn irgendwo, so war gerade hier die Stelle, wo er, da das bloße Wollen an sich keinen Werth hat, und doch die sittliche Beurtheilung ganz und gar auf den Willen beschränkt ist, hätte finden können, daß der Wille als Glied eines Verhältnisses der eigentliche Gegenstand des ethischen Beifalls oder Tadels sein müsse. Stand aber einmal der kategorische Imperativ in der bestimmten Form, die er für Kant hatte, fest, so mußte allerdings der Begriff des Guten und Bösen sich gefallen lassen, in seiner ganzen Bedeutung von ihm abhängig zu sein; und Kant durfte sich sogar erlauben, die Amphibolie im Begriffe: gut, nach der er bald das Gute, bald: ein Gut bedeutet, die er selbst so siegreich aufgedeckt hatte*), in der Erläuterung dieser Abhängigkeit zu benutzen.

Hätte nun diesen Begriffen ihre richtige Stellung wieder angewiesen werden sollen, so war dazu die Ueberlegung nöthig, mit welchem Rechte der oberste Grundsatz der Ethik sogleich in imperativischer Form, als Gesetz und Gebot auftrete. Das kategorisch und unbedingt Gebietende dieses Imperativs, welches den Neigungen und Begierden, — wie sich Kant ausdrückt, dem pathologischen Interesse — gegenüber nicht angetastet werden soll, ist doch bei ihm nicht so hoch gesteigert, daß ihm nicht die Aeußerung entschlüpfen sollte**): nur in der Reinigkeit des Ursprungs der sittlichen Begriffe (aus bloßer Vernunft), also auch des kategorischen Imperativs als der Quelle aller übrigen liege ihre Würde, um uns zu obersten praktischen Principien zu dienen. Andererseits legt Kant auf diese aristokratische Abkunft, gleichsam auf den Geburtsadel dieses Imperativs kein so großes

*) Krit. d. pr. Vern. S. 166 ff.

**) Grundl. z. Metaphys. d. Sitten; Werke Bd. IV, S. 32.

Gewicht, daß er ihm nicht eine unmittelbare, nicht erst durch die Rücksicht auf seine Herkunft bedingte Kraft beilegen sollte; er betrachtet vielmehr „das Bewußtsein dieses Grundgesetzes als ein Factum der Vernunft", welches sich nicht aus vorhergehenden Datis der Vernunft herausvernünfteln lasse, sondern sich für sich selbst als synthetischer Satz a priori ankündige, und zwar als „das einzige Factum der reinen Vernunft, die sich dadurch als ursprünglich gesetzgebend (sic volo sic jubeo) ankündige*)". Der Inhalt dieses ursprünglichen Gesetzes ist nun lediglich die Form der Allgemeinheit; es fordert keine bestimmte Beschaffenheit des Willens, sondern nur die Tauglichkeit der Maxime zu einer allgemeinen Gesetzgebung; und die Gewähr des sittlichen Handelns in jedem bestimmten Falle liegt in der Ueberzeugung, ob die Maxime des Handelns diese Tauglichkeit besitze. Aber eben dadurch verräth sich, daß jene Form der Allgemeinheit als Princip der Pflicht betrachtet nicht die letzte Instanz darbietet, sondern daß diese in Rücksichten zu suchen ist, um derenwillen eine Maxime zur allgemeinen Gesetzgebung für tauglich erklärt werden könne; und die Beispiele, welche Kant selbst**) zur Erläuterung der Bedeutung jenes Gesetzes anführt, verrathen diesen Mangel des Princips sehr deutlich. „Man muß wollen können, daß eine Maxime unserer Handlung ein allgemeines Gesetz werde", sagt er selbst, das Resultat aus der Vergleichung der Beispiele zusammenfassend; und eben darin liegt das Bekenntniß, daß dieses wollen Können oder nicht Können, welches hier keine physische oder psychische, sondern eine moralische Möglichkeit bezeichnet, ein Princip der Entscheidung voraussetzt, von welchem die Beziehung jenes Imperativs auf das wirkliche Wollen, um die es sich doch wesentlich handelt, ganz und gar abhängt. Es rechtfertigt sich also nicht die Behauptung, daß „aus diesem einigen Imperative alle Imperativen der Pflicht als aus ihrem Princip abgeleitet werden können"***), sondern jener Imperativ ist höchstens eine Formel, auf welche unter Voraussetzung anderer

---

*) Kr. d. pr. Vern. S. 131, 132.

**) Grundl. zur Metaphys. d. Sitten S. 44 ff.

***) Ebendas. S. 43.

Principien der Beurtheilung und Entscheidung das sittliche Handeln sich zurückführen läßt. Mit vollem Recht ist daher auch schon längst dem kant'schen Sittengesetz vorgeworfen worden, daß es für sich allein nichts entscheide, was doch von einem Satze, der das ganze sittliche Gebiet allein beherrschen wolle, mit Recht gefordert werde; daß vielmehr, wenn man erst wisse, welches Wollen und Handeln vorzüglich oder verwerflich, löblich oder schändlich sei, und dafür ein Princip der Entscheidung besitze, dann sich die Frage nach der an sich ganz leeren Allgemeingültigkeit desselben von selbst erledigen werde. Kant vergaß, daß „der Umfang, in welchem jemand sein Gebot erschallen lasse, diesem Gebote noch keine Würde gebe", oder vielmehr, er glaubte, die Würde des Gebotes stütze sich eben auf den ganz unbeschränkten Umfang desselben.

Die Grundbegriffe der kant'schen Ethik lassen sich daher zugleich als Anknüpfungspunkt für die allgemeine Nachweisung des Satzes benutzen, daß die Ethik ursprünglich eben so wenig als Pflichtenlehre auftreten könne, wie als Güterlehre. Alle Pflicht beruht auf einem Gebote, dessen Ausdruck das Sollen ist. Faßt man nun das Gebot blos als solches, so bleibt die Frage nach dem Inhalt und nach der Vortrefflichkeit desselben übrig, kraft deren ihm Folge zu leisten unbedingt Pflicht sei. Dann ist aber das Erste nicht die Form des Gebotes, sondern jener Inhalt, welcher sich zwar im Fall der Nichtbeachtung in ein Gebot verwandeln, ursprünglich aber nicht als Gebot, sondern als Urtheil sich darstellen wird. Faßt man nun vollends das Gebot als den Ausdruck eines gebietenden Willens, und denkt ihm gegenüber einen Willen, der gehorchen soll, so fallen beide gleichmäßig unter den Begriff des Willens, und es handelt sich nun wieder um den Grund des Unterschiedes dieser Willen, vermöge dessen der eine der verpflichtende, bindende, der andere der verpflichtete, gebundene ist. Dieser Unterschied nun, auf welchem der Begriff der Pflicht wesentlich beruht, muß ursprünglich und unabhängig von dem Begriffe des Wollens klar und bestimmt sein. Er kann nicht liegen in dem Wollen als solchem; folglich muß er gesucht werden außer dem Wollen, und weist hin auf ein willenloses Urtheil und dessen Ausdruck, die Idee, welche über beiden Willen steht und welche sich aneignend der eine Wille die innere Würde erlangt, um deren willen der andere ihm zu folgen verpflichtet ist *).

Trotz dieser Mängel in der Anlage der Untersuchung bei Kant waren die Wirkungen der von ihm ausgegangenen Restauration der Ethik unermeßlich. Nach langer Verdumpfung durchzitterte die Gemüther der frische Hauch einer sittlichen Begeisterung, und die unbestechliche Strenge, mit welcher Kant die Forderung des Sittengesetzes, gegenüber allen Schlangenwindungen der Selbstsucht, der Gemeinheit, der innern Unehrlichkeit in schlichter und klarer Sprache geltend machte, weckte das sittliche Bewußtsein des Zeitalters und bot der Gesinnung einen innern Haltepunkt dar. Selbst die trockne Strenge des kategorischen Imperativs, den er, wie eine gewappnete Athene aus dem Haupte Jupiters, aus der praktischen Vernunft unmittelbar hervortreten ließ, und die verhältnißmäßig geringe Ausdehnung der Grenzen, in denen er sich bei der Anwendung der eigentlich sittlichen Forderungen auf die Kreise des Privatlebens hielt, während er die Lehre vom Staat an den Begriff erzwingbarer Rechte verwies, sicherten den Einfluß seiner Lehre durch ihre Beziehung auf Verhältnisse, welche in dem täglichen Verkehre des Lebens dem Einzelnen in der Sphäre seines individuellen Handelns überall entgegenkommen.

Sieht man aber außer den Wirkungen für das Leben auch auf die wissenschaftliche Gestalt, welche die Ethik in den aus dem Boden des kant'schen Kriticismus sich entwickelnden Systemen erhalten hat, so würde es ein Gegenstand einer weitläufigen Un-

*) Vgl. Herbart Encyklopädie S. 54. — Da für das Verhältniß der Begriffe nichts darauf ankommt, ob man den Willen an mehrere Personen vertheilt oder in einer Person vereinigt denkt, so liegt die Anwendung auf die Begründung der Ethik durch den Willen Gottes zu nahe, um erst noch besonders ausgeführt zu werden. Alles was darüber gesagt werden kann, concentrirt sich doch zuletzt in dem kant'schen Satze: „selbst der Heilige des Evangeliums muß zuvor mit unserem Ideal der sittlichen Vollkommenheit verglichen werden, ehe man ihn dafür erkennt.“ Die abgeleitete Bedeutung des Pflichtbegriffs gesteht übrigens Kant selbst ein, wenn er (Grundl. z. Met. d. Sitten. W. Bd. IV. S. 35) sagt, für einen heiligen Willen gebe es keine Imperative, kein Sollen; und Imperative für Formeln erklärt, die das Verhältniß objectiver Gesetze des Wollens zu der subjectiven Unvollkommenheit des Willens dieses oder jenes vernünftigen Wesens ausdrücken.

tersuchung sein, Schritt für Schritt zu zeigen, wie allmälig nicht nur die sogenannte praktische Vernunst den Primat, sondern die ganze Ethik ihre Selbstständigkeit einbüßte. Zwar bei Fichte wirkt anfangs die Absicht Kant's, die Ethik zum Mittelpunkte der ganzen Philosophie zu machen, fort und das praktische Interesse ist bei ihm vielleicht in einem noch höhern Grade, als bei Kant, das innerste Triebwerk seines ganzen Systems. Aber um zu begreifen, wie Fichte bei der größten Reinheit und Energie der Gesinnung der Ethik eine Form der wissenschaftlichen Entwickelung aufdringen konnte, die das gerade Gegentheil von dem ist, was die Ethik wirklich zu leisten hat, ist es nöthig, die Art, wie sich Fichte's Idealismus aus dem kant'schen Kriticismus entwickelte, auch von der theoretischen Seite ins Auge zu fassen.

Kant hatte das: Ich denke, die transscendentale Synthesis der Apperception, wie er es nannte, als eine Vorstellung, welche alle übrigen Vorstellungen müsse begleiten können, in der Mitte des Vorstellungskreises gefunden, und diese Thatsache der inneren Erfahrung dahin ausgedeutet, daß er dem Ich die Handlung der Synthesis a priori zuschrieb. So entstand durch dieses Handeln des Ich aus dem Stoffe, den die Sinnlichkeit liefert, und aus den reinen Formen der Anschauung und des Denkens für Kant die gewöhnliche Weltansicht, und die kritische Reflexion auf die Elemente derselben und deren Bedeutung für die Erkenntniß war die Wissenschaft oder wenigstens die Vorarbeit zu ihr. Dadurch trat das Ich und dessen synthetische Thätigkeit so sehr in den Vordergrund, die Dinge, als ein Unbekanntes, so sehr in den Hintergrund, daß es nur der Frage bedurfte: mit welchem Recht denn das Ding an sich als Ursache des Stoffes der Empfindung aufgestellt werde, da der ganze Begriff der Ursache auch nur eine der Kategorien sei, welche auf eine objective, dem Dinge an sich geltende Bestimmung nicht Anspruch machen dürfe, um diesen halben Idealismus in einen ganzen zu verwandeln. Diesen Schritt that Fichte, und indem er ihn that, verwandelte sich die synthetische Thätigkeit des Ich, die einen fremden, dem Ich gegebenen Stoff voraussetzte, in eine reine Production. Das Ich wurde nicht nur als das Reale, und als das einzige Reale, sondern auch als das absolut Productive hingestellt. Um diese absolute Productivität, welche, wie Fichte mehr als einmal einschärft, durchaus kein Gegenstand weder der äußeren noch der inneren Erfahrung ist, zu rechtfertigen und dem reinen Begriffe des Selbstbewußtseins durch sie einen Inhalt zu geben, ergriff er den von Kant problematisch aufgestellten Gedanken eines anschauenden Verstandes, eines Verstandes, der durch die bloße Vorstellung des Gegenstandes die Ursache des Daseins dieses Gegenstandes sei, und verwandelte kraft der „schaffenden Einbildungskraft" die Identität des Subjectes und des Objectes, des Ich und des Nichtich, die für eine geschärfte Reflexion den reinen Begriff des Selbstbewußtseins bezeichnet, in eine reale Identität des Producirenden und des Productes, des Denkens und des Seins. Faßt man nun die Umrisse der fichte'schen Lehre auf, um zu sehen, welchen Platz auf dem Gebiete derselben die Ethik einnimmt, so bedarf es nur einer Erinnerung daran, daß Fichte, wohl einsehend, daß mit der strengen Identität des Subjectes und Objectes jeder Inhalt der Ichheit verschwinde, erst das Nichtich vom Ich gesetzt werden ließ, um dieses letztere als Intelligenz zu erklären, sodann aber, damit das absolute Ich nicht verloren gehe, seine Unendlichkeit nicht stecken bleibe im Nichtich und der Wechselwirkung mit ihm, die Aufhebung des Nichtich durch das Ich postulirte. In dieser Aufhebung des Nichtich, der Objecte, die gesetzt werden mußten, damit das Ich daran zum Bewußtsein komme, bestand nun das Wesen der Sittlichkeit; „so wie das Ich gesetzt ist, ist alle Realität gesetzt, im Ich soll alles gesetzt sein, alles von ihm abhängig sein; also wird Uebereinstimmung des Objects mit dem Subject gefordert, gefordert vom absoluten Ich um seines absoluten Seins willen"*). Die praktische Vernunft ist die diese Forderung aussprechende, das „Princip der Sittlichkeit ist der nothwendige Gedanke der Intelligenz, daß sie ihre Freiheit nach dem Begriffe der Selbstständigkeit schlechthin ohne Ausnahme bestimmen solle"**).

Vergleicht man diesen Satz mit der kant'schen Formel des kategorischen Imperativs, so findet man einen nicht geringen Fortschritt in der, der Ethik von Kant vorgezeichneten Richtung. Kant hatte den kategorischen Imperativ als Factum des Bewußtseins

*) Grundl. d. ges. Wissenschaftsl. 2te Aufl. S. 248.

**) System der Sittenlehre S. 66.

hingestellt und gefragt: „vorausgesetzt, daß die bloße gesetzgebende Form der Maximen allein der zureichende Bestimmungsgrund eines Willens sei, wie muß der Wille beschaffen sein, der dadurch bestimmbar ist"*). Die Antwort war: ein solcher Wille müßte frei d. h. möglicherweise unabhängig von solchen Bestimmungsgründen sein, die nicht in der Vorstellung des Gesetzes liegen. Streng genommen konnte und durfte Kant auf keine andere Freiheit schließen, als auf die, welche man kurz als Motivität des Willens bezeichnet, d. h. auf die Fähigkeit, nicht blos durch die Objecte der Begierde, sondern auch durch Gründe, die eine absolute Werthgebung zur Quelle haben, durch Ideen, bestimmt zu werden**). Weil jedoch die Kategorie der Causalität bei ihm ausschließend für Erscheinungen Gültigkeit und Anwendbarkeit hatte, so war es fast unvermeidlich, daß die Unabhängigkeit von dem Causalzusammenhange der Erscheinungen sich als eine Unabhängigkeit von allem und jedem Causalnexus, der auf etwas Anderes als Ursache hinweist, darstellte, d. h. die Motivität des Willens durch das Gesetz wurde transscendentale Freiheit, das Vermögen, einen Zustand absolut anzufangen, reine Selbstbestimmung im strengen Sinne des Wortes. Obgleich nun Kant die Freiheit nur als Bedingung der Möglichkeit der Realisirung des praktischen Gesetzes postulirt, und Freiheit und unbedingtes praktisches Gesetz so hinstellt, daß beide auf einander hinweisen, so galt diese Unterscheidung der Freiheit von dem Sittengesetze doch nur für die Erkenntniß jener aus diesem, und die Frage blieb übrig, ob sie auch „in der That verschieden seien und nicht vielmehr ein unbedingtes Gesetz blos das Selbstbewußtsein der reinen praktischen Vernunft, diese aber ganz einerlei mit dem positiven Begriffe der Freiheit sei"***). Sieht man ferner,

---

*) Krit. d. prakt. Vern. S. 128 (§. 5).

**) Wirklich bestimmt Kant die Freiheit vorzugsweise in den ethischen Schriften nur auf diese Weise, z. B. Grundl. z. Met. d. Sitten S. 73, 83: „Freiheit d. i. Unabhängigkeit von bestimmenden Ursachen der Sinnenwelt;" Krit. d. pr. Vern. S. 209, „man könnte praktische Freiheit auch durch Unabhängigkeit des Willens von jedem andern, als dem moralischen Gesetze definiren." Vgl. Krit. d. pr. Vern. S. 155.

***) Kr. d. pr. Vern. S. 129.

welche unbedingte Geltung Kant dem Begriffe der Autonomie der praktischen Vernunft, d. h. des oberen Begehrungsvermögens beilegt*), so kann es nicht Wunder nehmen, wenn neben der Tauglichkeit der Maxime des Handelns zu einer allgemeinen Gesetzgebung Kant mehr als einmal ausspricht, daß die Freiheit (nicht mehr blos die Bedingung der Ausübung des Gesetzes, sondern) das Gesetz selbst sei**). Für Kant würde vielleicht die Frage Bedeutung gehabt haben, ob nicht diese Identität zwischen Freiheit und Gesetz, diese Selbstgesetzgebung des Willens statt einer Gesetzgebung über den Willen den Boden der Ethik unterhöhle; der Grund, daß Consequenzen dieser Art bei ihm keinen größern Einfluß gewannen, sondern gleichsam nur unwillkührlich an einzelnen Stellen zum Vorschein kommen, liegt, was den Zusammenhang des Systems anlangt, in den theoretischen Bedenklichkeiten, die ihn abhielten, die transscendentale Freiheit unmittelbar als Lehrsatz aufzustellen. Bei Fichte sind diese Bedenklichkeiten verschwunden; sein Ich findet Sich unmittelbar als wollend, und nur indem es sich als wollend findet, findet es Sich, zwar nicht im empirischen Bewußtsein, wohl aber in der intellectuellen Anschauung; das reine Wollen ist zugleich ein absolutes, ein „reelles Handeln auf sich selbst, ein reelles Selbstbestimmen seiner selbst durch sich selbst"; der „wesentliche Charakter des Ich, wodurch es sich von allem, was außer ihm ist, unterscheidet, besteht in einer Tendenz zur Selbstthätigkeit um der Selbstthätigkeit willen und diese Tendenz ist es, was gedacht wird, wenn das Ich an und für sich gedacht wird"***). Während mithin bei Kant die Freiheit eine Folgerung aus dem Factum des Sittengesetzes war, ist bei Fichte die Freiheit selbst die Fundamentalthatsache,

---

*) Kant bedient sich beinahe eben so oft des Ausdruckes: Autonomie des Willens als des: Autonomie der Vernunft, z. B. Grundl. zu Metaph. d. S. S. 82.

**) Z. B. Grundl. zu Metaph. d. S. S. 82 heißt es: „Das Gesetz der Vernunft, die in der Idee der Freiheit das Gesetz derselben enthält"; Krit. d. pr. Vern. S. 146: „Das Factum (des kategorischen Imperativs) ist mit dem Bewußtsein der Einheit des Willens unzertrennlich verbunden, ja mit ihm einerlei."

***) Fichte System d. Sittenl. S. 8—24.

von der alles übrige abhängt, „Freiheit ist das einzige wahre Sein und der Grund alles andern Seins, der erste Glaubensartikel, der uns den Uebergang in eine intelligible Welt bahnt und in ihr zuerst festen Boden darbietet, von ihm geht das System aus, welches die beiden Welten des Intelligiblen und der Erscheinungen umfaßt"*); und nun verstand es sich ganz von selbst, daß „Freiheit und Gesetz nicht zwei Gedanken sind, sondern ein und derselbe Gedanke, und daß, was den Inhalt des Gesetzes anbelangt, nichts gefordert werde, als absolute Selbstthätigkeit, absolute Unbestimmbarkeit durch irgend etwas außer dem Ich"**).

Gesetzt nun, man müßte den Idealismus Fichte's als speculatives System, als Theorie betrachtet zugeben, so bliebe doch die Frage übrig, welche Bedeutung die so eben angeführten Sätze für die Ethik haben. Für ein unbefangenes Urtheil scheint es aber in dieser Hinsicht kaum einer ausführlichen Erörterung darüber zu bedürfen, daß Fichte, indem er den Begriff des Wollens auf die Spitze einer ganz inhaltslosen Abstraction trieb und das Wollen mit der absoluten Freiheit und Selbstständigkeit, und diese wieder mit der Würde des Wollens identificirte, den eigentlichen Grund und Boden der Ethik verließ. Möchte jene absolute Selbstthätigkeit, jenes unendliche Streben nach Freiheit um der Freiheit willen immerhin die eigentliche Natur des Ich sein; liegt denn in diesem leeren Begriff der Freiheit, in dieser „hohlen Nuß der Selbstständigkeit", in diesem „blos sich selbst vorhabenden und betrachtenden Handeln, blos des Handelns und Betrachtens wegen"***), vorausgesetzt, daß man es streng seinem eigenen Begriffe nach festhält, auch nur das Mindeste von sittlicher Würde? Ist der freie Wille unmittelbar und ohne weiteres auch der gute? die bloße Selbstthätigkeit des Willens auch schon eine solche

*) Syst. d. Sittenl. S. 58. 59.

**) Syst. d. Sittenl. S. 58. 62.

***) Vgl. F. H. Jacobi an Fichte (Werke Bd. III. S. 28. 37.) Die Entrüstung Jacobi's über dieses leere sich aus sich heraus und sich in sich hinein Spinnen wurde hier, wie anderwärts, in ihren Wirkungen auf das Zeitalter durch die, man möchte fast sagen, lächerlichen Zugeständnisse geschwächt, die er den von ihm verworfenen Systemen als vollkommen berechtigten Erzeugnissen der Speculation machte.

Thätigkeit, welcher an sich und ohne alle fremde Rücksicht Prädicate eines absoluten Werthes gebühren? Müssen diese Fragen verneinend beantwortet werden, so liegt darin zugleich, daß Fichte, so entschieden, ja so feurig er auch den Kampf Kant's gegen den Eudämonismus fortsetzte, so kräftig er die Abhängigkeit ethischer Bestimmungen von der Rücksicht auf die Wirkungen bekämpft, welche ein solches oder andres Handeln auf das Wohl- oder Uebelbefinden des Handelnden habe, dennoch den Willen selbst an die Stelle des Urtheils über das Wollen stellte; eine Verwechselung, die für die ganze Anlage der Ethik so durchgreifend ist, daß es auch jetzt noch nicht unnöthig scheint, ihre Verzweigungen bei Fichte noch ein Paar Schritte weiter zu verfolgen. Fichte's Sittenlehre gewinnt ebenso, wie die Kant's, durch den persönlichen Charakter ihres Urhebers ein solches Gewicht, daß eine genauere Prüfung derselben auch jetzt noch als ein schuldiger Tribut der Hochachtung für diesen persönlichen Charakter angesehen werden darf.

Unmittelbar nach der Aufstellung des Princips geht Fichte zu der Untersuchung über die Anwendbarkeit und Realität desselben über*). Ein Begriff hat Realität, sagt Fichte, heißt: die Welt unseres Bewußtseins wird durch ihn in einer gewissen Hinsicht bestimmt, und die Realität eines Begriffs untersuchen heißt fragen, inwiefern durch ihn Objecte bestimmt werden. Dies zufolge des Begriffs der Sittlichkeit gedachte, durch ihn bestimmte Object ist die Idee dessen, was wir thun sollen. Aber wir können nichts thun, ohne ein Object unserer Thätigkeit in der Sinnenwelt zu haben, ohne einen Stoff, auf welchen gehandelt werde; die Deduction der Realität des Sittengesetzes ist folglich die Nachweisung der Bedingungen, unter welchen allein jener Gedanke der absoluten Selbstthätigkeit gedacht werden kann, und diese Deduction wird von der Formel beherrscht: „das Vernunftwesen, welches sich als absolut frei und selbstständig setzen soll, kann dieses nicht, ohne zugleich theoretisch seine Welt auf eine gewisse Weise zu bestimmen; das Denken seiner selbst und das Denken der Welt geschehen durch denselben Act des Denkens, sind beides integrirende Theile einer und derselben Synthesis, und die Freiheit ist

*) Syst. d. Sittenl. S. 72 ff.

ebenso theoretisches als praktisches Princip, indem sie jene Bedingungen, welche zur Realisirung des Gedankens der absoluten Freiheit nothwendig zu denken sind, fordert und gebietet"*). Demgemäß beschäftigt sich nun die auf diese Formel folgende und von ihr beherrschte Deduction damit, nicht nur Objecte überhaupt, sondern bestimmte Objecte in einer stetigen Reihe, eine Natur, und zwar eine organisirte Natur, den articulirten Leib als ein System von Ausgangspunkten der Thätigkeit des Ich auf das Nichtich u. s. w., als die geforderten Bedingungen des Bewußtseins der absoluten Selbstthätigkeit nachzuweisen. In der Verfolgung dieses Ganges treten aber allmälig dreierlei Classen von Verirrungen hervor, die ihren Grund in der ganzen Anlage der Untersuchung haben. Erstlich der Zirkel, in welchem sich das Ich mit dem Nicht-Ich dreht. Ursprünglich gebietet das Sittengesetz die Objecte zu setzen und die Welt dieser Objecte sogar mit einer bestimmten Causalität auszustatten, damit die an sich ganz leere Selbstthätigkeit einen Gegenstand habe, an dem sie wenigstens zum Bewußtsein kommen könne; zugleich aber, indem sie an den Objecten und nur an ihnen zum Bewußtsein kommt, findet sie sich durch sie beschränkt und gehemmt; also muß die Welt der Objecte wieder aufgehoben werden; „die Absicht des sittlichen Handelns geht auf völlige Befreiung von der Natur", jedes sittliche Handeln „muß in einer Reihe liegen, durch deren Fortsetzung das Ich unabhängig werden müßte"**); und dennoch dürfte die Welt der Objecte, selbst wenn das möglich wäre, nicht aufgehoben werden, weil sonst die Bedingung des Bewußtseins der reinen, absoluten Thätigkeit zugleich mitaufgehoben würde. Dieser Zirkel, daß das Dasein des Nicht-Ich abgeleitet wird vom Ich, und das des Ich, — denn was Anderes ist das Dasein des Ich für Fichte, als That des Bewußtseins und Bewußtsein der That? — von dem des Nicht-Ich, wird in Beziehung auf die Ethik zu dem Widerspruch, daß die Bedingung der Realisirung der ethischen Aufgabe zugleich als der Grund der Unmöglichkeit ihrer vollkommenen Darstellung erscheint; oder wie es

---

*) Syst. d. Sittenl. S. 88.

**) Ebendas. S. 192.

schon Schleiermacher*) ausgedrückt hat, „daß die Reihe, durch deren Fortsetzung das Ich unabhängig werden möchte, ein Theil derjenigen ist, deren ebenfalls unendliche Summe das Ganze seiner Abhängigkeit ausmacht"; ein Widerspruch, den Fichte zwar durch den Begriff des unendlichen Strebens zur Annäherung an das Ziel absoluter Unabhängigkeit zu umgehen sucht, in den er sich aber gar nicht verwickelt haben würde, wenn ihm die innere Leerheit jener Selbstthätigkeit um der Selbstthätigkeit willen, die er, in den Kreis seines Idealismus eingebannt, aufgeben weder wollte noch konnte, ein anderes Ausfluchtsmittel übrig gelassen hätte.

Das Gefühl der inneren Leere dieses Begriffs führte aber zugleich zu der zweiten Verwickelung, die in der Abweichung des Princips der anwendbaren Sittenlehre von der ersten Grundformel liegt. Der Urtrieb des Ich spaltet sich nämlich durch die Beziehung der Thätigkeit auf die Objecte in zwei Triebe, den höheren sittlichen, und den niederen Naturtrieb. Da nun die Vernichtung des Naturtriebes zugleich Aufhebung der Objecte, als des Materials der Thätigkeit sein würde, so muß, damit es zu einer Anwendung des sittlichen Princips komme, der höhere, sittliche Trieb in der Wechselwirkung mit den Objecten die Reinheit der Thätigkeit aufgeben; der niedere hat dagegen den Genuß als Zweck zum Opfer darzubringen**). So wie hier die Frage wiederkehrt, ob denn darin der Unterschied des sittlichen und des nichtsittlichen Triebes liege, daß dieser von den Objecten bestimmt wird, jener aber von dieser Bestimmtheit durch ein Fremdes, was nicht er selbst ist, loszukommen sucht, so ist es auch nicht weniger befremdend, daß für das gesammte Gebiet des wirklichen sittlichen Wollens und Handelns die Reinheit der Thätigkeit, d. h. geradezu das eigentlich Sittliche, nicht etwa als etwas, was schwierig sei zu erreichen, dargestellt, sondern als etwas geradezu Unmögliches aufgegeben wird. Und hierzu kommt, um zu übergehen, wie bei Fichte die „Metaphysik der Sitten" in ein „unmittelbares Gefühl der bestimmten Pflicht" als das Kriterium des sittlichen Verhaltens zusammenschrumpft,

---

*) Krit. d. Sittenl. 2te Aufl. S. 29.

**) Syst. d. Sittenl. S. 167.

welches kraft des kategorischen Imperativs schlechthin postulirt wird, aber für den einzelnen Fall nicht weiter abgeleitet werden kann*), sogleich noch das Dritte, für die Sittenlehre Fichte's wohl am meisten charakteristische. „Mein Trieb als Naturwesen, meine Tendenz als reiner Geist, sind es zwei verschiedene Triebe? Nein, beides ist vom transscendenten Gesichtspunkte aus ein und ebenderselbe Urtrieb, der mein Wesen constituirt, nur wird er angesehen von zwei verschiedenen Seiten. Nämlich ich bin Subject-Object, und in der Identität und Unzertrennlichkeit beider besteht mein wahres Sein. Erblicke ich mich als durch die Gesetze der sinnlichen Anschauung und des discursiven Denkens vollkommen bestimmtes Object, so wird das, was in der That mein einziger Trieb ist, mir zum Naturtriebe, weil ich in dieser Ansicht selbst Natur bin. Erblicke ich mich als Subject, so wird er mir zum reinen geistigen Triebe, oder zum Gesetze der Selbstständigkeit. Lediglich auf der Wechselwirkung dieser beiden Triebe, welche eigentlich nur die Wechselwirkung eines und ebendesselben Triebes mit sich selbst ist, beruhen alle Phänomene des Ich. Beide sind in der That eins; aber darauf, daß sie als verschieden erscheinen, beruht die ganze Ichheit. Die Grenzscheide zwischen beiden ist die Reflexion"**). Es bedarf nach dieser innerhalb des Systems vollkommen consequenten Bestimmung kaum noch der Vergleichung des Gebrauchs, den Fichte weiterhin***) zur Nachweisung der Ursache des Bösen von den verschiedenen Standpunkten der Reflexion macht; daß der Unterschied des Guten und Bösen nicht in der Beschaffenheit des Willens, sondern eben nur in der Reflexion über denselben, in dem Standpunkte liege, aus welchem das Subject das Wollen überhaupt oder speciell sein eigenes ansieht, spricht die angeführte Stelle schon für sich deutlich aus. Und anders konnte es kaum kommen, wenn das Wollen unmittelbar und absolut mit dem Anspruch auftrat, sich selbst schlechthin Gesetz zu sein, und wenn dies Denken der Bedingungen des Bewußtseins der Selbstthätigkeit gleich gestellt

*) Syst. d. Sittenl. S. 214 fg.

**) Ebendas. S. 166.

***) Ebendas. S. 231 ffg.

wurde dem Denken und Anerkennen eines Gesetzes oder einer Norm der Beurtheilung dieser Selbstthätigkeit, so daß die Sittlichkeit eben nichts weiter, als eine bestimmte Denkform, nämlich die einzig mögliche, die Freiheit zu denken, bezeichnen sollte*). Und deshalb wurde oben gesagt, daß die fichte'sche Sittenlehre in der Form ihrer systematischen Entwickelung gerade das Gegentheil von dem Gange der Untersuchung darstelle, den die Natur der Ethik fordert (S. 66). Nicht die Erzählung, auch nicht die empirische oder speculative Erklärung und Deduction der Phänomene des Wollens kann dieser den Grund und Boden bereiten; möge Jemand noch so viel Aufschluß darüber geben, wie es zugehe oder was geschehe und geschehen müsse, damit ein solches oder anderes Wollen entstehe oder zum Bewußtsein komme, — die Quellen und Bedingungen des Wollens sind nicht der Maaßstab für den Werth desselben, und eine Ethik, welche sich, wie die Fichte's, für die Feststellung der Principien ausschließend an jene wendet, kommt eben dadurch in Gefahr, diesen aus dem Auge zu verlieren.

Welche allgemeinen Gründe bei der sittlichen Begeisterung Fichte's dieses Verkennen des eigentlichen Ausgangspunktes der Ethik, die, indem sie zu einer bloßen Ergänzung der theoretischen Wissenschaftslehre wurde, die Fragen zur Beantwortung übernehmen mußte, auf welche jene die Antwort schuldig blieb, — welche Gründe diese Verwickelung und Verwechselung rein theoretischer und ethischer Fragen, auch noch abgesehen von dem Zusammenhange des Fichtianismus mit dem Kantianismus gehabt habe, mag noch einen Augenblick bei Seite gesetzt werden, um zuvor dem oben ausgesprochenen Satze (S. 71), daß Fichte, wenn auch in einer andern Gestalt als die Güterlehre, den Willen statt des Urtheils über den Willen an die Spitze der Ethik stelle, noch eine allgemeine Folge abzugewinnen. Die Form der Sittenlehre ist bei ihm, obgleich er sich fast durchgehend auf das Sittengesetz beruft und dadurch an den Pflichtbegriff erinnert, wesentlich die einer Tugendlehre. Denn die Tugend pflegt mit Recht

*) Schleiermacher Krit. d. Sittenl. S. 24. 27

aufgefaßt zu werden nicht nur als die Angemessenheit des Willens an das Gesetz, sondern als die Kraft des sittlichen Handelns. Der Begriff selbstbewußter Kraftthätigkeit beherrscht aber die ganze Ethik Fichte's, und deshalb dient sie als ein vorzügliches Beispiel, an welchem sich die Unmöglichkeit den Begriff der Tugend an die Spitze der Ethik zu stellen, diese ursprünglich in Form einer Tugendlehre zu behandeln, nachweisen läßt. Zwar wenn die Tugend nur als Angemessenheit des Willens an das Gesetz betrachtet wird, weist ihr Begriff ohnedies auf etwas außer ihr hin, welches man kennen muß, um den Willen darnach zu beurtheilen; aber auch wenn sie als Kraft des sittlichen Handelns aufgefaßt wird, liegt in der nothwendigen Determination des Werthes dieser Kraft durch die Beschränkung auf das sittliche Handeln deutlich genug die Warnung, die bloße Kraft als Kraft, das Hervorbringende der That blos als Thätiges und Wirkendes nicht unmittelbar für das Vortreffliche und Vorzügliche zu halten. Wenn dennoch eine Tugendlehre, wie namentlich die fichte'sche, eine so große Wirkung auf das Gemüth ausübt, wenn der Gedanke des eigenen Thuns nach eigenem selbstgegebenen Gesetz, in seiner Freiheit und Widerstandsfähigkeit gegen Alles, was nicht das eigene Wissen und Wollen ist, leicht als der Ausdruck der wahren und vollständigen sittlichen Erhebung erscheint, so liegt dies theils in der Verwandtschaft des so aufgefaßten Tugendbegriffs mit der Idee der inneren Freiheit, theils in der Rücksicht auf die alle sittlichen Grundbestimmungen begleitenden Größenbegriffe der Stärke u. s. w., endlich auch darin, daß es nur einer schärferen Reflexion gelingt, die naheliegende Verschmelzung zwischen dem allgemeinen Begriffe der hervorbringenden Kraft und der Beschaffenheit derselben in ihre Elemente aufzulösen und zu fragen, welchem dieser Elemente der Werth eigentlich gebühre. Systematische Mängel in der Anlage ethischer Untersuchungen haben überhaupt zu allen Zeiten, wenn nur sonst dem Ganzen eine tüchtige Gesinnung zu Grunde lag, deshalb weniger geschadet, als sonst der Irrthum zu schaden pflegt, weil die wahren ethischen Ideen unwillkührlich in der Auslegung einer ethischen Untersuchung sich geltend machen und das sittliche Interesse dessen, der die Lehre aufnimmt, den mangelhaften Ausdruck derselben zu ergänzen immer bereit ist*). Was Schleiermacher von Fichte's Sittenlehre sagt, daß „Erschleichungen und manche der Methode nicht ganz würdige Wendungen leicht deshalb unbemerkt bleiben, nur weil von Anfang her die sittliche Zunöthigung als Veranlassung der ganzen Aufgabe gezeigt und also bei allen Lesenden zum begleitenden Gedanken geworden ist, den sie, sobald es sich thun läßt, der Reihe einschieben"**), gilt nicht blos von Fichte's Sittenlehre, sondern auch noch von mehr als einem der berühmtesten Versuche derselben vor und nach ihm.

Die allgemeinste Veranlassung, welche für Fichte jenes Abgleiten in ein fremdes Gebiet zur Folge hatte, nämlich die damals gebieterisch geforderte Vereinigung und Verschmelzung metaphysischer und ethischer, theoretischer und praktischer Untersuchungen, wirkte nun auch auf die Systeme nach Fichte fort. Diese Forderung einer Ableitung metaphysischer und ethischer Bestimmungen aus einem *einzigen* Principe und die darin liegende Behauptung der Identität beider Richtungen der Untersuchung erheischt zuvörderst eine allgemeine Prüfung ihrer Bedeutung und

*) Nimmt man das, was hier über die Tugendlehre als angeblich ursprüngliche Form der Ethik gesagt ist, zusammen mit dem, was oben (S. 59. 61) in gleicher Weise über den Versuch, den Begriff des Gutes oder der Pflicht an die Spitze der Ethik zu stellen, entwickelt wurde, so erhellt, daß übereinstimmend mit der früheren Bestimmung (S. 37—43): die Grundlage der Ethik sei die Ideenlehre, alle drei Formen gleichmäßig auf die Ideen zurückweisen. Das Verdienst, diese drei Gestaltungen der Ethik auf die ihnen entsprechenden Begriffe zurückgeführt zu haben, gebührt *Schleiermacher*; das größere Verdienst aber, die Unselbstständigkeit dieser Gestaltungen, deren jede für sich betrachtet den wahren Charakter der Ethik zu verlieren in Gefahr ist, nachgewiesen zu haben, gebührt *Herbart*. Das Resultat dieser Nachweisung läßt sich schwerlich kürzer und bestimmter ausdrücken, als in folgenden Worten aus dessen allg. prakt. Philos. S. 17: „Der allgemeine Fehler der Güter=, Tugend= und Pflichtenlehren liegt am Tage. Sie alle kennen nichts als den Willen und möchten ihn auf irgend eine Weise zu seinem eigenen Regulative machen. Um dahin zu gelangen, mustern sie seine Gegenstände, versetzen in die ihm entprechenden Gefühle, graben nach seinen Quellen und forschen nach seinen ersten und letzten Aeußerungen. Alles umsonst. Es ist immer nur Wille, aber keine *Würde* des Willens, was erreicht wird." Vgl. auch *Herbart*, Kleine philos. Schr. Bd. III. S. 180 fg.

**) *Schleiermacher* Krit. d. Sittenl. S. 27.

Haltbarkeit; und kann dadurch zugleich zur Controle dessen dienen, was in den beiden ersten Abschnitten über den eigenthümlichen Charakter der Ethik festgesetzt worden ist. Obgleich nämlich die primitive Aufgabe der Ethik, die Construction der Ideen, ohne alle Beihülfe theoretischer Lehrsätze unmittelbar aus der allgemeinen, auch dem gemeinen Bewußtsein vollkommen verständlichen Voraussetzung: daß es überhaupt einen Unterschied des guten und bösen Willens gebe, abgeleitet werden konnte, so scheint doch die Selbstständigkeit der aus der Lösung dieser Aufgabe sich entwickelnden Wissenschaft nicht vollständig gesichert zu sein, so lange sie sich nicht mit den theoretischen Aufgaben der Speculation befriedigend auseinandergesetzt hat. Zu dieser Auseinandersetzung fordert, so wenig auch die Frage nach den Principien der Ethik selbst dazu Veranlassung giebt, die thatsächlich vorliegende Beschaffenheit der philosophischen Systeme auf, und die historische Betrachtung führt daher auf einen Fragepunkt zurück, der sogleich am Eingange dieses Buches berührt wurde, auf welchen aber speciell einzugehen die nachfolgenden Erörterungen keine Gelegenheit darboten.

Die Forderung einer absoluten Einheit des philosophischen Wissens und folglich der Ableitung aller einzelnen Aufgaben der philosophischen Forschung aus einem einzigen Princip ist mit systematischer Schärfe erst in der Periode der Philosophie nach Kant hervorgetreten; Reinhold war es, der diese Forderung zuerst geltend machte und zu jener Zeit laut dafür gepriesen wurde. Aber die Zuversicht, mit welcher man das Geforderte auch wirklich leisten zu können glaubte, gründete sich nicht sowohl auf die Nachweisung, daß ohne Einheit des Princips der Begriff des Systems keine Bedeutung habe, als auf die Ueberzeugung, man besitze ein solches Princip, aus welchem sich alles übrige ableiten lasse. Es soll nun hier noch nicht gefragt werden, in wie fern diese Ableitungen gelungen sind; der Wechsel der Systeme und die Verschiedenheit nicht nur des Princips, sondern auch der Methode der Ableitung erweckt schon an sich kein allzugroßes Vertrauen zu denselben; es handelt sich hier zunächst nur um die Frage, ob der Begriff eines Systems mit der Einheit des Princips seine Bedeutung verliere. Der Begriff eines Systems nun, der seiner Wortbedeutung nach nicht auf die Entwickelung einer Vielheit aus einer Einheit, sondern nur auf eine innere Verbindung eines Mannigfaltigen hinweist, enthält durchaus nichts, was die Einheit des Princips gebieterisch forderte. Er verlangt Beziehungen des Vielen auf einander, Zusammenhang, gegenseitige Abhängigkeit und Bestimmbarkeit des einen durch das andere; aber alles das setzt ein Mannigfaltiges, welches *seinem eigenen Was* nach bekannt und erkannt sein muß, voraus, damit es in einander eingreifen, eines das andere bestimmen könne. Eine genauere Untersuchung lehrt überdies, daß aus einem schlechthin *einfacher* Gedanken überhaupt *gar nichts* folgt*); also selbst da, wo ein gewisses Gebiet von einem einzigen Princip wirklich beherrscht wird, muß in dem Princip selbst eine Mehrheit von Bestimmungen liegen, die eine *Entwickelung* des Princips möglich machen; und die *Forderung* der Einheit des Princips für die Lösung aller Aufgaben ist an sich so grundlos, als es *vor* der Untersuchung grundlos sein würde, eine Vielheit der Principien für nothwendig zu erklären.

Im Hintergrunde jener Forderung steht jedoch trotz aller Geringschätzung der formalen Logik eine starke Ueberschätzung desselben logischen Formalismus, auf den man pocht, wo er der Bequemlichkeit dient, und den man verhöhnt, wo er beschwerlich zu werden anfängt. Es ist eine alte Gewohnheit, die *allgemeinsten* Begriffe und Sätze für Principien zu halten, und die Entwickelung des Wissens in den Fortschritt von einem solchen Allgemeinen zu dem ihm untergeordneten Besonderen zu setzen. Indem nun logische Allgemeinbegriffe den allerdings nicht nur für die Bequemlichkeit der Auffassung, sondern auch für die Form der Untersuchung keineswegs gering anzuschlagenden Vortheil darbieten,

---

*) Vgl. *Herbart* Allg. Metaphysik Bd. II. S. 26—38. *Hartenstein* Probl. und Grundlehren d. Metaphys. S. 138—141. Beispielsweise kann an Fichte und Hegel erinnert werden. Das Ich wird bei jenem nur dadurch Princip, daß in seiner Thätigkeit die beiden *verschiedenen* Acte des Setzens und Entgegensetzens unterschieden werden; und die dialektische Methode gründet sich lediglich auf die innere Unruhe, mit welcher der Begriff in seine Momente auseinanderfällt und sich aus ihnen wiederzusammenfaßt.

in einem Gedankenzuge über das zu entscheiden, was sich in einer unbestimmten Vielheit von Exemplaren und einzelnen Fällen wiederholt, so knüpft sich doch daran leicht das Vorurtheil, es bedürfe nur eines Fortschritts zu immer höheren Allgemeinheiten, um alle Gebiete der Erkenntniß zuletzt nicht nur unter einen Begriff zusammenzufassen, sondern auch durch ihn und aus ihm als Princip zu begreifen. Die Möglichkeit dieses Fortschrittes der Abstraction gilt dann zugleich für die Gewähr der wissenschaftlichen Gültigkeit der Begriffe, zu welchen man auf diese Weise gelangt, und die Aufgabe der Wissenschaft stellt sich als die Forderung dar, für jede Vielheit coordinirter Begriffe oder Probleme die „höhere Einheit" zu finden, von welcher aus sie begriffen werden. Faßt man nun dieses Fortschreiten zunächst von seiner formalen Seite auf, so genügt die einfache logische Bemerkung, daß der Inhalt der Begriffe zu ihrem Umfange im umgekehrten Verhältnisse steht, um einzusehen, daß es zwar nicht schwer ist, in einem willkührlichen Denken zu immer höheren Allgemeinbegriffen aufzusteigen, daß aber dieses Verfahren der Abstraction überall zu einem Punkte führt, wo eine noch weiter fortgesetzte Abstraction ihre wissenschaftliche Bedeutung verliert und statt eines Princips nichts als ein leerer Begriff übrig bleibt. Leere Begriffe sind in jedem bestimmten Gebiete der Erkenntniß diejenigen, bei deren Bildung eine Abstraction von denjenigen Merkmalen vorausgegangen ist, auf welchen ihre Bedeutung für die bestimmten Probleme dieses Gebietes beruht. So sind der Begriff der Zahl ohne Rücksicht auf die Entstehung der Zahlenreihe aus der Einheit, der abstracte Begriff des Raumes ohne Beziehung auf räumliche Verhältnisse für die Mathematik, der Begriff des Seins und des Werdens, ohne Beziehung auf das, was ist und sich verändert, für die Metaphysik u. s. w. leere Abstractionen. Dergleichen Abstractionen bieten nicht einmal den Vortheil eines erhöhten Standpunktes dar, von welchem aus man zwar vielerlei übersehen, aber nichts deutlich erkennen kann, weil eben die Unterbrechung der Beziehung des Allgemeinen auf das Besondere die Bedingung ist, unter der jene Allgemeinbegriffe als solche gedacht werden können. Das Besondere aber in reinem und strengen Sinne aus dem Allgemeinen allein zu begreifen ist schlechthin unmöglich*); denn das Allgemeine ist eben das, was nicht durch die Merkmale des Besondern gedacht wird. Es ist nichts als ein leerer Machtspruch zu sagen, das Allgemeine sei das Wesen des Besondern, der Begriff der Pflanze z. B. das Wesen oder das Ansich der Rose, der des Metalls das des Eisens, da vielmehr die Rose dadurch Rose und das Eisen dadurch Eisen ist, daß es nicht blos Pflanze, oder Metall ist. Wer wirklich die Frage: was ist die Rose, das Eisen? vollständig und wesentlich durch die Antwort: die Rose ist Pflanze und das Eisen ist Metall, gelöst zu haben glaubte, dem dürfte man zu der Genügsamkeit des Glaubens, in den Classennamen der Dinge die Erkenntniß ihres Wesens zu besitzen, Glück wünschen, nur müßte er auf keine Nachahmung solcher Genügsamkeit rechnen**).

Obgleich sich nun die Forderung eines einzigen Princips, die Behauptung „einer absoluten Erkenntnißart im Allgemeinen"***), historisch an diesem Leitfaden logischer Abstractionen entwickelt hat, und eben deshalb, weil sie von allen bestimmten Merkmalen der zu untersuchenden Begriffe zu abstrahiren gebot, sich an das Unendliche als das schlechthin Unbestimmte wendete, so ist doch die Inhaltslosigkeit der Spitze, in welche sie ausläuft, zu deutlich, als daß man nicht jenen höheren und immer höheren Einheiten eine andere Bedeutung hätte aufzwingen sollen, als die sie, wenn man sie streng der bloßen Form der Allgemeinheit nach auffaßt, in Anspruch nehmen können. Das Besondere sollte sich aus dem Allgemeinen entwickeln, aus ihm, nicht blos für die Erkenntniß, sondern auch dem Sein nach, hervorgehen; folglich mußte es schon in ihm liegen, und die höchste Einheit sollte darum nicht aufgefaßt werden als das leere Abstractum von dem untergeordneten Besondern, sondern als die Identität des auf den

---

*) Im logischen Syllogismus muß bekanntlich, wenn durch das Allgemeine das Besondere bestimmt werden soll, das Besondere als untergeordnet dem Allgemeinen gegeben sein, damit für dasselbe aus dem Allgemeinen etwas folge.

**) Es würde unnöthig sein, dergleichen leichte Sachen auch nur zu erwähnen, wenn solche Oberflächlichkeiten sich nicht immer wieder breit machten. Belege dafür anzuführen ist an diesem Orte unnöthig.

***) Schelling Neue Zeitschr. f. specul. Phys. Bd. I. S. 1 fg.

niederen Stufen des Denkens einander entgegengesetzten Mannigfaltigen. Was gewann man dadurch? Im besten Falle einen widersprechenden Begriff, der nicht einmal den Vortheil hat, gegeben zu sein, sondern der Einheit des Princips zu Liebe erst gemacht werden mußte. Denn macht man im Denken Ernst mit jener Identität des Subjects und Objects, des Idealen und Realen, des Endlichen und Unendlichen, oder mit welchen andern Allgemeinbegriffen man die obersten Gegensätze bezeichnen will, so bleibt, wenn man die Identität abgesondert von dem, dessen Identität sie sein soll, durch ein strenges Weder=Noch denkt, nichts übrig als eine leere Form, ein bloßes Und, ein Band ohne Verbundenes, mit einem Worte Nichts, was an sich für das auf die Erkenntniß gerichtete Denken die mindeste Bedeutung hätte. Will man aber jene Identität durch jene Merkmale als bestimmt denken, sie unter der Form des Sowohl=Alsauch auffassen, so hebt jedes dieser Merkmale, so gewiß es nicht allein die höchste Einheit bezeichnen soll, sondern für sie nur in der Zusammenfassung mit seinem Gegensatze eine Bedeutung hat, eben dieses andere Glied und damit den Inhalt des Begriffes auf; und wenn diese Aufhebung keine Bedeutung haben, wenn nicht der ganze Begriff sich in Nichts auflösen soll, so bleibt nichts übrig, als der reine und baare Widersinn. Es steht noch ein dritter Weg offen, sich dieser höchsten Einheit, dieses Etwas, welches das, was es ist, nicht ist, und ist, was es nicht ist, zu bemächtigen, dadurch, daß man auf alles Denken Verzicht leistet, und, statt zu denken, anschaut. Dieser Zumuthung der Anschauung des Einen zu genügen, ist trotz des vornehm klingenden Namens der intellectualen Anschauung, mit welchem sie auftritt, bei weitem nicht so schwer, als diejenigen, welche in ihr den Ausgangspunkt der Philosophie gepriesen haben, zu sagen pflegten. Die ganz gewöhnliche sinnliche Erfahrung stellt uns fortwährend eine solche Masse von Einheiten, die ein Mannigfaltiges, zum Theil Entgegengesetztes sind, dar, und der gemeinste Menschenverstand hat so gar keine Mühe, dieses Mannigfaltige in Einem und diese Einheit in der Mannigfaltigkeit wirklich anzuschauen, daß es nichts weiter bedarf, als dieses gemeine Anschauen auf die Totalität alles Seins als Einheit überzutragen, um dieselbe Identität des Verschiedenen und Verschiedenheit des Identischen, welche für die gemeine Auffassung die Bestandtheile der Erfahrungswelt darstellen, wiederzufinden*). Aber die Gedankenlosigkeit, die in dieser Anschauung den Ausdruck des höchsten Wissens, von dem alles andere Wissen abhänge, gefunden zu haben glaubt, liegt eben in dem, dessen sie sich rühmt, nämlich in dem gänzlichen Mangel der Reflexion, des prüfenden Denkens, ob denn jene Einheit, gesetzt, sie wäre wirklich als Object der Anschauung gegeben, überhaupt einen haltbaren Begriff darbiete oder nicht vielmehr vor einer näheren Untersuchung zum bloßen Probleme herabsinke, welches sich eben durch den Widerspruch im Begriffe jener Identität verräth. Es war daher nothwendig, daß, sobald das Denken dem Anschauen gegenüber seine Rechte wieder geltend machte, man entweder jene Identität, und mit ihr die angemaßte Einheit des Princips der gesammten Philosophie aufgab, oder, falls man von dieser Einheit nicht loslassen wollte, den ganzen Standpunkt umkehrte, und in dem Widerspruche den Ausdruck des wahrhaft speculativen Denkens gefunden zu haben behauptete. Das leichteste, wiederum in der gegebenen Form der Erfahrung am nächsten sich darbietende Mittel, diesen Widerspruch zugleich durchzusetzen und zu verhüllen, ist die Berufung auf das Werden, auf die Veränderung. Während das Eine, durch die entgegengesetzten Merkmale als feste und beharrliche Bestimmungen charakterisirt, seinen innern Widersinn leicht verräth, scheint dieser Widersinn zu verschwinden, wenn man es als sich entwickelnd, seine Merkmale als Momente eines Processes auffaßt, in dem es ebenso in sich zerfällt, als es in diesem Zerfallen sich erhält, in sich als in seinen Grund sich vertieft und indem es in dieser Vertiefung zu Grunde geht, über sich selbst hinaus greift und sich immer reicher gestaltet.

Allen diesen verschiedenen Wendungen gegenüber, die von Vorurtheilen zu Erdichtungen, und von Erdichtungen zu Gewaltsprüchen fortschreiten, geziemt der Wissenschaft, jedem Begriffe

*) Es ist sehr charakteristisch, wie z. B. Schelling den Satz: daß, was als Eines ist, in dem Sein selbst nothwendig ein Band seiner selbst als Einheit und seiner selbst als des Gegentheils, oder als Vielheit sein müsse, durch empirische Beispiele zu erläutern sucht. Vergl. Schelling Darl. d. r. Verh. d. Naturphilos. z. fichte'schen Lehre S. 54 ff.

und jeder Classe von Begriffen und Problemen ihre eigenthümliche Bedeutung zu lassen. Die Frage also, was es heiße, theoretische und ästhetisch-praktische Bestimmungen aus einem und demselben Principe ableiten zu wollen, läßt sich nicht anders beantworten, als durch die Darlegung der eigenthümlichen Bedeutung, in welcher diese beiden Classen von Begriffen auftreten. Daß nun beide Gegenstand und Ausdruck einer Erkenntniß sind, daß Ethik und Metaphysik, (mit welchem Worte die Grundlage aller theoretischen Untersuchung bezeichnet werden mag,) als Wissenschaft ausgebildet zu werden verlangen, bietet für sich noch kein eigenthümliches Merkmal weder der einen noch der andern dar. Man muß folglich herabsteigen in den Inhalt der durch jene Begriffe bezeichneten Aufgaben, um zu prüfen, wie sie sich zu einander verhalten, und dann zeigen sich diese Aufgaben als so disparat, daß es eben so unmöglich ist, aus metaphysischen Principien eine Ethik, als aus ethischen eine Metaphysik herauszuklauben. Die Metaphysik findet sich gebunden an das, was ist und geschieht, sie soll Rechenschaft geben über die Gründe der Erscheinungen, über den Lauf der Begebenheiten, über die Gesetze ihres Entstehens und Vergehens; was ist und warum es ist, und was daraus wird, darüber soll sie wo möglich ein Wissen erzeugen. Aber wie folgt denn aus der Thatsache, daß solche oder andere Erscheinungen gegeben sind, aus der Einsicht, daß sie zurückweisen auf etwas, was ihnen zu Grunde liegt, aus der Nachweisung, wie dieses mit jenen zusammenhängt und sich in ihnen darstellt, aus der Bestimmung der Gesetze endlich, nach welchen dies geschieht, wie folgt aus alle dem eine Entscheidung über das, was löblich und schändlich, schön und häßlich ist? wo liegt denn in der Ergründung der Gesetzmäßigkeit der Erscheinungswelt eine Richtung auf das Urtheil über den Werth dieser Erscheinungen? Eben so, wie folgt andererseits aus dem lebendigsten Gedanken eines Musterbildes, aus dem Vorbilde des Schönsten, des Edelsten und Herrlichsten, dessen Nachbild, wenn es wäre und einträte in die Welt der Erscheinungen, Gegenstand der Liebe, der Achtung, der Verehrung sein würde, wie folgt denn daraus allein die Realität, oder auch nur die wirkliche Erscheinung dessen, was es bezeichnet? Schwärmer mögen sich überreden, daß die Gluth, mit welcher sie sich in eine Idee versenken, dieser Idee ohne weiteres ein objectives Dasein zu verleihen vermöge; der Gedanke: es ist nur eine Idee, drängt sich dagegen dem nüchternen Menschen ungerufen nur gar zu häufig auf, und so gewiß der bloße Begriff der Realität, die bloße Erklärung, daß etwas ist, nicht das Geringste von einem Werthe enthält, den das, was ist, habe, so gewiß bedarf der Gedanke dessen, was, wenn es wäre, einen absoluten Werth in Anspruch nehmen würde, zur Gewähr seiner Gültigkeit nicht des Stützpunktes der Behauptung: das Object dieses Gedankens sei. Wie nahe freilich die Verwechselung der Gültigkeit der Ideen mit der Realität dessen, was sie bezeichnen, liegt, bewies schon Plato's Beispiel (s. oben S. 47), und wie nahe damit die Gefahr zusammenhängt, den wesentlichen Standpunkt der ethischen Beurtheilung zu verlieren, zeigt die Geschichte der Ethik von Plato bis Kant, den die Einseitigkeit, mit der er das Sittliche ausschließend als Gesetz auffaßte, allerdings wenigstens vor dem Irrthume bewahrte, mehr zu verlangen, als die absolute Gültigkeit dieses Gesetzes, und der eben deshalb Naturgesetze und Sittengesetze mit der Bestimmtheit auseinanderhielt, welche die erste Bedingung des Gelingens der Untersuchung über jene, wie über diese ist.

Die streng begriffsmäßige Scheidung zwischen den Aufgaben der Metaphysik und der Ethik wird aber erst dann zur vollkommenen Klarheit gelangen, wenn man eingesehen hat, daß der eigentliche Gegenstand der ästhetischen Beurtheilung diejenige absolute Position gar nicht verträgt, auf welche die Erscheinungen, indem sie sich in Probleme der metaphysischen Untersuchung verwandeln, hinweisen. Gegenstand der ästhetischen Beurtheilung ist jederzeit etwas, insofern es als Glied eines Verhältnisses sich darstellt: dieser Satz (S. 17—22) entscheidet, zusammengehalten mit dem Begriffe des Realen in letzter Instanz über jeden Versuch, das Gute und Schöne unmittelbar im Gebiete des Realen zu suchen und dem Objecte einer Beurtheilung, die streng an die Bestimmtheit gewisser Verhältnisse gebunden ist, Realität in dem Sinne beizulegen, in welchem die Metaphysik von Realität zu sprechen genöthigt ist. Der Einwurf, den man hier aus dem Begriffe der „absoluten Position" entlehnen könnte, daß nämlich, wenn die Realität gleich sei der absoluten Position, dann auch die Setzung eines absoluten Werthes gleich sei der Realität des Gesetzten, läßt sich leicht durch die Bemerkung beseitigen, daß es sich, wo vom Sein die Rede ist, da allerdings um die absolute Setzung des Gegenstandes handle, während das ästhetische Urtheil nur die Setzung des Bildes von einem Gegenstande oder eigentlich nur seiner Verhältnisse verlangt und hier das „absolut und unbedingt" gar keinen Anspruch macht, von dem Gegenstande, sondern nur von dem Werthe zu gelten, der dem Bilde seiner Verhältnisse zukommt.

Sind diese Bestimmungen über den disparaten Charakter ethischer und metaphysischer Principien gegründet und bestätigt sich durch sie nicht nur die Möglichkeit, sondern selbst die Nothwendigkeit, der Metaphysik und der Ethik so lange ihre eigenthümliche Entwickelung zu lassen, bis sie vielleicht selbst auf eine gegenseitige Ergänzung nicht ihrer Principien, sondern dessen, was aus den Principien hervorgeht, hinweisen*), so muß sich einestheils überall, wo beide mit einander verwechselt oder vermischt worden sind, der daraus entstehende Nachtheil für eines oder für beide Gebiete der Untersuchung nachweisen lassen, anderntheils ist durch die Trennung in den Principien nicht im Geringsten die Vereinigung in den Resultaten ausgeschlossen.

Faßt man den ersten Punkt ins Auge, so liegt wieder eine doppelte Möglichkeit vor, daß entweder durch das Vorherrschen

---

*) Mit dem hier Entwickelten vergleiche man über den disparaten Charakter beider Reihen der Untersuchung, was Herbart in einer seiner frühesten Schriften, „über philosophisches Studium" darüber sagt, einer Schrift, deren das eigentlich wissenschaftliche Denken anregende Kraft ihren geringen Umfang auf eine merkwürdige Weise überragt. (S. Dessen kleinere Schriften Bd. I. S. 138 ff.) Die Sache ist an sich so klar, daß nur der Gegensatz falscher Systeme die Auseinandersetzung des ganzen Verhältnisses nöthig macht. Der disparate Charakter ästhetisch=praktischer und rein theoretischer Untersuchungen liegt unmittelbar in der Beschaffenheit der Begriffe, welche beide Gebiete der Untersuchung beherrschen, uud es bedarf dazu nicht der unsichern und mindestens schwankenden Berufung auf die Verschiedenheit des Zweckes, welchen der Untersuchende im Auge hat, oder auf verschiedene Seelenvermögen, aus welchen die herrschenden Hauptbegriffe hervorgehen. Bekanntlich ist der erstere Gesichtspunkt durch Aristoteles, der zweite durch Kant zu einer weitverbreiteten Geltung gelangt.

ästhetisch-praktischer Begriffe der reinen Entwickelung der theoretischen Untersuchung, oder durch die unzeitige Einmischung theoretischer Fragen der reinen Auffassung der ästhetisch-praktischen Principien Eintrag geschehe. Der erstere Fehler ist der seltnere; er interessirt auch weniger, wo die Untersuchung die Absicht hat, die selbstständige Bedeutung der Ethik nachzuweisen; als Beispiel darf aber an Plato und Fichte erinnert werden, deren theoretische Lehren, wenn auch in verschiedener Weise, von gewissen Voraussetzungen, die in dem Gebiete der Ethik wurzeln, mitbestimmt und theilweis ganz beherrscht werden. Von Plato wenigstens ist deutlich, daß nicht nur die Idee des Guten, als die Sonne im Reiche der Ideen, als erhaben über das Sein, dem, was ist, eben so das Sein verleihend, wie dem, was erkannt wird, das Erkanntwerden*), das Räthsel lösen sollte, wie sich die Erscheinung zu dem Realen verhalte, sondern auch, daß, wo er den Versuch einer speciellen Naturerklärung macht, der Zweckbegriff so sehr als der herrschende hingestellt wird, daß auf ihn als den ersten Urheber die Verwechselung der sogenannten wirkenden und der Zweckursachen zurückgeführt werden kann, eine Verwechselung, die viele Jahrhunderte später die Naturforschung nöthigte, sich gegen eine solche Herrschaft der teleologischen Ansicht aufzulehnen. Was den eigenthümlichen Reiz, ja die innere Würde des Platonismus ausmacht, daß neben dem Mathematischen die unmittelbare Evidenz des Ethischen die eigentlich beseelende Kraft des ganzen Systems ist, worauf nicht nur die Ueberzeugung von der Möglichkeit des wahren Wissens, sondern auch ein großer Theil des Inhalts dieses Wissens beruht, das ist gleichwohl eines der hervorstechendsten Merkmale der Unhaltbarkeit des Systems als solchen, einer Unhaltbarkeit, die in dieser Hinsicht zunächst in der Einseitigkeit liegt, von dem Gedanken des Vortrefflichen, des Schönsten und Besten auch da eine Entscheidung zu erwarten, wo es sich nicht um den Werth, sondern ausschließend um die Gründe und die Gesetze der Erscheinungen handelt. Und etwas Aehnliches findet sich auch bei Fichte, der von Kant herkam, wie Plato von Sokrates. Denn jene absolute Selbstthätigkeit um der Selbstthätigkeit willen, die für Fichte der

*) Vergl. oben S. 47.

höchste Ausdruck des Sittlichen war und als solcher vor aller theoretischen Untersuchung feststand, wird von ihm offenbar nicht nur als wesentliches Merkmal für die theoretische Bestimmung des Begriffs vom Ich benutzt, sondern die theoretische Wissenschaftslehre hängt so sehr von diesem Begriffe ab, daß die Einsetzung der Objecte, sammt dem „Glauben" an die Realität derselben, aus dieser ursprünglich ethischen Quelle seinen Ursprung hat*). Daß Fichte damit nichts weiter gewann, als eine Ethik, die sich damit begnügen mußte, die Lücken des theoretischen Wissens auszufüllen, und daß, obgleich das Ethische das eigentlich treibende Princip seines Idealismus ist, die ethischen Forderungen bei ihm zu einer Reihe von Bedingungen herabsinken, unter welchen das Ich zum Bewußtsein jener Freiheit gelangen könne, ist schon oben nachgewiesen worden und zeigt, daß selbst das stärkste ethische Interesse eine ihm unnatürliche Herrschaft über theoretische Fragen und Probleme nicht ohne Nachtheil für seine eigene Bedeutung durchsetzen kann.

Mannigfaltiger und vielgestaltiger sind dagegen diejenigen Verwickelungen, und zugleich größer die Nachtheile, welche für die Ethik entstehen, wo die Gültigkeit der sittlichen Ideen abhängig gemacht wird von irgend welchen theoretischen Lehrsätzen, welche die Unterlage der Ethik abgeben sollen. Verwickelungen dieser Art können sich theils unabsichtlich, als unbemerkte Fehler, als ein unwillkührliches Abgleiten auf ein fremdes Gebiet in die Untersuchung einschleichen, und dann werden sie selbst im besten Falle wenigstens die regelmäßige und freie Entwickelung der Wissenschaft hemmen; sie können aber auch absichtlich, mit wissenschaftlichem ausgebildeten Bewußtsein darüber, was die Unterordnung der Ethik unter die theoretische Untersuchung bedeute, auftreten, und dann wird der ideale, vorbildende Charakter der Ethik selbst in Gefahr kommen. In beiderlei Beziehung gehört hierher zuerst die, wie es scheinen möchte, ganz unvermeidliche Verwickelung der Ethik mit der Psychologie. Ganz unvermeidlich findet die ethische Beurtheilung des Wollens dieses als ein psychisches Phänomen neben andern Phänomen;

*) Vorzüglich deutlich tritt dies im 3ten Buche der „Bestimmung des Menschen" hervor.

und wo nicht die Frage nach dem Werthe dieses Wollens als die Grundfrage aller Ethik mit vollkommener Deutlichkeit fest steht, da liegt kaum etwas anderes so nahe, als der Versuch, durch die Untersuchung über die Natur des Wollens den Quellen des Unterschiedes zwischen einem solchen oder anderen Wollen nachzuspüren. Daher war von Aristoteles bis herab auf Kant nichts gewöhnlicher, als daß man der Ethik durch die Nachweisung der verschiedenen Triebe, Neigungen, Begierden, Leidenschaften u. s. w. ihren Inhalt zu geben suchte und sie so mit Lehnsätzen aus der Psychologie anfüllte. Aber weder die Aufzählung dieser Neigungen, Triebe, Begierden u. s. w., wie sie sich wirklich als Thatsachen darstellen, noch die Nachweisung, wie unter gewissen Bedingungen, mögen diese nun in der Thätigkeit besonderer Vermögen, oder in der, die Begierden anregenden Kraft gewisser Gegenstände oder worin immer sonst gesucht werden, solche Begierden und Aeußerungen des Wollens entstehen, kann den mindesten Aufschluß geben über die Frage: welches Wollen gut und welches Wollen böse sei? Wo man aber wirklich in der Thatsache, daß gewisse Begierden u. s. w. entstehen, vielleicht ganz natürlich, allgemein und unvermeidlich entstehen, das Kennzeichen der Löblichkeit dieser Begierden, und somit ihre sittliche Rechtfertigung finden zu können glaubte, da würde wenigstens eine Begründung der Ethik durch die Psychologie ganz überflüssig sein, sondern man brauchte blos zu erwarten, was dem Menschen beliebt, um in diesem Belieben zugleich das Gesetz des Handelns zu finden. Eine Abhängigkeit der Ethik von der Psychologie in diesem Sinne würde geradezu in denjenigen Eudämonismus oder vielmehr Hedonismus hinein führen, der höchstens in der klugen Berechnung des mit der Befriedigung der Begierden und Neigungen verbundenen Genusses einen Grund der Unterscheidung zwischen einem solchen oder andern Handeln (denn das eigentliche Wollen ist dann schon für gleichgültig erklärt) finden kann; und die eudämonistische Moral, die den Menschen nimmt, wie sie ihn findet, ist zu loben, wenn sie wenigstens offen genug ist, diese Consequenz auszusprechen. Wie man sich daher auch die Psychologie ausgebildet denken möge, ihre Untersuchungen sind entweder für die Aufstellung der ethischen Ideen (deshalb aber nicht für die Anwendung derselben) vollkommen bedeutungslos, oder wenn die

Natur des Willens und dessen gesetzmäßiger Verlauf, wie er in seinen Resultaten thatsächlich vorliegt, selbst an die Stelle der Ideen gesetzt wird, ist die Gefahr fast unvermeidlich, die Sittenlehre in eine Güterlehre untergehen zu lassen.

Eine minder verderbliche Wendung bekommt die Verschmelzung der Ethik mit der Psychologie allerdings dann, wenn man unter Anerkennung der ethischen Ideen, welche dieselben auch sein mögen, doch wenigstens die Frage erheben zu müssen glaubt, wie diese Musterbilder der Beurtheilung, die unzweifelhaft nicht anders als in einem wirklichen Acte des Urtheiles zum Bewußtsein kommen, in diesem Bewußtsein und für dasselbe entstehen, welches mit einem Worte der Ursprung dieser Ideen sei? Diese Frage kann nicht abgelehnt werden — für die Psychologie; in dieser muß, falls sie als Theorie des geistigen Lebens vollständig gefunden wäre, sich irgendwo der Punkt, wo, und die Umgebung, in welcher die Ideen ins Bewußtsein eintreten, nachweisen lassen. Aber demunerachtet hat jene Frage da keine Bedeutung, wo es sich um den Inhalt dieser Ideen, um ihre Aufstellung handelt, d. h. für die Darlegung der ethischen Principien selbst. Vielmehr, damit jene Frage nach dem Ursprunge der Ideen und nach den Ursachen, aus welchen die bloße Vorstellung gewisser Willensverhältnisse ein unwillkührlicher und absoluter Beifall begleite, auch nur verständlich sei, müssen die Ideen selbst schon gekannt und anerkannt sein; und die Ethik hängt hier so wenig ab von der Psychologie, daß erst unter Voraussetzung der Ideen jene Frage an die Psychologie gestellt werden kann. Selbst Kant, so sehr er auch die Seelenvermögen und ihre Functionen als Leitfaden der Heuristik benutzt, macht die Gültigkeit des kategorischen Imperativs nicht abhängig von der Beantwortung der Frage: wie ein solcher Imperativ möglich sei?*)

*) Man vergleiche darüber den ganzen Gang der Untersuchung in Kant's „Grundlegung zur Metaphysik der Sitten". — Auch möge hier eine Stelle aus Herbart's „Bemerkungen zur Tonlehre" (Kleinere Schr. Bd. I. S. 358), die gerade diesen Punkt mit vorzüglicher Klarheit ins Licht setzt, einen Platz finden. Herbart spricht dort von der Nothwendigkeit, in genau bestimmten Verhältnissen das eigentliche Object der ästhetischen und der ethi-

Gerade die Bedeutung jedoch, welche Kant der Frage: wie ein kategorischer Imperativ möglich sei? gab, erinnert an einen einzelnen bestimmten, zunächst im Gebiete der Psychologie wurzelnden Begriff, über welchen mitten unter den mannigfaltigsten Streitigkeiten über seine Bedeutung man doch auf den verschiedensten Seiten dahin einig geworden war und theilweise noch ist, daß ohne eine Entscheidung über ihn getroffen zu haben, von einer Ethik gar keine Rede sein könne. Dieser Begriff ist der der Freiheit des Willens. Nun ist aber dieser Begriff ein rein theoretischer, die Fragen, die mit ihm zusammenhängen, durchdringen überdies ein größeres Gebiet, als das der Psychologie, und wenn die Entscheidung darüber, ob und in welchem Sinne der Wille frei sei, wirklich die Bedingung der Aufstellung der Ideen wäre, so müßte zugegeben werden, daß die ganze ethische

---

schen Beurtheilung nachzuweisen. Er erinnert an das Beispiel der Musik, als der einzigen Kunst, deren Elemente wenigstens dem größern Theile nach, seit Jahrhunderten bekannt und anerkannt sind. Er fährt dann fort: „Unsere Aesthetiken enthalten aber eher alles in der Welt, ja den Ursprung der Welt selbst, als die einfachen Grundregeln der einzigen unter den Künsten, die wirklich ihre Grundregeln kennt. So wird es bleiben, bis einmal die einfachen Elemente des räumlichen und des poetischen Schönen entdeckt werden. Unterdeß bleibt es auch dabei, daß man von der praktischen Philosophie nicht blos feste Unterscheidungen des Löblichen und Schändlichen, sondern auch eine Theorie über die Möglichkeit solcher Unterscheidungen verlangt und daß man vor der Einsicht in diese Möglichkeit an die Unterscheidungen des Löblichen und Schändlichen nicht glauben will, — wie wenn wirklich der Unterschied zwischen Ehre und Schande, Recht und Unrecht, Tugend und Laster so lange zweifelhaft bliebe, bis die theoretische Philosophie den Ursprung der Gemüthshandlungen nachgewiesen hätte, welche in uns vorgehen, indem wir das Sittliche beurtheilen und beschließen. Auch diesem Unheil läßt sich nicht eher abhelfen, als bis wirklich die Psychologie die geforderten Nachweisungen leisten kann; da sich denn ergeben wird, daß dadurch nichts gewonnen ist, als nur Theorie, und daß selbst diese Theorie demjenigen unverständlich ist, der nicht zuvor das kennt, wovon sie redet, nämlich die ursprünglichen praktischen Urtheile selbst, deren Gültigkeit sie voraussetzen muß. — Bis nun diese radicale Heilung desjenigen Vorurtheils, das theoretische und praktische Philosophie in einander mengt, erfolgen wird, kann es vorläufig von Nutzen sein, an dem Gleichniß der praktischen Philosophie, der Musik, sich zu versuchen und hier nachzusehen: in wiefern durch eine psychologische Theorie der Tonlehre die Wahrheit (d. h. die ästhetische Gültigkeit) dieser Tonlehre selbst begründet werde?“ u. s. w.

Untersuchung sich wesentlich auf theoretische Lehnsätze stütze und keine selbstständige Geltung in Anspruch nehmen könne*). Aber je größeres Gewicht man auf diese Abhängigkeit der Ethik von dem Freiheitsbegriffe legt, desto nothwendiger wäre es, sich darüber, was man unter Freiheit versteht und in welchem Sinne man dieselbe behaupte oder leugne, auch mit vollkommener Bestimmtheit zu erklären. Gleichwohl giebt es vielleicht in dem ganzen Gebiete der Philosophie keinen einzigen Begriff, der sich an Vieldeutigkeit mit dem der Freiheit vergleichen ließe. Der Grund liegt allgemein darin, daß Freiheit überall nur eine relative Bedeutung hat, d. h. daß das Prädicat der Freiheit einem Subject nur dann in einem bestimmten Sinne beigelegt werden kann, wenn zugleich ein anderes mitgedacht wird, in Beziehung auf welches jenes erstere frei genannt werde; daher sich der Inhalt des Freiheitsbegriffs je nach der Beschaffenheit dieser Beziehung verschiedenartig modificiren wird. Von dieser Seite angesehen ist aber durchaus kein Grund vorhanden, die Aufstellung der Ideen abhängig zu denken von einer vorhergehenden Untersuchung über die Freiheit des Willens; denn wenn diese Freiheit ihre Bedeutung erst von der Beziehung des Wollens auf etwas dem Begriffe nach von ihm Verschiedenes erwartet, so ist es sehr wohl möglich, — und diese Erwartung wird sich vollkommen bestätigen, — daß die Freiheit in einem durch ein gewisses Verhältniß des Wollens bestimmten Sinne selbst eine Stelle unter den Ideen einnehmen werde**).

---

*) Vergl. z. B. Kant Kr. d. pr. Vern. S. 98. „Wäre nicht das moralische Gesetz in unserer Vernunft eher deutlich gedacht, so würden wir uns niemals berechtigt halten, so etwas, als Freiheit ist, anzunehmen. Wäre aber keine Freiheit, so würde das moralische Gesetz in uns gar nicht anzutreffen sein."

**) Hierin liegt kein Widerspruch mit der oben (S. 70) gegen Fichte geltend gemachten Frage: ob denn der freie Wille auch schon der gute sei? Denn der fichte'sche Freiheitsbegriff forderte eben, den Willen von jeder Beziehung, die nicht in seinem eigenen Begriffe liegt, loszureißen; seine Freiheit sollte keine relative, sondern eine absolute sein, und diese absolute Freiheit ist, gesetzt sie wäre etwas mehr, als eine bloße Behauptung, sittlich vollkommen leer. Für diejenigen, welchen die absolute Freiheit als solche nicht etwa die Bedingung des Gesetzes, sondern das Gesetz selbst ist, hat

Jedoch eben gegen diese Beschränkung des Freiheitsbegriffs auf einen Beziehungspunkt, von dem die Bedeutung desselben abhänge, stemmen sich die, welche die Ethik von der Entscheidung über die Freiheit oder Nichtfreiheit des Wollens abhängig denken. Soll hierbei ein bestimmter Gedanke zum Vorschein kommen, so muß man, um zur Freiheit des Wollens zu gelangen, jede Relation des Wollens wegdenken, d. h. man muß die Freiheit dann auch wirklich absolut, den Willen als selbstthätig in dem Sinne auffassen, daß er von jeglichem Causalnexus unabhängig ist. In dieser Richtung begegnet man zuerst der sogenannten **libertas aequilibrii** oder **indifferentiae**, d. h. nicht etwa dem Vermögen, von zwei entgegengesetzten Handlungen entweder die eine, oder die andere zu wollen, — denn da bliebe immer noch die Möglichkeit der Entscheidung nach bestimmenden Gründen übrig —, sondern dem Vermögen das, was man wirklich will, möglicherweise und trotz der zu dem entgegengesetzten Wollen bestimmenden Gründe auch nicht zu wollen. Verfolgt man diese Freiheit noch einen Schritt weiter, so kommt man auf die transscendentale Freiheit Kant's als eine absolute, durch jeglichen Causalnexus unbestimmbare Activität des Willens*). Das charakteristische Merkmal dieses Freiheitsbegriffes

---

überhaupt die Frage nach der Abhängigkeit der Ethik von der Entscheidung über die Freiheit keine Bedeutung, weil Wollen als Selbstthätigkeit, Selbstthätigkeit als absolute Selbstthätigkeit, absolute Selbstthätigkeit als sittliche Thätigkeit für sie identische Begriffe sind.

*) Es ist schon oben (S. 68) bemerkt worden, daß Kant nicht nöthig hatte, den Freiheitsbegriff so hoch zu steigern, daß er selbst gestehen muß, neben einer solchen Freiheit sei keine Natur mehr möglich (Krit. d. r. V. Werke Bd. II, S. 363). Auch fehlt sehr viel daran, daß er in der Behauptung dieser Freiheit vollkommen consequent wäre. Er definirt sie da, wo er zuerst auf diese Freiheit kommt (Kr. d. r. V. 3te Antin. W. Bd. II, S. 358), als „eine Causalität, durch welche etwas geschieht, ohne daß die Ursache davon noch weiter durch eine andere vorhergehende Ursache nach nothwendigen Gesetzen bestimmt sei, d. i. eine absolute Spontaneität der Ursachen, eine Reihe von Erscheinungen, die nach Naturgesetzen abläuft, von selbst anzufangen.“ Er läßt also die Reihe der Erscheinungen d. h. der Veränderungen, die das Wollen selbst erleitet, wenigstens nach Naturgesetzen ablaufen, und vindicirt der transscendentalen Freiheit nur den Anfang derselben. Schon darin liegt eine inconsequente Beschränkung, wenn man ein-

ist die Ausschließung des Causalbegriffs; der Wille ist in diesem Sinne frei, in sofern eine Veränderung von ihm ausgeht, oder in ihm stattfindet, welche von keiner Ursache weder in, noch außer dem Wollenden abgeleitet werden kann. Daß nun dieser Begriff einer Veränderung ohne Ursache, der Begriff des absoluten Werdens schlechthin ungereimt ist, daß, wo er sich mit einem Scheine von Gültigkeit aufdrängt, in ihm ein Problem der metaphysischen Speculation liegt, dessen Auflösung nothwendig und unvermeidlich zu der Voraussetzung von Ursachen führt, das lehrt eine genaue theoretische Untersuchung und verbietet eben dadurch, diesem Begriffe in Beziehung auf die Freiheit des Willens, als auf einen speciellen Fall, irgend eine Bedeutung zu geben*).

Aber trotz aller Gründe gegen die Annahme einer transscendentalen Freiheit, trotz der Thatsache, daß die Philosophie sich immer wieder von dem Indeterminismus zum Determinismus hingetrieben sieht, soll dennoch die Anerkennung und Gültigkeit der ethischen Ideen unzertrennlich mit dem indeterministischen Freiheitsbegriffe verbunden sein. „Man nehme, sagt Kant**), z. E. eine boshafte Lüge, ... die man zuerst ihren Bewegursachen nach, woraus sie entstanden, untersucht und darauf beurtheilt, wie sie sammt ihren Folgen ihm zugerechnet werden könne. In der ersten Absicht geht man den empirischen Charakter des Lügners bis zu den Quellen desselben durch, die man in der schlech-

---

mal von transscendentaler Freiheit redet; wie denn auch Kant wirklich an anderen Stellen (z. B. Kr. d. pr. Vern. S. 214. Kr. d. r. V. S. 430) darauf ein Gewicht legt, daß „es in Ansehung des intelligiblen Charakters der Handlung gar kein Vorher und Nachher gebe und jede Handlung, unangesehen des Zeitverhältnisses, darin sie mit andern Erscheinungen steht, die unmittelbare Wirkung des intelligiblen Charakters der reinen Vernunft sei." Und dazu kommt, daß die Bedeutung, welche Kant dieser Freiheit in praktischer Absicht giebt (s. oben S. 68), die Bestimmbarkeit des Willens durch sittliche Motive nicht nur nicht ausschließt, sondern wesentlich auf ihr beruht. Das ist aber nicht mehr transscendentale Freiheit.

*) Vgl. Herbart Lehrb. z. Einleit. in d. Philos. 3. Aufl. §. 107. Allgem. Metaphys. Bd. II. S. 177. Hartenstein Probl. und Grundlehren der allgem. Metaphys. S. 86 ff.

**) Krit. d. r. Vern. S. 431. Vergl. Krit. der prakt. Vern. S. 214 ff.

ten Erziehung, übler Gesellschaft u. s. w. aufsucht. In allen diesem verfährt man wie überhaupt in der Untersuchung der Reihe bestimmender Natururſachen zu einer gegebenen Naturwirkung. Ob man nun gleich die Handlung dadurch bestimmt zu sein glaubt, so *tadelt* man nichtsdestoweniger den Thäter, und zwar nicht wegen seines unglücklichen Naturells, nicht wegen der auf ihn einfließenden Umstände ..., denn man setzt voraus, man könne das gänzlich bei Seite setzen, und die verflossene Reihe von Bedingungen als ungeschehen, diese That aber als gänzlich unbedingt in Ansehung des vorigen Zustandes ansehen. Dieser Tadel gründet sich auf ein Gesetz der Vernunft, wobei man diese als eine Ursache ansieht, welche das Verhalten des Menschen, unangesehen aller empirischen Bedingungen, anders habe bestimmen können und sollen, die Handlung wird seinem intelligiblen Charakter beigemessen, er hat jetzt, in dem Augenblicke, da er lügt, gänzlich Schuld, *mithin* war die Vernunft unerachtet aller empirischen Bedingungen der That völlig frei. Man sieht diesem zurechnenden Urtheile es leicht an, daß man dabei in Gedanken habe, die Vernunft werde durch alle jene Sinnlichkeit gar nicht afficirt, sie verändere sich nicht, ... sie sei bestimmend, nicht bestimmbar in Ansehung derselben. Daher kann man nicht fragen: warum hat sich die Vernunft anders bestimmt? sondern nur: warum hat sie die Erscheinung nicht anders bestimmt? Darauf ist aber keine Antwort möglich." — Diese Stelle, obgleich sie mit dem Bekenntniß des Nichtwissens endigt, ist eben als Entwickelung eines bestimmten Beispiels besonders geeignet, an ihr die Bedeutung des allgemeinen Gedankens, den sie belegen soll, zu prüfen. Kant leitet die Freiheit als nothwendig vorauszusetzende Thatsache ab aus der Thatsache, daß trotz der Einsicht in die veranlassenden Ursachen, die man sich bis zur strengen Nothwendigkeit gesteigert denken mag, der *Tadel* der Handlung selbst stehen bleibt, denn „diesem zurechnenden Urtheile sehe man jene Voraussetzung leicht an". Allein in Wahrheit sieht man diesem tadelnden Urtheile schlechterdings *nichts weiter an*, als daß das Urtheil über den *Werth* des Wollens ganz *unabhängig* ist von der Frage nach der *Ursache* des Wollens. Glaubt man ihm mehr anzusehen, so täuscht man sich, und diese Täuschung besteht wesentlich darin, daß man die Unbedingtheit des Urtheils mit der Unbedingtheit des beurtheilten Wollens verwechselt oder vielmehr die letztere als in der ersteren nothwendig enthalten betrachtet. Ja selbst die Zurechnung, obgleich zwischen dem Tadel eines bestimmten Willensactes an sich und der Zurechnung desselben zu der Persönlichkeit des Handelnden ein sehr wichtiger Unterschied ist, den mit Kant die Meisten übersehen, wird im Allgemeinen nicht gefährdet durch die Bestimmtheit des Willens durch Naturursachen. Denn eine That zurechnen heißt die That zum Willen und das Wollen zur Person rechnen, und die Möglichkeit der Zurechnung ist überall vollkommen bestimmt, wo sich nachweisen läßt, daß und in wie weit die That hervorging aus dem Willen und der Wille Aeußerung der bewußten Persönlichkeit war*).

Welchen näheren Bestimmungen indessen auch der Begriff der Zurechnung entgegensehen, und welche Bedeutung dem Begriffe der Freiheit im ethischen oder psychologischen Sinn wirklich gebühren mag, hier, im Vorhofe der Ethik genügt es vollkommen einzusehen, daß die Frage nach dieser Bedeutung des Freiheitsbegriffes die Untersuchung über die ethischen Ideen nicht aufhalten kann, und daß die Aufstellung und Gültigkeit der letzteren von den theoretischen Schwierigkeiten jener Frage nicht berührt wird. Denn, und das ist die Hauptsache, der freie, wie der unfreie Wille würde gleichmäßig der sittlichen Beurtheilung unterliegen. Wo irgend eine absolute Werthbestimmung über die Beschaffenheit des Wollens ergeht, da trifft

*) Um bei der Frage nach der Zurechnung nicht Alles durcheinander zu mischen, muß man durchaus die Zurechnung zu Lob und Tadel unterscheiden von der Zurechnung zu Lohn und Strafe. Beides fließt gewöhnlich durch einander und daraus entstehen eine Menge unnöthiger Schwierigkeiten. Zur Zurechnung zu Lob und Tadel gehört zwar kein (absolut) freier, wohl aber ein bewußter Wille. Zu Lohn und Strafe aber kann nur gerechnet werden absichtliche Wohlthat oder Uebelthat. Um ferner über die sittliche Zurechnung zu entscheiden, muß man die ethischen Ideen schon kennen; noch mehr endlich gehört dazu, die rechtliche Zurechnungsfähigkeit zu bestimmen. Diese Bemerkungen sollen hier nur dazu dienen, um die Verschiedenheit der Gesichtspunkte anzudeuten, denen die Frage nach der Zurechnung unterliegt; daß sich aus dem allgemeinen Begriffe derselben über ihre besondern Bedingungen nichts entscheiden läßt, versteht sich ohnedies von selbst.

sie eben diese Beschaffenheit, nicht den Ursprung desselben, und „Niemand", um ein treffendes Wort Schleiermacher's zu benutzen*), „wird behaupten, daß, wenn seine Ueberzeugung von der Freiheit sich ändere, er dann Anderes für gut und Anderes für böse halten würde, als zuvor. Wofern nicht Jemand im Eifer sagen möchte, er würde dann gar keinen Unterschied annehmen zwischen gut und böse, welches jedoch hieße, die menschliche Natur weniger dem Ideal unterwerfen, als irgend einen Theil der körperlichen. Denn von dieser sind wir überzeugt, daß alles in ihr nothwendig erfolgt: wer aber macht nicht, den Begriff des Ideals anwendend, dennoch einen Unterschied der Vollkommenheit und Unvollkommenheit oder Schönheit und Häßlichkeit zwischen den verschiedenen Naturen sowohl, als auch den Einzelnen von gleicher Natur? So auch giebt es über die künstlerischen Handlungen des Menschen und das Gelingen derselben ein System der Beurtheilung nach dem Ideale, ohne daß jemals die Frage in Anregung käme, ob auch der Künstler Freiheit gehabt, anders und besser zu können." Ja es läßt sich, was die absolute d. h. durch keinen Causalnexus bestimmbare Freiheit des Wollens anlangt, sogar das leicht nachweisen, daß, falls es eine solche gäbe und geben könnte, dies dem ethischen Interesse nicht entsprechen, sondern zuwiderlaufen würde. Denn das ethische Interesse fordert, daß die Ideen, und nur die Ideen den Willen bestimmen; ein schlechthin nicht bestimmbarer Wille aber ist auch nicht bestimmbar durch Ideen, und neben der ernstlich gemeinten Annahme einer solchen absoluten Freiheit sind alle Reden von der Möglichkeit der Besserung und der Befestigung im Guten, von der Bildung eines sittlichen Charakters, von der sittlichen Erziehung, überhaupt von allem, was der Herrschaft der Ideen im Kleinen wie im Großen Halt, Bestand, Zusammenhang verschaffen und sichern, was sie im eigentlichen Sinne zu sittlichen Mächten machen könne, vergeblich und thöricht. Da, wo es sich um die Anwendung der schon bekannten Ideen auf das Leben handelt, wird die Frage: in wiefern und in welcher Beziehung der Mensch frei — nicht sei, — sondern werden solle und könne, von der größten Bedeutung;

*) Kritik d. Sittenl. 2. Aufl. S. 8.

sie bekommt dort einen Umfang, der sich über die Grenzen der einzelnen Persönlichkeit weit hinaus auf die Gesellschaft, den Staat, die Kirche erstreckt; aber um die Ideen selbst kennen zu lernen, ist jede Rücksicht auf diesen Begriff überflüssig; und die Ethik ist, was die Aufstellung ihrer Principien anlangt, auch in besonderer Beziehung auf diesen Begriff von jeder Einmischung psychologischer Fragen unabhängig.

Jedoch mit der Abweisung des Anspruchs, den etwa die Psychologie erheben könnte, der Ethik den Grund und Boden zu bereiten, sind die stolzeren Ansprüche, welche ein angeblich höheres und allgemeineres Wissen, als das untergeordnete psychologische, nämlich das von der Welt und dem Zusammenhange alles Einzelnen in der Totalität des Weltganzen zu machen sich berechtigt glaubt, noch nicht ausgeschlossen; und je mehr gerade diese Richtung in der Periode nach Kant und Fichte unter den Deutschen sich hervorgedrängt hat, desto weniger scheint es überflüssig, auch nach dem, was schon oben über jeden Versuch, eine Philosophie gleichsam aus Einem Stück aufzustellen, gesagt werden mußte (S. 78—85), an ein paar prägnanten Beispielen zu zeigen, wie eine von der theoretischen Speculation wesentlich abhängige, in sie als in ihre angebliche höhere Einheit aufgenommene, kosmische Sittenlehre sich so gestaltet, daß entweder der ideale Charakter der Ethik verloren geht, oder sich nur in der Form willkührlicher Erschleichungen geltend macht. Als allgemeines Merkmal tritt für alle Gestalten der Ethik, welche hierher gehören, zunächst hervor, daß für die eigentliche Aufgabe der ethischen Untersuchung nicht die Beurtheilung des Willens selbst, sondern die Erkenntniß der Gegenstände, auf die der Wille gerichtet ist, erklärt wird, dergestalt, daß von dieser Erkenntniß der Objecte, auf welche die Handlung geht, die Bestimmung über die Güte und Schlechtigkeit des Willens abzuleiten sei. In der naivsten Form, die eben deshalb wenig blendende Kraft hat, ist dieser Versuch, der Ethik einen allgemeinen theoretischen Unterbau zu geben, früher schon von den Engländern Sam. Clarke und Wollaston gemacht werden*). Die Moral Clarke's regiert der Gedanke, daß

*) Vgl. E. Erdmann Gesch. d. neuern Philosophie Bd. II, 1. Abth. S. 104 u. 113, nebst den Belegstellen im Anhange S. XL—XLVIII.

die Natur der Objecte, welche Gegenstand des Wollens und Handelns sind, den ethischen Unterschied dieses Wollens selbst bestimme. Dazu ist nöthig, sie zu kennen; und zwar nicht blos die einzelnen Objecte, sondern ihre Verhältnisse und gegenseitigen Beziehungen. Diejenige Handlung ist gut, welche diesen Verhältnissen angemessen, schlecht die, welche ihnen unangemessen ist. Was Clarke durch diese fitness or unfitness of the application of different things or different relations one to another bezeichnete, faßte Wollaston in einer allgemeineren Abstraction durch den Begriff der Wahrheit auf. „Wahr sind diejenigen Sätze, welche die Dinge so setzen, wie sie wirklich sind, oder Wahrheit ist Uebereinstimmung der Zeichen oder Namen der Dinge mit ihnen selbst. Handlungen sind eben so und noch mehr Zeichen gewisser Sätze, wie Worte; jeder, der so handelt, als wenn sich eine Sache so oder anders verhalte, spricht damit nur noch nachdrücklicher, als mit Worten aus, daß sie sich so oder anders verhalte. Das Kriterium für die moralische Güte oder Schlechtigkeit der Handlung liegt nun eben darin, daß sie einem wahren Satze entweder entsprechen oder widerstreiten." Die kahle Unbestimmtheit dieses sogenannten Princips der Wahrheit springt so unmittelbar in die Augen, daß es kaum nöthig ist, das erste beste Beispiel an dieses Princip zu halten, um daran das Ungenügende desselben zu zeigen. Wer ein Pferd stiehlt, sagt Wollaston, der begeht ein Verbrechen, weil er praktisch den wahren Satz leugnet, das Pferd sei das Eigenthum des andern; und, könnte man fortfahren, wer einem andern, der schon mehr Schulden hat, als er jemals bezahlen kann, aus Gutmüthigkeit ein Capital leiht, in der Erwartung, er werde es wiedererhalten, begeht ein Verbrechen, weil er den wahren Satz leugnet, daß der andere nicht bezahlen kann. Wollaston sieht sich daher genöthigt, theils zu der fitness und unfitness of things des Clarke, theils zu dem Begriffe der Glückseligkeit seine Zuflucht zu nehmen, um in der geräumigen Unbestimmtheit jener „wahren Sätze" wenigstens scheinbar einen Haltepunkt zu gewinnen. Aber auch nur scheinbar; denn die Glückseligkeit dreht sich bei ihm mit der Wahrheit im Kreise durch den Satz: wahre Glückseligkeit könne nur das gewähren, was der Natur, der wahren Beschaffenheit eines Wesens, also hier speciell des Menschen entspreche; daher er auch den Schmerz seltsam genug für eine Unwahrheit erklärt; und die Angemessenheit oder Unangemessenheit der Handlung an die Verhältnisse der Dinge enthält offenbar so ganz und gar keine Entscheidung über den sittlichen Werth dieses angemessenen Handelns, daß eben nur der gänzliche Mangel der Ueberlegung, ob es möglich sei, aus rein theoretischen Sätzen ethische Ideen (ex pumice aquam, um mit Kant zu reden) auszupressen, die Verblendung erzeugen kann, man habe an jener Formel etwas, was als Princip der Ethik, und nicht etwa blos als pragmatische Formel der Anwendung dieses Princips dienen kann*).

Diese Abhängigkeit des ethischen Urtheils von dem theoretischen Wissen über die Natur der Dinge und ihren Zusammenhang, die bei Clarke und Wollaston so sehr in der Gestalt eines beschränkten Empirismus auftritt, daß die neueren speculativen

*) Erdmann a. a. O. S. 169 sagt in Beziehung auf Wollaston Folgendes: „Schon bei Clarke wurde bemerkt, daß ein Moralsystem, bei welchem die Natur der Dinge das Handeln bestimmt, auf dem Standpunkt des Empirismus stehe. Es nimmt nämlich das Theoretische und Praktische als Unterschiedenes an und ordnet zugleich das letztere dem ersteren unter, womit es sich in den schneidendsten Gegensatz gegen alle die rationalistischen Moralsysteme stellt, welche die Bestimmung in das autonomische Subject versetzen." Den Empirismus zugestanden, muß man hier fragen: wie liegt denn in der Unterscheidung des Theoretischen und Praktischen das Merkmal des Empirismus? Und außerdem besteht der Fehler bei Wollaston und Clarke eben darin, daß sie theoretische Sätze und ästhetische Urtheile nicht unterscheiden. Den Zusammenhang einer solchen, auf theoretische Wahrheiten, auf die Erkenntniß der Dinge und ihrer Beziehungen gegründeten Sittenlehre mit dem Eudämonismus hat übrigens Erdmann mit Recht hervorgehoben. Was die Dinge sind und wie sie sich zu einander verhalten, interessirt den praktischen Menschen nur, insofern er etwas mit ihnen machen will, d. h. in Beziehung auf seinen Willen; und der Wille sammt der Befriedigung desselben durch das Wohl oder die Vermeidung des Wehe, welches ihm aus einer solchen oder andern Behandlung der Dinge zuwächst, tritt somit für die Bedeutung des Princips, falls diese eine praktische sein soll, unwillkührlich an die Spitze; d. h. die Moral verwandelt sich in eine Güterlehre. Daß die Ableitung der Ethik aus theoretischen Sätzen dieser Gefahr auch da ausgesetzt ist, wo das sie begründende Wissen in weit sublimerer Gestalt auftritt, als bei den nüchternen Engländern, darauf kann vorläufig Schleiermacher's Ausspruch aufmerksam machen: „daß für die Ethik nur im Begriff der Güter, der allein kosmisch sei, Rettung zu finden sei." (Krit. d. Sittenl. S. 318.)

Systeme es ihrer sehr unwürdig finden würden, wenn man in jenem Empirismus ein Analogon ihres eigenen ethischen Standpunktes erkennen wollte, wird sich nun mit um so größerer Zuversicht geltend machen, ein je größeres und umfassenderes Wissen man zu besitzen glaubt; und wo dieses Wissen etwa gar die Welt und den Weltgeist umspannt und durchdringt, wird die Ethik nur als ein untergeordneter, vielleicht von dem höchsten Standpunkte aus theilweise oder ganz verschwindender Theil jenes Universalwissens erscheinen. Zwar was die Größe der Worte anlangt, so spricht auch schon Clarke von der eternal and necessary reason of things; diese ewige und nothwendige Vernunft der Dinge erinnert an Spinoza, Schelling, Schleiermacher und Hegel; aber Clarke meint damit etwas ganz Anderes, als diese, und will man das Verhältniß dieser Systeme zu der Aufgabe der Ethik kennen lernen, so wird man ihnen selbst eine nähere Betrachtung widmen müssen. Gleichwohl würde eine specielle Entwicklung aller einzelnen Sätze derselben die oben (S. 43) gezogenen Grenzen dieser historischen Vergleichungen bei weitem überschreiten, und es kommt daher hier vorzugsweise nur auf die Bestimmung des wissenschaftlichen Ortes an, den sie der Ethik anweisen, wodurch die Bedeutung, die sie ihr einräumen, im Allgemeinen mitbestimmt ist.

Versetzt man sich noch einmal in die eigenthümlichen Verwickelungen rein speculativer und ethischer Fragen, vermöge deren bei Fichte sich die Sittenlehre in eine Reihe von Reflexionen über die Bedingungen des Bewußtseins der Freiheit verwandelte und sittliche Gebote dazu dienen mußten, theoretischen Verlegenheiten abzuhelfen, so sieht man in seinem Idealismus das erste Beispiel des Bestrebens, alle besonderen wissenschaftlichen Aufgaben aus einem Princip, welches zugleich Real- und Idealprincip sei, abzuleiten, und zu beantworten. In diesem Punkte schloß sich Schelling auf das Entschiedenste an ihn an; nur trat bei ihm an die Stelle des Ich das Absolute. Daß nun Schelling, allmählig von Fichte sich immer weiter entfernend, der Pflege der Ethik keine besondere Aufmerksamkeit widmete, sondern vorzugsweise die Naturphilosophie auszubilden bemüht war, ist schwerlich eine ganz zufällige Thatsache, sondern hängt mit der speculativen

Richtung des Systems innerlich zusammen. Die Frage nach dem Verhältniß des Einen Absoluten zu der unübersehbaren Mannigfaltigkeit der Erscheinungen, nach dem Hervortreten dieser aus jenem sammt allen sich daran knüpfenden Folgen und Problemen, mit einem Worte: die Frage nach der Entstehung der Welt und den Gesetzen dessen, was in ihr geschieht, ist so rein theoretischer Natur, daß, mag sich nun die Beantwortung derselben als speculative Physik oder als speculative Theologie gestalten, zu einer Untersuchung über die ethischen Principien darin gar keine besondere Veranlassung liegt. Dennoch ist der Unterschied zwischen dem Guten und Bösen nun einmal da; er kündigt sich schon in dem gemeinen Bewußtsein unwidersprechlich an; die Stimme des Gewissens verstummt nicht neben jenen Erzählungen von dem Hervorgehen der Erscheinungen aus dem Einen Absoluten. Der absolute Idealismus konnte also diese Begriffe nicht ignoriren, er mußte der gemeinen, außerhalb der intellectualen Anschauung stehenden sittlichen Beurtheilung wenigstens ihr Urtheil sprechen. Wie nun kann dieses Urtheil aus dem Munde der prätendirten intellectualen Anschauung ausfallen? Die ganze Bedeutung des Ethischen bewegt sich in einem Gegensatze, zwar nicht des Seins, aber der Beurtheilung; folglich muß die intellectuale, alle Gegensätze in die absolute Einheit zusammenfassende Anschauung zunächst die disparate Natur der Begriffe, die auf die Erkenntniß des ersteren und die Feststellung der letzteren gehen, ignoriren. Aber sie muß auch, wenn sie in Wahrheit Alles in Einem schauen will, dem Gegensatze des Guten und Bösen selbst auf dem höchsten Standpunkte der Philosophie seine Bedeutung absprechen. Falls sie ihm daher in der Reihe der Phänomene eine Stelle anzuweisen sich genöthigt sieht, so interessirt sie nicht sowohl die Frage nach dem Inhalte der ethischen Ideen, als die nach dem Ursprunge des Guten und Bösen, eine Frage, die freilich nicht eher einen bestimmten Sinn hat, als bis man die Ideen schon kennt. Indem sie nun zuschaut, wie aus dem Urgrund oder vielmehr dem Ungrunde, der sich nun einmal in die zwei gleich ewigen Anfänge theilt, das Gute und das Böse hervorbricht, so geht, gleichviel ob man das Böse in das Mark und das Gute in die Rinde oder umgekehrt jenes in die Rinde und dieses in das Mark verlegt*), die Antwort auf die Frage: für welchen Standpunkt der Betrachtung denn nun jener Unterschied des Guten und Bösen gelte? zuletzt immer dahin, daß er nur gelte für den untergeordneten Standpunkt der Reflexion; was darüber hinausliegt, und der Standpunkt der Wahrheit soll eben über der Reflexion des bloßen Verstandes hinausliegen, das liegt auch über dem Unterschiede des Bösen und Guten hinaus**).

Daß es dabei trotz aller mystisch-religiösen Redeweise zu keinem recht ernsthaften Interesse an der wissenschaftlichen Entwickelung der Ethik kommen kann, ist nicht zu verwundern; der wahre Grund dieses Mangels ist, daß die Bedeutung der wissenschaftlichen Aufgabe der Ethik nicht von vorn herein in ihrer Selbstständigkeit anerkannt ist, und daß theoretische Speculation in ihrer ganzen Einseitigkeit das System beherrscht. Was von ethischen Elementen in ihm vorkommt, findet nur verstohlener Weise einen Grund und Boden, ohne frei und kräftig emporwachsen zu können***); die Ethik als Ganzes muß verkümmern. Dennoch ist gerade unter dem Einflusse des durch Fichte und Schelling zur Herrschaft gelangten Gedankenkreises ein Werk entstanden, welches, wie wenig andere geeignet ist, ethische Untersuchungen auf die vielseitigste Weise anzuregen, und welches nicht nur in dem Ziele,

*) Vgl. Herbart Klein. philos. Schr. Bd. I. S. 139 mit S. 504.

**) Die mancherlei Ausreden, durch welche die Identitätsphilosophie dieser Consequenz, die sich, wenn man gerade auf die Sache losgeht, aufdringt, sich zu entziehen suchte, sind bekannt genug und man kann die wichtigsten derselben in Taute's Religionsphilosophie Bd. I. S. 361 aus Schelling's Schriften zusammengestellt finden. Ueberhaupt kann die Analyse der schelling'schen Abhandlung über die Freiheit bei Taute a. a. O. S. 348—362 zur Ergänzung des hier Gesagten verglichen werden.

***) Das gilt in Beziehung auf die schelling'sche Abhandlung über die Freiheit namentlich von der Idee des Wohlwollens. Ein Schimmer derselben spiegelt sich in der Selbstoffenbarung des Urgrundes ab, und weil das Wohlwollen das gerade Gegentheil des Egoismus und Solipsismus ist, so erklärt sich daraus die dürftige Bestimmung: das Böse bestehe darin, daß sich der Eigenwille als solcher fasse und zu erhalten suche. Denn die Individualität blos als solche, ihrer Existenz nach für das Böse zu halten, hat auch nicht einmal einen Schein von Haltbarkeit, wenn man nicht stillschweigend dem Begriffe der individuellen Existenz und des selbsteigenen Wollens durch das Merkmal des Egoismus eine ethische Bedeutung giebt.

welches es sich setzte, nämlich einer „Kritik der bisherigen Sittenlehre“, sondern auch in der Art, wie es dieses Ziel zu erreichen sucht, das lebendigste Interesse an der wissenschaftlichen Gestaltung der Ethik verräth. Dieses Interesse Schleiermacher's, — denn daß von diesem die Rede ist, bedarf kaum der Erwähnung, — hat sich überdies nicht nur durch eine Reihe von Abhandlungen über einzelne ethische Hauptbegriffe, sondern auch durch die systematische Darstellung der Ethik so vielfältig beurkundet, daß, Hegel's Rechtsphilosophie ausgenommen, der Complex dieser Arbeiten viel mehr, als irgend ein anderes Werk, welches jener Richtung der Philosophie angehört, geeignet ist, die Frage zu beantworten: was ohne genaue Sonderung theoretischer und ethischer Principien aus der Ethik wird und in wiefern sie unter Voraussetzung ihrer Abhängigkeit von einem höheren Wissen ihren Charakter aufrecht zu erhalten im Stande ist?

Eine kurze Erinnerung an die Umrisse, durch welche Schleiermacher in der „Kritik der Sittenlehre“ das Ideal der wissenschaftlichen Ethik bestimmt, ist dabei nicht zu entbehren, weil sich dadurch nicht nur sein Tadel anderer Systeme erklärt, sondern auch sogleich der Standpunkt bezeichnet wird, welchen er für die wissenschaftliche Entwicklung der Ethik fordert. Das erste Buch jenes Werkes, welches von den höchsten Grundsätzen der Sittenlehre handelt, tadelt gleich von vorn herein (2te Ausg. S. 15—34) an allen bisherigen Systemen, daß die ganze Aufgabe der Ethik und ihre höchsten Grundsätze von der Wissenschaft immer nur empirisch aufgenommen, nicht aber (außer etwa bei Plato und Spinoza) aus einer höheren, alle Gebiete der Philosophie gemeinschaftlich begründenden Erkenntniß abgeleitet worden seien; sodann, um zu übergehen, was von den möglichen Verschiedenheiten der obersten Grundsätze gesagt wird (S. 35—67), wird für die „Tauglichkeit der verschiedenen ethischen Grundsätze zur Errichtung eines Systems“ der doppelte Maaßstab aufgestellt, daß erstlich die drei ethischen Hauptbegriffe des Gutes, der Tugend und der Pflicht daraus abgeleitet werden müssen, und zwar dergestalt, daß jeder dieser Begriffe die ganze Ethik in einer besondern Gestalt darstelle (S. 67—71), zweitens daß einerseits in einem construirenden Verfahren sich vermittelst des Grundsatzes alles sittliche Thun oder Sein als ein solches müsse aufzeigen, andererseits in einem prüfenden sich „für jede gegebene Handlung müsse angeben lassen, ob sie, wenn der Grundsatz die Gestalt des höchsten Gutes hat, ein Theil desselben sein oder, ist er als Gesetz aufgestellt, als durch ihn construirt gedacht werden könne" (S. 71—74). — Das zweite Buch, welches die Kritik der ethischen Begriffe umfaßt, beginnt mit der Untersuchung der Methode, die ethischen Begriffe zu bilden, und der Prüfung der Art, wie die vorhandenen erscheinen (S. 121—128). Uebereinstimmend mit der Forderung, die Ethik aus einem höheren Wissen abzuleiten, wird hier als Grundsatz ausgesprochen: „daß die untergeordneten Begriffe, wie verschieden sie auch sein mögen; sowohl dem Umfange nach, als in der Gestalt, in ihrer Beziehung auf das System nicht anders gedacht werden können, als daß sie durch Ableitung hervorgegangen sind aus der Idee" (S. 121), so daß, selbst wenn die untergeordneten Begriffe sich unabhängig von der Idee darböten, ihre Stelle im System nur dann frei sein würde von Anfechtung, wenn sich zeigen ließe, daß sie durch reine Ableitung ebenfalls hätten gefunden werden können (S. 123). Daher auch die verschiedenen Reihen von Begriffen, welche sich durch diese Ableitung ergeben müssen, nur dann als wissenschaftlich entwickelt zu betrachten seien, wenn der Eintheilungsgrund nicht von außen her, sondern aus der Idee selbst entlehnt sei (S. 124). Indem nun das zweite Buch diesen Maaßstab sowohl an die formalen Begriffe der Pflicht, der Tugend und des Gutes, als an die sogenannten realen Begriffe der einzelnen Pflichten, Tugenden und Güter hält, ist es ebenso die Unsicherheit der Ableitung, als die Unvollständigkeit des Abgeleiteten, durch welche sich Schleiermacher zu dem Endurtheile berechtigt sieht, daß in der bisherigen Sittenlehre alle „jene Begriffe, so wie sie nicht durch die Ethik und in ihr entstanden, sondern nur aus dem Gebrauche des gemeinen Lebens in die Wissenschaft herüber genommen worden, so auch gewiß nicht kraft einer unentwickelt gedachten ethischen Idee, sondern in anderer Hinsicht und in anderem Geiste seien gebildet worden" (S. 236). — Das dritte Buch endlich, welches von den ethischen Systemen handelt, faßt den Begriff des Systems in der Bedeutung, daß er nicht zunächst auf die Systematik der Erkenntniß, sondern auf die Systematik des Gegenstandes gehe. Der Gegenstand der Ethik sei aber ein (wenn auch vielleicht erst noch hervorzubringendes) systematisches Reale, ja das Reale, auf welches die Ethik sich bezieht, müsse von jedem als ein System vorgestellt werden, und die ideale Darstellung dieses Realen müsse demgemäß selbst nothwendig systematisch ausfallen (S. 251—254).

Faßt man alle diese Bestimmungen kurz zusammen, so erhellt, daß Schleiermacher für die wissenschaftliche Vollendung der Ethik verlangt, erstlich: Ableitung des Princips*) derselben aus der gemeinschaftlichen Quelle alles Wissens, zweitens: Ableitung aller untergeordneten Begriffe aus dem Principe allein, drittens: absolute Vollständigkeit des Abgeleiteten in Beziehung auf die Gesammtheit alles möglichen Handelns, und endlich: durchgängige Systematik der Ethik als der Darstellung eines realen Systems.

Die beiden ersten Forderungen versetzen sehr lebhaft in den Mittelpunkt einer philosophischen Denkart, welche durch den Muth, Constructionen a priori auszuführen, sich auszeichnete. Läßt man nun dabei die geforderte Ableitung des Princips selbst noch auf sich beruhen, so läßt sich doch überlegen, was es mit der Ableitung alles Einzelnen in der Ethik aus dem Principe allein für eine Bewandniß habe. Denn daß es Schleiermacher mit dieser Forderung Ernst war, beweisen nicht nur ausdrückliche Erklärungen, sondern auch der Tadel, dem er namentlich von hier aus Andere unterwirft**). Wie nun läßt sich aber, abgesehen von dem Inhalte des Princips, welchen Schleiermacher in dem kritischen Werke absichtlich bei Seite liegen läßt, begreifen, daß aus

---

*) Die Einheit des Princips setzt natürlich Schleiermacher so sehr ohne allen Gedanken an die Möglichkeit des Gegentheils voraus (vgl. Krit. d. Sittenl. S. 6. 15. 102. 154.), daß, wo von einem Systeme der Ideen die Rede ist (z. B. Syst. d. Sittenl. S. 209. 226), darunter nur die Mehrheit untergeordneter Begriffe zu verstehen ist.

**) Krit. all. Sittenl. S. 121: „Die untergeordneten Begriffe, wie verschieden sie auch sein mögen, können in ihrer Beziehung auf das System nicht anders gedacht werden, als daß sie durch Ableitung hervorgegangen sind aus der höchsten Idee." S. 88. 97. „Kant, die Stoiker und Fichte stimmen darin überein, daß sie aus ihrem Grundsatz allein nichts bestimmen und aufbauen können ohne Dazwischenkunft eines andern Begriffs." ... S. 98: „die Unfähigkeit dieses Grundsatzes, aus sich allein das Einzelne abzuleiten, wird Jeder eingestehen."

dem Princip *allein*, ohne Dazwischenkunft eines andern Begriffs etwas hervorgehe? Schleiermacher erwartet oder verlangt vielmehr, daß die formalen Hauptbegriffe des Gutes, der Pflicht, der Tugend aus ihm hervorgehen werden. Aber er nennt diese Begriffe selbst *Gestalten* der Idee, er spricht (S. 71) ausdrücklich davon, daß jeder dieser Begriffe *eigene*, aber keiner alle *Beziehungen* des höchsten Grundsatzes darstelle. Woher nun eine *Beziehung* ohne einen Beziehungspunkt? Woher eine *Mehrheit* von Beziehungen ohne eine *Mehrheit* von Beziehungspunkten? Eben dieser Beziehung des Grundsatzes auf etwas, was nicht er selbst ist, gegenüber hat die Forderung, aus ihm *allein Alles* abzuleiten, keinen haltbaren Sinn mehr, man müßte denn dem Grundsatze gleich ursprünglich eine solche innere Dialektik beilegen, vermöge deren er sich selbst untreu wird, um bald in dieser, bald in jener Gestalt aufzutreten. Gesetzt aber ferner, es seien jene formalen Begriffe aus dem Principe, nur nicht aus ihm *allein*, sondern durch die Nachweisung dessen, *worauf* bezogen das Princip oder, genauer zu sprechen, das ihm *gemäße* oder *nicht gemäße Wollen* sammt den möglichen Objecten dieses Wollens sich als Gut, Tugend oder Pflicht darstellt, abgeleitet, so fordert Schleiermacher ferner, jeden Hülfsbegriff ausschließend, in ähnlicher Weise auch eine Ableitung der von ihm real genannten Begriffe der *einzelnen* Pflichten, Tugenden u. s. w. Aber aus dem *allgemeinen* Begriffe der Pflicht oder der Tugend können eben so wenig *unmittelbar* die besonderen concreten Pflichten oder Tugenden hervorgehen, als irgend ein allgemeiner Begriff *unmittelbar* das Besondere verräth, welches in seinen Umfang fällt. Die Beurtheilung des wirklichen Wollens und Handelns wird sich zwar unvermeidlich *richten* nach den Ideen; aber deshalb ist die Wirklichkeit des concreten Wollens und Handelns nicht unmittelbar in den Ideen mitgesetzt und kann *aus* ihnen nicht *abgeleitet* werden; vielmehr muß es als ein factisch gegebenes und seiner Entstehung nach nicht nothwendig an die Idee gebundenes vorliegen, um mit den Ideen verglichen und nach ihnen beurtheilt oder behandelt werden zu können. Darauf gründet sich der alte und vollkommen richtige Unterschied eines reinen und eines angewandten Theiles der Ethik, den Schleiermacher, aus unnöthiger Furcht vor dem Empirismus in der Ethik, nicht gelten lassen wollte*). Wie sehr er selbst, nur auf einem Umwege, in den Empirismus verfiel, wird sich bald zeigen.

Will sich nun dieser Anspruch auf die unmittelbare Ableitung alles Einzelnen aus der einen Idee allein sammt dem darauf gegründeten Tadel Anderer nicht rechtfertigen lassen, so ist auch die Forderung, daß „die Gesammtheit dieser Begriffe die ganze Sphäre des möglichen menschlichen Handelns ausfüllen müsse"**), so axiomatisch hingestellt, als ob das Recht zu dieser Forderung gar keiner Frage unterworfen werden könnte. Schleiermacher spricht es als einen „offenbar richtigen Grundsatz" aus, „daß Ethik als Wissenschaft nicht bestehen könne, wenn sie nicht das Recht sowohl als die Pflicht hat, das Ganze des menschlichen Handelns zu umfassen und daß in einem vollständig gedachten sittlichen Leben alles Thun in ein sittliches und folglich ethisch zu beurtheilendes sich verwandele, was aber noch auf eine andere Weise entsteht, als aufzuhebend und jener Vollständigkeit Abbruch thuend muß angesehen werden"***). Man möchte fragen, welches Wissen oder vielmehr, welche Allwissenheit der Ethik die Bürgschaft gebe, daß sie das Ganze alles möglichen menschlichen Handelns auch nur zu übersehen, d. h. nicht blos nach logischen Classenbegriffen zu ordnen, sondern auch für jeden möglichen concreten Fall im Einzelnen zu bestimmen im Stande sei. Kann sie das nicht, — und um es zu können, müßte sie eben allwissend sein, — so wird sie sich bescheiden müssen, einem solchen Ziele sich nur aus weit entlegener Ferne annähern zu können; und der allerdings richtige Satz, daß für die Ethisirung des menschlichen Handelns eine bestimmte endliche Grenze zu setzen, nicht nur die Ethik als Wissenschaft, sondern, was wichtiger ist, die Sittlichkeit des Strebens selbst aufheben würde, gründet sich auf so viel vermittelnde Gedanken, deren Verzweigung ohne genaue Bestimmung der Ideen ihrem Inhalte nach nicht möglich ist, daß die Frage,

*) Syst. d. Sittenl. §. 106. 107.

**) Krit. d. Sittenl. S. 12.

***) Krit. d. Sittenl. S. 107. 108. „Wie kein wirkliches Handeln, wenn nicht die Ethik als Wissenschaft soll zerstört werden, außerhalb des sittlichen Gebietes darf angenommen werden, so auch keine Quelle desselben." Ebendas. S. 154.

warum und wiefern jene Verzweigungen sich von jedem erreichten Punkt aus möglicherweise noch weiter erstrecken, wenigstens erst untersucht sein will, ehe jene Forderung so ins Unbestimmte hin darf ausgesprochen werden*). Schleiermacher dagegen steht trotz alles Tadels gegen Kant unter dem Einfluß jener Allgemeingültigkeit des sittlichen Gebotes, wobei sich ihm die Allheit der Fälle, in welchen das Gebot gilt, in eine Unbeschränktheit des Umfangs verwandelt, der nicht nur das wirkliche, sondern auch das mögliche Handeln umspannen soll, und ihn mit Ueberspringung der „Kleinlichkeiten des einzelnen Lebens und verworrener persönlicher Relationen" zu der „Gesammtheit des menschlichen Geschlechts in seiner Zusammengehörigkeit mit der Erde und zu der Gesammtwirkung der Intelligenz auf dieser Erde"**), mit einem Worte zu einer kosmischen Sittenlehre hintreibt.

Diese beiden Punkte jedoch, die Bedingungen der Ableitung des Einzelnen aus dem Principe und die Bestimmung des Umfanges, für welchen eine solche Ableitung möglich oder nothwendig ist, berühren die für jetzt vorliegende Hauptfrage über das Verhältniß der Ethik zu einem ihr angeblich übergeordneten Wissen (S. 104) nur mittelbar. Dieses Verhältniß selbst hängt vielmehr mit der Bestimmung, daß die Ethik Darstellung eines Realen sein solle, auf das Genaueste zusammen. Um nun hierüber Aufschluß zu bekommen, wie es Schleiermacher meint, muß man sich an das System der Sittenlehre wenden, indem die Einleitung dazu offenbar bestimmt ist, sowohl die Nothwendigkeit zu zeigen, daß die Ethik aus einem höheren Wissen abzuleiten sei, als ihr demgemäß ihre Stelle in dem Systeme alles Wissens anzuweisen. Gleich die ersten Worte des Werkes (§. 1) lauten so: „Soll irgend eine besondere Wissenschaft vollkommen dargestellt werden, so darf sie nicht rein für sich anfangen, sondern muß sich auf eine höhere und zuletzt auf ein höchstes Wissen beziehen, von welchem alles einzelne ausgeht." Der Beweis für diesen Satz,

*) Vgl. unten das dritte Buch. Vorläufig mag zur Beantwortung der Frage: wie kann der praktischen Philosophie Allgemeinheit zukommen? auf Herbart's Allgem. prakt. Philos. S. 56 fg. verwiesen werden.

**) Abhandl. üb. d. Begr. d. höchst. Gutes (Verm. Schr. Bd. II. S. 454—461, 471).

auf den sich die ganze folgende Erörterung bezieht, nimmt zwei mögliche Fälle an. „Jede besondere Wissenschaft sei ein Ganzes von Folgerungen aus einem bestimmten Punkt: so ist dieser entweder als ein untergeordneter selbst durch Folgerung gefunden bis auf einen höchsten, der mit der Art, ihn zu finden, zugleich nothwendig und ursprünglich gesetzt ist durch das höchste Wissen, ohne welches dann auch jene Wissenschaft nicht vollkommen ist; oder die Anfangspunkte aller besonderen Wissenschaften sind jeder für sich ursprünglich gesetzt, und dann sind sie nur vollkommene Wissenschaften, wenn das Verhältniß ihrer Anfänge unter sich gewußt wird, welches dann das höchste Wissen wäre." Das erste Glied des Dilemma interessirt uns hier nicht; es darf ununtersucht bleiben; das zweite Glied erklärt, und das gerade ist unsere Behauptung (S. 84), es wenigstens für möglich, daß die Anfangspunkte verschiedener Wissenschaften jeder für sich ursprünglich gesetzt, d. h. daß sie nicht blos coordinirt, sondern disparat seien. Schleiermacher selbst würde vielleicht zugegeben haben, daß es folglich auch möglich sein müsse, sich dieser Anfangspunkte ohne Vermischung mit fremdartigen Zusätzen in ihrer ursprünglichen Bedeutung zu bemächtigen; dennoch aber meint er, darin liege noch kein Wissen über das Verhältniß dieses bestimmten Wissens zu einem anderen außer ihm. Das ist richtig; aber daß das Wissen über dieses Verhältniß das höchste sei, daß von ihm die Möglichkeit, eine Wissenschaft anzufangen, abhängen soll, ist eine ganz leere Versicherung. Das Wissen über die Beziehungen der einen Wissenschaft auf die andere, z. B. der Ethik auf die Psychologie hängt vielmehr so deutlich von der Kenntniß, wenigstens des Gebietes und der Aufgabe beider ab, daß es für sich allein entweder schlechthin nichts bedeutet, oder ohne jene Kenntniß ganz unmöglich ist. Mag also immerhin „eine einzelne Wissenschaft für sich nicht fertig werden können" (S. 2), die Bedingungen des Fertigwerdens sind so wenig die Bedingungen des Anfangens, d. h. der Auffindung und Feststellung der Principien, daß jene ganze Forderung eines sogenannten höchsten Wissens in Nichts zerfällt.

Eine so unbegründete Präliminarbestimmung muß daher nothwendig sogleich bei den ersten Schritten zu Verwickelungen und Verlegenheiten führen, aus welchen nur die Willkühr einen

Ausgang finden kann. Denn gesetzt, man müßte jene Forderung, alles aus dem höchsten Wissen abzuleiten, zugestehen, so wäre doch das Geringste, was erwartet werden darf, daß auch wirklich aus jenem Wissen als dem Princip alles abgeleitet werde. Schleiermacher aber, als ob er einer solchen Erwartung, die nicht erfüllt werden möchte, vorbauen wollte, setzt sogleich (§. 5) hinzu: „Das höchste Wissen ist aber auch nur vollkommen verstanden, wenn das besondere untergeordnete verstanden ist" und (§. 6) „alles Wissen kann nur insgesammt zugleich vollkommen sein und vollendet." So beginnt schon hier ein dialektisches Ineinanderspielen der Gedanken, welches der strengen und ernsten Frage nach dem, was das Princip und was die Folge ist, sich entzieht und wechselseitig von diesem auf jenes, von jenem auf dieses verweist. Diese Zweideutigkeit gesteht §. 8 ganz unumwunden ein, indem er sagt: „Die Darstellung einer einzelnen Wissenschaft kann unvollkommen anfangen, entweder indem sie auf kein höchstes Wissen bezogen, sondern unabhängig hingestellt wird, oder indem sie von einem höchsten Wissen abgeleitet wird, das aber selbst nirgend vollkommen vorhanden und dargestellt ist." Was auf diesen Satz folgt, soll vorläufig die Größe und die Grenzen der Fehler abschätzen, welche eine solche oder andere Art des Anfangs nach sich ziehen würde. Schleiermacher glaubt, die Fehler bei der Ableitung des Besondern aus einem nur unvollkommen vorhandenen höchsten Wissen geringer anschlagen zu dürfen; aber wie groß oder wie klein sie auch sein mögen, die Hauptfrage ist: ob unter Voraussetzung eines wenigstens theilweise unbekannten Princips, welches dennoch als höchstes Wissen auftritt, irgendwie eine nothwendige, in sich zusammenhängende Gedankenentwickelung, auf welche es doch in der Wissenschaft allein ankommt und um deren willen die Rede vom höchsten Wissen begann, wird zu erwarten sein? Schleiermacher ist wenigstens so offen, das selbst zu verneinen; „jede Darstellung einer Wissenschaft, heißt es §. 16, nach der anderen Art wird volle Gültigkeit haben für die, welche geneigt sind, sich dieselbe Gestaltung des höchsten Wissens vorzubilden nnd anzueignen, sofern sie nämlich bis auf den Punkt getrieben werden, wo das Gebiet dieser besonderen Wissenschaft sich aussondert." Also die Neigung, sich das höchste Wissen so oder anders zu gestalten, ist es, worauf das wissenschaftliche Verfahren in letzter Instanz verweist; die ganze Berufung auf dieses sogenannte höchste Wissen verwandelt sich in die Bitte um die Erlaubniß, sich nach Neigung ein höchstes Wissen vorzubilden; was alles eine schlechte Zuversicht zu der wissenschaftlichen Allgemeingültigkeit der angeblich nothwendigen Ableitung der Ethik aus einem höchsten Wissen erweckt. Denn Jeder sieht, was auch Schleiermacher sieht und eingesteht, daß mit einer solchen Methode von einem für unsicher erklärten Principe aus auch zu keinen sicheren Resultaten sich werde gelangen lassen.

Was aber nun ferner die, von diesem ursprünglich als schwankend bezeichneten Standpunkte aus versuchte Ableitung selbst anlangt (§. 22 fg.), so erkennt man sogleich an ihren ersten Sätzen die bekannte Weise der Identitätsphilosophie, die in der Identität des Verschiedenen, und der Verschiedenheit des Identischen das Zauberwort für die Auflösung aller Räthsel gefunden zu haben meinte. Die Art, wie Schleiermacher, sich ihr anschließend, ausgeht von der Beziehung des Seins auf das Wissen und umgekehrt (§. 23), die sich später (§. 29) in eine Identität beider verwandelt; von da aus zu dem Satze gelangt: „daß das höchste Wissen gar nicht durch Gegensätze bestimmt, sondern der schlechthin einfache Ausdruck des ihm gleichen höchsten Seins, und ebenso das höchste Sein die schlechthin einfache Darstellung des ihm gleichen höchsten Wissens ist" (§. 29); dann hinzusetzt: „daß das höchste Wissen in uns weder als Begriff, noch als Verknüpfung von Begriffen vorhanden sei (§. 31), sondern nur „als innerer Grund und Quell alles andern Wissens" (§. 33); alles dieses bildet zwar nur eine Reihe von Behauptungen, die sich ohne große Mühe wenigstens als nichtberechtigt nachweisen lassen*). Aber es ist nicht einmal nöthig, sie zu widerlegen, denn Schleiermacher gesteht selbst, daß das angebliche höchste Wissen sich weder als Begriff noch als Satz in uns finde; es läßt sich also, was es enthalte oder bezeichne, weder denken noch sagen; das, woraus alles übrige begriffen werden soll, ist selbst das Unbekannteste und Unbegriffenste. Welche Kunst der Dialektik wird es nun möglich

*) Ich verweise in dieser Beziehung der Kürze wegen auf meine Abhandlung de ethices a Schleiermachero propositae fundamento P. I. p. 47—53.

machen, aus diesem Unbekannten, allem begrifflichen Denken sich Entziehenden nicht nur etwas, sondern alles Uebrige abzuleiten?

Die Kunst ist im Ganzen nicht groß. Es wird einfach versichert, daß ein Wissen, welches Gegensätze in sich gebunden enthält, insofern das Bild des höchsten über alle Gegensätze gestellten Wissens sei (§. 36); indem es nämlich „aus sich die sich entbindenden Gegensätze erzeugt, gleiche es dem alles bestimmte Wissen aus sich erzeugenden Wissen; und das höchste Wissen in uns erzeuge also unmittelbar ein ihm ähnliches lebendiges Wissen"; es wird ferner versichert, daß „jedes bestimmte Sein oder Wissen niemals durch ein Gleichgewicht, sondern nur mit einem Uebergewicht des einen oder des andern Gliedes des Gegensatzes gegeben sein könne" (§. 37. 38). Man kann diese Versicherungen auf sich beruhen lassen; das Hervorgehen des Entgegengesetzten aus dem Identischen, das Gebundensein und das Entbundenwerden der Gegensätze, das Gleichgewicht der Indifferenz und das Uebergewicht der Differenzen sind Bilder, die aus der schelling'schen Philosophie als Stellvertreter einer wahrhaft begrifflichen Entwickelung bekannt und geläufig sind. Wichtiger ist die Frage, besonders wenn man sich erinnert, daß von der Ableitung der Ethik die Rede ist, welche Gegensätze denn nun aus dem höchsten Wissen, welches gleich ist dem höchsten Sein, hervorgehen und wo denn in dieser Selbstoffenbarung dieses realen Wissens und wissenden oder gewußten Realen die Ethik nicht nur ihren Platz, sondern ihren Ursprung haben werde. An dieser Stelle nun hat Schleiermacher wenigstens das Verdienst der — Offenheit. Denn gerade an dem Punkte, wo das allgemeine Reden von dem Hervorgehen der Gegensätze endlich fortschreiten muß zu der wirklichen Aufstellung eines bestimmten Gegensatzes (§. 44), erklärt er: „indem wir einen höchsten Gegensatz aufstellen wollen, kommen wir nothwendig in das Gebiet jener Mannigfaltigkeit von Darstellungen des höchsten Wissens, die sämmtlich unvollkommen sind. Die Willkühr beginnt und die Ueberzeugung kann nur fest werden durch den Erfolg, daß nämlich eine zusammenhängende Ansicht des Wissens klar und bestimmt ausgesprochen wird." Also die Willkühr beginnt; d. h. man setzt einen beliebigen Gegensatz, und probirt dann, ob er sich rechtfertigen, ob sich in seine Glieder eine Bedeutung hineinlegen lasse, wie sie die Aufgabe der Ethik verlangt. Aber selbst dann müßte doch wenigstens ein bestimmtes Problem vorgelegt sein, dessen Auflösung man einem solchen glücklichen Griffe überlassen will. Aber die Willkühr einführen, wo von einem bestimmten Probleme noch gar nicht die Rede gewesen ist, das heißt zugleich auf die Möglichkeit einer auch nur einigermaßen genauen Probe Verzicht leisten; vielmehr wird ein solches Verfahren in seiner Art überall die Probe aushalten, wenn es nur vorsichtig genug ist, den höchsten Gegensatz in so allgemeinen und unbestimmten Begriffen aufzustellen, daß sich nöthigenfalls ihnen alles Mögliche unterordnen läßt.

Diese Vorsicht beobachtet nun die folgende Reihe von Sätzen wirklich. „Der höchste Gegensatz, unter dem uns alle andern Begriffe vorschweben, ist der des dinglichen und des geistigen Seins, beides natürlich im weitesten Sinne genommen" (§. 46); „das Ineinander aller unter diesem höchsten begriffenen Gegensätze auf dingliche Weise angesehen, oder das Ineinander alles dinglichen und geistigen Seins als dingliches d. h. gewußtes ist die Natur, und das Ineinander alles Dinglichen und Geistigen als geistiges d. h. wissendes ist die Vernunft" (§. 47); „das höchste Bild des höchsten Seins, also auch die vollkommenste Auffassung der Gesammtheit alles bestimmten Seins ist die vollkommenste Durchdringung und Einheit von Natur und Vernunft" (§. 48). Als Erläuterung dazu wird verwiesen auf das Verhältniß von Seele und Leib (§. 49); als die That des Geistigen in der Natur wird ferner die Gestalt, als die des Dinglichen in der Vernunft das Bewußtsein genannt (§. 50), dann treten nach einander auf die Begriffe von Kraft und Erscheinung (§. 51), Wesen und Dasein (§. 52), der des Organismus als „des reinsten Bildes des höchsten Seins in Beziehung auf den Gegensatz von Kraft und Erscheinung" (§. 53), endlich der der Welt als der „vollständigen Einheit des endlichen Seins als des Ineinander von Natur und Vernunft in einem Alles in sich schließenden Organismus" (§. 54).

Gesetzt nun, man müßte alle diese Definitionen, die lediglich durch die Determination von ein paar allgemeinen Begriffen durch willkührlich hinzugenommene Merkmale entstehen, zugeben, gesetzt, man überredete sich, in den obigen Nominaldefinitionen die Elemente eines Wissens über die Welt, — weil denn nun doch Schleiermacher mit merkwürdiger Schnelligkeit auf diesen Begriff hineilt, — gewonnen zu haben; was würde man dadurch für die Ableitung der Ethik gewinnen? Denn wie ein Stück falscher, aus willkührlich gebildeten Begriffen zusammengeraffter Metaphysik zugleich die Fundamente der Ethik darbiete, läßt sich an sich selbst nicht einsehen. Wir müssen daher Schleiermacher noch ein paar Schritte weiter begleiten. „Wenn, heißt es §. 55, die Gesammtheit des auf ein durch Gegensätze bestimmtes Gebiet des Seins sich beziehenden Wissens eine Wissenschaft ist: so giebt es nothwendig nur zwei Hauptwissenschaften, die der Natur und die der Vernunft", welchen die übrigen untergeordnet sein müssen. Jede gestaltet sich „in Bezug auf die Zwiefältigkeit des Seins als Kraft und Erscheinung zwiefach, als beschauliches (speculatives) und beachtendes (empirisches) Wissen" (§. 57); „der beschauliche Ausdruck des endlichen Seins, sofern es Natur ist, oder das Erkennen des Wesens der Natur ist die Physik oder Naturwissenschaft, der beachtliche Ausdruck desselben Seins oder das Erkennen des Daseins der Natur ist Naturkunde" (§. 59) und ebenso: „der erfahrungsmäßige Ausdruck des endlichen Seins, sofern es Vernunft ist, oder das Erkennen des Daseins der Vernunft, ist die Geschichtskunde; der beschauliche Ausdruck desselben Seins oder das Erkennen des Wesens der Vernunft ist die Ethik oder Sittenlehre" (§. 60). Da aber „jede dieser Wissenschaften die andern nothwendig voraussetzt, und jede in der Trennung von der andern unvollkommen ist", (§. 55 Anm.), so ist „die höchste Einheit des Wissens, beide Gebiete des Seins in ihrem Ineinander ausdrückend, als vollkommene Durchdringung des Ethischen und Physischen und vollkommenes Zugleich des Beschaulichen und Erfahrungsmäßigen die Idee der Weltweisheit"; „wahrhaft philosophisch ist jedes ethische Wissen nur, insofern es zugleich physisch, und jedes physische, insofern es zugleich ethisch ist"; jede dieser Wissenschaften muß gleichsam dahin streben, an die Stelle der andern treten zu können; „in der Vollendung ist EthikPhysik und PhysikEthik" (§. 61). —

Hier darf man einen Augenblick ausruhen, um rückwärts zu blicken. Schleiermacher verschmähte die Erfahrung, mit der Mannigfaltigkeit der verschiedenen Principien und Probleme, ja der Mannigfaltigkeit der Classen von Problemen, die sie dem Denken vorlegt, zu Gunsten eines eingebildeten, grundlos geforderten höchsten Wissens. Das war nicht sowohl seine eigene Schuld, als die des Zeitalters, unter dessen Einflusse er stand. Er war aber scharfsinnig genug, um einzusehen, daß jenes angebliche höchste Wissen sich in irgend einem bestimmten Begriffe schlechterdings nicht nachweisen lasse. Das hätte ihn veranlassen können, jene ganze Forderung eines einzigen Princips für alles Wissen einer Kritik zu unterwerfen. Aber das Zugeständniß dieser Forderung war bei ihm entschieden; er bezeichnete also jenes höchste Wissen, weil ihm in der That nichts Anderes übrig blieb, durch das, was es ist, nämlich durch eine — leere Stelle, auf welche alles übrige Wissen wenigstens hinweise. Wo soll nun aber dieses Wissen, welches, wenn es auch nicht im geringsten abgeleitet werden kann aus jener leeren Stelle, doch wenigstens sie ausfüllen muß, herkommen? Schleiermacher beruft sich auf die Nothwendigkeit eines willkührlichen Versuches; aber diese Willkühr ist vielleicht nicht so groß, als sie Schleiermacher selbst macht, um den Zusammenhang des besondern Wissens mit dem höchsten wenigstens scheinbar zu retten. Die Quelle des besondern Wissens ist ihm nämlich in der That derselbe Empirismus, den er verschmäht; denn unmittelbar vor der Aufstellung des höchsten Gegensatzes zwischen dem Idealen und Realen, dem geistigen und dem dinglichen Sein heißt es §. 45: „der höchste Gegensatz muß auch in unserem Sein sich finden und da uns dieses am unmittelbarsten gegeben ist, müssen wir ihn in diesem zunächst suchen." Hält man nun fest, daß alles Folgende sich an diesen empirisch aufgenommenen Gegensatz anschließt, so rechtfertigt sich das Urtheil, daß Schleiermacher zu dem Begriffe der Ethik auf so empirischem Wege gekommen ist, wie nur irgend einer der von ihm getadelten Denker vor ihm; und daß die ganze angebliche Ableitung der Ethik aus einem höchsten Wissen nur eine Verzierung ist, die das Fundament des Gebäudes nicht ausmacht.

Diese Identität der Gegensätze, dieses Ineinander von Natur und Vernunft, mit dem Uebergewichte bald der einen, bald der andern, ist daher zwar sehr unwesentlich für die Art, wie Schleiermacher den Begriff der Ethik findet und erzeugt, aber nichtsdestoweniger entscheidend für die Art, wie er sich die Aufgabe der Ethik denkt und sie näher bestimmt. Daß nämlich die Ethik nur eine untergeordnete Stellung hat, erhellt unmittelbar aus der Bestimmung, daß, so wie die vollständige Durchdringung und Einheit von Natur und Vernunft das höchste Bild des höchsten Seins (§. 48), so auch die Philosophie in ihrer Vollendung die höchste Einheit des Wissens von diesem Ineinander sei (§. 61). Für diesen höchsten Standpunkt würde es keinen Unterschied zwischen Physik und Ethik geben; daß beide einander gegenüberstehen, hat seinen Grund nur in der unvermeidlichen Unvollkommenheit des Wissens. Folglich hat die Ethik, oder was wichtiger ist, das Ethische auch keine selbstständige Bedeutung, sondern die Gestaltung sowohl als die Geltung desselben hängen ab von der die Ethik begleitenden Entwickelung der Geschichte sowohl, als der Naturwissenschaft. Die Belege für diese Consequenz sind bei Schleiermacher nicht schwer zu finden. Zunächst wird zwar die Ethik als „speculatives Wissen um die Gesammtwirksamkeit der Vernunft auf die Natur," (§. 61, z), als „Ausdruck des Handelns der Vernunft" (§. 75) bestimmt und hinzugesetzt: „das Handeln der Vernunft aber bringt hervor Einheit von Natur und Vernunft, welche ohne dieses Handeln nicht wäre, und da ihm also ein Leiden der Natur entspricht, so ist es ein Handeln der Vernunft auf die Natur." Obgleich nun diese Bestimmungen einige Aussicht auf eine selbstständige Geltung der Ethik übrig lassen, so ist doch in der Einheit von Natur und Vernunft so sehr alles eins und einerlei, daß, wo sich Sonderungen und Gegensätze einstellen, diese wenigstens durch eine gegenseitige Abhängigkeit ihrer Bedeutung beraubt werden müssen. Und so erfahren wir denn §. 64—72: „im Werden der Weltweisheit ist Sittenlehre und Naturwissenschaft durch einander meßbar und bedingt, ebenso gehen Sittenlehre und Geschichtskunde in einander auf und sind durch einander bedingt und meßbar. Die Sittenlehre ist durch die Naturwissenschaft, wie durch die Geschichtskunde, sowohl dem Inhalte, als der Gestalt nach bedingt; daher giebt es eine fortwährende Gleichmäßigkeit zwischen ihnen; die Sittenlehre kann nur so viel Gewährleistung haben, als sie Geschichtskunde neben sich hat; und ist zu keiner Zeit besser, als die Geschichtskunde oder die Naturwissenschaft. Der

Styl der Ethik ist daher der historische (§. 93 d), — die eigentliche Form für dieselbe die erzählende (§. 95 d)."

Man braucht diese eigenen Bestimmungen Schleiermacher's nur ins Auge zu fassen, um zu sehen, daß in dieser ursprünglichen Verknüpfung der Ethik mit der Geschichte und der Naturwissenschaft, trotz der Bemerkung, daß die Geschichtskunde und Naturwissenschaft auch wieder abhängig sind von der Ethik, der eigentliche Charakter der Ethik und damit auch die Bedeutung und Geltung des Ethischen ganz und gar verloren zu gehen in Gefahr kommt. Das eben ist das Wesentliche der Ethik, daß sie keine erzählende und erklärende, sondern eine vorbildende, ideale Wissenschaft ist. Daß überhaupt etwas geschieht, sei es, was es sei, das Größte wie das Kleinste, ist zunächst und so lange für sie ganz gleichgültig, als sie keinen Maaßstab für den Werth dieses Geschehens hat. Die Ethik steht nicht in dem Strome der Begebenheiten, um sich von ihm fortziehen zu lassen und dann zu erzählen, wohin sie gelangt sei, sondern sie steht über demselben als beurtheilende Richterin dessen, was er dem betrachtenden Auge vorüberführt. Sie ist keine antheillose Zuschauerin, die sich begnügt, den Zusammenhang der Begebenheiten zu ergründen, sondern sie nimmt Interesse an den Resultaten des Geschehens, soweit sie sich als gewolltes Handeln darstellen. Alles das vergißt diese kosmische Sittenlehre der eingebildeten Nothwendigkeit der Ableitung aus einem höchsten Wissen gegenüber. Diese Ethik ist allerdings beherrscht von der Theorie; ja sie ist ihrem innersten Wesen nach nichts als Theorie, nämlich der Ausdruck des Wissens über die Welt und das Geschehen in ihr vom Standpunkte der Vernunft aus; aber eben deshalb trifft den Urheber derselben der gleiche Vorwurf, welchen dieser Fichten mit Recht macht. Schleiermacher nennt es „wunderbar, daß bei Fichte mit dem Wollen zugleich auch das Sittengesetz gefunden werde", und bemerkt, „das gesetzlich nothwendige Denken der Selbstthätigkeit könne doch nicht gleich gelten dem Denken oder sich selbst Geben eines Gesetzes der Selbstthätigkeit, wie sich bei Fichte leider eins ins andere verwandeln müsse"*). Eben so wunderbar ist es, daß die Entwickelung und Darlegung der Art und Weise, in

*) Krit. d. Sittenl. S. 24. 27. Vergl. oben S. 74, 75.

welcher die Vernunft, nachdem sie sich aus dem Einen entbunden und im Gegensatz zur Natur gefunden hat, die Rückkehr in die Einheit mit der Natur bewerkstelligt, gleich sein soll einem Gesetze für dieses Handeln der Vernunft, wie auch hier leider eins an die Stelle des andern tritt. Freilich würde hierauf Schleiermacher in ähnlicher Weise antworten, wie Fichte Schleiermachern auf jenen Vorwurf geantwortet haben würde, daß nämlich, wie Fichte in der Selbstständigkeit und Freiheit des Wollens den Ausdruck des Sittlichen fand, eben die Durchdringung und Vereinigung der Natur und der Vernunft selbst dasjenige sei, was sich als höchstes Gut, als Tugend, oder als Pflicht darstelle, in allen diesen Gestalten aber sich als das eigentlich Ethische bewähre. Diese Durchdringung selbst würde also dann der Maaßstab, das Ideal für das Handeln der Vernunft, der Gedanke dieses Verhältnisses zwischen Natur und Vernunft das Princip der Ethik, die oberste ethische Idee sein. Einer solchen Erklärung aber läßt sich auch noch vor der Untersuchung über den Inhalt der Ideen selbst wenigstens die Frage entgegenstellen, was es denn nütze, zwei so vieldeutige, unbestimmte Begriffe, wie die leeren Abstracta: Natur und Vernunft sind, sammt dem eben so unbestimmten Begriff der Durchdringung beider, als die Quelle aller ethischen Beurtheilung hinzustellen? Die Geneigtheit, in den Begriff der Vernunft verstohlens ethische Bestimmungen hineinlegen, um sie dann scheinbar wieder daraus abzuleiten, und die allgemeine, aber rohe Thatsache, daß alles, folglich auch das sittliche Handeln die Sphäre seiner Wirksamkeit in der Natur hat, und daß mithin das sittliche Handeln sich, wenn man so will, auch als ein Handeln der Vernunft auf die Natur darstellen wird, hilft jener Unbestimmtheit nicht ab. Will man aber die nähere Bestimmung der Begriffe: Natur und Vernunft aus Schleiermacher's eigenen Definitionen (§. 47) entnehmen, wo die Natur als das „Ineinander alles Dinglichen und Geistigen als Dingliches", die Vernunft als das „Ineinander alles Dinglichen und Geistigen als Geistiges" erklärt wird, so kommt, wenn man diese Definitionen in die obige Formel substituirt, das mehr als Seltsame heraus, daß das Sittliche sei das Ineinander des Ineinander des Dinglichen und Geistigen als Dinglichen mit dem Ineinander des Dinglichen und Geistigen als Geistigen, welches Ineinander des Ineinander das leerste ist, was an die Stelle einer ethischen Idee zu setzen jemals der Versuch gemacht worden ist, und auch dann keinen Inhalt bekommt, wenn man darauf, daß die Ethik immer nur werdende, niemals vollendete Wissenschaft ist (§. 81, 82, 88), ein eben so großes Gewicht legt, als Schleiermacher selbst. Denn der diesem Werden der Ethik entsprechende Satz (§. 98): „daß die Sittenlehre in jedem einzelnen Wissen ausdrücke ein organisches Ineinandersein von Natur und Vernunft als Handeln der Vernunft" verflüchtigt sich, wenn man jene Substitution vernimmt, so sehr, daß nun das einzelne Sittliche, welches dem einzelnen Wissen entspricht, sich als ein Ineinander u. s. w. des Ineinander u. s. w. durch ein Handeln des Ineinander u. s. w. darstellt.

Es entsteht also die Frage, woher für diesen an sich ganz leeren Begriff der Durchdringung und Einheit von Natur und Vernunft ein Inhalt komme. Das Gewicht dieser Frage ist um so größer, da Schleiermacher im strengsten Sinne eine Ableitung und Entwickelung des Einzelnen aus dem Principe allein verlangt. „Ist die Vernunft einfach, heißt es Anm. 1 zu §. 110, so entsteht die Frage, woher wir den Grund nehmen, um die Wirksamkeit der Vernunft als ein Mannigfaltiges darzustellen. Er kann nur liegen in der mit der Vernunft schon geeinigten Natur". Und deshalb finden sich schon früher die Sätze aufgestellt: „es giebt ein Einssein von Vernunft und Natur, welches in der Ethik nirgend ausgedrückt, sondern immer vorausgesetzt wird (§. 82), von dieser vorausgesetzten Einheit hängt alles ethische Wissen ab (§. 83), dieses vor allem Handeln der Vernunft gegebene Kraftsein der Vernunft in der Natur ist das Sein der Vernunft in dem menschlichen Organismus (§. 84) und es giebt eine in der Sittenlehre nirgend ausgedrückte Einheit von Vernunftkraft und Naturmasse, ein immer schon vorausgesetztes Organirtsein der Natur für die Vernunft, und dieses ist die menschliche Natur als Gattung" (§. 99). Nimmt man nun die Forderung der Ableitung des Einzelnen aus der obersten Idee, welche die Durchdringung der Vernunft und der Natur ist, nur in einiger Strenge, so erhellt leicht, daß der Begriff des menschlichen Organismus, wie er sich darstellt in der menschlichen Gattung, hier wiederum nur empirisch aufgenommen wird, wie sich denn die Erläuterung des §. 84 dafür, daß die Ethik mit dem Setzen der menschlichen Natur und der menschlichen Vernunft beginne, ganz einfach darauf beruft: „daß in der Theilwelt, in welcher unser Sein und Wissen beschlossen ist, uns kein anderes Sein der Vernunft gegeben ist, als welches von ihrem Kraftsein in der menschlichen Natur ausgeht." Mit dieser empirischen Annahme der menschlichen Natur ist nun allerdings ein Gebiet gewonnen, auf welchem eine Mannigfaltigkeit von Beziehungen und Objecten für das Handeln der Vernunft sich nachweisen läßt; aber so wie dieser Empirismus, d. h. die Anerkennung des Gegebenen als solchen, für Schleiermacher eine Inconsequenz ist, die mit seinen Grundsätzen über die wahre wissenschaftliche Methode nicht zusammenstimmt, so kommt sie überdies hier viel zu früh, indem die Ethik für die Anwendung der Ideen zwar der Nachweisung eines bestimmten Gebietes, wie das des menschlichen Handelns in der Naturumgebung des menschlichen Daseins ist, bedarf, aber nicht von diesem Setzen der menschlichen Natur beginnen kann. Während also Schleiermacher den Gegensatz einer reinen und angewandten Sittenlehre verwirft, kennt er selbst nichts als eine angewandte Sittenlehre, für welche nur die Bestimmung dessen, was angewendet werden soll, nämlich der Ideen fehlt*). Eben dieses aber, daß Schleiermacher den Gedanken einer reinen Ethik d. h. der von der Rücksicht auf einen bestimmten Willen, wie z. B. den menschlichen, und die Bedingungen und Formen seiner Thätigkeit nicht beschränkten Darlegung der Ideen als der Musterbilder für jedes Wollen und Handeln verschmäht, hängt auf das Genaueste mit seiner ganzen Auffassung des Begriffs der Ethik zusammen. Die Ethik ist ihm nichts weiter als die Darlegung, die Beschreibung des Handelns der Vernunft auf die Natur, und so geschieht es denn, daß ihm das Einssein der Vernunft und der Natur, wie es sich in der be-

*) §. 106. 107. §. 106 (z) heißt es: „Von der reinen Sittenlehre, wenn man von der menschlichen Natur abstrahirt, bleibt nichts übrig als die Beschreibung der Intelligenz." — Beschreibung der Intelligenz ist aber nichts weiter als ein Stück empirische Psychologie, die so wenig die Ideenlehre ersetzen kann, daß sie vielmehr gar nichts mit der letzteren zu thun hat.

stimmten Gestalt des menschlichen Organismus factisch vorfindet, selbst schon etwas Ethisches ist. Oder vielmehr (§. 91): „der ganze Gegensatz von gut und böse fällt außer der Ethik; denn das Böse ist nichts an sich und kommt nur zum Vorschein mit dem Guten zugleich, in wiefern dieses als ein werdendes gesetzt wird (S. 53 d.), gut ist jedes bestimmte Sein, in sofern es Welt für sich, Abbild des Seins schlechthin ist, also im Aufgehen der Gegensätze" (S. 54a) *). Man darf sich hier nicht sowohl darüber wundern, daß dem Gegensatz von Gut und Böse nicht innerhalb der Ethik sein Platz angewiesen wird, eher könnte man fragen, mit welchem Rechte er ihm außerhalb der Ethik, etwa in der Beziehung des Lebens auf dieselbe angewiesen werden könne. Denn wenn gut jedes bestimmte Sein ist, (alles Einzelne aber ist bestimmtes Sein,) so giebt es überhaupt nichts als Gutes, und das Böse könnte nur in dem Proceß des Werdens gesucht werden, und auch nicht einmal in ihm, weil das Werden des Einzelnen doch immer nur ein Uebergehen von einem Bestimmtsein zum andern sein würde.

Der „Endpunkt, auf welchen alle ethischen Sätze hinweisen", und somit das letzte Ziel aller ethischen Thätigkeit, wird ferner (§. 101) in der Formel bezeichnet, daß es die „Versittlichung der in Raum und Zeit ganzen irdischen Natur" sei. Die Bedeutung dieses Ausdrucks kann lediglich in der Durchdringung, in dem Ineinander von Natur und Vernunft liegen, welche an der Spitze der ganzen Gedankenreihe steht. Ist aber nun wirklich diese Durchdringung der beiden Gegensätze das Gute, so ist es nur eine willkührliche Beschränkung, daß diese Durchdringung von dem Handeln gerade der Vernunft ausgehen soll. Denn zur Realisirung des Ethischen gehört ebensowohl die Natur, welche der Thätigkeit der Vernunft einen Stoff darbietet; ja, es ist überhaupt für das Ziel jener Durchdringung gar nicht das

---

*) Syst. d. Sittenl. S. 72. „Jedes Einssein bestimmter Seiten von Vernunft und Natur heißt ein Gut." Vergl. Abhandl. üb. d. Begriff des höchsten Gutes S. 9, 10. (Verm. Schr. Bd. II. S. 455 ff.) Daß das Aufgehen der Gegensätze hier für eine Bestimmung des Seins erklärt wird, da gerade das Hervortreten der Gegensätze die Quelle des einzelnen bestimmten Seins ist, mag wenigstens beiläufig erwähnt werden.

Entscheidende, von welchem Punkte aus sie zu Stande kommt, sondern nur darauf kommt es an, daß sie sich in bestimmten Gestalten nachweisen läßt. Und schwerlich ist etwas anderes, als das stillschweigende Bedürfniß eines Ausdrucks, welcher der ganzen Entwickelung den Schein einer ethischen Bedeutung zu geben im Stande sei, der Grund, daß gleich von vorn herein (§. 80) der Begriff des Handelns ausschließend der Vernunft beigelegt wird, da doch, wenn man den Zusammenhang des Ganzen im Auge behält, alle ethischen Sätze sich auch ausdrücken lassen sollen als physische und umgekehrt, je nachdem man entweder die Vernunft oder die Natur als das Thätige auffaßt*). Gestattet man sich aber mit Schleiermacher diese Beschränkung des Handelns auf die Vernunft, so zeigt sich nur um so deutlicher, daß bei ihm das Ethische eben nicht gesucht wird in dem Thun, sofern es aufgefaßt wird als der Ausdruck des Wollens, sondern in dem Werke, dem Erfolge der Handlung. Die Vernunft handelt auf die Natur, heißt bei ihm: die Vernunft behandelt irgend ein natürlich Gegebenes so, daß es als Mittel für ihre Zwecke diene, eine Form annehme, die der Ausdruck eines Gedankens, einer Absicht u. s. w. ist. In dieser Weise wird §. 96: „inwiefern die Vernunft auf die Natur handelt, ist ihr Werk in der Natur die Gestaltung und die Natur verhält sich zu ihr, wie Masse zur Kraft" — durch das Beispiel erläutert: „der Geschlechts- und Ernährungstrieb ist als Masse anzusehen; Ehe und gesellige Tafel zu bestimmter Zeit als Gestaltung". Man lasse es sich nun gefallen, Ehe und gesellige Tafel als eine Durchdringung, als ein Ineinander von Natur und Vernunft zu betrachten, so sieht man doch, daß beide einen ethischen Gehalt nur bekommen können, in sofern sich in ihnen eine Gesinnung, ein Wille darstellt, der nicht von dem rohen Triebe ausgeht. Oder um größere Beispiele zu nehmen, die Familie, die Kirche, der Staat seien ein Ineinander von Natur und Vernunft, so liegt der ethische Werth,

*) Vergl. §. 55 (z): „die Vernunftwissenschaft wäre das Wissen um alles Thun der Vernunft in ihrem Zusammenhange mit dem Dinglichen, die Naturwissenschaft von allem Thun des Dinglichen im Zusammenhange mit dem Geistigen".

dessen sie fähig sind, nicht darin, daß überhaupt eine Mehrzahl von Menschen sich zu einer Familie, einem Staate zusammenthun, oder in ihnen sich schon vereinigt finden, sondern lediglich in der Gesinnung, in dem Geiste der Familie und des Staatswesens, wie er ausgehend von den Ideen sich in dem Wollen und Handeln der einzelnen Mitglieder darstellt. Oder, wenn die Frage nach der ethischen Bedeutung der Agricultur und dem, was mit ihr zusammenhängt, erhoben wird, so liegt das Ethische wiederum nicht darin, daß die Erde überhaupt bebaut wird und dieses Bebautsein eine Durchdringung von Natur und Vernunft darstellt, sondern nur in dem Bewußtsein über die Art, wie der Ackerbau in das Ganze der menschlichen Interessen eingreifen kann, wenn er mit einer Gesinnung getrieben wird, die als Ausdruck einer ethischen Idee betrachtet werden kann; außerdem ist er Sache der Noth oder der Gewinnsucht, und kann ebenso gut sogar eine unsittliche Gestalt annehmen. Schleiermacher aber würde, wenn er seine Parallele der Ethik mit der Physik und Geschichtskunde consequent hätte festhalten wollen, geradezu dahin geführt worden sein, das bloße Dasein dieser Thätigkeiten und der Resultate derselben auch schon für sittlich zu erklären. Und wirklich ist der größte Theil des von ihm aufgestellten Systems der Sittenlehre kaum etwas anderes, als ein netzartig geordneter Schematismus von Begriffen, die die Gesichtspunkte bezeichnen, welche eine zwischen Empirie und Philosophie in der Mitte schwebende Betrachtung der menschlichen Angelegenheiten im Großen und Ganzen würde zu nehmen haben, worin zwar das Sittliche auch mit seine Stelle findet, aber nur weil es sich in den allgemeinen Formen menschlicher Thätigkeit theilweise wirklich schon realisirt findet. Nichts ist natürlicher, als daß Schleiermacher alle diese Formen am liebsten und ausführlichsten unter dem Begriff der Güter und in ihrem angeblich organischen Zusammenhang unter dem des höchsten Gutes auffaßt. Der Begriff des Gutes bezeichnet eben das Object in seiner Beziehung auf den Willen, bezüglich das Resultat der Thätigkeit des Willens, in sofern es als solches ihm seine Befriedigung gewährt, und eben dieses Ineinander der Sache und der Thätigkeit, allgemein: der Natur und der Vernunft, war von vorn herein als der wahre Ausdruck des Ethischen aufgestellt worden. Eine solche Auffassung der Ethik aber ist allen Zweideutigkeiten und Verirrungen einer Güterlehre überhaupt ausgesetzt, und nur als ein äußeres Kennzeichen dieser die eigene Aufgabe der Ethik aus dem Auge verlierenden Richtung mag noch angeführt werden, daß man in diesem System der Sittenlehre bis zum §. 128 lesen muß, ehe der Wille auch nur erwähnt wird, und daß er auch dann nicht als Object der Beurtheilung, sondern als Organ der Thätigkeit auftritt.

Um nun auf den inneren Zusammenhang der schleiermacherschen Ethik auch noch von der Seite aufmerksam zu machen, von welcher sie sich der Tochter des fichte'schen Idealismus, der Identitätsphilosophie, am meisten anschließt, nämlich von Seiten der Forderung, alles besondere Wissen auf ein höchstes Wissen wenigstens zurückzubeziehen, ist es nicht unwichtig, auch noch den Zirkel nachzuweisen, in welchem sie sich, alles Uebrige zugestanden, ganz in derselben Weise dreht, wie die fichte'sche Sittenlehre (s. oben S. 72). Das sittliche Handeln ist nur denkbar unter Voraussetzung des Gegensatzes zwischen Natur und Vernunft; das Ziel desselben liegt in dem vollständigen Naturwerden der Vernunft, oder, was vermöge der Identität zwischen Ethik und Physik ganz dasselbe bezeichnen muß, Vernunftwerden der Natur. Aber „dieser Endpunkt, (auf welchen alle ethischen Sätze hinweisen,) ist nur so zu denken, daß das ursprünglich Gegebene immer darin bleibt, d. h. daß in allem sittlich Gewordenen immer von der Vernunft unabhängig gegebene Natur bleibt"*). Der darin liegende Widerspruch, daß die vollkommene Einigung von Natur und Vernunft nur so gedacht werden könne, daß sie nicht vollkommen sei, ist allerdings nothwendig, wenn das Getrenntsein, das Nichteinsgewordensein von Natur und Vernunft die Bedingung des sittlichen Handelns ist; denn mit der Erreichung des Zieles würde die Bedingung der auf dieses Ziel gerichteten Thätigkeit wegfallen. Gerade so, wie sich hier Natur und Vernunft in einem die ethische Aufgabe zugleich bedingenden und ihre Realisirung unmöglich machenden, und somit widersprechenden Zirkel drehen**), war bei Fichte die Setzung des Nichtich

*) Syst. d. Sittenl. §. 101.

**) Diesen Zirkel macht Schleiermacher selbst bemerklich a. a. O. §. 103 Anm. z, vgl. Anm. * zu §. 101 S. 61.

die Bedingung, unter welcher allein das Ich sich seiner Selbstständigkeit und Freiheit sollte bewußt werden können, und die Aufhebung dieser Bedingung des sittlichen Wollens auch wieder die Aufgabe des sittlichen Handelns, dessen vollständige Realisirung das Nichtich nicht einmal würde wollen dürfen, ohne sich die Bedingung seines sittlichen Strebens zu entziehen. Setzt man an die Stelle des Ich und des Nichtich die Worte Vernunft und Natur, so kommt das allgemeine Verhältniß der Begriffe auf dasselbe hinaus; nur hatten die fichte'schen Formeln eine nähere Beziehung auf den *Willen*, als den Mittelpunkt der Ethik, während Schleiermacher allen Ernstes von einer „Versittlichung der in Raum und Zeit ganzen Natur" redet, als ob etwas anderes der Versittlichung fähig wäre, als der Wille, und *nur und allein der Wille*, sammt dem aus ihm hervorgehenden Handeln.

Wie blendend also auch die Weite des Gebietes, die Mannigfaltigkeit und der Reichthum dessen, was sich auf diesem Gebiete findet, und die saubere Systematik der Anordnung, in welcher dieser Reichthum vorgeführt wird, auf das Auge wirken möge, die ganze Anlage der Untersuchung zeigt nichts, was in *directem* Zusammenhange mit den einfachen Grundbestimmungen der Ethik stände. Jede Untersuchung, die nicht unmittelbar auf den Werth der *Gesinnung* geht, verirrt sich von den wahren Principien der Ethik; denn selbst das *Handeln* ist in der wirklichen Welt nur ein unvollkommener Ausdruck der Gesinnung. Aber diese kosmische Sittenlehre wendet sich unmittelbar nicht nur an das Handeln, sondern noch mehr an die *Producte* des Handelns, ja nicht einmal an die einzelnen Producte des einzelnen Handelns, sondern (unter dem Namen des höchsten Gutes) an das *Gesammtproduct* des *gesammten Handelns* nicht blos der einzelnen Menschen, sondern des *Menschengeschlechts*. In dieser Weite verschwindet zum mindesten jede Präcision der Beurtheilung*), und sie verschwindet um so sicherer,

*) *Herbart* Br. üb. die Freiheit S. 190. „Schleiermacher verwickelte sich in dem Großen und Zusammengesetzten, weil er das Kleine, Einfache, welches eine präcise Beurtheilung gestattet, übersprungen hatte. Er selbst sagt: seine Arbeiten setzen überall voraus: eine wesentliche Zusammengehörigkeit alles dessen, was mit Recht soll sittlich genannt werden können. „„Denn

als auch der Gegenstand der ethischen Beurtheilung, der Wille, ursprünglich dem Auge entzogen worden ist. Fehler dieser Art kann die versuchte Verknüpfung des Ethischen mit dem theoretischen Wissen, selbst wenn sie besser gelänge, als sie bei Schleiermacher gelungen ist, wohl verdecken, aber nicht wieder gut machen; im Gegentheil, gerade das Vorurtheil, welches sich vor aller Untersuchung für eine solche Verknüpfung in den Principien schon entschieden hat, ist die Grundquelle des Mangels einer Begründung der Ethik durch ihre eigenen Principien.

Und ein günstigeres Urtheil wird sich endlich auch nicht über das hegel'sche System fällen lassen, wenn man sich nach der Stellung und Bedeutung umsieht, welche die Ethik in ihm einnimmt. Vielmehr dient gerade dieses System um so mehr zu einem Prüfsteine dafür, was bei der Verwirrung theoretischer Un-

---

es hört alle Construction des Pflichtmäßigen auf, mithin ist es auch um alle wissenschaftlichen Principien zur Beurtheilung der einzelnen sittlichen Handlungen geschehen"" (bemerken Sie doch diesen ungeheuern Schluß!) „„sobald ein Widerspruch statt finden kann zwischen dem, was das Ganze fordert, und dem, worauf ein Theil Anspruch macht."" Ein Theil? Wer sagt, wer verbürgt, daß die Einzelnen und deren nähere Verhältnisse nur als Theile sollen aufgefaßt werden? Und wer kann das Ganze umfassen? Das Ganze? — das Ganze der Sternenwelt? Das Ganze unseres Sonnensystems? Das Ganze der Erde und ihrer Ereignisse? — Wir wollen bescheidener fragen: kennt irgend ein Mensch das Ganze der künftigen Folgen irgend einer seiner Handlungen mit Gewißheit? kann er es einer wissenschaftlichen Construction anpassen? Gesetzt, wir könnten handeln in einer Ideal-Welt, wir könnten überdies die Totalität dieser Idealwelt überschauen; so läge doch der Werth dieser Welt nicht in ihrer Ganzheit, sondern es würden sich nur die nämlichen Verhältnisse, welche im Kleinen schon einen Werth haben, im Großen wiederholen. Wer die kleinen Verhältnisse nicht zu würdigen weiß, der verfehlt auch die ähnlichen Werthe im Großen. Nun fallen aber vollends unsere Handlungen nicht in einer Idealwelt. Der handelnde Mensch kennt das, was er beabsichtigt; und er vermuthet einige der unvermeidlichen Nebenfolgen mit mehr oder weniger Wahrscheinlichkeit, so daß er Einiges hofft zu bewirken, Anderes zuläßt. Das was er beabsichtigt und zuläßt, bezeichnet sein Wollen als ein bestimmtes, und dies bestimmte kann er beurtheilen. Mehr nicht! Will er mehr beurtheilen, mehr construiren, so täuscht er sich und solche täuschende Constructionen sollen nicht gemacht werden" u. s. w. Uebrigens vergleiche man den Excurs sowohl über Schleiermacher's Kritik der Sittenlehre, als über das allgemeine Verhältniß der Metaphysik und Ethik in Herbart's Allgem. Metaphysik Bd. I. S. 394—433.

tersuchung und ethischer Ideen herauskommt, da es sich durch den Anspruch auf Strenge der Methode und Vollständigkeit der Gliederung, sowie durch das Bewußtsein über seine Behauptungen vor den übrigen Entwickelungen der Identitätsphilosophie zu seinem Vortheile auszeichnet. Der allgemeine Bau des Systems, die Formel seiner Methode, die Gliederung des Ganzen darf dabei hier als bekannt vorausgesetzt werden. Das System als Ganzes bewegt sich durchaus in einer speculativen Dialektik, deren Wesen darin besteht, daß sie alle festen Bestimmungen in Fluß bringt, und umschlagen macht in ihr Gegentheil, um zuzusehen, wie die innere Unruhe dessen, was sie den Begriff nennt und was eigentlich nichts als der Gedanke des absoluten Werdens ist, angeblich immer höhere Gestalten aus sich erzeugt, welche dann wieder derselben dialektischen Zer- und Umsetzung in ihr eigenes Gegentheil anheimfallen. Da nun diese Dialektik überdies mit dem Anspruche auftritt, die Natur der Sache selbst zu sein, so wird, auf welcher Station des durch sie repräsentirten Processes auch das Ethische oder was dem ähnlich ist, zum Vorschein komme, seine Bedeutung doch nur eine diesem Processe des Werdens selbst untergeordnete, in ihn hineinfallende, als Moment verschwindende sein können. Hierin liegt zweierlei, erstlich: daß alle die Momente, welche vor dem Punkte liegen, auf welchem das Ethische selbst als Moment auftritt, für die Ethik keine Bedeutung haben, und sodann: daß die Momente, welche über dem Ethischen hinaus liegen, die Bedeutung, welche dem Ethischen innerhalb gewisser Grenzen zugestanden wird, wieder aufheben*). Ein System, welches so vollständig und mit solchem Bewußtsein, wie das hegel'sche von dem Begriffe des absoluten Werdens, dessen Widersprüche es zum Ausdruck des wahren speculativen Wissens erhebt, beherrscht wird, und welches seine Aufgabe ausdrücklich darin setzt, allem, was ist und geschieht, als auftauchendem und verschwindendem Momente dieses absoluten Processes seine bestimmte Stelle anzuweisen, bewegt sich so aus-

*) Und als aufgehobenes aufbewahren, würde man hinzusetzen müssen, wenn dieses Aufbewahrtbleiben des Aufgehobenen, diese Setzung des Negirten etwas Anderes wäre, als ein witziges Wortspiel oder — ein Widerspruch.

schliessend auf dem Gebiete blos theoretischer Fragen, daß darin an sich nicht die geringste Veranlassung liegt, weder das Gebiet der Ethik als ein selbstständiges auszusondern, noch die Frage nach den Ideen als dem absoluten Maaßstabe für die beurtheilende Werthschätzung dessen, was ist und geschieht, aufzuwerfen. Solche oder andere Werthbestimmungen, sittliche Ansichten, Ueberzeugungen, Grundsätze u. s. w. wird es zwar anerkennen als Thatsachen, es wird es auch der Mühe werth achten, dieselben in die Knotenlinie der Momente des Werdens einzureihen; aber die Frage, welche von diesen Ansichten und Ueberzeugungen die richtigen, die immer und überall gleichmäßig geltenden, die wahren Musterbilder für das Wollen und Handeln seien, wird keine ernsthafte Bedeutung haben können, wo es nur darauf ankommt, die Standpunkte zu bezeichnen, auf welchen sich diese oder jene Ansicht einstellt, um auf einem andern Standpunkte wieder zu verschwinden. So gewiß in dem Begriffe einer immanenten Entwickelung des geistigen Lebens, wenn man nicht schon einen Maaßstab für den Werth solcher oder anderer geistigen Phänomene kennt, nichts liegt von der Werthbestimmung dessen, wozu sich das sich Entwickelnde entwickelt, ob es gut sei oder schlecht, löblich oder schändlich, so gewiß interessiren eine wissenschaftliche Untersuchung, die keinen andern Zweck hat, als dieser Entwickelung, dieser immanenten Dialektik der Sache zuzusehen, jene Unterschiede des Werthes höchstens nur als Phänomene, durch welche sich die einzelnen Entwickelungsstufen charakterisiren. Selbst, wenn sich Unterschiede nicht blos des Werdens, sondern des Werthes des Gewordenen unabweislich aufdringen, — wie denn das hegel'sche System nicht blos solche Unterschiede des Werthes anerkennt, sondern in der Anordnung der einzelnen Momente (ganz unabhängig von der angeblich alles allein bestimmenden dialektischen Methode) zum großen Theil von ästhetischen und ethischen Rücksichten bestimmt wird; — so kann doch der Begriff einer absoluten Werthschätzung nur als eine Beschränktheit (sei es nun des Gefühles, oder des „abstracten Verstandes") sich darstellen, welche an dem einen Momente der dialektischen Bewegung festklebend zu der wahren Bedeutung des ganzen Processes sich nicht erheben könne. Obgleich nämlich die Frage nach dem Werthe der Erscheinungen nichts gemein hat mit der nach dem Realen, welches den Erscheinungen zu Grunde liegt, so zeigt sich trotz allem Mangel der Unterscheidung zwischen dem theoretischen Begreifen und der Beurtheilung des Gegebenen hier eine Gleichartigkeit der Denkungsart, welche, so wie sie auf dem theoretischen Gebiete die Frage nach dem, was ist, ganz ausschließt, und an die Stelle des Seienden den leeren Gedanken setzt: „was in der That vorhanden ist, ist, daß Etwas zu Anderem und das Andere überhaupt zu Anderem wird“ *), ebenso auch auf dem ethischen die Frage nach einer festen und schlechthin unverrückbaren Grenzscheide zwischen Gutem und Bösem ablehnt, sondern die wahre Tiefe des philosophischen Wissens darin sucht, daß diese Grenzscheide ebenso flüssig und beweglich gemacht werde, wie alle andern Grenzbestimmungen, an denen sich der „abstracte Verstand“ abarbeite. Wo ein solches dialektisches Ineinanderwirren der einfachsten Grundbegriffe zur ausdrücklichen Aufgabe des höhern Denkens gemacht wird, da werden einzelne richtige Bemerkungen über besondere sittliche Verhältnisse nur einen geringen Ersatz für den Schaden darbieten können, den das angeblich höchste Wissen ebensowohl erleidet als stiftet, indem es an den Angelpunkten sittlicher Ueberzeugungen rüttelt und in dem Untergange dessen, was fest sein soll in dem Inneren des Menschen, den denkenden Geist den Triumph seiner „wahren Unendlichkeit“ feiern läßt.

Diese Richtung des Hegelianismus ist in der ganzen Anlage des Systems und in den dasselbe beherrschenden Grundbegriffen so deutlich ausgesprochen, daß es nur eine Inconsequenz sein würde, wenn Hegel die Resultate derselben nicht auch bestimmt ausspräche. Ueberall sieht man ihn bemüht, die Massen des Gegebenen in seiner Weise mit dem Gedanken zu durchdringen, und allen Erscheinungen der Natur und der Geschichte ihre Stelle anzuweisen; aber diese Bemühung ist so sehr von dem Gesichtspunkte des theoretischen Erkennens beherrscht, daß Gedanken, die sich nicht auf das beziehen, was da ist, von ihm nicht ohne Bitterkeit als leere und nichtige bezeichnet werden. „Das, was ist, zu begreifen, ist die Aufgabe der Philosophie, denn das, was ist, ist die Vernunft. Was das Individuum betrifft, so ist ohnehin jedes ein Sohn seiner Zeit; so ist auch die Philosophie ihre

*) Hegel Encyklop. §. 95.

Zeit in Gedanken erfaßt. Es ist eben so thöricht zu wähnen, irgend eine Philosophie gehe über die gegenwärtige Welt hinaus, als ein Individuum überspringe seine Zeit. Geht seine Theorie in der That darüber hinaus, baut es sich eine Welt, wie sie sein soll, so existirt sie wohl, aber nur in seinem Meinen, — einem weichen Elemente, dem sich alles Beliebige einbilden läßt." — „Mit dem Belehren, wie die Welt sein soll, kommt ohnehin die Philosophie immer zu spät. Als der Gedanke der Welt erscheint sie erst in der Zeit, nachdem die Wirklichkeit ihren Bildungsproceß vollendet und sich fertig gemacht hat. Wenn die Philosophie ihr Grau in Grau malt, dann ist eine Gestalt des Lebens alt geworden, und mit Grau in Grau läßt sie sich nicht verjüngen, sondern nur erkennen; die Eule der Minerva beginnt erst mit der einbrechenden Dämmerung ihren Flug"*). Das ist die Sprache eines theoretischen Ernstes, der zwar ruhig genug ist, um antheilslos und gleichgültig die Erscheinungen zu nehmen, wie sie sind, aber doch bei weitem nicht ernst genug, um die von der Erkenntniß des Gegebenen ganz unabhängige Frage nach dem Werthe desselben und den diesen Werth in letzter Instanz ausdrückenden Begriffen durch ein keckes Wort in das weiche Element der Meinung verbannen zu dürfen. Allerdings wird keine Philosophie in ihrem theoretischen Wissen über die „gegenwärtige Welt" hinausgehen; aber nicht einmal für die Lösung dieser theoretischen Aufgaben ist es wahr, daß die Philosophie nichts sei, als „ihre Zeit in Gedanken erfaßt." Die Wahrheit, nach der die Wissenschaft von jeher wenigstens gestrebt hat, steht über den einzelnen Zeitabschnitten der Bildung; und das Factum, daß es vielleicht noch keinem Denker gelungen wäre, sich über dieses zeitliche Element zu erheben, würde nicht den Anspruch vernichten, die Wissenschaft in einer Region zu suchen, die von dem zeitlichen Wechsel der Meinung nicht berührt wird; aber vollends ethisch hat es ganz und gar keinen Sinn, die Philosophie zur bloßen Dollmetscherin dessen zu machen, was eben gilt. So lange dem Gedanken des Vortrefflichen eine Aussicht nicht blos auf die Vergangenheit und die Gegenwart, sondern auch auf die Zukunft gestattet ist, wird er jene beurtheilen und in diese nicht blos mit

*) Hegel Rechtsphilos. Vorrede (Werke Bd. VII.) S. 19. 20.

leeren Wünschen, sondern auch mit Ueberlegungen hinausgreifen, die die Realisirung dessen, was als bloßer Gedanke ein Musterbild ist, zum Inhalte haben. Man hat es an Hegel gerühmt, den absoluten Idealismus eben dadurch bewährt zu haben, daß er alle Erscheinungen in das Element des reinen Gedankens erhoben und die Speculation mitten hinein in die eigene Dialektik der Begebenheiten gesetzt habe; eben so hat man ihm aber auch in neuerer Zeit von Seiten einer Fraction seiner Schule die „Gedankenlosigkeit" vorgeworfen, daß er diesen „weltbeherrschenden Idealismus" blos theoretisch, nicht auch praktisch durchgeführt habe. Diese „Gedankenlosigkeit" ist jedoch nicht sowohl gedankenlos, als die nothwendige Consequenz des einseitigen Standpunktes, von welchem aus Hegel die Gesammtaufgaben der Philosophie auffaßt; wo das Bedürfniß, diese Einseitigkeit auszugleichen, eben deshalb sich regt, weil die Machtsprüche der Speculation das sittliche Interesse nicht vertilgen können, da ist man schon aus dem Zauberkreise dieser Dialektik herausgetreten; eine andere Gedankenreihe, die zunächst um die Gründe und den nothwendigen Zusammenhang der Erscheinungen sich nicht kümmert, sondern eben nach dem Werthe derselben fragt und dem Gegebenen nicht als einem Probleme der Erkenntniß, sondern als einem Objecte der Kritik gegenübertritt, fängt an sich zu entwickeln und droht die angemaßten Fesseln des Systems zu sprengen. Der Eindruck stolzer Bescheidenheit, mit welcher eine Lehre, welche die Thaten des Weltgeistes in der geheimen Zeichenschrift der Erscheinungen durch die Schlüssel ihrer immanenten Dialektik wie ein aufgeschlagenes Buch ablesen zu können wähnt, auf alles, was einen Charakter der Beurtheilung, des Vorbildens, des Gesetzgebens hat, herabsieht, hält auf die Länge nicht aus gegenüber den wirklichen Unterscheidungen des Guten und Schlechten, des Löblichen und Schändlichen, die sich den kleinen Begebenheiten des täglichen Lebens, wie den großen der Geschichte gegenüber jeden Augenblick geltend machen, und das Bedürfniß einer begriffsmäßig ausgebildeten Norm für diese Unterscheidungen in jedem, für den sie überhaupt noch eine Bedeutung haben, immer von Neuem wieder lebendig hervorrufen.

Es ist schon erwähnt, daß die hegel'sche Lehre sich nicht in der Art negativ gegen das Ethische verhält, daß sie nicht die verschiedenen Gestalten des sittlichen Bewußtseins in das Bereich ihrer Betrachtungen ziehen und sie als Momente in der Entwickelung des geistigen Lebens einer nähern Bestimmung unterwerfen sollte. Vielmehr hat Hegel die ganze Reihe dieser Gestalten zweimal dargestellt, zuerst in der Phänomenologie des Geistes, dann in der Lehre vom objectiven Geist, in der Philosophie des Rechts. Eine vollständige positive Kritik des Inhaltes der in dieser doppelten Darstellung enthaltenen Bestimmungen ist ohne Rücksicht auf die ethischen Ideen in ihrer bestimmten Bedeutung nicht möglich; also gehört hierher, wo es sich blos um die Stellung und Bedeutung der die Ethik beherrschenden Begriffe des Guten und Bösen handelt, zunächst nur die Nachweisung, daß, wie es Hegel auch wirklich heraussagt, der Gegensatz derselben auf der Höhe des dialektischen Processes verschwinde. Man durchlaufe in dieser Absicht die phänomenologische Bewegung des Geistes, namentlich die letzte Hälfte des Buches; man sehe zu, wie sich in der „Lust", in dem „Gesetz des Herzens und dem Wahnsinn des Eigendünkels", endlich in „der Tugend und dem Weltlauf" das „vernünftige Selbstbewußtsein durch sich selbst verherrlicht", wie es dann durch die Momente „des geistigen Thierreichs, der gesetzgebenden und gesetzprüfenden Vernunft zu einer an und für sich reellen Individualität" kommt, wie ferner der „wahre Geist, die Sittlichkeit" es bis zum „Rechtszustande" bringt, um sogleich in der „Bildung" und „Aufklärung" sich „zu entfremden", in sich zu zerfallen und dem Terrorismus der „absoluten Freiheit" zu unterliegen, die dann aus sich den „seiner selbst gewissen Geist" in den Momenten der „moralischen Weltanschauung, der Verstellung, des Gewissens und der schönen Seele" erzeugt, um zuletzt in der Religion die Versöhnung des Guten und Bösen zu feiern; man stoße sich nicht an alle die willkührlichen und gewaltsamen, oft bis zur Idiosynkrasie einseitigen Begriffsbestimmungen, durch welche Hegel den Schein einer dialektischen Fortbewegung von der einen Station zur andern erzwingt; sondern man frage sich nur nach dem Gesammtresultate, insofern es ein Endurtheil über die Bedeutung des Guten und Bösen gestattet. Indem nun auf allen untergeordneten Stufen der Gegensatz zwischen diesen Begriffen noch eine, wenn gleich in vielen Fällen an nichts weniger als an den wahren Sinn derselben erinnernde*) Bedeutung behält, muß doch der dialektischen Bewegung zu Liebe diese Bedeutung in letzter Instanz zum bloßen Schein herabgesetzt werden. „Wenn diese Versöhnung (des göttlichen Wesens mit dem Andern überhaupt und bestimmt mit dem Gedanken desselben, dem Bösen)", heißt es in der Phänomenologie S. 585, „nach ihrem Begriffe so ausgedrückt wird, daß sie darin bestehe, weil an sich das Böse dasselbe sei, was das Gute, so ist dies als eine ungeistige Weise sich auszudrücken anzusehen, die nothwendig Mißverständnisse erwecken muß. — Indem das Böse dasselbe ist, was das Gute, ist eben das Böse nicht Böses, noch das Gute Gutes, sondern beide sind vielmehr aufgehoben, das Böse überhaupt das in sich seiende Fürsichsein,

*) Ein gewöhnliches Mittel Hegel's, die Nichtigkeit der sittlichen Momente deutlich zu machen, besteht darin, daß er entweder das sittlich Leere selbst mit einreiht in die Stufenfolge der Gestalten des geistigen Lebens oder die Sittlichkeit sich so gedankenlos und man möchte fast sagen albern benehmen läßt, daß es keine Kunst ist, nachzuweisen, wie an ihr eben nichts sei. Man vergleiche darüber die Art, wie (Phänomenol. S. 263 fg.) mit der „Lust" das „Reich der Sittlichkeit" sich aufschließt; wie S. 281 die Idee des Wohlwollens herabgesetzt wird, weil das „Herzklopfen für das Wohl der Menschheit in das Toben des verrückten Eigendünkels übergehe", als ob das Wohlwollen so versunken sein müßte in die Marotten der Subjectivität, daß es in die Narrheit jenes Tobens umschlagen müßte; wie ferner unter der allgemeinen Bezeichnung: „die Tugend und der Weltlauf" S. 287 „das Gute oder Allgemeine, wie es hier auftritt, als das bezeichnet wird, was die Gaben, Fähigkeiten und Kräfte genannt wird" und der Name der Tugend an einen geistigen Standpunkt weggeworfen wird, auf dem das Subject sich mit den Reden von idealen Zwecken u. s. w. begnügt, ohne eigentlich zu wissen, was es mit solchen Zwecken meint (S. 291) und dann natürlich vom „Weltlauf" besiegt wird; wie S. 372 fg. das „edelmüthige und das niederträchtige Bewußtsein", welches der „Welt des sich entfremdeten Geistes" eigenthümlich sein soll, an Macht und Reichthum klebt, weil „dem Selbstbewußtsein derjenige Gegenstand gut und an sich sei, worin es sich selbst, derjenige aber schlecht, worin es das Gegentheil seiner finde, und zugleich, was für es gut und schlecht sei, auch an sich gut oder schlecht sei" (S. 375) u. dergl. mehr. Von einem willenslosen Urtheile über die Güte oder Schlechtigkeit des Willens ist in allen diesen dialektischen Kunststückchen kaum eine Spur vorhanden; wer aber die Nichtigkeit sittlicher Ideen darlegen will, der muß sie wenigstens erst kennen, aber nicht dem ersten besten Gemüthszustande die Namen der Tugend u. s. w. aufheften, um ihn dann als einen Gegner aus Lumpen und Stroh niederzuschlagen.

und das Gute das selbstlose Einfache. Indem so beide nach ihrem Begriffe ausgesprochen werden, erhellt zugleich ihre Einheit; denn das insichseiende Fürsichsein ist das einfache Wissen, und das selbstlose Einfache ist ebenso das reine in sich seiende Fürsichsein. So sehr daher gesagt werden muß, daß nach diesem ihrem Begriffe das Gute und das Böse, d. h. insofern sie nicht das Gute und das Böse sind, dasselbe seien, ebenso sehr muß also gesagt werden, daß sie nicht dasselbe, sondern schlechthin verschieden sind, denn das einfache Fürsichsein, oder auch das reine Wissen sind gleicher Weise die Negativität oder der absolute Unterschied an ihnen selbst. — Erst diese beiden Sätze vollenden das Ganze und dem Behaupten und Versichern des ersten muß mit unüberwindlicher Hartnäckigkeit das Festhalten an dem andern gegenübertreten; indem beide gleich Recht haben, haben beide gleich Unrecht, und ihr Unrecht besteht darin, solche abstracte Formen, wie dasselbe und nicht dasselbe.. für etwas Wahres, Festes, Wirkliches zu nehmen und auf ihnen zu beruhen. Nicht das Eine oder das Andere hat Wahrheit, sondern eben ihre Bewegung; .... die Schwierigkeit, die in diesen Begriffen stattfindet, ist allein das Festhalten am: ist, und das Vergessen des Denkens, worin die Momente ebenso sind als nicht sind, — nur die Bewegung sind, die der Geist ist." — Genau das Gegenstück zu dieser Erläuterung über die Identität und Nichtidentität des Guten und Bösen, aus denen man trotz aller Umgereimtheiten, in denen sie sich bewegt, doch deutlich genug herauslesen kann, was Hegel will, bildet §. 345 der Rechtsphilosophie. Dieser sagt mit dürren Worten, daß, wo die Dialektik des Staates in die Weltgeschichte übergeht, alle vorher geführten hohen Reden von den „sittlichen Mächten", in denen sich der objective Geist in der Familie, der bürgerlichen Gesellschaft und dem Staate manifestirt, in den gemeinsamen Abgrund eines sittlichen Indifferentismus hinabfallen. „Gerechtigkeit und Tugend, Unrecht, Gewalt und Laster, Talente und ihre Thaten, die kleinen und die großen Leidenschaften, Schuld und Unschuld, Herrlichkeit des individuellen und des Volkslebens, Selbstständigkeit, Glück und Unglück des Staates und der Einzelnen haben in der Sphäre der bewußten Wirklichkeit ihre bestimmte Bedeutung und Werth und finden darin ihr Urtheil und ihre jedoch unvollkommene Gerechtigkeit. Die Weltgeschichte fällt außer diesen Gesichtspunkten; in ihr erhält dasjenige nothwendige Moment der Idee des Weltgeistes, welches gegenwärtig seine Stufe ist, sein absolutes Recht und das darin lebende Volk und dessen Thaten erhalten ihre Vollführung und Glück und Ruhm." — Das heißt: von Recht und Unrecht, Tugend und Laster, Schuld und Unschuld zu sprechen, hat einen Sinn in den beschränkten Sphären des individuellen, allenfalls auch noch des Volks- und Staatslebens; auf dem Gebiete dessen aber, was man gewöhnlich die Weltgeschichte nennt, obwohl es nichts als ein kleines Fragment der Geschichte des Menschengeschlechts ist, bedeuten jene Unterschiede nichts mehr; in ihr kommt der Weltgeist allemal zu seinem absoluten Rechte. Die Weite des Umfangs, den diese hinter die Größe der Geschichte sich verschanzende Gesinnungslosigkeit einer aufgeblasenen theoretischen Speculation in Anspruch nimmt, macht das Pathos, mit welchem der sittliche Indifferentismus hier auftritt, weder weiser*), noch besser als es ist; die Weisheit, mit der es sich, wie Spinoza, auf das Recht des Stärkeren beruft, verliert nicht etwa nur für das sittliche Gefühl, sondern für das sittliche Urtheil, für das Denken der Ideen um so mehr jeden blendenden Schein, je schärfer man sie ins Auge faßt. Hegel's Ethik nähert sich wirklich dem Ideal, welches Schleiermacher für sie aufstellt; seine Ethik liegt vollkommen in den Grenzen der Physik und der Geschichte eingeschlossen, und macht eben dadurch, daß sie sich so wenig wie möglich von dem historischen Styl entfernt, die Verkehrtheit sichtbar, die jener Forderung zu Grunde liegt.

Die praktischen Folgen eines solchen Indifferentismus würden nicht ausbleiben können, wenn man mit dieser Lehre nicht blos in Büchern, sondern im Leben Ernst zu machen unternähme. Wenn es keine wahre Selbstständigkeit des Individuellen giebt, sondern jede natürliche oder geistige Individualität nur eine Schaumblase ist, die auf dem wogenden Meere des allgemeinen Geistes entsteht, um wieder zu zerplatzen und in die Iden-

*) Der Volksverstand spricht die Moral, mit der sich jene Worte breit machen, einfacher in dem Sprichworte aus: kleine Diebe hängt man, große läßt man laufen.

tität mit dem Allgemeinen zurückgenommen zu werden, so steht es auch mit der bestimmten Bedeutung, welche Tugend und Laster u. s. w. in der Sphäre der bewußten Wirklichkeit haben sollen, schlecht; vielmehr gehört diese Bedeutung selbst nur der „schlechten Vorstellung" an. Das Individuum, was es auch wolle und thue, will und handelt doch nur als Moment des Weltgeistes; und seine Thaten, die allemal „zu demjenigen Momente der Idee des Weltgeistes gehören, die gegenwärtig seine Stufe ist", finden eben darin „ihr absolutes Recht." Es kommt dann lediglich auf den Standpunkt der Reflexion, auf die Höhe der speculativen Dialektik an, von welcher herab der Einzelne sein Thun ansieht, um sich in jedem Falle gerechtfertigt zu finden, und in der Einsicht, daß das Gute und das Böse im tiefsten Grunde ebenso sehr dasselbe als nicht dasselbe sind, und daß die Bewegung, das Uebergehen des einen in das andere auch ohne Weiteres die Versöhnung zwischen beiden sei, sich diese Absolution auch selbst zu ertheilen. Wollte Hegel, daß der Ernst der sittlichen Ueberlegung nicht untergehen soll in dem dialektischen Spiele halbausgebildeter Gedanken, so mußte er darauf rechnen, daß man die Consequenzen des absoluten Wissens, der wahren Wissenschaft nicht ausdenke; eine Voraussetzung, die freilich den Widerspruch zwischen der Forderung, sich bis zu dem absoluten Wissen zu erheben und doch für die bestimmten Sphären des endlichen Daseins und Wirkens die praktische Bedeutung dieses Wissens zu ignoriren, einschließen würde.

Das unwillige Herzklopfen des sittlichen Menschen müßte sich indessen bescheiden, einen Irrthum aufzugeben, der vor der Wahrheit nicht bestehen kann, wenn jener Stufengang der dialektischen Selbstbewegung des absoluten Geistes, der sich vom Nichts herauf arbeitet, sammt seinen, den Begriff und die selbstständige Bedeutung der ethischen Ideen aufhebenden Folgen wirklich als der Ausdruck des wahren Wissens anerkannt werden müßte. Aber sowie der Hegelianismus alle durch Fichte und Schelling gäng und gäbe gewordenen Irrthümer und Prätensionen ohne Weiteres als ausgemachte Wahrheiten angenommen und auf ihnen als seinem eigentlichen Fundamente fortgebaut hat, so ist auch seine ganze Methode, die ihm sein eigenthümliches Gepräge giebt, nichts als ein Machtspruch, der inmitten jener ererbten Irrthümer und

Prätensionen den Schein einer wissenschaftlichen Berechtigung und Form erzwingen soll. Eine Methode, die in dem Widersinn den eigentlichen Ausdruck des speculativen Wissens findet*), läßt schlechterdings keine Widerlegung zu; aber sie bedarf auch keiner; — denn sie widerlegt sich selbst. Indessen selbst wenn man den allgemeinen Gedanken dieser Methode zugeben müßte, so würde immer noch die Frage übrig bleiben, ob sich das System als solches auch durch die Methode und, weil hier die Methode geradezu die Sache selbst sein soll, ausschließend durch sie entwickelt, eine Frage, deren Beantwortung, weil das hegel'sche System losgelöst von der Methode ganz und gar nichts ist, als ein Haufen zusammengeraffter Behauptungen, über die Haltbarkeit desselben geradezu entscheidet. Wie sehr nun in dem ganzen Verlaufe des Systems, statt der angeblichen Entwickelung lediglich durch die immanente Dialektik des Begriffs bald ein versteckter Empirismus, der die scheinbare Bewegung des Begriffs, die nicht in ihm selbst liegt, sammt den höheren Gestalten, zu denen er sich emporarbeitet, von außen hineinträgt, bald eine wahrhaft schlechte Reflexion ihr Wesen treibt, welche eben nicht in den Begriff sich vertieft, sondern unter den zwar möglichen, aber nicht nothwendigen Beziehungen desselben herumfährt, um dann diese Beziehungen widerrechtlich in den Begriff selbst hineinzulegen und dadurch den Schein der immanenten Negativität zu erzeugen, wird Jeder bemerken, der die strengen Forderungen der Methode mit der Art vergleicht, wie sich das System angeblich durch diese Methode gestaltet**). Man nehme der hegel'schen Dia-

---

*) „Das speculative Denken besteht nur darin, daß das Denken den Widerspruch und in ihm sich festhält." Hegel Werke Bd. IV. S. 69. Stellen dieser Art, deren noch mehrere angeführt werden könnten, und die nur ein kurzer bezeichnender Ausdruck für den ganzen Geist des Systems sind, darf man denen entgegenhalten, die immerfort versichern, es sei eine falsche Auffassung, wenn man sage, Hegel mache die Absurdität zum Ausdruck des Wissens.

**) Nach dem was, früherer Widerlegungen nicht zu gedenken, Trendelenburg in seinen „Logischen Untersuchungen" Bd. I. S. 23—100 und Exner in seiner Kritik der Psychologie der hegel'schen Schule über diesen Gegenstand gesagt haben, verlohnt es sich kaum der Mühe, darüber weitläuftig zu werden. Nur wenige Stellen mögen von Trendelenburg hier noch entlehnt werden.

lektik die Thatsache der Veränderung, die sich unabhängig von aller Speculation aufdringt, man nehme ihr das Schauspiel eines höchst mannigfaltigen und verschiedenartigen Werdens in der Natur und der Menschenwelt, und man nehme ihr überdies die mannigfaltigen Begriffe, durch welche eine im Laufe von ein paar Jahrtausenden höchst allmählig entstandene und fortgeerbte Gedankenbildung die Classen dieser Erscheinungen zu bezeichnen gelernt hat, so findet man sich mit der angeblichen Voraussetzungslosigkeit der Methode, dem caput mortuum der Abstraction, welches sie das „reine Sein" nennt, gegenüber in ein so vollkommenes Nichts versetzt, daß für eine bestimmte Gedankenentwickelung in diesem absolut leeren Raume des sogenannten reinen Denkens auch nicht der geringste Anhaltepunkt vorhanden ist. Um das hegel'sche System als Wissenschaft zu rechtfertigen, würde es nämlich keineswegs genügen, daß die gegebenen Erscheinungen

„Es giebt für die Dialektik des reinen Gedankens ein unvermeidliches Dilemma. Entweder ist die Verneinung, durch welche sie allein den Fortschritt des zweiten und dritten Moments vermittelt, die reine logische Verneinung (A, nicht — A), so kann sie weder im zweiten Moment etwas in sich bestimmtes erzeugen, noch im dritten Moment eine Vereinigung zugeben. Oder sie ist der reale Gegensatz, dann ist sie wiederum nicht auf logischem Wege zu erreichen und die Dialektik ist nicht Dialektik des reinen Denkens. Wer daher dem sogenannten negativen Moment der Dialektik schärfer ins Auge sieht, wird in den meisten Fällen der Anwendung etwas Vieldeutiges entdecken." (S. 44.) „Das Ansichsein, das Anderssein und das Fürsichsein sind der wiederkehrende Typus der ganzen Dialektik. Sie sollen die immanente Bewegung der Dinge und Begriffe sein und sind doch nur äußerlich aus bloßen Beziehungen der über den Dingen (und Begriffen) schwebenden Vergleichung, also nur aus den sogenannten und sonst geschmäheten Reflexionsbegriffen gewonnen." (S. 46—48.) „Der immanente Zusammenhang des Systems ist vielmehr die fortgehende Unterbrechung, die eingeborne Discontinuität. Denn was aus sich entstehen soll, ist aus Anderem geborgt. Allenthalben wird die Wahrnehmung vorweggenommen und die autochthonischen Begriffe des reinen Denkens sind nur verdünnte und geschwächte Anschauungen. — Eine Methode, die an solchen Gebrechen leidet, überzeugt nicht mehr und nicht minder, als jede Vorstellungsreihe der Phantasie, in die man sich einspinnt. Je länger man das Gewebe gewebt hat, desto weniger unterscheidet man das eigne Gebilde und die allgemeine Wahrheit." (S. 95.) Noch viel stärker drückt sich Exner aus, gestützt auf die zahlreichen Belege eines ganz willkührlichen Verfahrens, welche seine Schrift in reicher Auswahl enthält.

der Natur und der Geschichte sich aus dem Gesichtspunkte der Formel der Methode betrachten lassen, was mit Hülfe schwankender Analogien deshalb bisweilen mit einem Schein von Wahrheit geschehen kann, weil alle gegebenen Erscheinungen mehr oder weniger der Veränderlichkeit unterliegen, und jede Veränderung das veränderte Ding in einem Gegensatze mit sich selbst zeigt; sondern es kommt darauf an, daß die Gesammtheit dieser Erscheinungen als eine durch die immanente Dialektik des Begriffs nothwendig so und nicht anders vermittelte Manifestation des Begriffs erzeugt und lediglich aus dem Begriffe erkannt, d. h. im strengsten Sinne wissenschaftlich abgeleitet wird; und statt dieser Ableitung bietet die hegel'sche Dialektik eben nichts als die Taschenspielerei eines sich vor sich selbst versteckenden Empirismus dar.

Was also die Berufung auf die Nothwendigkeit der Gedankenbewegung anlangt, die unter Andern auch zu der dialektischen Aufhebung des Guten und Bösen und somit zu dem Untergange der ethischen Beurtheilung in ein höheres Wissen führe, für welches sie weiter keine Bedeutung habe, so ist sie nicht nur an sich, sondern auch mit besonderer Rücksicht auf die Art, wie sie sich in der Ausführung des Systems bethätigt, kraftlos, und die Ethik findet dieser Dialektik gegenüber das Feld ihrer Aufgaben ganz frei und unberührt. Es hat daher höchstens ein historisch-kritisches, aber kein wissenschaftliches Interesse, den Künsten nachzugehen, durch welche es der dialektischen Methode gelingt, die sittlichen Begriffe auf den verschiedenen Stufen ihrer Entwickelung dergestalt zu verwirren, daß sie zuletzt in die Identität mit dem Nichtsittlichen zusammenfallen. Nur beispielsweise mag zu dem schon früher Bemerkten (S. 134) noch Einiges hinzugefügt werden, um zu zeigen, wie das wesentliche Hülfsmittel, durch welches Hegel den Schein einer dialektischen Fortbewegung in diesem Gebiete erzeugt, darin besteht, daß er die Ideen als solche niemals aus den störenden und verdunkelnden Umgebungen, in welchen sie sich in dem sittlichen Bewußtsein finden, heraushebt, sondern sittliche Bestimmungen entweder nur einseitig hinstellt, um sie in dieser Einseitigkeit zu Grunde gehen zu lassen, oder etwas in sie hineinlegt, was eben keinen sittlichen Werth hat.

Eines der deutlichsten und zugleich wichtigsten Beispiele für das letztere Verfahren ist die Art, wie der Standpunkt „der moralischen Weltanschauung" in der Phänomenologie (S. 453) entwickelt und widerlegt wird, um dann in die „Verstellung und die Heuchelei" umzuschlagen. Die Bedeutung dieses Standpunktes ist wesentlich die der kant'schen Moral, des kategorischen Imperativs. Hegel schildert diesen Standpunkt so: „das Selbstbewußtsein weiß die Pflicht als das absolute Wesen; es ist nur durch sie gebunden und diese Substanz ist sein eigenes reines Bewußtsein, die Pflicht kann nicht die Form eines Fremden für es enthalten. So aber in sich selbst beschlossen ist das Selbstbewußtsein noch nicht als Bewußtsein gesetzt und betrachtet." Deshalb habe es in seinem Begriffe die Beziehung auf ein Anderssein, eine Wirklichkeit, die für das moralische Selbstbewußtsein zwar bedeutungslos, aber gegen dasselbe frei und selbstständig sei, „auf eine Natur überhaupt, deren Gesetze wie ihr Thun ihr selbst angehören, als einem Wesen, das unbekümmert um dies moralische Selbstbewußtsein ist, wie dieses um sie". In dieser Beziehung des moralischen An- und Fürsichseins liege eben sowohl die völlige Gleichgültigkeit und eigne Selbstständigkeit der Natur und der moralischen Zwecke und Thätigkeit gegen einander, als das Bewußtsein der alleinigen Wesenheit der Pflicht und der völligen Unselbstständigkeit und Unwesenheit der Natur." Hier trägt Hegel in das moralische Bewußtsein schon einen Widerspruch hinein, der durchaus nicht in ihm zu liegen braucht; denn die Ueberzeugung von der absoluten Gültigkeit der Pflicht hat nicht das Geringste mit der Setzung oder Aufhebung der Realität der Natur zu thun, und doch ist es nur diese Vermengung der moralischen Geltung des Gesetzes und der Frage nach der Realität der Natur, worauf der innere Widerspruch der moralischen Weltanschauung beruhen soll. Unmittelbar darauf fährt Hegel fort (S. 454): das überhaupt zuerst vorausgesetzte moralische Bewußtsein erfahre, daß die Natur, ihrerseits ebenfalls frei, unbekümmert darum sei, ihm das Bewußtsein der Einheit seiner Wirklichkeit mit der ihrigen zu geben; es vielmehr vielleicht glücklich werden lasse, vielleicht auch nicht. Nun könne aber das moralische Bewußtsein auf die Glückseligkeit nicht Verzicht thun, also werde die Harmonie der Moralität und der Glückseligkeit postulirt; es werde ferner ein anderes Bewußtsein postulirt, ein Herr und Beherrscher der Welt, der die Harmonie der Moralität und Glückseligkeit hervorbringt und zugleich die Pflichten als viele heilige (S. 459); endlich werde diese Einheit der Pflicht und der Wirklichkeit als die vollendete Moralität, als ein Jenseits seiner Wirklichkeit, aber doch als etwas, was wirklich sein soll, gesetzt (S. 463). Die moralische Weltanschauung sei daher ein ganzes Nest gedankenloser Widersprüche. Das Bewußtsein setze in ihm ein Moment fest, und gehe von da unmittelbar zum andern über und hebe das erste auf; wie es aber nun dies zweite aufgestellt habe, verstelle es auch dasselbe wieder und mache vielmehr das Gegentheil zum Wesen. Zugleich sei es sich seines Widerspruchs und Verstellens auch bewußt, und bekenne damit, daß es ihm in der That mit keinem der Momente Ernst sei (S. 464). Es sei ihm, wie nun S. 465 fg. weiter ausgeführt wird, weder mit dem Postuliren Ernst, noch sei es ihm mit der Moralität überhaupt Ernst, weil, wenn das Postulat der Harmonie zwischen Moralität und Wirklichkeit durch das sittliche Handeln erfüllt wäre, dann das Ziel des Handelns wegfiele; und eben deshalb, „weil das moralische Handeln der absolute Zweck ist, sei der absolute Zweck, daß das moralische Handeln gar nicht vorhanden sei" (S. 467). — Diese ganze Dialektik nun, durch welche angeblich mit immanenter Nothwendigkeit der Standpunkt der moralischen Weltanschauung in den der Verstellung und Heuchelei verkehrt wird, beruht ganz einfach auf der Willkühr, mit welcher Hegel die Art, in welcher Kant an das Bewußtsein des Sittengesetzes seine Postulate knüpfte, mißdeutet. Denn Hegel macht das Verlangen nach Glückseligkeit geradezu zum Inhalte des moralischen Bewußtseins*); eine Mißdeutung, gegen welche Kant zu protestiren volles Recht gehabt haben würde. Dieser

*) Vgl. die Parallelstelle aus der Rechtsphilos. §. 133 fg. „das Gute hat zunächst nur die Bestimmung der allgemeinen abstracten Wesentlichkeit, der Pflicht, die Pflicht soll nur der Pflicht willen gethan werden. Weil aber das Abstractum der Pflicht noch keinen besondern Inhalt und Zweck des Handelns enthält, so entsteht die Frage, was ist Pflicht? Für diese Bestimmung ist zunächst noch nichts vorhanden als dies: Recht zu thun und für das Wohl, sein eigenes Wohl und das Wohl Anderer zu sorgen." Einen solchen pflichtmäßigen Egoismus als den wahren Inhalt des Pflichtbegriffs Kant unterzuschieben, ist einfach eine Unredlichkeit.

bleibt nämlich auch da, wo er von der Verknüpfung jener Postulate mit dem kategorischen Imperative spricht, fest dabei stehen: „daß man die Moral an sich niemals als *Glückseligkeitslehre* behandeln müsse. Wenn sie aber *vollständig vorgetragen* worden, *alsdann* allererst könne, nachdem der sich auf ein Gesetz gründende moralische Wunsch, das höchste Gut zu befördern, der *vorher keiner eigennützigen Seele aufsteigen konnte*, erweckt und ihm zu Behuf der Schritt zur Religion geschehen sei, diese Sittenlehre auch Glückseligkeitslehre genannt werden, weil die Hoffnung dazu nur mit der Religion allererst anhebt"*). Aber zu sagen, es sei dem moralischen Bewußtsein nicht *Ernst* mit dem Handeln, weil es ihm nicht Ernst sei mit dem Postuliren, und umgekehrt, heißt ihm eine Gesinnung unterlegen, die, wo sie wirklich vorhanden wäre, ihm eben das Prädicat des *morali*schen Bewußtseins rauben würde. Uebrigens mag man die Art, wie Kant die Postulate an das Gesetz knüpft, immerhin schwach und unhaltbar finden; daraus folgt selbst für Kant nicht die Nichtigkeit des Gesetzes; dieses steht fest ganz unabhängig von jenen Postulaten; und beides dergestalt in einander zu wirren, daß das Gesetz zugleich mit dem Postuliren fällt, ist ein der Sache ganz unwürdiger Kunstgriff.

Für das andere Verfahren, sittliche Bestimmungen nur einseitig auszusprechen, um sie an dieser Einseitigkeit zu Grunde gehen zu lassen, ist die Unterscheidung der Sphären des *Rechtes*, der *Moralität* und der *Sittlichkeit*, auf welcher der ganze Bau der Rechtsphilosophie beruht, der allgemeinste Beleg. Die Sphäre des Rechtes ist bei Hegel die des unmittelbaren, abstracten Willens, die der Moralität die des in sich reflectirten, als subjective Einzelnheit gegen das Allgemeine bestimmten Willens, die der Sittlichkeit endlich die der Einheit und Wahrheit dieser beiden abstracten Momente, die Idee des Guten realisirt in dem in sich reflectirten Willen *und* in äußerlicher Welt*). Die erste Sphäre nun enthält an sich gar nichts Sittliches; denn der „abstracte Begriff der Idee des Willens, der freie Wille, der den freien

*) Kr. d. pr. Vern. S. 253.

**) Rechtsphilos. S. 68. Vgl. S. 105. 210.

Willen will"*) kann eben sowohl den guten als den schlechten Willen bedeuten und die Bestimmung: „dies, daß ein Dasein überhaupt, Dasein des freien Willens ist, ist das Recht"**) ist nur der Wiederhall des Fichtianismus, der es über der Sorge für das Wollen selbst eben zu keiner wahren Bestimmung über den Werth des Wollens brachte (s. oben S. 70 fg.). Was also in diesem ganzen Abschnitte über das Eigenthum, den Vertrag, das Unrecht und das Verbrechen gesagt wird, muß, so weit es wirklich eine sittliche und näher eine rechtliche Bedeutung hat, auf andern Gründen beruhen, als auf dem bloßen Dasein eines freien Willens, der zu seinem Dasein nicht blos äußerer Sachen, sondern auch anderer Willen bedarf, mit welchen er in Vertragsverhältnisse tritt***). Der Uebergang vom Vertrage zum Unrecht wird §. 81 so gemacht: „im Verhältnisse unmittelbarer Personen zu einander überhaupt ist ihr Wille, ebenso sehr wie an sich identisch und im Verhältniß von ihnen gemeinsam gesetzt, so auch ein besonderer. Es ist, weil sie unmittelbare Personen sind, zufällig, ob ihr besonderer Wille mit dem an sich seienden Willen übereinstimmend sei. Als besonderer für sich vom allgemeinen verschieden, tritt er in die Willkühr und Zufälligkeit der Einsicht und des Wollens gegen das auf, was an sich Recht ist, — das Unrecht", d. h. wie S. 126 hinzugesetzt wird: „im Vertrage behalten die Uebereinkommenden noch ihren besondern Willen, der Vertrag ist also aus der Stufe der Willkühr noch nicht heraus, und bleibt somit dem Unrecht preisgegeben". Das heißt mit einfachen Worten: es ist möglich, daß gewisse Verträge (wie etwa die sogen. pacta turpia u. s. w.) in eine Collision mit anderweitigen rechtlichen oder sittlichen Bestimmungen gerathen; daß aber diese durch eine hier ganz äußerliche Re-

---

*) Rechtsphilos. S. 62.

**) Ebendas. S. 63.

***) Ebendas. S. 113. Daß die Verweisung von §. 71 auf §. 48, wo auch schon „von Andern" einfach die Rede war, keine Deduction des dialektischen Fortschrittes von einem zu mehreren Willen ist, liegt am Tage. Die mehreren Willen werden einfach empirisch anerkannt, was ganz in der Ordnung ist, aber nur nicht zu der Alles aus sich selbst erzeugenden dialektischen Methode paßt. Fichte verfuhr in diesem Punkte viel sorgfältiger.

flexion an den Begriff des Rechtes herangebrachte Möglichkeit den Beweis enthalten soll, daß die ganze Sphäre des Vertrages nothwendig in das Unrecht umschlage*), ist eine Erschleichung, wie sie der immanenten Dialektik des Begriffs fortwährend begegnet. Vielmehr macht jene allerdings vorhandene Möglichkeit höchstens darauf aufmerksam**), daß nicht nur die Idee des Rechts, statt in „abstracter Allgemeinheit", vielmehr mit Rücksicht auf die bestimmten Willensverhältnisse, welche durch sie beurtheilt werden, sondern auch die Beziehung dieser Idee auf die übrigen sittlichen Grundverhältnisse entwickelt sein müssen, ehe von einer Bestimmung über concrete Fälle, Verträge von besonderem Inhalte und dergleichen gründlich gesprochen werden kann.

Ganz etwas Aehnliches geschieht bei dem Uebergange von der Sphäre des Rechts zu der der Moralität. Das Unrecht steigert sich zum Verbrechen und in dessen Gefolge treten Zwang und Strafe, als Aufhebung des Verbrechens, auf. Aber „das Aufheben des Verbrechens ist in dieser Sphäre der Unmittelbarkeit des Rechtes zunächst Rache, dem Inhalte nach gerecht, sofern sie Wiedervergeltung ist. Aber der Form nach ist sie die Handlung eines subjectiven Willens, der in jede geschehene Verletzung seine Unendlichkeit legen kann und dessen Gerechtigkeit daher überhaupt zufällig ist. Die Rache wird hierdurch eine neue Verletzung. Die Forderung, daß dieser Widerspruch aufgelöst sei, ist die Forderung einer vom subjectiven Interesse und Gestalt, so wie von der Zufälligkeit der Macht befreiten, so nicht rächenden, sondern strafenden Gerechtigkeit. Darin liegt zunächst die Forderung eines Willens, der als besonderer, subjectiver Wille das Allgemeine als solches wolle. Dieser Begriff der Mo-

*) Die S. 127 ausgesprochene Bestimmung: erst durch das Verschwinden des Unrechts erhalte das Recht die Bestimmung eines Festen und Geltenden, ist, da vom Unrecht vernünftigerweise erst dann die Rede sein kann, wenn das Recht als Festes und Geltendes schon bekannt und anerkannt ist, wenigstens für die hegel'sche Dialektik charakteristisch, da das, was sie das Wesen nennt, etwas so wesenloses ist, daß es erst an dem, was es nicht ist, zum Wesen wird.

**) Und das ist für das praktische Leben allerdings sehr wichtig.

ralität aber ist nicht ein Gefordertes, sondern in der Bewegung selbst hervorgegangen"*). Auch hier wird der ganze Widerspruch zwischen der Nothwendigkeit der Strafe und der Art und Weise derselben, die als bloße Rache in „jede Verletzung die Unendlichkeit des verletzten subjectiven Willens legen kann", gar nicht zum Vorschein kommen, wenn man die Idee der Vergeltung etwas gewissenhafter entwickelt, als es bei Hegel geschieht. Die Vergeltung enthält dann sogleich das Maaß des vergeltenden Uebels in ihrem Begriffe, und von der barbarischen Befugniß, „in jede Verletzung die Unendlichkeit des subjectiven Willens zu legen", kann gar keine Rede sein. Die dialektische Schlinge liegt also auch hier nur in der Unvollständigkeit des beliebig hingestellten Begriffs der Vergeltung. Jedoch davon abgesehen, fehlt immer noch die Angemessenheit des Abgeleiteten an das Motiv der Ableitung. Die Gerechtigkeit soll nicht rächen, sondern strafen, und zwar nicht, wie bei Hegel, um einer dialektischen Verwickelung willen, sondern um der Idee der Vergeltung zu genügen. So lange aber die Vergeltung dem subjectiven Willen anheimgestellt bleibt, ist auch die Gefahr der bloßen Rache vorhanden. Folglich, würde das Resultat lauten, liegt darin die Forderung eines von subjectiven Rücksichten, dem Parteiinteresse der Leidenschaft u. s. w. gar nicht, sondern lediglich von der Idee bestimmten Willens. Und auf diese Weise würde man zwar nicht auf dem Wege eines dialektischen Umschlagens in das Gegentheil, sondern durch eine in der Idee geforderte Bestimmung der für ihre Realisirung nothwendigen Bedingungen in die Nähe desjenigen Gebiets geführt werden, welches Hegel durch den Begriff der Sittlichkeit bezeichnet. Hegel braucht aber einen Uebergang, der erst in das Gebiet dessen führe, was er Moralität nennt; er behält also die Subjectivität des Willens als das wesentliche Moment bei und läßt diesen Willen „das Allgemeine, als solches" wollen. Das „Allgemeine als solches" ist nun glücklicherweise ein so unbestimmter und leerer Begriff, daß dieser angeblich das Allgemeine als solches wollende subjective Wille (der die Sphäre der Moralität bezeichnet,) in seiner eigenen dialektischen Entwickelung in diese seine Subjectivität sich immer tiefer hineinarbeitet und zuletzt mit der Heuchelei

*) Rechtsphilos. §. 102, 103. S. 144 fg.

und der Ironie, als der Eitelkeit alles sittlichen Inhaltes der Rechte, Pflichten, Gesetze*) u. s. w., mit der alles ethischen Gehaltes ledigen, sich selbst als das Absolute behauptenden Subjectivität, endet, einem dialektischen Resultate, welches Hegel selbst durch Bezugnahme auf die Moral der Jesuiten erläutert**). Das Wahre an diesem ganzen Standpunkte der Moralität ist wiederum, daß die Idee der innern Freiheit, die Uebereinstimmung des eigenen Wollens mit der eigenen Ueberzeugung zwar nicht ausdrücklich aufgestellt und entwickelt, aber, wie bei Kant und Fichte, stillschweigend vorausgesetzt wird. Weil nun diese Idee das sittliche Gebiet zwar wesentlich mitbestimmt, aber nicht ausschließend beherrscht, so kann, wo weder diese Idee rein an sich (denn die Rücksicht auf das eigene Wohl, die bei Hegel in der Sphäre der Moralität eine nicht unbedeutende Rolle spielt***), ist überhaupt gar nichts Ethisches), noch in ihrer sittlich nothwendigen Beziehung auf die übrigen Ideen dargelegt wird, der dialektische Schein einer Verflüchtigung ihrer Bedeutung mit leichter Mühe erreicht werden. —

Was endlich den Uebergang von der Moralität zur Sittlichkeit, als der höchsten Stufe des objectiven Geistes anlangt, so sinkt er näher betrachtet zu einem bloßen Spiele mit Worten herab. „Für das Gute, heißt es (Rechtsphilos. §. 141. S. 207), als das substantielle Allgemeine der Freiheit, aber noch Abstracte, sind eben so sehr Bestimmungen überhaupt und das Princip derselben, aber als mit ihm identisch, gefordert, wie für das Gewissen das nur abstracte Princip des Bestimmens, die Allgemeinheit und Objectivität seiner Bestimmungen gefordert ist. Beide, jedes so für sich zur Totalität gesteigert, werden zum Bestimmungslosen, das bestimmt sein soll. Aber die Integration beider relativen Totalitäten zur absoluten Identität ist schon an sich vollbracht, indem eben diese für sich in ihrer Eitelkeit verschwebende Subjectivität der reinen Gewißheit seiner selbst identisch ist mit der abstracten Allgemeinheit des Guten; die, somit concrete Identität des Guten und des subjectiven Willens, die Wahr-

*) Rechtsphilos. §. 138 fg.

**) Ebendas. §. 140. S. 188—207.

***) Ebendas. §. 119—128, besond. S. 165.

heit derselben ist die Sittlichkeit"*). Wenn es nämlich an dieser Stelle zu dem ausdrücklichen Geständnisse kommt, daß die beiden Sphären des Rechts aus der Moralität, oder „des Guten ohne Subjectivität und Bestimmung, und der Subjectivität ohne das Ansichseiende" einseitig sind, so liegt schon darin die Erinnerung, daß diese Einseitigkeit von vorn herein hätte vermieden werden sollen, was für die Ethik, wo es sich um eine vollständige Construction der Ideen als der Principien für alle besonderen Bestimmungen handelt (S. 38 fg.), eben sowohl möglich als nothwendig ist. Aber schlimmer noch ist es, daß die Sphäre des Rechtes auf einem Begriffe oder vielmehr auf einer Thatsache, dem Dasein des freien Willens beruht, die an sich die Würde einer ethischen Idee nicht in Anspruch nehmen kann, und daß die Sphäre der Moralität, um sich „als Totalität zu constituiren", sich zur vollkommenen Inhaltslosigkeit verflüchtigt hat; und deshalb ist es eben nichts als ein leeres Wort, wenn versichert wird, daß „die Integration beider relativen Totalitäten zur absoluten Identität schon an sich vollbracht sei, indem eben diese für sich in ihrer Eitelkeit verschwebende Subjectivität der reinen Gewißheit seiner selbst identisch sei mit der abstracten Allgemeinheit des Guten." Denn gesetzt, man müßte diese Identität zugeben, so würde es nicht im mindesten klar werden, wie in der Identität zweier an sich sittlich gehaltlosen Gebiete die wahre Fülle der Sittlichkeit liegen könne. Das ganze Spiel der sich gegenseitig erfüllenden Negationen bekommt auch hier nur einen Sinn durch andere von dieser Dialektik stillschweigend vorausgesetzte Bestimmungen. Das Motiv des Fortschritts liegt in dem Bedürfniß, sowohl der Idee des Rechts als der der inneren Freiheit, welche die Sphäre der Moralität beherrscht, im Zusammenhange mit der Gesammtheit aller andern ethischen Bestimmungen einen Inhalt, und durch die Beziehung auf die wirklichen Verhältnisse des Lebens einen Boden der Anwendung zu verschaffen. Denn daß für die Sphäre der Sittlichkeit die gesellschaftliche Bedeutung der Ideen die stillschweigende Voraussetzung ist, verräth sich schon durch die drei Momente, in welchen sie sich realisiren soll, die Familie, die bürger-

*) Rechtsphilos. §. 141. S. 207.

gerliche Gesellschaft und der Staat. Nur findet Hegel, wie in ähnlicher Weise Schleiermacher, die vollkommenen Gestalten des Sittlichen schon darin, daß sich der Wille überhaupt als allgemeiner, als Gesammtwille darstellt, während vielmehr der allgemeine Wille ebenso wie der besondere und individuelle, einer Beurtheilung nach den Ideen unterliegt, und der Staat nur in größerem Maaßstabe und in vielseitigerer Verwebung des Wollens und Handelns denselben Anforderungen zu entsprechen hat, die jedem bewußten Wollen und Handeln gleichmäßig gelten (Vgl. oben S. 126 Anm.) So sehr Hegel gegen alles Idealisiren im Gebiete der Staatslehre streitet, so schiebt er doch selbst unwillkührlich ein Musterbild des Staatslebens seiner Auffassung der historisch gegebenen Verhältnisse unter; die von seinem Standpunkte aus darin liegende Erschleichung wird aber verdeckt durch die Amphibolie in dem Begriffe des Allgemeinen, welches bei ihm eben sowohl das, was wirklich allgemein gilt, als das, was einen Anspruch hat, allgemein zu gelten, bedeutet. Das Mittel diese Amphibolie zu verschleiern ist ihm die Berufung auf die „Vernünftigkeit", die er jedoch nur „als die sich durchdringende Einheit der Allgemeinheit und der Einzelnheit", und näher mit Beziehung auf das Sittliche als „die Einheit der objectiven Freiheit, d. i. des allgemeinen substantiellen Willens, und der subjectiven Freiheit als des individuellen Wissens und Willens" definirt*). Diese Definition würde nun ganz nichtssagend sein, weil, wo wirklich ein allgemeiner Wille vorhanden ist, da die Identität des in dem allgemeinen eingeschlossenen individuellen Willens mit jenem sich ganz von selbst versteht, wenn ihr nicht eine Ahnung zu Grunde läge, daß nur solche Gedanken, Grundsätze u. s. w. vernünftige zu heißen verdienen, die von dem Wollen unabhängig sind und der „Rabulisterei der Willkühr" als etwas in sich selbst Geltung und Bestand habendes gegenübertreten; nur hilft es der Wissenschaft zu gar nichts, blos auf die Vernünftigkeit des Allgemeinen oder die Allgemeinheit des Vernünftigen zu pochen, sondern sie hat die vernünftigen Bestimmungen selbst in genau bestimmten Begriffen vorzulegen, um,

*) Rechtsphilos. S. 313.

nachdem sie gefunden und festgestellt sind, zu untersuchen, für welchen Umfang sie gelten.

Der Grund aller dieser Mängel, an denen die Ethik Hegel's leidet und welche zu verbessern Gewaltsprüche und Declamationen einer leeren Begeisterung ganz unfähig sind, liegt darin, daß Hegel, wie Fichte und Schleiermacher, auch für das Gebiet, auf welchem das Ethische für ihn eine, wenn auch nur untergeordnete und auf den höheren Standpunkten wieder verschwindende Bedeutung hat, nichts kennt als den Willen, sein Dasein und seine Gewalt, aber kein Urtheil über den Willen. „Das Denken als sich übersetzend ins Dasein, als Trieb sich Dasein zu geben, die Freiheit des Willens ist als der Boden und Ausgangspunkt des Rechts" (und somit für ihn des Ethischen überhaupt) seine Substanz und Bestimmung*). — Die Triebe und Neigungen sind zunächst Inhalt des Willens und nur die Reflexion steht über denselben; aber diese Triebe werden selbst treibend, drängen einander und wollen alle befriedigt sein. Dieser Widerspruch, welcher die Willkühr ist, hat als Dialektik der Triebe und Neigungen die Erscheinung, daß sie sich gegenseitig stören, die Befriedigung des einen die Aufopferung des andern fordert u. s. w., und dies unterordnende und aufopfernde Bestimmen ist das zufällige Bestimmen der Willkühr, sie verfahre nun dabei mit berechnendem Verstande, bei welchem Triebe mehr Befriedigung zu gewinnen sei, oder nach welcher andern beliebigen Rücksicht**). In Ansehung der Beurtheilung der Triebe hat die Dialektik die Erscheinung, daß als immanent, somit positiv, die Bestimmungen des unmittelbaren Willens gut sind; insofern sie aber Naturbestimmungen, also der Freiheit und dem Begriffe des Geistes überhaupt entgegen und das Negative sind, sind sie böse und auszurotten. In dieser Forderung der Reinigung der Triebe liegt die allgemeine Vorstellung, daß sie von der Form ihrer unmittelbaren Naturbestimmtheit und von dem Subjectiven und Zufälligen des Inhalts befreit werden. Das Wahrhafte dieser unbestimmten Forderung ist, daß die Triebe als das vernünftige System der Willensbestimmungen seien. Diese auf

*) Rechtsphilos. §. 4. S. 34, 35.

**) Ebendas. §. 17. S. 53.

die Triebe sich beziehende Reflexion ist die, sie mit einem Ganzen der Befriedigung, der **Glückseligkeit**, vergleichende, dadurch in das Element einer formellen Allgemeinheit des rohen Stoffes sich erhebende, diesen auf äußerliche Weise von seiner Rohheit und Barbarei reinigende **Bildung**. Die **Wahrheit** aber dieser formellen, für sich unbestimmten und ihre Bestimmtheit an jenem Stoffe vorfindenden Allgemeinheit ist die sich selbst bestimmende Allgemeinheit, der **Wille**, die **Freiheit**. Indem er die Allgemeinheit, **sich selbst**, als die unendliche Form, zu seinem **Inhalte**, **Gegenstande** und **Zwecke** hat, ist er nicht nur der **an** sich, sondern ebenso der **für** sich freie Wille, — die **wahrhafte Idee***). So ist der wahrhafte Wille, daß das, was er will, sein Inhalt, identisch mit ihm sei, daß also die **Freiheit die Freiheit wolle**"**). Diese Idee bestimmt sich nun zwar durch die immanente Dialektik dieses lediglich sich selbst wollenden Willens zu einer Reihe von Gestaltungen u. s. w., aber „dieser anfänglich abstracte Begriff wird nie aufgegeben, sondern er wird nur immer in sich reicher. Die früher nur an sich seienden Bestimmungen kommen dadurch zu ihrer freien Selbstständigkeit, so aber, **daß der Begriff**" (nämlich der des freien Willens) „**die Seele bleibt, die Alles zusammenhält**, und die nur durch ein immanentes Verfahren zu ihren eigenen immanenten Unterschieden gelangt"***); das heißt: der Wille, der Trieb sammt der Thätigkeit und Befriedigung desselben ist und bleibt, wie der Anfang, so das Ende dieser Ethik, sie kennt nichts als das **Wollen**, wobei das Fortschreiten von dem An sich zum Für sich, von der Bewußtlosigkeit zur Reflexion in sich und damit zum Bewußtsein, für den **Werth** dieses Wollens ebenso gleichgültig ist, als das Dasein des freien Willens überhaupt, dessen „Freiheit ebenso er selbst ist, wie die Schwere der Körper ist"****). Hegel steht mit

---

*) Rechtsphilos. §. 18—21, S. 54 fg.

**) Ebendas. S. 57. Vgl. §. 27. S. 62.

***) Ebendas. S. 67.

****) Ebendas. S. 34. Diese vollkommene Identität der Freiheit und des Wollens, die freilich den Begriff des **freien** Willens zu einer rein überflüssigen Tautologie macht, darf nicht übersehen werden, weil außerdem in dem Prädicate der Freiheit schon eine sittliche Werthbestimmung zu liegen scheinen könnte.

diesen Bestimmungen ganz und gar auf dem Standpunkte Fichte's, nur mit dem Unterschiede, daß in der angeblichen Entwickelung und Gestaltung des Willens sich bei ihm ein massenhafterer Empirismus geltend macht, als bei Fichte, weil er mit schnelleren Schritten als dieser auf den Staat hineilt, der mit seiner Macht für das unsichere Schwanken aller übrigen Bestimmungen der eigentliche Ruhepunkt dieser Ethik ist. Daß aber, was von vorn herein bloßer Wille, und keine Idee, kein Urtheil über den Werth, die Güte des Willens war, auch bloßer Wille bleibt, zeigt die Definition der Sittlichkeit*): „Die Sittlichkeit ist die Idee der Freiheit, als das lebendige Gute, das in dem Selbstbewußtsein sein Wissen, Wollen und durch dessen Handeln seine Wirklichkeit, so wie dieses an dem sittlichen Sein seine an und für sich seiende Grundlage und bewegenden Zweck hat, — der zur vorhandenen Welt und zur Natur des Selbstbewußtseins gewordene Begriff der Freiheit"; — eine Definition, die erst dann eine ethische Bedeutung bekommt, wenn man weiß, welcher Wille gut und welcher bös ist, außerdem aber nichts besagt, als das Heraustreten des Wollens, das Wirken desselben in einer objectiven Welt, sammt dem Bewußtsein dieses Wollens und Wirkens um des Wollens d. h. der Freiheit willen**).

Die historische Kritik bestätigt mithin, was aus der Natur der Sache für sich selbst klar ist, daß, auf welche Weise auch der Versuch gemacht wird, die Principien der ethischen Beurtheilung und der theoretischen Speculation in Eins zusammenzuschweißen, dadurch nicht nur der Inhalt der Ideen nicht erkannt wird, sondern auch die Bedeutung des Ethischen mehr oder weniger in Gefahr kommt, verkannt und bei Seite gelegt zu werden. Die

*) Rechtsphilos. §. 142. S. 210.

**) Mit dem hier Gesagten vergleiche man die mit besonderer Rücksicht auf die Rechtsidee geschriebene Recension Herbart's über Hegel's Rechtsphilosophie in dessen kleinen philos. Schr. Bd. III, S. 536. Auch die kurzen Bemerkungen Herbart's über den Bau der hegel'schen Ethik (Ebendas. S. 194 fg.) sind treffend.

theoretische Speculation kennt nichts als den Willen, seine Natur, seine Aeußerungen, seine Macht und seine Schwäche; und wo sie allein herrscht, begegnet es nur zu leicht, daß das Wollen mit dem Werthe des Wollens verwechselt wird. Kant kennt den Gegensatz zwischen theoretischer Erklärung und ethischer Beurtheilung noch in seiner vollen Entschiedenheit; der Fehler lag aber bei ihm an der Beschränkung des Ethischen auf den Pflichtbegriff, daher für ihn die beiden Begriffe der Natur und der Freiheit das specifische Merkmal für die Unterscheidung der Gebiete der theoretischen und der ethischen Untersuchungen wurden. Die Spätern faßten die Natur als das Product der Freiheit, die ihre eigene Nothwendigkeit ist, erst als des individuellen Ich, dann des allgemeinen, des Weltgeistes; nun gingen die einfachsten Grundgedanken der Ethik in der Untiefe dieses sich selbst gebärenden Absoluten als in der allgemeinen Nacht unter, in der, wie Hegel sagt, alle Kühe schwarz sind, und jeder Versuch, die Ethik auf ihren eigenen Grund und Boden selbstständig aufzubauen, mußte sich den Hohn über die Bornirtheit des reflectirenden Verstandes, der das Entgegengesetzte und Disparate nicht zusammenbringen könne, gefallen lassen. Gleichwohl arbeiten die ethischen Ideen in diesen Systemen unerkannt fort, und ihre Inconsequenzen sind die Maulwurfshaufen, welche jene aufwerfen und welche die speculative Dialektik mit ihrem Dreizack wieder zu ebenen bemüht sein muß.

„Jedes System, bemerkt Herbart*), welches seinen praktischen Theil nicht ganz vom theoretischen sondert, hat verborgene Quellen, die der Urheber nicht selbst kennt, die aber bei der Prüfung müssen aufgedeckt werden. Jeder Denker, der diese Unabhängigkeit (der Principien beider Theile) nicht kennt, wird, sich selber unbewußt, von zweien Kräften getrieben, indem er zugleich erklären will und Vorschriften geben, zugleich das Wahre sucht und das Vortreffliche. Jedes System dieser Gattung hat eben deshalb eine doppelte Einseitigkeit, eine praktische und eine theoretische.“ Aber die Einseitigkeit kann bald auf der einen, bald auf der andern Seite überwiegend sein. Welcher Fall der der neueren Systeme ist, bedarf keiner Erläuterung; zum mindesten aber muß unter

*) Lehrb. z. Einl. in die Philos. 3te Aufl. S. 224.

einem solchen Verfahren, wenn nicht etwas Besseres in den Gemüthern der Menschen, die Präcision der wissenschaftlichen Untersuchung leiden. Soll der Ethik eine regelmäßige Entwickelung zu Theil werden, so muß sich die ganze Strenge der Untersuchung zuerst auf die Ideen, auf die Musterbilder des Wollens concentriren; diese Sorge, den Gedanken des Vortrefflichen rein und vollständig auszudenken, darf sich wohl den Vorwurf der Beschränktheit gefallen lassen, einen Vorwurf, der nicht zu wissen scheint, was es heißt, eine durch ihren eigenen Begriff bestimmte Aufgabe zuerst innerhalb ihrer eigenen Grenzen durcharbeiten, um dann zu ihren möglichen Beziehungen zu einem größeren Begriffssystem fortzugehen*).

Das Einzige beinahe, was einen Ersatz für die Zurücksetzung und Mißbildung, welche die Ethik in den neueren Systemen hat erleiden müssen, darbieten zu können scheint, ist das Bestreben, die Bedeutung des Ethischen über die engen Grenzen des Privatlebens, auf welchen sich die ältere Sittenlehre fast ausschließlich bewegte, hinaus, auf die gesellschaftlichen Verhältnisse des Lebens zu erweitern. Es muß hier die Frage dahingestellt bleiben, ob diese Erweiterung des ethischen Gesichtskreises nothwendig auf einem so großen Umwege und vermittelst so starker Verirrungen habe erreicht werden müssen, oder ob nicht der natürliche Gang der Untersuchung direct auf denselben Standpunkt hinleitet; die großen Fragen nach den Principien der gesellschaftlichen Ordnung und des Staatslebens nehmen in dem Gedankenkreise der neuern Philosophie einen größeren und angemesseneren Platz ein, als dies

---

*) „Man muß", sagt unter andern einmal Kant (Werke Bd. X. S. 71), indem er von der Nothwendigkeit spricht, heterogene Aufgaben von einander abzusondern, „man muß mir diese Peinlichkeit zu Gute halten, da ich so manches Unheil aus der Sorglosigkeit, die Grenzen der Wissenschaften in einander laufen zu lassen, in anderen Fällen erfahren habe; überdem hierbei völlig überzeugt worden bin, daß durch die bloße Scheidung des Ungleichartigen, welches man vorher im Gemenge genommen hatte, den Wissenschaften ein ganz neues Licht aufgehe, wobei zwar manche Armseligkeit aufgedeckt wird, die sich vorher unter fremdartigen Kenntnissen verstecken konnte, aber auch viele echte Quellen der Erkenntniß geöffnet werden, wo man sie gar nicht hätte vermuthen sollen."

früher der Fall war, wo man die einseitige Beschränkung der Sittenlehre durch die Hinweisung auf das sogenannte Naturrecht ergänzen zu können glaubte. Diese Erweiterung des Gesichtskreises scheint zugleich einen Theil der Schuld auf sich nehmen zu müssen, daß die theoretische Speculation die Ethik überflügelt hat. Denn indem sich die Ethik auf dieses weite Meer menschlicher Verhältnisse hinauswagt, ergreifen sie die Naturgewalten und Naturgesetze der Ereignisse, sie findet sich mit ihrer Beurtheilung hineingezogen, oft fortgerissen von dem Zuge des Geschehens, und will sie nicht untergehen in diesem Strome, so muß sie die Quellen und die Gesetze dieses Geschehens kennen, um sie zu beherrschen. Und wirklich kann dann das Bedürfniß dieses theoretischen Wissens und der Eindruck der Gesetzmäßigkeit des Geschehens so groß und so stark werden, daß beides an die Stelle dessen tritt, wofür das Wissen jener Gesetzmäßigkeit nur das Mittel der Darstellung in der wirklichen Welt werden sollte. Was als leuchtender Stern über dem schäumenden Meere ruhig feststeht, scheint dem, der auf den unruhigen Wogen herumgeworfen wird, durch eine natürliche Täuschung selbst zu schwanken.

Wie unnachläßlich also auch zuerst die Lösung der Fundamentalaufgabe ist, „diejenigen bestimmten Willensverhältnisse in einer vollständigen Construction nachzuweisen, an deren reine begierdelose Auffassung sich ein unmittelbares und willenloses Urtheil des Beifalls oder Mißfallens, der Billigung oder Mißbilligung knüpft" (S. 38), d. h. wie unvermeidlich auch die erste Untersuchung der Ethik die Ideenlehre ist, irgendwo muß dann im weiteren Fortschritte der Betrachtung eine Stelle kommen, wo sich in der Beziehung der Ideen auf das, was durch sie beurtheilt wird, das Bedürfniß eines theoretischen Wissens erzeugt. Ja es möchte für die vollständige Entwickelung der ethischen Principien ein schärferes, tieferes und genaueres theoretisches Wissen nothwendig sein, als die neueren Systeme, die mit dem theoretischen Wissen ohne alle Ideale auskommen zu können glauben, sich träumen lassen. Die Trennung zwischen Theorie und Ethik ist also keine Zerschneidung beider Gebiete; vielmehr müssen, sobald man aus dem Reiche der Ideen herabsteigend den Boden des wirklichen Lebens berührt, beide gleichmäßig bereit sein, dem Handeln sowohl die Zielpunkte und Zwecke, als die Mittel der

Vollführung an die Hand zu geben, damit das Werk, welches der Mensch wollen soll, wo möglich, entspreche der Aufgabe, welche in den Ideen selbst zu erkennen den Adel und die Würde des denkenden Bewußtseins ausmacht.

Alles aber, was hierher gehört, setzt die Feststellung der Ideen selbst voraus, zu welcher sich nunmehr die Untersuchung zu wenden hat.

Zweites Buch.

Die ethischen Ideen.

Die bisherigen Erörterungen hatten den Zweck, die Aufgabe kenntlich zu machen, welche die Ethik als Wissenschaft zuerst zu lösen hat, um die Principien aller weiteren Bestimmungen zu finden. Es handelt sich vornehmlich darum, diese Aufgabe als eine eigenthümliche und selbstständige, als eine solche nachzuweisen, deren Lösung keine andere Untersuchung stellvertretend übernehmen kann. Die Grundlage dieser Nachweisung liegt in dem Satze: daß es überhaupt einen absoluten Unterschied des guten und bösen Willens gebe; daß überall, wo dieser Satz direct oder indirect geleugnet wird, von einer Bedeutung der Ethik keine Rede sein könne; daß vielmehr dann nichts übrig bleibe, als entweder eine vollkommene Indifferenz über den Werthunterschied des Willens, oder, was auf dasselbe hinausläuft, nur solche Unterschiede des Vorziehens und Verwerfens, welche sich auf die Befriedigung des Wollens selbst beziehen. Deshalb kann die Bestimmung darüber, welche Beschaffenheit des Willens durch Prädicate des guten oder bösen bezeichnet sei, durchaus nicht ersetzt werden durch irgend eine theoretische und speculative Untersuchung, sei es über den Ursprung des guten und bösen Willens, oder über die Beziehungen, in welchen das Wollen zu dem allgemeinen Zusammenhange der Erscheinungen stehe, und über die Wirkungen, welche ein solches oder anderes Wollen der Einzelnen oder einer Gesammtheit in diesem Zusammenhange der wirklichen Ereignisse eines gegebenen Naturganzen haben könne oder müsse. Alle diese Fragen werden ohne Zweifel eine sehr wichtige, das wirkliche Handeln in der wirklichen Welt wesentlich mitbestimmende Bedeutung gewinnen, wenn erst die ethischen Ideen bekannt und bestimmt sind; losgerissen von diesem Beziehungspunkte, sinken sie zu rein theoretischen Problemen herab, deren Lösung an die Stelle der ethischen Beurtheilung schieben wollen, diese selbst widerrechtlich verdrängen heißt.

Ohne also bei der unzeitigen, der Natur der Sache gänzlich unangemessenen Vermengung ethischer und metaphysischer Principien zu verweilen, darf, ja muß die Ethik sich zunächst in ihr eigenes Gebiet zurückziehen, um in den Ideen selbst den reinen Ausdruck der Beurtheilung zu entdecken. Sie muß den Blick vorläufig ganz wegwenden von der wirklichen Welt, und der Verwickelung des wirklichen Wollens und Handelns mit ihr, sie muß ihn sogar wegwenden von der Wirklichkeit dieses Wollens selbst, deren Auffassung von der Beurtheilung des Werthes immer wieder ablenken würde auf die Bedingüngen seiner Wirklichkeit. Bilder eines solchen oder andern Wollens sind es, die sie sich zu vergegenwärtigen, die sie in Gedanken zu erzeugen hat; als reine Ideenlehre ist sie ganz und gar beherrscht von der Frage: gesetzt, es gäbe ein solches oder anderes Wollen, welches Urtheil würde über dasselbe ergehen? oder umgekehrt: wie müßte ein Wollen beschaffen sein, um es als ein gutes oder schlechtes bezeichnen zu können? Nicht also die Realität, oder auch nur die Wirklichkeit des Willens ist es, was sie zunächst interessirt, sondern gewisse Gedankenbilder des Wollens und die Gültigkeit des Urtheils, welches diese Bilder des Löblichen oder Schändlichen hervorrufen. Dieses, gegenüber der Thesis, die in der Anerkennung eines wirklichen Wollens liegt, allerdings nur hypothetische Verfahren ist allein fähig, jeder Idee die Bedeutung eines Vorbildes, eines Musterbildes zu sichern; welches verglichen mit einem wirklichen Wollen, das in den Umfang seines Begriffs fallen möchte, die Quelle und der Ausdruck der Beurtheilung eben dieses wirklichen Wollens zu sein berechtigt wäre.

Es ist ferner der Beweis geführt worden (S. 17 fg. u. S. 27 fg.), daß niemals ein Wollen als vereinzeltes Element, sondern nur als Glied eines Verhältnisses Gegenstand des ethischen Urtheils sein könne, und daß es für eine Construction der ethischen Ideen darauf ankommt, sich in die reine Auffassung möglicher Willensverhältnisse zu versetzen, um inne zu werden des Beifalls oder des Mißfallens, welchem der Wille eben als Glied eines solchen Verhältnisses unwillkührlich unterliegt. Nun könnte es ganz unmöglich scheinen, auf diesem weiten Gebiete möglicher Willensverhältnisse sich auch nur so weit zu orientiren, als nothwendig ist, um ihre verschiedenen Classen zu unterscheiden und einen sichern Ausgangspunkt für die Anlage der Construction zu gewinnen. Aber diese scheinbare Verwirrung löst sich schon durch die Ueberlegung, daß solche Verhältnisse des Wollens, in welchen das eine Glied der von dem Willen angestrebte Gegenstand ist, hier zunächst gar nicht in Betracht kommen können (S. 29), weil eben Prädicate, welche dem Wollen wegen seiner Beziehung auf den Gegenstand des Wollens zukommen, den ethischen Werth oder Unwerth desselben zu bezeichnen unmittelbar gar nicht im Stande sind. Daher muß, um diejenigen Verhältnisse zu finden, welche der eigentliche Beziehungspunkt des ethischen Urtheils sind, der Gegenstand des Wollens zunächst unbestimmt bleiben und ganz ignorirt werden; vielmehr hat die Betrachtung auszugehen von dem Begriffe des Wollens selbst, wie es sich darstellt als einzelner bestimmter Willensact, und zu fragen, ob mit diesem Willensact, ohne noch die Grenzen eines einzelnen bewußtvollen Willensactes zu überschreiten, schon irgend welche Verhältnisse sich darbieten, deren Auffassung eine unwillkührliche Beurtheilung begleitet. Erinnert man sich nun dabei, daß das Wollen seinem vollständigen Begriffe nach gebunden ist an das Wissen von dem, was man will (S. 27 fg.), so ist schon mit dem einzelnen Willensact des einzelnen Vernunftwesens eine Beziehung zu dem Bewußtsein des Wollenden gegeben, welche nur näher bestimmt zu werden braucht, um zu prüfen, inwiefern sich an eine solche oder andere Bestimmung dieses Verhältnisses ein Urtheil der Billigung oder Mißbilligung knüpfe. Wäre darüber eine Entscheidung gewonnen, so käme es darauf an zu fragen, ob sich, wenn man sich immer noch beschränkt auf ein einzelnes wollendes Wesen, unter den inneren Strebungen desselben selbst noch andere Verhältnisse nachweisen lassen, die einer ähnlichen Beurtheilung unterliegen. Wie darüber auch die Entscheidung ausfallen möge, so wird sich ferner die Möglichkeit nicht leugnen lassen, daß zwischen dem Wollen mehrerer und zwar zunächst, um nichts zu überspringen, zweier Vernunftwesen ebenfalls Verhältnisse stattfinden können, die schon wegen der Verschiedenheit der Voraussetzung, auf welcher sie beruhen, von denen, welche in dem Bewußtsein eines und desselben Vernunftwesens stattfinden, specifisch verschieden sein würden. Dieser Fortschritt von einem zu zwei Vernunftwesen und deren möglichen Willensverhältnissen enthält wenigstens die Möglichkeit, daß der zweite Wille zunächst noch nicht ein wirklicher, als solcher dem ersten sich kundthuender, sondern selbst nur ein von dem ersten vorgestellter und vorausgesetzter ist. Obgleich es nun einer Erläuterung bedürfen wird, was ein Verhältniß zwischen dem eigenen wirklichen und dem fremden vorausgesetzten Willen bedeute, so wird doch dieser mögliche Fall nicht übergangen werden dürfen, ehe man fortschreitet zu der Auffassung der Verhältnisse zwischen zwei wirklichen Willen. Hier wird es von besonderer Wichtigkeit, daß, obwohl die Beziehung des Wollens auf ein Object des Wollens nicht selbst ein ethisches Verhältniß bezeichnet, doch jedes Wollen etwas will, einen Gegenstand hat, auf den es gerichtet ist. Beide wirkliche Willen werden mithin etwas wollen, und eben deshalb sind die Verhältnisse dieser Willen als solcher sogleich dadurch bedingt, ob das Object, auf welches jeder derselben gerichtet ist, der andere Wille entweder selbst ist oder nicht. Ist das erste der Fall, so berührt ein Wille den andern als solchen absichtlich; es liegt dann unmittelbar ein Verhältniß dieser Willen als solcher vor; im anderen Falle kann ein Verhältniß zwischen denselben als Willen nur dadurch entstehen, daß, indem jeder derselben seine eigenen Zwecke verfolgt, sie sich mittelbar und unabsichtlich berühren und auf diese Weise in ein Verhältniß zusammen gerathen. Für zwei wirkliche Willen ist ein dritter Fall, da die beiden angeführten auf einem reinen contradictorischen Gegensatze beruhen und die Glieder dieses Gegensatzes aus einem für das Verhältniß der Willen als solchen wesentlichen Theilungsgrunde hervorgehen, nicht möglich; und es könnte nun die Frage entstehen, ob die Erweiterung der Voraussetzung auf drei, vier und mehrere Willen zu Verhältnissen führen werde, welche einen von den bisher gefundenen specifisch verschiedenen Charakter hätten. Diese Frage beantwortet sich aber sogleich durch die Möglichkeit, daß jede Beziehung von mehr als zwei Willen sich zerlegen lasse in die Verhältnisse je zweier Willen, und daß folglich die Construction, so lange man die Willen als einzelne, durch ihr individuelles Wollen charakterisirt betrachtet, einer fortschreitenden Erweiterung nicht fähig, sondern in sich abgeschlossen ist. Inwiefern aber eine Erweiterung derselben dann möglich wird, wenn man die Willen nicht als einzelne, sondern eine irgend wie große Zahl derselben als in der Identität ihres Wollens unter sich zu einer idealen Einheit verschmolzene denkt, kann hier zwar noch unbestimmt, aber nicht unerwähnt bleiben, um es vorläufig zu rechtfertigen, daß in der folgenden Entwickelung die ursprünglichen Ideen von den abgeleiteten oder gesellschaftlichen unterschieden werden.

Dieser allgemeine Umriß, der für jetzt nur dienen soll, das Bildungsgesetz für die Construction der Ideen darzulegen und den Gang der Untersuchung vorläufig anzudeuten, bestätigt, was schon in der Natur der Aufgabe liegt, daß es für die ethische Ideenlehre durchaus keiner Rücksicht auf die besonderen Gegenstände, Bedingungen, Gelegenheiten und Veranlassungen gerade des menschlichen Begehrens und Wollens sammt dem daraus hervorgehenden Handeln bedürfe, sondern daß der bloße Gedanke irgend eines Wollens genügt, um durch dessen nähere Bestimmungen die Principien der ethischen Beurtheilung zu finden. Denn was von jedem Willen unter Voraussetzung eines bestimmten Verhältnisses gilt, gilt nothwendig auch von dem menschlichen. Darin liegt einestheils eine Erleichterung der Untersuchung, welche dadurch berechtigt ist, alle die unbestimmbar mannigfaltigen Verwickelungen bei Seite zu legen, denen das menschliche Wollen und Handeln in der wirklichen Welt unterworfen ist. Anderntheils wird aber auch der reine Gedanke der Ideen, wie jeder andere Gedanke, der nur durch seinen eigenen Inhalt gedacht werden soll, eine Kraft der wissenschaftlichen Abstraction in Anspruch nehmen, deren Anwendung der Ideenlehre vielleicht den Vorwurf einer Unfruchtbarkeit für die Wirklichkeit des menschlichen Lebens zuzuziehen droht. Dieser Verdacht zeigt sich zwar sogleich als ungegründet, wenn man überlegt, daß die Ideenlehre es nur mit den Principien der Ethik zu thun hat, und daß die Entwickelung und Anwendung dieser Principien auf ein bestimmtes Gebiet, d. h. für den Menschen auf das des menschlichen Lebens, alle die Momente wird zu berücksichtigen haben, durch welche dieses Gebiet unabhängig von den Ideen bestimmt ist; dergestalt daß der ethische Gehalt des Wollens zwar immer gleichmäßig von seiner Angemessenheit oder Unangemessenheit an die Ideen abhängt, die verschiedenen Formen aber, in welchen dieser Gehalt sich in der Wirklichkeit darstellen kann, von der gegebenen Natur dieser wirklichen Welt mitbedingt sind. Dennoch wird es der Ideenlehre erlaubt sein, die abstracten Begriffe gewisser Verhältnisse des Wollens sammt dem daran sich knüpfenden Urtheile der Billigung oder Mißbilligung, deren Ausdruck die Ideen sind, nachdem sie in begriffsmäßiger Schärfe festgestellt worden sind, durch Hinweisung auf die Art, wie das wirkliche Wollen durch sie bestimmt wird, wenigstens beispielsweise zu erläutern. Wie für alle nicht blos beobachtenden, sondern in Begriffen fortschreitenden Untersuchungen ist nämlich auch hier nicht zu leugnen, daß die Bedeutung des Allgemeinen erst in seiner Beziehung auf das Besondere zum deutlichen Bewußtsein kommt; und ein Verfahren, welches diese Beziehungen hartnäckig ignorirt, ist wenigstens nicht geeignet, das Verständniß einer Gedankenreihe, welcher diese Beziehung an sich immerhin zufällig sein mag, zu erleichtern.

I. Die ursprünglichen ethischen Ideen.

A. Idee der inneren Freiheit.

Die Voraussetzung, von welcher die Untersuchung über den Inhalt der ursprünglichen ethischen Beurtheilung ausgeht, liegt darin, daß es in einem Vernunftwesen nicht blos Willensacte, sondern daß es auch ein Urtheil über das Wollen gebe. Sei nun der Gegenstand, der Inhalt, das Ziel dieses Wollens, welches es sei, auf die Bestimmung desselben kommt es nicht an, wo nur die Frage vorliegt, ob mit diesem Willensacte selbst in dem eigenen Bewußtsein des Wollenden ein Verhältniß sich darbiete, dessen reine und vollendete Auffassung von einem Urtheile des Vorziehens oder Verwerfens begleitet wird. Zwar daß der Wollende weiß, was er will, daß der Wille als innere Regsamkeit einer Vorstellung oder Vorstellungsmasse gebunden ist an das Bewußtsein seines Gegenstandes, und daß dieses Bewußtsein den Willen begleiten muß, wenn überhaupt von einem Wollen soll die Rede sein können, das bietet wohl zweierlei dar, was sich in Gedanken unterscheiden läßt, nämlich den Inhalt der Vorstellung und die Regsamkeit derselben; aber beides tritt nicht dergestalt auseinander, daß sich das eine gegenüberstellen ließe dem andern, um es mit ihm zu vergleichen. Es bedarf also noch einer näheren Bestimmung des Wissens von dem, was der Wollende will, und diese Bestimmung liegt eben in der Voraussetzung, daß es überhaupt ein Urtheil über das Wollen gebe. Gesetzt also, es sei in dem Bewußtsein des Wollenden außer dem Wollen eine

Beurtheilung dieses Wollens vorhanden, so liegen offenbar zwei Glieder vor, Wille und Beurtheilung, die sich nicht nur unterscheiden, sondern auch auf einander beziehen, und somit ein Verhältniß des Wollens zu der eigenen Beurtheilung dieses Wollens bilden.

Die Verschiedenheit der Modificationen, denen dieses Verhältniß möglicherweise unterliegt, besteht im Allgemeinen darin, daß der Wille dem Urtheile über die Vorzüglichkeit oder Verwerflichkeit dieses Wollens entweder entspricht oder nicht entspricht. Daraus ergiebt sich der Gegensatz einer inneren Harmonie oder Disharmonie; dort, indem der Wille ausführt, was das Urtheil billigt, vielleicht verlangt, hier, indem er es nicht ausführt. Aber dieses Nichtausführen gestattet selbst wieder sogleich zwei Fälle, indem der Wille entweder blos unterläßt, was das Urtheil vorzeichnet, oder, fortschreitend zur That, behauptet, was das Urtheil verneint. Man versetze sich nun, abgesehen von allen Nebenbestimmungen, in die reine Auffassung dieser verschiedenen Modificationen desselben Verhältnisses und frage sich, ob über alle dasselbe, oder überhaupt über keine derselben irgend ein Urtheil der Vorziehens oder Verwerfens, des Beifalls oder des Mißfallens ergehe; man lasse den Blick ruhen auf diesen möglichen Verhältnissen des eigenen Wollens zu der eigenen Beurtheilung; und ganz unwillkührlich erhebt sich ein reiner, durch keinerlei Nebenrücksichten bestimmter Beifall, geltend der inneren Harmonie des mit der eigenen Beurtheilung zusammenstimmenden Wollens, erhebt sich im Gegenfalle ebenso ein unwillkührliches und unbedingtes Mißfallen. Faßt man ferner jene Harmonie zwischen der Beurtheilung und dem Willen vollkommen rein auf, so stellt sich im Ideale gedacht dieser eben nur mit der eigenen Beurtheilung harmonirende Wille dar als unabhängig, als frei von jedem andern Motive der Lust, des Nutzens, des Genusses, der Laune, der Klugheit, während das entgegengesetzte Verhältniß den Willen allen diesen Einflüssen preisgiebt. Somit wird sich das ganze Verhältniß als innere Freiheit und innere Unfreiheit bezeichnen lassen; und die Idee der inneren Freiheit ist der begriffsmäßige Ausdruck für diese unmittelbare und willenslose

Beurtheilung, welche die Auffassung des bezeichneten Verhältnisses unbedingt begleitet.

Das Gesagte enthält keine logische Demonstration, daß sich der Beifall oder das Mißfallen einstellen müsse; es ist keine Ableitung des einen oder des andern aus ihren Erkenntnißgründen, noch weniger eine Nachweisung der Bedingungen, von denen in dem Bewußtsein des Denkenden das Innewerden des Urtheils abhängt. Ebenso wenig ist es ein Gebot, welches das Urtheil forderte; vielmehr ist die Untersuchung sich selbst die ganz unumwundene Erklärung schuldig, daß die Anerkennung des Urtheils, welches sie nachweisen, aber ebenso wenig erfinden als beweisen und erzeugen kann, der eigenen Zustimmung des das vorgelegte Verhältniß Auffassenden überlassen bleiben, daß sich Beifall und Mißfallen in ihm selbst unmittelbar und unwillkührlich ankündigen muß. Die Wissenschaft braucht aber auch hier nur dafür zu sorgen, daß das, was sich oft nur in mehr oder weniger bestimmten Gefühlen wirklich ankündigt, auf bestimmte Begriffe zurückgeführt werde, damit man wisse, was man eigentlich billigt und mißbilligt. Denn viel näher liegt die Gefahr, daß der specifische Beifall und das specifische Mißfallen, welches der inneren Freiheit oder Unfreiheit gilt, in unklarer Verwirrung zusammenfließe mit andern ethischen Urtheilen, als daß es ausbleibe, wo die Verhältnisse, auf die es sich bezieht, der Auffassung vorliegen. Eine Ueberzeugung, ja selbst eine bloße Meinung und Ansicht von dem haben, was recht und gut ist, und sie im Wollen und Handeln nicht befolgen, sich von der Rücksicht auf Nutzen und Genuß bald dahin, bald dorthin ziehen lassen, ohne Besinnung auf das, was man als das Rechte kennt oder zu kennen glaubt, ja sogar trotz des bessern Wissens absichtlich thun, was die Einsicht verwirft, das mißbilligt jeder ohne alle weitere Frage nach den Gründen der Mißbilligung, wenn auch vielleicht nicht an sich, so doch an andern. Aber der eigenen Ueberzeugung, der eigenen Einsicht, auch wo sie einem fremden Urtheile nicht vollkommen richtig erscheinen möchte, gemäß zu handeln, ihr treu zu bleiben gegenüber den Verlockungen der Begierde und der Klugheit, festzuhalten an dem eigenen Bewußtsein des Löblichen und Schändlichen und in diesem Verhältnisse zu sich selbst sich nicht irre machen zu lassen durch das, was sich die eigene Ueberzeugung nicht aneignen kann, das erzwingt eine Achtung, die unmittelbar dieser Treue des Wollens gegen die eigene Einsicht gilt, auch da, wo der Zuschauer mit dem Inhalte dieser Einsicht nicht einverstanden sein und in anderer Hinsicht etwas tadeln möchte an dem durch sie bestimmten Handeln. Gewiß, man braucht sich nicht erst auf die ethischen Systeme zu berufen, um nachzuweisen, wie sehr diese Idee unbewußt und ohne genaue Begriffsbestimmung eine der wesentlichen Quellen der ethischen Beurtheilung ist; ihre Gültigkeit ist ein Factum, welches sich überall gleichmäßig wiederfindet, wo der allgemeine Gedanke einer Beurtheilung des Willens überhaupt angewendet wird auf das Verhältniß des Wollenden, der dieser Beurtheilung für fähig gehalten wird, zu sich selbst.

Ist es jedoch nöthig, der Anerkennung dieses Urtheils nicht sowohl Platz als vielmehr Licht zu verschaffen, damit es nicht verdunkelt und mißgedeutet werde, so versuche man die Voraussetzung, auf welcher es beruht, abzuändern oder ganz verschwinden zu lassen. Man betrachte die Glieder dieses Verhältnisses einzeln, hier ein Wollen ohne eigenes Urtheil, dort die Beurtheilung ohne Wollen. Das eine wie das andere ist nichts Schlechtes, aber etwas Gleichgültiges. Denn wie tadellos auch übrigens ein Wollen sein möge, bei welchem der Wollende noch nicht so weit gekommen ist, sich selbst Rechenschaft zu geben über den Werth desselben, es in dem eigenen Bewußtsein zu vergleichen mit irgend einem Maaßstabe und Vorbilde, so fehlt ihm doch die Zierde der sittlichen Würde; und wie vollständig auch jemand das Wissen vom Ethischen in sich ausgebildet haben möge, dieses Wissen bleibt so lange für den sittlichen Werth des Wissenden vollkommen bedeutungslos, als nicht ein Wollen hinzukommt, dessen Verhältniß zu jenem der Gegenstand einer billigenden oder mißbilligenden Beurtheilung ist. Der letztere Fall mag in der Wirklichkeit immerhin nicht vorkommen, weil die Veranlassungen des Wollens so allgemein verbreitet sind, daß das Nichteintreten irgend eines Wollens für den Grad geistiger Entwickelung, welcher ein Urtheil über das Wollen in sich schließt, nicht zu erwarten steht; der erstere ist leicht erkennbar in allen den Fällen, wo der Mensch durch Gewohnheit, augenblickliche Bedürfnisse, fremde Autorität geleitet, dumpf dahinlebt, ohne sich zu dem Gedanken über das, was er thut und treibt, leidet und genießt, zu erheben.

Oder man versetze beide Glieder des Verhältnisses in verschiedene Personen; man denke sich einen Willen geleitet von fremdem Urtheil, oder widerstrebend diesem fremden Urtheile: so liegt darin für sich betrachtet ebenfalls nichts Löbliches oder Schändliches. Fremdem Einflusse nachgeben oder sich wider ihn stemmen ist an sich das eine so gleichgültig wie das andere; möglich daß in anderer Beziehung eine Werthbestimmung über ein solches Verhältniß zweier verschiedener Willen sich geltend macht, indem etwa das hingebende Vertrauen, welches der theilnehmenden Liebe entspricht, gefällt, oder wie sich ein solches Verhältniß noch anders gestalten mag; immer sind es noch andere Rücksichten, welche Lob und Tadel bestimmen, ohne daß das specifisch Eigene des Beifalls oder Mißfallens, welches der inneren Freiheit oder Unfreiheit gilt, dabei unmittelbar in Betracht käme.

Es ist ferner kaum nöthig hinzuzusetzen, daß die Aufstellung dieser Idee durchaus nichts gemein hat mit der Entscheidung der rein theoretischen Frage, ob der menschliche Wille frei sei oder nicht. Die Freiheit, von welcher hier allein die Rede ist, trägt eben darin das Merkmal einer Idee, eines Musterbildes der Vortrefflichkeit an sich, daß der bloße Gedanke eines ihr entsprechenden Wollens den Beifall hervorruft; ob es einen solchen Willen gebe oder nicht, darüber entscheidet sie, die Idee, nicht im geringsten, und noch viel weniger darüber, ob die Naturbedingungen eines bestimmten, nämlich des menschlichen Wollens, diese Freiheit als eine Natureigenschaft dieses Wollens werden erscheinen lassen oder nicht. Aber daß da, wo sich die innere Freiheit soll realisiren können, für jene unbestimmbare Freiheit der Willkühr, die sich immer absolut aus sich selbst soll erzeugen können, kein Platz ist, daß das Wollen und Handeln des innerlich Freien gebunden ist an die Beurtheilung, um frei zu sein und zu bleiben von dem, was nicht die eigene Einsicht ist, das liegt unmittelbar in der Idee selbst, und schon hier wird deutlich, daß der Mensch, gesetzt er hätte jene Freiheit der Willkühr, dieselbe so bald wie möglich loszuwerden suchen müßte*).

Bei alledem entdeckt eine genauere Analyse des durch diese Idee dargebotenen Maaßstabes sehr bald eine Lücke. Die Idee

*) Vgl. oben I. Buch S. 93 fg.

verlangt irgend ein vorbildendes Urtheil, irgend eine subjective Ueberzeugung, und einen ihr angemessenen durch sie bestimmten Willen. Aber wie diese Einsicht, diese Ueberzeugung beschaffen, wás der Inhalt derselben sei, das läßt sie gänzlich unbestimmt. Wäre nun die Idee der innern Freiheit der vollständige Ausdruck der ethischen Beurtheilung, so fiele das ethische Ideal unvermeidlich hinein in die Irrthümer, die Unsicherheit, die Schwankungen des subjectiven Urtheils. Zwar die Lüge gegen sich selbst in allen ihren Gestalten, die Heuchelei vor sich und Andern, der jesuitische Probabilismus, der auf eine fremde, vielleicht nur wahrscheinliche Autorität hin sich vor sich selbst zu rechtfertigen unternimmt, die Ironie, die da spricht: „nicht die Sache ist das Vortreffliche, sondern ich bin der Vortreffliche und bin der Meister über das Gesetz und die Sache, der damit, als mit seinem Belieben nur spielt und in diesem ironischen Bewußtsein, in welchem Ich das Höchste untergehen läßt, nur mich genieße"*); — alle diese Mißgestalten und Fratzen, die gar wohl als nothwendige Momente des zu sich selbst kommenden sittlichen Bewußtseins dargestellt worden sind, sind vollkommen ausgeschlossen durch die Idee der inneren Freiheit, die das gerade Gegentheil von jeder Unwahrheit vor sich oder andern, und von dem bloßen Spielen mit der Ueberzeugung und dem nur Sich-Genießen ist. Diese Idee denken und dergleichen Lug und Trug verwerfen fällt in eins zusammen. Gleichwohl hat die unbestimmte Einsicht in sich allein keinen Halt, weil keinen Inhalt. Man braucht aber diesen Mangel nur consequent bis zu dem Satze zu verfolgen: daß, während die Angemessenheit des Wollens an die eigene Ueberzeugung eine absolute Bestimmung über den Werth dieses Wollens in Anspruch nimmt, doch zugleich wegen der Unbestimmtheit der Einsicht der Werth des Wollens in jeder andern Beziehung unbestimmt bleibt, — um einzusehen, daß die Idee der innern Freiheit keineswegs der vollständige Ausdruck der ethischen Gesammtbeurtheilung sein kann, daß sie sich vielmehr auf andere Ideen, als den Inhalt der Einsicht bezieht. Der Wille würde dann immer bestimmt bleiben durch die Einsicht; aber die Einsicht des Wollenden bietet sich als das weiter bestimmbare Glied dar; die übrigen

*) Hegel Rechtsphilos. S. 203 (W. Bd. VIII.)

Ideen würden nicht zwischen den Willen und die eigene Beurtheilung, sondern in die letztere ein-, und dadurch als bestimmter Inhalt der Ueberzeugung dem Wollen gegenübertreten.

Es kommt daher zunächst nur noch darauf an, nachzuweisen, daß die Erfüllung der Beurtheilung durch einen bestimmten Inhalt nicht nur zufällig, sondern nothwendig auf Ideen, auf absolute Musterbilder des Willens hinweise. Gesetzt nämlich, es biete irgend eine andere Rücksicht, des Nutzens, der Befriedigung der Begierde u. s. f. sich gleichsam an als Inhalt der Einsicht, gesetzt, es rede jemand ernsthaft davon: er habe nun einmal die Ueberzeugung: was ihm beliebe oder nütze, oder ihn vergnüge, sei das Vortreffliche; so würde die Berufung auf eine solche Ueberzeugung ganz unfähig sein, sich zu einem Urtheile über den Willen zu erheben. Diese Ueberzeugung, wie sie sich auch wenden möchte, wäre immer nur der Interpret des Willens, nicht eines Urtheils über den Willen; sie übersetzt das Drängen der Begierde in das Wissen von diesem Drängen, aber sie unterwirft es keiner Frage nach seinem Werthe. Folglich: soll das, was sich darbietet als Inhalt der Einsicht, Anspruch machen dürfen ein vorbildendes Urtheil zu sein, so muß es nicht ausgehen vom Willen, sondern als willensloses Urtheil über den Willen sich rechtfertigen lassen, d. h. es muß selbst eine Idee sein, und die Beziehung der innern Freiheit auf einen Inhalt der Einsicht ist durch das Verhältniß der Einsicht als der vorbildenden zu dem Willen als dem nachbildenden beschränkt auf Ideen, welche allein fähig sind, in diesen Inhalt bestimmend einzugehen. Was also oberflächlich betrachtet ein Einwurf zu sein schien, stellt sich genauer erörtert nur als Darlegung einer Einseitigkeit dar, und die Furcht vor den Consequenzen einer Einseitigkeit darf mit dieser selbst verschwinden*).

---

*) Die Consequenz, die aus der Verwechselung der einen Idee der innern Freiheit mit der Gesammtheit aller Ideen hervorgeht, läßt sich vielleicht nicht prägnanter ausdrücken, als in ein Paar Worten Fr. H. Jacobi's, die er bei Gelegenheit des Confessionswechsels des Gr. Stolberg an den Gr. Holmer schrieb; und die auch Hegel (Rechtsphilos. S. 197) anführt: „Daß er sich vollkommen überzeugt fühlt, daran zweifle ich nicht im Mindesten. Aber wie viele Menschen beginnen nicht aus einer solchen gefühlten Ueberzeu-

Welches nun aber auch die Musterbilder sein mögen, die der innerlich Freie sich aneignet, ohne daß das Verhältniß der innern Freiheit selbst mit diesen Ideen zusammenfiele, so liegt doch schon in der Hinweisung auf dieselben die Quelle näherer Bestimmungen über das mögliche Verhältniß des Wollens zur Einsicht. Jedes Wollen unterliegt nämlich zunächst der Beurtheilung nach seinem eigenen Musterbilde, insofern es ein bestimmtes Verhältniß des Wollenden zu der gerade jetzt in ihm vorhandenen Einsicht darstellt, aber es unterliegt unter Voraussetzung einer Beurtheilung nach mehreren Ideen auch einer Beurtheilung nach der Gesammtheit aller Ideen. Mit diesem Unterschied verbindet sich noch die doppelte Möglichkeit, daß ein Wollen entweder nur angemessen ist der Einsicht, oder auch durch sie hervorgebracht und erzeugt; welcher letztere Fall in der Wirklichkeit, wo das Wollen und Handeln an eine Entwickelung in der Zeitreihe gebunden ist, sich als Entschluß, den Ideen gemäß zu handeln, darstellen wird. Dadurch entstehen als Grenzbestimmungen für die Grade der innern Freiheit die vier Fälle: daß ein Wollen entweder seinem eigenen Muster entweder blos entspricht, oder durch dasselbe erzeugt ist, oder dem Inbegriff sämmtlicher Ideen

gung die ärgsten Frevel. Also wenn dieser Grund überall entschuldigen mag, so giebt es kein vernünftiges Urtheil mehr über gute und böse, ehrwürdige und verächtliche Entschließungen; der Wahn hat dann gleiche Rechte mit der Vernunft, oder die Vernunft hat dann überhaupt keine Rechte, kein gültiges Ansehen mehr; ihre Stimme ist ein Unding; wer nur nicht zweifelt, der ist in der Wahrheit! Mir schaudert vor den Folgen einer solchen Toleranz, die eine ausschließende zum Vortheil der Unvernunft wäre." Und dennoch wird, um bei dem vorliegenden concreten Fall stehen zu bleiben, ein Confessionswechsel aus Ueberzeugung und nur aus Ueberzeugung ganz anders beurtheilt, als dieselbe äußere Handlung, wenn sie im gedanken- und gesinnungslosen Leichtsinn oder gar um äußerer Vortheile willen in innerer Unwahrheit begangen wird. Der wahre, objective Werth einer sittlichen Handlung ist das Product ihrer Beurtheilung nach allen Ideen; die Idee der innern Freiheit ist zwar ein selbstständiger, aber doch nur ein Factor dieses Productes. Und die Berücksichtigung dieses Factors ist über jedes Mißverständniß erhaben, wenn man der Bedeutung der Idee gemäß festhält, daß nicht jedes beliebige Meinen und Wähnen, was oft nur ein verstecktes Begehren ist, für ein Vorbild des Willens in der eigenen Ueberzeugung zu gelten Anspruch machen kann.

entweder entspricht oder durch denselben erzeugt ist. Der letzte Fall allein würde dem Ideal genügen, und der Begriff eines Wollens, welches nicht nur durchaus angemessen wäre dem Inbegriffe *aller* Ideen, sondern auch, unfähig durch ein anderes Motiv bestimmt zu werden, als durch sie, hervorginge aus den Ideen, ist der eines *heiligen* Willens, der nicht nur negativ durch Ausschließung dessen, was den Ideen nicht entspricht, sondern wesentlich positiv durch die Beziehung des Willens auf die *Gesammtheit der Ideen als solche* charakterisirt ist.

Dieselben Bestimmungen ergeben sich für die innere Unfreiheit. Zwar wo in einem Vernunftwesen der Gedanke an einen Werthunterschied des Wollens durchaus nicht vorhanden wäre, da möchte es immer noch Begierden und Triebe geben; diese Begierden möchten einer fremden Beurtheilung nach andern Ideen unterliegen; für die nach der innern Freiheit fehlt hier die Grundbedingung, daß überhaupt Wille und Einsicht in dem Begehrenden selbst sich begegnen. Mit andern Worten: die *absolute Rohheit* und die *reine Gesinnungslosigkeit* schließen die innere Freiheit und die innere Unfreiheit gleichmäßig aus; sie stehen im eigentlichsten Sinne *unter diesem* Maaßstabe der ethischen Kritik, sind *nichts-würdig* an sich selbst. Aber wo irgend ein Musterbild des Wollens im Bewußtsein vorhanden ist, da wird die innere Unfreiheit entweder bloßer *Mangel* der Angemessenheit, oder *positiver Gegensatz* des Willens gegen die Einsicht und zwar in beiden Fällen in Beziehung entweder auf ein einzelnes Musterbild oder auf die Gesammtheit der Ideen sein können. Der positive Gegensatz des Wollens gegen die Gesammtheit der Ideen, aufgefaßt als der Entschluß, den Ideen durchaus zuwider zu handeln, würde den Begriff des *schlechthin Bösen* ergeben; das entgegengesetzte Extrem zu der Idee der Heiligkeit. Zwischen diesen beiden äußersten Punkten wird sich, ohne den einen oder den andern zu erreichen, das wirkliche Wollen solcher Wesen bewegen, deren innere Regsamkeit den Ideen zwar nicht unzugänglich, aber durch sie nicht ausschließend bedingt und bestimmt ist. Die innere Freiheit wird sich in ihnen darstellen theils als *Haltung*, als Festhalten an dem Vorbilde, theils als *Enthaltung*, als Ausschließung dessen, was dem Vorbilde zuwiderläuft, als Kraft des Widerstandes. Die innere Unfreiheit dagegen würde dem entsprechend als Mangel der Haltung und Enthaltung, als sittliche Trägheit und Schwäche, oder wo ein den Ideen entgegengesetztes Wollen trotz der Ideen sich durchsetzt und somit selbst als positiv überwiegende Kraft auftritt, als innere Verderbtheit sich darstellen.

Die Darlegung dieser Unterscheidungen, die alle gleichmäßig unter dieselbe Grundvoraussetzung fallen, kann hier nur dazu dienen, auf die möglichen Modificationen aufmerksam zu machen, deren die in dieser Idee ausgesprochene Werthbestimmung fähig ist. Jedenfalls liegt darin ein Leitfaden für die weitere Verfolgung der Abstufungen, durch welche sich ein wirkliches Wollen dieser Idee nähert oder von ihr entfernt; aber den Graden und Uebergängen, deren diese Abstufungen in der Richtung, dem Umfange, der Continuität des sittlichen Wollens fähig sind, im Einzelnen nachzugehen, ist eine, wenn überhaupt in absoluter Vollständigkeit lösbare, doch die Ideenlehre bei weitem überschreitende Aufgabe. Die nächste Aufgabe ist vielmehr die, auf welche die Idee der innern Freiheit selbst geführt hat, nämlich die Nachweisung der Ideen, welche als Inhalt der vorbildenden Einsicht, des ethischen Wissens zu denken sind, damit dieses, als unveränderliches Glied gegenüberstehend dem Willen als dem veränderlichen, den praktischen Weisungen des Urtheils mehr oder weniger entsprechenden, über die Unsicherheit einer blos subjectiven Beurtheilung sich erheben könne.

Andere Ideen setzen andere Verhältnisse des Willens voraus. Es ist Pflicht der Untersuchung, für die Nachweisung dieser Verhältnisse bei der Voraussetzung eines einzigen wollenden Wesens so lange stehen zu bleiben, bis sich zeigt, daß in diesem selbst sich weiter keine Classe von Verhältnissen auffinden läßt, die einer ethischen Beurtheilung unmittelbar unterliegt. Es ist ferner klar, daß, während für die Auffindung der Idee der innern Freiheit, obgleich sie sich in der Gesammtheit eines mannigfaltigen Wollens realisiren kann und soll, schon das Verhältniß eines einzelnen Willensactes zu der vorbildenden Einsicht genügt, neue Verhältnisse sich nur dann entdecken lassen werden, wenn man fortschreitet zu der Annahme mehrerer Willensacte eines und desselben Vernunftwesens. Mit der Mannigfaltigkeit dieses möglichen Wollens scheint sich nun eine solche Verschiedenartigkeit möglicher Verhältnisse darzubieten, daß es fast unmöglich scheint, sie vollständig und geordnet aufzufassen. Aber dieser für die Feststellung der Principien einer Wissenschaft beschwerliche Reichthum verschwindet auch hier sogleich zum allergrößten Theile durch die Erinnerung daran, daß sich die Mannigfaltigkeit des Wollens richtet nach der Mannigfaltigkeit seiner Gegenstände, und daß die Verschiedenheit des Wollens, welche sich auf die Verschiedenheit dieser Objecte gründet, sammt allen hieran sich knüpfenden Verhältnissen, da, wo es sich um die Beurtheilung des Wollens selbst handelt, bei Seite gesetzt werden muß. Abstrahirt man nun von diesen Zielpunkten eines nach Bedürfniß und Neigung von den Objecten bald so, balt anders bestimmten und dadurch in sich selbst in mannigfaltige, einander bald fördernde, bald hemmende Verhältnisse und Verwebungen gerathenden Wollens, d. h. abstrahirt man von dem Inhalte desselben, insofern er durch das Object bezeichnet ist, so bleibt nichts übrig als die Form der verschiedenen Willensacte. Aber von der Form des Wollens kann so lange keine Rede sein, als nicht die Willensacte unter einander zusammengefaßt, mit einander verglichen werden. Diese Vergleichung führt entweder auf Verhältnisse der Einstimmung und des Gegensatzes der einzelnen Strebungen unter einander, oder auf Verhältnisse der Größe, je nachdem die Strebungen bald mehr bald weniger, bald stärker bald schwächer sind.

Der erstere Fall, für welchen der Streit der Begierden einerseits, das gegenseitige Ineinandergreifen derselben bei einem Handeln nach zusammenhängenden und weitgreifenden Plänen andrerseits leicht zugängliche Beispiele darbietet, ist zwar nicht gleichgültig für das Wohlbefinden des Wollenden, aber an sich und ohne Rücksicht auf die sonstige Beschaffenheit der sich fördernden oder hemmenden inneren Regsamkeit vollkommen gleichgültig für die Beurtheilung seines Wohlverhaltens. Denn hält man die hier allerdings sehr naheliegende Frage nach der inneren Freiheit oder Unfreiheit des Wollenden fern, so hängt der ethische Werth der verschiedenen Willensacte nicht davon ab, ob sie sich unter einander begünstigen oder hemmen, sondern von der Beschaffenheit des Zweckes, in Beziehung auf welchen diese Begünstigung oder Hemmung einen verschiedenen Erfolg hat. Zugleich stellt sich von diesem Gesichtspunkte aus betrachtet dieses Verhältniß der Einstimmung oder des Gegensatzes als ein besonderer Fall der vergleichenden Auffassung des Wollens nach Verhältnissen der Größe dar. Denn die einander begünstigenden Willensacte verstärken, die einander hemmenden schwächen sich unter einander, und es entsteht nun die Frage, ob und in wiefern diese vergleichende Schätzung nach Größenbegriffen einen selbstständigen Beitrag zu der ethischen Gesammtbeurtheilung darbiete und in der Reihe der ethischen Ideen einen eigenthümlichen Platz einnehme.

Um hierüber ins Reine zu kommen, ist nothwendig, das Object der Beurtheilung unabhängig von allen Nebenbestimmungen rein an sich selbst, mithin die Activität des Wollens blos als solche, d. h. mit ausschließender Rücksicht auf das Mehr und Minder der Regsamkeit aufzufassen. Daß nun in der vergleichenden Auffassung nach bloßen Größenbegriffen diese Activitäten der Zahl und der Intensität nach einander messen, daß es quantitative Unterschiede dort des Reichthums, hier der Stärke, ebenso der Beharrlichkeit und Ausdauer, endlich auch des Gesammteffects giebt, der aus der gegenseitigen Begünstigung oder Hemmung der Willensacte desselben Individuums hervorgeht, läßt sich nicht leugnen, und als Gesammtausdruck für die mögliche Verschiedenheit dieser Größenverhältnisse bietet sich schwerlich ein anderer Begriff dar, als der der Vollkommenheit, der nur dann eine bestimmte Bedeutung hat, wenn er auf die Bezeichnung des Grades beschränkt wird, in welchem etwas seinem Begriffe entspricht. Auch das liegt unzweifelhaft in der vergleichenden Schätzung nach Größenbegriffen, daß in ihnen allein keine absolute Grenze der Vollkommenheit gefunden werden kann. Denn, was verglichen mit einem kleineren groß ist, erscheint, mit einem noch größeren verglichen als klein. Wo daher nicht schon in dem Begriffe dessen, was zu seiner Fülle kommt, eine Grenze des willkührlichen Fortschrittes liegt, verstattet die Rücksicht auf die bloße Größe einen Fortschritt ins Unendliche, und die Beurtheilung nach Größenverhältnissen richtet sich in jedem bestimmten Falle nach der Art, wie die Glieder des Verhältnisses sich begegnen.

Mit alle dem ist aber die Frage noch nicht entschieden, ob das bloße Mehr und Minder des Wollens, möge es sich nun in der Stärke und Beharrlichkeit, oder in dem Reichthume, oder dem systematischen Zusammenwirken des Wollens zu erkennen geben, einer unbedingten und unmittelbaren Beurtheilung unterliege. Betrachtet man die wirkliche Beurtheilung des gewöhnlichen Lebens, so wird die Antwort bejahend ausfallen. „Die Beurtheilung, wohin diese Auffassung führt, ist den Menschen nur gar zu geläufig. Sie werden geblendet von der Stärke, und ihr Auge wird stumpf gegen das Unrecht, die Unbilligkeit und das Uebelwollen. Das Schwächere, was es sei, genau zu bemerken, ist ihnen nicht der Mühe werth; es unterliegt, wie in der That, so in ihrer Meinung, — weil es das Schwächere ist"*). Aber gerade diese Thatsache, daß das Mächtige, das Gewaltige imponirt, daß es das Urtheil fortreißt, ohne es zur Prüfung kommen zu lassen, daß die Größe, ihrer Natur nach der bloße Coefficient der Beschaffenheit des Wollens, die er multiplicirt, das, was sie multiplicirt, so leicht übersehen macht, ruft, je häufiger sie vorkommt, um so mehr die Frage hervor, ob nicht eben dieses sehr gewöhnliche Uebersehen nur der Ausdruck eines unbewachten Urtheils ist, welches die Würde einer Idee an einen Begriff verschwendet, der diese Würde in Anspruch zu nehmen nicht berechtigt ist. Um dies zu prüfen, giebt es kein anderes Mittel, als mehrere Willensacte, die in aller andern Beziehung**) gleichgültig sind, eben nur ihrer Größe nach aufzufassen; und, wenn dies gelingt, so bleibt derjenige Beifall und dasjenige Mißfallen, was auf den ethischen Werth des Wollens geht und zurückbezogen auf die innere Freiheit der Person eine sittliche Würde zu sichern im Stande ist, stumm. Die Stärke des Willens wird gemessen an dem Widerstande, den er zu leisten fähig ist; und man frage sich nun, ob die bloße Widerstandsfähigkeit des Wollens, die bloße Unbeugsamkeit, der reine Starrsinn, der eigentliche Trotz, abgesehen von allen Nebenbedeutungen der Bosheit u. s. w. oder die bloße Mannigfaltigkeit eines übrigens weder guten noch schlechten Wollens, die reine in aller andern Rücksicht weder löbliche noch schändliche Vielseitigkeit und Vielgeschäftigkeit, die bloße Rührigkeit und Rüstigkeit ohne

*) Herbart Allg. prakt. Philos. S. 89.

**) Also namentlich auch in Beziehung auf gesellige Verhältnisse, die an die Ideen des Rechts, der Billigkeit, des Wohlwollens erinnern könnten.

alle Frage nach Inhalt und Zweck derselben, alles dies rein und streng der bloßen Quantität des Wollens nach aufgefaßt, um dieser Quantität willen einen ethischen Werth oder Unwerth haben? Welches Wollen gleichgültig ist an sich, das bleibt gleichgültig, gleichviel ob man es als ein größeres oder kleineres auffaßt. Aber wenn ein Wollen nicht gleichgültig ist, dann wächst Beifall oder Mißfallen im directen Verhältniß seiner Größe, und von diesem Wachsen des Beifalls oder Mißfallens gelten alle Bestimmungen, welche in der Natur einer Vergleichung nach Größenbegriffen liegen. Mit andern Worten: die Auffassung nach bloßen Größenbegriffen ist keine Quelle einer selbstständigen, unbedingten und unmittelbaren Werthbestimmung; Größenverhältnisse bestimmen nicht den Werth oder Unwerth, sondern lediglich die Größe des Werthes oder Unwerthes; sie begleiten jedes seinem eigenen Inhalte nach schon bestimmte Urtheil, nach Art der Größenbegriffe, die sich allem anschließen, was eines Mehr oder Minder fähig ist; und der Begriff der Vollkommenheit bietet jedenfalls ein regulatives Princip für die nähere Bestimmung aller durch die ethischen Ideen bezeichneten Werthe dar, ohne doch selbst für ein constitutives Princip dieser Werthe gehalten werden zu können.

Anmerkung.

Da das hier Ausgesprochene eine auf die Principien sich beziehende Abweichung von derjenigen Entwickelung der ethischen Ideen enthält, welche Herbart aufstellt, so ist es nothwendig, obwohl erst das dritte und vierte Buch die Art näher bezeichnen kann, auf welchen dieser scheinbare Verlust der Idee der Vollkommenheit sammt dem von ihr beherrschten Cultursystem sich ausgleicht, sogleich hier noch Einiges zur Erläuterung hinzuzufügen. Herbart fährt unmittelbar nach der vorhin angeführten Stelle (Allg. pr. Philos. S. 89) fort: „Keine Frage, in bloßen Größenverhältnissen gefällt das Stärkere neben dem Schwächeren, mißfällt das Schwächere neben dem Stärkeren,“ und diese Worte enthalten die eigentliche Aufstellung der Idee der Vollkommenheit. Aber eben dieses Gefallen oder Mißfallen, oder bestimmter: dieser Anspruch auf einen eigenthümlichen Werth der bloßen Größe (Stärke, Reichthum, System) des Wollens steht in Frage. Um sich die verneinende Antwort, die hier auf diese Frage gegeben worden ist, zu verdeutlichen, kann man einen indirecten Weg versuchen, dadurch, daß man die vorgeblich selbstständige Beurtheilung nach Größenverhältnissen, zusammengefaßt mit der Beurtheilung nach andern Ideen, vergleicht mit der Zusammenfassung anderer Ideen unter einander. Dann muß, wenn jene Selbstständigkeit wirklich vorhanden ist, das Gesammtresultat dieser Zusammenfassung in beiden Fällen gleichmäßig ausfallen Denke man nun, um ein einfaches Beispiel zu wählen, eine wohlwollende, aber unrechtliche Handlung, so wird sie in der ersteren Beziehung gebilligt, in der andern gemißbilligt, und Billigung und Mißbilligung, beide von einander ganz unabhängig, ergeben zusammengefaßt ein Gesammturtheil, in welchem Lob und Tadel sich dergestalt modificiren, daß der Gesammtwerth der Handlung im *umgekehrten* Verhältnisse zu der Größe des sich beimischenden Tadels steht. Umgekehrt, man denke sich eine unrechtliche und zugleich boshafte Handlung, so trifft sie ein doppelter, wiederum von einander unabhängiger Tadel, welcher zusammengenommen das Gesammturtheil dergestalt bestimmt, daß die ganze Schlechtigkeit wie das Product aus zwei Factoren betrachtet werden kann; sie steht im *directen* Verhältnisse zu der Größe der Factoren. Wäre nun die Beurtheilung nach der bloßen Stärke des Wollens ebenfalls selbstständig, wie die nach der Idee des Rechtes und des Wohlwollens, so müßte sich bei der Zusammenfassung der Beurtheilung nach der Idee der Vollkommenheit mit der Beurtheilung nach andern Ideen ebenfalls dieser Unterschied des umgekehrten und geraden Verhältnisses für das Gesammturtheil geltend machen. Dem ist aber nicht so. Zwar der gerechte, der innerlich freie Wille nimmt um so größere Werthschätzung in Anspruch, je stärker, je reicher, je geordneter in sich selbst er ist; aber der ungerechte Wille *mißfällt* ebenfalls um *so mehr*, je stärker u. s. w. er ist; d. h. die Beurtheilung nach Größenverhältnissen vermehrt Beifall und Mißfallen immer im *directen* Verhältniß der Größe; diese letztere ist bloßer Coefficient, der, wie jeder Coefficient, nichts gilt, wenn sein Multiplicandus Null ist. Herbart selbst sagt in dieser Beziehung (Allg. pr. Philos. S. 96): „Die Vollkommenheit ist blos formal und in ihre Form paßt jede Materie, die des Mehr oder Minder fähig ist. Was *an sich gefällt* oder *mißfällt*, das kann auch als ein Größeres oder Kleineres mehr oder minder gefallen oder mißfallen. Wenn nun das größere Mißfallende, als Größeres, gefällt, so entsteht ein scheinbarer Widerspruch in der praktischen Bedeutung der Ideen; aber nur, so lange man in der Abstraction bald die bloße Größe, bald das bloße Was? dieses Größeren ins Auge faßt. Denn der offene volle Blick auf das Ganze empfängt das durch die ganze Größe vervielfältigte Mißfallen, dessen Nachdruck durch die blos quantitative Vergleichung nicht kann aufgewogen werden," ja dessen Nachdruck, setzen wir hinzu, eben auf der Vervielfältigung des an sich Mißfallenden beruht. Diese letzten Worte betrachten offenbar die Größe als bloßen Coefficienten und lassen sich nicht mit der Voraussetzung vereinigen, daß „das größere Mißfallende als Größeres gefalle"; denn dann müßte der unsittliche Wille, je stärker er ist, „für den offnen vollen Blick auf das Ganze" um desto weniger mißfallen, während er, wie es ganz angemessen ist, für um so mehr mißfallend erklärt wird. Daher auch S. 94 die bloße „Verminderung des Beifalls, welche entstehe, sobald das, was als Größe gelobt wird, sich in anderer Beziehung Tadel zuzieht," nicht zusammenpaßt mit der „Vervielfältigung des Mißfallens durch die ganze Größe", indem nicht blos Verminderung des Beifalls an der Größe durch einen anderweitigen Grund des Tadels, sondern geradezu Vermehrung dieses Tadels durch die Rücksicht auf die Größe des tadelnswerthen Willens eintritt. An einer andern Stelle (Analyt. Beleucht. d. Naturr. u. d. Moral S. 137) bemerkt einmal Herbart sehr treffend: „keine Idee steht im Genitiv der andern"; also es hat ursprünglich und unmittelbar keinen Sinn, zu sagen: die Billigkeit der inneren Freiheit, oder das Wohlwollen der Gerechtigkeit; denn jede der Ideen beruht auf einem eigenen Verhältnisse, welches an sich nicht eine bloße Nebenbestimmung eines andern ist, auf dem eine andere Idee beruht. Demgemäß müßte es nun auch keinen Sinn haben zu sagen: die Vollkommenheit (Größe) des Wohlwollens, der Billigkeit u. s. w., während doch alle Größenbestimmungen, um überhaupt eine Bedeutung zu bekommen, etwas voraussetzen, was durch sie bestimmt wird. Vollkommen ist, was zur Fülle kommt; zur Fülle wessen? etwa zur Fülle der Fülle? — Auch darf wohl bemerkt werden, daß die Auffassung des Größeren und Kleineren als eines bloßen Coefficienten sich bei Herbart an mehreren Stellen fast unwillkührlich geltend macht, wie z. B. Allg. pr. Phil. S. 231, wo es heißt: „der zufällige Erfolg wird gar nicht zugerechnet und die augenblickliche Anwandlung weniger, als die Aeußerungen des Charakters; wie überhaupt das Minder und Mehr des Wollens auch minder oder mehr Stoff giebt zur Beurtheilung nach jeder praktischen Idee" und ebenso S. 271, wo in Vergleich mit sittlichen Einseitigkeiten, welche eine Idee auf Kosten der andern hervortreten lassen, gewarnt wird vor der Leerheit, die sich blos an der Form des Starken und Vielen ergötzt. Käme es darauf an, noch mehr Stellen anzuführen, so könnte an ein paar ebenfalls sehr bezeichnende Worte in der Schrift „über philosophisches Studium" (Klein. philos. Schrift. Bd. I, S. 140) erinnert werden, wo es heißt: „den Unterschied der Festigkeit und Wandelbarkeit werdet ihr doch nicht eher gelten machen wollen, als bis zuvor gezeigt ist, das Festere habe einen Werth, um dessenwillen man sich seiner Stärke erfreuen dürfe, das Wandelbare hingegen sei von der Art, daß größere Festigkeit es nur schlimmer machen könnte." — Diese Stellen beweisen wenigstens so viel, daß Herbart eine doppelte Bedeutung der Größenbegriffe stillschweigend vorausgesetzt, aber nicht bestimmt dargelegt hat; und der Satz, daß der Größe außer ihrer Bedeutung als Coefficient auch noch eine andere selbstständige Bedeutung nicht zukomme, ist wenigstens durch die Anmerkung in der 2. Ausg. d. Encyklopädie (S. 71), die vielleicht noch mit Rücksicht auf die hier dargelegte Auffassung dieses Begriffs geschrieben wurde, nicht widerlegt. Die dort geforderte Abstraction versteht sich von selbst, wenn man die Größe nur ihrem eigenen Begriffe nach auffassen will; ist sie geleistet, dann erst entsteht die Frage, ob die Größe des Wollens für sich allein etwas bedeute. Will man die Vollkommenheit als Idee beibehalten, und gesteht man zugleich zu, daß sie da, wo ein durch seine Qualität schon bestimmtes Wollen beurtheilt wird, doch nur als Coefficient erscheine, so ist die Berufung auf dieselbe als eine Idee zum mindesten etwas Ueberflüssiges, was bei der Anwendung sich nicht in der Art brauchbar zeigt, wie es unter der Voraussetzung der Idee der Vollkommenheit gebraucht werden müßte.

Das eben bezeichnete indirecte Verfahren, sich diese ethische Grundfrage zur Klarheit zu bringen, führt also auf dasselbe Resultat, welches oben schon ausgesprochen worden ist, allerdings in der Erwartung, daß man diejenigen Fälle, wo die bloße Größe des Willens als solche einen selbstständigen Werth in Anspruch zu nehmen scheint, genau analysire. Ueberall wird man dann finden, daß eine nicht von der Größe ausgehende Beurtheilung dieser selbst ihre Richtung auf Beifall oder Mißfallen giebt. Der feige Mörder wird stärker getadelt, als der muthige, tapfere; aber die muthige Tapferkeit des Letzteren ist die Ehrlichkeit eines offenen Gefechtes und mindert als solche den Tadel. Ueberhaupt mag Stärke und Kraft des Wollens als Tüchtigkeit gefallen; und in dieser Beziehung wird mit vollem Rechte gesagt werden können, daß eine „ursprüngliche Rührigkeit und Rüstigkeit im Wollen und Wirken die Grundbedingung der Tugend ist, welche man einem schwachen Stamme nicht einimpfen kann" (Herbart Encykl. 2. Ausg. S. 71). Der ganze Begriff der Tüchtigkeit (die aristotelische ἀρετή, vgl. oben S. 50) setzt aber die Bestimmung dessen, wozu sie tüchtig sei, voraus, und die Bedingung des sittlichen Wollens kann doch unmöglich gleich sein dem Maaßstabe dieser Sittlichkeit selbst. Es strebe der eine mit der größern Ausdauer und Kraft nach Geldbesitz, und ein anderer mit minderer Kraft nach Macht und äußerem Einfluß; ist darum, und zwar nur um der Stärke des Wollens willen jener besser? Was den Begriff der Vollkommenheit sehr leicht mit einer Idee verwechseln läßt, ist außerdem zum Theil die praktische Weisung eines Fortschritts ins Unendliche (Herbart allg. pr. Philos. S. 93), die Hinweisung auf ein Ideal, welches der Größe nach jede bestimmte Grenze überschreitet. Aber diese Weisung, fortzustreben, fällt sogleich weg bei der Vergleichung des Schlechten mit dem Schlechteren, was doch nicht ohne Weiteres der Fall sein könnte, wenn das bloße Fortschreiten von einer Größe zu einer andern sie überragenden blos um dieser Größe willen einen unbedingten Werth hätte, während sich dies, wenn die Größenverhältnisse bloße Coefficienten einer in ihrer Art schon feststehenden Beurtheilung sind, allerdings von selbst versteht. Ja die praktische Weisung, fortzuschreiten ins Unendliche, hat, streng genommen, gar keinen rechten Sinn; denn die Ideenlehre kennt eben so wenig ein ethisch Unendliches oder unendliches Ethische, als die Ontologie ein reales Unendliche oder ein unendliches Reale. Die Heiligkeit, die Güte, die Gerechtigkeit u. s. w. sind durch ihren

Begriff bestimmt; für einen ihnen adäquaten Willen giebt es zwar mannigfaltige Aeußerungen, aber keinen quantitativen Fortschritt mehr; ohne daß man deshalb zu fürchten hätte, als solle die sittliche Wachsamkeit, die in dem wirklichen Handeln des Menschen gar sehr auf die Sorge für das Mehr oder Minder in der Realisirung der Ideen angewiesen ist, einem sittlichen Leichtsinn oder einer sittlichen Sicherheit aufgeopfert werden, welche das unablässliche Streben nach der vollkommenen Darstellung der Ideen mit der Erreichung dieser Vollkommenheit verwechseln.

Ueberhaupt werden, wenn man auch die Vollkommenheit als Idee fallen läßt, doch deshalb die praktischen Weisungen nicht verloren gehen, die in der vergleichenden Schätzung nach Größenbegriffen liegen. Diese Weisungen gehören aber, systematisch betrachtet, nicht in die Ideenlehre, sondern dahin, wo Herbart selbst sie zuerst erwähnt. „Tritt", heißt es allg. pr. Philos. S. 69, „eine einzelne wirkliche Begehrung mit einer andern einzelnen zusammen in ein Verhältniß und treten sie hin vor das beurtheilende Auge, so werden sie nimmermehr eine reine Idee derselben; sondern eine jede wird behaftet sein mit allerlei Modificationen, die für die psychologische Unterscheidung gehören. Hier nun werden sich Verschiedenheiten des Grades vorfinden; stärkere, schwächere Willen — und demgemäß: mehr oder weniger stark ausgeprägte Nachbilder der Ideen! Darauf wird zu achten haben, wer sich im Wirklichen bewegt." In der That, der Wirklichkeit gehören die mehr oder weniger stark ausgeprägten Nachbilder der Ideen, die mehr oder weniger starken Abweichungen, Verirrungen und Gegensätze auf dem Gebiete des sittlichen Lebens; demgemäß gehört auch die Entwickelung der Bedeutung der Größenbegriffe für die ethische Beurtheilung dahin, wo die die Anwendung der Ideen auf die Verhältnisse des wirklichen Lebens bestimmenden Gesichtspunkte sich der Untersuchung darbieten. Nur bedarf es dann keiner eigenen Idee, um zu dem Satze zu gelangen, daß das Würdige desto mehr geschätzt wird, das Unwürdige eine um so größere Geringschätzung auf sich zieht, je größer die in ihm sich darstellende Willenskraft ist. Der Frage endlich: wo das Cultursystem bleibe? kann hier nur die Gegenfrage entgegengestellt werden: ob denn die Uebung jeder Kraft und Fähigkeit ein sittliches Ziel sei? Das Cultursystem, als Gesammtdarstellung aller sittlichen Kraft, wurzelt sehr erkennbar in der Gesammtheit aller gesellschaftlichen Ideen; vieles andere, was ihm eigenthümlich zu sein scheint, gehört als unentbehrliches Mittel zur Darstellung der Ideen; noch anderes, was man gewöhnlich zur Cultur rechnet, wird sich wohl eine ethische Kritik gefallen lassen müssen, selbst Wissenschaft und Kunst, oder bestimmter: die sittliche Bedeutung des auf die wissenschaftliche und künstlerische Production gerichteten, oder die Producte beider sich aneignenden Willens nicht ausgenommen.

Sollen mithin neben der Idee der innern Freiheit noch andere Ideen, welche der Einsicht einen Inhalt darzubieten im Stande seien, gefunden werden, so wird man die engen Schranken, in welchen das Wollen Eines Vernunftwesens in der Beziehung auf sich selbst eingeschlossen ist, überschreiten, und die möglichen Verhältnisse mehrerer Willensacte, die nicht die desselben Vernunftwesens sind, ins Auge fassen müssen. Welches Verhältniß hier das zunächst liegende sei, wird die Analyse dessen, was in diesem Fortschritte von Einem zu mehreren wollenden Wesen liegt, sogleich zeigen.

B. Idee des Wohlwollens.

Soll zwischen mehreren, und zwar zunächst zwischen zwei wollenden Wesen, für sie als wollende ein Verhältniß stattfinden, so ist es nothwendig, daß sie von einander wissen. Wie, durch welches Mittel sie von einander wissen, ist zunächst ganz gleichgültig; genug, daß der eine den Willen des andern kennt. Gleichwohl ist es, damit der eine in ein Verhältniß zu dem andern trete, nicht unumgänglich nothwendig, daß er den fremden wirklichen Willen kenne; sondern nur vorzustellen, vorauszusetzen braucht der eine den Willen des andern, so daß dieser fremde Wille eben nicht als wirklicher, sondern nur als vorausgesetzter Wille gedacht würde; und dennoch zeigt sich die Möglichkeit einer verschiedenartigen Beziehung des eignen auf diesen vorausgesetzten fremden Willen. Einen fremden Willen als solchen voraussetzen heißt nämlich ihn denken als begehrend ein Wohl, als sich sträubend gegen ein Uebel; den eignen Willen auf ihn als Willen beziehen, heißt ihm wohlwollen oder übelwollen. Es ist von entscheidender Wichtigkeit, dieses Verhältniß in seiner ganzen Reinheit aufzufassen und alle fremdartigen Nebenbestimmungen fern zu halten. Es handelt sich nämlich um ein Verhältniß des eigenen Willens zu dem vorausgesetzten fremden Willen als solchem. Damit sind alle diejenigen Beziehungen des eigenen auf den fremden ausgeschlossen, deren Beziehungspunkt nicht in dem letzteren selbst liegt; d. h. Wohlwollen oder Uebelwollen ist da nicht vorhanden, wo irgend ein anderes Motiv, als welches in der Rücksicht auf den fremden Willen selbst liegt, die Beziehung des eigenen Willens auf ihn bestimmt. Betrachte der Eine den Andern als Mittel für irgend einen Zweck, suche er ihm daher entgegenzukommen, um ihn für sich zu gewinnen und dadurch etwas zu erreichen, was er nicht für ihn, sondern für sich selbst will, so fehlt, wie leise und versteckt auch die Einmischung dieses fremden Motivs sein möge, das dem Wohlwollen specifisch eigenthümliche Merkmal, nämlich die dem andern Willen unmittelbar, ohne ein fremdes Motiv seinem Gewollten, als einem fremden, sich widmende Gesinnung. Dieses Merkmal ist so wesentlich, daß es geradezu den ganzen Begriff des Wohlwollens, daß die entgegengesetzte Gesinnung ebenso den ganzen Begriff des Uebelwollens constituirt. Eben dadurch scheidet sich das Wohlwollen auch nicht nur von der bloßen Uebereinstimmung der Willen, sondern auch von der Sympathie, dem Mitleid und der Mitfreude. Zwar die bloße Uebereinstimmung oder Nichtübereinstimmung der Willen, die sogar ohne alles Wissen von einander möglich ist, wie wenn zwei desselben Weges gehen oder nicht gehen, oder auch die Voraussetzung dieser Einstimmung oder Nichteinstimmung wird nicht leicht mit dem Wohlwollen und dem Uebelwollen verwechselt werden. Aber auch der Sympathie, der unwillkührlichen Mitempfindung eines fremden Leidens oder eines fremden Wohles, der Empfindlichkeit für fremde Lust und fremden Schmerz geht das Merkmal der dem fremden Willen sich widmenden Gesinnung ab; wer einen fremden Zustand nur mitempfindet, ja vielleicht sogar stärker empfindet, als der fremde Wille selbst, kann sehr wohl in dieser seiner eigenen Empfindung eingeschlossen bleiben, er empfindet das fremde Leid, die fremde Freude als eigene, nicht als fremde.

Wie sehr daher auch psychologisch betrachtet das Mitgefühl mit dem Wohlwollen verwebt, wie wahr es sein mag, daß dieses aus jenem sich dann entwickelt, wenn der Mitempfindende, fortschreitend zu dem Bewußtsein, ein fremder Wille sei der leidende, in dieser Sonderung des eigenen und des fremden Zustandes sich allmählig zu einer dem fremden Willen sich widmenden Gesinnung erhebt; — der Begriff des Wohlwollens ist von diesem psychischen Vorgange ganz unabhängig, und die Bedingungen, unter welchen im menschlichen Gemüthe die Sympathie sich hier in Wohlwollen verwandelt, dort bei näherer Ueberlegung der Gleichgültigkeit, vielleicht dem Neide, der Mißgunst u. s. w. Platz macht, sind kein Gegenstand der Untersuchung, wo es sich zunächst nur um den Begriff des Wohlwollens und Uebelwollens und um das Urtheil handelt, welchem die wohlwollende oder übelwollende Gesinnung als solche unterliegt*). Wohl aber genügt es, um den Begriff des Wohlwollens oder Uebelwollens zu erkennen, daß der eine Wille den andern blos voraussetze**) und sich ihm, als einem vorausgesetzten, widme. Nicht zwar, als ob bei der Wahrnehmung dessen, was der fremde Wille wirklich begehrt oder von sich abzuwenden strebt, für das Wohlwollen oder Uebelwollen kein Platz wäre; sondern es liegt nur in dem Begriffe

---

*) Lediglich diese Verwechselung des Wohlwollens mit der Sympathie ist es, welche zu dem bekannten Spotte Schleiermacher's über die englischen Moralisten Veranlassung geben konnte. „Ist das Wohlwollen das Höchste: warum soll es seine Befriedigung hernehmen aus der Lust an der unmittelbaren eigenliebigen Glückseligkeit anderer, und nicht vielmehr eine höhere Lust finden an ihrer höheren, nämlich auch wohlwollenden Lust? Diese nun kann ich nicht anders und sicherer befördern, als durch Bewirkung meiner eigenen ihnen zur Anschauung dargebotenen Glückseligkeit, so daß die Sittlichkeit eines Menschen zuletzt besteht aus seiner höheren Freude an Anderer Freude über seine niedere Freude.“ (Kritik d. Sittenl. S. 81.)

**) Der Begriff des Voraussetzens ist zur Bezeichnung des Verhältnisses tauglicher als der des bloßen Vorstellens. Denn soll ein Verhältniß der Willen entstehen, so muß in der Vorstellung des fremden Willens eben die Annahme liegen, daß der fremde Wille etwas wirklich als Wohl oder Wehe empfinden werde. Sympathisiren kann man auch mit den Freuden und Leiden einer fingirten Person in einem Drama, Romane u. s. w., ernsthaft wohlwollen oder übelwollen kann man keinem Helden eines Romans, weil die Voraussetzung der Wirklichkeit seines Willens fehlt.

des Wohlwollens, daß schon der bloße, das fremde künftige Wollen anticipirende Gedanke: dieses oder jenes werde, wenn es geschähe, von dem Andern als Wohl oder Wehe empfunden werden, hinreicht, um darin ein Verhältniß zwischen dem eigenen und dem fremden Willen zu erkennen.

Fasse man nun das ganze so bestimmte Verhältniß in seiner eigenthümlichen Bedeutung auf, stelle man, frei von allen verdunkelnden und verwirrenden Nebenbestimmungen, das reine Wohlwollen einerseits, das reine Uebelwollen andererseits hin vor das geistige Auge, und nirgends weniger als hier ist es zweifelhaft, welches Urtheil über das eine, wie über das andere ergehe. Unmittelbar, unbedingt, ohne alle Frage nach den Gründen des Beifalls oder Mißfallens zwingt das Wohlwollen, die reine Güte dem Betrachtenden mit stiller Gewalt die Anerkennung seiner eigenen Schönheit auf, während das Uebelwollen um so häßlicher wird, je bestimmter man es loslöst von allen Motiven und es als für sich selbst bestehend hinstellt. Oder wäre es wirklich nothwendig, für die „schändliche Familie" des Hasses, des Neides, der Schadenfreude erst nach der Genealogie zu suchen, um darnach zu bestimmen, was sie werth sind? oder dem Wohlwollen seinen Preis nach dem Schaden herauszurechnen, den das Uebelwollen stiften könne? Nichts von alle dem; die Gültigkeit der Idee des Wohlwollens erweisen wollen, hieße daran verzweifeln, daß irgend eine Gesinnung ihren Werth unmittelbar in sich selbst trage. Beifall und Mißfallen erzeugen kann die Wissenschaft hier so wenig, wie bei irgend einer andern Idee; sie kann das, was jenen oder dieses in Anspruch nimmt, nur hinstellen zur Auffassung und sorgen, daß nicht Fremdartiges sich einmische, und dem Mißverständniß und der Mißdeutung die Wege bahne.

Das Wohlwollen ist im gemeinen Leben bekannter unter dem Namen der Liebe, und die Reinheit der Idee läuft dabei keine Gefahr, wenn man den Begriff der Liebe in dem Sinne auffaßt, in welchem das Christenthum es als den höchsten Ausdruck für die Idee Gottes ausspricht, daß Gott die Liebe sei. Aber wie viel von dem, was dem Sprachgebrauche nach als Liebe bezeichnet wird, ist denn so vollständig frei von der Rückbeziehung auf den eigenen Zustand, von der bloßen Mitempfindung des fremden, von jenem sich selbst in dem andern finden und empfinden, als die Idee des Wohlwollens verlangt? Die Liebe verschmilzt die Individuen in derselben Empfindung ihres Daseins, ihres Wirkens und Leidens; sie macht es unmöglich zu sagen, was dem einen gehöre und was dem andern; das eine scheint sich zu verlieren, unterzugehen in dem andern, aber doch nur, um sich in ihm, als das, was es selbst ist, zu fühlen. Das Wohlwollen aber weiß, daß der fremde Wille nicht sein eigener ist, daß das fremde Weh, das fremde Wohl nicht nothwendig die eigenen Zustände bestimme; indem es den eigenen Willen, klar gesondert von dem fremden, als den eigenen weiß, widmet es sich dem fremden als solchem, für ihn, unmittelbar, ohne Rücksicht auf den eigenen Zustand. Das Ideal des Wohlwollens ist daher fern von jener Unklarheit des Gefühls, von jener Mitempfindelei, die unwillkührlich hineingezogen wird in fremde Zustände; es ist charakterisirt durch die Besinnung auf die Distanz zwischen dem Ich und dem Du, über welcher es sich wie der Regenbogen über getrennten Punkten der Erde wölbt. Das gute Herz ist freilich sehr oft nichts weiter, als ein hinter der Sympathie sich versteckender Egoismus der Empfindung; und wie nothwendig es als Naturbedingung für die Entstehung des Wohlwollens sein mag, sich hineinversetzen zu können in die Empfindungen anderer, diese Bedingung darf nicht verwechselt werden mit dem, was durch sie bedingt ist.

Hält man nun die Bestimmung fest, daß die Gesinnung des Wohlwollenden oder Uebelwollenden nicht zusammenfallen darf mit der vorausgesetzten oder wirklichen Empfindung des fremden Willens, so erhellt daraus zugleich, daß der Werth des Wohlwollens, der Unwerth des Uebelwollens nicht abhängt von dem Werthe oder Unwerthe des fremden Willens. Dieser Satz kann ohnedies kein Bedenken erregen, wo es sich um Zustände des fremden Willens handelt, die an sich weder löblich noch schändlich sind, wo das Wohlwollen dem andern eine Freude bereitet, einen Schmerz von ihm abwendet, welchen zu empfinden oder nicht zu empfinden diesem keinen ethischen Werth giebt oder nimmt, wo unter gleichen Verhältnissen das Uebelwollen einen unschuldigen Genuß vergällt, ein Uebel hämisch geschehen läßt, was hätte abgewendet werden können. Gerade in solchen Fällen tritt die eigenthümliche Schönheit des einen, wie die eigenthümliche Häßlichkeit des andern deshalb am unzweideutigsten hervor, weil keine Rücksicht auf den Werth oder Unwerth dessen, was man für den fremden Willen will, der ursprünglichen Beurtheilung in den Weg tritt oder sie auch nur begleitet. Aber wo das fremde Wollen selbst nach dem Tadelnswerthen, dem Schändlichen strebt, da wird zwar der innerlich Freie, der von der Gesammtheit der Ideen Beseelte sich gehemmt finden in der Aeußerung des Wohlwollens, er wird sich mit seiner Gesinnung nicht dem ungerechten, gewaltthätigen, boshaften, schadenfrohen Willen als solchem widmen können; aber dennoch bleibt auch hier der Begriff des Wohlwollens sammt seiner idealen Bedeutung unangetastet stehen, so gewiß die Beurtheilung des fremden Willens nicht einerlei ist mit der Beurtheilung der diesem Willen sich widmenden Gesinnung. Wer das tiefe Elend eines sittlich verwahrlosten Gemüthes, wer den Jammer, der im Gefolge des Lasters, der Ausschweifung einherschreitet, sieht und erkennt, und da, wo er ihn sieht oder auch nur fürchtet, zu helfen und vorzubeugen sucht, wo er kann, aus Wohlwollen, — dessen Gesinnung verliert an ihrem Werthe nicht das Geringste, weil der fremde Wille an sich der sittlichen Geringschätzung unterliegt. Oder meint man, daß die Gesinnung, die einen Howard antrieb, nicht blos die entsittlichenden Wirkungen, sondern auch das physische Elend der Gefängnisse zu entfernen, darum weniger edel war, weil er sie Verbrechern widmete? oder kann die Religion für den Plan der Erlösung der sündigen Menschheit einen höhern ethischen Beziehungspunkt aufweisen, als die Idee des Wohlwollens? Die Heiligkeit Gottes würde verurtheilen, die Gerechtigkeit strafen; die Liebe erzieht, und sucht auch die Wunden zu heilen, welche die Thorheit und das Laster sich selbst geschlagen hat. Man darf sogar noch weiter gehen; man darf annehmen, daß das Wohlwollen seine Gesinnung verschwendet habe an die Unwürdigkeit, daß es sich da habe hinreißen lassen, wo eine kältere Beurtheilung Vorsicht und Behutsamkeit würde gerathen haben, — wenn es nur wirklich reines Wohlwollen war, so bleibt es in seiner eigenen Schönheit unversehrt durch den Tadel einer Klugheit, welche die Welt besser kennt, und selbst der Ernst der Beurtheilung nach den andern Ideen wird mild werden und den Werth dieser Gesinnung mit in die Wagschale des Gesammturtheils legen müssen.

Ueberhaupt, wie das Wohlwollen handeln, auf welche Weise es fortschreiten werde zur Wohlthat, darüber entscheidet die Idee desselben nichts. Unthätig zwar wird es nicht bleiben; denn wo die Theilnahme an fremden Zuständen sich geläutert und gesteigert hat zu einem dem Andern sich widmenden Wollen, da liegt es im Begriffe solchen Wollens, daß es, wo es kann, auch thun wird, was es kann. Jene Theilnahme an Andern also, welche sich mit frommen Wünschen von der thätigen Wirksamkeit für sie loskaufen zu können meint, und die, ohne Hand noch Fuß zu regen, auf die Gesinnung, die sie für andere hegt, pocht, kurz, das unthätige Wohlwollen entspricht, wo überhaupt Platz und Gelegenheit zur That vorhanden war, der Idee des Wohlwollens so wenig, daß es eigentlich den Namen eines Wollens nicht verdient. Dennoch aber bleibt einestheils da, wo die Möglichkeit des Handelns diesem Wollen nicht entspricht, wo der Versuch der That an äußeren Hindernissen abprallt, und der Wohlwollende auf sich selbst zurückgewiesen wird, nichts übrig, als die redliche Gesinnung, welche sich bewußt ist, daß sie handeln würde, wenn sie könnte; anderntheils hängt die Beantwortung der Frage: wie das Wohlwollen handeln werde, zum großen Theile von Rücksichten ab, die nicht in dieser Idee allein liegen. Es ist sehr leicht, auf das Wohlwollen den Schein des Thörichten und Lächerlichen zu werfen, wenn man ihm gegenüber Wünsche und Begierden annimmt, die ganz auf das an sich Werthlose, auf die sinnliche Lust oder gar auf das Schlechte gerichtet seien. Denn wenn man nun der Idee gemäß erwarten zu können meint, der Wohlwollende werde sich beeifern, allen diesen Begierden Genüge zu verschaffen, so erscheint er, wo nicht als der Mitschuldige der verderbten Begierde, doch als der Thor, der in seinem Wollen von den Launen und Narrheiten Anderer in einem niemals endenden Kreise herumgeführt wird; und Beispiele des Unheils, welches gedankenlose Gutmüthigkeit anzustiften im Stande ist, werden dann wohl gar als Einwürfe gegen die Idee des Wohlwollens angeführt.

Solchen Betrachtungen gegenüber ist es nun eben nothwendig, darauf aufmerksam zu machen, daß das Wohlwollen nicht gebunden ist an den fremden wirklichen Willen, sondern daß es die Sphäre seiner Thätigkeit schon in dem vorausgesetzten fremden Wollen findet, so daß, wo der innerlich Freie sich die

Wirksamkeit, oder selbst die Nachgiebigkeit für bestimmte Wünsche und Begierden des andern verbieten müßte, dadurch das Wohlwollen gegen diesen nicht aufgehoben wird. Vielmehr kommt es dann darauf an, ein anderes Wollen in ihm zu erzeugen, welchem sich zu widmen kein Grund entgegensteht; wie denn die versagende Strenge des Erziehers ein deutliches Beispiel eines Verhältnisses darbietet, welches ganz wesentlich von der Idee des Wohlwollens mitbestimmt ist, ohne doch jede beliebige Aeußerung desselben zuzulassen. Ueberhaupt wird sich, so wie das Wohlwollen den Boden der Wirklichkeit betritt, dann bei der Wahl der Art, wie es handeln werde, die Ueberlegung der Folgen einer solchen oder andern Wohlthat für den Empfänger geltend machen; dann mag der Wohlwollende aus einem höheren, weiterblickenden Wohlwollen eine bestimmte Art des Wohlthuns sich geradezu untersagen; aber alle die Rücksichten, die hier das Handeln durchkreuzen, sind nur im Stande, dem Wohlwollen eine verschiedenartige Form der Erscheinung zu geben, ohne die Gesinnung, in der es besteht, ihrem eigenen Wesen nach zu verändern.

Eben darin nun liegt, wenn man das Wohlwollen und das Uebelwollen mit der innern Freiheit oder Unfreiheit vergleicht, das charakteristisch Auszeichnende dieser Idee, daß das Verhältniß, auf dem sie beruht, obwohl sich dessen Glieder in einem und demselben Bewußtsein beisammen finden, doch durch die Beziehung des eigenen Wollens auf den vorausgesetzten fremden Willen dergestalt bestimmt ist, daß für den Werth der Gesinnung als solcher eine veränderliche Ansicht nicht möglich ist. Die innere Freiheit litt an der Unbestimmtheit der Einsicht; das Wohlwollen ruht dergestalt in der eigenen Gesinnung des Wollenden, daß es rein und ohne fremde Beimischung aufgefaßt, keiner Beziehung auf andere Ideen bedarf. Deshalb bildet denn auch jede der reinen Güte sich nähernde Gesinnung den eigensten Schmuck der Person, die eigentliche Schönheit der Seele, die eben dann am meisten glänzt, wenn sie, unbekannt mit sich selbst, nur für andere zu sein und zu wirken sich bemüht.

C. Idee des Rechts.

Es ist schon bemerkt worden, daß das Wohlwollen und Uebelwollen auf das Verhältniß zwischen dem eigenen und dem vorausgesetzten fremden Willen nicht nothwendig beschränkt ist, sondern die obige Exposition des Verhältnisses hatte nur die Absicht, zu zeigen, daß schon diese Bestimmung genügt, um daran die Idee des Wohlwollens und des Uebelwollens zum Bewußtsein zu bringen. Das eine wie das andere kann, wie es unzähligemal der Fall ist, auch wirklichen Willen gelten, ohne daß damit eine der wesentlichen Bestimmungen, die in der Idee des Wohlwollens liegen, verändert würde. Indem nun dadurch die Untersuchung auf die Auffassung der Verhältnisse zwischen zwei wirklichen Willen geführt wird, entsteht die Frage, ob die hier möglichen Verhältnisse durch die Idee des Wohlwollens erschöpft sind, oder ob diese Voraussetzung noch andere, von der Gesinnung des Wohlwollens wesentlich verschiedene Verhältnisse zulasse.

Der Leitfaden für die Beantwortung dieser Frage liegt in der Ueberlegung, daß Verhältnisse zwischen zwei Willen bestimmt werden sollen. Der Wille will etwas; dieser Inhalt des Wollens soll das Verhältniß zu dem andern wirklichen Willen bestimmen. Nun kann der Gegenstand des Wollens der fremde Wille selbst sein oder etwas anderes, als dieser Wille. In dem letzteren Falle könnte es scheinen, als sei dann kein Verhältniß des einen Willens zum andern möglich. Allein dennoch liegt sehr nahe, daß dann, wenn auch keine unmittelbare, doch eine mittelbare Beziehung zwischen den Willen stattfinden könne. Es liegt also die doppelte Möglichkeit vor, daß der eine Wille in einer mittelbaren oder unmittelbaren Beziehung zu dem andern Willen steht. Mittelbar wird diese Beziehung sein, wenn der eine Wille nicht auf den fremden Willen als solchen gerichtet ist, sondern nur zufällig, vermittelst eines anderen Gegenstandes gleichsam in diesem Gegenstande sich mit ihm berührt, so daß, wenn er seinen Zweck ohne diese Berührung mit dem andern realisiren könnte, die Beziehung auf diesen weiter keine Bedeutung für ihn haben würde. Ein unmittelbares Verhältniß des einen Willens zum andern würde aber dann eintreten, wenn der andere Wille als solcher, d. h. ein Zustand desselben, das Ziel für die Thätigkeit des Wollenden wäre.

Da jedoch die Thätigkeit des einen Willens auf den andern Willen und den Zustand desselben ebenfalls durch eine Reihe von Vermittelungen hindurchgehen kann, so wird diese Verschiedenheit möglicher Verhältnisse angemessener, als durch die Begriffe des Mittelbaren und Unmittelbaren, durch die des Unabsichtlichen und Absichtlichen bezeichnet, je nachdem nämlich die Absicht, das, was der Wollende will, auf den fremden Willen als solchen oder nicht als solchen geht*).

In der Verschiedenheit dieser beiden, einander coordinirten Fälle liegt nun streng genommen kein entscheidender Grund für die Ordnung, in welcher sie der näheren Betrachtung zu unterwerfen sind. So wie jedoch das Verhältniß zwischen dem eigenen und dem vorausgesetzten fremden Willen in die Mitte trat zwischen die Willensverhältnisse eines und mehrerer Vernunftwesen, so liegt der Fall, daß sich die Willen unabsichtlich in irgend einem Gegenstande, der als äußerer aufgefaßt zu werden fähig ist, berühren, der Untersuchung näher, als der entgegengesetzte, wo die Willen absichtlich dergestalt in einander eingreifen, daß die Thätigkeit des einen durch das Medium der Wirksamkeit hindurchgeht und den Zustand des andern bestimmt.

Die Bedeutung dieses Falles nun, wo sich die Willen unabsichtlich berühren, ist nicht schwer zu finden. Er beruht auf der Voraussetzung, daß, obschon der eine Wille dem andern an sich gleichgültig ist, es doch einen dritten Gegenstand außer ihnen gebe, an welchem sie beide auf einander treffen. Gesetzt nun, dieser Gegenstand sei von der Art, daß er, indem jeder der Willen auf seine Weise und für seine Zwecke über ihn disponirt, beiden Willen gleichmäßig zu dienen im Stande ist, so werden durch

*) Es könnte allerdings die Frage entstehen, ob nicht ein anderer Eintheilungsgrund für die Verhältnisse zweier wirklicher Willen möglich ist. Aber abgesehen davon, daß diese Frage bei allen Eintheilungen sich ins Unendliche wiederholen läßt, handelt es sich bei der Aufstellung eines bestimmten Eintheilungsgrundes überall nur darum, ob derselbe der Natur der einzutheilenden Sphäre in der Art angemessen ist, welche die Richtung der Untersuchung fordert, und in dieser Hinsicht bezeichnet die aufgestellte Verschiedenheit ganz eigentlich den wesentlichen Unterschied solcher Verhältnisse, deren Glieder ausdrücklich als Willensacte bezeichnet sind. Denn das Absichtliche oder Unabsichtliche charakterisirt eben den Willen seinem Begriffe nach.

ihn die an sich gegen einander sich gleichgültig verhaltenden Willen nicht in ein Verhältniß zu einander gebracht werden; wie etwa die gemeinschaftliche Benutzung von Luft und Licht die, welche sich außerdem nicht um einander kümmern, in der Regel nicht veranlaßt, dies zu thun. Gesetzt aber, der Gegenstand sei von der Art, daß er den beiderseitigen Dispositionen nicht gleichmäßig dienen kann, während doch jeder der Willen über ihn auf seine Weise, für seine Zwecke disponiren will, so ist dabei zwar die Möglichkeit eines Einverständnisses nicht ausgeschlossen, aber das Nächste, was unter dieser Voraussetzung vorliegt, ist, so gewiß jeder der Willen eben dadurch Wille ist, daß er seinen Zweck zu erreichen strebt, das Verhältniß des Streites. Denn der Streit ist eben dasjenige Verhältniß zweier oder mehrerer Willen, welche sich gegenseitig als Hindernisse ihrer Zwecke betrachten und behandeln. Der Gegenstand, über welchen gestritten wird, ist für den Begriff des Streites gleichgültig; das Wesentliche ist das Verhältniß der Willen, und dieses Verhältniß ist nicht blos in den Aeußerungen des Wollens, sondern in der Tiefe der Gemüther zu suchen und aufzufassen. Das Eigenthümliche dieses Verhältnisses ist ferner wesentlich verschieden von dem des Uebelwollens. Der Streit gilt dem fremden wirklichen Willen, das Uebelwollen bedarf nur der Voraussetzung eines fremden Wollens; jener besteht eben darum in einer wirklichen Collision mit dem fremden Willen, dieses kann dagegen eingeschlossen bleiben in der Gesinnung; endlich jener geht nicht nothwendig auf den fremden Willen als solchen, sondern er collidirt mit ihm zufällig an einem äußern Gegenstande, während bei dem Uebelwollen die Beziehung auf den fremden Willen als solchen ganz wesentlich ist. Wie leicht sich also auch eine Gesinnung des Uebelwollens einmischen könne in den Streit, in Begriffen aufgefaßt unterscheiden sich beide Verhältnisse sehr kenntlich, und dieser Unterschied verlangt, das Verhältniß streitender Willen unvermischt mit fremdartigen Nebenbestimmungen ins Auge zu fassen.

Nimmt man nun die Glieder dieses Verhältnisses als das, was sie in diesem Verhältnisse sind, d. h. als streitende, und fragt man, ob das Verhältniß derselben zu einander schlechthin gleichgültig ist, oder nicht, so erhebt sich, wenn man den Streit rein an sich, ohne alle und jede fremdartige Beimischung auffaßt, unbedingt und unmittelbar das Urtheil: der Streit mißfällt. Dieses Urtheil tritt ganz unzweideutig hervor, sobald man sich die Bilder der Zwietracht, der Uneinigkeit, der Parteiung, des Haders, Zankes u. s. w. in bestimmten Fällen auch noch ohne Rücksicht auf den Nachtheil, den etwa die Zwietracht bringt, oder das Uebelwollen, welches sich beimischen könnte, realisirt denkt. Wem das Widerwärtige eines solchen Anblicks erst noch andemonstrirt werden müßte, für den wäre wohl die Mühe eines solchen Versuchs verloren; auch hier kann die Wissenschaft nur Sorge tragen, daß nicht fremdartige Einmischungen das Object der Auffassung unvermerkt dem Auge entrücken. So ist es gewiß sehr leicht, zu sagen: nicht aller Streit mißfalle, und dabei etwa an den Kampf für das Vaterland gegen Bedrückung und Unterjochung, oder an die Abwehr ungerechter Angriffe, oder an den Kampf um die Wahrheit u. s. w. zu erinnern; aber wie oberflächlich ein solcher Einwurf sein würde, erhellt sogleich durch die Bemerkung, daß Streit dieser Art immer nur unter Voraussetzung eines Verhältnisses für tadelfrei erklärt werden kann, welches Respect verlangt und gegen dessen Verletzung sich zu stemmen den Tadel, Veranlassung des Streites gewesen zu sein, ganz oder wenigstens in überwiegendem Grade auf die eine der streitenden Parteien wirft. Denn gleichgültig finden, oder gar billigen wird es doch Niemand, daß überhaupt gestritten werden mußte, und die Frage: ob es nicht besser gewesen wäre, wenn ein anderes Mittel zur Ausgleichung eines Mißverhältnisses übrig geblieben oder freiwillig von beiden Seiten ergriffen worden wäre? — beantwortet sich so sehr von selbst, daß eben in der Art, wie sie sich beantwortet, das Mißfallen am Streite als solchem, wie ungleich es sich auch auf die streitenden Parteien vertheilen mag, deutlich hervortritt. Was vollends den Kampf um die Wahrheit, den wissenschaftlichen Streit anlangt, so versuche man nur, ihn als Streit der Willen aufzufassen, und das Mißfallen stellt sich nur um so kenntlicher ein; weil die Feststellung der Wahrheit ganz und gar keine Sache des Willens und es geradezu albern ist, zu wollen, daß etwas, kraft dieses Wollens, wahr sei. Der rechte Kampf um die Wahrheit gehört seinem Begriffe nach gar nicht in den Umfang des Verhältnisses, von welchem hier die Rede ist.

Obgleich sich nun das Mißfallen am Streite um so deutlicher ankündigt, je reiner man den Begriff desselben auffaßt, so bedarf doch die in diesem Mißfallen liegende Weisung, nicht zu streiten, einer näheren Entwickelung. Bleibt man zunächst bei dem stehen, wovon die Betrachtung ausging, daß der Streit eben vorhanden sei, so geht die Weisung, nicht zu streiten, an beide Willen gleichmäßig. Denn ein Grund des Unterschiedes, warum die Weisung, vom Gegenstande des Streites zurückzuweichen, abzulassen vom Streite, mehr an den einen, als an den andern der beiden Wille gehe, ist noch nicht sichtbar; selbst die etwanigen Wünsche des Wohlwollens, daß der streitige Gegenstand nicht unbenutzt bleiben möge, würden, noch abgesehen davon, daß die Einmischung des Wohlwollens dem Begriffe nach hier ganz fremdartig wäre, ohne nähere Modificationen beiden Willen gleichmäßig gelten und nicht den einen vor dem andern begünstigen.

Es ist nun wenigstens denkbar, daß dieser Verlauf stattfinde, daß jeder der Willen, selbst zurücktretend, dem andern die von ihm beabsichtigte Disposition über den Gegenstand gestatte. Damit verschwindet zugleich das Verhältniß der Willen; und eine weitere Folge ist zunächst nicht sichtbar. Aber es ist ebenso wenigstens möglich, daß in und mit der Ueberlassung ein anderes Verhältniß sich bilde, dessen Entstehung wesentlich auf dem Mißfallen am Streite beruht. Die Ueberlassung des Gegenstandes kann von den Streitenden selbst, eben indem sie den Streit und das Mißfallen an ihm inne werden, theilweis beschränkt, an Bedingungen geknüpft werden, sei es der Art, oder der Zeit des Gebrauchs nach; mit einem Worte, um alle die möglichen Modificationen, die in der Wirklichkeit hier stattfinden können, bei Seite liegen zu lassen, es ist die Möglichkeit einer Auseinandersetzung der streitenden Willen gegeben, über deren bestimmten Inhalt sich dieselben als über eine Norm für die Beilegung des Streites vereinigen. Diese Betrachtung reicht weiter; sie erstreckt sich auch auf die Fälle, wo zwar beide überlassen haben, aber der eine das Ueberlassen des andern bemerkt und nunmehr über den Gegenstand disponirt, dergestalt, daß der andere gegen diese Disposition nichts einwendet, sie sich gefallen läßt und dadurch Veranlassung giebt, die geschehene Disposition als mit seinem Willen geschehen zu betrachten. Auch hierin liegt eine Einstimmung der Willen, welche, wenn sich das durch sie bezeichnete Verhältniß irgendwie befestigt hat, wieder verletzen, zum mindesten das Urtheil hervorruft: der die Einstimmung wieder aufhebende, den Streit wieder beginnende Wille hätte sich gleich anfangs regen, nicht erst stillschweigend zusehen und dann den Streit wieder beginnen sollen.

Faßt man diese Fälle, abgesehen zunächst von allen nähern Bestimmungen, durch welche sie sich in der Berührung wirklicher Willen in einer gemeinschaftlichen Welt ihrer Thätigkeit bald mehr, bald weniger deutlich zu erkennen geben können, unter einen allgemeinen Gesichtspunkt zusammen, so erhellt: daß in dem Mißfallen am Streite, wo er auch stattfinde, zunächst für die Streitenden selbst die Aufforderung liege, eine Regel zu errichten und anzuerkennen, deren Befolgung darauf abzielt, den Streit zu vermeiden. Nennt man nun die, dieser praktischen Weisung gemäß erfolgende Einstimmung mehrerer Willen als Regel zur Vermeidung des Streites Recht (im objectiven Sinne), so zeigt sich in jeder irgendwie an den Tag gelegten Einstimmung mehrerer Willen über die Gegenstände ihrer beiderseitigen Dispositionen der erste Keim dessen, was auf den Namen einer Rechtsgrenze Anspruch macht. Ebenso hat jedes Recht im subjectiven Sinne, d. h. jede Befugniß, gewisse Handlungen und Unterlassungen auch gegen den Willen des andern in der gesicherten Erwartung zu begehen, daß sie nicht als Veranlassung des Streites dürfen angesehen werden, und auf dieselbe Weise gewisse Handlungen und Unterlassungen Anderer zu fordern, seinen letzten Grund in der unmittelbaren Autorität, mit welcher Alles, was auf die Vermeidung des Streites auch nur im Entfernten abzielt, Respect fordert; und wenn etwas daran läge, schon hier diese Autorität in gebietender Form auftreten zu lassen, so würde die allgemeine, die Sphäre des Rechts bezeichnende Weisung sich, so weit bis hierher die Betrachtung geführt hat, in der Formel aussprechen lassen: betrachte den Umfang, die Art und den Inhalt deiner, einem fremden Willen gemachten Zugeständnisse als unverbrüchliche Norm deines Verhaltens gegen ihn.

Obgleich nämlich die unabsichtliche Collision mehrerer Willen in den sich gegenseitig hemmenden Dispositionen über einen dritten Punkt ihrer Wirksamkeit nur auf die Möglichkeit von Rechtsverhältnissen führt, so beruht doch die Idee des Rechts, welche sich in jener Weisung ankündigt, wesentlich auf dem Mißfallen am Streite, welches in den Gemüthern der Wollenden als wirksam gedacht, zur Errichtung und Anerkennung bestimmter Rechtsverhältnisse führen wird. Daß eine solche, gewisse Grenzlinien zwischen den Willen ziehende Norm gerade mit dem Namen des Rechts bezeichnet wird, kann kaum ein Bedenken erregen. Denn wie entfernt der allgemeine Begriff des Rechtes auch noch von den näheren Bestimmungen sein mag, deren er durch seine Anwendung theils auf die tausendfältigen Berührungen der Einzelnen, theils auf ein größeres gesellschaftliches Ganze fähig wird, so meint doch jeder, wo er von Rechten spricht, ein Verhältniß der Willen zu einander, und von einem Recht, welches nicht für einen Willen, und zwar für diesen Willen in Beziehung auf einen andern Willen Bedeutung hätte, kann so wenig die Rede sein, daß die Rechtswissenschaft sehr häufig in den Fall kommt, Willen zu fingiren, um den Beziehungspunkt für ein bestimmtes Rechtsverhältniß nicht zu verlieren. Ferner meint Niemand, daß das Recht irgendwie blos durch einseitige Willkühr entstehe, oder ohne Vorwurf durch einseitige Willkühr aufgelöst werden könne; und wie weit verbreitet auch der Begriff angeborner Rechte sein möge, die Geltung, welche man ihm zugestanden hat, konnte sich niemals so weit erstrecken, daß sie Rechtsansprüche, die sich auf fremde Zugeständnisse, Versprechungen, Verträge, Urkunden u. s. w. und nur auf sie gründeten, durchgängig und schlechthin als nichtig hätte erscheinen lassen sollen. Auch das liegt offenbar in dem gewöhnlichen Begriffe des Rechtes, daß es zunächst nicht sowohl ein Band zwischen den betheiligten Willen, als vielmehr eine Norm ihrer Auseinandersetzung ist, und daß die bestimmte Rechtssphäre jedes Einzelnen ihm zwar einen Spielraum läßt, innerhalb dessen er sich nach Willkühr bewegen darf, über welche hinaus aber in die Rechtssphäre eines Andern willkührlich einzugreifen, dem Tadel, Urheber des Streits zu sein, ihn allein unterwirft.

Wie sehr jedoch somit der gewöhnliche Sprachgebrauch der philosophischen Bestimmung der Rechtsidee entgegenkommt, so wird dadurch die Verpflichtung der Wissenschaft nicht aufgehoben, diese Idee für den Kreis von Voraussetzungen, in welchem sie ursprünglich wurzelt, genauer zu entwickeln. Als unmittelbare Folgerungen aus der ursprünglichen Bedeutung derselben ergeben sich sogleich folgende Bestimmungen:

1) Alle Rechte sind ursprünglich persönliche, d. h. sie gelten zunächst Personen und zwar bestimmten, d. h. denen, welche, und insofern und in der Art, in welcher sie darüber übereingekommen sind. Wie Rechte gegen jeden unbestimmten Dritten, Rechte auf die Sache entstehen können, läßt sich erst unter Voraussetzung der Rechtsgesellschaft nachweisen. Subject eines Rechtes ist daher zunächst ein Wesen, welches nicht nur einen Willen, sondern auch ein Recht hat, und wenn Persönlichkeit im juridischen Sinne Prädicat eines wollenden Wesens ist, eben insofern es ein Recht hat, — eigentlich nur ein veränderter Ausdruck für den Besitz eines Rechtes, — so liegt darin die Nothwendigkeit, die Persönlichkeit im rechtlichen Sinne von der Persönlichkeit im psychologischen und ethischen Sinne zu unterscheiden, indem diese drei Arten von Persönlichkeiten von einander ganz unabhängig sind, und keine derselben die andere unmittelbar einschließt*).

2) Object des Rechtes kann alles werden, was Gegenstand einander widerstreitender Dispositionen werden kann. Daß hierher nicht nur sinnlich wahrnehmbare äußere Sachen, sammt der ganzen Mannigfaltigkeit ihres Gebrauchs und Verbrauchs, ihrer Zerstörung, Erhaltung und Umbildung u. s. w., sondern auch die Leistungen Anderer gehören, braucht kaum erinnert zu werden; wichtiger ist es, darauf aufmerksam zu machen, daß die Veranlassungen zum Streite eben so gut in einer Region liegen können, wo die äußere Handlung nur das Vehikel einer Verletzung ist, die sich in keiner sinnlich nachweisbaren Veränderung kund zu geben braucht, wie bei der Verleumdung, der Entziehung des Vertrauens in Verhältnissen inniger Freundschaft u. s. w. Die Idee des Rechtes erstreckt sich deshalb viel weiter und dringt viel tiefer in die Verhältnisse der Willen zu einander ein, als diejenigen zu erkennen vermögen, die nur die beschränkte, dem Ideale bei weitem nicht vollständig entsprechende Form ihrer Darstellung in der bürgerlichen

---

*) Vgl. I. Buch S. 32. Der Begriff der sogenannten „moralischen Person" verhält sich zur Person im psychologischen Sinne, wie das Wir zu dem Ich; auch er läßt die Bestimmungen der ethischen oder juridischen Persönlichkeit zu, ohne sie nothwendig einzuschließen.

Gesellschaft im Auge haben und von Rechten nur da hören wollen, wo die Befugniß zu zwingen ihnen zur Seite steht. Es ist dieselbe Idee des Rechtes, die sich dort in der zarten Rücksicht auf fremdes Vertrauen und fremde Zuneigung, hier in der Majestät der das Gesetz aufrechthaltenden Macht kund giebt; obwohl es einer langen Reihe von Vermittelungen bedarf, um diese verschiedenen Entwickelungen derselben Idee auf ihr gemeinschaftliches Bildungsgesetz zurückzuführen.

3) Alles wirkliche Recht ist positiv, d. h. es muß, um als Recht zu gelten, irgendwie gemeinschaftlich festgesetzt und anerkannt werden. Darin liegt zweierlei: erstlich, (was nichts anderes besagt, als daß alles Recht zunächst für bestimmte Personen, in der Art, als sie darüber übereingekommen sind, gilt): daß die Willen ursprünglich dabei sein müssen, wenn etwas für sie als Recht gelten soll, und daß also das Recht sowohl, als die ihm entsprechende Verbindlichkeit, nicht nur für die Willen, sondern auch durch sie entsteht; nämlich nicht durch eine einseitige Willenserklärung, sondern durch die Uebereinkunft der Willen, dergestalt, daß der Inhalt dieser Uebereinkunft als eine über beide Willen schwebende Norm der gegenseitigen Ansprüche und Leistungen zu betrachten und zu respectiren ist. Hierin liegt zugleich der einfache, aber für das Ganze der praktischen Philosophie höchst wichtige Satz: daß alles Recht veränderlich ist, d. h. daß jedes bestehende Rechtsverhältniß durch gemeinschaftliche Uebereinkunft derer, zwischen welchen es besteht, wieder aufgehoben und an seiner Stelle ein anderes Recht errichtet werden könne. Sodann liegt aber darin negativ der Satz: daß es keinerlei angeborne und ursprüngliche Rechte gebe, sobald durch diesen Begriff, abgesehen von jedem schon bestehenden und anerkannten Rechtsverhältnisse, etwas über die Materie dessen bestimmt werden soll, worauf ein ursprüngliches Recht behauptet wird. Denn sollen diese angebornen und ursprünglichen Rechte solche Befugnisse bedeuten, welche vor und abgesehen von jedem Zusammentreffen mit einem andern Willen dem Einzelnen zustehen, so verläßt diese Voraussetzung ganz und gar das Gebiet, auf welchem allein Rechtsverhältnisse möglich sind; und auf die unumschränkte Freiheit, mit welcher der Einzelne da, wo er mit gar keinem fremden Willen collidirt, seine Willkühr nach Belieben äußern kann, paßt nichts

weniger als der Name eines Rechtes, der durchaus erst durch die Rücksicht auf einen gegenüberstehenden fremden Willen eine Bedeutung erhält. Sollen aber jene ursprünglichen Rechte solche Befugnisse bedeuten, in Beziehung auf welche eine dem angeblich ursprünglichen Rechte zuwiderlaufende Uebereinkunft keinerlei rechtliche Wirkung habe, so widerstreitet dies geradezu der Idee des Rechtes; denn die Willkühr, die ein einmal gemachtes Zugeständniß, wie drückend und unbequem es auch sein mag, wieder zurücknimmt, verletzt eben durch diese Zurücknahme das, was als Norm des gegenseitigen Verhaltens festgesetzt und anerkannt war. Selbst wer sich dem andern zum Sklaven verdingt, wenn er es besonnen und mit klarem Bewußtsein dessen that, was er dem andern über sich einräumt, verletzt die Idee des Rechtes, wenn er die getroffne Uebereinkunft bricht, und die Berufung auf ein angebornes Recht ist nicht im geringsten geeignet, den Tadel zu beschwichtigen, der seine Untreue gegen sein Versprechen trifft. Die Frage wenigstens, ob der Andere ein solches Zugeständniß habe annehmen dürfen und sollen, oder vollends die, ob es im Zusammenhange einer auch nur einigermaßen ethisch geordneten Gesellschaft irgendwie zulässig sei, dergleichen Uebereinkunft gesetzlich anzuerkennen und zu sanctioniren, gehört nicht dahin, wo es sich zunächst nur um die Verbindlichkeit handelt, die für den Wollenden selbst aus seinen Zugeständnissen, welchen Inhaltes sie auch sein mögen, erwachsen. Auch wurzelt der Begriff der angebornen und ursprünglichen, und in Folge dessen angeblich auch unveräußerlichen Rechte bei weitem mehr in der Rücksicht auf die Folgen, welche gewisse Rechtsverhältnisse für die Stellung des Einzelnen in einem größeren gesellschaftlichen Ganzen haben, als daß unmittelbar in der Idee des Rechtes selbst dafür ein Anhaltepunkt läge. Denn der Begriff des Naturzustandes (status naturalis) im Gegensatze zu dem bürgerlichen Zustande (status civilis) ging zunächst aus einer, durch kritische Betrachtungen über gegebene, factisch vorliegende Rechtsverhältnisse und deren Beschaffenheit veranlaßten Abstraction von diesem factisch Vorliegenden hervor. Indem man nun den Gedanken eines andern Rechtszustandes ausbildet, und in ihn unabhängig von dem factisch geltenden sich vertieft, mag es leicht begegnen, daß man die Abstraction übertreibt und selbst den Begriff irgend eines gegenseitig anzuerkennenden Verhältnisses der Willen bei Seite schiebt. Dadurch wird der Wille des Individuums isolirt; nur versteht sich eigentlich von selbst, daß der isolirte Wille als solcher gar nicht als durch das Prädicat einer Berechtigung bezeichnet gedacht werden kann, weil mit jener Isolirung der Grund und Boden für die Möglichkeit von Rechtsverhältnissen verschwunden ist. Kehrt man wieder auf diesen Boden zurück, so ist durchaus nicht einzusehen, wie es zugehen solle, daß der Einzelne in dieses Gebiet der Collisionen der Willen, welches an sich nur die Möglichkeit von Rechtsverhältnissen darbietet, ohne alle weitere Rücksicht auf das Wollen der Andern gewisse wirkliche Rechte schon mitbringt. Wenn demgemäß gesagt werden muß, daß der Begriff angeborner ursprünglicher und unveräußerlicher Rechte mindestens ein wissenschaftlich nicht exact bestimmter ist, so muß auch der Inhalt derjenigen Befugnisse und Vortheile, die man durch jenen Begriff dem Einzelnen in der Gesellschaft sichern zu müssen glaubte, auf anderen Gründen beruhen, als welche unmittelbar in der Idee des Rechtes selbst liegen. Immerhin mag das, was man mit jenem Begriffe beabsichtigte, seiner Tendenz nach anzuerkennen sein; die Art, wie man es zu begründen suchte, kann wissenschaftlich nicht gerechtfertigt werden.

Ueberhaupt lassen sich, da der Begriff der angebornen Rechte das ganze Gebiet der modernen Rechtsphilosophie durchdringt, die hier obwaltenden Verwickelungen erst dann vollständig auflösen, wenn nicht nur die Idee des Rechtes sich zur Idee der Rechtsgesellschaft erweitert hat, sondern auch die Bedingungen ihrer Darstellung in der Wirklichkeit wenigstens der Hauptsache nach klar vor Augen liegen. Eins jedoch läßt sich auch schon hier an der Schwelle der Rechtsphilosophie hinzufügen. Wie unbestimmt nämlich auch der Begriff angeborner Rechte anfangs auftrat, und wie wenig Uebereinstimmung unter den Vertheidigern desselben von jeher darüber geherrscht hat, welche Rechte denn eigentlich angeboren und unveräußerlich seien, so war es doch sehr natürlich, daß man zuletzt den Begriff der äußeren Freiheit als den Gesammtausdruck für diese Urrechte hinstellte. Denn eben indem man in der Abstraction von jedem factisch geltenden Rechtszustande die Beziehung der Willen auf einander aus dem Auge verlor und gleichwohl in den Begriff des ganz isolirten Willens das Merkmal einer Berechtigung mit aufnahm, verwandelte sich der Wille selbst unmittelbar als solcher in den berechtigten Willen; das Wollen ist selbst das Recht, und die Freiheit dieses Wollens, welches ungebunden an eine Norm, die über dem Wollen steht, sich als Willkühr darstellt, das Urrecht. Diese Grundbestimmung läuft nun freilich dem wahren Wesen des Rechtes dergestalt entgegen, daß der erste Schritt ihrer Anwendung eine Inconsequenz werden mußte. Denn ist die Freiheit das Urrecht, so geht das Rechtsgesetz dahin, daß man seine Freiheit nach Belieben geltend machen dürfe, wobei die andern zusehen mögen, wie sie ihre Freiheit ebenfalls geltend machen können, was direct auf die Lehre des Spinoza und Hobbes führt, nach welcher der Krieg aller gegen alle der Zustand des natürlichen Rechtes ist, aus dem nur die Furcht und der Eigennutz die Menschen heraustreibt. Statt dessen finden wir bei Kant und Fichte, wenig zusammenstimmend mit der Rücksicht auf die Freiheit als das Urrecht, eine Beschränkung der eigenen Freiheit auf das Maaß, in welchem sie mit Jedermanns Freiheit nach einem allgemeinen Gesetze zusammenbestehen könne, als den obersten Rechtsgrundsatz eingeschärft, von welchem eben schlechterdings nicht einzusehen ist, wie man von der Voraussetzung jenes so bestimmten Urrechtes aus zu ihm gelangen könne*). Dieser willkührlichen Ausdeutung des Begriffs

*) Daß das hegel'sche Princip der Rechtslehre: „dies, daß ein Dasein überhaupt, Dasein des freien Willens ist, ist das Recht" ganz und gar auf dem Boden des gewöhnlichen Naturrechtes, wie es in Kant und Fichte zu einer bestimmten Gestalt gekommen ist, steht, ist schon früher (S. 144) bemerkt worden; so sehr auch Hegel (Rechtsphilos. §. 29. Anm.) Rousseau und Kant verhöhnt, daß sie dieses Urrecht an das „Individuum, an den Willen des Einzelnen in seiner eigenthümlichen Willkühr" verschwenden. Indem Hegel die Freiheit von dem „allgemeinen, von dem vernünftigen, an und für sich seienden Geiste" prädicirt, eröffnet er sich durch den unbestimmten Begriff der Vernünftigkeit und Allgemeinheit nur eine Hinterthüre, durch welche allerlei eingeschwärzt wird, um den leeren Balg der Freiheit auszustopfen. Zunächst ist der Wille, von welchem Hegel redet, in der Sphäre des Rechts blos der „in sich einzelne Wille eines Subjects"; erst hinterdrein kommt er allmählig zur Vernunft, von welcher, wo es sich um die Aufstellung von Ideen handelt, ausgegangen werden muß. Vgl. das I. Buch S. 149 flgg. Daß übrigens auch der kant'schen Rechtslehre das nur nicht deutlich ausgesprochene und nicht gehörig in den Vordergrund gestellte Mißfallen am Streite zu Grunde liegt, hat Herbart (Analyt. Beleucht. d. Naturrechts und der Moral §. 92—97 S. 116 fg.) deutlich nachgewiesen.

der Freiheit gegenüber, durch welche man in ein Verhältniß der Willen zu einander hineinkommen wollte, welches mit dem, was auf den Namen eines Rechtsverhältnisses Anspruch machen könne, einige Aehnlichkeit hätte, ist die Frage sehr nöthig, ob denn überhaupt die Freiheit die Würde einer ethischen Idee besitze, auf welche sich so strenge Forderungen stützen können, als in dem Begriff eines Urrechtes liegen; und Niemand, der nicht das Wollen selbst mit dem Urtheile über den Willen verwechselt, wird sich versucht fühlen, diese Frage zu bejahen. Nichts ist natürlicher, als der Wunsch und das Verlangen, für seine Willkühr den möglich größten äußeren Spielraum zu haben, aber dieses Verlangen unmittelbar und ohne weiteres für ein Recht, ja für die Grundlage alles Rechtes zu erklären, heißt vielmehr den Rechtsbegriff ausschließen, als ihm den Boden bereiten. Gerade umgekehrt ist jedes Rechtsverhältniß eine Grenze, eine Schranke der Willkühr, und die Freiheit, die innerhalb der verschiedenen einander durchkreuzenden Rechtskreise dem Einzelnen zusteht, ist nicht die Quelle, sondern das Resultat aus der Gesammtheit dieser Rechtsverhältnisse und als solches erst sein Recht, welches Andere zu respectiren verpflichtet sind. Wie wenig übrigens an dem Begriff der angebornen Rechte verloren geht, erhellt vielleicht am deutlichsten daraus, daß, wenn keinem ein Recht angeboren ist, auch keiner ursprünglich ein bestimmtes Recht gegen irgend einen andern hat. Als Schutz gegen fremde, vielleicht übermächtige Willkühr sind die angebornen Rechte ganz entbehrlich; denn bloße Macht und einseitige Willkühr erzeugt niemals ein Recht.

4) Als eine nähere Bestimmung des Satzes, daß jedes Recht ursprünglich nur für die, zwischen welchen, und in dem Umfange und in der Art gilt, in welcher es zu Stande gekommen ist, ist ferner noch besonders der Satz hervorzuheben: daß unvollkommene, unklare, zweideutige und schwankende Willenserklärungen auch nur unvollkommene, zweideutige und schwankende Rechtsansprüche begründen. Für die Anwendung der Rechtsidee auf die Verhältnisse des wirklichen Lebens ist kaum ein anderer Satz folgereicher als dieser. Denn es zeigt sich hier, und zwar in dem öffentlichen Leben noch mehr, als in den Privatverhältnissen, das Schauspiel, daß auf

der einen Seite gerade die wichtigsten und einflußreichsten Rechtsverhältnisse nicht auf dem Wege ausdrücklicher, genau bestimmter, absichtlicher declarirter Uebereinkunft, sondern unbewußt, durch ein stillschweigendes Geschehenlassen, durch Sitte und Gewohnheit entstehen, und daß auf der andern Seite Berechtigungen und Verpflichtungen, die auf diesem Fundamente beruhen, doch immerfort in Zweifel gezogen, für nicht verbindlich erklärt werden. Läßt man auch hierbei für den Anfang alle unnöthigen Verwickelungen weg, so kann doch die Entscheidung über die Gültigkeit solcher Rechtsansprüche deshalb nicht eine ganz kategorische sein, weil jene Ansprüche selbst auf unsicherem Grund und Boden ruhen. Es mag oft genug vorkommen, daß die List, die natürliche Uebermacht, der Eigennutz sich zu der Gedankenlosigkeit, die nicht recht weiß, was ihr geschieht, zu der Bequemlichkeit und Trägheit, die nur den gegenwärtigen Augenblick im Auge hat, zu der kurzsichtigen Treuherzigkeit, die nicht um sich schaut und in dem gewohnten Gleise dahinwandelt, in ein Verhältniß des Leistens und Empfangens setzt, welches auf nichts weniger, als auf bestimmten Willenserklärungen beruht, um dann hinterdrein die erschlichenen Concessionen als zugestandenes Recht geltend zu machen; ebenso mag es aber auch vorkommen, daß einer irgendwie Grund zu der Voraussetzung zu haben glaubt, der andere habe ihm überlassen und zugestanden, in dieser Voraussetzung handelt, und sich dann doch getäuscht findet; weil der andere seine Zugeständnisse nicht so gemeint hatte, wie jener sie auffaßte. In diesen und allen ähnlichen Fällen, wie verschiedenartig sie sich auch modificiren mögen, giebt es für die Frage: was unter Voraussetzung unbestimmter Willenserklärungen Recht werde? nur die Antwort: es entsteht dann kein bestimmtes Recht; und darin liegt weiter die Forderung, solche unvollkommene und zweideutige Rechte durch bestimmte und ausdrückliche gegenseitige Willenserklärungen zu ergänzen und zu befestigen. Bleibt man hierbei, ohne noch auf den Begriff der Forderung ein besonderes Gewicht zu legen, bei der Voraussetzung stehen, die der Ideenlehre allein angemessen ist: daß nämlich die Wollenden selbst sehen und thun werden, was nöthig ist, um dem Streit und dem Mißfallen an ihm vorzubeugen; so erhellt: daß den rechtsbildenden Willen die Tendenz beigelegt werden muß, ihre gegenseitigen Ansprüche und Leistungen in der Form von **Verträgen** zu normiren. Denn der Vertrag ist eben die ausdrückliche Einstimmung der Willen, die in dem Versprechen einerseits, in der Annahme andererseits die Erklärung über das enthält, worauf mit Bestimmtheit rechnen zu dürfen der Versprechende dem Annehmenden gestattet, was ihm zu leisten er sich anheischig macht. Wie falsch daher es auch sein würde, zu sagen, daß, historisch betrachtet, die Entstehung der Rechtsverhältnisse überall gleichmäßig **ausgehe von Verträgen**, in der Idee des Rechtes liegt die Aufgabe, den Rechtszustand in bestimmten Verträgen zum Bewußtsein und damit zu einem zweifellosen Dasein zu bringen. Das mindeste, was von dem Rechtszustande gefordert werden kann, ist, daß wirklich eine Regel zur Entscheidung des Streites **vorhanden** und **anerkannt** sei, und diese Regel liegt zunächst nirgends anders, als in den gegenseitigen Willenserklärungen der Betheiligten selbst. Daher erklärt sich, daß, je mehr und vielleicht auch mit je geringerer Rücksicht auf andere Ideen die Idee des Rechtes zum Bewußtsein kommt, desto mehr und desto strenger der Vertrag sich als das Rechte im strengen Sinne erzeugende Moment hervorhebt, dergestalt, daß die Entscheidung darüber, unter welchen Verhältnissen und in welchen Formen ein rechtskräftiger Vertrag als zustandegekommen betrachtet werden solle, selbst Gegenstand vielseitiger Bestimmungen wird. So wie daher da, wo eine klare, überlegte und selbstbewußte Willenserklärung nicht erwartet werden kann, wie etwa bei Kindern und Geisteskranken, die Voraussetzung fehlt, unter welcher das, was unter der äußeren Gestalt einer Willenserklärung sich darstellt, auch in Wahrheit als solche betrachtet werden kann, so liegt den mancherlei Formen, an welche die Rechtsgewohnheiten der Völker die Verbindlichkeit der Verträge zu binden pflegen, die Absicht zu Grunde, für das zu bildende Rechtsverhältniß auf ein äußerlich erkennbares Zeichen als Symbol der bestimmten Willenserklärung hinweisen zu können*).

---

*) Der Handschlag, die eigenhändige Unterschrift eines Contractes, die Abgabe einer Erklärung vor Zeugen sind nahe liegende Beispiele; ebenso gehört hierher die schwerfällige Ausführlichkeit der juristischen Sprache. Wo die Bildung der Verhältnisse noch in ihrer Unmittelbarkeit, ohne Unterordnung

So wie demnach das Verhältniß des Vertrags die bestimmteste Form ist, in welcher sich die Idee des Rechts, als einer von den Betheiligten ausdrücklich anerkannten Norm zur Vermeidung des Streites darstellt, so konnte die Frage nach dem Grunde der Verbindlichkeit und Heiligkeit der Verträge nur da entstehen, wo man die Bedeutung der Rechtsidee ursprünglich verkannte. Namentlich zu der Bedeutung angeborner und unveräußerlicher Rechte steht die Verbindlichkeit eingegangener Verträge in einem solchen Gegensatze, daß sie wenigstens nur unter der Beschränkung zugestanden werden könnte, daß der Inhalt des Vertrags jenen unveräußerlichen Rechten nicht zuwiderlaufe. Da sich aber jene Urrechte in dem Begriffe der Freiheit concentriren, so ist nicht ohne Grund gesagt worden, daß unter dieser Voraussetzung sich „nicht herausbringen lasse, warum ich jetzt müsse, weil ich ehemals wollte*)," wie denn auch wirklich Kant**) es für schlechthin unmöglich erklärt von dem kategorischen Imperative: Du sollst Dein Versprechen halten, noch einen Beweis zu führen, und diesen Imperativ als ein Postulat der reinen (von allen sinnlichen Bedingungen des Raumes und der Zeit, was den Rechtsbegriff betrifft, abstrahirenden) Vernunft hinstellt, so daß die Nachweisung der Mög-

---

unter die Normirung einer allgemein durchgreifenden Gesetzgebung stattfindet, liegt in der sinnlichen Mannigfaltigkeit der Rechtssymbole oft ein poetischer Reichthum, den die Abstraction erst spät abstreift. So in den Symbolen des alten deutschen Rechts bei Grimm deutsche Rechtsalterth. S. 109 flg. Grimm bemerkt S. 201: „ursprünglich sind die Symbole sicher nur zwischen den Betheiligten selbst angewendet und gewechselt worden, später drängte sich bei mehreren das Gericht und der Gerichtsbote ein; ... bis endlich das Gericht alle wichtigen Geschäfte an sich riß, und alle Symbole verschlang, indem es sie durch seine eigene Förmlichkeit ersetzte." Auch was ebendas. S. 54 flgg. über die Maaße gesagt wird, verdient verglichen zu werden: „Ihr Grundcharakter ist Auffassung des Rechtlichen durch das Sinnliche, Weisung dessen, was festgesetzt werden soll, durch etwas Unfestes, dem Zufall nie zu Entziehendes." Viele dort angeführten Beispiele zeigen deutlich, daß man die zu gründende Rechtsgrenze dem glücklichen Zufalle überlassen wollte, um in diesem Erfolge der Uebervortheilung vorzubeugen. Im Hintergrunde liegt aber überall die durch die Volkssitte schon stillschweigend geheiligte Uebereinkunft, den Ausschlag des Ereignisses als Norm der Rechtsgrenze betrachten zu wollen.

*) Stahl Philos. d. Rechts Bd. I., S. 113.

**) Rechtslehre §. 19. Anm. (Werke Bd. V., S. 78).

lichkeit dieser Abstraction selbst die Deduction des Begriffs der Erwerbung durch Vertrag sei. Noch weiter sind freilich diejenigen von der Einsicht in die Bedeutung der Rechtsidee entfernt, die, wie etwa Hobbes und Spinoza, von einer ethischen Verbindlichkeit, Verträge zu halten, nichts wissen wollen, und entweder, wie der erstere, nur in der Furcht vor den Nachtheilen, die aus der Verletzung des Vertrags entstehen können, oder, wie der letztere, in der äußerlich zwingenden Gewalt des Staates den Grund jener Verbindlichkeit finden; worin eigentlich das wenigstens von Spinoza offen ausgesprochene Bekenntniß liegt, daß Verträge an sich ohne etwas zu ihnen hinzukommendes Fremdes keine Verbindlichkeit haben. Nun ist es zwar richtig, daß sich für die Heiligkeit des Vertrags ein Beweis im logischen Sinne des Wortes nicht geben läßt, so wenig als sich irgendwo das Mißfallen und der Tadel, der die Verletzung einer Idee unvermeidlich trifft, logisch deduciren läßt; aber es ist auch eben so deutlich, daß die Heiligkeit der Verträge nur ein anderer Ausdruck für die Idee des Rechts selbst ist, und zwar derjenige, welcher die Beziehung der Willen, die in dem Rechtsverhältniß stehen, ausdrücklich hervorhebt. Denn das ist zuletzt der Grund aller Einwürfe gegen die Verbindlichkeit der Verträge, daß man jeden der Willen wieder losgelöst von dem andern, mit dem der Vertrag geschlossen war, betrachtet, und dabei vergißt, daß die Willkühr, welche jedem für sich zu Gebote steht, eben in dem Vertragsverhältniß, in der beiderseits anerkannten Bestimmung der Leistung und Forderung verschwunden ist und daß, die Privatwillkühr gegen diese Bestimmung wieder geltend machen, nichts anderes heißt, als sich gegen die moralische Autorität, die in der Idee des Rechts liegt, auflehnen. Denn einen Vertrag nicht halten oder brechen ist Zurücknahme des Willens, auf welchen zu rechnen dem andern war zugestanden worden; es ist somit Erneuerung des Streites, und das Mißfallen am Streite, folglich auch der Tadel der Handlung, die den Streit erregt, trifft nunmehr den Zurücknehmenden allein. Die Schwierigkeit aber, welche namentlich Kant in der Zeitfolge sowohl zwischen dem Antrage und der Annahme, als auch zwischen der Schließung und der Erfüllung des Vertrags fand, erledigt sich von selbst dadurch, daß die erstere allerdings in dem Begriffe des Vertrags, für den die äußere Form der Eingehung immer nur ein Symbol bleibt, verschwindet, die zweite aber da, wo eine versprochene Leistung in der Zukunft liegt, den Inhalt des Vertrags bildet. Es wäre mehr als seltsam, zu fragen, warum, wenn einer dem andern an einem bestimmten zukünftigen Tage eine Summe Geldes zu zahlen versprochen, er gerade an diesem Tage dieses Geld zu zahlen verbunden sei; indem gerade dieser zukünftige Wille sammt der ihm entsprechenden zukünftigen Handlung der eigentliche Gegenstand des Versprechens war.

5) Was freilich die Erzwingbarkeit dessen, worüber der Vertrag geschlossen worden ist, oder allgemeiner die Erzwingbarkeit jedes Rechtes anlangt, so liegt sie in der Idee des Rechtes wenigstens nicht unmittelbar, und davon, daß jedes Recht mit der Befugniß zu zwingen, vielleicht gar einem unendlichen Zwangsrecht verbunden sei, kann keine Rede sein. Der Anblick gesellschaftlicher Einrichtungen hat, man möchte sagen, nur zu sehr daran gewöhnt, das Recht ausschließend in der Begleitung von Zwangsmitteln aufzufassen, so daß man meint, von einer Rechtsbefugniß und Rechtsverbindlichkeit könne man nur da sprechen, wo die Befugniß, durch äußere Gewalt zu zwingen, ihr zur Seite stehe. Die Folge davon ist, daß man das ethische Fundament, auf welchem die freiwillige Achtung des Rechts beruht, für deren Mangel die Möglichkeit des Zwanges überall nur ein kümmerliches Surrogat ist, aus den Augen verliert, und zugleich den Rechtsbegriff auf eine zu enge Sphäre beschränkt. Wort und Treue halten, auch da, wo kein äußerer Zwang dem Treubruch zuvorkommen oder ihn bestrafen kann, ist so sehr ein Merkmal der wahrhaft rechtlichen Gesinnung, daß man sich schämen sollte, die darin liegende Verbindlichkeit lediglich und ausschließend auf die Möglichkeit äußeren Zwanges zurückzuführen. Gerade hier wird es deutlich, daß die Ideen sammt den in ihnen liegenden Ansprüchen allerdings nicht unmittelbar eine Macht sind, die als Naturgewalt den Erfolg nothwendig in sich einschließe; aber die Beurtheilung durch sie, die Verwerfung dessen, was ihnen zuwiderläuft, bleibt stehen, und nichts mehr, als dieses Urtheil der Verwerfung trifft unmittelbar die widerrechtliche Handlung. Wer dieses Urtheil gering anschlägt, beweist eben, daß er trotz alles Redens von den Ideen das Gewicht, welches in

der von ihnen ausgehenden Beurtheilung liegt, nicht sonderlich hoch anschlägt*).

Trotz dem würde es thöricht sein, leugnen zu wollen, daß das Bedürfniß, die vorhandenen Rechtsverhältnisse durch Zwang aufrecht zu erhalten, sich überall einstellen wird, wo wirkliche Rechtsverletzungen den Mangel der rechtlichen Gesinnung beurkunden. Dieses Bedürfniß kann ein Bedürfniß der Vertheidigung, der Abwehrung schon begonnener oder vorbereiteter Rechtsverletzungen, oder der Entschädigung, d. h. der Aufhebung der durch die Rechtsverletzung entstehenden Rechtsnachtheile sein, wobei es zunächst gleichgültig ist, ob die Entschädigung durch Wiederbemächtigung oder durch stellvertretenden Ersatz erreicht wird. Sollte nun die Befriedigung dieses Bedürfnisses der Willkühr und der Gewalt überlassen bleiben, so würde nicht nur die Ausübung dieser zwingenden Gewalt sehr häufig in die Rechtssphäre des andern, (welche durch die rechtsverletzende Handlung nicht vernichtet worden war und welche unabhängig davon besteht, daß der Verletzte zunächst nur in der Absicht, das Seinige wiederzuerlangen, in sie eingreift), ohne rechtliche Befugniß, einbrechen, sondern es würde auch überhaupt nicht von einem Zwangsrechte gesprochen werden können. Soll also jenem Bedürfniß nicht in der Form der bloßen Willkühr und Gewalt, sondern in der Form eines Rechtes Genüge geschehen können, so muß das Recht, Zwang anzuwenden, wie jedes andere Recht gestiftet und anerkannt werden, und gilt dann,

*) Daß zunächst nicht die Befugniß zum Zwang, sondern nur das tadelnde Urtheil in der Idee des Rechts liegt, wird besonders deutlich in Verhältnissen, wo die Anwendung von Zwangsmaaßregeln factisch unmöglich ist; wie etwa in den Verhältnissen der Staaten zu einander. Treubruch und Verrath der Staaten gegen einander werden immerfort getadelt, gemißbilligt, und in dieser Mißbilligung verräth sich eben das ethische Urtheil über eine Rechtsverletzung; diese Mißbilligung ist aber bei weitem nicht immer eine zwingende Macht, sondern unabhängige Staaten greifen zum Krieg, als dem Mittel der Entscheidung. Der Krieg ist als solcher das gerade Gegentheil des Rechtszustandes; ob er gerecht oder ungerecht ist, wird selbst erst darnach beurtheilt, wer der Verletzende und wer der Verletzte war. Der Friedensschluß ist dann der Anfang eines neuen oder die Fortsetzung des unterbrochenen Rechtszustandes, aber seine Heiligkeit beruht immer wieder nur auf der moralischen Autorität einer Idee, die sich weiter erstreckt, als die Anwendbarkeit äußerer Zwangsmittel.

ebenfalls wie jedes andere Recht, für die Personen, zwischen welchen, und in dem Umfange und unter den Bedingungen, in welchem und auf welche es gestiftet worden ist. Obgleich daher die Befugniß zu zwingen nicht unmittelbar in dem Begriffe des Rechtes eingeschlossen ist, so liegt doch die Möglichkeit, zu der Gesammtheit gewisser schon bestehender Rechte noch das Recht zu zwingen hinzuzufügen, so nahe, daß man nicht zu befürchten hat, auf dieses Mittel der Aufrechthaltung des Rechtszustandes schlechthin verzichten zu müssen. Nur wird die Befugniß zum Rechtszwang sich gefallen lassen müssen, gar mancherlei näheren Bestimmungen unterworfen zu werden, welche, wo man gleich ursprünglich von dem Begriffe des Zwanges als einem Correlatbegriffe des Rechtes ausgeht, sich nicht rechtfertigen lassen würden. An dieser Stelle ist nur noch die Bemerkung nöthig, daß die wirkliche Ausübung des Rechtszwanges, wenn er nicht ein wirkungsloser Begriff bleiben soll, eine Erweiterung der Rechtsidee auf eine Mehrheit gesellschaftlich vereinigter Willen voraussetzt; indem der Rechtszwang nur in der Rechtsgesellschaft factisch möglich, wenn auch nicht ausschließend zulässig ist. Alles aber, was die Rechtsgesellschaft betrifft, überschreitet die Grenzen der Voraussetzung, auf welchen die ursprüngliche Idee des Rechtes beruht, und muß bis dahin verspart werden, wo erweiterte Voraussetzungen zu erweiterten Untersuchungen dessen, worauf sie hinweisen, führen.

D. Idee der Billigkeit.

Die Untersuchung hat vielmehr zunächst dasjenige Verhältniß zu untersuchen, welches schon oben (S. 193) als coordinirtes Glied der absichtslosen Berührung wirklicher Willen bezeichnet worden ist. Während absichtsloses Zusammentreffen der Willen für den Fall des Streites zu der Möglichkeit von Rechtsverhältnissen führte, fragt sich jetzt, ob die absichtliche Berührung der Willen durch einander ein eigenthümliches, durch ein daran sich knüpfendes Urtheil des Beifalls oder Mißfallens specifisch charakterisirtes Verhältniß darbietet.

14*

Die Voraussetzung, auf welcher die folgende Entwickelung beruht, ist, daß der eine Wille nicht blos zufällig in einem äußeren Gegenstande auf den andern treffe, sondern auf jenen als Willen, absichtlich gerichtet sei. Es wird ferner angenommen, um zunächst alle unnöthigen Verwickelungen zu vermeiden, daß die absichtliche Thätigkeit nicht gleichsam stecken bleibe in dem Medium ihrer Wirksamkeit, sondern bis zu dem andern Willen hindurchdringe, und ihm das wirklich thue, was beabsichtigt war. Hiermit ist der Begriff einer auf den fremden Willen als solchen gerichteten, beabsichtigten sowohl, als vom Erfolg begleiteten That gegeben, und diese That, insofern der fremde Wille ihren beabsichtigten Erfolg in der Art empfindet, wie er beabsichtigt wurde, d. h. diesen Erfolg willkommen heißt oder nicht, ihn als Wohl oder Wehe empfindet, ist Wohlthat oder Wehethat. Die Bedeutung dieses Begriffs ist vollkommen gesichert, ohne dem leidenden Willen eine andere Thätigkeit beizulegen, als die des Aneignens und Abwehrens des beabsichtigten Wohles oder Wehes, und es liegt somit im Begriffe des absichtlichen Wohlthuns und Uebelthuns ein Verhältniß der Willen*) vor, welches einer genaueren Entwickelung entgegensieht.

Zuvörderst muß dieses Verhältniß vor der Verwechselung ebensowohl mit dem Wohlwollen, als mit dem Rechte gesichert werden. Die Verwechselung mit der Idee des Rechts droht vorzüglich bei absichtlichen Uebelthaten, indem diese allerdings zugleich Rechtsverletzungen sein können und sehr häufig wirklich sind; dergestalt, daß der unbestimmte Sprachgebrauch des gewöhnlichen Lebens wohl überhaupt jede absichtliche Uebelthat als ein Unrecht an dem Andern bezeichnet. Gleichwohl liegt die Beziehung auf Rechtsverhältnisse nicht nothwendig im Begriff der absichtlichen Uebelthat. Vielmehr, wo eine Uebelthat zugleich als Rechtsverletzung soll beurtheilt werden können, da muß die Rücksicht auf fremde Zustände in den Umfang der rechtlichen Verbind-

---

*) Der Willen, nicht blos des einen Willens zu der Empfindung des andern. Denn obwohl der, welchem Wohl oder Wehe geschieht, zunächst nur leidet, so liegt doch in diesem Leiden, so gewiß das, was er leidet, Wohl oder Uebel ist, ein Begehren oder Abwehren, welches nur als Willensregung gedacht werden kann.

lichkeit schon mitaufgenommen sein; abgesehen davon lassen sich sehr wohl Rechtsverletzungen denken, welche weder durch die Absicht, wehe zu thun, noch durch die, sie als Wehe aufnehmende Empfindung als Uebelthaten bezeichnet sind, und ebenso Uebelthaten, welche kein schon anerkanntes Recht verletzen. Der Unterschied, ob die That absichtlich auf den fremden Willen als solchen, oder nur auf einen äußeren Gegenstand geht, durch welchen sie zufällig und unabsichtlich den fremden Willen berührt, ist so kenntlich, daß, wenn auch alle Rechtsverletzungen als Uebelthaten könnten aufgefaßt werden, doch dem Begriffe nach immer noch beide von einander sich würden unterscheiden lassen. Die Verwechselung mit dem durch die Idee des Wohlwollens bezeichneten Verhältnisse droht dagegen gleichmäßig den Wohlthaten und den Uebelthaten, und zwar vorzüglich dann, wenn man das Wohlwollen und Uebelwollen als zur Wohlthat oder Uebelthat fortschreitend denkt. Dieser Verwechselung kann nur durch die Erinnerung vorgebeugt werden, daß das Wohlwollen und Uebelwollen als Gesinnung durch die Abwesenheit jeglichen, nicht in der Rücksicht auf den fremden vorausgesetzten Willen liegenden Motivs wesentlich bestimmt ist, während die absichtliche Wohlthat oder Uebelthat, ihrem eigenen Begriffe nach blos als beabsichtigte That aufgefaßt, an die Gesinnung des Wohlwollens oder Uebelwollens nicht nothwendig gebunden ist. Nämlich die beabsichtigte That kann vom Thäter selbst als Mittel für andere Zwecke gethan werden, und es giebt eben deshalb Wohlthaten ohne Wohlwollen, Uebelthaten ohne Uebelwollen. Wer die Noth des Armen mildert, thut ihm wohl, denn die Absicht seiner That ging wirklich auf das fremde Leid; aber das Motiv dieser Absicht muß nicht gerade Wohlwollen, es könnte ebensowohl Ostentation, Eitelkeit u. s. w. gewesen sein. Ja selbst wenn das Wohlwollen oder Uebelwollen selbst als Wohlthat oder Uebelthat empfunden würde, fielen die Begriffe als solche nicht zusammen.

Steht nun die Eigenthümlichkeit des durch den Begriff der Wohlthat oder Wehethat bezeichneten Verhältnisses fest und versetzt man sich in die reine, von keinerlei Nebenbestimmungen getrübte Auffassung desselben, so fragt sich, ob sich an diese Auffassung ein unmittelbares Urtheil des Beifalls oder Mißfallens heftet. Hier möchte es nun leicht begegnen, daß Jemand sagte:

die Wohlthat werde gebilligt, die Wehethat gemißbilligt; und dennoch würde dieses Urtheil in die so eben gerügte Verwechselung der Gesinnung des Wohlwollens oder Uebelwollens mit der That zurückfallen. Zwar, wenn jenes Urtheil bedeuten sollte: ich billige das Wohl, mißbillige das Uebel, so würde es aus dem Kreise der ethischen Beurtheilung, welche für das Wohl oder Uebel als Zustand kein Interesse hat, heraustreten; es kann also nur die Billigung des Wohlwollens, die Mißbilligung des Uebelwollens, also die Beurtheilung der Gesinnung bedeuten wollen; aber eben von dieser Gesinnung soll jetzt abstrahirt werden, um die Wohlthat und Wehethat ihrem eigenen Begriffe nach aufzufassen. Es handelt sich überhaupt hier nicht darum, ob Wohl- und Wehethaten geschehen sollten oder durften, sondern um das Urtheil, welches sich erhebt, wenn sie als beabsichtigte und bewirkte That geschehen sind. Man denke sich also, daß sie geschehen seien, man denke sich, wenn es nöthig sein sollte, das schlummernde Urtheil durch die Hinweisung auf Zahl und Größe zu wecken, hier Wohlthaten auf Wohlthaten, dort Uebelthaten auf Uebelthaten gehäuft, und frage nun: ob es hier wie dort bei dem Wohlthun und Uebelthun schlechthin sein Bewenden haben solle, oder ob nicht die vollbrachte That gleichsam wie ein Bruchstück sich darstelle, welches eine Ergänzung verlangt? Es ist fast mehr zu fürchten, daß das Urtheil zu schnell auf die Vergeltung, auf Lohn und Strafe als jene ethisch nothwendige Ergänzung hineile, als daß es stumm bleibe. Eben darin verräth sich unwillkührlich das Urtheil: daß es bei der beabsichtigten und bewirkten That sein Bewenden nicht schlechthin haben soll; mit andern Worten: das in der That als solcher liegende Verhältniß mißfällt; und umgekehrt: weil an der That als solcher, Absicht und Erfolg gleichmäßig in sie eingerechnet, etwas mißfällt, so muß in ihr und mit ihr ein Verhältniß gegeben sein, welches das ethische Urtheil hervorruft.

Die ethische Weisung, die in diesem Mißfallen liegt, läßt sich aber ohne nähere Nachweisung der Glieder des Verhältnisses nicht genau bestimmen. Zu diesem Zwecke ist der Begriff der That, welche die Willen verknüpft, näher zu entwickeln. Nun kommt hier Alles darauf an, daß die That, als bloßes Ereigniß, als Uebergang von dem Einen zum Andern, bei welchem die Willen selbst gar nicht in Betracht kämen, aufgefaßt, das Merkmal, durch welches sie überhaupt eine Bedeutung für die Willen selbst hat, ganz verlieren würde. Nur dadurch, daß die That nicht ein bloßes Geschehen, sondern absichtliches, vom Erfolg begleitetes Eingreifen des einen Willens in den andern ist, verknüpft sie die Willen, und die Glieder des Verhältnisses sind eben das, was durch die That in ein Verhältniß gesetzt wird, nämlich der thätige und leidende Wille selbst. Allerdings wird in derjenigen Beurtheilung, um deren begriffsmäßigen Ausdruck es sich hier handelt, keiner der beiden Willen für sich und abgesehen von dem andern beurtheilt; vielmehr sind die Prädicate des thätigen und leidenden Willens, die ihnen unter Voraussetzung des beabsichtigten Erfolgs nicht etwa von außen anfliegen, sondern nothwendig und unmittelbar in jener Voraussetzung liegen, ganz und gar solche, welche jedem der Willen ausschließend in der Beziehung auf den andern zukommen; aber eben deshalb würde man, wollte man die That loslösen von dem Willen, und die bloßen Zustände, nämlich die durch die That hervorgebrachten und den, welcher ohne die That würde stattgefunden haben, als die wahren Glieder des Verhältnisses auffassen, in den Fehler verfallen, das Willensverhältniß durch die That als seinen Exponenten aufzufassen, und dabei die Willen selbst aus dem Auge zu verlieren*). Wohl aber ist die Art der Beziehung des einen Willens auf den andern durch ein zweites Verhältniß, dessen Glieder in dem Begriffe der That liegen, wesentlich mitbestimmt. Denn eben dadurch ist die That That, daß durch sie etwas geschieht, was ohne sie nicht geschehen sein würde. Erlaubt man sich, der Anschaulichkeit wegen, die Zeit einzumischen, die zwar nicht nothwendig im Begriffe liegt, aber in den gewöhnlichen Fällen sich darbietet, so war vor der That ein Zustand, der durch sie abgebrochen, verändert wurde. Läßt man die Zeit weg, so ist es ein Zustand, welcher anstatt des aus der That entstehenden sein würde und mit dem letzteren ein Verhältniß bildet, welches mit dem Begriffe der That gegeben ist. Die Glieder dieses Verhältnisses, nämlich der unabhängig von der That vorhandene und der durch sie hervorgebrachte Zustand haften als Zustände an

*) Vgl. I. Buch S. 22.

dem leidenden Willen; zugleich aber weisen sie zurück auf den thätigen Willen, der jene Veränderung des Zustandes beabsichtigte und bewirkte; und deshalb läßt sich das Verhältniß der Zustände von dem Verhältniß der Willen nur in einer Abstraction trennen, welche die Bedeutung des Verhältnisses zwischen den Willen vernichten würde und deshalb unzulässig ist. Bezeichnet man der Deutlichkeit wegen den thätigen Willen durch A, den leidenden durch B, die beiden Zustände durch b und b', so ist mit dem Verhältniß A : B zugleich in dem leidenden und durch den thätigen Willen das Verhältniß b : b' gegeben, dergestalt, daß das letztere Verhältniß eine Bedeutung hat nur für die Beziehung des B auf A, und ebenso das erstere nur kraft des Verhältnisses b : b' d. h. kraft der beabsichtigten Veränderung des Zustandes in dem leidenden Willen*).

*) Die vorstehende Entwickelung des Verhältnisses weicht von der Exposition, welche Herbart Allg. pr. Philos. S. 131—137 gegeben hat, dadurch wesentlich ab, daß die Willen selbst als die Glieder des Verhältnisses aufgefaßt werden, dergestalt jedoch, daß die Art, wie sie in ein Verhältniß zu einander gerathen, durch das Wohlthun und Wehethun specifisch bestimmt wird. Die Gründe dieser Abweichung liegen in dem oben Gesagten; es kommt dabei vornehmlich auf die Haltbarkeit des Satzes an, welchen Herbart (a. a. O. S. 131) so ausspricht: „die Absicht als That verknüpft beide Willen, und nichtsdestoweniger stiftet sie kein solches Verhältniß, daß die beiden Willen als dessen Glieder anzusehen wären. Vielmehr in den einen Begriff dieser That gehen beide Willen zusammen, um ihn als seine Merkmale zu bestimmen." Soll dieser Satz so viel bedeuten als: in derjenigen Beurtheilung, worauf die Idee der Billigkeit beruht, wird unmittelbar keiner der beiden Willen für sich allein beurtheilt, so ist dies ganz richtig; hindert aber nicht, die Willen selbst als Glieder des Verhältnisses zu betrachten, man müßte denn etwa sagen wollen: die That, welche wohl oder wehe thut, sei ein bloßes Ereigniß, ein Uebergang von dem einen Willen zum andern, bei welchem die Willen selbst weiter nicht in Betracht kämen. Aber die That, als bloßes Ereigniß, ist ohne Rücksicht auf den Willen, von welchem sie ausgeht, und welchen sie trifft, für die ethische Beurtheilung gar nichts, welche überall die Verhältnisse der Willen zu ihrem Gegenstande hat. Die Rücksicht auf die Willen, als die Glieder des durch den Begriff der Wohlthat oder Wehethat gestifteten und charakterisirten Verhältnisses, liegt auch der Art stillschweigend zu Grunde, wie Taute Religionsphilos. Bd. I. S. 673 fg. die Idee der Billigkeit darstellt, so wenig es auch, ohne in die Verwechselung mit der Idee des Rechtes zu fallen, zulässig ist, sich auf eine „ver-

Mißfällt nun an diesem Complexe etwas — und daran kann nicht gezweifelt werden, — so bietet sich als allgemeiner Ausdruck dieses Mißfallens kein anderer Begriff dar, als der, daß die That als Störerin, d. h. daß das Verhältniß ebensowohl zwischen der That und dem durch sie abgebrochenen Zustande, als das zwischen dem Thäter und dem Empfänger der Wohlthat oder Uebelthat mißfällt. Dieses Mißfallen an der Störung des einen Willens durch den andern kommt auch bei dem Streite vor, (natürlich unter der Voraussetzung, daß die Betheiligten oder wenigstens einer derselben den Streit inne werden, ohne welches Innewerden der Streit für die Willen als solche nichts bedeuten würde.) Aber dort ist es unabsichtliche Störung, veranlaßt durch einen dritten Punkt außer den Willen, hier ein absichtliches Eingreifen

---

gängige Einstimmung beider Willen", welche durch die absichtliche That abgebrochen werde, zu berufen; da vielmehr die bloße Nicht-Einstimmung der Willen ganz gleichgültig ist und erst das absichtliche Eingreifen des einen in den andern, ganz abgesehen von der Einstimmung oder Nicht-Einstimmung, die bei Wohlthaten oder Wehethaten ganz verschieden auszufallen pflegt, das Mißverhältniß herbeiführt. Noch weniger ist es aber statthaft, in der Deduction der Idee der Billigkeit, wie Drobisch (Religionsphilos. S. 200) thut, auf eine in der absichtlichen That stattfindende „Verletzung der persönlichen Würde" sich zu berufen, welche mit einer blos passiven Stellung unverträglich sei. Der Begriff der Persönlichkeit kommt hier zu früh; (vgl. 1. Buch S. 32 fg.) und vollends von persönlicher Würde kann erst da die Rede sein, wo ein gewisses den Ideen angemessenes Wollen als Ausdruck des persönlichen Charakters aufgefaßt werden kann. Die Ansprüche der Vergeltung aber sind ganz unabhängig von dieser Rücksicht auf persönlichen Werth und ich bin dem eigennützigsten Menschen, der mir wirklich eine Wohlthat erwiesen hat, zum angemessenen Lohne verpflichtet, nicht um meine persönliche Würde wiederherzustellen, sondern um ihm zu leisten, was ihm gebührt. — Daß übrigens die hier versuchte Abänderung der ganzen Entwickelung nicht unmittelbar auf Vergeltung, sondern zunächst auf Genugthuung, auf billigen Ersatz führt, wird man wenigstens nicht für einen Verlust erklären. Denn die Anmuthung, wo möglich, wieder gutzumachen, was man übelgethan hatte, läßt sich aus keiner der übrigen Ideen ableiten, auch nicht aus der des Wohlwollens, von welcher sie ganz unabhängig ist; sie findet aber hier ihre natürliche Stelle und zeigt überdies einen Ausweg aus der traurigen Nothwendigkeit, überall, wo Uebelthaten geschahen, vergeltende Uebel zuzufügen, die gemildert wird, wo sich dem Thäter selbst ein Mittel zeigt, auszugleichen, was unausgeglichen stehen bleibend, eine immer erneuerte Mißbilligung hervorruft.

des einen Willens in den andern. Kann nun die That als Störerin nicht gedacht werden, ohne zugleich das mitzudenken, was ohne sie nicht stattgehabt hätte, so liegt in diesem: ohne sie nicht eine Beziehung auf beide Zustände, auf den, der ohne sie war, und den, der durch sie entstand; denn die That ist, den Erfolg miteingerechnet, absichtliche Aufhebung des ersteren durch den zweiten. Darin liegt eine Verneinung, welche, da sie mißfällt, auf die Verneinung dieser Verneinung, d. h. hier: auf eine Wiederherstellung des gestörten Zustandes hinweist. Die praktische Weisung, welche in dem Mißfallen an dem mit dem Begriffe der absichtlichen Wohlthat oder Uebelthat gegebenen Verhältnisse liegt, geht also zunächst auf Genugthuung, auf Ersatz, und zwar auf billigen Ersatz, zum Unterschiede vom rechtlichen, der eine vorhergegangene rechtliche Uebereinkunft voraussetzt, während hier die praktische Weisung unmittelbar, ohne von einer solchen vorausgehenden Bedingung abhängig zu sein, sich geltend macht. Verlangt man eine allgemeine Formel, so liegt sie, abgesehen von der sehr nothwendigen Beschränkung, welcher sie bei näherer Ueberlegung unterliegt, in dem Satze: wer absichtlich wohl oder wehe gethan hat, der hat den Erfolg seiner That wieder auszugleichen, genugzuthun, und zwar selbst genugzuthun, weil von ihm die That kam und deren Erfolg. Dieser Satz stimmt mit der Bedeutung der vorhin gewählten Zeichen zusammen. A zu B mißfällt, insofern in B das Verhälniß b : b' liegt. Man ändere also B so, daß b', d. h. der durch die That hervorgebrachte Zustand wieder verschwinde, und der ohne sie vorhanden gewesene wieder eintrete. Aber das Mißfallen war zugleich gebunden an die Beziehung, die Verknüpfung zwischen B und A, die Aenderung, die Ausgleichung der Störung muß also daher kommen, wohin diese Verknüpfung weist, d. h. sie muß ausgehen vom Thäter.

Daß nun in der Auffassung geschehener Wohlthaten oder Uebelthaten die Idee der Genugthuung, des billigen Ersatzes sich nicht überall gleich deutlich ankündigt, sondern daß das ethische Urtheil sehr leicht noch einen Schritt weiter geht, nämlich zur Idee der Vergeltung, hat seinen Grund in näheren Bestimmungen der Wohlthaten und Uebelthaten, welche so nahe liegen, daß sie jene ursprünglich in dem ganzen Verhältnisse liegende Weisung leicht ganz übersehen lassen. Dennoch sind die Gründe, welche die Idee der Vergeltung an der Stelle der Genugthuung hervorrufen, bei Wohlthaten und Wehethaten nicht dieselben.

Zuerst nämlich bei Wohlthaten, was könnte da wohl jene Genugthuung als Wiederherstellung des Zustandes, der durch die That war verändert worden, bedeuten? Gewiß nichts Anderes, als Hinwegnahme des Wohles, welches war beabsichtigt und erreicht worden. Hier also wird der innerlich Freie, der die Stimme des Wohlwollens kennt und hört, nicht wollen können, daß die Genugthuung eintrete, welche in diesem Falle durch den Begriff des billigen Ersatzes zu bezeichnen selbst der Sprache Gewalt anthun würde, die Ersatz nur für geraubte Güter, nicht für hinweggenommene Uebel kennt. Zwar der Empfänger des Wohls könnte sich nicht beklagen, wenn ein Wohl, welches ganz und gar und ohne vorausgehenden Anspruch ihm durch einen fremden Willen wurde, ihm wieder entzogen würde; und auch den Wohlthäter träfe wenigstens nicht der Tadel des Unrechtes, wenn er wieder zurücknähme, was dargeboten zu erhalten der andere nicht erwarten oder fordern konnte; aber dennoch warnt den Schöpfer des Wohlseins ein anderes Urtheil, welches von der Idee des Wohlwollens ausgeht, seine Schöpfung zu zerstören, ein Urtheil, welches ganz gehört zu werden verlangt, sobald ein anderer Weg sich zeigt, das Mißverhältniß auszugleichen. Zudem können sehr leicht Fälle eintreten, wo die Wiederherstellung des vorigen Zustandes nicht einmal möglich wäre, wie z. B. bei allem, was Product der Erziehung ist.

Bei Uebelthaten dagegen thut zwar keine der übrigen Ideen Einspruch gegen den genugthuenden Ersatz, und wo der Thäter ihn für eine Uebelthat in ihrem ganzen Umfange leistete, da wäre sein Schuldbuch getilgt. Aber eben deshalb erhebt sich die Frage: ob der genugthuende Ersatz für den ganzen Umfang der Wehethat auch möglich sei? Bekannt genug ist nun, daß es viele unersetzliche Güter giebt, und selbst wo der Ersatz theilweise geleistet werden kann, bleibt nur gar zu leicht irgend etwas unausgeglichen. Wer dem andern auch nur eine äußere Sache verdirbt, der mag ihm zwar eine andere gleicher Art wiederzugeben im Stande sein, aber nicht so leicht läßt sich die unangenehme Empfindung, die nicht dem Preise oder Nutzen der verletzten Sache, sondern der Verletzung selbst galt, wieder gut machen. Und überdem, wird denn der Uebelthäter, auch wenn und wie weit er es kann, genugthuenden Ersatz leisten wollen? Gerade der Mangel des Willens, gut zu machen, was übelgethan war, macht sich oft nur zu bemerkbar, wo unter Voraussetzung jenes guten Willens der mißfällige Anblick unausgeglichener Uebelthaten wenigstens theilweise verschwinden würde.

Faßt man nun alles dieses zusammen, so sieht sich in den so eben bezeichneten Fällen das ethische Urtheil unwillkührlich zu der Frage getrieben, ob nicht ein anderer Ausweg zur Aufhebung jenes Mißverhältnisses sich darbiete. Dabei über die Glieder des Verhältnisses hinauszugehen, ist ebenso unnöthig, als unstatthaft, weil die ganze Beurtheilung ausdrücklich an dieses bestimmte Verhältniß gebunden ist. Da nun der genugthuende Ersatz auf eine wiederherstellende Veränderung in dem leidenden Willen ging, so bleibt, wo diese Wiederherstellung unzulässig oder unmöglich ist, oder auch nur factisch nicht eintritt, nichts übrig, als das andere Glied, den thätigen Willen ins Auge zu fassen, ob er sich etwa so verändern lasse, daß das Mißverhältniß verschwinde. Diese Frage, die stillschweigend schon den Begriff eines Rückganges des gleichen Quantums Wohl oder Wehe d. h. den der Vergeltung enthält, beantwortet sich, eben indem sie auf Vergeltung hinweist, von selbst. Daß die Vergeltung, hier auf Wohlthaten, dort auf Uebelthaten bezogen, sich als Lohn oder Strafe, und zwar als verdienter Lohn und verdiente Strafe darstellt, bedarf dabei kaum einer besondern Bemerkung, und die Idee der Vergeltung erhebt sich, wie unter andern Verhältnissen die Idee des Rechts, als dasjenige, welchem genügt werden muß, wenn das Mißfallen an dem Nichtausgeglichensein des Verhältnisses, auf welches sie sich bezieht, verschwinden soll.

Nimmt man dabei, wie nothwendig, Rücksicht auf die Verschiedenheit der Gründe, welche bei Wohlthaten und Wehethaten von dem Ersatze zur Vergeltung führen, so erhellt: daß Wohlthaten immer Vergeltung verlangen*), Uebelthaten nur insoweit, als der genugthuende Ersatz nicht geleistet werden kann oder wirklich geleistet wird. Der Blitz der vergeltenden Strafe darf nicht einschlagen, ehe man nicht wenigstens gefragt hat, ob nicht die sittliche Atmosphäre auf eine andere Art gereinigt werden kann, es entsteht sonst doppeltes Uebel, ohne Noth; und umgekehrt: die Vergeltung wird, wie bei den Wohlthaten, sittlich nothwendig, wo eine andere Art der Ausgleichung mit einem sittlichen Vorwurfe würde behaftet sein. Ueberall aber ist es ein mit der Größe der Wohlthat oder Wehethat wechselndes unmittelbares Mißfallen an dem Nichtvergoltensein derselben, welches der Forderung der Vergeltung die ethische Autorität verleiht, mit welcher ein unabweisliches Urtheil von Alters her jede Andeutung einer ausgleichenden und richtenden Macht unter dem Begriffe des Schicksals, der Nemesis, der Vorsehung bekleidet hat. Endlich alles zusammengefaßt zeigt sich, daß aus dem durch denselben Begriff der absichtlichen That bezeichneten Verhältniß wie aus einer gemeinschaftlichen Quelle eine doppelte, eng mit einander verknüpfte Weisung entspringt, die durch den gemeinschaftlichen Namen der Billigkeit zu bezeichnen nicht für unpassend wird gehalten werden, wenn man sich erinnert, daß der „Begriff des Entsprechenden, des gegenseitig Abgewogenen, der Zahlung und Quittirung nicht leicht verkannt wird, wo von einem billigen Beurtheiler die Rede ist, der dem Verdienste Nachsicht mit anklebenden Fehlern widerfahren läßt, oder von einem billigen Vergleich, in welchem das Nachlassen von Ansprüchen auf der einen Seite vergolten wird durch aufgegebene Forderungen von der andern, und was für ähnliche Fälle noch vorkommen mögen, in denen die Umstände berücksichtigt und gegen einander aufgerechnet zu werden pflegen"**). Daß diese Idee der Billigkeit, die sich in der Beurtheilung menschlicher Handlungen unzähligemal

*) Recht bemerklich macht sich das in dem Urtheile: wer Wohlthaten nicht vergelten will, verdient sie nicht; es liegt darin, daß die Ausgleichung hier nur durch Vergeltung (Lohn, Dank) möglich ist. Es anticipirt dieses Urtheil das Mißfallen an der künftigen Nichtvergeltung; denn was sollte das: verdient sie nicht, auch bedeuten ohne Voraussetzung einer Unbilligkeit?

**) Herbart Allg. prakt. Philos. S. 144.

geltend macht, in ihrer ganz selbstständigen ethischen Bedeutung so selten rein aufgefaßt und an den ihr gebührenden Platz gestellt worden ist, hat seinen Grund vorzugsweise darin, daß es nicht ganz leicht ist, das Verhältniß, auf welchem sie beruht, innerhalb seiner eigenen Grenzen genau zu bestimmen; daher die Geneigtheit, die Weisungen, die von ihr ausgehen, bald auf das Wohlwollen, bald auf das Recht zurückzuführen, eine Unbestimmtheit des Sprachgebrauchs herbeigeführt hat, die das Billige selbst fast nur als das nicht genau Bestimmbare erscheinen und die von dieser Idee abhängigen Forderungen sorglos in diese angebliche Unbestimmbarkeit hineinfallen läßt.

Indessen, wie viel auch durch eine begriffsmäßige Aussonderung der Idee der Billigkeit und die Bestimmung der Art, wie ihr genügt werden kann, für die Grundlage der Ethik gewonnen ist, so erheben sich doch gerade hier eine Menge von Fragen, deren Beantwortung für einzelne bestimmte Fälle zum größten Theile außerhalb des Gesichtskreises der Ideenlehre liegt. Schon das Verhältniß der Genugthuung zur Vergeltung läßt die Frage entstehen, in wiefern man werde rechnen dürfen auf die Bereitwilligkeit zum Ersatze, wie lange man dem Uebelthäter Zeit lassen solle, sich zu besinnen, und welche andere Ueberlegungen über die Art, in welcher, und die Bedingungen, unter welchen der Idee genügt werde, hier noch entstehen können. In dieser Hinsicht kann die Wissenschaft nur warnen, von dem Allgemeinen nicht zu hastig auf das Besondere hinzueilen; wie denn etwa alle die verwickelten Fragen, die aus der Verbindung der Idee der Billigkeit mit der des Rechtes im Strafrechte entstehen, abgesehen davon, daß sie fast sämmtlich den Begriff eines größeren, nach diesen Ideen wenigstens theilweise geordneten gesellschaftlichen Ganzen voraussetzen, da nicht einmal aufgestellt, geschweige denn beantwortet werden können, wo es darauf ankommt, sich zunächst mit der eigenthümlichen Physiognomie jeder der ursprünglichen Ideen bekannt zu machen. Nur zwei Fragen sind es, deren Beantwortung sogleich hier, wenn auch nicht vollständig erschöpft, doch in gewisse durch die Idee selbst gegebene Grenzen eingeschlossen werden kann, nämlich erstlich die nach der Art der Genugthuung oder Vergeltung, zweitens die, an wen die Aufforderung zu der einen oder zur andern ergehe.

Für jene erstere Frage nun ist es entscheidend, daß das beabsichtigte und bewirkte Wohl und Wehe überhaupt nur deshalb in Betrachtung kommt, weil es von dem Willen als solches empfunden wird. Also nicht an das, was Wohl und Wehe bereitete, nicht an den Gegenstand ist die billige Genugthuung oder Vergeltung gebunden, sondern an die Größe, an das Quantum des zugefügten Wohles oder Uebels. Nur wo etwa eine Wohlthat oder Wehethat so eigenthümlicher Natur wäre, daß die Größe des Wohles oder Uebels mit der Art desselben unzertrennlich verbunden wäre, würde die Billigkeit auf eine bestimmte Art des Lohnes oder der Strafe hinweisen; nothwendig und allgemein schließt die Idee keineswegs jenes alte einfache, aber rohe Symbol der Wiedervergeltung ein: Auge um Auge, Zahn um Zahn u. s. f. Vielmehr könnte eine solche Compensation, die unmittelbar auf die Objecte des Wohlbefindens und Leidens geht, namentlich bei der strafenden Vergeltung zu den größten Unbilligkeiten führen, weil der gleiche Gegenstand für verschiedene Willen ein sehr verschiedenes Gut sein und dieselbe Strafe von Verschiedenen sehr verschieden empfunden werden kann. Daß nämlich bei der Vergeltung der Uebelthaten die Größe des vergeltenden Uebels genau gebunden ist an die Größe des zu vergeltenden, ist eine so unverbrüchliche Bestimmung, daß jedes Quantum des Strafübels, welches dieses Maaß überschritte, eine selbstständige Uebelthat wäre, die selbst die Genugthuung oder die Vergeltung hervorrufen würde, und es ist um so unerläßlicher, diese Maaßbestimmung streng im Auge zu behalten, je größer ohnedies die Schwierigkeiten sind, denen die Abmessung der Strafübel in der Wirklichkeit unterliegt.

Was aber die andere Frage: an wen die Aufforderung zur Genugthuung oder Vergeltung gehe, anlangt, so ist schon bemerkt, daß die Genugthuung für Uebelthaten — bei Wohlthaten fällt sie ohnedies weg, — von dem zu leisten sei, der Uebel gethan hat. Wie könnte auch die Rede sein von einer solchen Ausgleichung des Mißverhältnisses zwischen dem thätigen und leidenden Willen, wo ein Anderer, diesem Verhältniß ursprünglich fremder Wille einträte für den Uebelthäter? Was er dem Leidenden darböte zum Ersatze, das wäre eine selbstständige Wohlthat; aber der Thäter könnte sich diese Wohlthat eines Dritten nicht als seine That anrechnen. Ebenso was die Vergeltung betrifft, so ist es das Nächste und Natürlichste, daß der Gedanke des Rückganges eines gleichen Quantums Wohl oder Wehe dahin weist, wohin das Wohl oder Wehe ursprünglich getroffen hatte, d. h. zunächst steht dem Leidenden selbst die Vergeltung zu, ein Satz, welcher nicht übersehen werden darf, wenn man etwa nicht den Empfänger der Wohlthat ganz losbinden will von der Pflicht des Dankes, die zunächst ihm und keinem andern obliegt. Aber gar leicht mögen bei Wohlthaten sowohl, als Uebelthaten Fälle eintreten, wo der Leidende nicht würde vergelten können, wenn er auch wollte; namentlich bei Wohlthaten, wo die Größe der Wohlthat die Kraft des Empfängers überragt; ebenso bei Uebelthaten, wo die Vergeltung des Leidenden oft die eines Todten sein würde. Wo nun der, den das Wohl oder Uebel traf, nicht selbst vergelten kann oder nur nicht vergilt, da verstummt gleichwohl nicht das Mißfallen; die unvergoltenen Thaten fahren fort, zu fordern, was ihnen gebührt; und deshalb fragt man nach einem andern Willen, der die Vergeltung übernehme und ausführe. Deshalb ist die Vergeltung nicht nothwendig an den leidenden Willen gebunden; ihr genügt schon die Beziehung des vergeltenden Wohles oder Uebels auf die That, woher es auch übrigens komme, und für eine Intelligenz, die diese Beziehung durchschaut, würde durch diese Beziehung dessen, was dem Thäter geschieht, auf seine That, das Mißverhältniß getilgt sein*). Dazu kommt für die Vergeltung der Uebelthaten die naheliegende Verwechselung der Vergeltung mit der Rache, in der Bedeutung des Wortes, die stillschweigend eine Verletzung der Idee der Billigkeit einschließt. Zwar fällt die Rache unter den Begriff der strafenden Vergeltung; aber sie ist nicht eine solche Vergeltung, welche aus-

*) Deshalb soll z. B. der Leidende, der ein Uebel, dem Thäter aus seiner That entspringend, sähe, abstehen von der Vergeltung; jenem ist sein Lohn aus seiner That geworden. Ebenso: wer wohl thäte um eines Vortheils willen, den er auch erreichte, der hat seinen Lohn dahin, auch wo kein Wille ihm absichtlich lohnte. Dem Begriff der Nemesis liegt wesentlich dasselbe zu Grunde, was auch ein Merkmal einer moralischen Weltordnung ist, nämlich eine solche Verkettung der Ereignisse, welche das, was dem Thäter geschieht, in Beziehung auf seine That, als vergeltende Folge derselben zu betrachten gestatte.

geht von der Idee oder sich kümmert um das in der Idee liegende Maaß derselben. In die Rache als solche mischt sich das Uebelwollen, der Haß, die Feindseligkeit des durch das angethane Weh erbitterten Gemüthes; und eben deshalb ist sie in Gefahr hinauszugreifen über die billige Grenze, die das Maaß des vergeltenden Uebels bezeichnet. Das ruhige Urtheil, dem es nur um die Vergeltung zu thun ist, wird also der zitternden Hand des Beleidigten nicht gestatten können, das Schwert der Vergeltung selbst zu führen; nicht: daß er vergelte, sondern: daß dem Uebelthäter vergolten werde, würde der Beleidigte selbst wollen, falls er dem Urtheile, welches von der Idee ausgeht, Gehör zu geben im Stande wäre. Nimmt man alles dieses zusammen, so mag allerdings gesagt werden: „wer vergelte, bleibt unbestimmt", wenn auch nicht in allen Fällen auf die gleiche Weise und aus denselben Gründen; eine Unbestimmtheit, die, indem sie auf das Bedürfniß eines Willens hinweist, dem die Vergeltung übertragen werden könne, ebenfalls schon vorläufig auf die näheren Bestimmungen aufmerksam macht, die für die Idee der Billigkeit aus der gesellschaftlichen Bedeutung der Ideen hervorgehen werden. —

Die ganze bisherige Erörterung hielt an der Grundbestimmung fest, daß die That durch die Absicht und den Erfolg gleichmäßig charakterisirt sei, beide sich einander vollkommen entsprechen. Nun ist es zwar unmittelbar klar, daß, wo weder Absicht, noch Erfolg vorliegt, da von dem Verhältniß, um welches es sich hier handelt, keine Spur vorhanden ist. Wohl aber liegt es sehr nahe, — und was hierher gehört, macht sich in der Wirklichkeit nachdrücklich geltend, — daß entweder an der Absicht, oder an dem Erfolge etwas fehlen könne. Dieses: etwas ist unbestimmbar vieler Grade fähig; sucht man deshalb einen festen Punkt zu gewinnen, so hat man dort Erfolg ohne Absicht, hier Absicht ohne Erfolg, und damit, wenigstens was die Uebelthaten anlangt, Schuld (culpa) und Versuch (conatus) als die bekannten Seitenstücke zu der beabsichtigten Uebelthat (dolus). Blos in Begriffen aufgefaßt lassen sich die entsprechenden Verhältnisse auch bei den Wohlthaten denken; wiewohl die Sprache dafür keine so bestimmten Bezeichnungen ausgebildet hat. Bleibt man nun zunächst bei dieser einfachsten Bestimmung des Erfolges ohne Absicht, sowie der Absicht ohne Erfolg stehen, so fehlt in beiden Fällen diejenige Vereinigung der Absicht und des Erfolges, auf welcher die Idee der Billigkeit beruht. Jener, der Erfolg ohne Absicht, mag ein Glück sein oder ein Unglück, er ist an sich nicht That; diese, die Absicht ohne Erfolg, mag beurtheilt werden als Gesinnung, aber diese Beurtheilung führt auf Billigung oder Mißbilligung, nicht auf Lohn oder Strafe. Darin liegt: daß, wenn man sich auf die Uebelthat beschränkt, weder die Schuld noch der Versuch unmittelbar der Vergeltung unterliegen. Daß der nicht bösartige Schuldige, der unabsichtlich wehe gethan hat, darüber Schmerz empfinden und sich zur Genugthuung bereit erklären wird, ist zunächst Folge einer Theilnahme, die sich zum Wohlwollen veredelt; einer Verpflichtung aus Gründen der Billigkeit wird er sich erst dann unterworfen fühlen, wenn er sich sagen muß: seine Achtsamkeit und Aufmerksamkeit hätte größer und sorgsamer sein sollen. Und wirklich ist durch jene sich unmittelbar darbietende negative Bestimmung gleichwohl nicht ausgeschlossen, daß die Schuld sowohl, als der Versuch, mittelbar die Idee der Billigkeit wider sich aufrufen und dadurch strafbar werden können. Immer aber wird dies nur vermittelst eines solchen Verhältnisses möglich sein, vermöge dessen in der Absicht zugleich ein Erfolg, in dem Erfolge eine Beziehung auf Absicht nachgewiesen werden kann, weil nur auf diese Art eine Subsumtion der Schuld und des Versuchs unter den Begriff solcher Thaten zulässig wird, an welche die Forderungen der Billigkeit und der Vergeltung ursprünglich gebunden sind.

Was nun die mögliche Strafbarkeit des Versuchs anlangt, so liegen die Fälle, wo zur Absicht die That hinzugedacht, d. h. wenn nicht die willkührliche Deutelei des Mißtrauens selbst zu den größten Unbilligkeiten führen soll, wo die Absicht selbst schon als That wird betrachtet werden können, der Idee der Billigkeit in ihrer ursprünglichen Gestalt ziemlich fern. Denn es bedarf dazu solcher Verhältnisse mehrerer Willen zu einander, in denen das Vorhandensein schon der bloßen Absicht als eine Verletzung des gegenseitigen Vertrauens, der Zuversicht, mit welcher die Einzelnen auf einander rechnen, und somit als Uebelthat aufgefaßt werden darf. Solche Verhältnisse erlangen meist erst innerhalb der Rechtsgesellschaft eine hinreichende Kenntlichkeit; eben deshalb ist die ganze Frage nach der Strafbarkeit des Versuchs ganz eigentlich Gegenstand des Strafrechtes; und nur die negative Bestimmung läßt sich im Allgemeinen aussprechen, daß eine solche Bestrafung desselben, welche das Maaß der Störung des gesellschaftlichen Vertrauens überschritte, selbst eine Unbilligkeit sein würde. Daß diese Grenze eine veränderliche sei, lehrt schon die Erfahrung, indem, je größer das Mißtrauen in der Gesellschaft ist, um destomehr Versuchshandlungen für strafbar erklärt werden; so daß, wo man Ursache hat oder zu haben glaubt, in dieser Beziehung mit peinlicher Aengstlichkeit zu verfahren, darin die Anzeige liegt, daß irgend welche Bestandtheile des gesellschaftlichen Ganzen nicht gesund sein können.

Die Strafbarkeit der Schuld läßt sich dagegen, auch noch ohne auf gesellschaftliche Verhältnisse Rücksicht zu nehmen, schon aus den Beziehungen der Einzelnen auf einander ableiten. Der allgemeine Gesichtspunkt dafür liegt darin, daß für einen eingetretenen Erfolg der Mangel eines absichtlichen Handelns dem, von welchem dieses unterlassene Handeln erwartet werden durfte, angerechnet werden könne. Wo also durch Nachlässigkeit, Unachtsamkeit, Unbesonnenheit oder wie man sonst das Nachlassen und Abbrechen der Sorgfalt und Aufmerksamkeit, von welcher das Ausbleiben gewisser schädlicher Ereignisse abhängt, bezeichnen mag, wo durch einen solchen Mangel der Achtsamkeit ein Erfolg eintritt, der dem andern Wehe bereitet, da wird, wenn der eine auf Achtsamkeit des andern rechnen durfte, das Unterlassen der Achtsamkeit selbst als That betrachtet und somit eine Verschuldung nachgewiesen werden können, die ohne Unbilligkeit der Strafe unterworfen werden kann. Die Befugniß, auf einen gewissen Grad der Achtsamkeit, der übrigens allgemein nicht genau bestimmt werden kann, zu rechnen, kann auf mancherlei Gründen beruhen; am nächsten liegen Rechtsverhältnisse, die sehr gewöhnlich solche Ansprüche in sich schließen, vermöge deren der eine auf die Sorgfalt, Vorsicht und Aufmerksamkeit des Andern rechnen darf. Läßt dieser nun nach in seiner Sorgfalt und tritt dadurch ein Erfolg ein, der für den Berechtigten einen Nachtheil, ein Uebel einschließt, so stellt sich dieses blos negative Nachlassen doch als ein solches dar, ohne welches die Störung des Zustandes, auf dessen Erhaltung und Fortsetzung gerechnet werden durfte, nicht würde eingetreten sein, und es treten dann, falls nicht Ersatz des verschuldeten Uebels geleistet wird, die Bedingungen ein, unter welchen auch der blos nachlässige Wille als strafbar erscheint.

Zweierlei ist hierbei noch unmittelbar deutlich: zuerst daß die Schuld immer nur unter Voraussetzung eines gegründeten Anspruchs auf diejenige Achtsamkeit und Sorgfalt, welche unabsichtliche Verletzungen zu verhüten im Stande sei, strafbar wird; ein Satz, der namentlich für die gesellschaftlichen Verhältnisse durch Unterscheidung der Strafen ohne Gesetz und der kraft des Gesetzes von Wichtigkeit wird; sodann daß die Bestimmung darüber, in welchem Grade die Schuld strafbar sei, im Allgemeinen und ohne Rücksicht auf die besondern Verhältnisse des einzelnen Falles überaus schwierig sein wird. So viel erhellt zwar sogleich, daß nicht blos die Größe des Erfolges, sondern auch die Größe der Fahrlässigkeit einerseits, sammt der größeren oder geringeren Stärke des Anspruchs an eine sorgfältigere Aufmerksamkeit in Betracht kommt, und daß in allen diesen Momenten, sowohl jedes für sich, als jedes in Beziehung auf die übrigen aufgefaßt, große Verschiedenheiten eintreten können. — Die Schwierigkeiten, welche in der Bestimmung dieser Momente und ihres Verhältnisses liegen, wachsen überdies sowohl beim Versuch, als bei der Schuld dadurch im höchsten Grade, daß bei jenem der beabsichtigte Erfolg zu einem größeren oder geringeren Theile erreicht werden, oder die absichtliche That zwar nicht genau den beabsichtigten Erfolg, aber ein anderes, als solches nicht beabsichtigtes, und dennoch nur in Folge der That eingetretenes Uebel herbeiführen, eben so, daß die Schuld mit einer mehr oder minder bestimmt gefaßten, mehr oder weniger beharrlichen Absicht zusammenhängen kann, oder welche andere Verwickelungen hier die concreten Fälle darbieten mögen. Durch alle diese Verwickelungen und Abstufungen, welche die Gesetzgebung meistentheils durch einige allgemeine Bestimmungen abgrenzt, ohne die Mannigfaltigkeit dessen, was zwischen diesen Grenzen liegt, erschöpfen zu können, entsteht allerdings eine nicht zu leugnende Unsicherheit der Beurtheilung, für welche aber dennoch in der Idee der Billigkeit eine nicht zu überschreitende Grenze liegt und welche wenigstens im Allgemeinen warnen muß, nicht zu schnell hinzueilen auf die Bestrafung des Versuchs und der Schuld, weil nun einmal beiden die Idee der Vergeltung nicht unmittelbar, sondern nur mittelbar unter den oben erörterten Voraussetzungen und in dem Maaße gilt, in welchem die Natur des besondern Falles die Voraussetzungen wieder erkennen läßt.

E. Uebergang von den ursprünglichen zu den gesellschaftlichen Ideen.

Wirft man nun einen Blick auf die Reihe der gefundenen Fundamentalbestimmungen und auf die Regel, durch welche die vier ursprünglichen Ideen, jede von der andern durch ein eigenthümliches Verhältniß der Willen specifisch unterschieden, gefunden worden sind, so entsteht zunächst die Frage, ob die Reihe derselben sich noch durch eine fünfte Idee verlängern lasse, oder ob sie geschlossen sei und somit den vollständigen Ausdruck aller unmittelbar auf den Werth oder Unwerth des Willens gehenden Beurtheilungen enthalte. Von der Entscheidung dieser Frage hängt das Urtheil über die systematische Vollständigkeit der Principien der Ethik ab, und deshalb müssen jetzt die schon früher angedeuteten Ueberlegungen genauer entwickelt werden.

Die Regel der Construction der Ideen liegt in dem Fortschritte von dem einfachsten zunächst sich darbietenden Fall zu entfernter liegenden und zusammengesetzteren. Vor dem Verhältniß zwischen dem eigenen Wollen und der eigenen Beurtheilung dieses Wollens kann es kein früheres geben, weil, wo Wille und Beurtheilung in dem Bewußtsein derselben Person sich nicht begegneten, da für sie von Ideen überhaupt nicht die Rede sein könnte. Außer diesem Verhältniß bietet sich aber kein zweites in dem Innern derselben Person dar, da die Objecte der Begehrung nicht der Wille selbst sind und die Größenverhältnisse des Willens keine selbstständige Beurtheilung hervorrufen. Zwischen zwei wollenden Wesen sind aber ebenfalls nur die Verhältnisse des Wohlwollens, des Rechts und der Billigkeit möglich, wie sich durch reine contradictorische Gegensätze nachweisen läßt. Der zweite Wille ist nämlich entweder ein nicht wirklicher (vorausgesetzter) oder ein wirklicher; und in dem letzteren Falle berührt ihn der andere Wille entweder nicht absichtlich oder absichtlich; ein dritter Fall ist weder hier noch dort möglich. Die Reihe der Ideen würde daher nur dadurch einer Verlängerung zugänglich werden, daß man die Verhältnisse dreier Willen u. s. f. durchsuchte. Aber jeder Versuch dieser Art zeigt sich, wie schon früher bemerkt (S. 162) als überflüssig, weil die Verhältnisse dreier und mehrerer Willen sich jederzeit zurückführen lassen auf die Verhältnisse je zweier Willen. Mithin weisen sie, wie mannigfaltig sie sich auch gestalten mögen, immer wieder zurück auf eine von den Ideen, nach welchen die Verhältnisse zweier Willen beurtheilt werden *).

Wenn sich aber auch die Reihe der Ideen nicht verlängern läßt, so fragt sich doch, ob nicht die Voraussetzung, für die Verhältnisse, welchen sie gelten, sich werde erweitern lassen. Diese Frage bekommt aus einem doppelten Grunde ein entscheidendes Gewicht. Schon an sich gebührt es der Wissenschaft, nicht nur den Inhalt ihrer Principien zu bestimmen, sondern auch den möglichen Umfang ihrer Anwendbarkeit zu untersuchen. Der Umfang der Ideen aber, so weit sie bisher betrachtet worden sind, ist beschränkt auf die Verhältnisse einzelner Willensacte einzelner Vernunftwesen. So wie nun schon die Willensacte des Einzelnen sich in der Persönlichkeit begegnen und zu der Einheit des Bewußtseins vereinigen, wobei die gegenseitige Durchdringung des Mannigfaltigen, was sich in derselben Person findet, verschiedene Grade der Innigkeit zuläßt, ohne daß damit die Grenze des individuellen Wollens und seiner Beurtheilung überschritten würde, so erhebt

*) Ausführlichere Erörterungen über die Vollständigkeit der Ideenreihe s. bei Herbart Encyklop. I. Ausg. S. 251 fg. (2. Ausg. 249 fg.). Es mag übrigens noch bemerkt werden, daß zwar nicht ein Beweis, aber eine Probe dieser Vollständigkeit in der Vergleichung mit derjenigen sittlichen Beurtheilung liegt, die sich im Leben wirklich geltend macht, wenn sie auch bei weitem nur zum kleinsten Theile befolgt wird. Aber diese Probe bleibt deshalb unsicher, weil die wirkliche Beurtheilung nur der Ausdruck der gerade vorhandenen sittlichen Bildung ist, die mehr oder weniger mangelhaft und überdies überall fremdartigen Einflüssen ausgesetzt sein wird. Deshalb ist die Nachweisung der Begriffsverhältnisse, auf welchen die Ideen und ihre Vollständigkeit beruhen, für die Wissenschaft unentbehrlich, die zwar die Ideen nicht erfinden, sondern nur finden und in ihrer Reinheit nachweisen kann, aber dennoch wesentlich die Aufgabe hat, den Gedankenkreis, auf dem sich alle Ethik bewegt, nicht blos ab-, sondern vorzubilden. (S. 1. Buch S. 42).

sich für die Auffassung einer Mehrheit von Vernunftwesen wenigstens die Möglichkeit des Gedankens, daß die Mehreren dasselbe wollen, sich in der Identität dieses ihres Wollens vereinigen, und in dieser Beziehung wie ein einziges wollendes Wesen sich darstellen. In der obigen Frage liegt also mit Rücksicht auf diese Vereinigung der Willen als solcher die Aufgabe zu untersuchen: welche Bedeutung die Ideen für eine irgend wie große Mehrheit vereinigter Willen, auf deren bestimmte Zahl natürlich nichts ankommt, gewinnen werden. Diese Erweiterung des Gesichtskreises würde zwar nichts ändern an dem Inhalte der Beurtheilung; aber dieser Inhalt würde durch die Abänderung dessen, worauf die Ideen bezogen werden, nothwendig zu einer andern Bedeutung gelangen. Diese Bedeutung würde nämlich eine gesellschaftliche sein, indem jede Mehrheit von Willen, die dasselbe wollen und sich zu demselben Zwecke vereinigen, insofern, als dies geschieht, eine Gesellschaft bildet. Gesetzt also, die Ideen selbst seien der gemeinschaftliche Zweck der Willen, so wird den ursprünglichen Ideen eine gleiche Anzahl gesellschaftlicher Ideen entsprechen, welche wegen der vorausgesetzten gesellschaftlichen Durchdringung der Willen durch eigenthümliche, dem gesellschaftlichen Wollen als solchem geltende Bestimmungen charakterisirt sein werden.

Für die Entwickelung der gesellschaftlichen Bedeutung der Ideen liegt aber die Aufforderung nicht blos in der Verbindlichkeit, den unmittelbaren ethischen Grundbestimmungen das Gebiet ihrer Geltung vollständig zu sichern, sondern schon die Thatsache, daß unabhängig von den Ideen ein mannigfaltig verschmolzenes, gesellschaftliches Wollen der Menschen sich geltend macht, wird die Beantwortung der obigen Frage nothwendig machen, wenn nicht entweder das gesellschaftliche Wollen einer Beurtheilung nach den Ideen entzogen werden, oder die Art, in welcher es ihr als gesellschaftliches unterliegt, unbestimmt bleiben soll. Gerade von der Entwickelung der gesellschaftlichen Ideen hängt ihre Bedeutung für die Gebiete des Wollens und Handelns ab, in welchen der Einzelne als Glied eines größeren Ganzen in Betracht kommt; und das Ideal des Wollens würde an einem der wesentlichsten Punkte lückenhaft und mangelhaft sein, wenn es nicht durch die wesentlichen Grundzüge dessen, was zu einem ethischen Gemeinwesen gehört, mitbestimmt wäre.

Die Voraussetzung: die Ideen selbst seien der Centralpunkt, in welchem sich die vielen Willen vereinigen, sie, die Musterbilder, in ihrer ganzen Reinheit und Lauterkeit, seien der gemeinschaftliche Geist, der alles Wollen aller Einzelnen gleichmäßig beseele, mag immerhin eine ideale, ja sogar die Annahme einer absolut vollständigen gesellschaftlichen Verschmelzung aller einzelnen Willen (von welcher die Möglichkeit abhängt, sie in Wahrheit als einen einzigen Willen aufzufassen), in Vergleich mit der wirklichen Gesellschaft eine bloße Fiction sein; gerade die Ausbildung jenes Ideals ist die noch zu lösende Aufgabe der Ideenlehre, um in ihm sowohl die Zielpunkte des gesellschaftlichen Wollens nachweisen zu können, als auch einen Maaßstab zu haben, nach welchem die Abweichungen der Wirklichkeit von jenem Ideale sich schätzen lassen. Daher berührt auch die Ideenlehre als solche nicht die Untersuchung über die Bedingungen, unter welchen in der wirklichen Welt ein bestimmtes Maaß gesellschaftlicher Durchdringung zu erwarten steht oder nicht. Zu diesen Bedingungen gehören wesentlich die Mittel der Mittheilung und Communication; und es können große Unterschiede stattfinden in der Sicherheit und Leichtigkeit, mit welcher, und dem Umfange, für welchen das Medium der Communication seinem Zwecke entspricht; alles aber, was hierher gehört, muß die Ideenlehre, die nicht auf die besonderen Formen des menschlichen Daseins beschränkt ist, ignoriren. Dennoch liegt die Annahme einer Verschmelzung der Willen, die, gleichsam unmittelbar, aus der inneren Regsamkeit aller Einzelnen hervorgehend, ihr Wissen und Wollen vollständig unter einander zusammenfallen ließe, nicht so nahe, wie diejenige, wo irgend welche Vermittelungen auf dem Boden einer gemeinschaftlichen Sinnenwelt die Willen verknüpfen. Schon deshalb würde es erlaubt sein, die gesellschaftlichen Ideen in einer andern Reihenfolge zu betrachten als die ursprünglichen. Diese Befugniß wird aber eine Art Nothwendigkeit, wenn man sich erinnert, daß die Idee der innern Freiheit sich wesentlich auf die übrigen Ideen bezieht (S. 171), und daß somit die Nachweisung ihrer gesellschaftlichen Bedeutung mit bedingt ist durch die Einsicht in die gesellschaftliche Bedeutung der übrigen Ideen. Die innere Freiheit der Gesellschaft ist das letzte und höchste, in welchem sich alle übrigen Ideen begegnen und vereinigen; die rechtliche Ordnung der Gesellschaft das erste, zu welchem in den Conflicten einer Mehrheit von Willen in einer gemeinschaftlichen Sinnenwelt die nächste Aufforderung liegt; die Ideen der Billigkeit und des Wohlwollens liegen in der Mitte zwischen beiden äußersten Punkten, und hiernach richtet sich die in der Entwickelung der gesellschaftlichen Ideen zu befolgende Ordnung.

II. Die gesellschaftlichen ethischen Ideen.

A. Rechtsgesellschaft.

Die Idee des Rechts beruht, wie früher gezeigt worden ist, wesentlich auf dem Mißfallen am Streite und umfaßt alles, was als Regel zur Vermeidung des Streites irgendwie gemeinschaftlich festgesetzt und anerkannt ist. Aber die Geltung eines Rechtsverhältnisses, die Heiligkeit einer Rechtsgrenze erstreckt sich ursprünglich nur auf die, zwischen welchen eine solche Uebereinkunft stattgefunden hat; und so lange man bei der Voraussetzung vereinzelter Willen stehen bleibt, mögen sich die Rechtssphären derselben zwar mannigfaltig durchkreuzen, ein gemeinschaftliches Band vieler solcher Einzelnen läßt sich auf diese Weise nicht nachweisen. Ein Rechtsverhältniß, welches zwischen a und **b** gebildet, hat darum noch keine Bedeutung für einen dritten **c** in seinem Verhältniß entweder zu a oder zu b. Durch den Vorblick auf die gesellschaftliche Bedeutung der Ideen entsteht dagegen die Frage: welche Bedeutung die Idee des Rechtes gewinnen werde für eine Mehrheit von Willen, die sämmtlich von dem Mißfallen am Streite durchdrungen und demgemäß bereit wären, Rechtsbestimmungen als Regel und Norm zur Vermeidung des Streites unter sich zu errichten und heilig zu halten. Hierbei handelt es sich zunächst nicht um das, was sie thun sollen, sondern es genügt zu untersuchen, was sie thun werden, um unter sich selbst das verwerfliche Schauspiel des Streites zu vermeiden. Diese Untersuchung nun führt, falls die Wollenden selbst auf dem Standpunkte stehen, auf wel=

chen das Mißfallen am Streite den Betrachtenden hinstellt, sogleich auf den Begriff der Rechtsgesellschaft d. h. einer solchen Vereinigung einer Vielheit wollender Wesen, deren gesammtes Wollen durch die Bereitwilligkeit, rechtliche Bestimmungen als Regel zur Vermeidung des Streites anzuerkennen und zu respectiren, charakterisirt ist; dergestalt, daß sie in dieser Beziehung als ein einziger Wille angesehen werden können. Daher muß für jetzt alles, was die Klarheit, die Entschiedenheit, die Innigkeit dieser durch ihren bestimmten Zweck charakterisirten gesellschaftlichen Vereinigung in der Wirklichkeit trüben, schwächen und hindern mag, unberücksichtigt bleiben, um die Idee der Rechtsgesellschaft in ihrer Reinheit aufzufassen.

Die erste Aufgabe, welche die Rechtsgesellschaft zu erfüllen bemüht sein würde, besteht offenbar darin: durch vorbeugende Maaßregeln die Möglichkeit des Streites im Voraus zu erschöpfen, und die Rechtssphäre jedes Einzelnen dergestalt zu bestimmen, daß diese Bestimmung für jeden, der mit eingeschlossen ist in den Kreis der Gesellschaft, eine unzweideutige Norm der freiwilligen Nachachtung sein könne. Wie mannigfaltig die Möglichkeit des Streites, wie vielfach demgemäß die vorbeugenden und normirenden Bestimmungen sein müßten, hängt von den besonderen Veranlassungen des Begehrens, von den einzelnen Gelegenheiten des Handelns, von den Objecten und Ursachen des möglichen Streites ab, die auf dem Boden der Gesellschaft vorkommen und sich im Laufe der Zeit erzeugen mögen. Es gehört hierher nicht nur die gesammte Mannigfaltigkeit der äußeren Sachen sammt allen möglichen Dispositionen über sie, nicht nur die Vielheit persönlicher Ansprüche und Leistungen, sondern auch alles das, was sich auf die Disposition über noch nicht gefundene, oder noch nicht vorhandene Sachen, endlich das, was sich auf die Ansprüche und Verpflichtungen der Personen bezieht, die irgendwie im Laufe der Zeit in den Kreis der Gesellschaft eintreten. Den Ausdruck des gesellschaftlichen Wollens, durch welchen über alle in diesem weiten Raume möglichen Collisionen im Voraus eine Regel der Nachachtung hingestellt würde, möge man durch die unzähligen Abstufungen der Gewohnheit, der Sitte, des Vertrags, des Gesetzes verfolgen, immer bleibt es das wesentliche Merkmal einer durch die Idee des Rechts verbundenen Gesellschaft, dem, was als Rechtsgrenze irgendwie Anerkennung gewonnen hat, seine Gültigkeit nicht durch einseitige Willkühr zu rauben; da aber, wo in den normirenden Bestimmungen Unklarheiten und Zweideutigkeiten, oder gar Lücken und Mängel sich vorfinden, für Entfernung dieser, für Ergänzung jener zu sorgen.

Die Schwierigkeit jedoch, ja die Unmöglichkeit, allen möglichen Veranlassungen zum Streite innerhalb der Gesellschaft etwa durch Verträge jedes Einzelnen mit allen Uebrigen, oder durch eine für jeden besonderen Fall, ja auch nur für ganze Classen möglicher Fälle ausdrücklich getroffene Vereinbarung vorzubeugen, drängt sich auch dem flüchtigsten Blicke auf die unermeßliche Menge möglicher Collisionen der Willen von selbst auf. Deshalb entsteht die Frage, ob die Bedeutung der Rechtsgesellschaft nothwendig auf einem solchen, das Einzelne immer nur als solches beachtenden Verfahren beruhe und die Erzeugung eines allgemein durchgreifenden Rechtszustandes ausschließend an die blos comparative Allgemeinheit der vom Einzelnen zum Einzelnen fortschreitenden Rechtserzeugung gebunden sei; oder ob nicht vielmehr eine genauere Entwickelung der Gesinnung, auf welcher die Rechtsgesellschaft als solche ruht, gleichsam mit einem Schlage wenigstens zu dem Umriß eines solchen Rechtszustandes führe. Nun war die nächste Weisung, die aus dem Mißfallen am Streite hervorging, die, den streitigen Gegenstand zu überlassen; und bestimmte Rechtsgrenzen beruhten auf bestimmten, ausdrücklich anerkannten Ueberlassungen und Zugeständnissen. (S. oben S. 196 — 200, 204 flgg.). Ueberträgt man diesen Begriff des Ueberlassens auf eine Vielheit durch das Mißfallen am Streit gesellschaftlich vereinigter Willen, so kommt man auf ein allgemeines gegenseitiges Ueberlassen; kein Einzelner wird, so gewiß er den Streit meiden will, mit einseitiger Willkühr, Gewalt, Betrug u. s. w. Ansprüche und Forderungen in Beziehung auf Sachen und Leistungen anderer durchzusetzen versuchen. Mit andern Worten: jeder wird jedem lassen, was er gerade hat; die allgemeine Anerkennung und Respectirung des schon vorhandenen Verhältnisses der Personen zu den Sachen oder der Personen zu einander ist der unmittelbare Ausdruck dieses gegenseitigen allgemeinen Ueberlassens. In der durchgängigen Gegenseitigkeit dieses, wenn auch unbestimmten, doch allgemeinen Ueberlassens liegt nun zugleich, daß jeder „das unbestimmte und allgemeine Ueberlassen der Uebrigen so auf sich selbst anwenden dürfe, daß unter andern auch ihm sei zugestanden worden zu nehmen, was er nahm", zu behalten und zu benutzen, was er hatte; „daß er demnach zufolge dieser Subsumtion unter einem allgemeinen Begriffe" (dem des allgemeinen gegenseitigen Ueberlassens) „das Seine geltend machen könne gegen Personen, die dasselbe gleichwohl nicht zuvor gerade als das Seine (dieses bestimmten Einzelnen) gekannt und anerkannt hatten"*).

Der wichtige Fortschritt, der in dieser Uebertragung des Ueberlassens von den Einzelnen auf die Gesammtheit derselben in der Gesellschaft liegt, besteht darin, daß die Rechtsgesellschaft, wie es der Begriff der Gesellschaft verlangt, nicht mehr blos auf Rechtsverhältnisse zwischen den bestimmten Einzelnen, zwischen welchen sie zu Stande gekommen sind, beschränkt ist, sondern daß das allgemeine gegenseitige Ueberlassen den Keim von Rechten enthalte, die gegen jeden unbestimmten Dritten (vorausgesetzt, daß er mit eingeschlossen sei in den Kreis der Gesellschaft) gelten. Bleibt man hierbei zunächst bei äußeren Sachen und der Gesammtheit aller möglichen Dispositionen über jede einzelne derselben stehen, so tritt die Beziehung zwischen dem bestimmten Ich und Du, für die sie als das Mein und Dein bezeichnet ist, durch dieses allgemeine gegenseitige Ueberlassen in den Hintergrund; nicht mehr von der Beziehung bestimmter Personen zu einander hängt jetzt das Recht der Disposition über die Sache unmittelbar ab; sondern der Berechtigte darf sich innerhalb der Rechtsgesellschaft ein Recht auf die Sache, ein dingliches Recht zuschreiben, gültig gegen jeden unbestimmten Dritten, ohne gerade von jedem Dritten als der Berechtigte ausdrücklich bezeichnet worden zu sein. Die unbestimmte Mannigfaltigkeit aller möglichen Dispositionen über eine Sache in einen Begriff zusammengefaßt und irgend wem als Recht übertragen, ergiebt nun den Begriff des Eigenthums, als des jeden Andern ausschließenden, ohne Rücksicht auf die augenblickliche körperliche Innehabung bestimmten, bleibenden Verfügungsrechtes über eine Sache; und steht einmal der Begriff des vollkommenen Eigenthumes fest, so macht es keine Schwierigkeiten, wie dieses gleichsam unendliche Dispositionsrecht mancherlei Be-

*) Herbart Allg. prakt. Philos. S. 191.

schränkungen unterliegen könne, für welche die verschiedenen Arten des getheilten, des belasteten, des unvollkommenen Eigenthums leicht zugängliche Beispiele darbieten.

In ähnlicher Weise führt das allgemeine gegenseitige Ueberlassen, abgesehen von allen näheren Bestimmungen, auf ein solches Verhältniß der Personen und ihrer Leistungen, daß diejenige Unabhängigkeit, welche jede Person besaß, als unantastbares Recht derselben erscheint. Denn keiner wird Forderungen und Ansprüche rücksichtlich der persönlichen Leistungen des andern machen, die nicht schon vorher als Rechtspflicht waren zugestanden worden; jeder wird die persönliche Regsamkeit und Thätigkeit des andern innerhalb seiner Rechtssphäre gewähren lassen; und wenn man die Gesammtheit aller über die eigenen Kräfte möglichen Dispositionen eben so in einen Begriff zusammenfaßt, wie die Gesammtheit aller Dispositionen über äußere Sachen, um sie Einem als Recht zuzugestehen, so stellt sich zugleich mit dem Eigenthum die Anerkennung der Persönlichkeit im rechtlichen Sinne als die allgemeine Grundlage eines durchgreifenden Rechtszustandes dar, der die freie Bewegung des Einzelnen überall, wo sie die Rechte eines andern nicht verletzt, gestattet.

Indem jedoch der Begriff des allgemeinen gegenseitigen Ueberlassens sammt den unmittelbar daraus hervorgehenden Folgen sich als wesentlicher Grundzug in dem Bilde der Rechtsgesellschaft darstellt, kann die Meinung nicht die sein, als müßte es irgend einen Zeitpunkt gegeben haben, wo sich jeder Einzelne über dieses sein Ueberlassen ausdrücklich erklärt habe; sondern dieses Ueberlassen ist die stillschweigende Voraussetzung, ohne welche der Begriff einer Rechtsgesellschaft in jedem bestimmten Falle keine Bedeutung mehr haben würde; nämlich die Voraussetzung der Gesinnung, nicht Urheber des Streites sein zu wollen, von welcher alle, die im Kreise der Gesellschaft eingeschlossen sind, gleichmäßig durchdrungen sein müssen. Wo diese Gesinnung fehlt, ist der Idee nach die Rechtsgesellschaft in demselben Maaße aufgehoben, als sie fehlt; sie allein ist es, auf welcher der Idee nach die Entstehung, wie die Erhaltung der Rechtsgesellschaft beruht. Die Entstehung: denn gesetzt, es habe sich irgendwie unter einer Vielheit wollender Wesen eine Vertheilung der äußeren Sachen u. s. w. durch Zufall, Glück, Geschick, durch den Sieg und die

Niederlage mannigfaltig streitender Willen gebildet, ohne irgend eine Rücksicht auf rechtliche Auseinandersetzung, so hat der Erfolg solchen Geschehens trotz aller factischen Geltung so lange keine rechtliche Bedeutung, als nicht irgendwie eine gegenseitige Anerkennung dieses Besitzes in den Gemüthern Platz gewinnt. Ohne alle äußerlich wahrnehmbare Veränderung des status quo würde in den Beziehungen dieser Willen eine unermeßliche Veränderung stattfinden, wenn der Gedanke des allgemeinen gegenseitigen Ueberlassens plötzlich in ihnen sich geltend machte, und nunmehr nicht mehr die physische Macht oder Ohnmacht, sondern die Scheu vor dem ethischen Mißfallen am Streite die Norm ihres Thuns und Lassens würde. Die Veränderung wäre so groß, wie der Unterschied zwischen Gewalt und Recht; so wichtig, wie die Verschiedenheit des Geistes und der Gesinnung, welche vorher und nachher ihr Verhalten bestimmten. Die Erhaltung der Rechtsgesellschaft beruht aber auf der Fortdauer derselben Gesinnung, der sie ihren Ursprung verdankt; der ehrliche Mann, der fremdes Recht zu verletzen sich scheut, ist fortwährend von diesem Zurückweichen, diesem Ueberlassen, wo ihm kein Recht zusteht, beseelt; er kümmert sich nicht sowohl darum, worauf denn das Recht des andern beruhe, sondern es genügt ihm zu wissen, daß ihm hier kein Recht zusteht; und das allgemeine gegenseitige Ueberlassen ist so deutlich die Grundlage jedes gesellschaftlichen Rechtszustandes, daß es sich überall, wo die rechtliche Gesinnung factisch in den Gemüthern Wurzel gefaßt hat, in concreten Fällen wird nachweisen lassen *).

*) Das allgemeine gegenseitige Ueberlassen sammt den in ihm liegenden Consequenzen ist der für die Idee der Rechtsgesellschaft entscheidende Gedanke, über den man sich vollkommen klar geworden sein muß, um von den gewöhnlich sogenannten naturrechtlichen Begriffen loszukommen. Zwar nicht in deutlicher bestimmten Begriffen als in der allgem. prakt. Philosophie, aber anschaulicher und mit mehr Rücksicht auf die Rechtslehre Spinoza's, Kant's und Fichte's hat diesen Punkt Herbart in einer Recension über Hegel's Rechtsphilosophie auseinandergesetzt. (Kleine philos. Schriften Bd. III, S. 536 flgg.). Aus ihr mag hier noch eine Stelle Platz finden (a. a. O. S 540): „Man versammle einen Kreis wahrhaft gebildeter Männer; man biete eine Summe von theilbaren Gegenständen dar, man wird sehen, daß es einen Augenblick giebt, wo Jeder zurücktritt, und erwartet, was die Uebrigen thun; und daß beim Zugreifen, wenn es ja dazu kommt, sich Jeder hüten wird, nicht die

Dennoch ist mit dem allgemeinen, übrigens aber unbestimmten Ueberlassen, nur der äußerste Umriß der Rechtsgesellschaft bezeichnet. Zwar daß, wenn die Einzelnen blos unbestimmt überlassen, vieles unbenutzt bleiben, manches nicht in die Hände derer kommen kann, welche es am meisten bedürfen, oder daß mancherlei Ungleichheiten des Besitzes eine rechtliche Autorität erhalten können, und dem Aehnliches mag das Wohlwollen oder die Billigkeit zu bedauern, vielleicht zu mißbilligen haben; die Idee des Rechts kümmert sich darum nicht, und noch weniger ist es erlaubt, aus factischen Zuständen, die nicht allen Ideen gleichmäßig entsprechen, unmittelbar einen auf ihre Aufhebung gerichteten Rechtsanspruch (vielleicht nach der gewöhnlichen Ansicht vom Rechte sogleich einen solchen, der sich mit Gewalt durchsetzen lasse) ableiten zu wollen. Dennoch ist der durch den Begriff des Ueberlassens bezeichnete Umriß der Rechtsgesellschaft auch nicht so unbestimmt, daß nicht in ihm die Entstehung, Erhaltung und Uebertragung bestimmter Rechte der Einzelnen gegen einander Platz

---

stillschweigend vorauszusetzende Einstimmung der andern zu überschreiten. Diese Zartheit ist nichts anderes, als das wahre Rechtsgefühl selbst; wer da glaubt, er dürfte sich ihrer allenfalls überheben, der muß den Vorwurf dulden, er habe das Recht noch nicht scharf genug ins Auge gefaßt. Unglücklicherweise aber pflegt man die Vorstellung eines sogenannten Naturstandes hier einzumischen, der unwillkührlich die Phantasie in ein Land versetzt, wo noch kein Gesetz, keine Sitte, keine Bildung, keine praktische Ueberlegung herrscht; was da geschehen werde, das kann man alle Tage sehen, wo ein Haufe roher Burschen beisammen ist; sie greifen zu und streiten. Aber davon hätte nicht die Frage sein sollen. Entsprossen sind wir freilich alle aus einem solchen Lande, das lehrt uns leider die Geschichte, und das bezeugt der leider noch sehr unvollkommene rechtliche Zustand, in dem wir leben, und über den wir die Augen noch lange nicht weit genug geöffnet haben. Daher der offene und geheime Krieg der Parteien, von denen keine Lust hat, so bescheiden zurückzutreten, als von allen Seiten zugleich geschehen muß, wenn die gewaltsame Spannung ganz aufhören soll, die vom Rechte das gerade Gegentheil ist" u. s. w. Ueber die Consequenzen, die sich daraus für das angeblich aus der ersten Besitzergreifung entstehende Recht ergeben, vergleiche man, falls es nöthig sein sollte, das a. a. O. unmittelbar Folgende mit der allgem. prakt. Philos. S. 120. Der einzige Satz: daß wider den Willen der andern dabei Mitbetheiligten ursprünglich Niemand ein Recht erwerben kann, genügt in dieser Beziehung die rechte Spur zu zeigen.

fände, vielmehr bereitet erst dieses allgemeine gegenseitige Ueberlassen der Sicherheit und Beweglichkeit aller Privatrechte den nöthigen Spielraum, indem jeder in die Dispositionen, die ein Anderer innerhalb seiner Rechtssphäre treffen mag, hemmend einzugreifen sich enthält. Wohl aber scheint der Begriff des bloßen Ueberlassens, in welchem der ursprünglich nicht vereinigende, sondern auseinandersetzende Charakter des Rechts (S. 197, 198) in seiner ganzen Schärfe liegt, dem Begriffe einer gesellschaftlichen Vereinigung nicht zu entsprechen, indem, wenn auch die Ueberlassenden eine gemeinschaftliche Gesinnung beseelt, doch in dieser blos negativen Stellung derselben gegen einander die Richtung auf eine positiv bestimmte Form, die dieser inneren Gemeinschaft entspricht, vermißt wird.

Gleichwohl läßt sich unter Voraussetzung jener Gesinnung eine solche Bedeutung des Ueberlassens nachweisen, daß das blos negative Geschehenlassen sich zugleich als positives und actives Wollen der Glieder der Gesellschaft darstellt. Jeder Einzelne hätte streiten können; statt dessen überläßt er, zwar unbestimmt, aber doch so, wie die andern ebenfalls überlassen. In diesem seinem Ueberlassen liegt schon ein actives Wollen; denn jenes dumpfe, halb unbewußte Hinleben in hergebrachten Zuständen und Verhältnissen, welches um sich her geschehen läßt, ohne zu wissen und zu überlegen, was, findet da keinen Platz, wo von Willen die Rede ist, welche die Idee der Rechtsgesellschaft repräsentiren, und also wenigstens wissen müssen, was sie thun, indem sie zurückweichen und überlassen. Jeder der Ueberlassenden also, wissend, was er thut, disponirt über das Vorhandene zu Gunsten dessen, der es hat, und zwar mit Beziehung auf die übrigen Ueberlassenden so, wie von diesen ebenfalls darüber ist disponirt worden. Ueber irgend etwas aber so disponiren, wie ein Anderer darüber schon disponirt hatte, heißt der Disposition desselben beitreten; und dieser Beitritt zu der Gesammtheit der von den Uebrigen getroffenen Dispositionen, (eine nähere Bestimmung des Ueberlassens, die aus der Allgemeinheit und Gegenseitigkeit desselben hervorgeht,) ist allgemein gedacht der Ausdruck einer positiven Einstimmung der Einzelnen, die ihr actives Wollen repräsentirt. Diese Einstimmung nun verknüpft die Einzelnen, obgleich jeder derselben in seine individuellen Rechtsgrenzen eingeschlossen bleibt, zu einem idealen Ganzen, dergestalt, daß, wenn der Einzelne die getroffene Uebereinkunft bräche, das anerkannte Recht verletzte, dieser Friedensbruch nicht mehr blos als eine Verletzung des Einzelnen, den sie unmittelbar trifft, sondern als eine Verletzung der Totalität aller in der Rechtsgesellschaft vereinigten Willen betrachtet werden könnte, welche sämmtlich durch ihr actives Wollen in eine rechtliche Ordnung eingetreten waren, auf deren Nichtunterbrechung zu rechnen auch der Verletzende ihnen zugestanden hatte. Auf diesem Begriffe des Beitretens, der das im Ueberlassen liegende active Wollen nur ausdrücklich hervorhebt, beruht mithin die Beziehung der Gesellschaft als solcher zu dem Einzelnen und umgekehrt dieses zu jener; in wiefern und in welchem Umfange der Beitritt zu der gemeinschaftlichen Uebereinkunft von allen Einzelnen vorausgesetzt werden kann, bekommt das bloße Ueberlassen die Bedeutung eines gesellschaftlichen Verbandes. Nur ist dieses Beitreten eben so wenig als das Ueberlassen eine Sache der bloßen Willkühr, sondern es ist ein Wollen, welches von jedem Einzelnen erwartet werden darf, wenn und in wiefern er als Glied der Rechtsgesellschaft soll betrachtet werden können.

Die bisherigen Erörterungen bezogen sich sämmtlich auf die Voraussetzung, daß die Idee des Rechts in allen Gliedern der Gesellschaft lebendig genug sei, um eine ausreichende Bereitwilligkeit zu jeder dem Streite vorbeugenden Maaßregel erwarten zu lassen; und die Entwickelung dessen, was unter die Begriffe des Ueberlassens und Beitretens fällt, bezieht sich eigentlich nur auf das, was ohne besondere Uebereinkunft, Gesetze, Verträge, die jedoch, wie sich von selbst versteht, dadurch nicht ausgeschlossen werden, als der unmittelbare Ausdruck eines von dem Mißfallen am Streite geleiteten Gesammtwollens erfolgen würde. Trotz aller vorbeugenden Maaßregeln aber bleibt immer die Möglichkeit übrig, daß der Streit entstehe, und eine gesellschaftliche Intelligenz wird, auch noch ohne bestimmte Erfahrungen gemacht zu haben, dieser bloßen Möglichkeit gegenüber sich der Aufgabe nicht entziehen können, zu überlegen, wie der entstandene Streit geschlichtet und, wo möglich, in seinen Folgen aufgehoben werden könne. Treten vollends Thatsachen hinzu, wie sie die Wirklichkeit nur gar zu häufig darbietet, welche beweisen, daß das Mißfallen am Streite und die dadurch geforderte Achtung vor dem

Rechte keine Naturgewalt ist, welche die Willen die Grenzen ihrer Berechtigung zu überschreiten abhält, so kann diese Aufgabe eine solche Wichtigkeit erlangen, daß sie das ursprünglich in der Idee der Rechtsgesellschaft allein liegende vorbeugende Verfahren theilweise sogar in den Hintergrund kann treten lassen.

Ueberdies ist es nicht einmal nothwendig, die Veranlassung des Streites immer nur in wirklichen Rechtsverletzungen zu suchen. Es genügt dazu schon jede Undeutlichkeit und Zweideutigkeit der getroffenen oder stillschweigend vorausgesetzten Uebereinkunft (s. S. 204, 4.), welche, irgendwie in verschiedenem Sinne aufgefaßt oder gedeutet, die Willen, von welchen immerhin jeder im guten Glauben an sein Recht sein mag, thatsächlich in Conflict bringen kann. Es gehören ferner hierher alle die Fälle, die man am kürzesten unter den Begriff einer Collision verschiedener Rechte zusammenfassen kann, d. h. solche Verhältnisse der Rechte verschiedener Subjecte oder der Rechtsverbindlichkeiten eines und desselben Subjectes, in welchen die vollständige Erfüllung aller Rechtsansprüche ganz oder zum Theil unmöglich ist, wie dieses bei rechtlich begründeten Anforderungen Mehrerer an Einen, die das Maaß seiner Leistungsfähigkeit überschreiten, leicht der Fall sein kann. Endlich aber nimmt alles, was mittelbar oder unmittelbar unter den Begriff der Rechtsverletzung, d. h. einer Handlung, welche wider den Willen des Berechtigten einen Eingriff in dessen Rechtsgebiet thut, fällt, hier einen breiten Raum ein, der um so größer sein wird, je mehr die wirkliche Gesellschaft von der Idee der Rechtsgesellschaft entfernt ist. In allen diesen Fällen entsteht Streit, in den beiden ersteren Streit des vermeinten oder wirklichen Rechtes unter einander, in dem dritten Streit des Unrechts gegen das Recht.

Obwohl nun, wie auch der Streit möge veranlaßt sein, es überall gleichmäßig im Geiste der Rechtsgesellschaft liegt, denselben zu schlichten, so werden doch die dadurch bedingten Maaßregeln nicht überall in denselben Grenzen eingeschlossen sein. Das Allgemeinste ist, daß die streitenden Willen nicht festhalten dürfen an ihrer individuellen Willkühr, sondern bereit sein müssen, von ihr loszulassen, damit der Streit geschlichtet werden könne. Das weist zurück auf die vorbeugenden Maaßregeln, auf die willige Unterwerfung unter das, was als Recht war festgestellt worden; es weist aber auch vorwärts auf die Anerkennung einer gesellschaftlichen Autorität, welcher die Erklärung und Anwendung des Festgestellten auf den vorliegenden Fall zuerkannt wird, deren Entscheidung sich die Streitenden da, wo entweder gar nichts oder nichts Bestimmtes festgesetzt war, zu unterwerfen bereit zeigen. Mit andern Worten: die Rechtsgesellschaft bedarf einer Autorität, eines Organs der friedlichen Schlichtung des, trotz der vorbeugenden Uebereinkunft oder in Folge des Mangels derselben entstandenen Streites. So entsteht der Begriff des Richters und des Gerichtes, als des Organs der rechtskräftigen Entscheidung über streitige Rechte. Richter und Gericht repräsentiren unmittelbar die Idee des Rechts; die Parteien, welche dem Gericht die Entscheidung ihres Streites anheimstellen, hören, eben indem sie dies thun, auf, selbst zu streiten und der Rechtsstreit, der an die Stelle des Streites der Willkühr tritt, ist eben deshalb, weil in ihn die individuelle Willkühr eliminirt ist, kein Streit im eigentlichen Sinne des Wortes*), sondern vielmehr Untersuchung und Entscheidung, in welche sich die Willkühr der Streitenden selbst nicht einmischt. Der Begriff des Gerichts ändert sich dabei im Allgemeinen nicht, möge für besondere einzelne Fälle oder für besondere Classen des Rechtsstreites der Richter von den Betheiligten selbst als Schiedsrichter erwählt, oder ein für allemal im Voraus bestimmten Personen die Function des Richters übertragen werden; diese Function hat immer eine gesellschaftliche Bedeutung, und umgekehrt: wo sich inmitten der bestehenden Rechtsverhältnisse das Bedürfniß richterlicher Entscheidung in bestimmten, selbst zu Recht anerkannten Einrichtungen kund zu geben beginnt, ist auch unter den, wenn auch übrigens noch so sehr vereinzelten Willen eine Richtung auf die Rechtsgesellschaft vorhanden. Diese Einrichtungen können höchst verschiedenartig sein, es kann bei verwickelteren gesellschaftlichen Verhältnissen zweckmäßig, ja unumgänglich nöthig werden, die Art der Wirksamkeit des Gerichtes, die Form des Rechtsganges (processus, als eines regelmäßigen Fortschrittes durch alle Stadien der richterlichen Untersuchung) selbst zum Gegenstande besonderer Bestimmungen zu machen;

---

*) Man vergleiche, was oben S. 195 über den Streit um die Wahrheit ist bemerkt worden.

immer ist die Schlichtung des Streites das erste Merkmal des Richters, und die Einsetzung und Anerkennung der richterlichen Autorität für die Rechtsgesellschaft auch schon der bloßen Möglichkeit des Streites gegenüber unumgänglich nothwendig.

Wenn nun aber schon da, wo die Bereitwilligkeit fehlt, die Entscheidung des Streites dem Gericht zu überlassen und sich derselben zu fügen, ein Mißverhältniß eintritt, welches die Rechtsgesellschaft entweder gar nicht zu Stande kommen läßt oder in ihrem Dasein unterbricht, ein Mißverhältniß, dessen Beseitigung (eben weil es in einer Region liegt, wo das ethische Urtheil nicht unmittelbar gehört und beachtet wird) zu der Anwendung von Mitteln treibt, die sich zwar auf die Idee beziehen, aber nicht in ihr selbst liegen; so ist dies in noch höherem Grade bei *Rechtsverletzungen* der Fall. Die Verletzung eines fremden Rechts ist die factische Aeußerung eines Willens, der den Grundbedingungen, unter welchen die Rechtsgesellschaft allein möglich ist, zuwiderläuft; und es liegt unmittelbar in dem ganzen Verhältnisse der Rechtsverletzung zur Rechtsgesellschaft, daß diese jene in ihren Folgen zu vernichten und aufzuheben, den unterbrochenen Rechtszustand *wiederherzustellen* die Befugniß sowohl als die Pflicht hat. Diese Wiederherstellung des Rechtszustandes führt zunächst auf *Ersatz* des Schadens, welcher durch die Verletzung dem Berechtigten war zugefügt worden, und zwar auf *rechtlichen Ersatz*, zum Unterschiede von der Genugthuung, die auf Gründen der *Billigkeit* ruht (S. 218). Aber selbst den einfachsten Fall angenommen, daß z. B. ein geraubter Gegenstand vollständig noch vorhanden sei und dem Beraubten könne zurückgegeben werden, so kann, wo der Verletzende ihn nicht freiwillig herausgiebt, leicht der Fall eintreten, daß die Bewerkstelligung der Rückgabe in das eigene Rechtsgebiet des Verletzenden gewaltsam einzugreifen genöthigt ist. Nichts nun wäre willkührlicher, als zu behaupten, daß der Verletzende durch seine rechtswidrige Handlung seiner eigenen Rechte verlustig gehe, und daß eben deshalb jedes beliebige Verfahren gegen ihn ohne weiteres, *rechtlich* zulässig und erlaubt sei. Zwischen einer bestimmten rechtswidrigen Handlung und dem Verluste anderer, ganz unabhängig davon bestehenden Rechte ist an sich so ganz und gar kein Zusammenhang, daß eben darin die Nothwendigkeit liegt, die Maaßregeln, welche zum Zwecke der Wiederbemächtigung oder des in irgend einer andern Art zu leistenden Ersatzes nothwendig sind, selbst zum Gegenstande rechtlicher Uebereinkunft zu machen. Die Möglichkeit, eine solche Uebereinkunft als vorhanden vorauszusetzen, liegt aber keineswegs so fern, als es auf den ersten Anblick scheinen könnte. Denn der Verletzende würde sich lossagen von dem rechtlichen Verbande, er würde aufhören müssen, sich als Glied der Gesellschaft zu betrachten, wenn er nicht zugestehen wollte, daß man von ihm voraussetze: er wolle die Maaßregeln, welche nur die Wiederherstellung des von ihm verletzten Rechtes bezwecken, nicht als Unrecht betrachten. Gestattet er jene Voraussetzung nicht, so stellt er sich der Gesellschaft als Feind in einer solchen Weise gegenüber, daß an die Stelle des Rechtes der Krieg tritt, der zwar von Seiten der Gesellschaft immer noch im Geiste sowohl, als in der Form des Rechts geführt werden mag, von Seiten des Verletzenden aber nur der Ausdruck der Gewalt und der List ist; ein Verhältniß, welches, allgemein gedacht, jede Spur eines gesellschaftlichen Rechtszustandes aufheben würde, und dessen Gegentheil eben deshalb da, wo überhaupt noch von der Rechtsgesellschaft soll die Rede sein können, von jedem Einzelnen muß angenommen werden dürfen. Oder meint man etwa, daß eine Gesellschaft, für welche diese Annahme überwiegend unrichtig wäre, in welcher alles, was auf die Aufrechthaltung des bestehenden, die Wiederherstellung des verletzten Rechtes abzielte, nur immer wieder die Veranlassung neuen, im Innern der Gemüther wurzelnden Zwiespaltes würde, wo die Besseren, denen die rechtliche Ordnung am Herzen liegt, überall nur auf den hartnäckigen Widerstand zügelloser Willkühr stießen, daß eine solche Gesellschaft auch nur den Schein eines rechtlich geordneten Ganzen auf die Länge werde aufrecht halten können?

So wie jedoch von dem Verletzenden, falls er überhaupt als Mitglied der Rechtsgesellschaft soll betrachtet werden können, die Unterwerfung unter die auf die Wiederherstellung des Rechtes gerichteten Maaßregeln gefordert werden kann, so gilt andererseits dem Verletzten, damit der Streit ende, die Erwartung, daß er sich bei dem geleisteten Ersatze beruhige. Die Erwartung wird besonders dann wichtig, wenn der Ersatz nur ein stellvertretender, eine *Entschädigung* sein kann; aber sie ist in concreten Fällen beschränkt durch den Werth, den das verletzte Recht für den

Verletzten hat; daher die besondere Erklärung des Letzteren, sich bei einer bestimmten Entschädigung beruhigen zu wollen, in der Regel nicht wird übergangen werden dürfen. Daß überhaupt alle die sich vielfältig durchkreuzenden Einzelnheiten, die bei der Wiederherstellung verletzter Rechte berücksichtigt sein wollen, in allgemeinen Formeln sich nicht erschöpfen lassen, liegt in der Natur der Sache; für einen bestimmten Rechtszustand nehmen die Schwierigkeiten mit dem Grade der Ausbildung desselben ab; unzählige Fragen werden unter Voraussetzung einer ausreichenden Gesetzgebung auf diesem Gebiete durch den einfachen Satz abgeschnitten: daß jeder Einzelne in der Rechtsgesellschaft eben nur dadurch an ihr Theil nehme, daß er sich den bestehenden Rechten und Einrichtungen unterwerfe; und nur in so weit, als diese Unterwerfung auch in Beziehung auf die Wiederherstellung des verletzten Rechtes kein leeres Wort ist, hat die Rechtsgesellschaft nicht zu fürchten, daß sie in dem Streit unrechtlicher Willen ihrem Untergange entgegengehe.

Gleichwohl tritt, wie auch schon bei der Idee des Rechtes erwähnt wurde (S. 210, 211), gerade hier das Bedürfniß des Zwanges hervor. In einer der Idee vollkommen entsprechenden rechtlichen Vereinigung würde dieses Bedürfniß nicht vorhanden sein; je mehr es sich im Umkreise der Gesellschaft fühlbar macht, desto weiter ist diese noch von dem Ideale der Rechtsgesellschaft entfernt, von welchem man nicht bestimmt genug hervorheben kann, daß es wie Alles Ethische auf der Gesinnung des Mißfallens am Streite beruht. Daß nun zur Abwendung wenigstens der äußeren Folgen dieses Mangels Zwangsrechte entstehen können, ist ebenfalls schon früher gezeigt; und sowohl dadurch, daß das Zwangsrecht wie jedes andere Recht, auf Uebereinkunft und gemeinschaftlicher Anerkennung beruht, als vornehmlich dadurch, daß es seiner Natur nach auf die Aufrechthaltung des Rechtszustandes beschränkt ist*), unterscheidet sich der rechtliche Zwang von jeder andern auf

*) Diese Aufrechthaltung ist zunächst immer nur Wiederherstellung des verletzten Rechtes oder Nöthigung zu der Erfüllung einer Rechtsverbindlichkeit, deren der Verpflichtete sich weigert. Vorbeugende Zwangsmaaßregeln (der sogen. Präventionszwang), wenn sie nicht geradezu selbst Veranlassungen zum Streite werden sollen, bedürfen überall noch besonderer Rechtfertigungsgründe.

einseitiger Willkühr beruhenden Anwendung von Gewalt. Jedenfalls aber setzt der Rechtszwang überall schon eine gesellschaftliche Verbindung voraus. Denn schon die Entscheidung, wo er solle angewendet werden, weist auf eine Autorität hin, die den Streitenden gegenüber, und, ohne in ihr Parteiinteresse verflochten zu sein, doch in einer solchen Beziehung zu denselben stehe, wie sie eben in dem Begriff des Rechts bezeichnet ist. Endlich stellt sich mit dem Bedürfniß des Zwanges das Bedürfniß einer gesellschaftlichen Macht ein, welche seiner Anwendung die nöthige Wirksamkeit zu sichern vermöge. In sofern nun diese Macht ausschließend durch ihre Beziehung auf die Aufrechthaltung des Rechtszustandes charakterisirt ist, erinnert sie an den Begriff einer Rechtsgesellschaft, welche sich zum Rechtsstaat ausbildet; dennoch ist die Natur des Staates zu sehr mit den natürlichen Bedingungen und Formen menschlicher Gesellung verwickelt, die Idee des Staates aber zu sehr von der Gesammtheit aller Ideen abhängig, als daß, was sich auf beide bezieht, die Grenzen der Entwickelung einer einzelnen Idee nicht überschreiten sollte; wie sehr auch gerade der Umstand, daß die Rechtsgesellschaft in der Wirklichkeit sich vorzugsweise in der Form des Staatslebens darstellt, welches mit dem Begriffe der gesellschaftlichen Macht unzertrennlich zusammenhängt, eine der Veranlassungen gewesen zu sein scheint, aus welchen der Zwang, als der Ausdruck der Macht, als ein Correlatbegriff des Rechtes ist aufgefaßt worden.

Bleibt man jedoch auch noch innerhalb der Grenzen der Rechtsgesellschaft stehen, so kann selbst unter Voraussetzung eines in ihr anerkannten Zwangsrechtes das Bedürfniß des Rechtsschutzes sich noch weiter erstrecken, als bis jetzt ist gezeigt worden. Gesetzt nämlich, es gäbe Rechtsverletzungen, für welche Ersatz oder Entschädigung ganz oder zum Theil, an sich oder unter besondern Umständen unmöglich wäre, so würde die ohnedies schon vorhandene Anforderung, daß das Recht überhaupt nicht verletzt werde, noch verstärkt durch die Unmöglichkeit, die Folgen gewisser Rechtsverletzungen zu vernichten. Es bliebe dann nichts übrig, als den Anreizen zur Rechtsverletzung überhaupt oder in besonderen Fällen Motive der Unterlassung der das Recht verletzenden Handlung entgegenzusetzen. Dieses Entgegensetzen eines Motivs der Nichtbegehung ist bekannt genug unter dem Namen der Drohung, der Verkündigung eines Uebels, welches auf die bedrohte Handlung unvermeidlich folgen werde, und die Zufügung dieses Uebels ist die Strafe. Daß das Bedürfniß des Rechtsschutzes in der Wirklichkeit so allgemein zur Strafdrohung führt, beruht ganz einfach darauf, daß die Verletzung fremder Rechte in der Regel dem Verletzenden einen Vortheil verspricht und daß man den darin liegenden Anreiz durch die Aussicht auf ein gleiches oder überwiegendes Uebel zu entkräften sucht; die Praxis des Lebens ist in dieser Beziehung trotz allen Streites der criminalistischen Theorien vorherrschend terroristisch. Aber die wirkliche Zufügung der Strafe in Folge der Drohung überschreitet gleichwohl die in der Idee des Rechtes liegenden Grenzen. Das verletzte Recht fordert Wiederherstellung; ist diese unmöglich, so trifft den Verletzenden, der dies hätte überlegen können und sollen, zwar ein um so schwererer Tadel, und dem Verletzten wird die Theilnahme der Uebrigen nicht entgehen; aber dem Verletzenden ein Uebel zufügen, welches sehr häufig dem Verletzten Ersatz zu verschaffen gar nicht geeignet ist, ist eine Wehethat, die den Begriff dessen, was in der Idee des Rechtes liegt, überschreitet. Zwar macht es keine Schwierigkeit, einzusehen, wie strafrechtliche Bestimmungen in der Gesellschaft durch gemeinsame Einrichtungen Platz und Geltung gewinnen können; sie mögen entstehen, wie jedes andere Recht entsteht; aber ob die Rechtsgesellschaft dem Bedürfniß des Rechtsschutzes durch die Drohung und Zufügung von Strafübeln ohne Vorwurf nachgeben, und ob das Strafrecht ganz unabhängig von jeder anderen Rücksicht, als die in dem Vorhandensein jenes Bedürfnisses liegt, sich gestalten dürfe, das ist eine Frage, die, ohne andere Ideen zu hören, nicht genügend beantwortet werden kann. Denn ganz von selbst erinnert der Begriff der Strafe an die Idee der vergeltenden Billigkeit (S. 221), der des Strafrechts enthält eine solche Verknüpfung des Rechtes mit der Vergeltung, daß, während das Bedürfniß strafrechtlicher Bestimmungen allerdings schon auf dem Boden der Rechtsgesellschaft sich erzeugt, doch die nähere Untersuchung darüber der Idee des Lohnsystems anheimfällt.

Wirft man nun einen Blick auf die Gesammtheit der Bestimmungen, auf welchen die Idee der Rechtsgesellschaft wesentlich beruht, so wird nicht leicht die Frage nach dem Inhalte des Rechtes, sei es nun der Einzelnen gegen einander oder der Einzelnen gegen die Gesellschaft und umgekehrt ausbleiben. Denn die sämmtlichen Bestimmungen, auf welche die Ideen des Rechtes und der Rechtsgesellschaft führten, sind so sehr durchaus formaler Natur, daß in ihnen darüber, was als Recht anerkannt werden solle, gar keine Entscheidung liegt. Wo vollends die Behauptung angeborner und ursprünglicher Rechte an die Spitze der Rechtsphilosophie gestellt wird, wird diese Frage sich unmittelbar nicht nur als Einwurf, sondern auch als Vorwurf gegen diese ganze Entwickelung der Rechtsidee erheben. Nun ist aber wirklich, wenn man nicht den schon früher (S. 201 flg.) als unhaltbar bezeichneten Begriff angeborner Rechte geltend machen will, für die Idee des Rechtes und der Rechtsgesellschaft an sich dieser oder jener bestimmte Inhalt des Rechts zunächst ganz gleichgültig. Welcherlei Befugnisse die Willen einander zugestehen, welche Uebereinkunft sie unter einander treffen, auf welche Gegenstände und Leistungen sie die Willkühr beschränken oder sich auszudehnen gestatten, das alles bleibt ihnen selbst überlassen; nur, daß überhaupt Recht sei und respectirt werde, daß die Willen ablassen von einseitiger Willkühr, in welcher Gestalt sie sich äußern möge, das bleibt ihnen nicht überlassen, sondern dieser Willkühr gegenüber erhebt sich, wo sie sich geltend machen wollte, ein unvermeidlicher Tadel, eine moralische Verurtheilung. Eben so liegt in der Idee des Rechts und der Rechtsgesellschaft die Forderung, daß die getroffene Uebereinkunft klar, bestimmt, unzweideutig sei, daß sie der Möglichkeit zukünftigen Streites vollständig vorbeuge, u. s. w., mit einem Worte: daß sie dem Umfange des Zweckes, auf den sie sich bezieht, vollkommen entspreche. Aber der besondere Inhalt aller hierher gehörigen Maaßregeln kann unter verschiedenen Verhältnissen so verschieden sein, daß der allgemeine Begriff einer rechtlichen Ordnung eben deshalb nicht darüber entscheiden kann. Aus diesem allgemeinen Begriffe das ganze System concreter Rechtsbestimmungen ableiten zu wollen, ist daher ein Unternehmen, welches niemals weder für den Gedanken, noch für das wirkliche Leben hat gelingen können; eben deshalb hat die Rechtsphilosophie, wo sie unmittelbar auf den Inhalt des Rechtes losgehen zu müssen glaubte, nur eine negative Stellung zu den wirklich bestehenden Rechtsorganismen einnehmen können; sie hat sich ihnen kritisch verwerfend gegenüber gestellt, ohne sich in eine lebendige Wechselwirkung mit ihnen setzen zu können; und dabei nicht daran gedacht, daß selbst ihre kritische Verwerfung sich bei weitem weniger auf die Idee des Rechts, als auf die Ideen des Wohlwollens und der Billigkeit gründe, deren Forderungen man seltsam genug oft ohne weiteres als Zwangsrechte geltend machen zu können glaubte *).

Dennoch liegen, unabhängig von der Frage: wie die übrigen Ideen auf den Inhalt dessen, was als Recht soll anerkannt werden, in einem nach allen Ideen gleichmäßig geordneten gesellschaftlichen Ganzen bestimmend und maaßgebend einwirken werden, schon in der Idee des Rechtes an sich dringende Veranlassungen, den Inhalt des Rechtes nicht als gleichgültig bei Seite zu setzen. Alles Recht gilt wirklichen Willen; und das Wollen, welchem es gilt, wurzelt zum größten Theile in Naturverhältnissen und Naturbedürfnissen, die es immer wieder von Neuem erzeugen und gegen eine Schranke, die ihm seine Befriedigung versagt, sich auflehnen machen. Wie groß nun die Naturgewalt wäre, welche gegen ein bestehendes Recht ankämpfte, so groß würde der fortwährende Anreiz sein, ein solches Recht nicht zu respectiren; und selbst angenommen, daß der Zwang diesen dem Rechte zuwiderlaufenden Willen in seinen Aeußerungen zurückhalten könne, die Neigung, die Lust zum Streit würde nicht verschwinden aus der Tiefe der Gemüther. Und wirklich ist es nicht schwer, sich Rechte und Rechtsverbindlichkeiten zu denken, die bei weitem mehr Bollwerke für, als gegen den Streit seien. Vor solchen Rechtsbestimmungen warnt auch schon die bloße Idee des Rechts, noch ohne Rücksicht auf die Forderungen anderer Ideen. Daher kann der Inhalt dessen, was im Kreise einer Gesellschaft zu Recht anerkannt wird, ihr, als Rechtsgesellschaft, sehr verschiedene Grade des Werthes geben, die im umgekehrten Verhältnisse mit den Anreizungen zum Streite stehen, welche in der Beschaffenheit jenes

*) Der ungeheure Umschwung, den die politischen Ideen im 18. Jahrhundert erfuhren, beruht wesentlich auf der Energie, mit welcher die Ideen des Wohlwollens und der Billigkeit ihre gesellschaftliche Bedeutung geltend zu machen begannen. Darin liegt die ethische Berechtigung dieses Umschwungs; daß man diese mit der des Rechtes verwechselte, war ein Irrthum, der sich theilweise furchtbar gerächt hat.

Rechtes liegen. Hier zeigt sich die erste Quelle dessen, was unter dem Begriffe einer Präsumtion eines zu bildenden Rechtszustandes an die Stelle der ursprünglichen Rechte tritt und den wesentlichen Leitfaden für die Anwendung der Rechtsidee auf die gegebenen Verhältnisse des menschlichen Lebens darbietet; Präsumtionen, welche möglicherweise auf so dringenden Gründen beruhen können, daß ein ihnen zuwiderlaufendes Recht zu errichten nur die Thorheit oder die Bosheit rathen könnte, welche aber gleichwohl noch nicht selbst Recht sind, sondern dem, was als Recht soll zugestanden und anerkannt werden, nur die Richtung vorschreiben.

Alles überhaupt, was die Genesis, allmählige Ausbildung und Umbildung bestimmter Rechtszustände betrifft, setzt einen empirischen Stoff concreter Lebensverhältnisse voraus, den die Idee durchdringen soll, aber nicht erzeugen kann. Daß die Rechtsverhältnisse der Stämme und Völker den Anknüpfungspunkt ihrer Entstehung in den Naturverhältnissen ihres äußeren Lebens, in der Sitte, der Gewohnheit, dem Herkommen, der Ueberlieferung haben, daß sich dadurch ein Complex von Beziehungen, Ansprüchen, Leistungen u. s. w. bildet, in den das Leben des Einzelnen und der Gesellschaft hineinwächst, ohne sich dessen, was mit ihm geschieht, bewußt zu sein, das lehrt die Geschichte fast durchgängig. Den Umfang, in welchem diese unbewußte Fortentwickelung stattfindet, kann man zwar leicht überschätzen; weil, wo menschliche Willen auf einander treffen, da ein Bewußtsein ihres Verhältnisses nicht lange ausbleiben kann, und die Rechtsgewohnheiten der Völker viel frühzeitiger ein solches Bewußtsein verrathen, als diejenigen zugeben wollen, welche das Recht ganz und gar nur als Naturgewächs betrachten zu können glauben. Aber wie lange und wie sehr auch der Schleier eines bewußtlosen Naturlebens ein Volk umhülle, irgend einmal kommt die Zeit, wo diese Hülle reißt und wo die Frage nach den Gründen der Ansprüche, von welchen man sich umgeben sieht, entsteht. Nun braucht mit dem Erwachen dieser Frage keineswegs eine Umwälzung der bestehenden Verhältnisse verbunden zu sein; dennoch bekommt das, was bisher factisch gegolten hat, erst dadurch und insofern eine rechtliche Bedeutung, daß und inwiefern sich ein Bewußtsein über den Inhalt und die anerkannte Geltung desselben in den Gemüthern erhebt;

das factisch Geltende wird eine Regel für das Verhalten der Willen gegen einander, wenn jeder weiß, worauf er von dem Andern mit dessen Einverständniß zu rechnen Anspruch hat. Ein Recht, losgelöst von diesem Bewußtsein des anerkannten Verhältnisses der Willen zu einander ist ein Wort ohne Sinn; und es ist das Geringste, was sich von einem Zustande, der den Ideen entsprechen soll, verlangen läßt, daß er sich dem Lichte des Bewußtseins, welches Rechenschaft verlangt über den Inhalt und die Bedeutung desselben, nicht entziehe. Das bewußte Wollen muß dabei sein, wo die wirklichen Lebensverhältnisse die Bedeutung von Rechtsverhältnissen erhalten sollen; und wenn auch der Mensch nicht diese Verhältnisse macht, so kann doch gesagt werden: daß er das Recht, welches gelten solle für diese Verhältnisse, machen müsse, damit es eben gelte als Recht. Die Weisungen, die in den gegebenen Naturverhältnissen liegen mögen, anerkennend und befolgend, erzeugt er es, indem er es festsetzt und anerkennt, als bewußtvoll wollendes Wesen sich unterwerfend der Idee, vor welcher jede einseitige Willkühr an sich rechtslos ist. So steht das Recht, geltend durch die Willen und für die Willen, über denselben, an sich nur vorbeugend dem Mißfallen, aber fähig einen Gehalt in sich aufzunehmen, der dem Gesammtwerthe eines von allen Ideen beseelten Wollens entspreche, deren eigene Weisungen zu entwickeln um so nothwendiger ist, je mehr die Einseitigkeit der Rechtsidee einer Ergänzung bedarf.

B. Lohnsystem.

Wie bei der Idee des Rechtes, so beruht auch bei der Idee der Billigkeit die gesellschaftliche Bedeutung auf der Voraussetzung, daß die Idee selbst das gesellschaftliche Band sei, welches die Willen verbindet, und ihnen einen gemeinschaftlichen Zweck darbietet. Die Idee der Billigkeit aber stellt sich, den früheren Erörterungen gemäß (S. 218 flgg.), als ein aus derselben Wurzel gleichsam in zwei Aesten sich entwickelnder Stamm dar; sie umschließt je nach der Verschiedenheit der Fälle die Begriffe der Genugthuung und der Vergeltung. Fragt man nun nach der gesellschaftlichen

Bedeutung dieser beiden Begriffe, so wird die Genugthuung, die ohnedies auf die Uebelthaten beschränkt ist, eine solche Bedeutung nicht in demselben Sinne in Anspruch nehmen können, wie die Vergeltung. Denn die Aufforderung, gut zu machen und genug zu thun für zugefügtes Uebel, ist gebunden an den Thäter; sie überschreitet somit nicht das individuelle Verhältniß zwischen ihm und dem Empfänger (S. 223). Ob also auch die Billigkeit in einem gesellschaftlichen Ganzen das beseelende Princip wäre, der genugthuenden Billigkeit kann kein Dritter, eintretend im Namen der Gesellschaft zwischen den thätigen und leidenden Willen, genügen; nur daß die Gesellschaft nicht hindere, wo der Thäter das zugefügte Uebel zu ersetzen den Willen hat, daß sie hinwirke auf diesen Willen selbst, und behülflich sei, daß dem Leidenden der billige Ersatz werde, kann von ihr erwartet werden, ohne daß sie darum selbst die Genugthuung zu leisten unmittelbar fähig wäre. Wo dies gleichwohl zu geschehen scheint, wie etwa, wenn bei eigennütziger, wenn auch nicht böswilliger Verleumdung die Gesellschaft dem Gekränkten durch öffentliche Darlegung ihrer Achtung einen Ersatz bereitet, da verschwindet wenigstens nicht die Mißbilligung an der Verleumdung, welche nur von dem Verleumder selbst wieder gut gemacht werden könnte; und diese Mißbilligung trifft den Thäter, obgleich die Wirkung seiner That von andern ist wieder aufgehoben worden.

Es bietet also hier wesentlich nur die Vergeltung sich einer näheren Betrachtung dar. Denn diese ist nicht nothwendig an den leidenden Willen gebunden; es soll vergolten werden, wenn auch nicht gerade von dem, der Wohl oder Wehe empfing (S. 224 fg.). Diese Beschränkung gestattet nun auch, die Gesammtheit der aus diesem Zweck hervorgehenden gesellschaftlichen Einrichtungen durch den Begriff des Lohnsystems zu bezeichnen, welcher beides, die Vergeltung der Wohlthaten, wie der Uebelthaten gleichmäßig in sich schließt. Der Umfang des Lohnsystems ist dabei eben so wenig auf bestimmte Grenzen beschränkt, wie der der Rechtsgesellschaft; ja es hindert sogar nichts, mehrere Systeme dieser Art in einander enthalten, sich theilweise einander durchdringend zu denken, eben so wie mehrere rechtliche Verbindungen (man denke an die Familien, die Gemeinden, die Corporationen u. s. w.) sich auf demselben Gebiete durchkreuzen und mehr oder weniger zu einem größeren sie alle umfassenden Ganzen verschmelzen können. Dergleichen Unterschiede werden sich auch für das Lohnsystem geltend machen, je nachdem in größeren oder kleineren Kreisen bestimmte Thaten größeres oder geringeres Wohl oder Wehe verbreiten und darin die Aufforderung liegt, den verdienten Lohn ihnen nicht vorzuenthalten. Nur ist sogleich das Mißverständniß zu entfernen, welches die Benennung: Lohnsystem, erregen könnte, als sei damit etwa gemeint, namentlich der Wohlthäter solle wohlthun um des Lohnes willen. Die Motive der Wohlthat oder Wehethat gehören nämlich der Idee des Wohlwollens und der innern Freiheit an; nicht um was sich der Thäter vor seiner That zu kümmern hat, liegt unmittelbar in der Idee der Vergeltung, sondern wofür die sorgen werden und sollen, zu denen die Kunde unvergoltener Wohlthaten oder Wehethaten gelangt.

Soll nun den Zwecken der Vergeltung innerhalb einer durch diese Idee beseelten Gesellschaft entsprochen werden, so verlangt schon die Sorge, daß Wohlthaten und Wehethaten nicht verborgen bleiben, wo sie geschahen, eine Achtsamkeit und Mittel der Nachforschung, denen jeder Einzelne die Hand zu bieten bereit sein wird*). Auch die richtige Würdigung der Größe des Wohls und Wehes, die vergleichende Schätzung der Thaten, welche eingriffen in fremde Zustände, kann nur das Resultat einer Beurtheilung sein, für welche die nöthigen Stützpunkte aufzufinden die Glieder der Gesellschaft sich werden angelegen sein lassen. Ferner die Vergeltung selbst verlangt besonders bei Wohlthaten häufig äußere Mittel, welche nicht überall gleichmäßig von selbst zu Gebote stehen, deren Aufbringung daher in den Umkreis dessen fällt, wofür die Sorge nicht blos dem Einzelnen, sondern allen gemeinschaftlich obliegt. Ja, so wie in den Verhältnissen der Einzelnen zu einander ein richtiges Zartgefühl oft eine Wohlthat lieber ablehnt als annimmt, weil sich der Empfänger der gebührenden Vergeltung nicht gewachsen oder aus andern Gründen nicht dazu geneigt findet, so wird auch die Gesellschaft, noch abgesehen von den Grün-

*) Beispielsweise mag hier sogleich an den Fortschritt in der Ausbildung der Gesellschaft erinnert werden, der darin liegt, daß Verbrechen nicht blos auf Antrag des Verletzten, sondern ex officio, d. h. im Namen der Gesellschaft oder der ihre idealen Zwecke repräsentirenden Macht untersucht werden.

den des Rechtes und des Wohlwollens, welche nicht blos für die Bestrafung, sondern für die Verhütung von Uebelthaten zu sorgen gebieten, nicht gleichgültig sein dürfen dagegen, daß die Last des zu Vergeltenden über das Maaß der möglichen Vergeltung sich anhäufe. Wie diesen verschiedenen Ansprüchen in bestimmten Fällen genügt werden könne, läßt sich nicht im Allgemeinen entscheiden; alles Concrete hängt hier, wie überall, wo die Ideen realisirt werden sollen, von den bestimmten Verhältnissen ab, die sich auf einem gegebenen Grund und Boden vorfinden. Sondern nur der allgemeine Gedanke, daß die gesellschaftlichen Einrichtungen und Thätigkeiten fähig und geeignet sein sollen, dem Verdienste und dem Frevel die billige Vergeltung zukommen zu lassen*), muß festgehalten werden, so daß die Idee des Lohnsystems gleichmäßig auf Wohlthaten wie auf Uebelthaten bezogen werde.

In beiderlei Beziehungen handelt es sich daher vorzüglich um die nähere Bestimmung der Art und Weise, in welcher das Lohnsystem sich mit der Rechtsgesellschaft in Verbindung zu setzen hat, theils dasjenige ergänzend, was das Recht unbestimmt läßt, theils von dem letzteren eine Form entlehnend, welche der Erreichung seiner eigenen Zwecke bestimmte äußere Haltepunkte darbietet. In der ersteren Beziehung erhebt sich die Frage nach der Gleichheit der Rechte. Daß nämlich Ungleichheiten des Besitzes u. s. w. rechtlich möglich sind, läßt sich nicht leugnen; es läßt sich sogar denken, daß, so lange sich die Rechtsgesellschaft nicht zu der Sorge für die innere Haltbarkeit des Rechts-

---

*) Für eine Gesellschaft, in welcher der Wohlthäter sowohl wie der Uebelthäter geistig und sittlich hoch genug stände, um das bloße Urtheil der Uebrigen über Verdienst und den Frevel als Lohn und Strafe zu empfinden, würde beides sich unmittelbar an die geschehene That anknüpfen. Dasselbe liegt in den „Strafen des Gewissens", in der Mißbilligung, welcher der Uebelthäter in der unwillkührlichen Selbstbeurtheilung ausgesetzt ist, als einem wesentlichen Gliede dessen, was dem Begriff einer moralischen Weltordnung einen Inhalt giebt, der nicht auf dem Austausch äußerer Güter oder Uebel beruht. Ueberhaupt würde man die Idee der Vergeltung zu eng auffassen, wenn man dabei etwa blos an äußeren Lohn und äußere Strafe denken wollte; es kommt darauf an, was der Thäter als Wohl oder Wehe zu empfinden fähig sei und in welchem Grade.

zustandes erhebt, die größten Ungleichheiten Platz ergreifen und den entschiedensten Rechtsschutz in Anspruch zu nehmen befugt sein können. Aber bekannt genug ist auch der Satz: summum jus summa injuria, der nichts Anderes bedeutet, als daß es Rechte geben könne, die dem Tadel der Unbilligkeit im höchsten Grade unterliegen. Soll nun von unbilligen Rechtsverhältnissen oder Rechtsinstituten gesprochen werden können, ohne daß gleichwohl eine bestimmte Wohlthat des Verpflichteten gegen den Berechtigten nachgewiesen werden kann, so muß in den durch die rechtliche Ordnung sanctionirten Verhältnissen der Einzelnen gegen einander schon etwas enthalten sein, was einer Beurtheilung nach der Idee der Billigkeit unterliegt. Und wirklich braucht man darnach nicht weit zu suchen. Der Rechtszustand entsteht und erhält sich d. h. erzeugt sich in der Zeitreihe immer wieder von Neuem durch das Ueberlassen und das Beitreten aller Einzelnen. (S. 238 flg.) Aber so wie dieses Ueberlassen, geschehen in der Absicht den Streit zu meiden, nicht blos ein negatives Zurückweichen, sondern positives Wollen ist: die Uebrigen sollen nehmen und behalten, was sie nehmen; so liegt in ihm auch noch etwas mehr, als worauf die blos rechtliche Auffassung dieses Wollens hinführt. Dieses Ueberlassen ist als absichtliche, wenn auch vielleicht nicht im geringsten von dem Motive des Wohlwollens geleitete That Wohlthat; denn sie sichert, ja sie bedingt für den Nehmenden den ungestörten Genuß aller der Güter, die in seiner Rechtssphäre eingeschlossen sind. Wo nun diese Güter ungleich sind, da fehlt jener Rückgang des gleichen Quantums Wohl, welcher bezeichnet ist durch die Vergeltung; da stehen die Ueberlassungen dessen, der weniger nahm, unvergolten da. Faßt man daher abgesehen von allen Nebenbestimmungen, die ideale Rechtsgesellschaft zugleich unter dem Gesichtspunkte der Billigkeit auf, so würde dem allgemeinen Ueberlassen jedes Einzelnen das Ueberlassen aller Uebrigen so entgegenkommen, daß im Falle der Ungleichheit dem ersteren durch das letztere sogleich richtig vergolten würde. Mit andern Worten: alles Uebrige gleichgesetzt, würde eine ursprüngliche Ungleichheit des Rechtes gar nicht eintreten, wo die Ideen des Rechts und der Billigkeit gleichmäßig als die die gesellschaftliche Ordnung bestimmenden Principien wirksam wären; und jede rechtliche Ordnung wird deshalb in der

Beurtheilung nach beiden Ideen zugleich, selbst wenn eine drückende Ungleichheit der Rechte nicht einen natürlichen Anreiz zum Streite in sich enthielte, einer Kritik von Seiten der Billigkeit so lange unterliegen, als in ihr nicht wenigstens eine Tendenz zur Ausgleichung rechtlich sanctionirter Unbilligkeiten kann nachgewiesen werden. Das Sprüchwort: was dem Einen Recht ist, ist dem Andern billig, enthält in dieser Hinsicht eine sehr wichtige Bestimmung, die eine weit reichende Anwendung gestattet.

Hierin nämlich liegt der wahre Grund solcher Ansprüche, die, ohne auf dem Boden des Rechtes entstanden zu sein, dennoch einem ethischen Gemeinwesen, welches sich als Rechtsgesellschaft darstellt, wesentlich gelten. Es muß zugestanden werden, daß diese Ansprüche auf billige Gleichheit möglicherweise auch von dem Egoismus, der Habsucht u. s. w. ausgehen können, gleichwohl kommt es nicht sowohl darauf an, daß sie von den Verpflichteten, durch die Ungleichheit Gedrückten, erhoben werden; auch ohne das gelten sie kraft der Idee den Berechtigten, durch die Ungleichheit Begünstigten. Ihr Gewicht steigt mit der Größe der bald natürlich entstandenen, bald aber auch künstlich erzeugten, in beiden Fällen vielleicht rechtlich geschützten Ungleichheit, deren bloßes Vorhandensein, eben deshalb, weil der Verpflichtete die Grenzen seines Rechtes nicht überschreitet, dem Berechtigten die billige Berücksichtigung auch der fremden Bedürfnisse nahe legt. Von Gewaltthaten, zu denen etwa der Gedrückte dadurch berechtigt sei, ist dabei keine Rede; vielmehr war eben das der erste Fehler derer, die, wie Rousseau, ohne den ethischen Grund dieser Ansprüche sich klar zu machen, den Begriff der ursprünglichen Gleichheit wie einen Spiegel der Gesellschaft gegenüberhielten, daß sie die Forderung dieser Gleichheit als Rechtsforderung aufstellten, womit sich dann wie gewöhnlich sogleich der Gedanke an Zwangsrechte verknüpfte. Aber diesem Fehler entspricht in der wirklichen Gesellschaft nur gar zu oft der andere, daß man Ansprüche, die sich eben nicht auf die Idee des Rechtes stützen und in denen nichts von der Befugniß, sie zu erzwingen, liegt, als minder bedeutend bei Seite schiebt. Der Reiche und Mächtige vergißt, dem ruhigen, die bürgerliche Ordnung nicht blos aus Furcht und physischer Ohnmacht, sondern doch wohl auch bisweilen aus Rechtsgefühl respectirenden Armen und Geringen gegenüber nur gar zu leicht, daß die freiwillige Achtung seiner Rechte eine Wohlthat für ihn ist, welche nicht einmal vergelten zu wollen zwar bequem, aber gewiß nicht löblich ist. Fehlt der gute Wille, solchen billigen Ansprüchen nachzugeben, so können allerdings Collisionen zwischen Recht und Billigkeit eintreten; aber diese Collisionen, welche hier die Wirklichkeit zeigt, und die die gesellschaftliche Ordnung bisweilen gewaltsam erschüttern, gelten gleichwohl nicht den Ideen selbst. Denn wie wäre das eine Collision der Ideen, wenn die eine bestimmt, was die andere unbestimmt läßt? Wo eine billige Ausgleichung getroffen würde, da würde das Recht diese ebenso schützen, wie die unbillige. Wenigstens ist die Form des Rechtes billigen Bestimmungen so zugänglich wie unbilligen; die Collisionen wurzeln hier, wie überall, in den Willen, welche den Ideen sich zu fügen zu bequem, oder zu träge, oder zu eigensüchtig waren.

Bei alledem fehlt sehr viel, daß etwa die Billigkeit nothwendig auf absolute Gleichheit der Rechte führen sollte. Denn wie sehr auch für die Ausbildung der Rechtsordnung im Großen und Ganzen die Rücksicht auf billige Gleichheit einen wesentlichen Leitfaden darbietet, so bleibt doch außer den natürlichen und niemals ganz zu vermeidenden Ursachen der Ungleichheit, überall die Möglichkeit übrig, daß im Laufe der gesellschaftlichen Entwickelung Verdienst und Verschuldung in den mannigfaltigsten Abstufungen hervortreten und somit je nach dieser Verschiedenheit verschiedene Ansprüche entstehen können, welche gerade vom Gesichtspunkte der Billigkeit aus betrachtet die absolute Gleichheit als die größte Unbilligkeit würden erscheinen lassen. Wollte man diese sehr wichtige Beschränkung übersehen, so würde man Uebertreibungen anheimfallen, welche die Unvollkommenheit der bestehenden Zustände noch unendlich größer erscheinen lassen müßten, als sie ohnedies wirklich ist. Ueberdies muß man auch abwarten, wie die Ideen des Wohlwollens und der innern Freiheit über diesen Gegenstand urtheilen, ehe die Vereinigung aller dieser Rücksichten die hierher gehörigen Ansprüche auf ihr ethisches Maaß zurückführen kann. —

Was zweitens die Verbindung des Lohnsystems mit der Rechtsgesellschaft betrifft, wo jenes nicht blos ergänzend in die

Rechtsbestimmungen eingreift, sondern sich auch auf diese stützt, um der Thätigkeit für seine eigenen Zwecke die Gewähr einer rechtlichen Geltung zu verschaffen, so läßt sich die Möglichkeit einer solchen Verbindung schon für die Vergeltung der Wohlthaten leicht erkennen, wo eine Uebereinkunft stattfindet, die, was etwa der Einzelne beizutragen hätte zu dieser Vergeltung, als eine Rechtsverbindlichkeit sanctionirte. Ebenso wichtig und zugleich verwickelter erscheint aber diese Verbindung bei der Vergeltung der Uebelthaten, da man einestheils bei dem Begriffe des Strafrechtes in der Regel gar nicht daran denkt, daß Rechtsverletzungen Strafe nur insofern verdienen, als sie zugleich Uebelthat sind, (S. 248 f.), anderntheils gerade hier die verschiedenartigsten Theorien sich schon über die allgemeinsten Grundbestimmungen nicht vereinigen können. Wo jedoch die Ideen des Rechtes und der Billigkeit in bestimmten Begriffen schon vor Augen liegen, läßt sich auch ein bestimmtes Resultat ihrer Verbindung in dem Begriffe des Strafrechtes hoffen.

Fragt man, um mit dem Einfachsten zu beginnen: welche Handlungen unterliegen unmittelbar der Strafe? so ist die Antwort darauf längst bekannt. Es sind dies die absichtlichen Uebelthaten, innerhalb der durch die Idee der Vergeltung bezeichneten Grenzen. Man kann sogleich weiter fragen: ob für die strafende Vergeltung absichtlicher Uebelthaten ein Strafgesetz nothwendig sei? und die Antwort lautet zunächst verneinend; offene Bosheit, bei welcher Absicht und Erfolg klar vor Augen liegt, ruft die Nemesis ohne vorausgehende Uebereinkunft und feierliche Drohung eines bestimmten Uebels wider sich auf. Der Begriff einer moralischen Weltordnung, in welchem sich der uralte Gedanke an die Nemesis zu dem Begriff eines heiligen und gerechten Vergelters veredelt, wurzelt nicht in Rechtsbegriffen, sondern unmittelbar in der Idee der Billigkeit; und Niemand wartet erst auf ein Gesetz, um absichtliche Bosheit strafwürdig zu finden In dieser Hinsicht enthält also der Begriff des Strafrechtes keine Schwierigkeit; denn wenn schon unabhängig von Rechtsbestimmungen die Billigkeit auf Vergeltung absichtlicher Uebelthaten hinweist, so ist, wo Rechtsverletzungen zugleich als Uebelthaten empfunden werden, die sittliche Möglichkeit des Strafrechts im Allgemeinen keinem Zweifel unterworfen.

Gleichwohl wird die Rechtsgesellschaft, für sich allein betrachtet unabhängig von Rücksichten der Billigkeit, durch das Bedürfniß des Rechtsschutzes auf die Drohung der Strafen geführt (S. 248, 249); diese Drohung stellt sich innerhalb derselben als die gesellschaftliche Erklärung, somit als das Gesetz dar: daß, wer eine gewisse Rechtsverletzung begehe, das angedrohte Uebel sich werde gefallen lassen müssen; eben durch diese Erklärung wird die Rechtsverletzung zum Verbrechen, und für die Rechtsgesellschaft gilt, wenn nicht die Strafe als Willkür erscheinen soll, der Satz: nulla poena sine lege, dessen Correlat der Satz ist: nullum crimen sine lege. Faßt man dabei die Rechtsgesellschaft in der Einseitigkeit ihrer eigenen Tendenz auf, so läßt sich denken, sowohl daß Handlungen, die Niemand wehe thun, durch das Gesetz zu Verbrechen gestempelt werden, als auch daß die Größe des gedachten Uebels und die in Folge dieser Drohung eintretende Strafe die Grenzen der Billigkeit überschreite, endlich sogar, daß die Strafe nicht blos dem gedroht werde, der Uebel gethan, sondern noch andern, die mit ihm nicht gerade in Beziehung auf seine That in Verbindung stehen; wie etwa Confiscation der Güter nicht blos den Thäter, sondern auch seine, in Beziehung auf sein Verbrechen vielleicht ganz unschuldigen Angehörigen trifft. Daß alles dieses innerhalb der Rechtsgesellschaft möglich ist, hat seinen Grund darin, daß diese eben durch das Bedürfniß des Rechtsschutzes zur Strafdrohung geführt wird, wobei die Stärke und der Umfang dieses Motivs über die Grenzen hinaustreiben können, auf welche die Billigkeit die Strafe beschränkt. Die abstracte Einseitigkeit der Rechtsgesellschaft bietet also für die Strafe wohl den Begriff des Rechtes dar, schützt aber vor einem unbilligen Strafrechte so wenig, als vor unbilligen Rechten überhaupt.

Hieraus ergiebt sich nun für eine nach den Ideen des Rechtes und der Billigkeit gleichmäßig geordnete Gesellschaft sogleich: daß die letztere für das in der Rechtsgesellschaft vorhandene Bedürfniß der Strafandrohung und Strafzufügung die negative Grenze enthält, in Beziehung sowohl auf die Handlungen und Personen, welche, als auf die Größe des Uebels, womit gestraft werden soll; dergestalt, daß jede, diese Grenze überschreitende Strafe als eine selbstständige Uebelthat erscheinen würde. Hängen mithin die Bestimmungen des Strafrechtes von den Ideen des Rechtes und der billigen Vergeltung gleichmäßig ab, so müssen sich von hier aus die Principien der verschiedenen Strafrechtstheorien beurtheilen lassen. Bekanntlich suchen die sogen. absoluten Strafrechtstheorien eben so den Zweck, wie den ethischen Grund der Strafe unmittelbar in der Vergeltung selbst; die relativen dagegen wollen keine Strafe um der Strafe willen, sie finden in der Vergeltung als solcher keine genügende Rechtfertigung derselben, sondern verlangen ein anderes Motiv der Strafdrohung und Strafzufügung. Sie spalten sich dabei in zwei Classen. Die eine, die sich von dem Boden des Rechtes und der Vergeltung am meisten entfernt, ist bekannt unter dem Namen der Besserungstheorie, mit welcher die Abbüßungstheorie Fichte's wenigstens in sofern Aehnlichkeit hat, als die Strafe in ihr eigentlich als Erlaß eines noch größeren, durch die Rechtsverletzung verwirkten Uebels, nämlich der gänzlichen Rechtslosigkeit, betrachtet wird, wodurch der ganze Begriff der Strafe wegfällt*); die zur zweiten Classe gehörigen begegnen sich in dem Gedanken, daß die Strafe durch das Bedürfniß, den möglichen Verletzungen des Rechtszustandes Motive der Unterlassung rechtsverletzender Handlungen entgegenzusetzen, gerechtfertigt sei. Dieser Gedanke ist einer verschiedenartigen Bestimmung fähig, wie schon die Namen der Abschreckungs=, Sicherungs=, Präventions=, Warnungs=, Selbsterhaltungstheorien u. s. w. andeuten. Bald glaubte man, fast ohne auf die Drohung durch das Gesetz ein besonderes Gewicht zu legen, ohne weiteres strafen zu dürfen, um dadurch Andere, als den Uebelthäter, von künftigen

---

*) Fichte Grundl. d. Naturr. 2. Th. S. 95 fg. Die ganze fichte'sche Theorie ruht auf dem grundlosen, schon oben (S. 245) gerügten Gedanken, daß jede einzelne Rechtsverletzung den Thäter absolut rechtslos mache; daß dafür die Strafe als geringeres Aequivalent eintritt, wird ausdrücklich aus bloßen Nützlichkeitsgründen abgeleitet (S. 98). — Auch der Begriff der Nothwehr gestattet hier keine Anwendung, wenn er nicht anders in eine der Formen der Abschreckungstheorie zurückführen soll. Denn, wo ein Verbrechen schon geschehen ist, da ist die Strafe keine Nothwehr; will man aber die Drohung derselben Nothwehr nennen, so verliert dieses Wort dadurch seine bestimmte Bedeutung, und der Zweck der Drohung ist doch immer wieder der Rechtsschutz.

möglichen Uebelthaten abzuhalten, bald bezog man, im Geiste der Rechtsgesellschaft von der Drohung in Form des Strafgesetzes ausgehend, diese auf die künftigen möglichen Uebelthaten entweder des Verbrechers, oder der Uebrigen, oder auf beide zugleich. Rechtsgrund der Androhung durch das Strafgesetz sei dabei die mit der rechtlichen Freiheit Aller nicht streitende Nothwendigkeit und Verbindlichkeit jede Rechtsverletzung zu verhüten, Rechtsgrund der Zufügung die in Form des Gesetzes vorhergegangene Drohung *).

Wo man nun in dieser Auffassung der Strafe, welche die Androhung derselben lediglich als Sicherungsmittel gegen zukünftige Verbrechen betrachtet, ein ausreichendes Princip für die Bestimmung alles dessen, was in dieses Gebiet gehört, gefunden zu haben glaubt, da tritt zunächst die Unterscheidung, ob die Strafdrohung auf die künftigen möglichen Uebelthaten entweder blos des Thäters selbst, oder auch der Uebrigen gehe, als minder wesentlich zurück. Denn wo das Bedürfniß des Rechtsschutzes einmal zu einem, in dem Umkreise der Gesellschaft gültigen und anerkannten Strafgesetz geführt hat, da ist es für dieses Gesetz zufällig, wer dasselbe nun verletze und die Strafe auf sich ziehe; die Aufstellung des Sicherungsmittels hängt gar nicht von der Rücksicht auf bestimmte Personen ab, und eben darum ist es gleichmäßig gegen jeden, der dem Gesetze zuwiderhandelt, gerichtet. Wenn man daher gegen dieses Princip den Einwurf erhoben hat: daß ihm gemäß eigentlich nicht das begangene Verbrechen bestraft, sondern dieses nur als die Veranlassung betrachtet werde, die Strafe zur Abschreckung zu verhängen, so daß eigentlich nicht wegen des begangenen, sondern wegen künftiger möglicher Verbrechen gestraft werde, so liegt in diesem Einwurfe offenbar die Verwechselung des Motivs der Androhung mit dem Gegenstande der Bestrafung; jenes ist die Verhütung

**) S. Feuerbach, Lehrb. des peinl. Rechtes. §. 1—24; dem man wohl den Ruhm wird lassen müssen, die Strafe als Sicherungsmittel durch Abschreckung am scharfsinnigsten aufgefaßt zu haben. Wem daran liegt, die verschiedenen Wendungen desselben Grundgedankens im Einzelnen kennen zu lernen, dem bieten die meisten Lehrbücher des Criminalrechtes bekanntlich eine reiche Auswahl hierher gehöriger Schriften dar.

künftiger möglicher Verbrechen, dieser ist und bleibt das begangene Verbrechen. Eben so wenn bemerkt worden ist: der Staat sei gar nicht verpflichtet, oder befähigt alle Rechtsverletzungen zu verhindern; so mag die Befähigung oft genug an den Hindernissen der Ausführung scheitern, und selbst die Verpflichtung mag möglicherweise um so mehr gewissen Beschränkungen unterliegen, je weiter die Gesellschaft noch von dem Ideal eines ethischen Gemeinwesens entfernt ist; aber zu leugnen: daß der Rechtsgesellschaft als solcher wenigstens der Wille, die Tendenz, Verletzungen des Rechtes zu verhüten, zugeschrieben werden müsse, würde den Begriff derselben ganz und gar aufheben. Wenn endlich gesagt worden ist: daß jedes wirkliche Verbrechen eine Widerlegung dieses Principes sei, weil es die Unwirksamkeit der Drohung factisch beweise, so ist auch darauf mit Recht erwiedert worden: daß sich dieser Einwurf nicht auf den Grundsatz, sondern lediglich auf die Art beziehe, in welcher zur Erreichung des in ihm liegenden Zweckes unter gegebenen Verhältnissen die Strafgesetzgebung einzurichten sei. Dennoch knüpft sich gerade an diese Frage nach der Wirksamkeit der Strafdrohung, wie man auch die Strafmittel im Einzelnen bestimmen möge, ein Einwurf, der nicht blos dem Princip der Sicherung durch Abschreckung, sondern jedem relativen Princip des Strafrechtes, wenn man aus ihm allein die Grundbestimmungen des letztern ableiten will, gleichmäßig gilt. Ist nämlich Abschreckung der einzige Zweck der Strafe, und die Erreichung dieses Zweckes die einzige Norm der Strafgesetzgebung, so wird sich die Größe des gedrohten Uebels und folglich auch die Härte der in Folge dieser Drohung zuzufügenden Strafe richten nicht nur nach der Größe des Reizes, welchem das gedrohte Uebel das Gegengewicht halten soll, sondern auch nach der Leichtigkeit, mit welcher gewisse Reize vorzugsweise zu Rechtsverletzungen führen, und die gewöhnlichsten Vergehen, zu denen die Veranlassungen am häufigsten vorkommen, müßten härter verpönt werden, als ihre Geringfügigkeit verdient. Ja, wenn man jenes Princip in seiner einseitigen Consequenz verfolgt, so würde das gedrohte Strafübel den durch die Rechtsverletzung zu hoffenden Vortheil an Größe noch überragen müssen, dergestalt, daß, wenn auch bisweilen die Vernichtung der Folgen der Rechtsverletzung (z. B. die Rückgabe des Geraubten) hier Modificationen gestattet, doch immer in vielen Fällen die Möglichkeit übrig bleibt, daß härter gestraft werden müsse, als verbrochen war. Allgemein ausgedrückt: wo ein fremdes Motiv der Strafe allein zu Grunde gelegt wird, entsteht allgemein oder für besondere Fälle die Gefahr, daß die Strafe kraft jenes Motivs weiter ausgedehnt werde, als die Idee der Billigkeit gestattet; und deshalb sind alle relativen Strafrechtstheorien, für sich allein betrachtet, unhaltbar, wenn sie nicht auf die in der Idee der Billigkeit liegenden Grenzbestimmungen gewissenhaft Rücksicht nehmen. Sie ruhen nicht auf einem falschen Gedanken; denn das Bedürfniß des Rechtsschutzes liegt in der Idee der Rechtsgesellschaft, und an der rechtlichen Möglichkeit, durch Strafgesetze den widerrechtlichen Willen wenigstens in seinen Aeußerungen zu hindern, ist kein Grund des Zweifels; aber der Gedanke, auf welchem sie ruhen, ist unvollständig, so lange nicht die Idee der Billigkeit für die Bestimmung der Grenzen, über welche hinaus ohne Tadel jenem Motiv nicht nachgegeben werden kann, wesentlich beachtet wird. Dennoch haben die Vertheidiger der relativen Theorien diese Rücksicht auf die Idee der Vergeltung durchgehends mehr stillschweigend vorausgesetzt, als mit der nöthigen Bestimmtheit sogleich mit an die Spitze der Untersuchung gestellt.

Aber es kann überdies die Frage entstehen: ob die Strafe überhaupt eines Motives bedarf, welches von einer der übrigen Ideen, wie zunächst von der des Rechts ausgehe, oder ob sie nicht vielmehr abgesehen von jedem fremden Motive unmittelbar durch die Idee der Vergeltung selbst gerechtfertigt, ja sogar gefordert werde? Diese Frage, welche die sogenannte absolute, auch unter dem Namen der Wiedervergeltungs- oder Gerechtigkeitstheorie bekannte Theorie des Strafrechtes bejaht, stützt sich unmittelbar, jede fremde Rücksicht auf die Folgen, welche man außerdem von der Androhung und Zufügung der Strafen erwarten könnte, ablehnend, auf die Idee der Vergeltung. Daß der Uebelthäter Strafe verdiene, lediglich darum, weil, und in dem Maaße, wie er verbrochen hat, ist ein uralter Gedanke, der eben für die eigenthümliche Bedeutung der Idee der Vergeltung Zeugniß ablegt, und mit Recht bemerkt Hegel, „daß das allgemeine Gefühl der Völker und Individuen bei dem Verbrechen ist und gewesen ist, daß es Strafe verdiene und dem Verbrecher geschehen solle, wie er gethan hat" *). Je reiner und stärker mithin die Idee der Vergeltung das gesellschaftliche Bewußtsein durchdringt, desto mehr kann erwartet werden, daß die Bestrafung der Uebelthaten lediglich deshalb, weil Uebel gethan war, auch als absoluter Zweck in dem Umkreise des gesellschaftlichen Ganzen werde anerkannt werden, wobei ihre wirkliche Zufügung durch die dem Begriffe immanente Beschränkung auf die Möglichkeit, gestraft zu werden, d. h. auf das Dasein und die Größe der Uebelthat, unmittelbar wird geregelt sein.

Gegen diese Befugniß nun, zu strafen um der Vergeltung willen, ist gerade von dem Denker ein Einwand erhoben worden,

---

*) Hegel Philos. d. Rechts §. 101. (Werke Bd. VIII, S. 141.) Wenige Seiten vorher (S. 137) äußert sich Hegel mit Beziehung auf die relativen Strafrechtstheorien so: „Wenn das Verbrechen und dessen Aufhebung, als welche sich weiterhin als Strafe bestimmt, nur als ein Uebel betrachtet wird, so kann man es freilich als unvernünftig ansehen, ein Uebel blos deswegen zu wollen, weil schon ein anderes Uebel vorhanden ist. (Klein, Grundſ. d. peinl. R. §. 9 f.) Dieser oberflächliche Charakter eines Uebels wird in den verschiedenen Theorien über die Strafe, der Verhütungs-, Abschreckungs- u. s. w. Theorie als das Erste vorausgesetzt, und was dagegen herauskommen soll, ist eben so oberflächlich als Gutes bestimmt. Es ist aber weder blos um ein Uebel, noch um dies oder jenes Gute zu thun, sondern es handelt sich bestimmt um Unrecht und Gerechtigkeit." Obwohl nun die Bestimmung der Strafe als eine „Aufhebung des Verbrechens" zweideutig ist, — denn keine Strafe macht das geschehene Verbrechen, z. B. Hinrichtung des Mörders den Mord, ungeschehen —, so ist es doch richtig, daß die Strafe nicht auf das irgendwie geschehene Uebel, sondern ausdrücklich auf die Uebelthat geht; eben deshalb ist aber die Berufung auf die Gerechtigkeit lediglich eine Nachgiebigkeit gegen den unbestimmten Sprachgebrauch des gemeinen Lebens, welcher die Ideen des Rechts und der Billigkeit nicht genau in Begriffen sondert. Unter den Vertheidigern der Wiedervergeltung ist bekanntlich vor Hegel Kant (Metaphys. des Rechts, Werke. Bd. V, S. 166 f. 127) zu erwähnen. Die Wendung welche Zachariä (Anfangsgr. des philos. Criminalrechts. Leipz. 1805) der kant'schen Ansicht gab, indem er die Strafe als Ausgleichung des Rechtthuns mit der Glückseligkeit auffaßte, führt, wenn sie eine bestimmte Beziehung auf die Strafe haben soll, auf den einfachen Grundgedanken der Vergeltung zurück. — Unter denen, welche für die Strafe Motive fordern, ist übrigens **Hugo Grotius** de jur. b. e. p. l. II. c. 20 nicht zu übersehen. Vgl. Herbart analyt. Beleucht. d. N. R. u. d. Moral S. 133 fg.

dem das Verdienst gebührt, die Idee der Billigkeit zuerst ausdrücklich, (denn stillschweigend und ohne bestimmtes Bewußtsein des Verhältnisses, auf welches sie sich bezieht, hat sie sich zu allen Zeiten geltend gemacht,) in ihre Rechte eingesetzt zu haben. „Kann man Uebelthaten vergelten, blos um zu vergelten? Es ist fühlbar, daß ein solcher Vorsatz des Uebelwollens verdächtig sein würde. Und der Verdacht ist gegründet. Er würde grundlos sein, wenn sich der Begriff der Vergeltung festhalten ließe ohne das Merkmal des Unterschiedes zwischen Wohl und Wehe. Eine That erwiedern blos als That, ohne Frage, ob sie Wohlthat war oder Wehethat, dies hieße soviel als das Wehe aus der Natur der Sache fließen lassen, während ein andrer Zweck den eigentlichen Gegenstand des Willens ausmachte. Da wäre das Uebelwollen vermieden. Aber die ursprünglichen Bestimmungen jener That brachten es mit sich, daß ein gegenüberstehender Wille von ihr leide; eine Wehethat vergelten wollen, aber nicht als Wehethat, sondern als That überhaupt, das hat keinen Sinn. Es ist einbedungen in den Begriff der Vergeltung, daß man Vergeltendes und Vergoltenes als ein Wohl oder Wehe auffasse; demnach, wenn Vergeltung einer Uebelthat unmittelbarer Zweck ist, daß man das vergeltende Uebel darum, damit der Uebelthäter ein Uebel erleide, ihm zuzufügen beschließe. Und dieser Begriff fällt als ein engerer in die weitere Sphäre des Begriffs des Uebelwollens; er kann also nicht ableugnen, durch das letztere als durch eins seiner Merkmale bezeichnet zu sein. Daraus folgt, daß es keine Strafe um der Strafe willen geben solle, sondern daß die Strafe eines Motivs bedürfe." *)

Nun ist allerdings richtig, daß „eine Wehethat vergelten wollen, aber nicht als Wehethat, sondern als That überhaupt, keinen Sinn hat;" es ist „einbedungen in den Begriff der Vergeltung", daß das vergeltende Uebel von dem, welchen es als vergeltendes trifft, empfunden werde als ein Wehe. Dennoch liegt darin keine Nothwendigkeit, den auf die Vergeltung gerichteten Willen zu subsumiren unter den Begriff des Uebelwollens. Das Uebelwollen ist ausdrücklich dadurch bezeichnet, daß ihm keinerlei anderes Motiv zu Grunde liegt, daß es dem frem-

*) Herbart, allg. prakt. Philos. S. 204—206.

den Willen unmittelbar übel wolle (s. oben S. 185); der vergeltende Wille ist aber auf den fremden Willen nicht unmittelbar, sondern mittelbar, durch die Idee der Vergeltung, bezogen. Der Idee nach läßt sich also allerdings ein Wille denken, den, indem er vergilt, der Vorwurf des Uebelwollens nicht träfe. Der logisch höhere Begriff ist hier nicht der des Uebelwollens, sondern der der Uebelthat; so gewiß es nun Wohlthaten ohne Wohlwollen, Uebelthaten ohne Uebelwollen geben kann, eine Möglichkeit, auf deren genauer Analyse die ganze Idee der Billigkeit beruht, so gewiß ist das Merkmal der Gesinnung des Uebelwollens ein specielles Merkmal, durch welches die Uebelthat determinirt werden kann, aber eben da nicht determinirt sein wird, wo lediglich die Idee der Vergeltung den vergeltenden Willen in Bewegung setzt. Und eben deshalb bedarf die Strafe unter Voraussetzung absichtlicher Uebelthaten keines, oder wenn man die Idee selbst mit dem Namen des Motivs bezeichnet, keines fremden, außerhalb dieser Idee liegenden Motivs. Ueberdies müßte man fragen, wie denn einem, von einer der übrigen Ideen ausgehenden Motiv die Kraft beiwohnen könne, den Vorwurf des Uebelwollens zu beseitigen, wenn dies da, wo die Vergeltung selbst das Motiv wäre, nicht soll stattfinden können? Wenn ein Motiv, ausgehend von irgend einer der übrigen Ideen, diese Kraft haben soll, warum denn nicht das Motiv, welches von der Idee ausgeht, in welcher der Begriff der Strafe überhaupt wurzelt*)?

Obgleich also die Idee der Vergeltung in ihrer Anwendung auf die Bestrafung der Uebelthaten an sich keinen Einspruch von der Idee des Wohlwollens zu fürchten hat, so mahnt doch die Erinnerung an diese letztere, diese Aufgabe des Lohnsystems von

---

*) Es muß hier noch an die schöne Nachweisung erinnert werden, welche sich bei Herbart selbst (Allg. pr. Philos. S. 147 flgg.) über den Dank, d. h. die die Gesinnung des Wohlwollens vergeltende Gesinnung findet. Wenn das vergeltende Wohlwollen, eben darum, weil es durch das Motiv der Vergeltung bestimmt ist, seinem Begriffe nicht vollständig entspricht, und die dankbare Gesinnung wie eine Irrationalgröße erscheint, deren Darstellung nur approximativ möglich ist, so gilt ganz dasselbe bei der Bestrafung der Uebelthaten, wo die vergeltende That eben um dieses fremden Motivs willen eben so wenig dem Vorwurfe des Uebelwollens unterliegt, als die dankbare Gesinnung der Idee des reinen Wohlwollens entsprechen kann.

aller Einmischung dessen, was als individuelle Leidenschaft sich so leicht in dem menschlichen Herzen regt, zu befreien. Hierin nun liegt wegen der Reizbarkeit, Gebrechlichkeit und Unlauterkeit, die das durch Unbilden und Frevel verletzte Wollen heimlich oder offen durchdringt, der entscheidende Grund, warum in einem ethisch geordneten Gemeinwesen die Einzelnen eben um der Idee der Vergeltung willen Verzicht leisten müssen auf Privatrache in jeder Form, um das Recht, die Pflicht und die Macht zu strafen, einer Autorität zu überlassen, welche selbst unbetheiligt, in ihrem Urtheile den reinen Forderungen der Idee zu genügen fähig sei. Diese Autorität erinnert an die Stellung des Richters und des Gerichts (S. 244), und wo das Bedürfniß des Rechtsschutzes ohnedies dazu geführt hat, die Vergeltung der Uebelthaten in Form des Strafrechtes zum Gegenstande gesetzlicher Bestimmungen zu machen, wird, so lange die gesellschaftlichen Verhältnisse noch einfach und wenig verwickelt sind, die Function des Richters beides gemeinschaftlich umfassen; wo jene verwickelter werden, mag es als wichtig und zweckmäßig erscheinen, die Entscheidung von Rechtsstreitigkeiten auch äußerlich zu trennen von der Anwendung des Strafrechtes. Wenigstens erhellt, auch noch abgesehen von dem bestimmten Entwickelungsgange dieser oder jener Gesellschaft, daß, was man mit dem Begriffe des Civilrechts bezeichnet, ganz eigentlich auf dem Boden der Rechtsgesellschaft wurzelt, während das Criminalrecht nur dadurch entsteht, daß eine Gesellschaft sich *zugleich* als Rechtsgesellschaft und Lohnsystem ausbildet.

In der gesellschaftlichen Bedeutung, welche dadurch beide Ideen zugleich erlangen, liegt nun einestheils eine *Erweiterung*, anderntheils eine *Beschränkung* dessen, worauf die Idee der Vergeltung hinweist. Die Erweiterung besteht darin, daß die Gesellschaft auf die Genugthuung, die der Uebelthäter etwa dem Verletzten zu leisten im Stande und bereit wäre (vgl. oben S. 218), nicht so ausschließend Rücksicht zu nehmen hat, wie dies in Privatverhältnissen der Einzelnen zu einander der Fall sein würde. Denn eine Uebelthat innerhalb der *Rechtsgesellschaft* ist nicht mehr blos Verletzung des Einzelnen, sondern zugleich Störung des öffentlichen Vertrauens, Unterbrechung der Sicherheit, auf welche alle als auf ein Gut zu rechnen berechtigt sind (S. 241 f.). Wiewohl also die dem Einzelnen etwa dargebotene Genugthuung ein Milderungsgrund der Strafe ist, so wird doch durch sie die Uebelthat nicht ganz ausgeglichen; es bleibt das zu vergelten übrig, was der Thäter der Gesellschaft als solcher gethan hat. Die Beschränkung aber zeigt sich darin, daß, obgleich an sich bei offener Bosheit die Strafe nicht an das Gesetz gebunden, und der Satz: nulla poena sine lege, nicht allgemeingültig ist, dennoch unendlich viel darauf ankommt, in der Rechtsgesellschaft an ihm als unverbrüchlicher Norm streng festzuhalten und wenigstens die Befugniß, auch ohne ausdrückliches Strafgesetz Strafe zuzufügen, für bestimmte Grenzen ausdrücklich zu sanctioniren. Denn wo die Zufügung der Strafe oder auch nur die zur Ermittelung des Thatbestandes nöthigen Untersuchungen irgendwie eingreifen in die eigene Rechtssphäre des Uebelthäters, da muß im Voraus im Umkreise der Gesellschaft rechtlich festgesetzt und anerkannt sein: Strafe solle nicht angesehen werden als Veranlassung des Streites. Was in Folge der Uebelthat den Uebelthäter trifft, davon muß er wissen, daß er es verwirkt hat; er muß wissen: daß ihm darin sein Recht geschehe; außerdem stellt die Anwendung der Strafgewalt, wie die jeder andern Gewalt, nur das widerliche Schauspiel eines Kampfes roher Kräfte dar, deren Verhältniß durch keinen höheren Gedanken geregelt ist*). Ueberdies können nur durch das Vorhandensein des Strafgesetzes die Schwierigkeiten theilweise beseitigt werden, welche die Abmessung der Größe des Strafübels drücken; indem eben das Strafgesetz die Erklärung ist, wie hoch die Gesellschaft gewisse Uebelthaten anschlage. Daß der Inhalt dieser Erklärung deshalb noch nicht der bloßen Willkühr anheimfalle, sondern sich

---

*) „Man kann", sagt Herbart (Allg. pr. Philos. S. 209) „keine Uebereinkunft erdichten, die nicht wenigstens im Innern der Gemüther geschlossen wurde: so auch hier nicht. Jedoch die Gewalt des Streites, der erhoben werden könnte, bricht sich schon an der Anerkennung des Verdienten; die geschehene Uebereinkunft kann überdies da kaum geleugnet werden, wo sich das Bedürfniß, der öffentlichen Sicherheit wegen zu strafen, allgemein fühlbar macht: nichtsdestoweniger ist auch hier das zweifelhafte Recht ein Unheil. — Vor allen Dingen hüte man sich vor der Einbildung: da doch einmal eine gewisse Willigkeit, Strafe zu dulden, angenommen werden müsse, so könne man sich diese Willigkeit so ausgedehnt vorstellen, wie es das Bedürfniß erfordere, und alsdann sei es nicht mehr nöthig, auf das Maaß der Vergeltung zu achten."

von der in der ganzen Gesellschaft verbreiteten Schätzung der Güter und Uebel nicht zu weit werde entfernen dürfen, hat seinen Grund schon in der Beziehung des Strafrechtes auf die, deren Zustimmung zu demselben erwartet wird, abgesehen noch von allen übrigen Ueberlegungen, welche die Rücksicht auf bestimmte Verhältnisse für den besondern Inhalt rechtlicher Bestimmungen herbeiführen mag.

Faßt man nun die bisherigen Erörterungen zusammen, so möchte der Streit der verschiedenen Strafrechtstheorien als ein ziemlich überflüssiger erscheinen. Die sogenannten relativen Theorien sind meistentheils einseitig vom Gesichtspunkte des Rechtes ausgegangen, in der stillschweigenden Voraussetzung, daß schon das Bedürfniß des Rechtsschutzes genüge, um die Drohung und Zufügung der Strafe zu rechtfertigen, und ohne den idealen Grund der Schranken und des Maaßes, an welche alle Strafe gebunden ist, in bestimmten Begriffen sogleich mit in das Princip aufzunehmen. Die Vertheidiger der Vergeltungstheorie verlangen Strafe um der Vergeltung willen; ohne die Bedingungen, unter welchen, und die Gründe, aus welchen der allgemeinen, in der Idee der Vergeltung liegenden Forderung gerade in Form des *Rechts* Genüge geschehen solle, zu entwickeln. Beide Parteien sind aber gar nicht nothwendig durch ein strenges *entweder oder* von einander getrennt. Denn durch die Anerkennung, daß die Vergeltung um ihrer selbst willen sittliche Aufgabe eines Gemeinwesens ist, der in der Form eines rechtlich festgesetzten und anerkannten Verfahrens genügt werden soll, wird *durchaus die Möglichkeit nicht ausgeschlossen, andere Zwecke, unter welchen der Rechtsschutz immer der wichtigste bleiben wird, zugleich mit im Auge zu behalten.* Das ist kein principloser Eklecticismus, der unsicher hin und her schwankt, noch weniger gedankenloser Synkretismus, der das unter einander Unverträgliche zusammenknetet; sondern da die ethischen Aufgaben nun einmal nicht blos von einer, sondern von mehreren Ideen ausgehen, so entspricht, wie im Privatleben des Einzelnen, so auch in den socialen Institutionen, der Gesammtheit dieser Aufgaben gerade diejenige Richtung des Wollens am besten, welche auf die verschiedenartigen Ansprüche der Ideen gleichmäßig Rücksicht nimmt. Daher kann auch der Streit der Strafrechtstheorien wenig Einfluß auf das Leben haben; um die Consequenzen, die aus dem bloßen

Bedürfniß hervorgehen, zu vermeiden, wird man sich immer wieder nicht blos um das Recht, sondern auch um die Billigkeit; und um das, was die Vergeltung erheischt, von der Willkühr der Ausübung, die eine fortwährende Veranlassung des Streites sein würde, zu befreien, wird man sich nicht blos um die Vergeltung, sondern auch um die Form des Rechts bekümmern müssen, und so inne werden, daß beides, wie man es auch in abstracter Einseitigkeit zu trennen bemüht sein möge, für das Handeln bestimmend und ergänzend in einander eingreifen müsse, um ein richtiges und tadelfreies Resultat zu Tage zu fördern.

Es könnte daher sogleich noch derjenige Gesichtspunkt seiner Bedeutung und Berechtigung nach untersucht werden, der auf die Wirkungen nicht der Strafdrohung, sondern der zugefügten Strafe selbst sieht, und der im Allgemeinen unter dem Namen der Besserungstheorie bekannt ist, wenn nicht der Grundgedanke, auf welchem er ruht, den Ideen des Rechtes und der Billigkeit an sich fremdartig, vielmehr in den Ideen des Wohlwollens und der inneren Freiheit wurzelte, und mithin dieser Gegenstand dahin gehörte, wo die gesellschaftliche Bedeutung dieser Ideen zu bestimmteren Anwendungen auf die wirkliche Gesellschaft zu entwickeln ist. Näher liegt es hier, noch die beiden Seitenstücke der absichtlichen Uebelthat, den Versuch, und die Schuld in ihrer Beziehung auf das gesellschaftliche Ganze kurz zu berühren. Daß weder jener, noch diese unmittelbar der Idee der Vergeltung verfallen, sondern daß sie nur unter gewissen Bedingungen strafbar werden, ist schon früher gezeigt worden (S. 225 flgg.). Diese Bedingungen liegen aber allerdings zunächst auf dem Boden der Rechtsgesellschaft und machen sich um so mehr geltend, je allgemeiner Rechte als Güter betrachtet werden, welche vor Beeinträchtigung geschützt zu sehen jeder Einzelne erwartet, welche zu schützen die Rechtsgesellschaft, hier schon sich zum Verwaltungssystem erweiternd, sich zur Aufgabe macht. So wie nun Versuchshandlungen nicht nur deshalb und in so weit strafbar werden können, als der beabsichtigte Erfolg theilweise erreicht worden ist, sondern auch, insofern schon der bloße Versuch des Verbrechens eine Störung des Vertrauens, der öffentlichen Sicherheit ist, so kann auch das Unheil, welches aus Fahrlässigkeit und Nachlässigkeit entspringt, so groß, so mannigfaltig sein, daß das Bedürfniß, ihm vorzubeugen, sehr leicht sogar höher steigen kann, als die Idee der Billigkeit an sich dessen Befriedigung gestatten würde. Aber eben deshalb, weil blos culpose Handlungen an sich nicht strafbar sind, muß in Beziehung auf sie schlechterdings eine rechtliche Bestimmung vorhergehen, welche die Aufmerksamkeit und Achtsamkeit, die zur Vermeidung des Gefährlichen und Gemeinschädlichen gehört, fordert; d. h. culpose Handlungen werden erst dadurch, daß, und in dem Grade, in welchem sie verboten sind, strafbar. Es läßt sich nun zwar denken, daß durch das Strafgesetz die bloße Schuld eben so stark verpönt werden könne, wie die absichtliche Uebelthat; es mag Fälle und Verhältnisse geben, wo auch die geringste Unachtsamkeit so gefahrdrohend ist, daß sie durch das Gesetz zu einem Verbrechen gemacht werden kann*); dennoch ist in dem Satze: culpose Handlungen werden in dem Grade strafbar, in welchem sie verboten sind, (weil der Grund der Strafbarkeit hier eben in dem Verbote liegt,) durchaus keine allgemeine Bestimmung darüber enthalten, in welchem Grade die schadendrohende Nachlässigkeit mit Strafe bedroht werden solle. Dieser Grad richtet sich für besondere Fälle nach dem Grade des Interesse, welches die Gesellschaft hat, gewisse Nachlässigkeiten vermieden zu sehen, nach der Größe und dem Umfang der Gefahr, welche sie droht, nach dem Reize der Wiederholung und Verbreitung, welcher sie begleitet; und welche andere Rücksichten hier unter besonderen Verhältnissen sich aufdrängen mögen. Thöricht würde es sein, jede Nachlässigkeit gleich hart zu bedrohen; und unbillig, wenn man sich nicht erinnern wollte, daß culpose Handlungen nicht unmittelbar, sondern mittelbar der Strafe unterliegen; und deshalb wird ein Erfolg, der blos verschuldet war, in der Regel nicht so hart bestraft werden können, wie derselbe Erfolg, wo er beabsichtigt wurde. Für bestimmte concrete Fälle aber muß die Bestimmung der Strafbarkeit culposer Handlungen durchaus der näheren Berücksichtigung der Art überlassen bleiben, in welcher die bestimmten Fälle des wirklichen Lebens sich einer Subsumtion unter die bezeichneten Begriffe darbieten. Eben so muß auch Alles

*) Man denke etwa an die Aufmerksamkeit, die von einem Wachposten in einer belagerten Festung, oder an die Vorsicht, die von den Arbeitern in einer Gifthütte, Pulvermühle u. s. w. gefordert werden kann.

das, was sich auf die Begriffe der Zurechnung des Vorsatzes und der Schuld nach allen ihren Graden und Bedingungen bezieht, da übergangen werden, wo, damit der Gegenstand der idealen Beurtheilung rein vor Augen stehe, zunächst ein entschiedenes, klares und bewußtes Wollen, für welches sich, eben weil es ein solches Wollen ist, die Zurechnung von selbst versteht, vorausgesetzt wird (1. Buch S. 96). Die Schwierigkeiten, welchen der Begriff der Zurechnung unterliegt, haben ihren Grund in der Zweideutigkeit der Empirie, welche auf die Frage: ob überhaupt Absicht und in welchem Grade sie vorhanden war? oder ob von einer bestimmten Person der Grad von Aufmerksamkeit gefordert und erwartet werden konnte, der nöthig war zur Vermeidung des Uebels? nicht überall eine gleich bestimmte und deutliche Antwort giebt; diese Fragen sind psychologischer Natur; und ihre Beantwortung bestimmt eben deshalb die Anwendung, aber nicht den Inhalt der Ideen, um welchen es hier allein zu thun ist.

C. Verwaltungssystem.

Seinem Begriffe nach leichter zu erkennen, als Recht und Billigkeit, die sich erst als Weisungen zur Vermeidung des Mißfälligen erheben, glänzt das Wohlwollen in seinem eigenen Lichte, nicht erst wartend auf einen Tadel, der beschwichtigt werden soll, sondern unmittelbar die Schönheit der Gesinnung darstellend. Wenn nun die Frage nach der Bedeutung entsteht, deren diese Idee für ein gesellschaftliches Ganze fähig ist, so genügt zu ihrer Beantwortung in ihrem ganzen Umfange auch hier nur die Voraussetzung, daß die Glieder der Gesellschaft selbst sämmtlich von dem Geiste eines sich allseitig entgegenkommenden Wohlwollens beseelt seien. Dennoch kann man der Einfachheit wegen versuchen, zuerst ein Wohlwollen einer Mehrheit von Willen gegenüber zu denken, um zu sehen, worauf das Verhältniß dieses Wohlwollens zu den gegenüberstehenden Willen führen werde, um dann mit Hinweglassung dieser Beschränkung die gewonnenen Bestimmungen auf das gegenseitige Verhältniß der Wohlwollenden unter einander zu übertragen.

Zuvörderst ist klar, daß ein Wohlwollen, welches, einer Mehrheit wollender Wesen gegenübergestellt, durch das Streben, den ganzen Kreis der sich ihm darbietenden Gelegenheiten auszufüllen, charakterisirt wäre, weder auf Einzelne aus der Menge der Vielen beschränkt, noch von besonderer Vorliebe geleitet sein könnte. Für die Idee eines solchen Wohlwollens verschwindet jeder Schein der Möglichkeit, es mit der Sympathie, welche etwa nur bestimmten Zuständen oder Personen gölte, zu verwechseln; wo sich irgend ein Bedürfniß, eine Empfänglichkeit darbietet, wo irgend eine Quelle der Freude, des Schmerzes sich zeigt, da wird die Gesinnung des Wohlwollenden sich zum Darbieten, Helfen, Abwenden aufgefordert fühlen. Nicht diesem oder jenem, nicht hier oder dort, sondern Allen, überall würde sie sich widmen; mit einem Worte: das öffentliche Wohl, das allgemeine Beste (salus publica) ist das Ziel, welches zu erreichen das Wohlwollen, über die Schranken blos individueller Beziehungen sich erhebend, bemüht sein würde.

Diese Gesinnung nun in allen Einzelnen gleich lebendig zu denken, wird nothwendig, wenn das Wohlwollen selbst das gesellschaftliche Band sein soll, durch welches die Vielen zu einer gesellschaftlichen Einheit verschmelzen. Dadurch ändert sich nichts an dem Begriffe des öffentlichen Wohles; nur erscheint es als die gemeinschaftliche Aufgabe Aller, zu deren Erreichung ohne Rücksicht auf sich selbst jeder mitzuwirken bereit sein würde; d. h. Jeder der Vielen würde sich den übrigen, so weit er überhaupt Kenntniß von ihnen hat, dergestalt widmen, wie dieses so eben von irgend Einem gedacht wurde. Indem nun das allgemeine Beste, dieser gemeinschaftliche Zweck des gesellschaftlichen Gesammtwollens, sich nur als die größtmögliche Summe von Befriedigungen der Einzelnen realisiren läßt, entsteht, so weit diese zugleich durch den Besitz und Gebrauch äußerer Gegenstände bedingt ist, neben der Frage nach der Erzeugung der Güter, welche diese Befriedigung zu gewähren geeignet seien, sogleich die nach der Vertheilung derselben unter die Vielen, welche ihren Gebrauch und Genuß als ein Wohl zu empfinden fähig sind.

Erlaubt man sich dabei jene Frage nach der Erzeugung der Güter einen Augenblick bei Seite zu setzen, gleich als ob sie schon vorhanden wären und das Wohlwollen nur über den vorliegenden, überall ausreichenden Vorrath zu disponiren hätte, — und beschränkt man sich für die zweite Frage nach der Vertheilung streng auf das, was in dem Begriffe des Wohlwollens liegt, — ohne Rücksicht auf das Recht, welches vor Allem früher zugestandenen Ansprüchen zu genügen, oder auf die Billigkeit, welches dem Verdienste seinen Lohn nicht vorzuenthalten, oder auf die innere Freiheit, welche mindestens die Tadellosigkeit des fremden Begehrens zu prüfen gebietet; — so liegt die Regel der Vertheilung nur in dem Maaße der Empfänglichkeit des fremden Willens. Denn wo keine Empfänglichkeit für eine bestimmte Art des Wohlbefindens ist, da würde das dargebotene Gut nicht als Gut empfunden werden; mit dem Maaße der Empfänglichkeit wächst die Aufforderung an das Wohlwollen, dieser Empfänglichkeit zu genügen. „Setzt ein einziges wollendes Wesen; begabt es mit der ganzen Fülle des Verlangens, das sich bei Mehreren zerstreut finden mag: dies einzige Wesen bietet dem Wohlwollen gerade dieselbe Gelegenheit der Zueignung fremden Wollens, wie jene alle zusammen genommen*)."

Nach dieser Regel würden sich, abgesehen von der Rücksicht auf die übrigen Ideen, die Pläne dee Wohlwollens zu richten haben, wenn theils diese Empfänglichkeit selbst, wie sie nun eben vorliegt, eine beständige und geschlossene Größe, theils die Mittel der Befriedigung überall gleichmäßig vorhanden wären. Aber das Wohlwollen ist nicht gebunden an ein fremdes wirkliches Verlangen; es breitet sich seiner Natur nach aus auf das fremde vorausgesetzte Wollen. Wo daher Mittel möglicher Befriedigungen ohne eine entsprechende Empfänglichkeit vorhanden wären, da würde es diese Empfänglichkeit selbst hervorzurufen suchen, damit keine Quelle der Freude und des Wohlseins gleichsam in unfruchtbarem Sande versickere, ohne etwas genährt und erquickt zu haben. Andererseits wenn das Verlangen, die Begierde nach Befriedigung von der Art oder von der Größe wäre, daß die Be-

*) Herbart Allg. prakt. Philos. S. 225. Vgl. S. 220. „Man zähle ohne Weiteres das vielseitige Verlangen aller der Verlangenden in Eine Summe; das Wohlwollen will ihnen Allen wohl; darum umfaßt es die Summe als eine ganze, ohne sich um die größeren oder kleineren Theile zu bekümmern, aus denen sich dieselbe mag zusammengesetzt haben, und in welche die entsprechende Summe der Befriedigungen wird zerfallen müssen."

friedigung derselben den Genuß durch nachfolgende Leiden erkaufen müßte, würde das Wohlwollen wo möglich maaßgebend, lenkend, eine andere Richtung gebend, einzugreifen sich veranlaßt finden; und wo die Willen selbst einander zugänglich sind, der Eine Einfluß gewinnen kann auf das Wollen des Andern, da ist die Bemühung, Begehrungen, wie sie mit roher Naturgewalt hervorbrechen, nicht etwa unbedingt zu befriedigen, sondern zu mäßigen und wo möglich zu veredeln, nicht nur nicht ausgeschlossen von den Bestrebungen des Wohlwollens, sondern so gewiß in dieselben eingeschlossen, als es sich in seinen Aeußerungen nicht blos als gedankenlose Gutmüthigkeit, sondern als der Ausdruck einer durch die wohlwollende Gesinnung erwärmten vernünftigen Ueberlegung darstellen wird. (Vgl. oben S. 190.) Endlich, wo unabweisbare Bedürfnisse sich geltend machen, ohne daß die Mittel der Befriedigung gleichmäßig zu Gebote stehen, da erhebt sich gebieterisch die Aufgabe, diese Mittel herbeizuschaffen, damit nicht die Möglichkeit abgeschnitten bleibe, dem Mangel und der Noth, in welcher Gestalt sie sich auch zeigen mögen, abzuhelfen.

Wie sorglos, ja wie leichtsinnig also auch das Wohlwollen scheinen möchte sich auf die Gegenwart und auf das, was diese dem Verlangen darbietet, zu beschränken; — wo die Bedürfnisse, denen es sich widmet, und die Erzeugung der Mittel der Befriedigung an die Succession in der Zeitreihe gebunden sind, da wird es sich bald genug von der Gegenwart an die Zukunft gewiesen finden; und jener Leichtsinn, der (nicht für sich selbst, sondern für Andere) dem Augenblick abgewinnt, was möglich ist, ohne sich um den nächsten zu bekümmern, muß Ueberlegungen Platz machen, welche die Pläne des Wohlwollens für die Zukunft sichern. Dadurch entsteht für das Wohlwollen die Aufgabe, das Vorliegende so zu behandeln und umzubilden, daß es die Mittel zukünftiger Befriedigungen im größtmöglichen Maaße darbiete, und eben diese Aufgabe ist durch den Begriff der Verwaltung bezeichnet, welcher die Gesammtheit aller der Maßregeln und Thätigkeiten in sich schließt, durch welche die Möglichkeit der zukünftigen Benutzung des gegenwärtig Vorliegenden vermittelt, gesichert und vermehrt wird. Insofern nun der Geist des Wohlwollens an die Rücksichten der besten Verwaltung sich gebunden fühlt, ist es erlaubt, den Inbegriff der auf die Erreichung und Sicherung des öffentlichen

Wohles gerichteten Maaßregeln geradezu durch die Namen des Verwaltungssystems zu bezeichnen. Indem diese Idee die Gesammtheit aller auf das öffentliche Wohl gerichteten Maaßregeln in sich schließt, hat man sich nur zu hüten, sie zu eng zu fassen. Immer zwar bezeichnet die Verwaltung die Thätigkeit des Wohlwollens in der bestimmten Beziehung dessen, was in der Gegenwart liegt, auf das Zukünftige; aber die Objecte der Verwaltung brauchen durchaus nicht blos äußere Sachen zu sein, deren Genuß und Aneignung den Willen die Befriedigung ihrer Bedürfnisse und Begehrungen verschafft, sondern auch die Kräfte der Personen fallen in den Umfang ihrer Aufgaben. Und zwar die letzteren nicht blos in dem Sinne, daß die Frage entsteht, wie diese Kräfte und Fähigkeiten am zweckmäßigsten zu benutzen sind, sondern noch unmittelbarer in sofern, als die Hemmung der diesen Kräften inwohnenden Regsamkeit, die Beschränkung des Spielraums, in welchem sie sich darstellen möchten, als ein Druck würde empfunden werden, welchen das Wohlwollen dem, den er treffen würde, wird ersparen wollen. So gewiß die Möglichkeit, sich ungehemmt zu regen, zu thun und zu treiben, was man gern treibt, die Gelegenheit des Handelns nach eigenem Sinn zu benutzen und so sich eines selbstgeschaffenen Werkes zu freuen, eine Befriedigung gewährt, die um so größer ist, je lebendiger die innere Kraft und Regsamkeit war, so gewiß wird das Wohlwollen, wo keine anderen ethischen Rücksichten verbietend eingreifen, nicht nur gewähren lassen, sondern auch fördern und unterstützen, wo es kann; damit, wo irgend eine Kraft ist, die sich auf eigene Weise regen und darstellen will, sie unverkümmert hervortrete und sich ihrer lebendigen Wirkung freue *). Wenn hiermit dem Begriffe der Verwaltung ein weiterer Umfang beigelegt wird, als der gewöhnliche Sprachgebrauch gestattet, so mag zur Entschuldigung dienen, daß die Sprache nun einmal kein Wort hat, welches Alles das besser bezeichnete, was in den Umfang einer, in der Gegenwart schon auf

---

*) In der Idee des Wohlwollens, nicht in der Idee des Rechtes ist der Zauber begründet, den der Begriff der größtmöglichen bürgerlichen Freiheit nicht blos für den Eigennutz der Willkühr hat. Unfreiheit wird empfunden als schmerzlicher Druck; Freiheit ist als Abwesenheit dieses Druckes Wohlsein; und Wohlsein wünscht der Wohlwollende, nicht sich, aber andern, die er durch Fesseln gedrückt sieht

die Zukunft gerichteten thätigen Fürsorge für das allgemeine Wohl fällt.

Die Sorge für die Schonung, Entwickelung, Bildung und Beförderung der persönlichen Regsamkeit führt nämlich unter der Voraussetzung, daß die Entwickelung der individuellen Kraft und Anlage in Einklang gebracht werden solle mit dem Ideale persönlicher Regsamkeit und Thätigkeit, noch überdies zu dem Begriffe der Erziehung. Diese verwaltet gleichsam die vorhandene Naturkraft des Zöglings, um sie zu dem Punkte zu entwickeln, wo eine solche Verwaltung nicht mehr nöthig ist; sie sorgt für die Zukunft; aber die wohlwollende Erziehung bringt weder die Gegenwart des Zöglings der Zukunft zum Opfer, noch kann sie wollen, daß der Erzogene dereinst sich schlechter befinde, als er sich befunden haben würde ohne Erziehung. Wie weit sich nun die Möglichkeit erstreckt, durch absichtliches Einwirken auf einen Willen, der noch bildungsfähig ist, nicht nur seine Beschaffenheit, sondern auch das Befinden der Person, deren Wille er ist, im Voraus zn bestimmen, so weit erstreckt sich auch die Möglichkeit der erziehenden Liebe, welche neben der mittheilenden mit eingeschlossen ist in den Umfang des Verwaltungssystems.

Wie sehr jedoch nicht nur ein Bewußtsein über den Umfang aller dieser Aufgaben, sondern auch die wohlwollende Gesinnung, geläutert von jeglichem Egoismus und gesteigert zu einer, jedes Opfers fähigen, sich gegenseitig entgegenkommenden Güte über den Umkreis der Gesellschaft verbreitet gedacht werden möge, so liegt doch in ihr keinerlei Aufschluß darüber, welches denn nun die beste Verwaltung sei. Auch hierüber läßt sich aber, ohne Rücksicht auf bestimmte Verhältnisse nichts entscheiden. Die Verwaltung ist gebunden an die Natur der Bedürfnisse, welche befriedigt sein wollen, und der Mittel, durch welche sie befriedigt werden können. Man denke diese Natur als eine andere, so ändern sich die Maaßregeln der Verwaltung. Immer wird das Wohlwollen die Quellen des öffentlichen Wohles so vollständig wie möglich zu öffnen suchen; aber welches Verfahren zu diesem Resultate auf die sicherste, nachhaltigste, fruchtbarste Weise führen werde, darüber kann die Idee des Verwaltungssystems nichts entscheiden. Eine Verwaltung, die für die Naturbeschaffenheit eines bestimmten Landes, gegenüber den Bedürfnissen, Neigungen, Sitten, Gewohnheiten, Fertigkeiten,

Fehlern und Tugenden seiner Bewohner für einen bestimmten Zeitraum höchst angemessen wäre, könnte unter andern Verhältnissen, zu einer andern Zeit ganz unzweckmäßig werden; und überschreitet man vollends die Naturverhältnisse nicht nur einzelner Theile eines Weltkörpers, sondern dieser Weltkörper selbst, so können die Verschiedenheiten so unermeßlich werden, daß die Regeln der Verwaltung auf dem einen kaum noch ein Analogon für die auf dem andern darbieten. Dennoch schwebt die Idee des Verwaltungssystems über dieser ganzen unendlichen Verschiedenheit der Verhältnisse gleichmäßig; nur die Realisirung der Idee wird von andern und immer wieder andern Bedingungen abhängen. In der That ist hier eine der deutlichsten Stellen, wo sich schon innerhalb der Ideenlehre, bei dem bloßen Hinblick auf die bestimmte Naturbeschaffenheit des Gebietes, auf welchem die Ideen dargestellt werden sollen, das Bedürfniß eines theoretischen Wissens erhebt, nicht als eines Surrogats oder eines Stützpunktes für die ethische Beurtheilung, sondern als eines Mittels zur Erreichung dessen, worauf die Ideen hinweisen. Denn daß Kenntniß nicht nur der Bedürfnisse, sondern auch der Natur und der gegebenen Verhältnisse die allererste Bedingung des Verwaltungssystems sei, versteht sich nach dem Gesagten so sehr von selbst, daß es kaum nöthig ist, darauf aufmerksam zu machen, daß Alles das, was sich aus den engen Grenzen der Oekonomie, Technologie und Cameralistik zu den Untersuchungen der Volks- und Staatswirthschaftslehre entwickelt hat, seine ethische Grundlage in der Idee des Verwaltungssystems findet *).

Während mithin die Ideenlehre, hinstellend das Ziel, und erwartend, daß man sich kümmern werde um das, was zu dessen Erreichung nöthig ist, alle speciellen Untersuchungen dieser Art von

*) Selbst die Bemerkung: daß der ethische Gehalt der besten Verwaltung nicht in dem Wohlsein, welches dadurch erreicht wird, sondern in dem Wohlwollen, das sich in ihr darstellt, liegt, würde überflüssig sein, wenn nicht aus leicht begreiflichen Gründen die Wirthschaftslehren vielmehr das Resultat, als die Gesinnung, die sich in der Thätigkeit für ein solches Resultat darstellen soll, ins Auge gefaßt hätten. Faßt man ihre Aufgabe innerhalb ihrer eigenen Grenzen auf, so kann ihnen das nicht zum Vorwurf gemacht werden; aber es wird von Wichtigkeit in der Beziehung derselben auf die Darstellung des sittlichen Gesammtorganismus.

sich abzulehnen genöthigt ist, entsteht bei dem vergleichenden Rückblicke auf die Rechtsgesellschaft und das Lohnsystem noch die Frage, wie sich das Verwaltungssystem zu diesem verhalte. Fast unwillkührlich entsteht hier die Befürchtung, daß die Wünsche des Wohlwollens vielfach zusammenstoßen werden mit den Schranken des Rechtes und den Forderungen der Billigkeit; und nichts begegnet in der Wirklichkeit öfter, als daß die Maaßregeln der Verwaltung sich namentlich durch Rechtsverhältnisse gehemmt sehen. Jedoch sind Collisionen dieser Art wesentlich dadurch bedingt, daß die Berechtigten von dem Rechte, mit welchem die öffentliche Wohlfahrt unvereinbar ist, nicht loslassen wollen, daß also in ihnen das Wohlwollen nicht lebendig wirksam ist, welches von den Mitgliedern einer Gesellschaft, die durchdrungen wäre vom Geiste des Wohlwollens, vorausgesetzt werden muß. Je weniger der Gemeingeist, das Interesse an dem öffentlichen Wohle in den Gemüthern der Einzelnen vorhanden ist, je entschiedener und hartnäckiger sie an ihrem particularen und individuellen Vortheile festhalten, desto stärker und schroffer werden jene Collisionen ausfallen. Wo dagegen wirklich der Geist des Wohlwollens allgemein verbreitet wäre, d. h. wo die Willen der Idee des Verwaltungssystems vollständig entsprächen, da würde sich auch die Bereitwilligkeit finden, Rechtsverhältnisse, die mit der öffentlichen Wohlfahrt unvereinbar sind, so abzuändern, wie diese es verlangt. Die Idee des Rechtes wenigstens läßt unter Voraussetzung der Einstimmung der Betheiligten der Bildung und Veränderung des Rechtes eine solche Freiheit, daß Rechtsinstitute, die den Zwecken der Verwaltung congruent sind, ihrer Sanction eben so gewiß sein würden, wie solche, welche dem öffentlichen Wohle vielfach hinderlich wären. Jedenfalls aber unterliegt für eine Beurtheilung nach sämmtlichen Ideen jeder bestimmte gesellschaftliche Rechtszustand einer Kritik auch von Seiten des Wohlwollens; einer Kritik, die, wo die richtige Gesinnung, bewaffnet durch Kenntniß und Einsicht, allgemein verbreitet wäre, unmittelbar zur freiwilligen Abstellung der nachtheiligen Rechtsverhältnisse führen würde. Ebenso wird andererseits, wo die Aufgabe des Verwaltungssystems, das öffentliche Wohl, in einer Gesellschaft, die zugleich Rechtsgesellschaft ist, wenigstens dem Principe nach anerkannt ist, das Verwaltungssystem sehr wohl seine Maaßregeln durch die Autorität des formellen Rechtes schützen können; dergestalt, daß die rechtlich festgestellte gesellschaftliche Ordnung gestatte, das, was für das öffentliche Wohl nothwendig ist, gegenüber dem Privatinteresse rechtlich geltend zu machen. Und damit eröffnet sich eine neue Quelle sehr mannigfaltiger Präsumtionen für den Inhalt dessen, was als Recht soll zugestanden und anerkannt werden; der Geist einer vom Wohlwollen beseelten Gesellschaft würde sich nur durch eine Rechtsordnung befriedigt fühlen können, die der Darstellung und Erhaltung des gemeinen Besten, der öffentlichen Wohlfahrt zum wenigsten nicht hemmend entgegenträte.

Nicht so ganz einfach ist das Verhältniß des Verwaltungssystems zu dem Lohnsystem. Zwar pflegt man, wo man die Billigkeit nur als ein unbestimmtes Mittlere zwischen Recht und Wohlwollen auffaßt, an eine Collision des Wohlwollens mit der Billigkeit in der Regel nicht zu denken, weil ja diese, dem Recht gegenüber, selbst der Ausdruck des Wohlwollens sei. Wo aber der Begriff der Billigkeit auf seine genau bestimmte Bedeutung zurückgeführt ist, da scheinen mannigfaltige Collisionen mit dem Wohlwollen deshalb nicht ausbleiben zu können, weil das Wohlwollen in seiner Vertheilung der Güter zunächst sich an das Maaß der Empfänglichkeit hält, während die Billigkeit, alles Uebrige gleich gesetzt, auf Gleichheit der Theilung dringt, da aber, wo Wohlthaten oder Uebelthaten Verdienst und Schuld begründen, die Größe dieser, nicht aber die Empfänglichkeit als Maaßstab des Darbietens und Entziehens betrachten kann. Dazu kommt, daß das Wohlwollen dem Uebelthäter die Strafe seiner That wohl gar gutmüthig erlassen möchte, unbekümmert um das dringende Bedürfniß des Rechtsschutzes und den Ernst der Vergeltung. Aber auch diese Collisionen verschwinden, wenn man, im Reiche der Ideen verweilend, nicht vergißt, daß das Wohlwollen nicht blos als mittheilende, sondern auch als erziehende Liebe, einer vielseitigen Darstellung fähig ist. Denn was zuerst die Ungleichheit anlangt, um deren willen das Wohlwollen dem Tadel der Billigkeit zu unterliegen scheint, so enthält diese nicht einmal eine Collision, weil, wo keine Empfänglichkeit da wäre für den Genuß der Güter, die die Billigkeit zu gleichen Theilen vertheilen möchte, da das Ausgetheilte kaum noch als Gut, die Entziehung desselben zu Gunsten anderer, die empfänglicher wären, kaum noch als Uebel würde gelten können. In der Vergeltung der Wohlthaten vereinigt sich überdies die Stimme des Wohlwollens mit der der Billigkeit; aber selbst die Vergeltung der Uebelthaten schließt das Wohlwollen nicht schlechthin aus, indem die erziehende Liebe, die sich dem Uebelthäter widmet, ohne der Vergeltung vorzugreifen, doch ihr eine solche Richtung zu geben versuchen wird, daß die Folgen der Strafe den, welchen sie trifft, nicht unfähig machen, Mitglied eines ethischen Gemeinwesens zu sein oder zu werden. Offenbar ist das, was der sogenannten Besserungstheorie (s. oben S. 272 u. 189 ff.), wenn auch in einer den Begriffen des Rechtes und Billigkeit fremdartigen Form zu Grunde liegt, dieser Geist der erziehenden, die Ansprüche der übrigen Ideen nicht ausschließenden, sondern sich ihnen anschließenden Liebe; und ein Strafrecht, welches diesem Geiste jede Möglichkeit sich zu äußern abschneiden wollte, würde dem Vorwurfe der Lieblosigkeit nicht entgehen können; nicht einmal zu gedenken, daß bei der unvermeidlichen großen Unvollkommenheit aller menschlichen Strafgerechtigkeit es der Gesellschaft geziemt, die Ausgleichung möglicher Unbilligkeiten gegen den Sträfling durch die Wohlthat dieser erziehenden Liebe in das Ganze ihrer Institutionen mit aufzunehmen. Ueberhaupt muß man für das Verhältniß des Verwaltungssystems zu dem Rechts- und dem Lohnsystem in Anschlag bringen, daß eine gute Verwaltung Collisionen und Conflicte häufig durch Eröffnung neuer, durch bessere Benutzung der vorhandenen Hülfsmittel, zweckmäßige Leitung der Arbeit u. s. w. wird vermeiden können, ohne daß ein Nachlassen von den Forderungen der übrigen Ideen nothwendig wäre. Eben indem sich das Verwaltungssystem an die Natur der Dinge und die gegebenen gesellschaftlichen Bedürfnisse anschließt, vermeidet es die Conflicte der Willen, die von der Natur dieser Bedürfnisse mitbeherrscht werden, und erzeugt einen Zustand, in welchen sich jeder gern fügt, weil er sich durch ihn gefördert und beglückt fühlt. Wo aber auf untergeordneten Stufen der sittlichen Gesammtentwickelung solche Conflicte wirklich eintreten, da handelt es sich zuerst darum, das Mißfällige zu meiden. Deshalb muß den Ansprüchen des Rechts und der Billigkeit, wo sie unter gegebenen Verhältnissen durchaus unvereinbar wären mit den Wünschen des Wohlwollens, der Vortritt zugestanden, die Verletzung derselben zu Gunsten des Wohlseins abgewiesen werden; zumal diese Weisung gar nicht das Wohlwollen als Gesinnung, sondern nur die Art trifft, in welcher sich zu äußern, wirksam einzugreifen in die bestehende Ordnung ihm unter bestimmten Verhältnissen vergönnt sein wird. Der Schmerz freilich, nicht erreichen zu können, was aufgegeben ist in dem Vorbilde, wird in dem Verkehre mit der wirklichen Welt gerade dem Wohlwollen am wenigsten erspart werden können; aber so wie dieser Schmerz nur möglich ist unter Voraussetzung der Gesinnung, so ist auch nur die Gesinnung die rechte, welche sich in diesem Schmerze erhält.

D. Beseelte Gesellschaft.

So wie die Darlegung der ursprünglichen Ideen, ausgehend von dem eigenen Bewußtsein des Wollenden, sich allmählig über Verhältnisse ausbreitete, die auf der äußeren Berührung Mehrerer in einer gemeinschaftlichen Sinnenwelt beruhen, so mußte die Darlegung der gesellschaftlichen Bedeutung dieser Ideen den umgekehrten Gang nehmen, um sich rückwärts dem Centrum der inneren Freiheit der Gesellschaft allmählig zu nähern. Während die Rechtsgesellschaft die Willen nur in sofern in Beziehung zu einander setzt, als sie, übrigens gleichgültig gegen einander, das, was gelten soll als Regel zur Vermeidung des Streites, zum Gegenstande gemeinschaftlicher Anerkennung und Aufrechthaltung machen, fordert das Lohnsystem eine solche Vereinigung der Vielen untereinander, daß jedem das werde, was er verdient hat. Höher noch erhebt sich das Verwaltungssystem, hinweisend auf eine solche Verbindung, in welcher es nicht erst äußerer Conflicte, nicht erst der Aufforderung durch Wohlthaten und Uebelthaten bedarf, um die Willen dazu zu bringen, daß sie sich um einander kümmern, sondern welche eben dadurch wesentlich bezeichnet ist, daß die Willen sich einander unmittelbar, ohne fremdes Motiv, widmen. Während Recht und Billigkeit nichts Höheres erreichen können, als die Vermeidung eines Mißfallens, ist die wohlwollende Gesinnung unmittelbar Gegenstand einer unbedingten Billigung; und so wie sie unabhängig von äußeren Verhältnissen der schönste Schmuck der Person ist, so kann auch ein gesellschaftliches Ganze keinen in sich selbst reicheren und unabhängigeren Werth erringen, als welcher in dem Geiste einer sich allseitig entgegenkommenden Liebe liegt. Denn wie unendlich mannigfaltig die Gegenstände, Geschäfte, Bedürfnisse und Zwecke sein mögen, auf welche die Willen gerichtet sind und in welchen sie sich begegnen, das Wohlwollen ist fähig, sie alle zu durchdringen, ja es ist ihm eigen, über die Grenze der Gegenwart hinaus sich erweiternd, selbst das zukünftige Wollen in das Bereich seiner Fürsorge zu ziehen.

Dennoch liegt schon in jedem einzelnen dieser ethischen, durch eine der Ideen bestimmten Systeme, noch mehr aber in der gegenseitigen Beziehung und Verbindung derselben zu einer Gesammtdarstellung aller Ideen eine Voraussetzung verborgen, welche, im Ideale aufgefaßt und näher entwickelt, auf dasjenige Verhältniß der Gesellschaft zu sich selbst führt, welches der inneren Freiheit des Individuums entspricht. Gesetzt nämlich, das gesellschaftliche Wollen sei den Ideen nicht blos (für das Auge eines fremden Beurtheilers) angemessen, durch natürliche Gutartigkeit oder sonst wie gerade zufällig zusammentreffend mit den Ideen, sondern gesetzt, die Vielen wissen von den Ideen und ihr Wollen richte sich bewußtvoll nach dieser Einsicht, dieser Kenntniß des Vorbildes, so wiederholt sich hier für die Gesellschaft als Ganzes eben jenes Verhältniß zwischen Einsicht und Willen, in welchem die innere Freiheit wesentlich besteht; und indem nur unter Voraussetzung dieses Bewußtseins von den Ideen die Gesellschaft in ihrem Gesammtwollen dem Ideale eines ethischen Gemeinwesens vollständig entsprechen kann, so ist die Beurtheilung dieses Verhältnisses zwischen Einsicht und Willen nicht blos eine nähere Bestimmung der Beurtheilung nach den übrigen Ideen, sondern sie bietet einen eigenthümlichen Beitrag zu dem Gesammtwerthe dar, auf welchen das gesellschaftliche Wollen als solches kann Anspruch machen.

Es ist nämlich nicht unbedingt nöthig, der Idee der beseelten Gesellschaft erst von den übrigen Ideen aus sich zu nähern. Man kann unmittelbar irgend eine Denkart, eine Sinnesweise, die ein Urtheil über das Löbliche und Schändliche enthält, als den Inhalt des gesellschaftlichen Bewußtseins, als das gesellschaftliche Gewissen annehmen; die Vergleichung des gesellschaftlichen Wollens mit dieser Einsicht führt ohne weiteres zu einer Beurtheilung nach der Idee der inneren Freiheit, sammt allen Modificationen, welchen sie, wie früher gezeigt, unterliegt. Jedenfalls aber würde die Idee der beseelten Gesellschaft, wie unbestimmt man auch anfangs die allgemein beseelende Einsicht lassen möchte, auf die übrigen Ideen zurückführen. Denn wenn die Idee der inneren Freiheit des Individuums sich auf andere Ideen und zwar nur auf Ideen, auf absolute Musterbilder des Willens bezog (s. oben S. 171), so erhellt dies noch leichter da, wo die vorbildende Einsicht selbst das gesellschaftliche Band, die eigentliche Seele der Vereinigung sein soll.

Soll nämlich die geistige Durchdringung einer Mehrheit von Vernunftwesen, obwol sich darstellend in den individuellen Ueberzeugungen aller Einzelnen, etwas mehr sein als ein zufälliges Begegnen der gleichen Sinnesweise, soll die Beurtheilung dessen, was gut oder schlecht sei, wesentlich in allen dieselbe, und die Identität dieser Beurtheilung durch einen Inhalt, der über die Schwankungen individueller Ansichten erhaben ist, gesichert sein, so darf sie sich eben nicht gründen auf das, was blos der Individualität angehört; sondern ihr Inhalt kann nur bestehen in einer solchen Beurtheilung, welche unabhängig von der Willkühr jedem Willen gelte. Nur Ideen vermögen die Gesellschaft in Wahrheit zu beseelen. Aber nicht diese oder jene Idee, einseitig, getrennt von den übrigen, sondern die Gesammtheit aller Ideen erkennend, wissend, was sie thut, ins Werk zu richten, das ist der beseelten Gesellschaft aufgegeben; und nur in soweit wird sich die wirkliche Gesellschaft der Idee der beseelten nähern, als beides, das ethische Wissen und das Thun, ohne Lücke und Disharmonie sich in ihr darstellt.

Hieraus folgt sogleich für den Einzelnen, daß, damit er fähig sei, einzutreten in eine Gesellung, deren Geist durch die Musterbilder alles Wollens bestimmt ist, in ihm die Ideen nicht blos, wie sie dem Einzelnen, sondern wie sie der Gesammtheit des gesellschaftlichen Wollens gelten, lebendig sein müssen. Aber auch das der gesellschaftlichen Bedeutung dieser Idee entsprechende Wollen muß vorhanden sein. Beides gehört zusammen, weil weder das Wissen ohne das Wollen, noch dieses ohne jenes der Idee der innern Freiheit entspricht: und nur dadurch, daß beides zusammen die Grenzen der bloßen Individualität überschreitet, erhebt sich das Individuum zu der Theilnahme an der Gesellschaft als solcher. Was also der Einzelne nur für sich selbst oder in seinen Beziehungen zu andern Einzelnen ist, ist darum noch nicht nothwendig etwas für die beseelte Gesellschaft, welche eben darauf beruht, daß das Wissen und Wollen der Einzelnen in eine bewußte Beziehung zu den idealen Zwecken der Gesellschaft trete. Darin liegt keinesweges, daß das Individuum, um der beseelten Gesellschaft anzugehören, gar nichts bedeuten könne für sich selbst und gleichsam untergehen müsse in der Gesellschaft, sondern indem die Idee der beseelten Gesellschaft als solche nichts bestimmt über diejenigen sittlichen Beziehungen, welche ihm als Einzelnen gelten, läßt sie der Individualität Platz und Spielraum, nur das Eine sich vorbehaltend, daß, was in der Darstellung dieser Individualität, wenn auch an sich nicht verwerflich, doch ungeeignet wäre, dem Ganzen der Gesellschaft sich anzuschließen, auch nicht als Beitrag zu der Darstellung der beseelten Gesellschaft könne angesehen werden. Wo die wirkliche Gesellschaft und der in ihr verbreitete Geist in einer Annäherung an das Ideal begriffen sind, können in dieser Beziehung große Unterschiede obwalten, je nachdem dieser allgemeine Geist, — der Ausdruck der vorherrschenden Ueberzeugungen und Gesinnungen der durch ihn vereinigten Einzelnen, eine höhere oder niedere Entwickelungsstufe erreicht hat, als welche ein bestimmtes Individuum einnimmt. Während das letztere dort sein individuelles Denken zu dem ethischen Gehalte des schon vorhandenen allgemeinen Geistes zu erheben, sein Wollen mit ihm zu identificiren aufgefordert ist, kann es hier, wo sein eigener ethischer Gedankenkreis an Reinheit, Umfang, durchgebildeter Gliederung den allgemeinen Geist der Gesellschaft überragt, durch Mittheilung und thätiges Eingreifen selbst als beseelende Macht auftreten. Ueberall wird sich aber die wirkliche Gesellschaft um so weiter von dem Ideale der beseelten entfernen, je weniger die Individuen bereit sind, von ihrer Individualität loszulassen, ihren besondern Zwecken, Tendenzen, Liebhabereien zu entsagen, und in einem für alle gleichmäßig gültigen Gedankenkreise das Medium der Communication und die Richtschnur ihres Wollens anzuerkennen.

Die Bedingungen, an welche die Realisirung dieser, alle übrigen ethischen Aufgaben in sich einschließeden Idee gebunden sein mag, können sich, je nach den verschiedenen Verhältnissen, auf das Verschiedenartigste modificiren. Ebendeshalb liegt die Frage darnach außerhalb der Grenzen der Ideenlehre, welche ohne Rücksicht auf die concreten Verhältnisse des menschlichen Lebens das Ideal als solches hinstellt. Daß aber, wo sich der allgemeine Geist, in welchem die beseelte Gesellschaft lebt, bilden, wo er als allgemeiner zum Bewußtsein kommen soll, damit jeder, wissend, was er will, auch zugleich wisse, was die Andern wollen, und inne werde des geistigen Bandes, welches sie alle umschlingt, daß da eine, ohnedies schon in dem Begriffe der Gesellschaft liegende Oeffentlichkeit, sammt den zu ihrer Erreichung zweckmäßigen Mitteln der Mittheilung und Kenntnißnahme, nicht verkümmert werden dürfe, liegt am Tage. Was die Gesellschaft als solche betrifft, darum aber nicht auch schon das, was jegliches Privatverhältniß im Umkreise der Gesellschaft betrifft, — gehört schon an sich der Oeffentlichkeit an; und die vollständige Beseelung der Gesellschaft besteht nicht blos darin, daß ein gleichartiger allgemeiner Geist da sei, sondern auch daß die Glieder der Gesellschaft sich in der Gemeinschaft dieses Geistes fühlen und erkennen. — Eben so, wo auf dem Boden der Gesellschaft sich noch rohe und ungebildete Elemente vorfinden, oder wo nach der Ordnung der Natur in der Reihenfolge der Geschlechter andere Individuen zu der Gesellschaft hinzutreten, da wird die erziehende Liebe durch den Hinblick auf ein ethisches Ganze veredelt und geleitet werden, in welches einzutreten, an welchem bewußtvoll theilzunehmen der Zögling soll befähigt werden. So betrachtet geht die Aufgabe der Erziehung als des Bestrebens, den Zögling zur richtigen Theilnahme an einem sittlichen Gemeinwesen zu befähigen, unmittelbar aus von der inneren Freiheit des Erziehers, der, sein eigenes, mit dem allgemeinen sittlichen Geiste übereinstimmendes Ideal übertragend auf den Zögling, in der Art, wie er diesen Zweck an ihm zu erreichen strebt, sein Wohlwollen gegen ihn auf die reinste Weise bethätigt; so, daß die Erziehung im ethischen Sinne des Worts das Edelste, was die Ideen bezeichnen, in unzertrennlicher Vereinigung darstellt.

Ueberhaupt sind die Aufgaben, welche die Idee der beseelten Gesellschaft in sich schließt, nicht einfach, sondern vielfach; und diese Mannigfaltigkeit wächst, wenn man die Gesammtheit aller der Kenntnisse und Einsichten, die als Mittel zur Realisirung der Ideen gehören, in den Umfang des ethischen Wissens mithereinzieht. Wenn nun schon die Kenntniß und Erforschung dessen, was zur Anwendung der Ideen auf einem bestimmten Gebiete gehört, nicht allen einzelnen Gliedern der Gesellschaft gleichmäßig anheimfällt, sondern denen, welche jene die Ideen mit der Wirklichkeit vermittelnde Kenntniß und Erfahrung sich zu erwerben vorzugsweise befähigt oder angewiesen sind; so wird noch viel weniger die bestimmte Thätigkeit des Einzelnen in der Gesellschaft auf alle die verschiedenen Theile der ethischen Gesammtaufgabe zugleich gerichtet sein können. Zwar in dem Kreise, den seine Thätigkeit durchdringt, wird er sich frei halten müssen von Vorwurf und Tadel jeglicher Art, aber der positive Beitrag, den er zur Erreichung der gesellschaftlichen Zwecke geben mag, kann nicht unmittelbar, sondern immer nur mittelbar auf das Ganze der Gesellschaft gehen. Deshalb wird der Einzelne nur durch besondere Leistungen für das Rechts=, das Lohn=, das Verwaltungssystem sammt allem, was sich oft erst durch eine lange Reihe von Vermittelungen an sie anschließt, „in den allgemeinen Mittelpunkt der gesellschaftlichen innern Freiheit gelangen.“ Andererseits wenn die besondere Richtung, welche auf diese Weise die Thätigkeit der Einzelnen oder kleinerer Gesellungen nimmt, sie nicht isoliren, von dem gesellschaftlichen Bewußtsein ablösen soll, muß ihnen neben der eigenthümlichen Bestimmtheit ihres Thuns ein Bewußtsein nicht nur von der Beziehung desselben auf die gesellschaftlichen Zwecke, sondern auch von dem Thun der Uebrigen und dessen eigenthümlichem Werthe inwohnen. Ihre Theilnahme und Kenntniß darf nicht untergehen in den Schranken ihrer eigenen Thätigkeit, sondern nur indem sie sich Sinn und Verständniß für jede Art eigenthümlicher Vortrefflichkeit offen erhalten, kann eine allgemein verbreitete richtige Bildung neben der Theilung der Arbeit den allen gemeinen Gedankenkreis erhalten, ausbreiten, in sich selbst bereichern und vertiefen, durch welchen sich das Reich sittlich frei wirkender Kräfte erzeugt und zu welchem, als seiner immer frischen Quelle es aus den zerstreuenden Anforderungen der Außenwelt sich sammelnd zurückkehrt. Diese Theilnahme an dem Bildungszustande der Gesellschaft, diese Empfänglichkeit für das, was in ihrem Kreise Gutes und Löbliches geschieht, muß eigentlich, wenn die Beseelung vollständig sein soll, bei allen ihren Gliedern gleich gesetzt werden; während in den besonderen Leistungen derselben immerhin große Unterschiede des Mehr und Minder, des Umfanges und der Wichtigkeit stattfinden können.

Nach diesen bestimmten Leistungen nun richtet sich die Bedeutung, welche der Einzelne für die Gesellschaft als solche hat; und diese „wird ihre Mitglieder unterscheiden, in Hinsicht dessen, was und wie viel sie ihr sind." Eben indem sie diese Unterschiede findet und anerkennt, hebt sie die Einzelnen mehr oder minder hervor aus der Reihe der Uebrigen; und diese Auszeichnung, eigentlich nur der Ausdruck des richtigen öffentlichen Urtheils und des Einflusses, welchen dieses Urtheil dem Beurtheilten ebenso gestattet, als verschafft, giebt dem Letzteren in der Gesellschaft seinen Rang, eine bestimmte, vor den andern mehr oder weniger hervorragende Stelle. Nimmt man hinzu, daß die Beurtheilung der beseelten Gesellschaft die Leistung für ethische Zwecke, denn andere kennt sie nicht, nicht losreißen kann von der ethischen Persönlichkeit des Leistenden, so wird sich der Rang vereinigen mit der Ehre, der Anerkennung eben dieses Persönlichen; und so wie der Rang, gestützt auf die verdiente Ehre, und die letztere, sich darstellend in der Anerkennung des Ranges, schuldiger Tribut ist, den die Gesellschaft dem Ausgezeichneten darzubringen hat, so ist das durch die sittliche Gesinnung beseelte Streben nach dieser Ehre und diesem Range der allgemeinste Ausdruck für die Energie und den Umfang, mit welcher und für welchen der Einzelne sich der Gesellschaft widmet *).

Faßt man endlich das Mannigfaltige, was eingeschlossen ist in die Idee der beseelten Gesellschaft, nach seinen von dieser Idee selbst geforderten gegenseitigen Beziehungen zu einem Ganzen zusammen, so bietet sich für die Articulation, für die innere Gliederung der Gesellschaft kaum ein anderer, das Ganze als solches bezeichnender Begriff dar, als der eines ethischen Organis-

*) Durch die Berücksichtigung der verschiedenen Werthe, die der Einzelne für die Gesellschaft erlangen kann, erhält die Frage nach den Ansprüchen auf gesellschaftliche Gleichheit und ihre ethische Berechtigung (s. oben S. 256 f., 275, 282) noch eine sehr wesentliche Ergänzung und Berichtigung. Die Aristokratie des sittlichen Verdienstes leugnen, heißt einen wesentlichen Grundzug der beseelten Gesellschaft verkennen.

mus. Die Leichtigkeit, mit welcher man dieses Wort sehr häufig anwendet, wo man sehr viel sagen möchte, ohne doch eigentlich etwas genau Bestimmtes zu sagen, könnte zwar mit Recht bedenklich machen, auf das ethische Gebiet einen Begriff überzutragen, der ursprünglich zur Unterscheidung einer bestimmten Classe von Naturproducten gebraucht wird, bei denen zur Zeit gerade nichts weniger bekannt und dem strengen Wissen zugänglich ist, als dasjenige, um dessen willen man sie als organische bezeichnet. Wie räthselhaft aber auch der Begriff des Organismus für die rein theoretische Untersuchung sein mag, so macht sich doch gerade in der Bewunderung desselben das Merkmal allgemein geltend, daß seine Bedeutung gebunden ist an den Begriff der inneren Zweckmäßigkeit eines Naturproductes, die in den eigenthümlichen Functionen aller einzelnen Bestandtheile eine solche Beziehung derselben auf das Ganze erkennen läßt, vermöge deren die Einheit des individuellen Gesammtlebens eben nur in der eigenthümlichen Thätigkeit aller Organe sich erhält und fortsetzt. Ist nun dieses Wechselverhältniß der Bestandtheile des Organismus untereinander und dadurch zu einer Totalität, die sich nicht als das Nebeneinander eines Aggregates, sondern nur als das Ineinander eines Systems (im strengsten Sinne) begreifen läßt, das wesentliche Merkmal des Organismus, — ein Wechselverhältniß, welches Kant durch eine nicht unpassende Nominaldefinition dahin bestimmt, daß „ein organisirtes Product der Natur das sei, in welchem Alles Zweck und auch wechselseitig Mittel ist*)"; — so liegt darin allerdings die Befugniß, diesen Begriff auf ein Gebiet überzutragen, welches ebenfalls durch den Begriff mehrerer, von verschiedenen Punkten aus in einander eingreifenden, zu der Totalität eines Systems sich gegenseitig durchdringenden Thätigkeiten charakterisirt ist. Eben darin besteht die Bedeutung der beseelten Gesellschaft, daß sie alle andere Ideen sammt dem durch sie bestimmten Wollen in sich aufnehmend, jeder ihre eigene, durch ihren Begriff bestimmte Bedeutung läßt, alle zusammen aber in einem sich gegenseitig tragenden und unterstützenden Systeme vereinigt, „in welchem jedes Glied nicht bloßes Mittel, sondern zugleich Zweck für sich ist, und indem es zur Möglichkeit und vollendeten Darstellung des Ganzen mit-

*) Kritik d. Urtheilskr. §. 66. (W. Bd. VII, S. 248.)

wirkt, durch die Idee des Ganzen seiner Stelle und Function nach bestimmt sein soll *)." Nur unterscheidet der ethische Organismus dadurch sich von dem Begriff der Naturorganismen, daß er nicht als das Product einer außer ihm vorhandenen, ihn, den bewußtlos wirkenden, hervorbringenden Intelligenz, sondern als das Product der in ihm selbst vorhandenen sittlichen Regsamkeit würde betrachtet werden müssen. Gerade deshalb aber ist es möglich, der Idee eines ethischen Organismus für bestimmte concrete Verhältnisse auch bestimmte Weisungen abzugewinnen, weil man wenigstens die Kräfte, die ihn als sittlichen Organismus beleben und bilden, kennt. Die ethische Organisation der menschlichen Gesellschaft kann, wie sehr auch die Natur im glücklichen Falle dafür vorarbeiten mag, nur als Resultat und Ausdruck bewußtvoll zusammenwirkender sittlicher Thätigkeiten zu Stande kommen; und von sittlicher Organisation könnte so wenig, als für den Menschen von der Aufgabe einen natürlichen Organismus zu machen, die Rede sein, wenn nicht die Ideen als die organisirenden Kräfte auf dem ethischen Gebiete bekannt wären.

Wenn nun schon die Rechtsgesellschaft, das Lohnsystem, das Verwaltungssystem einer sehr verschiedenen äußeren Gestaltung und Verkörperung fähig sind, so wird sich diese Verschiedenheit auch auf die beseelte Gesellschaft erstrecken, für welche eben so wenig, wie für irgend eine der übrigen Ideen überall der gleiche Boden, die gleichen Umgebungen und Verhältnisse sich vorfinden werden. Wenn daher verschiedene Bedingungen der Ausführung dessen, was der sittlich gebildete Geist der Gesellschaft vorschreibt, eine verschiedene Darstellung dieses Geistes in der äußeren Erscheinung zur Folge haben werden, so wird andrerseits unter gleichen oder ähnlichen Bedingungen ein gleiches oder nahe gleiches Resultat sich einstellen. Wo daher mehrere beseelte Gesellschaften neben einander entstehen und sich entwickeln, da ist weder der Blick des Beobachters, noch, insofern sie Kunde von einander haben, ihr eigener Blick auf die eine oder die andere von ihnen, jede einzeln genommen, beschränkt. Sondern so wie die Individuen unter Voraussetzung einer gleichen Gesinnung und eines gleichen Strebens zur Einheit der Gesellschaft verschmelzen, so bieten auch diese Ge-

---

*) Kant, Kritik d. Urtheilskr. §. 65. Anm. (W. Bd. VII, S. 247.)

sellschaften sich einer Vereinigung in eine größere Einheit dar. Zunächst zwar auch hier wieder so, daß es sich um Feststellung und Anerkennung bestimmter Rechtsgrenzen, um die Befriedigung billiger Ansprüche, und um Maaßregeln gemeinschaftlicher Verwaltung handelt; aber wie in jeder der einzelnen Gesellungen, so wird auch für den Complex einer Mehrheit derselben sich ein gemeinschaftlicher sittlicher Geist erzeugen können, der ihre Beziehungen zu einander in dem Grade der Idee der beseelten Gesellschaft nähert, als er sie sämmtlich in Wahrheit beseelt. Ist diese gleichmäßige, jede der einzelnen Gesellungen von innen heraus belebende, sich gegenseitig entgegenkommende Beseelung fähig, die Hindernisse einer vollkommenen Durchdringung zu überwinden, ist sie kräftig genug, die Tendenzen der einzelnen Gesellungen einander dergestalt zu assimiliren, daß sie sich nicht nur in einer Richtung bewegen, sondern auch sich gegenseitig fördern, so werden die kleineren Gesellungen ganz von selbst in eine größere verschmelzen; und ohne Rücksicht auf besondere Verhältnisse läßt sich für diesen Proceß einer, auch dem äußeren Umfange nach immer weiter gehenden Articulation des ethischen Organismus eine bestimmte endliche Grenze nicht feststellen. Eben so aber ist eine solche Vereinigung nur in so weit zulässig, als sie durch das Vorhandensein ihrer Bedingungen gesichert ist. Denn der Versuch einer gewaltsamen oder erkünstelten Vereinigung würde, wo er nicht von vorne herein scheiterte, dem Begriffe seines eigenen Zweckes widersprechen. Zwang mag im Stande sein, das Recht zu schützen; er kann auch das nur dann, wenn seine Anwendung durch die überwiegende Verbreitung einer das Recht als solches achtenden Gesinnung gesichert ist; aber er erlahmt an den höheren sittlichen Aufgaben, und wo die eigene freie Ueberzeugung das Band der Vereinigung sein soll, kann er nicht nur nichts ausrichten, sondern jeder scheinbare Erfolg könnte nur auf Kosten dessen erreicht werden, worauf das Wesen einer solchen Vereinigung beruht. Der Hinblick auf die mögliche Erweiterung der beseelten Gesellschaft zu einem großen, alle einzelnen Gesellungen in sich aufnehmenden ethischen Organismus entscheidet also nicht über die Naturgrenzen dieser Verschmelzung; aber die Erinnerung an diese Grenzen kann wenigstens warnen, den Schein nicht mit der Sache selbst zu verwechseln. Was die Gemüther wahrhaft binden soll, das muß Wurzel gefaßt haben in ihnen; und das Bewußtsein der Zusammengehörigkeit läßt sich, wo es fehlt, durch nichts ersetzen.

In welchen Grenzen und für welchen Umfang man nun auch die Idee der beseelten Gesellschaft realisirt denken möge, immer bleibt es dasselbe Vorbild, welchem das Nachbild entsprechen soll. Dieses Vorbild durch Begriffe bezeichnend, kehrt die Ideenlehre, bereichert durch den Hinblick auf ein gesellschaftliches Ganze, welches die Einzelnen als untergeordnete, dennoch aber denselben Ideen in innerer Freiheit sich widmende Glieder umschließt, in ihren Anfang zurück, um, der Einsicht den Willen gegenüberstellend, die Harmonie zu vernehmen, die dem eigen ist, was in seinem eigenen Werthe sicher ruht. Bezeichnet man den, nunmehr nicht blos stillschweigend vorausgesetzten, sondern vollständig entwickelten Inhalt der vorbildenden Einsicht durch den Begriff der Vernunft und des Vernünftigen, so kommt dem vernünftigen Wollen, welches durch die Einsicht nicht nur erleuchtet, sondern auch geleitet ist, die Würde zu, als der Ausdruck für den absoluten Werth, welcher der Angemessenheit des Wollens an die Gesammtheit aller Musterbilder gebührt. Und so ist die Würde der von allen ethischen Ideen gleichmäßig beseelten, in sich selbst vollständig gegliederten, die Gesinnung, auf welcher sie ruht, aus sich selbst immer von Neuem erzeugenden, und, wo der inneren Wohlgestalt nichts fehlte, einer fortschreitenden Erweiterung fähigen Gesellschaft der allgemeine Ausdruck für das, was, wo ein mannigfaltiges Wollen in dem Bewußtsein eines zum Wir erweiterten Ich sich den Ideen gegenüber aufzufassen im Stande ist, als höchstes Ideal zum Ziele der Nacheiferung und zum Maaßstabe der Beurtheilung hingestellt werden kann.

Drittes Buch.

Ueber die regulativen Principien, die Bedingungen und die Grenzen der Darstellung der ethischen Ideen im menschlichen Leben.

Ausgehend von der allgemeinen Thatsache, daß das menschliche Wollen und Handeln einer unwillkührlichen und unvermeidlichen Beurtheilung unterliegt, sah sich die Untersuchung durch die auch schon in dem gewöhnlichen Sprachgebrauche deutlich ausgeprägten Verschiedenheiten dieser Beurtheilung genöthigt, diejenige Werthgebung, welche die Begriffe des Guten und des Bösen bezeichnen, zu sondern von den übrigen Arten eines nach untergeordneten Gesichtspunkten sich richtenden Vorziehens und Verwerfens; die ethische Beurtheilung trat jeder andern auf das Bestimmteste gegenüber. Dadurch war die Aufgabe bedingt, den Inhalt dieser Beurtheilung zu entwickeln, die bestimmten Willensverhältnisse nachzuweisen, welchen das ethische Lob und der ethische Tadel gilt; und indem die Ideenlehre die Begriffe von dem, was eigentlich gebilligt oder gemißbilligt wird, rein und vollständig zu entwickeln suchte, mußte sie, um dieser ganz im Gebiete einer idealen Gedankenwelt liegenden Aufgabe zu genügen, die wirklichen Verhältnisse des menschlichen Lebens bei Seite legen. Der reine Gedanke des Vortrefflichen kennt diese Verhältnisse gar nicht; gäbe es nirgends ein Wollen, sondern nur Bilder des Wollens sammt der darüber ergehenden Beurtheilung, so würde der Inhalt dieser Beurtheilung seine volle Gültigkeit haben, ohne alle Frage nach einem Wirklichen, welches kraft seiner Aehnlichkeit mit dem Musterbilde einen solchen oder andern Werth sich aneignen könnte.

Die Lehre von den Ideen bezeichnet also ganz eigentlich eine Gedankenwelt, welche in reinen Umrissen das zu betrachten gestatte, was die Wirklichkeit nur unklar, verworren, und in mannigfaltiger Mißgestalt darstellt. Das ganze Bestreben war darauf gerichtet, die Musterbilder des Wollens zu bestimmen, die Principien einer Beurtheilung zu finden, welche sich in Beziehung auf das wirkliche Wollen immerfort geltend macht, ohne da, wo sie unmittelbar mit der Auffassung des Gegebenen sich aufdringt, über ihren Inhalt sich überall gleichmäßig genaue Rechenschaft zu geben. Der Begriff des Vorbildes bezieht sich aber auf den des Nachbildes, der des Musters auf etwas, was ihm entspreche oder nicht entspreche; und eben deshalb ist die Beziehung der Ideen auf das wirkliche Wollen und Handeln so unwillkührlich die versteckte Begleiterin selbst einer zunächst nur auf sie selbst gerichteten Untersuchung, daß darin allein der Grund der Anstrengung liegt, welche es kostet, den begriffsmäßigen Ausdruck dieser Musterbilder unvermischt mit empirischem Stoffe festzuhalten. Ganz ungerufen regt sich das Bedürfniß, die Bedeutung des Vorbildes wenigstens hypothetisch an dem zu versuchen, dessen Vorbild es ist, und das reine Licht idealer Gedankenbestimmungen an einer mannigfaltigen Körperwelt sich wenn auch nicht immer abspiegeln, doch im vielfarbigen Scheine brechen zu lassen. So verwandelt sich das Denken der Ideen gar leicht in die poetische Ausbildung einer mehr oder minder reichen Erscheinungswelt, an der man ihre Schönheit erkenne; und selbst die Klage, daß der begriffliche Ausdruck der Ideen gegenüber dem Reichthume des Lebens und der Größe der Geschichte fast arm erscheine und dürftig, weil er nicht unmittelbar Kenntniß hat von dem Vielen, was sich in der Wirklichkeit begiebt, verräth jenes dichterische Bedürfniß, der Idee eine Welt von Objecten, die sie im Abbilde erkennen lasse, unterzulegen.

Und in der That, so wenig diesem Bedürfniß nachgegeben werden kann, wo es sich eben um nichts anders, als um die begriffsmäßige Auffassung der Ideen handelt, — eine Auffassung, durch welche sich die wissenschaftliche Nachweisung der Ideen von jener Poesie der Gesinnung unterscheidet, an welcher edle Gemüther über das Wirkliche sich erhebend sich so gern erfreuen und stärken —, so willkommen wird eine Stimmung sein, welche den Ideen gegenüber das wirkliche Wollen nicht aus dem Auge verliert, über dem Vorbild nicht das vergißt, dessen Vorbild es ist. Die Wissenschaft würde diese Beziehung auf das Gegebene, wo sie sich nicht von selbst aufdrängte, ausdrücklich hervorheben, sie würde darauf aufmerksam machen müssen, daß es keinen Sinn hat: zu wollen, des eignen und des fremden Wollens sammt der Beurtheilung desselben inne zu werden, Entschlüsse und Pläne eines zukünftigen Wollens zu fassen, und doch für die Gesammtheit dieses Wollens sich nicht um die Beurtheilung zu kümmern, die unwillkührlich und unmittelbar darüber ergeht. Der Bedeutung und dem Gewichte, welches die Ideen dadurch für das Gegebene erlangen, entspricht daher keineswegs jener poetische Sinn vollständig, der den Umriß des Begriffs mit Analogien aus der wirklichen Welt ausmalt; nicht darum handelt es sich blos, Bilder des Wirklichen dichtend mit der Idee zu verbinden, sondern das Wirkliche in Wahrheit nach den Ideen zu bilden und zu gestalten. Denn der Mensch lebt, will und handelt nicht in einer gedichteten, sondern in einer wirklichen Welt, und was die Ideen bedeuten, bedeuten sie für ihn nur, in so fern er mit seinem Wollen ein Glied in der Kette dieser Wirklichkeit ist.

Durch diese Beziehung auf das wirkliche Wollen und Handeln wird nun einestheils die Anwendung der Ideen auf die Bedingungen und die Formen des menschlichen Daseins beschränkt; nicht zwar in dem Sinne, als hätten die absoluten Musterbilder nicht Gültigkeit für jede Intelligenz, die sich in die begierdelose Auffassung der Verhältnisse, auf welche sie sich beziehen, zu versetzen vermöchte, sondern deshalb, weil der Stoff, an welchem die Ideen dargestellt werden können, für den Menschen durchaus nur sein eigenes Wollen ist. Anderntheils wird aber die Ethik eben erst durch diese Beziehung zur eigentlich praktischen Philosophie, indem nunmehr die Frage entsteht, durch welches Wollen der Mensch in den mannigfaltigen Verhältnissen seines wirklichen Daseins Gegenstand ethischer Billigung oder Mißbilligung, Subject und Träger eines sittlichen Werthes oder Unwerthes werden könne. Mit andern Worten: die Ideen, welche an sich blos der Ausdruck eines Urtheils über hypothetisch angenommene Willensverhältnisse sind, stellen sich in dieser unvermeidlichen Beziehung auf das wirkliche Wollen des Menschen als Principien für die Beurtheilung dieses wirklichen Wollens dar. Denn ein Begriff, ein Gedanke, ein Urtheil wird erst dadurch Princip, daß er nicht blos an sich selbst gültig und gewiß ist, sondern auch Anderem Gültigkeit und Gewißheit verschafft; und so wie dieses Andere, an welchem sich das Princip als solches bewährt, für das theoretische Wissen als

Folgerung aus dem Principe erscheint, so verwandeln sich die Ideen in der Beziehung auf die Mannigfaltigkeit des menschlichen Wollens in Maaßstäbe der Vergleichung und Weisungen für das Handeln; die Gesammtheit der Ideen bildet, wenn man das innerlich Vorgebildete, als solches Gewollte durch den Begriff des Zweckes bezeichnet, ein Reich der Zwecke*), dessen Gehalt keines fremden Stützpunktes bedarf, obwohl der Stoff, den dieser Gehalt zu durchdringen hat, von außen her dargeboten sein muß.

Die ganze Aufgabe der Anwendung der Ideen auf das menschliche Leben würde natürlich in Nichts zerfallen, wenn sich mit Recht behaupten ließe: nicht darum handle es sich, die Gesammtheit dieses empirischen Stoffes den Ideen gegenüber aufzufassen, und zu fragen, welche Gestalt er annehmen müsse, damit er ihnen entspreche; sondern darauf komme es an, das Wirkliche aus den Ideen selbst abzuleiten und hervorgehen zu lassen, die wirkliche Welt gleichsam als Product der idealen zu deduciren. Aber nur ein theoretischer Idealismus, der von dem Begriffe des Sein keine Ahnung hat, kann sich einfallen lassen zu glauben, daß sie, die Ideen, die Musterbilder, entweder real (in der strengen Bedeutung dieses Begriffs) seien, oder sich selbst eben dadurch verwandeln können in eine reale Welt, daß sie in mannigfaltige Erscheinungen übergehen. Die absolute Gültigkeit eines Gedankens ist nicht die Wirklichkeit dessen, was, wenn es wäre, diesem Gedanken entsprechen würde. (Vgl. oben S. 84 flgg.). Soll aber vollends jenes Aufheben des Gegebenen in der Idee oder auch dieser in jenem den Sinn haben, daß das Wirkliche, wie es nun gerade vorliegt, doch immer als der adäquate Ausdruck der Idee zu gelten berechtigt sei, so möchte nach allem bisher Entwickelten es sich kaum der Mühe lohnen, darauf etwas zu erwiedern; wem die Wirklichkeit durchaus und überall in einem so schönen Lichte erscheint, den kann man seinen Träumen überlassen, bis ihn etwa die Sehnsucht nach etwas Besserem, als die Wirklichkeit wirklich darstellt, irgend einmal aus dem Traume aufweckt.

*) Daß die praktische Philosophie nicht aus dem Begriff des Zwecks hervorgeht, sondern den allgemeinen Begriff des Zwecks durch das Merkmal sittlicher Zwecke erst determiniren muß, versteht sich nach allem Bisherigen von selbst.

Unbekümmert um alle diese Umwege und Verirrungen, welche an frühere Betrachtungen erinnern (vgl. das 1. Buch, 3. Abschn.), ist sich die Wissenschaft das offene und unumwundene Geständniß schuldig, daß die ganze Aufgabe der Anwendung der Ideen auf das menschliche Leben lediglich darauf beruht, daß außer den Ideen ein rein empirisches Element in den Kreis ihrer Untersuchung eintritt. Sie muß den Menschen nehmen, wie sie ihn findet; sie soll die Ideen einführen in eine Welt, die nicht durch die Ideen erzeugt ist; sie soll hinweisen auf eine Gesetzmäßigkeit des Wollens und Handelns, ohne zu wissen, ob mit ihr die Gesetzmäßigkeit, der dieses Wollen unabhängig von den Ideen unterliegt, zusammentreffen werde oder nicht. Eben darin liegt aber auch schon, daß der Empirismus, welcher sich dabei beruhigt, die Phänomene des Wollens einfach so aufzufassen, wie sie sich der unmittelbaren Erfahrung darbieten, unmöglich der genügende Ausdruck für eine Ueberlegung sein kann, deren Richtung durch die Ideen als den absoluten Zweck des Handelns bezeichnet ist. Das Bewußtsein dessen, was, wenn es geschähe, das Beste sein würde, schließt unmittelbar die Frage nach dem, was, und den Bedingungen, unter welchen es geschehen könne, ein; und somit hängt die Anwendung der Ideen auf das wirkliche Leben von einer theoretischen Kenntniß dieser Wirklichkeit ab, welche, als Werkzeug und Waffe der Gesinnung, die Mittel zur Erreichung der ethischen Zwecke darzubieten im Stande sei. Wie weit nun die Verzweigungen des menschlichen Wollens mit der Natur und den gesellschaftlichen Verhältnissen sich erstrecken, so weit erstreckt sich auch das Bedürfniß jener theoretischen Kenntniß; und viel leichter wird man der Tiefe und dem Umfang dieser Verzweigung gegenüber in Gefahr kommen, die Größe der theoretischen Vorarbeit, die zu dem gehört, was auf den Namen einer Kunstlehre des sittlichen Lebens Anspruch soll machen können, zu eng, als zu weit zu schätzen. —

Ließe sich freilich nachweisen, daß die Naturbeschaffenheit des menschlichen Wollens jedes Motiv und jeden Zweck, die nicht durch die Ideen selbst bezeichnet sind, ausschließe, daß es unmittelbar und ohne mögliche Abweichung überall gleichmäßig durch die Ideen geleitet und beseelt sei, so würde sich die ganze Frage nach der Anwendung der Ideen auf das menschliche Leben unmittelbar von selbst beantworten. Denn selbst die Mannigfaltigkeit der Gegenstände des menschlichen Begehrens würde dann keine Schwierigkeit machen, da der Werth des Wollens nicht an diesen Gegenständen haftet, sondern von der Gesinnung abhängt, welche das Wollen beseelt, diese aber in jenem Falle überall gleichmäßig vorhanden sein würde. Aber wo es für ein Wollen als Naturerscheinung noch andere Motive als die Ideen giebt, wo die Quellen des Begehrens und die Veranlassungen des Handelns nicht nur nicht nothwendig ausgehen von den Ideen, sondern möglicherweise dem Wollen eine ganz andere, vielleicht entgegengesetzte Richtung geben, wo in der Natur der geistigen Entwickelung Verknüpfungen und Verwebungen eben so, wie Gegensätze und mannigfaltige Unterbrechungen des Wollens bedingt sind, wo endlich das Wollen, hervortretend aus dem Innern, in Berührung mit einer Außenwelt kommt, deren eigene Beschaffenheit bald fördernd, bald hemmend auf das Innere des Wollenden zurückwirkt; da wird es für die Bestimmung der verschiedenartigen Beziehungen der Ideen zu dem Gegebenen noch anderer Begriffe und Begriffsentwickelungen bedürfen, als welche die Ideenlehre selbst darbietet.

Soll nun der Versuch gemacht werden, in diesem bei einem allgemeinen Ueberblick allerdings unermeßlichen Gebiete vorläufig begrenzende Linien zu ziehen, und so Unterscheidungen festzustellen, welche für die Lösung der Aufgabe wenigstens allgemeine Haltepunkte darbieten, so dringt sich sogleich auf, daß nicht nur die Verschiedenheit des Stoffes, den das Leben erzeugt, berücksichtigt sein will, sondern auch daß das verschiedene Verhältniß dieses mannigfaltigen Stoffes zu den Ideen nicht überall durch dieselben Begriffe wird bezeichnet werden können. Die Berücksichtigung des menschlichen Daseins, wie es sich ausprägt in dem Wollen und Handeln des Menschen, ist also zusammengehalten mit den Ideen eine Quelle theils materieller, theils formeller Bestimmungen. In dem wirklichen sittlichen oder unsittlichen Leben wird beides mit einander verbunden sein und in einander eingreifen; für die Betrachtung ist es aber nothwendig, beides zu sondern, um darnach zu bestimmen, in welcher Weise beides in einander eingreife. Indem nun beides auch für die Betrachtung nicht gesondert bleiben kann, ist es gleichgültig, ob man die das menschliche Wollen seiner Materie nach bestimmenden Verhältnisse, also mit einem Worte: den Menschen in der Mitte der Natur und der Gesellschaft, oder die formalen Begriffe, welche das verschiedene Verhältniß seines Wollens zu der Gesammtheit der Ideen bezeichnen, zuerst untersucht. Weil jedoch zur Bestimmung der letzteren schon die allgemeine Thatsache hinreicht: daß das menschliche Wollen, wie es nicht vereinzelt, sondern sich begegnend in dem persönlichen Bewußtsein des Wollenden als Ausdruck dieser Persönlichkeit sich darstellt, noch aus andern Quellen entspringt und durch andere Motive geleitet wird, als aus den Ideen und durch sie, und weil überdies die formalen Begriffe für alle übrigen ethischen Bestimmungen unentbehrliche Beziehungspunkte und wesentliche Unterscheidungsmerkmale darbieten, so ist es zweckmäßig, diese zuerst zu entwickeln, um dann, sie zusammenfassend mit dem Stoff, welcher innerhalb ihres Umfanges seine Stelle, seinen ethischen Ort finden muß, zu untersuchen, innerhalb welcher Grenzen sich die sittliche Thätigkeit bewege und in wie fern die Wissenschaft im Stande sei, das Mannigfaltige, was diese Grenzen einschließen oder ausschließen, vollständig zu erschöpfen.

I. Formale Begriffe.

Jeder der ursprünglichen Ideen lag ein bestimmtes Willensverhältniß zu Grunde; es genügte, um das Urtheil zu vernehmen, welches sich an die Auffassung dieses Verhältnisses knüpft, einen einzelnen Willensact als Glied dieses bestimmten Verhältnisses zu betrachten. Die gesellschaftlichen Ideen setzen zwar eine Vielheit wollender Wesen voraus, sämmtlich beseelt von derselben Idee; aber auch sie beschränken dieses gesellschaftliche Wollen auf den Inhalt des Begriffs, welcher die Idee bezeichnet. Sobald man jedoch das Gebiet der Ideenlehre verläßt, begegnen dem Betrachtenden nicht blos isolirte Willensacte, sondern das mannigfaltige Wollen eines und desselben Vernunftwesens zeigt sich als verschmolzen in die Einheit der Person; und das mannigfaltige Wollen derselben Person ist den Ideen bald angemessen, bald nicht angemessen. Es entstehen also die Fragen: wie verhält sich die Einheit der Person zur Gesammtheit der Ideen? und welche Begriffe bezeichnen das verschiedenartige Verhältniß der Willensacte dieser Person zu den Ideen? Die Beantwortung dieser beiden Fragen wird unmittelbar auf die Begriffe der Tugend und der Pflicht, und mittelbar auf den des sittlichen Gutes sammt ihren Gegentheilen und näheren Modificationen führen. Aber diese Modificationen selbst hängen nicht blos davon ab, o die Person im Dienste der Ideen stehe oder nicht, sondern auch davon, in welchem Maaße und Grade dies der Fall ist. Darin liegt die Aufforderung, vor der Entwickelung jener drei Begriffe allgemein theils auf die Größenbestimmungen, denen das sittliche oder unsittliche Wollen unterliegt, theils auf die verschiedenartige Bedeutung, welche ein bestimmtes Wollen und Handeln im Zusammenhange des Geschehens überhaupt für den sittlichen Fortschritt erlangen kann, aufmerksam zu machen.

A. Das Vollkommene und Unvollkommene, — das Unmittelbare und Mittelbare.

Die beiden zuletzt erwähnten Gesichtspunkte sammt den durch sie bedingten Unterscheidungen haben eine so allgemeine Bedeutung, daß selbst die Ideenlehre, wo sie nur irgend sich erlaubte, auf die Verhältnisse des menschlichen Lebens vorauszublicken, einen stillschweigenden Gebrauch von ihnen zu machen nicht vermeiden konnte. Jetzt kommt es nur darauf an, den Begriffen, welche diese Unterscheidungen bezeichnen, ihre Bedeutung dadurch zu sichern, daß zugleich der Zusammenhang, in welchem sie sich erzeugen, nachgewiesen wird.

1) Für die Größenbestimmungen, welche der Begriff der Vollkommenheit oder Unvollkommenheit bezeichnet, hat dieses nach dem, was schon früher darüber bemerkt worden ist (S. 175 fg.), keine Schwierigkeit. Denn daß, wo ein wirkliches Wollen und Handeln mit den Ideen verglichen wird, es nicht überall gleichmäßig diesen entsprechen, sondern als ein stärkeres oder schwächeres, vollkommeneres oder unvollkommeneres Nachbild derselben sich darstellen werde, läßt sich bei den Unterschieden in den Graden der Kraft, der Klarheit, der Ausdauer, des Umfangs, denen das menschliche Wollen unterliegt, schon von selbst erwarten. Ein Wille nun, der an sich gebilligt oder gemißbilligt wird, wird sich diese Beurtheilung mehr oder weniger aneignen, je nachdem das Quantum des Wollens, welches er darstellt, größer oder kleiner ist; und zwar dergestalt, daß Lob und Tadel mit der Größe dessen, was jenes oder diesen auf sich zieht, gleichmäßig wächst. Die Größe des Wollens ist der Coefficient des Werthes oder Unwerthes, welcher diesem Wollen zukommt, und diese allgemeine Bestimmung ist überall anwendbar, wo Willensacte eben ihrer Größe nach mit einander verglichen werden.

Es bedarf daher nur für die Verschiedenheit der Gesichtspunkte, aus welchen betrachtet sich solche oder andere Unterschiede der sittlichen Größenbestimmungen geltend machen, einer genaueren Sonderung; denn von ihr hängt die nähere Bestimmung der Vollkommenheit oder Unvollkommenheit des sittlichen Lebens ab. Geht man nun dabei davon aus, daß das Gesammtwollen der Person sich darstellt in einer Vielheit einzelner, in der Identität des persönlichen Bewußtseins sich begegnender Willensacte, so können erstlich Größenunterschiede stattfinden in diesen einzelnen Willensacten selbst. Zwischen den leisen Regungen eines unbestimmten Begehrens, welches eben noch an der Grenze eines phantasirenden Gedankenspieles steht, und der unbeugsamen Festigkeit eines klaren, entschlossenen Willens, liegen unendlich viel Grade der Stärke und Intensität der einzelnen Begehrungen, und diese Intensität wird nicht nur an der Größe der gegenüberstehenden Hindernisse, sondern auch an der Zeit gemessen, während welcher ein bestimmtes Begehren und Wollen aushält. Intensität und Dauer der einzelnen Begehrungen als solcher ist also der erste Gesichtspunkt für eine Vergleichung derselben nach bloßen Größenbegriffen. — Aber die Begehrungen brauchen nicht blos als einzelne, sie können zweitens auch als Summen, ihrer Zahl nach mit einander verglichen werden. Die Mannigfaltigkeit, die Vielseitigkeit, der Reichthum des Wollens und Strebens kann bald größer, bald kleiner sein. Diesem inneren Reichthum der blos zusammengezählten vielen Bestrebungen steht, wo irgend nach der Bedeutung des Mehr oder Minder im ethischen Sinne gefragt wird, die durch alle Ideen gleichmäßig bestimmte ethische Gesammtaufgabe gegenüber; es fragt sich also auch noch drittens, in welchem Grade diese Mannigfaltigkeit des Wollens, deren Bestandtheile naturgemäß irgendwie auf einander einwirken, sich gegenseitig zu einem sittlichen Totaleffecte vereinigen und so als sittliche Gesammtkraft, als System des sittlichen Wollens mehr oder weniger wirken. Faßt man alle drei Gesichtspunkte zusammen, so erhellt: daß der größtmögliche Reichthum eines vielseitigen, in jedem seiner Thätigkeitsacte zur größtmöglichen Festigkeit ausgebildeten Wollens in der möglichst harmonischen Beziehung auf die Gesammtdarstellung aller Ideen der allgemeine Ausdruck für die von bloßen Größenbegriffen geleitete

Beurtheilung dessen ist, was seiner Qualität nach den ethischen Beifall in Anspruch nimmt.

In diesem rein formalen Ideale der Vollkommenheit erkennt man nun sehr leicht alle die Begriffe, welche der Erscheinung des sittlichen Wollens einen der Größe nach bestimmten Charakter ertheilen. Denn weder die sittliche Tapferkeit (ἀνδρεία), gleichviel ob sie als Stärke oder als Beharrlichkeit aufgefaßt wird, noch der sittliche Fleiß, der das ganze Gebiet der sittlichen Aufgabe nach allen verschiedenen Richtungen zu erschöpfen sucht, noch die Besonnenheit, welche über dem Einzelnen nicht das Ganze aus dem Auge verliert und Sorge trägt für die gleichschwebende Haltung, den Zusammenhang und die Stetigkeit des sittlichen Lebens, wird da fehlen dürfen, wo von einer vollkommenen Darstellung der Ideen soll die Rede sein können. Als minder vollkommen aber wird jedes sittliche Handeln betrachtet werden müssen, wo irgend etwas entweder an der Kraft oder an dem Reichthume oder an der richtigen Verbindung fehlt. So wie daher unter verschiedenen Verhältnissen das Wollen, dem eine Richtung auf die Vollkommenheit darf beigelegt werden, in verschiedenen Formen erscheinen kann, so wird auch die Unvollkommenheit des sittlichen Lebens nicht nur verschiedenen Abstufungen, sondern auch verschiedenen Arten von Mangelhaftigkeit unterliegen. Zwar daß der stetige Zusammenhang, die gegenseitige Unterstützung eines von allen Ideen gleichmäßig getragenen, richtig in einander eingreifenden Wollens da nicht erwartet werden kann, wo weder das einzelne Wollen einen sonderlichen Grad von Energie, noch die Menge desselben eine bemerkenswerthe Vielseitigkeit hat, versteht sich von selbst; aber schon ein verhältnißmäßig armes, aber festes und in sich zusammenstimmendes Wollen wird, falls es nur überhaupt einen sittlichen Gehalt hat, minder unvollkommen sein, als wenn sich mit der Einseitigkeit desselben auch noch die Schwäche und die Zerstreutheit verbindet. Ebenso bietet die bloße Vielseitigkeit ohne die Kraft und die gehörige Concentration, oder die beiden ersteren ohne die letztere immer nur einen unvollkommenen Anblick dar: und auf welche Weise man sonst in der Erfüllung einer der Größenbestimmungen, deren gleichmäßige Berücksichtigung der Begriff der Vollkommenheit verlangt, einen Mangel denken möge*). Mängel dieser Art bezeichnet die Sprache innerhalb des ethischen Gebietes durch die Begriffe der sittlichen Schwäche, Feigheit, Trägheit, Faulheit, Beschränktheit, Zerstreuung, Unbesonnenheit u. s. w.; Begriffe, welche deshalb theilweise in einander verfließen, weil die Unvollkommenheit des sittlichen Lebens selbst gerade in Beziehung auf die verschiedenen Modificationen des Mehr und Weniger sich in schwankenden, nicht durch bestimmte Grenzen scharf bezeichneten Formen bewegt. —

Erweitert man die Frage nach den Größenverhältnissen des Wollens auf das gesellschaftliche Wollen, so wird auch dieses je nach der Energie und der Vielseitigkeit, der Continuität und der zusammenstimmenden, sich gegenseitig fördernden Systematik der gesellschaftlichen Bestrebungen einen sehr verschiedenen Werth erlangen können, und was von der sittlichen Vollkommenheit des Einzelnen gilt, gilt auch von dem vereinigten Wollen dieser Einzelnen, insofern sie eben durch diese Vereinigung ihrer Bestrebungen eine moralische Persönlichkeit darstellen. Aber die Beurtheilung des gesellschaftlichen Wollens wird dadurch verwickelter, daß die Gesellschaft eben nur aus den Individuen besteht, ihr Wollen das der Individuen zur Voraussetzung hat; und es gleichwohl sehr leicht geschehen kann, daß die Stärke und der Reichthum des Wollens, welches den Einzelnen als solchen zukommt, nicht unmittelbar für die Stärke und den Reichthum des gesellschaftlichen Wollens ge-

*) Um die Mannigfaltigkeit dieser möglichen Mängel zu übersehen, kann man die Stärke der einzelnen Bestrebungen, den Reichthum und die Durchdringung derselben mit a, b, c bezeichnen, und nun überlegen, welche Bedeutung a ohne b und c, a und b ohne c, b ohne a und c, b und c ohne a, c ohne a und b, c und a ohne b haben. Hiermit sind wenigstens die Classen der möglichen Mängel der Vollkommenheit bezeichnet, deren jede je nach der Beschaffenheit jedes einzelnen Elementes wieder eine unbestimmbare Zahl von Graden zuläßt. Setzt man a, b, c = 0, so steht man an der Grenze der Beurtheilung nach bloßen Größenbegriffen; zugleich aber auch an der Grenze aller ethischen Beurtheilung überhaupt, weil ein Wollen, für welches a, b, c = 0 wäre, gar kein Wollen mehr sein würde. Zugleich erhellt hieraus, daß das eigentlich Böse nicht blos als Negation, als Unvollkommenheit betrachtet werden kann; seine Größe hat an sich eine eben so positive Bedeutung wie die des Guten, und läßt ebenfalls eine Scala des Mehr und Minder zu.

halten werden kann. Das gesellschaftliche Wollen ist vorzugsweise charakterisirt durch das Zusammenwirken, die harmonische Verknüpfung des Willens der verbundenen Einzelnen zu einer Gesammtwirkung; und deshalb kommt in der wirklichen Gesellschaft sehr viel darauf an, in welchem Grade der Zweck nicht nur, sondern auch die Form der Gesellschaft den Einzelnen gestatte, selbstthätig mitzuwirken zu dem Gesammteffect, der in dem Begriffe des Zweckes vorgezeichnet ist.

In jedem Falle aber, gleichviel ob dem individuellen oder dem gesellschaftlichen Wollen ein Grad von Vollkommenheit beigelegt wird, liegt es, wie auch schon früher (S. 176) ist angedeutet worden, in der Natur einer Vergleichung nach bloßen Größenbegriffen, daß die bloße Größe keinen absolut festen Haltepunkt darbietet, sondern daß das Größere und das Kleinere nur relativ gegen einander groß und klein ist. Der Vergleichung der Größe als solcher ist keine endliche Grenze gesetzt; was groß ist, verglichen mit einem Kleineren, erscheint als klein, verglichen mit einem noch Größeren; ja schon der bloße Begriff eines Größeren genügt, um in der Vergleichung mit ihm das Große in ein Kleines zu verwandeln. Deshalb scheint die Vollkommenheit in einer *unendlichen Entfernung* zu liegen; und darauf gründet sich die Weisung, in dem *Streben nach Vollkommenheit*, in der *Selbstvervollkommnung*, nicht auf irgend einem Punkte, der noch innerhalb endlicher Grenzen läge, stehen zu bleiben; eine Weisung, die eben, weil die Rücksicht auf die Größe die Beurtheilung nach allen Ideen gleichmäßig begleitet, wohl auch geradezu als der genügende Ausdruck für das ethische Ideal, als sogenanntes oberstes Princip der Ethik ist hingestellt worden. Dennoch hat der Begriff eines *unendlichen* Fortschritts, abgesehen davon, daß das bloße Fortschreiten, ohne Bestimmung des Zieles, welches erreicht werden soll, ein ganz leerer Begriff ist und zu nichts weniger, als zu einem die ganze Ethik beherrschenden Principe taugt, insofern keine strenge Bedeutung, als die Angemessenheit des Wollens an die Ideen vermöge der Bestimmtheit der letzteren nicht in einer, ihrem Begriffe nach immer unbestimmbaren, Unendlichkeit liegen kann. (S. oben S. 182). Sondern jene Forderung kann nur die Bedeutung haben, daß für das menschliche Wollen, welches in seiner Entwickelung an die Zeitreihe gebunden ist, die es durch eine von mannigfaltigen äußeren Verhältnissen mit bedingte sittliche Thätigkeit ausfüllen soll, sich diese sittliche Thätigkeit als eine Reihe gestaltet, von welcher, gleichviel ob man sie in ihren einzelnen Gliedern oder als Ganzes auffaßt, wird gesagt werden müssen, daß sie dem Ideale niemals vollständig entspricht und daß somit durch das Bewußtsein der eigenen Mangelhaftigkeit in dem innerlich Freien immer der Begriff einer höheren Stufe wird lebendig bleiben, mit welcher verglichen das, was erreicht wurde, nur als unvollkommenes Fragment erscheint. Wo aber ein fremdes Urtheil verschiedene Strebungen auffaßt und vergleicht, da kann es von Wichtigkeit werden, sie nicht blos an einem fremden, sondern an ihrem eigenen Maaße zu messen, damit über dem Hinblick auf den übrigens unbestimmten Begriff eines immer noch Größeren nicht das übersehen werde, was in seiner Art vollkommen genannt zu werden verdient. „Vollkommen nach seinem eigenen Maaße ist der Mensch, dessen einzelne Strebungen einander gleich kommen, überdies zusammengenommen die Sphäre der Begriffe ausfüllen, auf die sie hinweisen (den Erwartungen genügen, die sie erregen); endlich, zusammenwirkend den größten Effect hervorbringen, der durch sie möglich ist*)." Wo also sich feste Naturgrenzen zeigen, in welche die Kraft und der Reichthum der Bestrebungen eingeschlossen ist, oder wo nur das Verhältniß dieser Bestrebungen zu der Lösung einer bestimmten Aufgabe in Frage kommt, da kann mit Recht von Vollkommenheit in dieser bestimmten Art gesprochen werden, obgleich die ganze Sphäre dieses Wollens von anderen Gesichtspunkten aus als klein und der sie ausfüllende Wille als unvollkommen erscheinen mag. Da der Complex des menschlichen Lebens als ethisches Ganze ohnedies voll ist von Disharmonien und Lücken, so wäre es trostlos, wenn nicht wenigstens theilweis gesagt werden könnte, daß bestimmte sittliche Aufgaben innerhalb der gegebenen Schranken und unter bestimmten Verhältnissen vollständig gelöst werden können und wirklich gelöst werden. Diese Schranken aber in der Beurtheilung eines fremden Wollens berücksichtigen, heißt nicht, das Ideal aufopfern, sondern nur die Beziehung dieses bestimmten Falles auf das Ideal in Anschlag bringen; eben darin besteht die gerechte Beurtheilung

---

*) Herbart Allg. prakt. Philos. S. 92.

anderer, welche ihrem Vorbilde zu genügen redlich bemüht sind, während für den Urtheilenden, der ein höheres Vorbild kennt, die gleiche Milde in der Selbstbeurtheilung Trägheit und Mangel an sittlichem Ernst verrathen würde. Aber auch für sich selbst kann der sittlich Strebende, obgleich immer ausgesetzt der von den Ideen ausgehenden Beurtheilung, nichts Höheres wirklich erreichen, als gleichzukommen dem Maaße der Vortrefflichkeit, welches er innerlich auszubilden befähigt ist. —

2) So wie nun die vergleichende Schätzung nach bloßen Größenbegriffen, eben deshalb, weil sie für das ganze Gebiet menschlichen Wollens und Handelns gilt, allgemein darauf führt: daß der absolute Werth des sittlichen Wollens sich im menschlichen Leben immer nur in einem relativen Maaße darstellen werde, so liegt in der Natur des menschlichen Wollens ganz allgemein noch eine andere Quelle relativer Bestimmungen, deren Berücksichtigung für die ethische Gestaltung des Lebens von durchgreifender Wichtigkeit ist. Vorausgesetzt nämlich, was zu leugnen auch ohne strenge theoretische Nachweisung Niemand ernsthaft gesonnen sein wird: daß es eine natürliche Gesetzmäßigkeit des geistigen Lebens giebt, und daß mithin das Wollen, wie es sich als Naturphänomen entwickelt und darstellt, an diese Gesetzmäßigkeit gebunden ist; vorausgesetzt ferner: daß das Begehren und Wollen als Aeußerung des geistigen Lebens nicht nur mit dem leiblichen Dasein und den körperlichen Zuständen des Individuums, sondern auch mit dem, was die umgebende Natur darbietet und versagt, sowie mit den gesellschaftlichen Verhältnissen in dem mannigfaltigsten Zusammenhange stehe, und daß folglich ein solches oder anderes Wollen und Handeln Wirkungen sowohl auf die umgebende Natur und dadurch auf das Wollen anderer, als auch rückwärts auf den Wollenden selbst hervorbringen werde, welche sich in der Entstehung eines neuen, so oder anders bestimmten Wollens erkennen lassen; — also diesen natürlichen Zusammenhang, diese gegenseitige, natürlich gesetzmäßige Abhängigkeit der verschiedenartigen Bestrebungen vorausgesetzt, erhellt, daß ein bestimmtes Wollen und Handeln nicht blos unmittelbar, je nachdem es selbst den Ideen entspricht oder zuwiderläuft, sondern auch mittelbar, in wiefern es eine Bedeutung für ein anderes sich damit verknüpfendes Wollen hat, einer von der Rücksicht auf die ethischen Ideen geleiteten Beurthei-

lung unterliegen wird. Die ethische Bedeutung, welche dadurch ein bestimmtes Wollen und Handeln, das vielleicht an sich unmittelbar keiner Beurtheilung nach irgend einer der Ideen unterliegt, dennoch für den Zusammenhang des sittlichen Lebens gewinnen kann, ist einer höchst verschiedenen Abstufung fähig. Sie kann in einzelnen Fällen so groß sein, daß sie fast an die Stelle einer unmittelbaren Beurtheilung nach den Ideen tritt; sie mag in andern Fällen sich nur erst durch eine längere Reihe von Zwischengliedern in ihren sittlichen Folgen bemerklich machen; immer aber wird das Meiste von dem, was sich auf die Realisirung der Ideen bezieht, so wesentlich von der Rücksicht auf diese mittelbare Bedeutung mitbestimmt sein, daß sich fast geradezu sagen läßt: die Aufgabe, die Ideen auf das menschliche Leben anzuwenden, bestehe eben in der Nachweisung der Vermittelungen, von welchen die Darstellung der Ideen abhängig ist. Denn was auch von der Zusammengehörigkeit des menschlichen Wollens und Handelns mit der Natur und der Gesellschaft, und von der Bedingtheit desselben durch allgemeine und besondere Naturverhältnisse gesagt werden kann, das fällt, insofern es eine ethische Bedeutung in Anspruch nimmt, Alles unter den Begriff einer Vermittelung des Wollens mit der Natur, der Gesellschaft und ihrer Geschichte, vermöge deren die diese Gebiete naturgemäß bezeichnenden und beherrschenden Verhältnisse Momente und Vehikel des sittlichen Fortschrittes oder Rückschrittes sind.

Eben diese Frage nun: in wiefern die gegebenen Verhältnisse der Natur und der Gesellschaft als Förderungsmittel oder Hindernisse zur Darstellung der ethischen Ideen dienen können, und wie sie benutzt werden müssen, damit innerhalb ihrer Grenzen die ethische Aufgabe gelöst werde? führt ihrer Natur nach zu dem Begriff einer Kunstlehre des sittlichen Lebens. Alle Kunst beschäftigt sich mit der Darstellung eines innerlich Vorgebildeten; deshalb ist sie gebunden an einen Stoff, den sie kennen muß, um zu wissen, wie er müsse behandelt werden, um Träger der künstlerischen Idee zu werden. Verschiedene Künste bedürfen eines verschiedenartigen Stoffes; auch von gleichartigen Stoffen taugt nicht jede Gattung gleichmäßig zu jeglichem Kunstwerk. Dabei befindet sich die technische, die schöne Kunst in dem Vortheile, untauglichen Stoff unbearbeitet liegen zu lassen; sie kann wählen, an welchem Stoffe sie ihr Werk versuchen wolle, an welchem nicht. Die Ethik hat diesen Vortheil nicht; ihr Stoff ist das Wollen des Menschen, wie es sich auf tausend Veranlassungen immer wieder von Neuem erzeugt, und sie hat keine Wahl, diesen Stoff zu beachten oder nicht zu beachten.

Um so nachdrücklicher erhebt sich das Bedürfniß, zu wissen, was denn dem Wollen eine solche oder andere Richtung gebe, und die Quellen des Guten und des Bösen, des Vortrefflichen, des Gemeinen und des Verwerflichen zu kennen. Durch diese Beziehung eines größeren oder kleineren, mehr oder weniger verwickelten Gewebes von Vermittelungen auf den durch die Ideen bestimmten Gesammtzweck erhält auch der Begriff des Nützlichen seine in diesem Zusammenhange weder entbehrliche, noch gefahrdrohende Bedeutung. Zwar daß das blos Nützliche, das, was irgend einem Zwecke dient, nicht die Stelle des Guten einnehmen könne, dazu war nur die Unterscheidung zwischen dem, was einen absoluten, und dem, was einen relativen Werth hat, nöthig (S. 9); aber wo der Zweck selbst schon feststeht, da pflanzt sich der Werth des Zweckes fort auf das Mittel, welches zu diesem Zwecke nützt; einbedungen nämlich, wie sich von selbst versteht, daß das Mittel eben auch nur Mittel d. h. an sich selbst betrachtet gleichgültig sei und nicht einer, von dieser Beziehung auf den Zweck unabhängigen Beurtheilung unterliege. Denn der schändliche Grundsatz: der Zweck heiligt das Mittel, vorzüglich wo man in der Anwendung desselben sogar geneigt wäre, den ethischen Werth des Zweckes nicht auf eine sonderlich genaue Wagschale zu legen, leidet eben an der hier von Grund aus verderblichen Unbestimmtheit, daß darnach nicht gefragt wird, ob eine Handlung, die als Mittel zum Zwecke gewollt wird, nicht schon unmittelbar unter eine der Ideen falle. Niemals nämlich kann der Tadel, der ein Wollen trifft, dadurch ausgelöscht werden, daß das Schlechte doch endlich zum Guten führe; das Schlechte bleibt, was es ist, möge der Erfolg desselben sein, was er wolle; und das Schlechte absichtlich wollen um des Guten willen ist eine Verkehrtheit, die sich selbst widerspricht, indem sie den sittlichen Anforderungen dadurch zu genügen sucht, daß sie denselben entgegenhandelt. Die dialektische Feinheit, die solche Verkehrtheit zu bemänteln sucht, muß sich daher wohl den Verdacht gefallen lassen, daß es ihr nicht sowohl um das Gute, als um den Schein desselben d. h. im Grunde um das Schlechte zu thun ist. Innerhalb der durch die Ideen selbst bezeichneten Grenzen aber darf allerdings gesagt werden, daß sehr Vieles, was an sich keine ethische Bedeutung hat, dennoch eine solche bekommt, weil es eben Mittel für die Realisirung der ethischen Zwecke ist; und eine Handlungsweise, die den Adel und die Würde der Gesinnung mit der Klugheit verbindet, die die Welt kennt, um durch die zugleich an sich tadellosen und zweckmäßigsten, wirksamsten, kräftigsten, nachhaltigsten Mittel das Gute zu fördern, dem Schlechten vorzubauen, bekommt eben um dieser Klugheit willen einen praktischen Werth, der bei übrigens gleicher Gesinnung mit dem Grade der Umsicht, der Vorsicht, der Besonnenheit wächst. Zur Erreichung der sittlichen Gesammtzwecke gehört nicht nur ein guter und reiner Wille, sondern auch Verstand; und der Verstand zeigt sich eben darin, daß man zu unterscheiden wisse, welche Mittel unter gegebenen Umständen zu dem nicht willkührlich gewählten, sondern durch die Ideen bezeichneten Zwecke führen können. Wem diese Forderung zweifelhaft erscheint, der analysire sich beispielsweise die Aufgabe des Erziehers, des Staatsmanns.

3) Faßt man nun die Masse der möglichen Beziehungen zwischen den wirklichen Verhältnissen des menschlichen Lebens und den Ideen, wie sie durch die Begriffe des Vollkommenen und Unvollkommenen, des Unmittelbaren und Mittelbaren bezeichnet sind, in ihrer Gesammtheit auf, so läßt sich darnach die Frage beantworten: in welchem Umfange die Ideen das menschliche Wollen beherrschen? oder mit andern Worten: in wie fern die Ethik als praktische Philosophie auf Allgemeinheit Anspruch machen könne? Zwar wo die Ethik das charakteristische Unterscheidungsmerkmal des guten Willens vom bösen in der Allgemeinheit und Allgemeingültigkeit der Maximen, nach der er handele, und, wie bei Kant, nur in ihr zu finden glaubt, da ist diese Frage schon im Voraus entschieden, und hat als Frage gar keine Bedeutung. Aber abgesehen von dem, was schon früher (S. 62 flgg.) über die Täuschung bemerkt werden mußte, die die Würde des Gebotes in dem Umfange desselben sucht, liegt in jener „Tauglichkeit der Maxime zu einer allgemeinen Gesetzgebung" die Zweideutigkeit, ob sie auf alles menschliche Wollen, oder nur auf

irgend ein bestimmtes Wollen in allen den Fällen gehe, wo es sich zu äußern Veranlassung und Gelegenheit fände. Nur bei der ersteren Auslegung würde das sittliche Gebot die ganze mögliche Mannigfaltigkeit des menschlichen Wollens vollständig unter sich befassen und es könnte gar kein Wollen vorkommen, welches nicht dem Gebote entweder angemessen oder unangemessen, mit andern Worten: es gäbe kein Wollen, welches sittlich gleichgültig wäre.

Vergleicht man nun diese Ansprüche auf Allgemeinheit mit der wahren Beschaffenheit der ethischen Grundurtheile, so erhellt, daß den letzteren die Rücksicht auf den Umfang ihrer Geltung ursprünglich ganz fremdartig ist. Der Wille wird beurtheilt als Glied eines Verhältnisses; und um dieses Verhältniß sammt dem daran sich knüpfenden Beifall und Mißfallen als Musterbegriff aufzufassen, kommt es wesentlich auf den Inhalt, auf das eigenthümliche Was dieses Gedankens an, nicht aber auf das Mannigfaltige, was in den Umfang jenes Begriffs fallen mag. Wer die Idee des Wohlwollens, des Rechtes denkt, für den ist es ganz unwesentlich, herumzuforschen, welche concreten Fälle der Krankheit, des Hungers, der Armuth den Wohlwollenden zur Fürsorge für andere aufforbern, oder welche äußere Gegenstände Veranlassungen des Streites werden können. Gleichwohl entbehren die Ideen deshalb nicht eines eben durch ihren Inhalt bestimmten Umfanges; sondern nach bekannten logischen Verhältnissen wird dasselbe absolute Urtheil der Werthbestimmung sich überall gleichmäßig vernehmen lassen, wo ein wirkliches Wollen Glied eines von den Verhältnissen ist, welche die Ideen bezeichnen; und der Umfang der ethischen Beurtheilung, folglich auch der ethischen Aufgaben, Gebote und Verbote u. s. w. reicht zunächst so weit, als die Sphäre der Begriffe, welche diese Beurtheilung bezeichnen. Jede der Ideen hat daher kraft ihres eigenthümlichen Inhalts ihren eigenen Umfang; und wiewohl der ganze Umfang der ethischen Beurtheilung erst durch die Totalität aller Ideen bestimmt wird, so liegt doch darin nichts, was zu dem Gedanken nöthigte, daß sich die ethische Beurtheilung über das gesammte menschliche Wollen erstrecke. Denn ein Wollen, das gar nicht als Glied eines der Verhältnisse aufträte, auf welche die Ideen gehen, würde eben deshalb außerhalb der Sphäre derselben liegen und somit sittlich gleichgültig sein.

Diese Grenzbestimmung ist aber gleichwohl keine absolute, keine solche, die weiter keine Erweiterung zuließe. In dem Bewußtsein des innerlich Freien nämlich, oder, was dasselbe heißt: in der Beurtheilung nach der Gesammtheit aller Ideen tritt nicht blos ein bestimmtes Wollen einer bestimmten Idee, sondern das Wollen überhaupt der Gesammtheit aller Ideen gegenüber, und ein Wollen, welches sich wegen seiner Gleichgültigkeit der ethischen Werthgebung entzieht, erscheint zum mindesten als eine sittlich leere Stelle in dem Leben des Wollenden. Hier nun machen sich die Rücksichten auf das Mehr und Minder geltend; und es erhebt sich der Anspruch, daß nicht nur kein Wollen zuwiderlaufe den Ideen, sondern auch, daß die ethische Gesinnung das an sich gleichgültige Wollen so weit wie möglich durchdringe und ihm eine Gestalt und Richtung gebe, durch welche es als Glied sittlicher Verhältnisse seine Bedeutungslosigkeit verliere; wo dieses aber nicht möglich wäre, da wird es wenigstens darauf ankommen, sich diesem Gleichgültigen, rein Aeußerlichen nicht zu widmen, ihm nicht zu gestatten, daß es dem Würdigen und Bedeutenden den Platz im Leben verbaue. Dazu kommt aber noch das Wichtigste, daß es ganz unmöglich ist, von irgend einer, ihrem Stoffe nach noch so gleichgültigen Handlung zu behaupten, daß sie schlechthin, d. h. unter allen Umständen sittlich gleichgültig sei. Denn theils können diese Umstände selbst ihr unmittelbar eine sittliche oder unsittliche Bedeutung geben, theils kann sie mittelbar durch ihre Beziehung auf den Zusammenhang des sittlichen Lebens eine Wichtigkeit erlangen, welche im Voraus für nichts anzuschlagen der sittlich Besonnene wird Bedenken tragen müssen. Faßt man daher die Ideen selbst mit den Bedingungen und den Umständen des Lebens, unter welchen das Wollen sich der Angemessenheit an sie nähern kann, zusammen, so läßt sich allerdings sagen: daß es kein Wollen gebe, welches sich der Beurtheilung nach den Ideen schlechthin und in jedem möglichen Falle entziehen könne; sondern der Handelnde wird überall darauf gefaßt sein müssen, daß die absolute Gleichgültigkeit eines bestimmten Wollens sich als ein Schein darstelle, der vor einer tieferen sittlichen Ueberlegung verschwindet. In diesem Sinne machen die Ideen darauf Anspruch, das ganze menschliche Leben zu beherrschen, nur nicht unmittelbar und überall auf die gleiche Weise, sondern durch die Rückwirkung eines bestimmten Wollens auf die Lösung der ethischen Aufgabe, und in der Art, wie diese Rückwirkung unter bestimmten Verhältnissen sich verschiedenartig modificirt. Darin liegt zugleich die vorläufige Andeutung, daß die Wissenschaft, obgleich die Ideen der immer gleichbleibende und unveränderliche Maaßstab alles ethischen Werthes sind, doch nicht im Stande sein wird, ein solches System ethischer Formeln zu entwickeln, welches gleichsam im Voraus über alle möglichen Fälle und Verwickelungen entschiede, und, einmal für allemal fertig, als ein Register über das, was zu thun und zu lassen sei, dem Handelnden die eigene sittliche Ueberlegung ersparte. Nicht als ob die Ideen selbst unbestimmt und schwankend wären; sondern das, was sich in der Wirklichkeit der Subsumtion unter sie darbietet, enthält so viel veränderliche, unter den verschiedensten Verhältnissen sich erzeugende und anders gestaltende Elemente, daß die daraus entstehenden Schwierigkeiten sich nicht rein durch allgemeine Begriffe aufheben lassen, weil eben „diese Schwierigkeiten nicht im Reiche der Begriffe, sondern in der Dunkelheit und Vieldeutigkeit der Empirie ihren Sitz haben"*); ja selbst die Größe derselben läßt sich nicht ermessen, bevor nicht der Stoff des wirklichen Lebens wenigstens den Hauptgesichtspunkten nach einigermaßen bekannt und durchforscht ist.

Indessen auch wo dieses noch nicht geschehen ist, wo gleichsam nur ein unbestimmtes Gesammtbild dieser vielfach zusammengesetzten Masse dem inneren Auge vorschwebt, lassen sich die möglichen Beziehungen des wirklichen Wollens zu den Ideen wenigstens durch Begriffe bezeichnen, welche die Form und das Ziel des sittlichen Lebens unbeschadet der Mannigfaltigkeit seiner Gestaltung auf den bestimmten Ausdruck der wesentlichen Unterschiede zurückführen, innerhalb deren es sich unter allen Umständen wird bewegen müssen. Diese formalen Begriffe, die das gesammte Gebiet des sittlichen Handelns beherrschen, sind bekannt unter dem Namen der Tugend, der Pflicht und des sittlichen Gutes; und ihrer näheren Bestimmung ist die folgende Entwickelung gewidmet. Denn daß es blos formale Begriffe sind, bedarf kaum eines Beweises, wenn man sich auch nur erinnert, daß jeder derselben ein gewisses Verhältniß des wirklichen Wollens zu den Ideen über-

---

*) Herbart Allg. prakt. Philos. S. 72.

haupt bezeichnet, ohne an sich über die Objecte, auf die es als wirkliches Wollen gerichtet ist, zu entscheiden. Eben darin liegt aber auch der Grund, daß diese Begriffe gleichsam auf der Grenze des Ueberganges von den Ideen zu dem wirklichen Leben sich erzeugen*); die Art, wie sie entstehen, ist zugleich die Entwickelung der eigenthümlichen Bedeutung, welche jeder derselben in Anspruch nimmt.

B. Tugend. Pflicht. Sittliches Gut.

1) Tugend an sich und in der Zeitreihe des Handelns und Leidens — Sittlichkeit.

Das Verhältniß des wirklichen Wollens zu den Ideen ist, allgemein und noch ohne Rücksicht auf specielle Bestimmungen betrachtet, entweder das der Angemessenheit oder der Unangemessenheit an die Ideen. Der zweite Fall soll hier noch nicht berücksichtigt werden. Der erste aber fordert, um seine Bedeutung zu erschöpfen, sogleich zu der Erinnerung auf, daß jedes wirkliche Wollen auf die Person als den Träger, das Subject dieses Wollens, hinweist. Das gesammte Wollen der Person steht gegenüber der Gesammtheit der Ideen, und die Angemessenheit dieses gesammten Wollens an die Gesammtheit der Ideen ist die Tugend. Der Begriff der Tugend entsteht also, indem man, die mannigfaltigen Regungen des Willens in der Identität des persönlichen Bewußtseins unter einander und als Gegenstand der Beurtheilung mit den Ideen zusammenfassend, die Einheit der Person zur Gesammtheit der Ideen hinzu, jede Unangemessenheit ihres Wollens an die Ideen hinwegdenkt; Tugend ist diejenige Eigenheit der Person, vermöge deren sie sämmtlichen Ideen gemäß in allen ihren Bestrebungen der gleichbleibende Gegenstand des reinen sittlichen Beifalls sein würde.

---

*) Ueber die entgegengesetzte Behauptung, daß diese Begriffe unmittelbar aus der oder den sittlichen Ideen allein abgeleitet werden müssen, genügt es, auf das zurückzuweisen, was oben (S. 106 flgg.) über Schleiermacher's Forderungen an die Construction der Sittenlehre ist bemerkt worden.

Es liegt unmittelbar in dieser Definition, daß der Tugendbegriff die Ideenlehre überschreitet, indem seine ganze Bedeutung in der Beziehung der Persönlichkeit auf die Ideen wurzelt. Aber er ist auch der erste Begriff, der sich darbietet, wenn man von dem bloßen Begriffe des Vortrefflichen zu der Frage nach dem Subject fortschreitet, dessen Vortrefflichkeit sich in einem wirklichen Wollen kund gebe, d. h. wie schon früher (S. 32 flgg.) entwickelt wurde: der Begriff der Persönlichkeit ist zwar nicht die Quelle der Ideen, aber die Ideen gelten der Person, und nur der Person, weil diese als solche dadurch im eigentlichen Sinne charakterisirt ist, wie sie in der Gesammtheit ihres Wollens sich selbst findet und beurtheilt. Die Beantwortung der psychologischen Frage: ob und unter welchen Bedingungen die Tugend als Beschaffenheit der Person möglich sei, ist für die Feststellung des Tugendbegriffs nicht nöthig; es genügt zunächst und ist sogar nothwendig, die Tugend rein als Ideal zu denken.

Ist nun die Tugend Darstellung des ethischen Wollens an der Person und durch sie, persönliches Wollen, insofern dieses den Ideen vollständig adäquat ist, so weist sie wesentlich zurück auf die Idee der inneren Freiheit, insofern diese nicht etwa blos in einem einzelnen, der eigenen Einsicht angemessenen Wollen, sondern in der Angemessenheit alles Wollens an die gesammte, durch alle Ideen bestimmte Einsicht sich als beharrliche Eigenschaft der Person darstellen würde; sie ist selbst die innere Freiheit, als beharrliche Eigenschaft der Person in ihrer idealen Vollkommenheit gedacht. Dieser Begriff der Tugend würde in derselben Bedeutung, wie von dem Einzelnen, auch von der Gesellschaft gelten, wenn und wo das gesammte gesellschaftliche Wollen einer Vielheit von Individuen sich so vollständig in dem gemeinschaftlichen Bewußtsein des Wir, der gesellschaftlichen Persönlichkeit durchdränge, daß es als der reine und vollständige Ausdruck dieses gesellschaftlichen Bewußtseins betrachtet werden könnte. Ist aber die vollkommene Tugend schon für den Einzelnen ein Ideal, von welchem wird geleugnet werden müssen, daß es sich in irgend einer Person vollständig realisire, so wird die vollkommene Tugend der Gesellschaft schon in den Bedingungen der gesellschaftlichen Durchdringung überhaupt noch größere Hindernisse finden, noch ganz abgesehen von dem Gehalte der gesellschaftlichen Einsicht und des gesellschaftlichen Wollens, welcher dem Tugendbegriffe wesentlich ist. Um also einen Maaßstab für die Entfernung des wirklichen Wollens und Handelns von dem Ideale zu haben, ist es nöthig, das letztere so weit zu entwickeln, daß der Gehalt sowohl, als die Form desselben in bestimmten Begriffen hervortrete.

Den Gehalt der Tugend, das, was ihr Begriff unmittelbar einschließt, bezeichnen die Ideen, ihre Form die richtige Verbindung alles dessen, was jede der Ideen für sich bezeichnet, zu einer Gesammtdarstellung, welche die Person zum beharrlichen Gegenstande des reinen ethischen Beifalls mache. Abstrahirt man also zunächst noch von Allem, was irgendwie als unsittlich einen Tadel auf sich ziehen möchte, so darf weder irgend etwas fehlen an der Einsicht, noch an dem ihr entsprechenden Wollen; und jede Lücke, jeder Mangel, jede Unbestimmtheit bezeichnet eine größere oder kleinere Entfernung von dem Ideale. Aber auch die Einseitigkeit, welche irgend einen Theil der sittlichen Gesammtaufgabe auf Kosten eines andern vorzugsweise hervorhöbe, würde dem Ideale der Tugend Eintrag thun. Keine der Ideen kann für sich allein betrachtet, ganz oder zum Theil die übrigen ausschließend, dem Begriffe der Tugend seinen Inhalt darbieten; sondern nur die gleichmäßige Bestimmung des Wollens nach allen Ideen genügt dem Ideale der Tugend; sie ist vollkommene, gleichmäßig in sich getragene Harmonie des ganzen Wollens mit der ganzen Einsicht.

Die Tugend ruht ferner wesentlich in der Gesinnung, d. h. eingeschlossen zunächst in dem geistigen Leben der Person widmet sie, geleitet von dem Urtheile einer absoluten Werthschätzung, das ganze Wollen den richtig erkannten Musterbildern. Sie weiß, was sie will, und sie will, was sie als das Vortreffliche weiß. Sie ist eben darum nicht blos Stimmung, vorübergehende, das Musterbild blos beschauende, das Wollen nicht in seinen Dienst stellende Anwandlung. In der Selbstständigkeit der Gesinnung, die dem Musterbilde sich widmet, das, was außerhalb des Musterbildes liegt, zwar kennen mag, aber nicht verfolgt, sich ihm nicht widmet, liegt zugleich ihre Selbstgenugsamkeit, eben so, wie ihre Würde. Gleichwohl bleibt die Tugend nicht eingeschlossen in dem geistigen Leben der Person; sondern eben als Gesinnung, als Wille gebunden an die Einsicht, als persönliche Aneignung des Musterbildes mit Beziehung auf das Wollen, dessen Musterbild es ist, wird sie sich der Natur des Wollens gemäß zum Handeln entschließen; sie wird die That oder wenigstens den Versuch dessen wollen, was die Einsicht vorschreibt. Fragen, ob die Tugend handeln werde, heißt ihr Wesen verkennen; der sogenannte gute Wille, der, auch wo ihm das Handeln nicht von außen unmöglich gemacht wird, eben beim Wollen stehen bleibt, ohne zur Handlung oder wenigstens zum Versuche fortzuschreiten, ist weder ein rechter Wille, noch ein wahrhaft guter, d. h. durch die Einsicht wirklich bestimmter Wille.

Obgleich nun die Tugend handeln wird, wo sie irgend Platz und Gelegenheit dazu findet, so ist doch dadurch nicht unmittelbar bestimmt, was sie thun und wie sie es thun werde. Sehr häufig hat man nämlich geglaubt, das Ideal der Tugend in Beziehung nicht blos auf die Gesinnung, in welcher sie wurzelt, sondern auch auf die Art und Weise, wie sie sich durch äußere Handlungen darstellt, als absolut gleichförmig auffassen, und jede Verschiedenheit als eine Abweichung von dem Ideale bezeichnen zu müssen. Das semper idem velle et nolle ist der kürzeste Ausdruck für diese Gleichförmigkeit. Aber schon die Monotonie, welche daraus entspringen müßte, fordert auf, die Berechtigung dieser Gleichförmigkeit zu prüfen. Allerdings wird das Handeln der Tugend immer durch dieselben Ideen bestimmt. Aber schon diese Ideen selbst enthalten ein Vielfaches, welches gleichmäßig berücksichtigt sein will, und welches warnt vor der Einseitigkeit, die das eine über dem andern vergäße. Möchte jedoch auch die Gesinnung jene gleichschwebende Besinnung in sich lebendig erhalten, die das Ganze der Aufgabe immer gleichmäßig im Auge behält, so bieten sich ihr doch nicht immer dieselben Anlässe, Aufforderungen und Gelegenheiten zum Handeln dar. Gleichförmig wird das Handeln der Tugend sein unter gleichen Umständen; aber diese Umstände, die sie zu behandeln hat, ohne sie, seltene glückliche Fälle ausgenommen, erzeugen zu können, sind nichts weniger als gleichförmig; sie umgeben die Tugend in einer unbestimmbar mannigfaltigen Verschiedenheit. Möchten daher die Grundsätze des Handelns alle diejenige Klarheit und Festigkeit erlangt haben, mit welcher die vorbildende Einsicht den Willen zu bewaffnen im Stande ist, die individuellen Fälle, welche sich der Subsumtion unter diese

Grundsätze darbieten, bringen eine Mannigfaltigkeit mit sich, welche dem Handeln der Tugend nothwendig eine Mannigfaltigkeit aufprägen muß, die sich nach der Individualität des Falles richtet. Nennt man nun das Resultat der Ueberlegung, die in der Vergleichung des individuellen Falles mit dem Grundsatze, mit dem Ganzen der tugendhaften Gesinnung hervorgeht, ein praktisches, sittliches Motiv, so wird die Tugend bei aller Gleichförmigkeit der Grundsätze nicht immer und überall von denselben Motiven bestimmt sein; vielmehr werden möglicherweise aus einem Motive mehrere Handlungen hervorgehen, zu einer Handlung eine Mehrheit von Motiven zusammenwirken können. Diese Mehrheit der Motive wird sich mit der Mehrheit der Handlungen vielfältig verweben und durchkreuzen; die Darstellung der Tugend im Handeln wird sich richten nach der Art, wie sich in bestimmten Fällen beides mit einander verwebt. Ferner, wird denn der Stoff, den die Tugend sittlich zu gestalten sich aufgefordert sieht, überall gleich fügsam sein? Wird die Tugend nicht auf Hindernisse stoßen, die weggeräumt, auf Schwierigkeiten, die umgangen, auf Vorbereitungen, die richtig angelegt sein wollen? Zwar nicht an bestimmte äußere Gegenstände ist sie gebunden; ihre Pläne gehen zunächst gar nicht auf äußere Sachen, sondern das eigenste Werk der Tugend ist sie selbst; aber das Wollen, das eigene wie das fremde, haftet an irgend welchen äußeren Gegenständen; das Recht, das Wohlwollen, die Billigkeit weisen hin auf eine Sphäre des Verkehrs, der Berührung in einer gemeinschaftlichen Sinnenwelt, und die Dinge, auf welche das menschliche Begehren naturgemäß gerichtet ist, sammt ihrem Einflusse auf dieses Begehren, treten unvermeidlich ein in die Kette von Vermittelungen, an welche die Darstellung der tugendhaften Gesinnung in der wirklichen Welt gebunden ist. Endlich, die Tugend darf nicht nur, sie muß in vielen Fällen, (und hierher gehört alles, was sich auf die Gesellschaft bezieht,) auf das Entgegenkommen, die Mitwirkung anderer Willen rechnen. Aber die Sicherheit, mit welcher, der Umfang, für welchen dies geschehen kann, ist unendlich vieler Abstufungen fähig; und das Handeln der Tugend hängt von der Rücksicht auf das, was sie von Andern erwarten kann, was nicht, nicht minder ab, als von der auf den vielgestaltigen Wechsel der Verhältnisse, in denen ihr Handeln sich bewegt. Alles dieses zusammengenommen zeigt deutlich, daß die Tugend nicht nur eines sehr mannigfaltigen Ausdrucks im Handeln fähig ist, sondern daß diese Beweglichkeit in dem, was sich auf die That bezieht, wesentlich zu ihrem Begriffe gehört; selbst der Schein der Inconsequenz wird sie nicht abhalten, unter verschiedenen Umständen verschieden zu handeln, einen Plan aufzugeben, dessen Realisirung sie für unmöglich erkannt hat, oder ihn wieder aufzunehmen, wenn sich die Hoffnung des Gelingens wieder zeigt; Mittel fallen zu lassen, die nicht zum Zwecke führen; ja sogar darauf gefaßt zu sein, daß dem Ganzen ihres Strebens und Arbeitens im Laufe des Lebens neue oder veränderte Bestimmungen sich aufdringen. Nichts kann ihr weniger gelten, als die leere Consequenz, die immer dasselbe will, weil sie es einmal zu wollen sich gedrungen sah; ihr ist vielmehr eigen, denselben Gehalt immer in der Form darstellen zu wollen, welche die Umstände gestatten, der gegebene Stoff ihrer Thätigkeit anzunehmen fähig ist.

Hierin liegt nun zugleich die Beantwortung der Frage: ob die Tugend nur eine sei, oder ob es eine Mehrheit von Tugenden gebe? Der Sprachgebrauch des gewöhnlichen Lebens schwankt in dieser Hinsicht offenbar, indem er Tugend bald als Bezeichnung für den ethischen Gesammtwerth der Person braucht, bald gegenüber der Mehrheit von Untugenden und Lastern von Tugenden in der Mehrzahl spricht. Nämlich die Tugend, deren Begriff eben dadurch entsteht, daß die Einheit der Person zu der Gesammtheit der Ideen, wie sie sich in der Idee der innern Freiheit begegnen, hinzugedacht wird, ist zunächst eine. Aber sie ist nicht dergestalt einfach, daß in der Totalität, die sie bezeichnet, nicht ein Vielfaches sich unterscheiden ließe, welches in ihr, wie die Factoren eines Productes, verbunden ist. In diesem Sinne wird von mehreren Tugenden gesprochen werden können, jedoch mit dem Vorbehalte, daß die Zerlegung des Tugendbegriffs in die Merkmale, die ihn constituiren, nicht eine Zerschneidung dessen sein dürfe, was in ihm nothwendig verbunden ist; wie denn auch Niemand die einzelnen Tugenden der Gerechtigkeit, der Liebe u. s. w. mit der Tugend selbst verwechseln und in ihnen, losgerissen von dem gemeinschaftlichen Mittelpunkte der innern Freiheit, den Ausdruck der Angemessenheit des gesammten Wollens an die Gesammtheit aller Ideen finden wird. Wenigstens geben die möglichen Unterscheidungen im Inhalte des Tugendbegriffs keine Eintheilung desselben*), und die Vielheit der Tugenden bezeichnet eigentlich nur die Verschiedenheit der Art, wie die Mannigfaltigkeit dieses Inhalts zusammentrifft mit der Individualität der Personen und der Anlässe des Handelns. Mit Rücksicht auf sie gestattet der Begriff der Tugend, obgleich er ursprünglich nur auf das den Ideen sich unmittelbar widmende Wollen geht, auch von mittelbaren Tugenden zu sprechen, als solchen Bestimmungen des persönlichen Wollens, denen eine mittelbare Bedeutung für die Annäherung an das Ideal beigelegt werden muß, wie denn in diesem Sinne Sparsamkeit, Frugalität, Fleiß und Aehnliches mehr als Tugend aufgeführt zu werden pflegt.

Eine andere Frage ist aber die, ob der Ausdruck der Tugend im Handeln so leicht, und so sicher sein werde, daß die vollkommene Darstellung derselben im Leben irgendwo erwartet werden könne. Möge man nun noch davon absehen, daß alles menschliche Wollen in seiner Entwickelung an die Zeitreihe gebunden, daß der Umfang, die Stärke, der Reichthum desselben nicht mit einem Schlage vorhanden ist, daß es Schwankungen, Ermüdungen, Unterbrechungen seiner stetigen Spannung giebt, daß endlich neben den sittlich leeren Stellen das unsittliche Wollen einen breiten Platz einnimmt; auch da, wo das Wollen der jedesmaligen Einsicht vollständig entspräche, liegt die Quelle der Vollkommenheit theils in der Möglichkeit des sittlichen Irrthums, theils in den Hindernissen der Ausführung. Denn zur sittlichen Einsicht gehört, wo es darauf ankommt, den vorbildenden Gedankenkreis ins Werk zu richten und den idealen Umriß des sittlichen Lebens mit Handlungen auszufüllen, nicht blos die Feststellung der Ideen, sondern sie erstreckt sich auch auf die Mittel der Ausführung dessen, was erreicht werden soll; und in beiderlei Beziehung droht auch der

*) Beispielsweise vergleiche man Schleiermacher's Eintheilung der Tugend in die belebende und bekämpfende, die vorstellende und darstellende. (Philos. u. verm. Schr. Bd. II, S. 360). Sollen diese Unterscheidungen wirklich Theilungsglieder und nicht blos Zerlegungen des Begriffs sein, so ist namentlich die letztere so angemessen, als ob jemand die Lehre von den Dreiecken eintheilen wollte in die Lehre von den Seiten und die von den Winkeln. Es ist der alte Fehler Plato's, die Einsicht vom Willen loszureißen und jene für sich als Tugend hinzustellen.

besten Gesinnung der Irrthum. Der Irrthum ist nun zwar nicht selbst Sünde, aber er kann zur Sünde führen; und die Tugend, die zurücksieht auf den falschen Weg, den sie eingeschlagen, kann sich dem Tadel nicht entziehen, der ihre Schritte begleitet. Wo vollends die Pläne der Tugend scheitern an der Ungunst der Umstände, an fremder Trägheit oder Bösartigkeit oder was sonst ihr hemmend entgegen treten mag, da bleibt ihr zwar das Bewußtsein, das Beste gewollt zu haben; aber das Mißlingen versagt ihr doch den Anblick des Werkes, auf dessen Hervorbringung ihr Wollen gerichtet war. So findet sich die Tugend nicht nur als handelnd, sondern auch als leidend; der heitere Ernst, mit welchem sie ihr Werk beginnt, wird oft genug weichen müssen dem Schmerze über das Mißlingen, und eine Tugend, für die es im Zusammenhange des Lebens Erfahrungen und Belehrungen durch die Erfahrung giebt, ist nicht einmal vor der sittlichen Reue sicher, d. h. vor dem sittlichen Schmerze, der in der Selbstverurtheilung des eigenen entweder den Ideen selbst oder den richtigen Mitteln ihrer Darstellung unangemessenen Wollens liegt.

Hiermit nun entsteht das Bedürfniß eines Begriffs, welcher dasjenige Verhältniß des wirklichen Wollens zu dem Ideale der Tugend ausdrücke, in welches ihre Mängel und Schranken sogleich mit eingerechnet seien. Leidet nämlich die Tugend von dem, was innerhalb, was außerhalb ihrer selbst liegt, ohne daß deshalb die tugendhafte Gesinnung selbst aufgehoben wäre, wird also die Kraft des sittlichen Wollens als vorhanden gedacht, ohne die beabsichtigte Wirkung vollständig hervorzubringen, so verwandelt sich der Begriff der Tugend in den des sittlichen Strebens. Denn eine strebende Kraft ist eben eine solche, welche als fortdauernd gedacht wird, obgleich sie nicht den vollen Effect hervorbringt, den sie hervorbringen würde, wenn nicht irgend ein Hinderniß entgegenstände. Also auch umgekehrt: wo sich irgend welche Mängel und Unvollkommenheiten nachweisen lassen, da giebt es nur Annäherungen an das Ideal der Tugend; es bleibt nichts übrig, als das Streben nach derselben; und der absolute Beifall, welcher der Tugend gebührt, trifft die Person, als sittlich strebende, nur insofern, als in diesem Streben eine Richtung auf das Ideal der Tugend enthalten ist. Um dieses Strebens willen wird nun der Person wenn auch nicht das Prädicat der (vollkommenen) Tugend, doch das der Sittlichkeit beigelegt werden dürfen. Dieser Begriff der Sittlichkeit (im engern Sinne, Moralität) ist somit der geeignete Ausdruck für den Werth eines persönlichen Wollens, welches, durch das Streben nach der Erreichung des Ideals charakterisirt, dennoch größeren oder geringeren Mängeln in der Darstellung desselben ausgesetzt ist. Der Sittliche handelt ganz eigentlich aus dem Mittelpunkte seiner eigenen inneren Freiheit heraus; ihn belebt der allgemeine Entschluß, der besten Einsicht folgen zu wollen, unter der blos formalen Annahme: es gebe, wenn er es auch verfehle, ein Vorbild, würdig der Folgsamkeit, durch welche so weit möglich das Vorgebildete selbst dargestellt werde*). So fällt der Begriff der Sittlichkeit größtentheils zusammen mit dem der Gewissenhaftigkeit, welche sich nicht nur scheut, auf die Gefahr eines sittlichen Mißverhältnisses hin zu handeln, sondern auch dafür Sorge trägt, dem innerlich Vorgebildeten den möglichst reinen und vollständigen Ausdruck im Leben zu geben.

Wo aber überdies das vielfache Wollen eines Vernunftwesens nicht blos durch die Ideen hervorgerufen und bestimmt wird, sondern Begierden und Leidenschaften sich erzeugen, welche andere Quellen und andere Gegenstände haben, als die Ideen, da wird nicht einmal die Sittlichkeit als ursprüngliche und beharrliche Eigenschaft desselben sich darstellen. Das ist der Fall des Menschen. Das menschliche Wollen, den Veranlassungen und Gegenständen nach ins Unbestimmte hin vielgestaltig, steht den Ideen als eine zwar keineswegs compacte, aber als eine weitverbreitete, naturgemäß sich vielfältig unter einander bald verzweigende, bald hemmende Masse gegenüber; und die Verhältnisse, zu welchen dieses Begehren eben so in dem eigenen Bewußtsein des Wollenden, wie in den Beziehungen der Menschen zu einander führt, sind thatsächlich sehr oft sittliche Mißverhältnisse. In der beurtheilenden Auffassung derselben entsteht der Begriff des Gegentheils der Tugend; und zwar nicht blos als der Begriff eines Mangels in dem, was zur Tugend gehört, sondern auch so, daß ein den Ideen direct zuwiderlaufendes Wollen den positiven Tadel der

*) Herbart Allg. pr. Philos. S. 293 flgg. Encyklop. S. 80 (2. Ausg. S. 73 flgg.).

Unsittlichkeit auf sich zieht. Haben nun schon die Begriffe der Tugend und Sittlichkeit verschiedene Factoren, so ist es noch viel weniger möglich, das Gegentheil der Tugend durch einen einzigen Begriff zu erschöpfen. Ausgehend von den abgestuften Graden der Unkenntniß, der Schwäche, der Zerstreutheit u. s. w. (s. oben S. 306), von da fortschreitend zur sittlichen Gesinnungslosigkeit, die sich nicht blos als Stumpfheit und Rohheit des geistigen Lebens überhaupt darzustellen braucht, sondern mit einem hohen Grade geistiger Cultur verbunden sein kann, wird man, auf der entgegengesetzten Seite fortgehend, eine mehr oder weniger beharrliche Nichtachtung des sittlichen Tadels in der Form von *Fehlern* und *Lastern* finden, bis dahin, wo sich der allgemeine Entschluß, dem sittlichen Urtheile Trotz zu bieten, zur *Bosheit* und *Frevelhaftigkeit* steigert. Es hat für eine allgemeine Untersuchung kein Interesse, die Mißgestalten, die in den Umfang dieser Begriffe fallen, aufzuzählen oder im Einzelnen zu schildern; aber die Mannigfaltigkeit dessen, was in den Umfang der Begriffe Untugend, Fehler, Laster fällt, hätte längst wenigstens indirect darauf aufmerksam machen können, daß die ethische Beurtheilung nicht blos aus einer einzigen Quelle fließt, sondern daß ihr eine Mehrheit, ihrem Inhalte nach von einander unabhängiger ethischer Ideen zu Grunde liegt. Eben so reicht aber auch schon der allgemeine Blick auf die mannigfaltig abgestuften Grade und Richtungen des Unsittlichen vollkommen hin, um das Vorurtheil vollends zu zerstören, was sich ohne Einmischung religiöser Fragen schwerlich so weit verbreitet haben würde: das Böse sei überhaupt blos etwas Negatives, ein bloßer Mangel in dem, was zur Vollkommenheit der Tugend gehört. Im Gegentheil, das *eigentlich Böse*, das Böse, was mit Willen und Bewußtsein unternommen und vollführt wird, ist an sich so positiv*) wie das Gute; das Mangelhafte braucht blos ergänzt zu werden, aber das Böse in uns und

*) Hinsichtlich der gemeinen Verwechselung eines *Wirklichen*, dessen Unwerth nicht blos Mangel eines höhern Werthes, sondern der conträre (also an sich ebenfalls positive) Gegensatz des Werthes überhaupt ist, mit einem *Realen* kann hier nur auf die Metaphysik verwiesen werden. (Vgl. oben S. 84). Wem es noch nicht deutlich ist, daß die Ethik mit dem Realen gar nichts zu thun hat, und daß selbst *die* Wirklichkeit, mit welcher sie es zu thun

außer uns will bekämpft sein; und die Kraft, welche dieser Kampf verlangt, ist zu groß, als daß es nöthig sein würde, sie an ein Nichtiges zu verwenden. Tadel, Geringschätzung, Verachtung bezeichnen gewiß nicht blos den Mangel des Lobes, der Achtung u. s. w., sondern etwas mehr als den bloßen Nullpunkt, und erst beziehungsweise erscheint das, was sie bezeichnen, als eine negative Größe.

Allen den verschiedenen Veranlassungen und Anreizen eines nicht sittlichen Wollens wird sich nun die Sittlichkeit als Kraft der Verneinung entgegenstellen, und zwar in dem eigenen Bewußtsein des Wollenden als Kraft, zu sich selbst Nein zu sagen. Nicht als ob die Tugend selbst nicht gedacht werden könnte, oder ihren Werth verlieren würde ohne den Kampf mit dem unsittlichen Begehren; so wie eine gegenüberstehende Wolke die Sonne nicht heller, wohl aber diese jene dunkler erscheinen läßt, so leuchtet auch die Tugend, die Heiligkeit und Reinheit der Gesinnung in ihrem eigenen Glanze, und es bedarf nicht erst eines dunkeln Gegensatzes, um ihn sichtbar zu machen. Aber das sittliche Streben des Menschen ist niemals absolut sicher, von unsittlichen Begehrungen durchkreuzt und innerlich gehemmt zu werden; und eben deshalb ist die Rücksicht auf das, was der Sittliche sich versagt, wem er entsagt, für die Bestimmung des Begriffs der Sittlichkeit die ergänzende Hälfte zu dem, was er erstrebt, wem er sich widmet. So ist die Sittlichkeit zwar nicht nothwendig Kampf, aber ihre Kraft wird gemessen im Kampfe; und das, was sie ausschließt, wird, eben weil es das menschliche Begehren vielfach lockt und beschäftigt, so wichtig als das, was sie einschließt und das, welchem sie sich anschließt.

So wenig nun die Mannigfaltigkeit der Verhältnisse und Gelegenheiten des Handelns, denen die Sittlichkeit sich anschließt, um an ihnen das ethische Ziel zu erreichen, da aufgezählt werden kann, wo es sich zunächst um ihren allgemeinen Begriff handelt, so wenig läßt sich auch das, was sie ausschließt, im Einzelnen vollständig aufzählen, ohne auf die concreten Verhältnisse des Lebens

---

hat, immer nur im Gebiete zwar nicht des bloßen Scheines, aber doch des Geschehens liegt, dem kann die Erklärung darüber wenigstens hier nicht gegeben werden.

und die bestimmte Individualität des einzelnen Falles Rücksicht zu nehmen. Nicht zu jeder Zeit, nicht unter allen Umständen wird sich der Sittliche Alles gleichmäßig zu versagen haben; aber auch bei der Befriedigung einer an sich unschuldigen Begehrung wird er wenigstens fragen müssen, ob sie ihn nicht gerade jetzt in sittliche Mißverhältnisse verwickeln werde, deren Vermeidung eine bestimmte Entsagung nothwendig macht. Es giebt daher in dieser Beziehung für die sittliche Gesinnung keine andere allgemeine Formel als die: nichts Aeußeres durchaus (d. h. blos als solches, ohne Rücksicht auf ein ethisches Maaß und einen ethischen Zweck) zu wollen; und die Ruhe, mit welcher der Sittliche das zu entbehren weiß, was er sich versagt, ist die Probe der Gesinnung, die den Werth des Wollens in Wahrheit für unvergleichbar hält mit dem Genuß, der aus der Befriedigung des Wollens erwachsen könnte. —

Durch alles dieses wird die Betrachtung des menschlichen Wollens von dem Ideale der Tugend abwärts zu dem Begriffe der Sittlichkeit geführt, dessen Bedeutung schon durch den Gegensatz des Nichtsittlichen bestimmt ist. Jene Kraft, zu verneinen und die Verneinung mit Ruhe zu ertragen, kann da nicht vorhanden gewesen sein, wo Fehler und Laster einwurzelten; und schon der bloße Begriff dessen, was verneint wird, im Gegensatze zu dem, was verneint, schließt einen Anspruch, eine Forderung in sich, welcher genügt werden soll. Hierin liegt, daß schon durch den bloßen Gedanken irgend einer Distanz und folglich noch viel mehr durch den eines Gegensatzes zwischen der wirklichen Beschaffenheit des Wollens und dem Ideale sich die den Ideen entsprechenden Grundsätze und Motive in Gesetze, in Gebote und Verbote verwandeln, und das führt auf den Begriff der Pflicht.

2) Pflicht.

Die Bedeutung des Pflichtbegriffs für das System der Sittenlehre hängt zunächst von dem schon oben (S. 318) erwähnten Falle ab, daß ein wirkliches Wollen den Ideen nicht angemessen sei; seine Bedeutung für das Leben erstreckt sich demgemäß um so weiter, in je engere Grenzen die Angemessenheit des Wollens an die Ideen eingeschlossen ist. Zunächst entsteht zwar aus der Vergleichung eines den Ideen nicht entsprechenden Wollens mit den Musterbildern nur das Urtheil des Tadels, der Verwerfung; aber in dieser Verwerfung liegt zugleich die Forderung eines anderen Wollens; und der Tadel, der trotz dem, daß dieses andere Wollen nicht eintrat, nicht verstummt, schließt einen Anspruch in sich, der unabhängig von dem natürlichen Zusammenhang des Wollens gehört sein will, weil er sich auf ein absolutes Urtheil über den Werth des Wollens selbst stützt. Dadurch verräth sich die eigenthümliche Bedeutung des Sollens, eines Begriffs, der ursprünglich den Gebieten angehört, wo die Vergleichung eines Gegebenen mit einem Musterbilde ihren Ort hat, und von da aus auf andere Gebiete nicht übertragen werden kann, ohne von seiner Eigenthümlichkeit etwas einzubüßen. Das Sollen ist der Ausdruck eines Anspruchs, welcher seine Gültigkeit behält, auch wo das, was durch ihn bezeichnet wird, factisch nicht vorhanden ist. Gerade hier zeigt sich die gänzliche Unabhängigkeit der Principien der Beurtheilung von dem, was ist und geschieht; während es andererseits nur consequent ist, wenn man, nachdem man die theoretische Auffassung und Untersuchung des Gegebenen und die Beurtheilung desselben nach den Ideen in einander fließen und in ein Verhältniß der gegenseitigen Abhängigkeit hat gerathen lassen, zuletzt darauf kommt, den Begriff des Sollens ganz zu eliminiren. (Vgl. oben S. 131).

Pflicht nun ist nur ein anderer Ausdruck für das Sollen. Sie bezeichnet die Gebundenheit des Wollens an das Musterbild, sammt der daraus hervorgehenden Verbindlichkeit, sich nach dem Musterbilde zu richten. Daher bekommt der Begriff der Pflicht, gleichviel ob man darunter die allgemeine Verbindlichkeit, den in den Ideen liegenden Forderungen Folge zu leisten, oder ein bestimmtes, sittlich gefordertes Wollen und Handeln versteht, einen Sinn erst durch den Gegensatz des Sittlichen gegen das Nichtsittliche, welcher den Tadel erregt, obgleich das, wovon dieser Tadel ausgeht, keine Macht ist, nach welcher das Getadelte sich wie nach einem unvermeidlichen Zwange richten müßte. Für die vollendete Tugend, für einen schlechthin heiligen Willen giebt es daher keine Pflichten; sein Wollen wäre absolute Congruenz mit dem ethischen Ideale. Aber in welchem Umfange und Grade jener Gegensatz sich nachweisen läßt, da und insofern giebt es Pflichten;

daher es zwar eine wissenschaftliche Einseitigkeit ist, die Sittenlehre lediglich als Pflichtenlehre aufzufassen, und eine Unrichtigkeit, den Pflichtbegriff an die Spitze der Ethik zu stellen, ohne daß deshalb geleugnet werden darf, daß unter den drei Begriffen der Tugend, der Pflicht, und des Gutes der mittlere die weiteste Sphäre der Anwendung haben wird.

Der Begriff der Pflicht ist seiner ursprünglichen Bedeutung nach eben so unabhängig von Zeitbestimmungen, als von der Rücksicht auf bestimmte Personen; und gerade deshalb fähig, die Verschiedenheiten, die in dem einen wie in dem andern liegen können, sich gleichmäßig anzueignen. Das Urtheil: eine Handlung hätte geschehen oder nicht geschehen sollen, ist eben so gültig, als das Urtheil: eine noch nicht geschehene Handlung solle geschehen oder nicht. Aber es ist natürlich, daß der Pflichtbegriff sich vorzugsweise eine nähere Beziehung auf das zukünftige Wollen und Handeln aneignet. Geschehenes läßt sich nicht ungeschehen machen; der rückwärts gewendete Blick trifft auf das vollendete Factum, das sich vielleicht in seinen Folgen aufheben und verbessern, aber als That nicht weglöschen läßt; hier bleibt nichts übrig als die Verurtheilung, die Mißbilligung. Aber wo das Bild eines zukünftigen Handelns vorschwebt, da entspringt in der Vergleichung dieses Bildes mit dem Musterbilde ein Antrieb oder eine Warnung, eine Regel, ein Gesetz für das zukünftige Handeln, welches sich als Gebot oder Verbot darstellt. Wird nun das Bewußtsein dieses Gebotes oder Verbotes in der Auffassung eines vergangenen Wollens rückwärts in eine Zeit versetzt, die diesem Wollen vorherging, so entsteht der Begriff von dem, was zu wollen Pflicht war oder gewesen wäre. Dieser Begriff ist da auf das deutlichste vorhanden, wo der Mensch sittlich bereut, was er that. Die sittliche Reue ist der Ausdruck eines Actes der Beurtheilung, die für die That gewiß zu spät kommt, aber deshalb nicht bedeutungslos, sondern mit der Bedeutung des Pflichtbegriffs unzertrennlich verbunden ist. Ist die Verbindlichkeit zu einem zukünftigen Handeln etwas mehr, als ein leeres Wort, so hat auch die Selbstverurtheilung eines vergangenen ihre volle Gültigkeit.

Die Selbstverurtheilung erinnert an die Selbstgesetzgebung, die sittliche Selbstnöthigung, d. h. sie zeigt den Pflichtbegriff in einer Beschränkung auf das *eigene* Wollen und Handeln, welche ihm eben so wenig wesentlich ist, als die ausschließliche Beziehung auf die Zukunft. Das: Er soll und Du sollst, hat dieselbe Gültigkeit, wie das: ich soll. Denn die unwillkührliche Beurtheilung nach den Ideen, sammt allem, was daraus hervorgeht, gilt jedem Wollen, dem fremden, wie dem eignen. Wer das Sollen ausspricht, gegen andere oder gegen sich, ist nur der Interpret der Idee; und deshalb hat die Frage: *wer* der Gebietende sei, und *wem* geboten *werde*, unter Voraussetzung der Ideen gar keine Bedeutung für die Bestimmung des Pflichtbegriffs. Das Gebot oder das Verbot ist selbst nur der Ausdruck des Gedankens, der aus der Auffassung der Distanz oder des Gegensatzes zwischen dem Wollen und der Idee entsteht; dieser *Gedanke* ist das Gebietende und Verbietende, und es ist diesem Gedanken zufällig, welches Subject ihn denke, in Beziehung auf welches Subject er gedacht werde. Wer ihn denkt, *erscheint* als der Gebietende; für wessen Wollen er gilt, der ist der, welcher gehorchen soll; und es ist *insofern* einerlei, ob beides, das Gebieten und Gehorchen-Sollen, einer Person, oder mehreren zugehört. Nur muß *dieser Gedanke der Vergleichung des Wollens mit der Idee vorhanden und lebendig sein, wo von Pflicht soll die Rede sein können.* Das heißt nun zwar im Allgemeinen nichts weiter, als daß der Pflichtbegriff die Idee voraussetzt; aber es entwickelt sich daraus sogleich die wichtige Folge, daß die Möglichkeit der *Selbst*gesetzgebung, *Selbst*nöthigung u. s. w. durchaus gebunden ist daran, daß der Wollende sein eigenes Wollen mit einem Musterbilde, *welches er dafür erkennt*, vergleiche; diese Fähigkeit, ein Musterbild als solches *selbst* zu erkennen, wird überall vorausgesetzt, wo der Handelnde ernstlich von *seinen* Pflichten soll sprechen können. So wie man deshalb unvernünftigen Thieren keine Pflichten anmuthet, so ist Pflichtmäßigkeit oder Pflichtwidrigkeit des Handelns, trotz ihrer immer gleichmäßigen Abhängigkeit von den Ideen, doch zugleich mit gebunden daran, daß der Unterschied des Guten und des Bösen in dem eigenen Innern des Wollenden zum Bewußtsein gekommen sei. Verpflichtet ist jeder den Ideen; aber verpflichten in *seinem eigenen Gewissen*, ihn *selbst* an *seine* Pflicht verweisen kann man nur den, der ein Gewissen *hat*. So wie für die vollendete Tugend, so giebt es auch für die absolute Rohheit in diesem Sinne keine Pflichten; und es ist eine nothwendige Folge des Verhältnisses der Begriffe, daß, so wie der Begriff der Sittlichkeit, als des Strebens nach der nicht vollendeten Tugend, die Rücksicht auf das Unsittliche einschließt, ohne das Sittliche auszuschließen, und eben deshalb vom Ideale der Tugend zum Begriffe der Pflicht führt, so auch das Gebiet, für welches das Pflichtmäßige und Pflichtwidrige eine factische Bedeutung hat, mit dem Gebiete der Sittlichkeit zusammenfällt. Deshalb eilt das Wollen des besseren Menschen dem Gebote der Pflicht voraus, während die nachdrücklichsten Aufforderungen zum Guten an dem rohen wirkungslos abgleiten; deshalb aber klagt der vorwärtsgeschrittene Mensch reuevoll über Verletzung der Pflicht auch da, wo er, unwissend und ohne sich verpflichtet zu fühlen, gesündigt hatte, weil *jetzt* das Bild seines *damaligen* Wollens der Verurtheilung nach einem Musterbilde unterliegt, welches damals nicht einmal gekannt zu haben er nunmehr nicht nur beklagt, sondern nach welchem er sein eigenes damaliges, ihm jetzt als pflichtwidrig sich darstellendes Wollen verurtheilt. Deshalb ist endlich die Art, in welcher das: *du sollst* häufig factisch geltend gemacht wird und geltend gemacht werden muß, gleichbedeutend mit dem: du *mußt*; wie denn die Androhung der Strafen vielmehr auf das Müssen, als auf das Sollen rechnet, und bei der Erziehung das: du-sollst, dadurch, daß man das Kind zugleich in die Unmöglichkeit versetzt, dem Gebote zuwiderzuhandeln, sich in ein Müssen verwandelt.

Ist nun das pflichtmäßige Handeln nicht nur gebunden an die Sittlichkeit, sondern selbst Ausdruck und Darstellung derselben, so erhellt, daß die sogenannte *Legalität* der Handlungen, über welche der Tugendbegriff seiner ganzen Bedeutung nach hinausragt, nicht einmal den Forderungen der Pflicht genau und durchgängig entspricht. Auch die Pflicht verlangt Angemessenheit des Wollens an die Ideen. Insofern nun diese Forderung die Gestalt eines *Gesetzes* annimmt, könnte der Begriff einer blos äußeren Gesetzmäßigkeit Alles zu bezeichnen scheinen, was jene Forderung enthält. Und so würde es wirklich sein, wenn das Gesetz dem Wollenden als ein fremdes, nur von außen an ihn gebrachtes gegenüberstände und zugleich die ethische Beurtheilung sich lediglich nach dem Verhältniß der äußeren That zu diesem Gesetze richtete. Aber der

Begriff der Sittlichkeit ist wesentlich mit gebunden an die Idee der inneren Freiheit. Die Gesetzmäßigkeit nun, welche die Gesammtheit aller Ideen vorschreibt, kennt zunächst den Unterschied zwischen Legalität und Moralität gar nicht; sondern die wahre ethische Legalität ist selbst Moralität. Der Unterschied zwischen beiden tritt erst da hervor, wo eine einzelne Handlung, losgelöst von der Gesinnung, aus welcher sie hervorgeht, mit den praktischen Weisungen einer einzelnen Idee verglichen wird; wo dann bekanntlich die Legalität als Angemessenheit der äußeren Handlung an den Inhalt des Gebotes oder Verbotes, der Moralität als der Angemessenheit der Gesinnung an die Idee als solche gegenübergestellt wird. Innerhalb der Grenzen einer einseitigen Beurtheilung hat diese Unterscheidung auch ihre wahre Bedeutung; zumal wo es sich zunächst nur um die Vermeidung des sittlich Mißfälligen handelt. Daher denn auch da, wo z. B. der eigenthümliche Inhalt der Rechtsidee nur unklar aufgefaßt wurde, die Angemessenheit der äußeren Handlung an das Rechtsgesetz ganz eigentlich als das Gebiet der Legalität bezeichnet worden ist, indem hier, wo es sich nur um ein äußeres Verhältniß der aufeinandertreffenden Willen handelt, schon etwas sehr Wesentliches gewonnen ist, wenn nur keine Rechtsverletzung geschieht, gleichviel, welches Motiv diesem legalen Handeln oder Nichthandeln zu Grunde liegt. Insofern kann nun freilich gesagt werden: das blos legale Handeln sei gewiß nicht pflichtwidrig, folglich pflichtmäßig. Aber dieser Schein, als ob das pflichtmäßige Handeln sich auf den Begriff der bloßen Legalität zurückführen lasse, verschwindet selbst für das Gebiet der Rechtsidee, wenn man überlegt, daß die Rückbeziehung der Rechtsidee auf die Idee der inneren Freiheit eine Beurtheilung herbeiführt, welche über die bloße Legalität hinausgreift. Denn obwohl ein anerkannter Rechtszustand nothwendig in seinen Wirkungen eine ethische Richtung, und folglich, wie er auch entstanden sein möge, eine ethische Bedeutung hat, so wird man doch nicht sagen können, daß die Erfüllung der Rechtspflichten da kraft der Idee des Rechtes geschehe, und folglich pflichtmäßig im vollen Sinne sei, wo etwa nur Eigennutz oder Furcht das Motiv für die Stiftung oder Erhaltung des Rechtszustandes wäre. Das Pflichtmäßige und Pflichtwidrige, allgemein gedacht, ist gar nicht etwas, was sich von der Gesinnung in der Art loslösen ließe, als ob die Handlungen dem Pflichtbegriff, die Gesinnungen dem Tugendbegriff angehörten und beides neben einander in zwei parallelen, von einander unabhängigen Linien geordnet werden könnte*); sondern auch hier, wie überall auf dem sittlichen Gebiete, ist die Handlung nur der Interpret der Gesinnung, die Gesinnung der Träger der Handlung; und das Verhältniß zwischen beiden, immer wieder in letzter Instanz zurückweisend auf die Art und den Grad, wie und in welchem die Idee der inneren Freiheit in dem Wollenden realisirt ist, d. h. auf die Sittlichkeit (im engeren Sinne des Wortes) ist der Maaßstab für die Art und den Umfang der Pflichterfüllung oder der Pflichtverletzung. Daher man in verschiedener Rücksicht mit gleichem Rechte sagen kann: seine Pflicht zu erfüllen sei Tugend, und: nach Tugend zu streben sei Pflicht. Denn was an diesen Formeln unbestimmt ist, kann die näheren Bestimmungen des Inhalts nur durch die Ideen und die Art, wie die Verhältnisse des Lebens sich einer Subsumtion unter sie darbieten, erhalten.

So wenig ferner zur Bestimmung des Tugendbegriffs die psychologische Frage zu beantworten nöthig war: unter welchen Bedingungen die Tugend als Beschaffenheit der Person möglich sei, so wenig liegt in dem Pflichtbegriff an sich die Nöthigung, die Frage zu erörtern: unter welchen Verhältnissen da, wo sich in dem Innern des Menschen ein nichtsittliches und böses Begehren geltend macht, die Erfüllung oder Unterlassung der Pflicht zu erwarten sein möge? Nur das liegt in den Begriffen selbst, daß, während die vollkommene Tugend ein Ideal ist, welches für das verschiedenartige und veränderliche menschliche Wollen nur als Zielpunkt aufgestellt werden kann, der Gegensatz des sittlichen und unsittlichen Wollens ganz eigentlich in die Sphäre der Wirklichkeit fällt, und daß, während die Tugend die Harmonie des ge-

*) Hierher gehört ebensowohl die kant'sche Unterscheidung von Gesetzen, welche blos die Maxime der Handlung, und solchen, welche die Handlung selbst gebieten, sammt dem daraus abgeleiteten Unterschiede von unvollkommenen und vollkommenen Pflichten und der ganzen Zerschneidung der Ethik in Rechtslehre und Tugendlehre, als die schleiermacher'sche Beschränkung der Pflicht auf die einzelne bestimmte Handlung, als das, was zwischen dem Tugend- und dem Güterbegriffe liege. (Vgl. Krit. d. Sittenl. S. 68. Abhandl. über d. wissensch. Behandl. d. Pflichtbegr. in den philos. u. verm. Schr. Bd II, S. 380).

sammten Wollens mit der vollkommenen ethischen Einsicht bezeichnet, das Bewußtsein der Pflicht eine innere Spaltung voraussetzt, in welcher die Eine Persönlichkeit des Wollenden als eine getheilte, mit sich selbst kämpfende erscheint. Welchen Ausgang dieser Kampf nehmen, ob er sich zum Guten oder Bösen entscheiden werde, das mag von der Stärke, der Menge, der Verwebung der kämpfenden Kräfte, ja selbst von mancherlei äußeren Unterstützungen und Hindernissen abhängen; welchen Ausgang er nehmen solle, das kann keinen Augenblick zweifelhaft sein. Hierin liegt nun das Kategorische, schlechthin Gebietende des Imperativs, den der Pflichtbegriff in sich schließt, vermöge dessen das Gebot oder Verbot der Pflicht durch kein anderes der subjectiven Begierde oder des Nutzens weder dem Verhältniß der Abfolge noch der Unterordnung nach bedingt ist. Selbst die Beantwortung der Frage: ob man thun könne, was man thun soll? bedingt nicht die Gültigkeit dieses Imperativs; und es ist ein eben so unhaltbares, als unnöthiges Ausfluchtsmittel, der Gültigkeit des Pflichtbegriffs die Fiction einer transscendentalen Freiheit unterzuschieben in dem Satze: ich soll, folglich muß ich können; der den Rückschluß in sich enthält: wenn ich nicht kann, so soll ich nicht. Denn ganz abgesehen davon, ob man dann selbst jener transscendentalen und absoluten Freiheit eine solche Allmacht werde zutrauen dürfen, daß alles pflichtmäßig Gebotene für sie ohne Weiteres in das Gebiet des Möglichen und Ausführbaren fallen werde, liegt in dem Imperativ der Pflicht, so wie in der Beurtheilung, aus welcher dieser Imperativ stammt, gar nichts weiter, als die Aufforderung zu einem Wollen und Handeln, welches, wo es nicht so ausfällt, wie die Forderung aussagt, ohne Rücksicht auf die Ursachen, aus welchen es nicht so ausfällt, einem unvermeidlichen Tadel unterliegt. Der kategorische Imperativ der Pflicht fordert vielmehr vor Allem den Versuch, und für den Versuch die Ueberlegung, wie dieser müsse gemacht werden, um die Bürgschaft des Gelingens in sich zu tragen. Nicht jeglicher Aufgabe kann auf die gleiche Weise oder zu jeder Zeit genügt werden; was jetzt unmöglich ist, kann möglich werden durch fortgesetztes, von verschiedenen Punkten aus ineinandergreifendes Handeln*); und ge-

*) Es ist wohl kaum nöthig, hierbei auf die Bedeutung des Mittel-

setzt: der Erfolg entspräche nicht der Absicht, der Versuch scheiterte wirklich, so war die innere Thätigkeit der Ueberlegung, der redliche Wille, mit welcher der Versuch gemacht wurde, selbst der Ausdruck des Gehorsams gegen das Gebot der Pflicht; ein Gewinn für den sittlichen Werth des Wollenden, den ihm das fragmentarische oder ganz ausbleibende Gelingen nicht verkümmern kann. Es ist durchaus nothwendig, diesen Gedanken in seiner Strenge festzuhalten; denn keine Gesinnung entspricht dem Charakter des sittlichen Wollens weniger als die, welche erst eine Anweisung auf das Gelingen des sittlich Gebotenen ausgestellt haben will, ehe sie das sittliche Gebot oder Verbot acceptirt; alle Ueberlegungen, wie der Versuch werde angestellt werden müssen, setzen den durch das Bewußtsein der Pflicht schlechthin gebotenen Entschluß voraus, daß er gemacht werde; und selbst die Resignation, mit welcher ein Werk von zweifelhaftem Erfolge begonnen und fortgeführt wird, ist das Merkmal einer Gesinnung, welche sich ganz den Ideen und nur ihnen hingiebt*).

Obgleich mithin der Strenge des kategorischen Imperativs gar nichts abgehandelt werden kann und darf, so liegt doch schon in dem Gesagten, daß, sobald man von dem allgemeinen Begriff der Pflicht überhaupt fortschreitet zu dem bestimmten sittlich gebotenen oder verbotenen Wollen und Handeln, der allgemeine kategorische Imperativ sich in eine unbestimmte Mehrheit hypothetischer Imperative verwandelt. Daß nämlich der

---

baren, welche für den Pflichtbegriff noch deutlicher in die Augen springt, als für den Tugendbegriff, noch besonders aufmerksam zu machen.

*) Man wolle über dieses Verhältniß des Könnens und des Sollens die längere Entwickelung in Herbart's Allgem. prakt. Philos. S. 297—306 vergleichen. Um den Grundgedanken nicht härter erscheinen zu lassen, als er ist, mag hinzugesetzt werden, daß, wo man sich auf die Unmöglichkeit, das sittlich Geforderte zu leisten, beruft, da nur zu oft die Frage nach dem Beweise dieser Unmöglichkeit übergangen wird. Man vergesse nur nicht, daß der feste und in sich starke Wille schon des Einzelnen, und wie vielmehr der sich gegenseitig unterstützende einer durch die Idee beseelten Gesellschaft eine Kraft ist, durch welche möglich wird, was ohne diesen Willen allerdings unmöglich ist und in alle Ewigkeit unmöglich bleibt, weil es nur und allein als Darstellung dieses Willens möglich ist. Das gilt von allen ächt sittlichen Aufgaben gleichmäßig.

allgemeine Begriff der Pflicht sich zerlegt in eine Vielheit von Pflichten, hat seinen Grund ebensowohl in der Mehrheit der Ideen, als in der Verschiedenartigkeit, in welcher sich die höchst mannigfaltigen concreten Verhältnisse des Lebens der Subsumtion unter dieselben darbieten. Dieser Vielheit der Pflichten entspricht nun eine Vielheit von Imperativen; aber keiner dieser Imperative für sich betrachtet ist schlechthin kategorisch, sondern jeder muß wenigstens darauf gefaßt sein, einen hypothetischen Charakter anzunehmen. Diese Bedingtheit ist aber keine Abhängigkeit von irgend etwas, was außerhalb des ethischen Gebietes liegend der sittlichen Aufgabe selbst erst ihre Geltung verschaffte, sondern sie ist die gegenseitige Abhängigkeit des bestimmten Wollens und Handelns, welches seinen Ort und sein Verhältniß innerhalb des ethischen Gebietes hat. Weil nämlich die Ideen selbst ein Mannigfaltiges bezeichnen, welches, indem der bewußtvoll Handelnde es unterscheidet und zusammenfaßt, gleichmäßig berücksichtigt sein will, und weil die Verhältnisse des Lebens nicht überall dieselbe Aufforderung eines bestimmten Handelns darbieten, ist die Entscheidung darüber, was in dem einzelnen Falle zu thun und zu lassen ist, das Resultat aus der Zusammenfassung aller der, gerade diesen Fall bestimmenden Verhältnisse, durch deren gleichmäßige Beachtung gerade hier der sittlichen Anforderung am vollständigsten entsprochen, der sittliche Tadel am sichersten vermieden werden könne. So möge eine Pflicht sich beispielsweise zunächst als Rechtspflicht darstellen, die Rücksicht auf das Wohlwollen und die Billigkeit wird dennoch die zu bestimmende Handlung begleiten müssen, und umgekehrt. Oder es mögen verschiedene Gebiete des sittlichen Lebens gedacht werden, Verhältnisse der Familie, der Freundschaft, des Verkehrs, des Amtes, so wird das bestimmte Handeln dessen, der im Mittelpunkte dieser verschiedenen Kreise steht, von der Rücksicht auf das, was jeder derselben von ihm fordert, abhängen; und nur dann wird der Tadel vollständig vermieden sein, wenn für jeden dieser Kreise geschieht, was geschehen soll, ohne daß die Sorge für den einen die für den andern beeinträchtigt. Es ist daher ganz richtig, daß die Ausführung der Pflichtenlehre nicht zu Stande kommen kann ohne die Aufstellung von Formeln, die zugleich eine Grenzbestimmung in sich enthalten, und daß Gebote und Verbote, welche ein Handeln ohne solche Grenzbestimmung bezeichnen, wenigstens keine Formeln für eine bestimmte Pflicht abgeben können*).

Je weiter nun diese Hinweisung auf die hypothetische Gültigkeit der einzelnen Gebote und Verbote sich erstreckt, desto mehr kann bezweifelt werden, ob eine absolut vollständige Construction der Pflichtenlehre sich werde erreichen lassen. Zwar wo die Ethik die vorherrschende Neigung hatte, sich als Pflichtenlehre auszubilden, hat man dem Bedürfnisse, das Mannigfaltige, was unter diesen Begriff fällt, zu erschöpfen, zunächst durch logische Unterscheidungen gewisser Classen von Pflichten, d. h. durch eine Eintheilung des Pflichtbegriffs zu genügen gesucht. Aber diese Eintheilungen sind meist von der Art, daß sie entweder, wie die in bestimmte und unbestimmte Pflichten, gerade da eine Lücke öffnen, wo man eine feste Begrenzung verlangt, oder wie die in vollkommene und unvollkommene, unbedingte und bedingte, gleichsam etwas entschlüpfen lassen von dem Ernste der Verpflichtung, oder wie die in Pflichten gegen sich, gegen andere, oder auch die unvollständige in Rechtspflichten und Liebespflichten sogleich im Principe der Eintheilung einen Gesichtspunkt wählen, der in der Abstraction das trennt und auseinanderhält, was in dem pflichtmäßigen Leben wesentlich verbunden sein soll. Vielmehr zeigt sich sehr bald, daß, wenn man eine solche Eintheilung bis herab in das Einzelne verfolgt, das Letztere gewöhnlich noch ganz andere sittliche Beziehungen in sich enthält, als welche etwa die Ueberschrift, daß es eine Pflicht gegen sich selbst oder gegen andere sei, bezeichnet. So läßt sich ohne große Mühe jede Pflicht gegen sich zugleich darstellen als Pflicht gegen andere, und umgekehrt, und es kommt so zuletzt gewöhnlich darauf hinaus, daß man entweder den Eintheilungsgrund festhält und darüber die wahren sittlichen Beziehungen eines bestimmten Handelns aus dem Auge verliert,

*) Schleiermacher Krit. a. S. S. 138; Verm. Schrift., II, S. 419. Wie freilich solche Grenzbestimmungen, die doch den Inhalt der Pflicht weder durch etwas dem ethischen Gebiete ursprünglich Fremdartiges bestimmen, noch viel weniger ihn auf ein geringeres Maaß des Sittlichen werden beschränken sollen, dann möglich sein sollen, wenn es nur eine Idee giebt und die besonderen ethischen Begriffe überdies ohne Rücksicht auf das Gegebene und ohne alle Hülfsbegriffe aus diesem einen Princip abgeleitet werden sollen, ist nicht abzusehen.

oder dem letzteren nachgeht und dabei die gezogenen Abgrenzungen überschreitet. Nun muß allerdings, wo ein Mannigfaltiges sittlicher Anforderungen sich aufdringt, da nach den Unterscheidungsgründen gefragt werden, welche ein Princip der Anordnung darzubieten fähig seien; aber es müßten dann auch alle möglichen Unterscheidungsgründe erschöpft werden, sammt den möglichen Verbindungen, die sie eingehen können, wenn ein vollständiges Netz von Pflichtformeln darnach construirt werden sollte. Dann haben nicht nur die Ideen den Anspruch, jede für sich und zugleich in ihren Verhältnissen zu den übrigen gehört zu werden, sondern alle die Unterschiede, welche der Umgang mit sich selbst oder andern, die gesellschaftlichen Verhältnisse, Stand, Amt, Beruf, Alter, Geschlecht, individuelle Neigungen und Bedürfnisse, der Grad und die Art der Bildung, das Verhältniß zum Staat und zur Kirche u. s. w. einschließen, würden dann mit beachtet sein wollen; und zwar nicht blos in ihrer gegenwärtigen Gestalt, sondern mit Rücksicht auf alle möglichen Veränderungen, welchen sie im Zusammenhange aller Lebensverhältnisse unterliegen können; so daß es wohl begreiflich wird, warum diesem Reichthume des Lebens gegenüber auch die weitausgeführtesten Pflichtenlehren etwas Aermliches und außerdem Ermüdendes haben, und als ein ungelenker Formalismus erscheinen, der zuletzt wohl den Pflichtbegriff selbst verdächtig macht. Es ziemt daher der Wissenschaft, das Unzulängliche jeder Pflichtenlehre offen einzugestehen, „die nur auf abstracte Bestimmungen gewisser hervorragender Momente sich stützend, die Aufmerksamkeit vorläufig zu den allgemeinen Betrachtungen über das Gewöhnliche in den Verhältnissen des Lebens hinzuleiten dient, die genaue Abmessung des richtigen Handelns aber einem Jeden für jeden concreten Fall überläßt" *).

Gewiß wird die Ethik als Wissenschaft, d. h. die denkende Untersuchung über die Begriffe, welche den sittlichen Werth und Unwerth bezeichnen, das Beste und Wichtigste thun müssen zur Reinigung, Läuterung und Befestigung sittlicher Ueberzeugungen, zur Belebung des Pflichtgefühls und zur Bildung und Schärfung des sittlichen Tactes, der im Augenblicke des Handelns das Angemessene sicher zu ergreifen im Stande ist; aber wer es ihr zum

*) Herbart Allg. pr. Philos. S. 283.

Vorwurf machen wollte, daß sie in den meisten Fällen den Handelnden eben an seine schon gebildete Gesinnung verweisen, von ihm selbst die Entscheidung über das, was zu thun und zu lassen ist, erwarten muß, der müßte vergessen, daß die Wissenschaft unmöglich wollen kann, daß die eigene sittliche Ueberlegung des Handelnden überflüssig werde; indem nur das Handeln nach eigenem Gewissen die Pflichtenerfüllung zur Höhe der Tugendübung erheben kann, und eine Pflichtenlehre, deren Formeln Anspruch darauf machten, dem Handelnden diese seine eigene Ueberlegung zu ersparen, ihm die Möglichkeit des Handelns aus innerer Freiheit abschneiden würde.

Wie groß jedoch auch das Gebiet sein möge, welches auf diese Weise der eigenen Beurtheilung des Handelnden überlassen bleibt, so verlangen doch noch zwei Begriffe eine Entscheidung oder wenigstens eine Grenzbestimmung, weil, wenn die letztere nicht möglich wäre, dadurch der Begriff der Pflicht im Allgemeinen gefährdet scheinen könnte. Diese beiden Begriffe sind der Widerstreit der Pflichten und das Erlaubte.

Die Möglichkeit eines Widerstreites der Pflichten ist mit der Mehrheit der Pflichten überall vorhanden, wo für einen und denselben Willen eine Nöthigung zu mehreren sittlichen Handlungen vorliegt, welchen er gleichmäßig nicht genügen kann. Zwar der Vorliebe für eine reinliche Systematik kann man leicht die Freude der Behauptung gönnen, eine richtige Construction der Pflichtenlehre dürfe überall nur collisionsfreie Pflichtformeln aufstellen; es liegt auch, abgesehen von dem, was so eben über die mögliche Vollständigkeit der Pflichtformeln gesagt worden ist, dieser Forderung der richtige Gedanke zu Grunde, daß die Ideen selbst nicht collidiren und daß ein nach allen Beziehungen vollkommen richtig verlaufendes sittliches Leben von sittlichen Collisionen frei bleiben würde. Trotz dem steht die Thatsache fest, daß es sittliche Collisionen giebt; und auch ohne Vorliebe für eine Casuistik, die in künstlich ersonnenen Beispielen die Schwierigkeiten größer erscheinen läßt, als sie sind, läßt sich wenigstens die Frage nicht umgehen, ob nicht allgemeine Regeln für die Entscheidung von Collisionsfällen aufgestellt werden können. Denn allgemein müßten sie sein, wenn sie neben ihrer wissenschaftlichen Bedeutung zugleich eine praktische Brauchbarkeit haben sollen. Sieht man nun zu, wie die Regeln, die man zu diesem Zwecke häufig aufgestellt hat, beschaffen sind, so fällt es auf, zuerst, daß man oft da Collisionen findet, wo bei strengerer Prüfung sich gar kein Widerstreit der Pflichten, sondern nur ein Widerstreit der Pflicht mit der Neigung zeigen will, oder daß man, um einen sittlichen Zweck überhaupt zu erreichen, die Wahl verbotener Mittel als etwas darstellt, dessen Zulässigkeit oder Unzulässigkeit Zweifel errege; sodann, daß man für die Entscheidung wahrer Collisionen sich meist derselben Gesichtspunkte bedient, die man für die Eintheilung der Pflicht anwendet, wo denn dann etwa gesagt wird, die allgemeine Pflicht gehe der besondern, die unbedingte der bedingten, die gegen andere der gegen sich vor, und dem Aehnliches mehr. So wie aber jeder dieser Gesichtspunkte sammt den daraus abgeleiteten Regeln immer nur einseitig ist, so scheint man nur gar zu leicht zu vergessen, daß, indem die eine Pflicht wirklich auf Kosten der andern erfüllt wird, doch etwas verloren geht an der Erfüllung der sittlichen Aufgabe, und folglich etwas von dem sittlichen Tadel übrig bleibt, welchen zu vermeiden die Entscheidung der Collision ein Mittel an die Hand geben wollte. Es ist daher nöthig, sich klar zu machen, daß allgemeine Regeln, die zugleich für den einzelnen Fall wahrhaft ausreichen sollen, hier eben so wenig möglich sind, als allgemeine Pflichtformeln überhaupt, welche als allgemeine zugleich die concrete Beschaffenheit des einzelnen Falles erschöpften. Im Allgemeinen läßt sich vielmehr schwerlich etwas Anderes als Folgendes rechtfertigen.

Eine Casuistik, die sich auf mögliche Collisionen einläßt, (vorausgesetzt, daß sie nicht wie die ältere theologische die Gewissen mit Aeußerlichkeiten behelligt, deren Bedeutsamkeit für eine freie sittliche Gesinnung leicht ganz verschwinden kann,) mag als heuristisches Verfahren betrachtet werden, und hie und da nützlich sein, um an einem Handeln in Gedanken das Urtheil zu üben, die Gesinnung zu prüfen, das Gewicht möglicher Schwierigkeiten empfinden und in seinen Abstufungen abschätzen zu lehren. Wo aber wirkliche Collisionen eintreten, da wird der Grund derselben immer in einer Unvollkommenheit des sittlichen Lebens nachgewiesen werden können, sei es, daß derjenige, der sich in sie verstrickt findet, selbst seine sittliche Thätigkeit nicht richtig angeordnet oder nicht richtig festgehalten, sei es, daß andere für die Tadellosigkeit und den Zusammenhang ihres Handelns nicht gesorgt haben, sei es endlich, daß die äußeren Verhältnisse noch nicht dem beherrschenden Einflusse eines vernünftigen Wollens der Menschen dergestalt unterworfen sind, daß ihre Wirkungen in die Gestaltung des sittlichen Lebens nicht mehr störend eingreifen können. Der erste Fall führt zu verschuldeten, die beiden andern zu unverschuldeten Collisionen.

Für alle die Fälle nun, in welchen eine Verschuldung der Collision würde nachgewiesen werden können, ist gewiß nichts wichtiger, als die Sorge, der Collision selbst vorzubeugen. Diese Sorge erstreckt sich auf alles Thun oder Lassen, das im Zusammenhange des Lebens irgendwie eine solche Menge sittlicher Ansprüche herbeiführen kann, welchen gleichmäßig zu genügen unmöglich werden könnte. Naheliegende Beispiele sind, wenn jemand nach verschiedenen Seiten hin größere Rechtsverbindlichkeiten übernimmt, als er zu erfüllen im Stande ist, oder sich einem größeren Geschäftskreise unterzieht, als welchem er genügen kann. Hier hätte vorher überlegt werden sollen, ob man im Stande sein werde, alles das zu thun, was die Pflicht erheischt; deshalb hängt jene Gewissenhaftigkeit, welche nicht auf die Gefahr hin handeln will, hinter der Forderung der Pflicht zurückzubleiben, eben sowohl mit der besonnensten Ueberlegung, als mit einer Resignation zusammen, welche es vorzieht, in kleineren Kreisen die ganze Pflicht zu thun, als den Schein einer großen Wirkungssphäre mit einer fragmentarischen Halbheit der Pflichterfüllung zu erkaufen. Wer nicht fortwährend in sittliche Verwickelungen gerathen will, aus welchen, nachdem sie eingetreten sind, rein hervorzugehen leicht unmöglich werden kann, der wird lernen müssen, sich zu beschränken, und selbst für das Gebiet, auf welches er sich beschränkt, die Vorbereitungen zur rechten Zeit so zu treffen, daß ein ungehemmter Fortgang des sittlichen Handelns möglich werde.

Tritt nun eine Collision wirklich ein, aber eine wahre Collision, deren Beseitigung durch keinen Verzug, durch keinen Umweg, durch kein Auskunftsmittel möglich ist, dann gilt es, sich zu besinnen, daß gar nichts zu thun das Pflichtwidrigste sein würde. Nur was geschehen solle, unter Mehrerem, das nicht gleichmäßig geschehen kann, wird sich je nach der individuellen Natur des Falles zu richten haben. Ein Leitfaden für die Entscheidung liegt dabei darin, ob der sittliche Gehalt der einzelnen Verhältnisse von allen Ideen gleichmäßig oder in verschiedener Weise abhänge, oder ob und inwiefern dieselbe Idee für verschiedene Fälle mit einem verschiedenen Gewichte sich geltend mache. Wo Unterschiede dieser Art vorhanden sind, da wird sich das Handeln nach derjenigen Idee vorzugsweise zu richten haben, welche einem bestimmten Verhältnisse des Lebens seinen bestimmten sittlichen Charakter giebt. Natürlich setzt die Anwendung dieser Regel voraus, daß die Art, wie die verschiedenen Ideen solche oder andere Verhältnisse des Lebens bestimmen, klar geworden sei, daß man, wenn auch nicht vollkommen genau zu messen, doch zu schätzen wisse, wie verschieden sich z. B. die Idee des Rechtes in den Verhältnissen des Staates oder der Familie, im Verkehre mit Fremden und im Umgange mit Freunden, u. s. w. geltend mache, wie sie hier als der einzige Regulator des Handelns hervortritt, dort hinter das Wohlwollen und die Billigkeit theilweise oder ganz zurücktritt; immer aber wird es darauf ankommen, der verschiedenen Vertheilung der sittlichen Gewichte ohne zweideutige Nebenblicke auf nichtsittliche Motive nachzugeben und in der Befolgung der am stärksten ausgeprägten sittlichen Ansprüche den stärksten Tadel zu vermeiden. Sollten diese Ueberlegungen allemal erst im Augenblicke des sittlichen Zweifels angestellt werden, so könnte die Zeit des Handelns leicht darüber verloren gehen; deshalb muß die schon gebildete sittliche Gesinnung, das Bewußtsein nicht nur über die Pflicht im Allgemeinen, sondern über das bestimmte Verhältniß der Pflichten, welche gerade jetzt dem Einzelnen obliegen, diejenige Leichtigkeit und Sicherheit der Unterscheidung und der Entscheidung vorbereitet haben, welche man durch den Begriff des *sittlichen Tactes* bezeichnen mag. Nicht als ob dieser Tact ausginge vom bloßen Gefühle, als einem unbestimmten, der Gründe sich nicht bewußten Vorziehen und Verwerfen, sondern weil vielfach wiederholte, durch prüfende Vergleichungen gebildete Ueberlegungen zu einer scheinbar unmittelbaren, in Wahrheit aber in der ganzen Construction des geistigen Lebens tief begründeten Wahl führen, die sich dem Handelnden selbst als ein bloßes Gefühl darstellt. Deshalb kann auch gesagt werden, daß sittliche Charaktere, die, in sich selbst fest gegründet, mit klarem Blicke das vielgestaltige Gewirr überschauen, durch welches sie sich hindurchbewegen, da keine Collision sehen, wo der schwankende, unsichere Mensch sich in sittliche Zweifel verstrickt fühlt; wie denn überhaupt in der Leichtigkeit und Sicherheit, die das Verschiedenartige gleichmäßig zu berücksichtigen, das Widerspenstige zu bezwingen, das scheinbar Widersprechende auszugleichen im Stande ist, sich die sittliche Bildung zeigt, welche die Reinheit der Gesinnung mit der Vielseitigkeit ihrer Darstellung zu vereinigen weiß.

Bei alle dem darf nicht übersehen werden, daß, wo eine wirkliche Collision vorliegt, da sich die Entscheidung immer wesentlich an Größenbegriffe gebunden findet, und daß, wie überwiegend auch die sittliche Aufforderung sein möge, welcher wirklich genügt wird, doch eine andere Pflicht ganz oder zum Theil unerfüllt bleibt. Wenn nun schon diese Schätzung nach Größenbegriffen nicht immer gleich sicher ist, so bleibt auch überdies das Bewußtsein der nicht vollständig erfüllten Pflicht zurück. Dieses Bewußtsein nun soll lebendig, und dadurch wenigstens die Gesinnung rein erhalten werden, damit nicht die bequeme Täuschung entstehe, das, was man unter diesen Umständen allein habe thun können, sei das Vollkommene, das sittlich Genügende. Ohne diese Sorge, welche mitten in den Verwickelungen des Lebens den Blick für die Distanz offen hält, die zwischen den Ideen und dem besteht, was gerade jetzt zu thun allein vergönnt war, sinkt das Ideal von der Höhe des schlechthin Musterhaften zu einem friedfertigen Nachbar des Ausführbaren herab, das Urtheil verliert an Schärfe, die Gesinnung an Adel und Lauterkeit, und der Mensch fängt an, sogar den Maaßstab zu verlieren, an dem sich die Grade der sittlichen Vollkommenheit und Unvollkommenheit messen lassen. Wo das sittliche Leben schlecht geordnet ist, wo Collisionen auf Collisionen sich häufen, wo die Noth drängt, sich oft mit dem Erträglichen zu begnügen, da mag es immerhin schwer sein, das mindest Schlechte nicht mit dem durchaus Guten zu verwechseln*);

---

*) Man betrachte beispielsweise die geringe Empfindlichkeit für sittliches Lob und sittlichen Tadel, die Personen aus niedern Ständen deshalb häufig verrathen, weil bei ihnen der Kampf um die Bedingungen der äußeren Existenz fortwährend im Streite liegt mit der Pflicht, auf die Rechte, das Wohl anderer Rücksicht zu nehmen. Man betrachte eben so die Kälte des Staatsmannes, dessen bessere Gesinnung unter dem Streite gesellschaftlicher Collisionen

eben deshalb wird es gerade dann um so nöthiger, diese Verwechselung nicht aufkommen zu lassen. Denn wo einmal das Ideal zu verkümmern beginnt, da ist eine Grenze dieser Verkümmerung nicht abzusehen, das sittliche Urtheil wird stumpf, und die Beruhigung mit dem Mittelmäßigen, Gemeinen immer leichter.

Der Begriff einer Collision der Pflichten führt ganz von selbst auf den zweiten der oben erwähnten Begriffe, auf den des Erlaubten. Denn die Entscheidung einer Collision bietet wenigstens einen der Fälle dar, wo im gewöhnlichen Sprachgebrauch der Begriff des Erlaubten angewendet wird, indem man das, was abgesehen von der Collision sich dem sittlichen Tadel nicht würde entziehen können, eben jetzt für gestattet, für erlaubt zu erklären pflegt. So wie man aber hierbei offenbar übersieht, daß die Handlung, durch welche die Collision entschieden wird, niemals blos erlaubt, sondern immer geboten ist, und daß das Erlaubte hier höchstens der unterlassenen Handlung gelten könnte, deren Unterlassung im Verhältnisse zu jener stärker gebotenen sich der Handelnde erlauben zu können glaubt, so entsteht zugleich die allgemeinere Frage, welche Bedeutung der Begriff des Erlaubten überhaupt für das sittliche Leben werde in Anspruch nehmen können. Daß diese Frage ihren Ort wesentlich beim Pflichtbegriffe habe, erhellt daraus, daß das Erlaubte, als dasjenige, was weder geboten noch verboten ist, in der Mitte zwischen beiden steht, und gleichsam eine leere Stelle bezeichnet, welche weder von einem Verbote noch von einem Gebote berührt wird. Sie bezieht sich daher zunächst auf den Umfang des Pflichtbegriffs und kann auch so ausgedrückt werden: ob der Pflichtbegriff alles menschliche Wollen und Handeln beherrsche, oder ob es einiges gebe, um welches er sich mit seinen Geboten und Verboten gar nicht kümmere? Hierin liegt sogleich, daß das Erlaubte entweder als das sittlich gar nicht Bestimmbare ganz außerhalb des sittlichen Gebietes liegen müsse, oder innerhalb desselben nur das sittlich nicht Bestimmte bezeichnen könne.

---

nicht blos abgekühlt, sondern im eigentlichen Sinne zu der Zufriedenheit mit dem, was sich, wie wenig es sei, gerade thun läßt, herabgedrückt wird.

In beiden Fällen bezeichnet mithin das Erlaubte als ein blos negativer Begriff nur eine Grenze und hat keinen eigenen sittlichen Inhalt. Will man diese Grenze untersuchen, so giebt es dafür keinen andern Leitfaden, als die Erinnerung an den Satz: daß der Umfang eines Begriffs sich nach dem Inhalte desselben richte. Nun reicht die Sphäre der ethischen Beurtheilung, folglich auch der Begriff der Pflicht, zunächst nur so weit, als die Sphäre der Begriffe, welche diese Beurtheilung bezeichnen (S. 315); und es ist falsch, zu behaupten, daß die Ideen alles mögliche Wollen und Thun unmittelbar auf eine solche Weise umfassen, daß sich gar kein Wollen und Thun denken lasse, welches nicht der Beurtheilung nach einer der Ideen unterliegt. Im Gegentheile gehören hierher alle die Willensacte, welche gar nicht als Glied irgend eines von den Verhältnissen auftreten, auf welchen die Ideen beruhen; es gehört hierher, wenn ein weitreichendes Beispiel verlangt wird, ein großer Theil dessen, was als Streben nach Wohlbefinden, als Richtung des Willens auf unschuldige Freuden und Genießungen sich geltend macht, falls nur dieses Wollen wirklich keine der Ideen verletzt. Alles dieses und dem Aehnliches wäre somit als außerhalb des sittlichen Gebietes liegend sittlich unbestimmt, und somit erlaubt. Gleichwohl bleibt die Möglichkeit übrig, daß solches Wollen in ein ethisches Verhältniß gerathe. Spazieren gehen auf diesem oder jenem Wege mag an sich gleich viel gelten; sobald aber ein Versprechen vorhanden wäre, mit einem Andern auf einem bestimmten Wege zusammenzutreffen, wäre schon eine bindende Rücksicht da, welche dem, was erlaubt war, eine Grenze setzt. Wie in diesem Falle, so möglicherweise in allen Fällen, wo ein an sich gleichgültiges Wollen in eins der durch die Ideen bezeichneten Verhältnisse geräth. Ja, es braucht nicht einmal unmittelbar und direct in ein solches Verhältniß zu gerathen, sondern schon da, wo sich eine mittelbare und indirecte Beziehung auf den Zusammenhang des sittlichen Lebens nachweisen läßt, wird die Erlaubniß in desto engere Grenzen eingeschlossen werden, je weiter sich diese Beziehungen verzweigen. Deshalb ist der Umfang des Erlaubten eine so veränderliche Größe, daß sie möglicherweise überall auf Null herabsinken kann. Mit andern Worten: es läßt sich von gar Nichts schlechthin und allgemein behaupten, daß es erlaubt sei; was in Form eines Gebotes ausgedrückt dahin lautet: daß man sich nichts schlechthin erlauben soll; eine Formel, welche unter dem Gesichtspunkte des Pflichtbegriffs dasselbe sagt, was oben (S. 329) unter dem des Tugendbegriffs dahin bestimmt wurde: daß der Sittliche nichts Aeußeres durchaus wollen werde. Daher es in öffentlichen wie in Privatverhältnissen mit Recht für ein Zeichen sittlicher Stumpfheit oder Verwilderung angesehen wird, wenn viele Handlungsweisen nach dem Satze: darauf kommt weiter nichts an, für erlaubt gehalten, und somit einer möglichen sittlichen Beurtheilung im Voraus entzogen werden.

Dennoch bleiben auch für solche Handlungen, für welche im Allgemeinen der Begriff des Erlaubten seine Bedeutung verliert, die sich also statt eines sittlich überhaupt nicht Bestimmbaren als solche darstellen, die einer sittlichen Bestimmung noch entgegensehen, immer noch Unterschiede übrig, in wie fern sie einer solchen Bestimmung unterliegen. Zu diesem Zwecke sind die einzelnen Ideen ins Auge zu fassen. Den weitesten Spielraum gestatten die Ideen, welche ursprünglich blos auf die Vermeidung des Verwerflichen dringen, Recht und Billigkeit; daher auch auf dem Gebiete des Rechts der Begriff des Erlaubten nicht nur im gewöhnlichen Leben, sondern auch in der Wissenschaft seinen eigentlichen Sitz hat. Sehr Vieles bleibt durch das Recht unbestimmt; eben darum erlaubt es das Recht. Aber wenn schon die Rücksicht auf die Billigkeit diese Erlaubniß beschränkt, so erhebt das Wohlwollen für einen noch größeren Umfang seine Stimme; und die innere Freiheit gestattet vollends ganz und gar nicht, irgend ein Wollen ohne alle Ueberlegung, ob und in wiefern es erlaubt sei oder nicht, zur That werden zu lassen. Denn der innerlich Freie, dessen Wollen von sämmtlichen Ideen zugleich mit Rücksicht auf die Vollkommenheit und den Zusammenhang des sittlichen Lebens geleitet wird, wird jedes Wollen nicht nur nach allen unmittelbaren oder mittelbaren Beziehungen zu durchforschen, sondern auch eben so mit Rücksicht auf andere, als in dem Bestreben, vor sich selbst tadellos dazustehen, dafür zu sorgen bereit sein, daß die sittlich leeren Stellen seines Lebens möglichst verschwinden. So zeigt sich auch von dieser Seite, daß das Erlaubte auf dem Gesammtgebiete des Sittlichen nur wie eine verschwindende Größe aufgefaßt werden kann, welche ganz unfähig ist, einen ein für allemal festbegrenzten Raum einzunehmen. Daher auch eine specielle Ausführung der Pflichtenlehre auf diesen Begriff keine Rücksicht zu nehmen haben würde, sofern sie darauf angelegt wäre, die sittliche Aufgabe in ihrer Totalität und nicht blos von dieser oder jener Seite her unter der Form des Gesetzes darzustellen. Wo aber eben nur ein einzelner Factor in Rechnung gebracht wird, da wird man dem gewöhnlichen Sprachgebrauch nicht wehren können, von erlaubten Handlungen zu sprechen; sei es nun, daß irgend ein von einer einzelnen Idee ausgehender Entschluß eine bestimmte Reihe von Pflichten einschließt, in Beziehung auf welchen die durch ihn nicht bestimmten Handlungen für erlaubt gehalten werden; sei es, daß in der Art der Pflichterfüllung ein freier Spielraum bleibt, über welchen jeder nur sich selbst Rechenschaft zu geben hat, wo es begegnen mag, daß „das Urtheil Anderer uns das als etwas Erlaubtes durchgehen läßt, worin wir selbst uns der sittlichen Kraft unseres eigenthümlichen Lebens auf das Bestimmteste bewußt geworden sind*)," wie denn etwa die Wahl des Berufs, falls er nur überhaupt für einen sittlichen Gehalt empfänglich ist, erlaubt genannt wird, wo das Bewußtsein besonderer Liebe und Anlage dem Wählenden selbst die Wahl gerade dieses Berufes zur bestimmten Pflicht gemacht haben kann. Ja selbst von der Verzichtleistung auf bestimmte Arten sittlicher Thätigkeit werden Andere sagen können, sie sei einem erlaubt, wo dieser selbst sie sich nicht blos erlaubte, sondern sie, um Collisionen vorzubeugen, oder weil er sich für minder befähigt hielt, oder andern den Platz einer wirksameren Thätigkeit nicht verbauen wollte, für sich selbst als sittlich nothwendig erkannte. So gestatte die Vielgestaltigkeit des Lebens und die Unsicherheit der Beurtheilung des fremden Wollens dem Begriffe des Erlaubten immerhin einen freien Spielraum; für den Handelnden selbst bleibt dennoch die kurze Regel stehen: daß er sich nichts schlechthin erlauben dürfe; und somit hat für die Ethik der Begriff des Erlaubten, etwa gar in der Form eines Erlaubnißgesetzes keinerlei positive Bedeutung, aus der sich irgend etwas ableiten ließe, oder welche der Anerkennung des

*) Schleiermacher „Ueber den Begriff des Erlaubten" (Verm. Schr. Bd. II, S. 445).

Pflichtmäßigen irgendwie schlechthin hemmend entgegenzutreten berechtigt wäre.

3) Sittliches Gut.

Die Begriffe der Tugend und der Pflicht, sammt dem in der Mitte zwischen beiden liegenden der Sittlichkeit, die möglichen Unterschiede des Mehr und Minder, sowie die Rücksicht auf das, was unmittelbar eine sittliche Bedeutung erlangen kann, mit eingerechnet, erschöpfen kraft des Gegensatzes eines den Ideen entweder angemessenen oder nicht angemessenen wirklichen Wollens die Beziehungen dieses wirklichen Wollens auf die Ideen vollständig. Es kann also die Frage entstehen, mit welchem Rechte der Begriff des Gutes *neben* ihnen auf eine eigenthümliche Bedeutung Anspruch mache. Dieser Frage muß gleich von vornherein so viel zugestanden werden, daß von *sittlichen* Gütern und Uebeln nicht unter Voraussetzung irgend eines beliebigen Wollens, sondern nur unter Voraussetzung eines sittlichen die Rede sein kann. Ein Gut oder ein Uebel bezeichnet im Allgemeinen ein Object, welches vorgezogen oder verworfen wird, insofern es begehrt wird; d. h. es giebt Güter und Uebel nur *für* den Willen; darum liegt in dem allgemeinen Begriff des Gutes oder Uebels keinerlei Entscheidung über den Werth des Willens, welcher vorzieht oder verwirft, und deshalb war es unzulässig, den Begriff der Güter und Uebel an die Spitze der Ethik zu stellen. (Vgl. S. 59 fg.). Sollen mithin diese Begriffe auf ethischem Gebiete eine Bedeutung gewinnen, so muß das, was vorgezogen oder verworfen wird, an die Beschaffenheit, den Werth des vorziehenden oder verwerfenden Willens gebunden werden; und das heißt eben: nur für den *sittlichen* Willen giebt es *sittliche* Güter und Uebel im wahren Sinne des Wortes.

Versucht man demgemäß eine Bestimmung darüber: was für den sittlichen Willen ein Gut sein könne, so ist zuvörderst alles Unsittliche davon auszuschließen. Vielmehr bietet sich hier sogleich die bekannte Antwort dar, daß die *Tugend* und das *pflichtmäßige Leben* selbst das unmittelbare sittliche Gut sind, und zwar, weil der Güterbegriff überhaupt ein Object bezeichnet, welches sich der Auffassung darbietet, nicht blos die eigene Tugend des Wollenden, sondern auch die fremde. Als Uebel würde sich dagegen eben so, wo sie sich auch fände, die Unsittlichkeit und das Laster darstellen. Während daher der Tugend- und Pflichtbegriff den Wollenden zunächst auf sich selbst beschränkt und ihn auf seine Beziehungen zu andern nur insofern hinweist, als davon der sittliche Gehalt seines eigenen Wollens abhängt, während namentlich der Pflichtbegriff das Sittliche als eine Aufgabe hinstellt, welcher noch nicht genügt ist, und den Kampf des Guten und des Bösen einschließt, erweitert der Güterbegriff den Blick für die Auffassung alles dessen, was auf sittlichem Gebiete irgend wie erreicht ist, und schließt nicht nur die Freude am Gelingen des Guten, sondern auch dieses Gelingen selbst ein. Während jene beiden ganz eigentlich die Beschaffenheit des Wollens und das sittliche Streben bezeichnen, geht der Güterbegriff mit auf die Wirkung, welche der Anblick dieses Wollens und Strebens auf den Sittlichen macht; und insofern gewinnt er seine volle Bedeutung erst dann, wenn man von den ursprünglichen Ideen fortschreitet zu den gesellschaftlichen und eine größere Gemeinschaft als das Gebiet denkt, in welchem das Sittliche zur Wirklichkeit geworden sei. In diesem Sinne erscheinen dann nicht nur die sittliche Festigkeit, Reinheit und Güte des einzelnen Vernunftwesens, nicht nur die persönlichen Beziehungen im geselligen Verkehr, in der Freundschaft, in der Familie, sondern auch die größeren Formen der Gemeinschaft, der Rechtszustand, die Sorge für das öffentliche Wohl, und was sonst als Darstellung der Ideen betrachtet werden kann, als sittliche Güter, der Mangel und die Verderbniß dieser Gestaltungen des Lebens als Uebel. Faßt man endlich alle diese Richtungen der sittlichen Thätigkeit nach ihrer gegenseitigen Durchdringung in der beseelten Gesellschaft zusammen mit dem fortschreitenden Gelingen derselben, d. h. denkt man sich den Organismus der beseelten Gesellschaft als realisirt, so erhält dadurch der Güterbegriff in seiner unmittelbaren Bedeutung die höchste Steigerung, deren er fähig ist; es entspringt der Begriff des höchsten Gutes, als des richtig geordneten Organismus aller einzelnen Güter. Will man zu diesem inneren Reichthume noch die äußere Ausdehnung hinzufügen, so mag man sich die beseelte Gesellschaft über das ganze menschliche Geschlecht erweitert denken; nur wird man dann nicht vergessen dürfen, daß die Aufgabe: die Gesammtwirkung aller sittlichen Thätigkeit auf das Ganze des menschlichen Geschlechts in dem Organismus des höchsten Gutes auseinanderzulegen, nur unter der Voraussetzung einen Sinn haben würde, daß das ganze menschliche Geschlecht auch wirklich so durchaus gleichmäßig sittlich gebildet sei, daß es den Namen einer einzigen beseelten Gesellschaft in Wahrheit verdiente.

Ueberhaupt ist, wie hoch man den Güterbegriff zu steigern und wie mannigfaltig man ihn zu gliedern versuchen möge, immer gleichmäßig festzuhalten, nicht nur daß der sittliche Gehalt aller der Gestaltungen, welche als einzelne Organe eine Stelle innerhalb des höchsten Gutes einnehmen, überall gleichmäßig von den Ideen abhängt und losgelöst von ihnen nichts bedeutet, sondern auch, daß die Schätzung, für welche diese Gestaltungen als sittliche Güter gelten, selbst schon einen sittlichen Willen voraussetzt. Ein bestimmtes Handeln, ein bestimmtes Verhältniß des Lebens wird also für den Sittlichen soweit und insofern ein sittliches Gut sein, wie weit und inwiefern es sich als Glied einfügt in den Organismus des Ganzen, und beiträgt zur Lösung der Gesammtaufgabe. Der Begriff des sittlichen Gutes, vollends der des höchsten Gutes behält also immer einen idealen Charakter, und es wäre ganz unstatthaft, an die Gliederung dessen, was er bezeichnet, etwa mit der Voraussetzung zu gehen, als sei das, was factisch vorliegt, so, wie es gerade vorliegt, auch schon für ein sittliches Gut zu halten, weil es doch irgendwie eine Einwirkung des Wollens auf die gegebenen Naturverhältnisse verrathe*).

Der Güterbegriff ist jedoch in dem Gesagten nur mit Beschränkung auf das, was sich unmittelbar als sittliches Gut darstellt, betrachtet worden. Sittliches Gut ist hier das Product der sittlichen Thätigkeit, insofern es diese unmittelbar einschließt und darstellt. Aber die wirkliche sittliche Thätigkeit des Einzelnen, wie der Gesellschaft, ist vielfältig bedingt von den gegebenen Naturverhältnissen, auf welche schon früher durch den Begriff der Mittel des sittlichen Fortschritts oder Rückschritts hingewiesen worden ist. Was sittlich erreichbar ist, das ist es nur innerhalb dieser Naturverhältnisse, und je nach der Art und Weise, wie sie der Mensch

*) Das Seitenstück dazu ist, wenn man schon die bloße Einwirkung des Willens oder der Intelligenz auf Naturverhältnisse ohne Frage nach der Beschaffenheit dieses Wollens für sittlich erklärt. Vgl. I. Buch S. 122 flgg.

zu benutzen, zu bilden, zu beherrschen versteht; und deshalb können äußere Sachen und Verhältnisse, ganz abgesehen von dem Genusse, den sie darbieten, entweder positiv als Mittel für die Erreichung sittlicher Zwecke, oder negativ dadurch, daß ihr Mangel die sittliche Thätigkeit hemmen würde, im Zusammenhange des menschlichen Lebens einen relativ sehr großen Werth in der sittlichen Schätzung erlangen. Die Schätzung dieser mittelbaren Güter wird sich richten nach der Wichtigkeit und Größe des Beitrags, der sich ihnen für die Darstellung der Ideen abgewinnen läßt. Aber auch diese Schätzung hat keinen andern absoluten Maaßstab, als wieder nur die Ideen; weder der äußere Besitz, noch die Gesundheit, noch sonst etwas, was in der Reihe der mittelbaren Güter mit Recht genannt werden könnte, ist so beschaffen, daß es unter allen Umständen gleichmäßig für ein sittliches Gut müßte gehalten werden; ja diese ganze Schätzung richtet sich überhaupt gar nicht nach der Genießung, sondern wird, wie z. B. bei der Mühe der Arbeit, bei der Entbehrung für die Erfüllung der Pflicht, eben so dem gelten, was an sich Unlust hervorruft. In Beziehung auf alles das, was als Instrument und Material der sittlichen Thätigkeit dienen kann, liegt daher die allgemeine Bedingung für die Schätzung desselben als eines Gutes darin: daß es für jede Lage des Lebens darauf ankomme, allen den Verhältnissen, welche gerade diese Lage bestimmen, den größtmöglichen Beitrag zur Darstellung der Ideen abzugewinnen, damit sie, so benutzt, den Werth eines sittlichen Gutes erlangen. Demgemäß wird die Gesammtheit der gegebenen Naturverhältnisse für die sittliche Thätigkeit gewiß nicht gering anzuschlagen sein; vielmehr bietet sie den Grund und Boden dar, auf dem die Sittlichkeit sehr verschieden gedeiht; sondern nur dem muß vorgebaut werden, daß man nicht irgend ein Aeußeres, was es auch sei, schon an sich für ein sittliches Gut halte, indem es diesen Werth erst durch seine Beziehung auf die sittliche Thätigkeit erhalten kann*). Dies ist

*) Man wird daher niemals auf solche Formeln kommen können, wie sie etwa Schleiermacher (2. Abh. über d. Güterbegriff. Verm. Schrift. Bd. II, S. 463, 464) hinstellt, indem er sagt: „die Familie als physische Verbindung, auf welcher der erste Anfang der Lösung der ganzen sittlichen Aufgabe beruhe, sei auch schon das erste vollständige und für sich bestehende Gut."

um so wichtiger, weil gerade die mittelbaren Güter nicht, wie die unmittelbaren, als Gesinnungen und Handlungen, sondern als Objecte des Willens sich ankündigen, und wegen der möglichen, oft sehr wichtigen Beziehung auf die sittlichen Zwecke leicht vergessen lassen, daß die sittliche Bedeutung, die sie wirklich erhalten können, jederzeit von der sittlichen Thätigkeit selbst abhängt. Der Hauptpunkt bleibt immer, ob ein äußeres Object deshalb für ein Gut gehalten wird, weil die darauf gerichtete Thätigkeit einen sittlichen Gehalt und Zielpunkt hat, oder ob eine Thätigkeit deshalb für sittlich erklärt wird, weil sie auf einen äußeren Gegenstand gerichtet ist. Nur unter jener ersten Voraussetzung hat die Frage: was herauskomme bei dem Handeln, die Frage nach dem Werke und dessen Gelingen, eine Berechtigung, und selbst die Beurtheilung dessen, was herauskommt oder nicht herauskommt, hängt wieder von den Ideen ab, auf welche alles, was irgendwie auf ethischem Gebiete eine Stelle soll einnehmen können, in letzter Instanz zurückweist. So betrachtet, kann man allerdings sagen, daß für die Construction des sittlichen Lebens, welche die Ueberlegung über den Zusammenhang der sittlichen Thätigkeiten und die Bedingungen ihres Gelingens ganz von selbst einschließt, der Güterbegriff ganz entbehrlich ist, wie er denn auch factisch da am meisten vorherrscht, wo entweder, wie bei den Alten, die Einsicht: daß das eigentliche Object der ethischen Beurtheilung der Wille ist, sich noch gar nicht bestimmt hervorgearbeitet hatte, oder die Ethik in den Eudämonismus untergegangen war. Dennoch hat er unter der Voraussetzung des sittlich gebildeten Wollens und innerhalb der darin liegenden Schranken seine Gültigkeit, die er im Leben immer behalten wird; ja diese Schranken sind wegen der Natur der mittelbaren Güter nicht einmal festbestimmte, sondern sind aller der Erweiterungen fähig, denen die ethische Schätzung durch diesen Begriff des Mittelbaren zugänglich wird. Daher es sich in ähnlicher Weise und in demselben Sinne würde ausführen lassen, daß nichts Aeußeres schlechthin gleichgültig, d. h. weder für ein sittliches Gut, noch ein sittliches Uebel zu halten sei, wie es oben in Beziehung auf den Begriff des Erlaubten geschehen ist. (S. 346 flgg.). Sollte es endlich scheinen, daß durch die Zulassung des Güterbegriffs sammt der Befriedigung, Genüge, und reinen Freude, welche der Anblick eines sittlichen Gutes dem

Sittlichen darbieten wird, dem Eudämonismus doch wieder eine Hinterthür geöffnet worden sei, so könnte bei dem Gewichte, welches durchgehends auf den Satz gelegt worden ist: daß die Bedingung dieser Freude die sittliche Bildung und Gesinnung des sich Freuenden ist, ein Streit darüber wohl nur auf einen Wortstreit hinauslaufen. Außerdem müßte an die bekannte Xenie erinnert werden:

„Gerne dien' ich den Freunden, doch thu' ich es leider mit Neigung,
Und so wurmt es mich oft, daß ich nicht tugendhaft bin."
Da ist kein anderer Rath, du mußt suchen, sie zu verachten,
Und mit Abscheu alsdann thun, wie die Pflicht dir gebeut.

Vergleicht man nun die Begriffe der Tugend, der Pflicht und des sittlichen Gutes, sammt ihren Gegentheilen unter sich und mit den Ideen, so findet man bestätigt, was auch noch ohne Rücksicht auf den bestimmten Inhalt der Ideen nachgewiesen werden konnte, daß weder einer dieser Begriffe für sich, noch alle zusammen die Ideen ersetzen können, weil jeder sie voraussetzt. Sie sind sämmtlich abgeleitete ethische Begriffe, aber abgeleitete der ersten Ordnung, und eben darum für die Unterscheidung des Verhältnisses zwischen dem wirklichen Wollen und den Ideen unentbehrlich. Dabei könnte die Frage entstehen, ob sich nicht noch ein vierter ihnen coordinirter Begriff nachweisen lasse. Aber die Frage beantwortet sich durch die Beachtung der Art, wie die genannten drei entstehen, von selbst. Tugend und Pflicht ruhen auf einem Gegensatze; was sich zwischen die Angemessenheit oder Unangemessenheit des Willens an die Ideen in die Mitte schiebt, giebt nichts specifisch Neues, sondern ist durch die Unterschiede des Vollkommenen und Unvollkommenen, des Mittelbaren und Unmittelbaren bedingt, und durch den Begriff der Sittlichkeit bezeichnet. Die Sittlichkeit aber sammt den durch ihren Begriff mitgesetzten Gesinnungen, Werken und Thaten als Object der Auffassung eines selbst sittlichen Zuschauers und im Zusammenhange mit alle dem, was als Keim ihrer Entstehung und als Medium ihrer Darstellung betrachtet und behandelt werden kann, bezeichnet der Begriff des sittlichen Gutes, der also nicht ein neues Verhältniß des Willens zu den Ideen, sondern nur die Art bezeichnet, wie das

Ganze der sittlichen Thätigkeit als Object des Beifalls von einer sittlichen Intelligenz aufgefaßt wird.

Ueberdies sind diese drei Begriffe zum großen Theile Abstractionen, unentbehrlich, um die wissenschaftliche Reflexion über die Verschiedenheiten der im wirklichen Leben vorliegenden Verhältnisse zu orientiren, während diese selbst in ihrer individuellen Bestimmtheit bei weitem nicht immer dem genau entsprechen, was jeder dieser Begriffe bezeichnet. Die Tugend ist ein Ideal, dem das menschliche Wollen niemals vollständig entsprechen wird; die Pflicht aber wird dennoch oft eher erfüllt, ehe das Gebot als solches daran erinnert; und eben so denkt gerade der bessere Mensch am wenigsten daran, in wiefern das Gethane und Erreichte etwa ein sittliches Gut sei. Obgleich daher die Wissenschaft dem Leben keinen dieser drei Begriffe vorzuenthalten braucht, so wird sie in dem praktischen Gebrauche derselben Freiheit gestatten müssen; und es ist kein großer Werth auf den Versuch zu legen, die praktische Philosophie dreimal, als Tugendlehre, Pflichtenlehre und Güterlehre, unter jeder dieser Formen aber vollständig auszuführen. Denn wegen der gemeinschaftlichen Beziehung dieser drei Begriffe auf die Ideen läßt sich zwar leicht sagen: wenn alle Tugenden vorhanden wären, so müßten auch alle Pflichten erfüllt und alle Güter erreicht sein, oder welchen andern dieser Begriffe man als Bedingung für die Realisirung der beiden andern an die Spitze stellen mag; es ist auch nicht schwer, diesen allgemeinen Parallelismus dann in die nicht gleichmäßig ganz richtigen Sätze zu zerlegen: jede erfüllte Pflicht lasse sich auch als Tugend auffassen, jede Tugendübung als Pflichterfüllung, beide aber gleichmäßig als ein Mitarbeiten am höchsten Gut, so daß alles, was auf sittlichem Gebiete liege, unter jeden dieser Begriffe subsumirt werden und in jedem derselben vollständig, wenn auch in verschiedener Ordnung, wieder vorkommen müsse. Gleichwohl würde ein solches Verfahren nicht eine Reduction der Begriffe selbst auf einander bezeichnen, sondern es würde immer nur andeuten, daß jegliches Wollen eben sowohl in dieser als in jener Beziehung zu den Ideen gedacht werden könne; während es in der Wirklichkeit oft nur in einer oder der andern zu ihm steht. Ob daher der eine oder der andere Begriff vorzugsweise zur Anwendung komme, wird größtentheils von der verschiedenen sittlichen Bildung und der Individualität der Handelnden abhängen; und während es hier genügen mag, auf das Ideal der Tugend hinzuweisen und den nicht widerstrebenden Willen der „sanften Führung“ der Ideen zu überlassen, wird es dort nöthig werden, die ernste Stimme der Pflicht geltend zu machen, während in noch andern Fällen schon viel gewonnen sein wird, wenn die natürliche und rohe Güterlehre, die sich der Mensch von selbst bildet, so weit geregelt und veredelt werden kann, daß sich aus ihr die Keime der reineren Sittlichkeit entwickeln. Psychologisch genommen liegt die Güterlehre überall am nächsten; deshalb wird man durch sie dem Willen am besten beikommen können; aber gerade deshalb ist, wo man dies versucht, auch die höchste Vorsicht nöthig, um der Verwechselung zwischen der Befriedigung und dem Werthe des Wollens durch die stärksten sittlichen Gegengewichte vorzubeugen.

Alles dieses nun führt von allen Seiten darauf zurück, daß die Bestimmung der Art, in welcher die bis jetzt entwickelten formalen Begriffe zur Anwendung kommen werden, von den Verhältnissen des Lebens selbst abhängt, und erinnert dadurch an die sogleich nach der Darstellung der Ideen nachgewiesene Aufgabe (S. 302, 303): diese Verhältnisse des menschlichen Lebens selbst einer genaueren Betrachtung zu unterwerfen. Auch das ist schon gesagt, daß die praktische Philosophie hier auf Wirkliches, factisch Gegebenes stößt; auf den Menschen als Naturwesen, neben andern seines Gleichen und in der Mitte einer Welt, welche die Bedingungen seiner Existenz und Wirksamkeit hergiebt. Die Gesammtheit dieses Stoffes läßt sich nicht kürzer und vollständiger bezeichnen, als durch die Hinweisung auf die Stellung des Menschen in der Mitte der Natur und der Gesellschaft. Was darin liege, muß wenigstens in allgemeinen Umrissen anzudeuten nunmehr der Versuch gemacht werden, um darnach zu bestimmen, was daraus für die Realisirung der sittlichen Aufgabe folge.

II. Der Mensch in der Mitte der Natur und der Gesellschaft.

Mit der Erinnerung an das, was unter den Umfang der gewählten Bezeichnung fällt, breitet sich vor den Blicken des Beobachters eine unermeßliche, niemals abgeschlossene, im Laufe der Geschichte fortwährend wachsende Mannigfaltigkeit aus, die es verschmäht, sich in festbestimmte Grenzen einschließen zu lassen. Alles das, was das Leben der Einzelnen, die Berührungen derselben mit einander, die gesellschaftlichen Verbindungen und Verwickelungen, also alles, was die Psychologie, die Ethnographie, die Geschichte in der ganzen Breite ihrer Ausdehnung an Stoff darbieten, gehört gleichmäßig hierher, ja es will nicht nur als Thatsache aufgefaßt, sondern es will als Phänomen neben andern Phänomenen begriffen sein, damit sich mit einiger Sicherheit entscheiden lasse, welche Erwartungen sich darauf für die Möglichkeit eines sittlichen Fortschrittes oder Rückschrittes gründen lassen. Es ist demnach zu wenig, wenn man die Ausführung der hiermit der Ethik vorgelegten Aufgabe etwa mit dem Namen einer Anthropologie aus praktischen Gesichtspunkten bezeichnet; sondern es muß auf allgemeinere Untersuchungen verwiesen werden, welche das Psychologische und Anthropologische als eine ihrer Grundlagen in sich mit einschließen, um nicht nur das Gebiet der Anwendung der Ideen, sondern auch die Bedingungen darzulegen, unter welchen sie wirksam in das Leben werden eingreifen können. Eine solche Untersuchung würde nun ihrem eigenen Begriffe nach zunächst gar nicht von ethischen, sondern von rein theoretischen Fragen ausgehen müssen;

sie würde sich, um sich in sich selbst zu vollenden, nicht nothwendig um das Ethische zu bekümmern brauchen, und das Interesse ihrer Beziehung auf das letztere wurzelt daher nicht in ihr selbst, sondern nur in der Ethik. Schon deshalb nun, weil diese Beziehung hier, in der Mitte der Ethik, nicht verloren gehen darf, wird es erlaubt sein, mit Hülfe allgemeiner Begriffe nur die Zeichnung eines Umrisses zu versuchen, der ohne Rücksicht auf einen bestimmten historischen Verlauf der Ereignisse das, was das menschliche Leben als Naturerscheinung charakterisirt und ihm ein solches oder anderes Verhältniß zu den Ideen giebt, wiedererkennen lasse. Der mehr oder minder reichen Lebensanschauung des Lesers muß es überlassen bleiben, diesen Umriß auszufüllen.

Die größte Einseitigkeit würde es dabei schon von dem Standpunkte der reinen Empirie aus sein, wenn man den Einzelnen nur als solchen, und nicht zugleich in der Mitte der Uebrigen auffassen wollte. Die Verhältnisse der Einzelnen zu einander fallen nun zwar bei weitem nicht alle unter den Begriff der Gesellschaft, aber irgend welche Anfänge gesellschaftlicher Verbindungen finden sich als Thatsache überall vor, wo Menschen einander berühren. Was ferner von dem Einzelnen als solchem, von dem Einzelnen neben andern Einzelnen, dem Einzelnen in der Gesellschaft und von dieser als umfassend die zu ihr gehörigen Individuen gilt, hat seine Bedeutung nicht von einander unabhängig und isolirt, sondern alle diese Verhältnisse verweben sich dergestalt unter einander, daß die vollständige Auffassung jedes einzelnen von der Rücksicht auf alle übrigen vielfältig mitbedingt wird. Obwohl sich daher für den Zweck einer kurzen Uebersicht der Naturbedingungen und Naturformen des menschlichen Daseins kaum ein anderer Leitfaden wird finden lassen, als welcher in den eben angedeuteten Unterscheidungen liegt, so muß doch sogleich vor der Vereinzelung dessen gewarnt werden, was zwar in Begriffen nur gesondert aufgefaßt werden kann, in der Wirklichkeit aber verbunden, wenn auch nicht immer auf die gleiche Weise verbunden wirkt.

A. Der Einzelne als solcher.

Sucht man den Einzelnen aus der Mitte seiner Umgebungen herauszuheben, und ihn lediglich als Naturwesen aufzufassen, so erscheint schon der empirischen Auffassung sein Wollen und Handeln nicht als ein von vorn herein fertiges und abgeschlossenes, sondern als ein werdendes, allmählig sich entwickelndes. Diese Entwickelung hängt aber ab von Bedingungen, welche nicht vollständig und ausschließend in seinem eigenen geistigen Leben liegen; sie ist das Product aus der Verbindung verschiedenartiger Factoren. Dadurch findet sich die Auffassung seines Begehrens und Wollens vielfältig zurückgewiesen auf das, was nicht sein eignes Wollen ist, aber wovon dieses dennoch abhängt. Wie mannigfaltig die Veranlassungen seien, unter welchen sich die Begierden und Bestrebungen des Menschen erzeugen, und sich als Gewohnheit, Trieb, Hang, Sucht, Leidenschaft u. s. w. äußern, darf hier aus der Psychologie als bekannt vorausgesetzt werden; wichtig ist es, bestimmt hervorzuheben, daß die natürlichen Quellen sehr mannigfaltiger, theilweis unabweislicher Begierden sammt den aus ihnen hervorgehenden Handlungen nicht die Ideen, sondern die natürlichen Bedürfnisse und Neigungen der Menschen sind. Für eine erträumte Welt mag man es als minder bedeutend bei Seite setzen, daß der Mensch Nahrung, Kleidung, Obdach nöthig hat; in der wirklichen Welt nehmen die Begehrungen, die unmittelbar auf die Befriedigung des physischen Bedürfnisses gehen, da, wo sich dessen Befriedigung nicht von selbst darbietet, (und das gilt von der ungeheuren Mehrzahl der Menschen,) einen sehr breiten Platz ein. Diese Begehrungen, durch die Functionen des körperlichen Organismus bei jedem Einzelnen rastlos von Neuem sich erzeugend, werden um so mächtiger, je weniger sich ihnen die naturgemäße Befriedigung darbietet; und der Kampf um die Bedingungen des leiblichen Lebens vermag da, wo diese versagt werden, alles andere Begehren und Streben gänzlich zu verschlingen. Indessen, auch wo die Noth nicht so unmittelbar drängt, durchdringt jenes von Naturbedürfnissen ausgehende Begehren das gesammte Begehren des Einzelnen in vielfältig verwebten Verzweigungen; es ist durch den Einfluß auf seine Beschäftigungen und Arbeiten, auf das, was er haben und treiben kann, und was er entbehren und dulden muß, die Quelle eines unbestimmt mannigfaltigen, mittelbar unter einander in Verbindung stehenden Wollens. Dazu kommt, daß die Lust der Befriedigung die Begierden unbestimmbar weit über das Maaß des naturgemäß Zureichenden, unumgänglich Nothwendigen hinaustreibt. Neue Genießungen erzeugen neue Begierden; wiederholte Befriedigungen verstärken die schon vorhandenen; das Begehren, in fortschreitender Mannigfaltigkeit und Stärke aus dem Genusse immer wieder hervorquellend, wuchert fort wie eine Pflanze in üppigem Boden; es befestigt sich in den Gewohnheiten, Neigungen, Leidenschaften; und so, wie es gerade jetzt beschaffen ist, wird es die treibende Kraft für das Thun und Lassen des Menschen.

Wenn nun der allergrößte Theil dieses Begehrens thatsächlich nicht von den Ideen, sondern von irgend welchen andern Veranlassungen, seien dieselben auch, welche sie immer wollen, ausgeht, so liegt auch in dieser natürlichen Entwickelung des Einzelnen keine Bürgschaft dafür, daß sein Wollen den Ideen entsprechen werde; ja selbst die flüchtigste Erinnerung daran, daß Recht, Wohlwollen, Billigkeit, Rücksichten auf ein fremdes Wollen verlangen, welche die eigene Begierde nicht kennt, genügt, um die Möglichkeit eines Conflictes dieses Begehrens mit den Ideen zu zeigen. Es ist gar nicht schwer, die Macht der natürlichen Bedürfnisse, und den Einfluß der Gesinnungen und Leidenschaften, die sich in der fortschreitenden Verfeinerung des äußeren Lebens, bei der Verfälschung der ursprünglichen Naturverhältnisse, bei der Vermehrung künstlicher Genüsse und eingebildeter Bedürfnisse, bei der Entstehung falscher Ehrenpunkte, bei den feindseligen Collisionen der Menschen unter einander u. s. w. erzeugen, so groß, so allgemein und unwiderstehlich darzustellen, daß die Zuversicht auf die Möglichkeit der sittlichen Bildung des Einzelnen mehr als wankend wird. Ließe sich nun durch eine theoretische Untersuchung über die Natur des menschlichen Wollens beweisen, daß das nothwendige Resultat seiner Entwickelung überall gleichmäßig der Conflict mit den Ideen, daß also der Mensch ganz eigentlich zum Bösen angelegt sei, so wäre es sehr thöricht, auch nur einen Augenblick an die Realisirung der Ideen im menschlichen Leben zu denken. Aber jeder Versuch eines solchen Beweises hat die Thatsache wider sich, daß das menschliche Wollen wenigstens zum

Theil dem Begriffe der Sittlichkeit entspricht; und es kommt also eigentlich nur darauf an, zunächst mit Rücksicht auf den Einzelnen als Naturwesen zu fragen, worauf neben der Möglichkeit des Bösen*) die Möglichkeit des guten Willens beruht, und ob sich bestimmte Grenzen für die Möglichkeit des einen oder des andern nachweisen lassen.

Für die Beantwortung der ersten Frage bietet die Psychologie in Uebereinstimmung mit der Erfahrung den Satz dar: daß die Begehrungen des Einzelnen zwar eine ins Unbestimmte hin mannigfaltige, vielfältig in einander verzweigte, aber keineswegs absolut compacte, keinerlei Veränderungen und Bestimmungen zugängliche Masse darstellen. Es giebt Triebfedern, Beweggründe, Motive für das Begehren; der Mensch lernt sehr bald, und schon auf ziemlich niedrigen Culturstufen sein Wollen in irgend einer Art regieren und beherrschen; wer sich jetzt eine Entbehrung zumuthet, um nachher desto mehr genießen zu können, hat in sich schon ein Gegengewicht gegen die Gewalt seiner Begierde, wenn es auch hier nur in einer andern Begierde liegt. Nun läßt sich nicht behaupten, daß irgend ein Begehren an bestimmte Motive dergestalt gebunden sei, daß nicht andere Motive jene ersteren unwirksam machen, an die Stelle derselben treten und dadurch das Begehren entweder ganz unterdrücken oder in seinen Aeußerungen zurückhalten und modificiren könnten; und diese Zugänglichkeit des Wollens für verschiedenartige Beweggründe ist es, was im Allgemeinen die Möglichkeit sittlicher Bildung im natürlich gesetzmäßigen Zusammenhange des geistigen Lebens sichert. In ihr wurzelt, was man ein verständiges, überlegtes, besonnenes, vernünftiges Wollen nennt. Nun schließt zwar, wenn man nicht etwa den Begriff des vernünftigen Wollens unmittelbar gleich setzt dem des sittlichen, diese das Wollen regierende vernünftige Ueberlegung nicht nothwendig schon die sittliche Würde desselben ein; aber wenn Motive überhaupt das Wollen so oder anders zu bestimmen vermögen, so werden auch sittliche Motive (vgl. oben S. 322), gestützt auf sittliche Grundsätze, dem Wollen seine Richtung vorschreiben können. Vorausgesetzt wird dabei aus der Psychologie, daß die Begehrungen

*) Ueber die verschiedenen Quellen der Unsittlichkeit vergleiche man Herbart Psychologie als Wissenschaft Bd. II, S. 440.

nicht zufällige Aeußerungen eines besonderen Begehrungsvermögens, auch nicht Momente einer bei allen Individuen auf dieselbe Weise verlaufenden Entwickelungsreihe sind, sondern daß sie in ihrer ganzen individuellen Bestimmtheit in bestimmten Vorstellungsmassen und deren Verzweigung wurzeln. Motive sind selbst Gedanken und Gedankenreihen, in welchen und durch welche sich Begehrungen erzeugen; hängen also diese ab von jenen, so kommt es darauf an, welche Gedanken entweder überhaupt oder gerade jetzt die herrschenden im Menschen sind, und darnach richtet sich, ob sein Wollen gut sein werde oder bös, oder gleichgültig und unentschieden zwischen beiden schwankend. Von entscheidender Wichtigkeit ist hierbei, ob die Gedanken, welche als Motive wirken, selbst wieder rückwärts mit Begierden zusammenhängen, wie dies bei der Verfolgung jedes Planes, dessen Zweck abhängt von der Begierde, der Fall ist; dann werden nämlich die Ueberlegungen gleichsam in den Wirbel der Begierden mit hineingezogen; oder ob die letzte Grundlage eines bestimmten Wollens Gedanken sind, die nicht wieder von Begehrungen abhängen, was die für das Wollen vorausbestimmten Maximen charakterisirt; denn dann erst schwebt die Ueberlegung als regierender Geist über dem Wollen*). Die Forderung nun, daß die das Wollen bestimmenden Motive nicht wieder von Begehrungen abhängen, kann nur erfüllt werden, wenn es Gedanken giebt, die trotz ihrer unvermeidlichen Beziehung auf das Wollen doch nicht vom Wollen ausgehen, sondern ein Urtheil über den Werth desselben enthalten, d. h. Ideen; und so wie demnach der ganze Begriff des sittlichen Wollens die Ideen voraussetzt, so ist durch die Möglichkeit, daß die Ideen die herrschenden Vorstellungen werden und als psychische Kräfte wirken, die Möglichkeit der sittlichen Bildung überhaupt gegeben.

Die zweite Frage, ob sich für die Möglichkeit des guten und bösen Willens bestimmte Grenzen allgemein nachweisen lassen, muß verneint werden. Zwar wird das sittliche Wollen des Einzelnen immer innerhalb gewisser Grenzen und Schranken sich bewegen, schon deshalb, weil die Ideen selbst im günstigsten Falle

*) Es mag hier an den Satz erinnert werden: „Charaktere mit herrschenden Plänen sind energischer, Charaktere mit herrschenden Maximen sind reiner.“

bei weitem nicht die einzige Quelle seines Wollens sein können; und weil selbst der ununterbrochene Fortschritt im Guten doch immer ein Fortschritt von dem minder Vollkommenen zu dem Vollkommeneren ist. Zwar würden diese Schranken, wo alle Naturbedingungen eines bestimmten Wollens bekannt wären, sich für jeden einzelnen Fall angeben lassen; aber wie eng oder wie weit sie seien, läßt sich nicht allgemein bestimmen, weil das Verhältniß der Kräfte, welche in dem eigenen Innern des Menschen zusammenwirken und ein Wollen von solchem oder anderem sittlichen Werthe in ihm erzeugen, unbestimmbar mannigfaltig sein kann. Ist also in dem sittlichen Leben wenigstens Einiges erreicht und gelungen, und will sich eine unverrückbare Grenze dessen, was überhaupt erreicht werden kann, nicht zeigen, so ist auch der Gedanke einer fortschreitenden sittlichen Bildung gesichert, falls nur die Bedingungen eintreten, von welchen dieser Fortschritt in einer bestimmten Richtung abhängt.

Aber diese Bedingungen zu finden, ist nicht möglich, wenn man den Einzelnen isolirt auffaßt. Einiges zwar bietet sich auch noch ohne Rücksicht auf die Verhältnisse der Einzelnen zu einander dar; so die Einflüsse, welche der Verlauf und die Eigenheiten der verschiedenen Lebensalter, des Geschlechts, des Temperamentes und Aehnliches mehr auf die Art und die Richtung des Begehrens ausüben, durch welches alles sich der Einzelne als Naturwesen in einen bestimmten Kreis seines Daseins gestellt findet, dessen Begünstigungen oder Hemmungen er nur sehr allmählig kennen lernt, um, nachdem er sie erkannt, jene zu benutzen, diesen wo möglich entgegenzuarbeiten. Das Meiste aber, was der Individualität ihr Gepräge giebt, ist zum großen Theile von solchen Umständen abhängig, die erst dann eintreten, wenn Mehrere neben einander leben. Erziehung, Beispiel, Umgang, der ganze Culturzustand, in dessen Mitte der Einzelne aufwächst, das alles hilft mit, ihn zu dem zu machen, der er ist, und deshalb ist es nothwendig, die Punkte in Begriffen nachzuweisen, um welche sich die Verhältnisse der Einzelnen zu einander bewegen und nach denen sich die Art richtet, wie sie sich durch sie zu einem solchen oder andern Wollen aufgefordert und veranlaßt finden.

Unter diesen Punkten ist jedoch einer, dessen Betrachtung zwar vielfältig eingreift in die Beziehungen Mehrerer zu einander,

der aber möglicherweise auch schon da eine Bedeutung hat, wo nur der Einzelne für sich allein ins Auge gefaßt wird. Das Individuum nämlich, insofern ihm eine eigene geistige Regsamkeit inwohnt, wird die Zeitreihe seiner Existenz durch irgend eine Art von Thätigkeit*) ausfüllen, d. h. es wird sich beschäftigen. Die Thätigkeit ist entweder absichtlich, oder unabsichtlich. Absichtlich ist sie dadurch, daß sie einen Zweck hat, dessen Erreichung ihr Fortschreiten bestimmt; sie ist Arbeit. Zur Arbeit gehört die gleichmäßige Beziehung aller einzelnen Thätigkeitsmomente auf den vorgesteckten Zweck, d. h. Sammlung; die Arbeit ist insofern Gebundenheit an den Zweck, welchen die Absicht vorschreibt. Unabsichtliche Thätigkeit ist Spiel; dieses hat an sich keinen Zweck, es ist möglich bei vollständiger Zerstreuung, es kann selbst in dieser Zerstreuung, in diesem Loslassen der gebundenen Thätigkeit bestehen**); alles Spiel will frei sein, sowohl in Beziehung auf die Gegenstände, als auf die Art, wie es sich an und mit ihnen beschäftigt. Es liegt einfach in den Begriffen, daß, wo das Spiel die ausschließende Art der Beschäftigung wäre, alle auf irgend einen Zweck gerichtete Thätigkeit wegfallen würde, folglich auch jede auf die Erreichung eines ethischen Zweckes gerichtete. Nur in dem Systeme des consequenten Eudämonismus könnte das Spielen darauf Anspruch machen, den Ernst der Arbeit gänzlich auszuschließen; ja selbst in ihm würde der Begriff der Arbeit wieder herbeischleichen, indem der Zweck, sich im Gegensatze zur Langenweile die Zeit auf die möglichst ergötzliche Art zu vertreiben, als die letzte ethische Aufgabe erscheinen würde. Die innere Freiheit dagegen, einschließend die übrigen Ideen, weist unmittelbar auf

*) Die Ruhe, das Nichtsthun, die zwar auch eine Art der Zeiterfüllung ist, wird man nicht wohl eine Beschäftigung nennen können, weil dieser Begriff eben auf der Voraussetzung einer dem Individuum innewohnenden geistigen Regsamkeit beruht.

**) Alles Phantasiren ist ursprünglich ein Spielen; ebenso auch ein phantasirendes Handeln. Es können sich aber mitten im Phantasiren Sammelpunkte für den Phantasirenden bilden, auf die er sein Handeln absichtlich bezieht. So nimmt das Spiel theilweise den Charakter der Arbeit an; das gilt schon von den Spielen der Kinder, die sehr ernsthaft spielen; es gilt auch von manchem andern, womit Erwachsene halb spielend, halb arbeitend sich beschäftigen.

die Arbeit hin; und deshalb kann das Spiel als unabsichtliche Thätigkeit eine ethische Bedeutung nur im Gegensatze zur Arbeit, als Loslassen von den durch die Arbeit aufgegebenen Zwecken, d. h. als Erholung in Anspruch nehmen. Im Zusammenhange des sittlichen Lebens zerfallen also die Beschäftigungen lediglich in Arbeiten und Erholungen. Was jedoch die Rücksicht auf die Ideen fordert, das bewirkt ohnedies in den meisten Fällen schon der natürliche Zusammenhang der Lebensverhältnisse. Der Mensch wird sehr häufig arbeiten müssen, auch wo er nicht wollte; und gerade die Nothwendigkeit einer nicht freigewählten Arbeit fordert zu der Frage auf, welchen Einfluß die verschiedenen Arten der Arbeit sammt den verschiedenen Arten der Erholung auf die sittliche Richtung des Wollens werden gewinnen können.

Die verschiedenen Arten menschlicher Arbeit nach allen Gesichtspunkten möglicher Unterscheidungen vollständig einzutheilen, würde ein sehr weitläuftiges, an diesem Orte überdies zum größten Theile nutzloses Geschäft sein. Denn so wenig z. B. die Objecte der Arbeit ganz gleichgültig sind für ihren versittlichenden oder entsittlichenden Einfluß, so kommt es doch nicht sowohl auf die Objecte, als auf den Gedankenkreis an, aus welchem eine bestimmte Beschäftigung hervorgeht und auf welchen sie zurückwirkt. Geht man nun eben von diesem Gedankenkreise aus, der sich in der Arbeit darstellt, und aus ihr, aus dem Fortrücken des Werkes, seine Nahrung empfängt, so scheint es, lassen sich zuerst solche Arbeiten unterscheiden, deren Zweck in dem Gedankenkreise selbst liegt, auf welchen sie sich beziehen, oder deren Zweck nicht in diesem Gedankenkreise liegt. Das erste Theilungsglied entspricht seinem wesentlichen Charakter nach den negotiis liberalibus, das zweite den illiberalibus. Jenes befaßt unter sich alles, was sich entweder auf die Bildung, Anordnung und Entwickelung des Gedankenkreises selbst, oder auf dessen Darstellung und Mittheilung bezieht, also alles, was unter dem Begriff der Wissenschaft und der freien Kunst im weitesten Sinne dieser Worte zusammengefaßt werden kann. Hier liegt der Zweck der Arbeit innerhalb des Gedankenkreises, in dem sie sich bewegt, sei es nun, daß er in dem Arbeitenden selbst oder in einem andern Individuum erzeugt und zur inneren Aneignung und Verarbeitung soll dargeboten werden. Also nicht blos die Arbeiten des Gelehrten, des Denkers, des Künstlers gehören hierher, sondern auch die des Erziehers, des Lehrers, des Gesetzgebers u. s. f. Das zweite Theilungsglied bedarf, um näher bestimmt zu werden, irgend eines Zweckes, der außerhalb des Gedankenkreises liegt, vermittelst dessen die Arbeit fortschreitet. Dieser Zweck liegt zunächst in dem Systeme der Bedürfnisse und Genießungen, und die Arbeiten dieser Art sind so vielfach gespalten, als dieses System selbst. Wo hier die Arbeit an äußere Sachen gebunden ist, stellt sie sich dar als Gewinnung, Sammlung, Vermehrung und Veredlung der Naturproducte (Landbau, Bergbau, Jagd, Fischerei), oder als Verarbeitung derselben (Handwerke, Manufacturen, Fabriken). Es giebt aber außerdem noch eine Menge von Arbeiten, welche weder in der Erzeugung noch in der Verarbeitung bestimmter äußerer Sachen bestehen, und sich dennoch auf das System der Bedürfnisse und Genießungen beziehen. Hierher gehört schon alles, was unter den Begriff des Handels, als des Umsatzes und Austausches der Dinge fällt und mit ihm in Verbindung steht; ferner alle persönlichen Dienstleistungen in Privatverhältnissen wie in öffentlichen, und solche Arbeiten können wieder so mannigfaltig sein, als die Art, in welcher einer des andern bedarf und dieser den Bedürfnissen jenes absichtlich und regelmäßig zu begegnen sich entschließt. Für die Arbeiten dieser ganzen zweiten Classe wird es von großer Wichtigkeit sein, ob der Gedankenkreis, in welchem sie den Arbeitenden festhalten, ganz und gar abhängig ist von dem fremden Zwecke, den das Bedürfniß, die Noth, die Lust des Gewinnes, die Aussicht auf Genuß, vielleicht sogar fremde Willkühr hinstellt, oder ob er wenigstens theilweise etwas von dem in sich aufzunehmen Veranlassung und Gelegenheit gebe, was auf den Namen eines Vorbildes Anspruch machen kann. Denn obgleich jede Arbeit überhaupt die Wirkung hat, daß sie den Menschen an Ordnung und Regelmäßigkeit, an Sammlung und Haltung gewöhnt*), daß sie ihm, falls sie nur nicht ganz in der niedrigsten Sphäre der bloßen Anwendung der Körperkraft sich bewegt, etwas zu denken, und überdies das Gefühl

---

*) Darin liegt der Grund für die Wahrheit des Sprüchwortes: „Müßiggang ist aller Laster Anfang." Es giebt aber auch einen innern Müßiggang bei äußerer Geschäftigkeit, der bei monotonen und mechanischen Arbeiten oft ganz freien Spielraum findet.

giebt, daß er doch zu etwas tauge und nicht ganz unnütz sei; so sind doch große Unterschiede möglich in dem Inhalte und der Richtung der Gedanken, welche die Arbeit fordert, und dieser Einfluß der Arbeit auf die innere Regsamkeit, die sie hervorruft oder unterdrückt, wird für die Beschaffenheit und Richtung des Begehrens und Wollens mitzuwirken nicht verfehlen. Daß bestimmte Arbeiten auf die Länge dem Arbeiter ein bestimmtes inneres Gepräge geben, ist eine bekannte Thatsache; wenn sie nicht überall gleich deutlich hervortritt, so hat das seinen Grund darin, daß die Arbeiten bei weitem nicht allein die Individualität bestimmen, ja daß diese oft schon eine sehr feste Gestalt angenommen hat, ehe eine gleichförmige Art von Arbeiten sich des Individuums bemächtigt. Jedenfalls werden aber die Arbeiten den günstigsten Einfluß auf die sittliche Bildung zu gewinnen im Stande sein, welche in der vielfältigsten und innigsten Verbindung mit einem solchen Gedankenkreise stehen, mit welchem die Ideen selbst mit allem, was sich auf ihre Darstellung im Leben bezieht, zusammenhängen. In solchen Arbeiten liegt eine, das Ganze des Wollens *erhebende*, für das Gute stärkende Kraft; je weiter sie sich von diesem Mittelpunkte der innern Freiheit entfernen, desto mehr muß man oft froh sein, wenn sie nur keine Veranlassung zur Unsittlichkeit geben, sondern die wilde Rohheit der Begierden wenigstens *beschränken*, und das geistige Leben nicht in enger Einseitigkeit so sehr verdumpfen lassen, daß ein freier Blick auf die sittlichen Urbilder unmöglich wird.

Wo daher von den nothwendigen und unvermeidlichen Arbeiten ein sittlich fördernder Einfluß auf das Individuum nicht zu hoffen steht, da werden die *Erholungen* um so wichtiger. Zwar, wo der Arbeiter die Arbeit frei *wählen* kann, da wird, abgesehen von den Zeiträumen der physischen Ruhe, das Bedürfniß der Erholung im Wesentlichen durch einen angemessenen *Wechsel* der Arbeiten befriedigt werden können, und die Kunst des Lebens besteht dann darin, durch diesen Wechsel dem vollständigen Loslassen von der sittlichen Aufgabe vorzubeugen. Aber je seltener dieser Wechsel freigewählter Arbeiten möglich ist, desto höher ist der Einfluß dessen anzuschlagen, womit der Einzelne, befreit von der Gebundenheit der Arbeit, d. h. zu seiner *Erholung* sich beschäftigt. Bezieht man diesen Einfluß auf den sittlichen Fortschritt oder

Rückschritt, so zerfallen die Erholungen in erhebende und abspannende, d. h. in solche, welche der inneren Regsamkeit eine Richtung auf den Gedankenkreis zu geben im Stande sind, welcher der Tugend geziemt, und in solche, welche den Einzelnen lediglich dem Spiele seiner Phantasie, seiner Launen, seiner Begierden überlassen. Für Tausende von Menschen, die an geistlos monotone drückende Arbeiten gebunden sind, liegt die einzige Quelle sittlicher Erhebung lediglich in ihren Erholungen, in der Zeit, die sie ihrer Familie, der Freundschaft, einer bildenden Lectüre, dem Genusse der Natur u. s. w. widmen können; umgekehrt werden die Wirkungen veredelnder Arbeiten oft genug durch den Einfluß abspannender, mit keinem Theile des sittlichen Gedankenkreises in Berührung stehender, vielleicht sogar ihm entgegengesetzter Erholungen aufgehoben; der schlimmste Fall ist der, wo der einförmige Mechanismus der Arbeit mit eben so leeren abspannenden Erholungen wechselt. Die Gladiatorenspiele der Römer, die Stiergefechte der Spanier, die Wuth, mit welcher schlechte Romane verschlungen werden, und dem Aehnliches mehr, sind nahe liegende Beispiele von dem entsittlichenden Einflusse gewisser Arten der Erholung; und so wie der Charakter des Menschen sich in dem zu Tage legt, woran er sich in seinen Erholungen ergötzt, so wirken auch diese Ergötzlichkeiten wieder zurück auf die Bildung seines Charakters. Namentlich gilt die Wichtigkeit der Erholungen für die sittliche Bildung der niedern Stände, welche für wahrhaft erhebende Erholungen auch nur empfänglich zu machen schon ein großer Gewinn ist. Denn gerade diesen werden die drückendsten Arbeiten fast überall auf dieselbe Weise von der gleichen Noth aufgebürdet; und nur durch ihre Erholungen ist es oft möglich, ihnen die sittliche Nahrung zuzuführen, die ihnen ihre Arbeiten versagen.

B. Der Einzelne neben Andern.

Arbeiten und Erholungen, obwohl der Begriff derselben nicht nothwendig abhängt von den Verhältnissen Mehrerer zu einander, werden doch durch die Art, wie sich der Einzelne neben andern seines Gleichen findet, fortwährend mit bestimmt. Arbeiten mit andern und für andere sind eben so gewöhnlich wie gemeinschaftliche Erholungen. Zugleich hängt aber die ganze Lebensweise des Einzelnen in der Mitte der Uebrigen noch von andern nicht minder einflußreichen Verhältnissen ab. Mehrere Individuen neben einander werden sich zuvörderst gegenseitig betrachten; jeder wird sich ein Bild, eine Vorstellung von dem machen, was der andere ist. Insofern sich nun mit diesem Bilde ein Bewußtsein dessen verbindet, was sie einander gelten, entstehen Gesinnungen. Denn Gesinnung, auf gegenüberstehende Personen bezogen, ist eben der Ausdruck für das, was einer dem andern der Art und dem Umfange nach gilt. In der Gesinnung steht möglicherweise einer dem andern frei gegenüber; er faßt ihn auf, wie er kann und mag, und richtet darnach sein Verhalten gegen ihn ein. Aber die wirklichen Verhältnisse der Mehreren zu einander hängen nicht blos von dieser freien Auffassung, sondern sehr häufig auch von ihren Bedürfnissen ab. Wo nun der eine des andern bedarf, da entstehen, als ein zweites den Gesinnungen coordinirtes Glied, Verhältnisse der Abhängigkeit, die sich am bestimmtesten in den Dienstverhältnissen ausgeprägt finden. Endlich durchkreuzt sich mit beiden noch eine dritte Classe von Verhältnissen, die in den Naturbedingungen des menschlichen Daseins ihren Grund hat und zunächst auf der Art der Fortpflanzung der menschlichen Gattung beruht, die Familienverhältnisse.

1) Gesinnungsverhältnisse erinnern zum Theil unmittelbar an die Ideen, speciell an diejenigen, deren Begriff wesentlich auf den Verhältnissen Mehrerer zu einander beruht. Ob zwischen ihnen die Gesinnungen der Rechtlichkeit, der Güte, der Billigkeit vorhanden sind, oder die der Gewalt, des Betrugs, des Hasses, des Neides, der Schadenfreude, der Unbilligkeit, darnach richtet sich unmittelbar der sittliche Werth ihrer thätigen Beziehungen zu einander, und alle Verhältnisse und Veranlassungen, welche solche oder andere Gesinnungen fördern oder hemmen, erzeugen oder unterdrücken, sind direct eine Quelle der Sittlichkeit oder Unsittlichkeit. Aber das, was die Einzelnen einander gelten, hat noch einen weiteren Umfang, als welchen diese, den Ideen unmittelbar entsprechenden oder widersprechenden Gesinnungen bezeichnen. Was

einer dem andern gilt, gilt er ihm entweder unmittelbar als Person, oder nicht als solche. Der letztere Fall verräth sich in den Verhältnissen des Verkehrs, sei dieser nun Geschäftsverkehr oder Verkehr in freier Geselligkeit. Der bloße Geschäftsverkehr bringt die Personen nicht als solche, sondern eben nur in Beziehung auf das Geschäft, welches sie mit einander abzuthun haben, zusammen; die Personen mögen einander gleichgültig bleiben, sie gelten einander nur als Träger der Sachen, der Bedürfnisse, um die es sich handelt, der Leistungen und Vortheile, die sie austauschen. Diese Gleichgültigkeit gegen die Person als solche kann sich aber auf den Verkehr in freier Geselligkeit erstrecken. Ein solcher ist schon da vorhanden, wo das Bedürfniß der bloßen Unterhaltung, der abspannenden Erholung die Menschen zusammenführt, ohne daß dadurch der eine zu dem andern in eine innigere, die Personen als solche treffende Beziehung geriethe. Beziehungen des geselligen Verkehrs, so lange sie nichts mehr sind, als dies, sind häufig genug so oberflächlich, so äußerlich, wie die des Geschäftsverkehrs; jemanden als einen guten Gesellschafter suchen, als einen schlechten ihn meiden, heißt noch lange nicht, sich an ihn als Person gebunden, oder von ihm persönlich abgestoßen fühlen. Es liegt aber gleichwohl in der Natur der Sache, daß sich mit den bloßen Gesinnungen des Verkehrs noch andere Gesinnungen verbinden können und sehr häufig verbinden werden. Sollen diese wirklich andere sein als solche, welche die Beziehung der Mehreren zu einander nur als Vehikel für einen fremden Zweck (der Arbeit oder der Erholung, des Vortheils oder des Vergnügens) in sich schließen, so müssen die Personen selbst als solche wieder etwas gelten, d. h. jeder muß in der Beurtheilung des Bildes, welches er von dem andern gewonnen hat, den Grund einer solchen oder andern Beziehung seiner selbst auf den andern finden. Fortschreitend von der bloßen Auffassung zur Beurtheilung der gegenüberstehenden Persönlichkeit betrachtet er sie mit Beifall oder Mißfallen. So entstehen Gesinnungen der Achtung und Mißachtung, d. h. beurtheilende Anerkennung fremden persönlichen Werthes oder Unwerthes. Die Achtung faßt die fremde Persönlichkeit lediglich durch das Medium der Beurtheilung; nun denke man unter der Voraussetzung, daß die Personen als solche einander etwas gelten sollen, dieses Medium entweder ganz hinweg, oder betrachte es nur als begleitendes, nicht als ausschließend bestimmendes Vehikel der persönlichen Beziehungen, so gewinnt man endlich noch Gesinnungen der persönlichen Zuneigung oder Abneigung. Jedenfalls giebt es solche Gesinnungen unabhängig von der Beurtheilung; die Zuneigung zeigt sich oft da sehr stark, wo die Möglichkeit, den andern achten zu können, versagt ist, und ebenso kann die persönliche Abneigung, wenn sie überhaupt noch einer reinen Beurtheilung fähig ist, oft wenigstens die Achtung nicht versagen. Für die Zuneigung, die Liebe im engern Sinne des Wortes (S. 187), ist nun jedenfalls das Verschmelzen der Persönlichkeiten, auf welchen psychologischen Gründen es auch übrigens beruhen möge, das Charakteristische. Der Liebende fühlt die Zustände der geliebten Person als seine eigenen; aber zugleich hängt er an der Existenz dieser Person, während die Achtung mit ihrem Bilde sich begnügt. Ebenso gilt auch die Abneigung, der Haß nicht dem bloßen gegenüberstehenden Bilde, sondern dem Gegenstande selbst; er fühlt das eigene Ich in einem feindseligen Conflicte mit dem fremden. Darum knüpfen Liebe und Haß, auf sympathische und antipathische Gefühle gegründet, in ihren höhern Graden die Menschen fast gleich eng an einander, jene um das fremde Dasein sich so innig wie möglich anzueignen, dieser um es zu stören. So sind sie die festesten, wenn auch nicht die reinsten Bande der Menschen, oft höchst geheimnißvoll in ihren Quellen, vielgestaltig in ihren Aeußerungen, mannigfaltig abgestuft nach Grad und Dauer. Eben um ihrer Stärke willen, und weil sie am tiefsten wurzeln im Gemüthe, sind sie am entscheidendsten für die sittlichen Beziehungen der Einzelnen. Denn unmittelbar in der Nähe der Liebe liegt das Wohlwollen; die Sympathie, die, wenn auch noch so innig, doch ihrer Natur nach nicht frei sein kann von einem Beisatze des Egoismus, ist gleichwohl der natürliche Keim einer dem fremden Wollen als solchem sich widmenden Gesinnung; und das eigene Mitgefühl begleitet dann die Liebe, welche zugleich wahres Wohlwollen ist, ohne die Gesinnung ausschließend zu bestimmen. Den Haß aber vor dem Uebelwollen zu hüten, möchte fast unmöglich sein, wo er nicht etwa so blind und taub wäre, daß er mit der fremden Persönlichkeit zugleich selbst ins Verderben zu rennen bereit wäre. Das Uebelwollen bleibt ihm gewiß, selbst wo ihn andere Ueberlegungen von Unrecht und Unbilligkeit zurückhielten; eine Voraussetzung, die ohnedies höchst unsicher ist, weil der innere Groll leicht ausbricht in Handlungen, die nicht mehr bloßes Uebelwollen sind.

So wie daher die Gesinnungen des geselligen und des Geschäftsverkehrs, blos als solche betrachtet, nicht nothwendig einen sittlichen Gehalt in sich schließen, so bieten auch die Gesinnungen persönlicher Zuneigung und Abneigung, obwohl sie eine unmittelbar an die Ideen erinnernde Beziehung der Personen enthalten, keinen ganz festen Haltepunkt dar, wenn nicht die auf der reinen Beurtheilung beruhenden Gesinnungen sich mit ihnen verbinden, und ihnen Richtung und Maaß verleihen. In der Beurtheilung sondert sich klar, was die Personen einander sein können und dürfen und sollen; durch sie nähert sich die Art, wie sie sich auf einander bezogen fühlen, der Idee der innern Freiheit, vermöge deren jeder, den wahren Gehalt seiner Verhältnisse zu dem Andern beurtheilend, weiß, wie hoch er sie anzuschlagen hat. Es wäre dabei schon sehr viel gewonnen, wenn die Gesinnungen sich überall rein ausprägten, damit nicht erheuchelte Achtung und Zuneigung den Gesinnungen des bloßen Geschäftsverkehrs und des geselligen Umgangs einen falschen Glanz verleihe, der keine Wahrheit hat und das Edle mit dem Gemeinen vermischend das sittliche Urtheil abstumpft. Denn je mehr sich die Berührungen der Menschen in der Gesellschaft durchkreuzen, verwickeln, verfeinern, und je mehr der Egoismus und die Eitelkeit sich dadurch zur Schlauheit in der Erstrebung ihrer Zwecke veranlaßt sehen, desto größer ist die Gefahr, daß sich ein ganzes System von Falschheit im Umgange bildet, welches die Unterschiede in den Gesinnungen verhüllt, und sie mit dem trügerischen Scheine der Theilnahme, Achtung und Liebe bekleidet*). Es gehört hierher ein nicht geringer Theil dessen, was die conventionelle Höflichkeit des Umganges mit sich bringt, und der entsittlichende Einfluß solcher Verfälschungen wird nur dadurch einigermaßen abgewendet, daß einestheils niemand, der die Gesellschaft kennt, hinter der gefälligen Außenseite mehr sucht, als hinter ihr verborgen ist, anderntheils diese Formen trotz ihrer

*) Mit einem Schurken sollte Niemand Geschäfte machen oder sonst umgehen wollen; Dandys und klatschende Weiber sollten sich nicht mit Versicherungen ihrer innigen Freundschaft überschütten u. s. w.

Unwahrheit oft doch als Zaum und Zügel gegen die Ausbrüche des Uebelwollens und der Gewaltthätigkeit dienen, die in den Herzen der Menschen so leicht sich erzeugt. Wo es wirklich gelingt, den Gesinnungen ihren wahren Ausdruck zu verschaffen, da wird das Leben wenigstens ehrlich und durchsichtig; und dann kommt es nur noch darauf an, jeglicher Art von Gesinnung das rechte Gewicht zu sichern. Gesinnungen des Geschäftsverkehrs und des geselligen Umgangs sollen nicht höher angeschlagen werden, als sie verdienen; ein Leben, welches von ihnen ausschließend durchdrungen wäre, verliert allmählig die kräftigsten Springfedern sittlicher Gefühle und Bestrebungen; wo einer den andern nur als Vehikel von Geschäft und Zeitvertreib betrachtet, da ist eben noch nichts vorhanden, was die Menschen auf würdige Weise an einander bindet. Aber gewiß sind auch Verhältnisse dieser Art fähig, einen höhern Gehalt in sich aufzunehmen, sich durch die Gesinnungen eines reinen Beifalls zu veredeln und sich nach ihnen zu richten. Auch dann noch wird ein Unterschied übrig bleiben zwischen den Beziehungen des Geschäftsverkehrs und der freien Geselligkeit; denn während jener sich um die allgemeinen, vielen Individuen gleichmäßig geltenden Bedürfnisse und Zwecke bewegt, wird sich in dieser das Individuelle geltend machen; während jener seiner Natur nach sich an das öffentliche Leben anschließt und auf Recht, Billigkeit, Ordnung, Zuverlässigkeit gebaut ist, geht die Veredlung dieser wesentlich von der Familie, vom Hause aus, dessen Stiftung, Erhaltung und Durchbildung nicht nur der Zweck der größten Menge der Arbeiten, sondern auch wieder der wichtigste Mittelpunkt und Träger der wahrhaft erhebenden Erholung ist. Aber im Ganzen wird nur dann ein wesentlich veredelnder Einfluß alles dessen, wobei die Gesinnung des einen gegen den andern in Betracht kommt, fühlbar werden, wenn kein Verhältniß des Geschäfts oder des geselligen Umgangs ohne Rücksicht auf das Maaß der Achtung und Zuneigung, welches es in sich trägt, geschlossen und gepflegt, und, wo die letzteren Gesinnungen gar nicht vorhanden sind oder statt ihrer Geringschätzung und Abneigung sich einstellen, lieber aufgegeben, als in verfälschter Form fortgesetzt wird. Der sicherste Haltepunkt einer fortschreitenden Veredlung liegt jedenfalls da, wo der reine Beifall der Personen an einander, zusammenfallend mit der ursprünglichen Anhänglichkeit der Liebe, in treuer Wahrheit die Menschen zu einander führt und an einander bindet. Hierin besteht das Charakteristische der Freundschaft, deren Begriff die beiden Factoren der Achtung und der Zuneigung dergestalt in sich vereinigt, daß jeder von beiden die Mängel, welche der andere für sich betrachtet übrig lassen könnte, ergänzt. Der Freund hängt allerdings nicht an dem Bilde, sondern an der Person des Freundes; er liebt das Individuum, aber was er an ihm liebt, sind nicht gemeinschaftliche Genießungen oder Vortheile, sondern es ist die Congruenz der fremden Persönlichkeit mit dem eigenen sittlichen Ideale. Die Freundschaft setzt also ein gemeinsames sittliches Streben voraus, gegründet auf ein Ideal, welchem einer den andern als nachstrebend erkennt; aber zugleich wurzelt sie in dem Bewußtsein dieses Strebens als eines persönlich gemeinsamen, die Individualitäten an einander bindenden, sie gegenseitig vor einander aufschließenden. Obgleich sie daher gebunden ist an die Individualität, so strebt sie doch über die Grenzen derselben hinaus, sie sucht ein Werk, dem die eigne Kraft gewidmet zu haben der Freund vor dem Freunde sich zur Ehre rechnen könne, und ist in diesem Streben frei von allen Rücksichten und Motiven, die nicht in der gemeinsamen Beziehung der in Liebe verschmolzenen Persönlichkeiten auf ein als gut erkanntes Ziel liegen; sie ist mit einem Worte die Liebe des Guten zu dem Guten um des Guten willen. Möglich, daß der Ursprung eines solchen Verhältnisses hier mehr in individueller Zuneigung, dort mehr in der Achtung lag; es lassen sich in beiderlei Hinsicht mancherlei Abstufungen und Mischungen denken; aber der ganze Begriff der Freundschaft erfüllt sich erst da, wo in die Verbindung beider Gesinnungselemente das gemeinsame sittliche Streben mit eingerechnet wird. So aufgefaßt mag der Freund mit Recht das verkörperte Gewissen des Freundes genannt werden. Darum liegt auch in der Freundschaft ein Princip für die Reproduction der bindenden Gesinnung, indem sie, den Freund dem Freunde als den lebendigen Träger der Beurtheilung gegenüberstellend, in der gegenseitigen Anerkennung dieser Beurtheilung das sittliche Bewußtsein wach erhält, durch die Liebe erwärmt, und durch den Nacheifer anspornt. An der Person hängt der Mensch naturgemäß fester und inniger, als an den Ideen; wo also die persönliche Anhänglichkeit mit der Beziehung auf die Ideen verschmilzt, durch sie Inhalt und Zielpunkt erhält, da wirkt sie geradezu als sittlich bildende Kraft; und darum verdient die Freundschaft durch die Art, wie man ihren Begriff bestimmt, hervorgehoben zu werden vor allen übrigen Gesinnungsverhältnissen, als der Ausdruck des Höchsten und Edelsten, was unter diesen Begriff fällt, und welchem sich jede Art von Liebe und Zuneigung wird nähern müssen, wenn sie sittlichen Halt und Bestand soll gewinnen können. Ob es dem Einzelnen zur rechten Zeit glückte, einen Freund zu finden würdig dieses Namens, davon hängt oft genug im Leben die Richtung und das Maaß seiner sittlichen Erhebung ab. —

Zu den Arbeiten, Erholungen und den verschiedenen Arten der Gesinnungsverhältnisse treten sogleich noch hinzu 2) die Dienstverhältnisse, die sich auf die thatsächlich vorliegende Abhängigkeit des Einen von dem Andern gründen. Um jedoch den Begriff des Dienstes näher zu bestimmen, bemerke man, daß zwar aller Dienst Abhängigkeit ist, aber nicht alle Abhängigkeit nothwendig Dienstverhältnisse einschließt. Man denke an die Abhängigkeit der Kinder von den Eltern, der Frau vom Manne; Verhältnisse solcher Art können zwar, aber brauchen nicht Dienstverhältnisse zu werden. Dienst ist nur da, wo der eine für die Zwecke des andern als für fremde nach der Willkühr des Letztern seine Thätigkeit aufzuwenden genöthigt ist. Als die Arten des Dienstes nennt man gewöhnlich Ehrendienst, Lohndienst, Zwangsdienst; und dieser Unterschied gründet sich auf die Verschiedenheit der Ursachen, durch welche das Dienstverhältniß entsteht und fortbesteht. Der Ehrendienst wählt sich den Herren frei, weil er gerade diesem Herrn in bestimmter Weise zu dienen sich zur Ehre rechnet; das Dienstverhältniß entsteht also erst, nachdem er gewählt hat, und kann sich wieder lösen bei veränderter Ansicht über dasselbe. Auch der Lohndiener wählt unabhängig von fremder Willkühr, aber aus Bedürfniß, für seinen eigenen Vortheil, gegen eine Vergeltung der Dienste, die er leistet. Nur der Zwangsdienst nimmt auf die Wahl des Dienenden keine Rücksicht; das Verhältniß entsteht durch bloße Gewalt. Die Mächte, welche den Dienst stiften, und nach welchen zum Theil sich die Art der Abhängigkeit, welche er mit sich bringt, richtet, sind also die Herrschaft der Meinung und des Ansehens, die des Vortheils, endlich die der äußeren Gewalt. So leicht nun auch diese Unterscheidung in bloßen Begriffen ist, so wenig will es gelingen, die wirklichen Dienstverhältnisse nach diesen drei Classen vollständig zu trennen, und zwar deshalb, weil die Abhängigkeit der Menschen von einander, welche zu Dienstverhältnissen führt, nicht entweder durch die eine oder die andere Art der Herrschaft, sondern durch mehr als eine derselben nach den verschiedensten Abstufungen und Mischungen bedingt sein kann. Lohndienst ist oft genug nicht besser, als Zwangsdienst, wenn der Bedürftige den Lohn, um dessen willen er dienen muß, nur von bestimmten Personen erhalten kann, und dadurch von fremder Willkühr in einem solchen Grade abhängig wird, daß er weder auf die Wahl des Herrn, noch auf das Verhältniß zwischen Dienst und Lohn einen frei bestimmenden Einfluß behält. Umgekehrt nähert sich der Zwangsdienst dem Lohndienst, wo das erzwungene Dienstverhältniß Gegenleistungen von Seiten des Herrn nicht ausschließt. Selbst der freigewählte Ehrendienst ist nicht immer unabhängig von geheimem Zwange, wo nicht der Willkühr, doch der gesellschaftlichen Verhältnisse, und bekommt durch die Rücksicht auf die Ehre, um derenwillen er übernommen wird, ein Merkmal des Lohndienstes, während sich in dem Lohndiener, ja selbst dem gezwungenen Sklaven ein Gefühl der Achtung und Anhänglichkeit an den Herrn bilden kann, welches ihm seinen Dienst nicht mehr blos als Lohndienst oder Zwangsdienst erscheinen läßt.

Ueberdies kommen neben der Rücksicht darauf, ob der Dienst vorzugsweise Ehrendienst, Lohndienst oder Zwangsdienst ist, manche andere Unterschiede in Betracht, welche dem Dienstverhältnisse seinen bestimmten Charakter geben. Zuerst, welcherlei Arbeiten und Leistungen es fordert, ob solche, die mit der Ausbildung der eigenen Persönlichkeit des Dienenden in Verbindung stehen, oder solche, welche ihn ausschließend als Werkzeug für den fremden Willen gebrauchen und vielleicht verbrauchen. Sodann, in welchem Umfange es die Kräfte des Dienenden in Anspruch nimmt, ob nur auf bestimmte Zeit oder auf unbestimmte, mit der Aussicht auf die Möglichkeit einer Veränderung oder nicht, ob so, daß der Dienende noch einen freien Spielraum behält, innerhalb dessen er sein eigener Herr ist, oder so, daß seine ganze Thätigkeit in dem Dienste aufgeht. Endlich mit Rücksicht auf die gesellschaftliche Ordnung, ob der Dienst einem Einzelnen oder der Gesellschaft gilt, wonach sich, falls nicht die gesellschaftliche Ordnung selbst wieder in die Willkühr des Einzelnen gestellt ist, der Unterschied des Privatdienstes und des öffentlichen Dienstes richtet.

Betrachtet man nun die verschiedenen Arten des Dienstes als Vehikel des sittlichen Fortschrittes oder Rückschrittes, wie sie es ohne Zweifel sind, weil sie ein sehr mannigfaltiges und verschiedenartiges Wollen entweder erzeugen oder hemmen, so mag zwar die Abhängigkeit des Dienstes, insofern sie gewisse äußere Handlungen vorschreibt, andere versagt, die Aeußerungen gewisser Arten von Unsittlichkeit verhindern, und der Thätigkeit des Dienenden eine bestimmte Richtung vorschreiben; dennoch sind Dienstverhältnisse im Ganzen und Großen der sittlichen Ausbildung gewiß nicht günstig. Die einzige Pflicht beinahe, in die sich die Aufgabe des Dienstes concentrirt, ist die Treue; aber das, was diese Pflicht auszuüben gebietet, hängt ab von dem Willen des Herrn. Die Unselbstständigkeit der Wahl und der Beurtheilung verschließt dem Dienenden nur zu leicht den Gedankenkreis, in dem die Tugend wurzelt; sie beschränkt seine Thätigkeit und dadurch sein Wollen und endlich auch sein Urtheil; der enge, überdies von fremder Willkühr abhängige Spielraum seiner Thätigkeit läßt die Kraft des eigenen Wollens nicht entstehen, die in dem selbstgewählten Kreise nach eigener Einsicht wirkt und handelt. Gleichwohl bleibt das eigene Wollen nicht gänzlich aus; und wo ein harter Dienst ihm keinen Ausweg läßt, entsteht mitten in der Dumpfheit der geknechteten Seele die Verschlagenheit, die unredliche List, entsteht neben der Furcht der Haß, neben dem Gefühl der Schwäche die Bosheit. Die sittlichen Nachtheile der Dienstverhältnisse drohen übrigens keineswegs blos dem Dienenden, sondern eben so dem Herrn. Die Macht öffnet der Willkühr freies Feld; und die Willkühr des Herrn gegen den Dienenden kann leicht zur Härte, zur Unbilligkeit, zur Ungerechtigkeit führen. Am nächsten liegt diese Gefahr bei allen Arten des Zwangsdienstes, der, so weit er nur dies ist, meist den Herrn und den Diener gleichmäßig verdirbt. Aber auch der Lohndienst ist ihr in demselben Grade mehr ausgesetzt, als ihm die Umstände den Charakter einer solchen Abhängigkeit geben, bei welcher die freie Wahl des Dienstverhältnisses ein bloßer Schein wird. Dienstverhältnisse sind also diejenigen, welche man am wenigsten ihrem natürlichen Zuge wird überlassen dürfen; **bloßer** Zwangsdienst sollte nirgends sein*); der Lohndienst, unvermeidlich wie er ist, soll nicht blos durch das Recht, sondern auch durch die Billigkeit geschützt, der Druck desselben durch das Wohlwollen gemildert werden; eine Milderung, für deren Mangel die Concurrenz der Dienenden und Lohnenden da, wo sie nicht hinlänglich groß ist, nur ein unvollkommenes Surrogat ist; der Ehrendienst endlich, der seinem Begriffe nach von den herrschenden Meinungen über das, was zur Ehre gereiche, abhängt, soll an wahre Ehrenpunkte gebunden und nicht durch andere Rücksichten verfälscht werden. Es würde eine Uebertreibung sein, zu sagen, daß **aller** Dienst als schwerer Druck empfunden wird; der gewöhnliche Mensch dient gern und willig, wenn und wie weit er fühlt, daß der Dienst ihm die Mittel zur Befriedigung seiner Bedürfnisse verschafft, und der bessere Mensch wird sich auch einem drückenden Dienstverhältnisse nicht entziehen wollen, wo der Zweck desselben im Gebiete der sittlichen Aufgaben liegt und ihm, indem er dient, das Bewußtsein giebt, an der Lösung dieser Aufgaben mitzuarbeiten**). Diese Art von Dienstverhältnissen gestattet allerdings, sich der innern Freiheit mitten in der äußeren Abhängigkeit zu nähern. Gleichwohl liegt es in den meisten Fällen in der Natur einer einmal vorhandenen Abhängigkeit, die, wie auch immer entstanden, ein Uebergewicht des Herrn über den Diener voraussetzt, daß sie nicht nur Veranlassungen eines wachsenden Drucks in sich schließt, sondern auch die Sorge für die wesentlichsten Haltepunkte des sittlichen Lebens in den Hintergrund drängt. Daher werden Dienstverhältnisse in den meisten Fällen höchstens einen regelnden und ordnenden, keineswegs einen belebenden sittlichen Einfluß haben. Wo dies demohnerachtet der Fall ist, da liegt die belebende Kraft nicht in dem Dienstverhältnisse als solchem, sondern entweder in der Art der **Arbeit**, die der Dienst vorschreibt, oder in den **Gesinnungen**, die das Dienstverhältniß durchbringen und ihm ein Ge-

---

*) „Was die Gewalt niederdrückt, das geht für das Sittliche verloren." **Herbart** Allg. prakt. Philos. S. 365.

**) Daher ist der öffentliche Dienst in einem sittlich gebildeten Gemeinwesen der größten Veredlung fähig, weil hier die Pflichten des Dienstes nicht von der Willkühr, sondern von der Herrschaft der Ideen abhängen.

präge geben, das nicht mehr ausschließend durch den Begriff des Dienstes bestimmt ist.

Bleibt man bei dem letzteren allein stehen, so ist, wie schon bemerkt, die wichtigste Frage die nach der Art und dem Umfange der Abhängigkeit; allein beides hängt meistentheils nicht blos von den Einzelnen, zwischen welchen dieses bestimmte Verhältniß obwaltet, sondern von dem ganzen Systeme gesellschaftlicher Beziehungen ab, innerhalb deren sich die Macht des Herrn und die Abhängigkeit des Dieners erzeugt. Wenn es also auch möglich ist, einzelne Dienstverhältnisse nach ihren Wirkungen für sich zu beurtheilen, so läßt sich doch über das System aller innerhalb einer bestimmten Gesellschaft vorhandenen Dienstverhältnisse, sammt den Bedingungen einer solchen oder andern Gestaltung derselben ohne Rücksicht auf die Ursachen, nach denen sich die Abhängigkeit der Menschen überhaupt richtet, nichts Erschöpfendes bestimmen. Erst dann, wenn die Untersuchung sich bis dahin erweitert, wird sich zeigen, daß zwar irgend eine Abhängigkeit der Einzelnen von einander schlechthin unvermeidlich, daß es aber gleichwohl nicht unmöglich ist, diese Abhängigkeit in solche Grenzen einzuschließen, daß sie der Entwickelung eines sittlichen Organismus nicht als absolutes Hinderniß entgegentritt.

Ehe jedoch größere gesellschaftliche Verbindungen ins Auge gefaßt werden können, fordern 3) noch die Familienverhältnisse eine besondere Betrachtung. Diese sind ganz eigentlich durch die Natur des menschlichen Daseins bedingt. Während Beschäftigungen, Erholungen und Gesinnungen sich überall werden nachweisen lassen, wo ein Vernunftwesen entweder blos die Zeitreihe seiner Existenz auszufüllen bestrebt ist oder sich sein Verhältniß zu andern seines Gleichen, die es betrachtet und mit denen es verkehrt, zum Bewußtsein bringt, während selbst die Dienstverhältnisse nur bei vollkommener Bedürfnißlosigkeit oder bei einer unbeschränkten Fähigkeit jedes Einzelnen, sich seine Bedürfnisse selbst zu befriedigen, wegfallen würden, wurzeln die Familienverhältnisse in der durch die Verschiedenheit der Geschlechter bedingten natürlichen Fortpflanzung der menschlichen Gattung. Ihre Grundlage ist die Geschlechtsvereinigung der Individuen, und welcher Veredlung auch dieses Verhältniß fähig ist, der natürliche Trieb der Geschlechtsbefriedigung giebt naturgemäß dem Verhältniß der

Personen verschiedenen Geschlechts ein specifisch Eigenthümliches. Aber diese Vereinigung allein bildet noch kein Verhältniß, welches als Haltepunkt im Laufe des Lebens betrachtet werden könnte; sie könnte nur eine vorübergehende und wechselnde sein; überdies bedarf der Geschlechtstrieb, der zu den stärksten gehört und der größten Ausartung fähig ist, der stärksten und wirksamsten Schranken. Diese Schranken könnten in der Sitte zu liegen scheinen, welche die beharrliche und ausschließende Geschlechtsgemeinschaft geheiligt habe; aber diese Sitte selbst beruht auf Gesinnungen, welche ihr ursprünglich das Dasein gegeben haben müssen, und deshalb ruhen jene Schranken, die sich durch die Sitte allerdings befestigen können, entweder unmittelbar in der Gesinnung der Liebe, deren Natur auf den ausschließenden Besitz ihres Gegenstandes geht, oder mittelbar in der Rücksicht auf die Kinder, die schon als die Hoffnung eines gemeinschaftlichen Besitzes dem Verhältniß eine bindende Kraft geben. Der Begriff einer Familie als einer beharrlichen Verbindung bekommt nämlich, eben weil die Grundlage derselben die Naturbedingungen der Fortpflanzung der menschlichen Gattung sind, seine volle Bedeutung erst durch den Hinzutritt der Kinder zu dem Verhältnisse der Eltern unter einander, und das wesentliche Merkmal des Familienlebens ist das Bewußtsein der unmittelbaren Zusammengehörigkeit auf dem Grunde der natürlichen Abstammung, dessen Stelle in dieser seiner specifischen Eigenthümlichkeit kein anderes Gefühl vertreten kann. Dadurch erweitert sich der Begriff der Familie von dem Verhältniß der Eltern zu einander, und dem gegenseitigen zwischen Eltern und Kindern so weit, als sich der Zusammenhang der natürlichen Abstammung aufwärts, abwärts und seitwärts verfolgen läßt, dergestalt jedoch, daß die Intensität des Familienbewußtseins sich naturgemäß nach der Nähe der natürlichen Abstammung richtet, zwischen Eltern und Kindern, so wie zwischen den Geschwistern am stärksten und innigsten ist, und um so schwächer wird, je mehr sich der Zwischenraum zwischen diesem Centrum und der Peripherie der Familie vergrößert. Sollen die Beziehungen zu entfernteren Seitenverwandten, oder die Verflechtungen mehrerer Familien in einander, die durch Verschwägerungen u. s. w. entstehen, einen bedeutenden Grad von Innigkeit erhalten, so gehören dazu Gesinnungen als Anziehungspunkte der Individuen unter einander, welche von dem Gefühle der natürlichen Zusammengehörigkeit mehr oder weniger unabhängig sind.

Dem Begriff der Familie entsprechen demgemäß alle die Formen der Geschlechtsverbindung nicht vollkommen, welche nur auf der vorübergehenden, zwischen verschiedenen Personen verschiedenen Geschlechts regellos wechselnden Vereinigung beruhen. Würde dieser Wechsel allgemein gedacht, so würde dadurch sogar jede Tendenz zur Familie, als einer beharrlichen, individuell abgeschlossenen Gemeinschaft aufgehoben. Aber auch eine beharrliche Verbindung dieser Art, so lange sie noch nicht die Mehrheit der Individuen ausschließt, also Polygamie ist, hebt eben sowohl die Innigkeit der Gesinnung zwischen den Eltern, als das Bewußtsein der Zusammengehörigkeit auf dem Grunde der gleichen natürlichen Abstammung in den Kindern auf. Es scheint überflüssig, die sittlich nachtheiligen Folgen einer solchen Gestaltung des Familienlebens ausführlich zu zergliedern; sie haben ihren Grund zuletzt sämmtlich darin, daß ein Complex von rein persönlichen Verhältnissen, dessen versittlichende Wirkung wesentlich auf seiner ungetheilten Innigkeit beruht, nach seinen Hauptbeziehungen, denen der Eltern unter einander, der Eltern zu den Kindern und der Geschwister unter einander, aufgelockert und somit unsittlichen Elementen zugänglich gemacht wird. In welcher Art zugänglich, erhellt beinahe unmittelbar aus der Betrachtung dessen, wofür ein besser geordnetes Familienleben den natürlichen Haltepunkt darbietet.

Geht man nämlich von der monogamischen Ehe als dem Anfang der Familie aus, so bedarf es noch keiner Idealisirung dieses Verhältnisses, sondern lediglich der Voraussetzung, daß die Eheleute das Verhältniß in der Art, wie es geschlossen ist, also als ausschließendes und beharrliches, aufrecht halten wollen, um zu erkennen, daß hierin nicht nur für die rohe Begierde eine Schranke der Scham, der Zucht, der Ordnung, sondern auch positiv die Quelle eines höchst mannigfaltigen Wollens liegt, welches wenigstens den unbedingten Egoismus ausschließt. Die Vereinigung der wichtigsten Interessen des äußeren Lebens, wie sie die monogamische Ehe einschließt, giebt in der Regel den nächsten Beziehungspunkt für die Arbeiten sowohl, als für die Erholungen; sie ist aber, weil eine gänzlich gesinnungslos geschlossene Ehe diesen

Namen höchstens um der äußeren Form des Verhältnisses willen verdienen würde, auch die natürliche Veranlassung der Reproduction der Gesinnungen, auf welchen die Fortsetzung des Verhältnisses beruht. Die Gemeinschaft des äußeren Lebens zieht beide Theile in Freude und Leid zur Mitledeinschaft; die Theilnahme ist hier unvermeidlich, und die Theilnahme veredelt sich nirgends leichter zum Wohlwollen, als da, wo das persönliche Wohlgefallen an einander die Individuen ursprünglich zusammenführte. Vollendet sich überdies der Kreis der Familie durch den Hinzutritt der Kinder, so ist die natürliche Zuneigung der Eltern zu den Kindern selbst schon Wohlwollen, und zwar ein Wohlwollen, welches eben so dem gegenwärtigen Bedürfniß, als dem zukünftigen Wollen des Kindes gilt. Dieser Blick auf die Zukunft des Kindes ist der begleitende Hauptgedanke aller *Erziehung*, und die Familie ist der natürliche Ort der Erziehung, nicht nur, weil sie der natürliche Ort der allmählig fortschreitenden Entwickelung des Kindes ist, sondern auch weil die Mittel einer so stetigen, leisen, und doch tiefen und nachhaltigen Einwirkung, wie die Erziehung fordert, nirgends so nahe beisammen liegen, von der Gesammtheit der umgebenden Verhältnisse in solchem Grade vorbereitet sind, als hier. Durch dieses Zusammengehören von Erzeugung und Erziehung wird das Familienleben eine der allerstärksten, auf größere gesellschaftliche Verhältnisse einwirkenden Kräfte; es ist, indem die Familie ganz von selbst eine natürlich gegebene Gesellung, das erste, auf constante Naturverhältnisse gegründete *Wir* darstellt, unmittelbar fähig, sich der Idee der beseelten Gesellschaft zwar in einem engen Kreise, aber um desto reiner und fehlerfreier zu nähern. Denn das Bewußtsein der Zusammengehörigkeit, vermöge dessen jedes Glied der Familie das, was das andere ist, erfährt, hat und erstrebt, nicht theilnahmlos als ein Fremdes betrachtet, sondern das, was die *Seinigen* angeht, mit zu *sich selbst* rechnet, enthält die unwillkührliche Aufforderung, die natürliche Abhängigkeit des Schwächeren von dem Stärkeren innerhalb des Familienkreises nicht zum Dienste mit sammt seinem Drucke und seiner, die individuellen Interessen des Herrn und des Dieners von einander abscheidenden Unterordnung werden zu lassen; der Geist des Familienlebens erkennt jeden in den Kreis der Familie Miteingeschlossenen als gleichmäßig zu demselben

Ganzen, demselben Wir gehörig an. Darum mildert die Familie die natürliche Abhängigkeit der Frau von dem Manne; in der monogamischen Ehe wird das Weib als wahre und gleichberechtigte Genossin des Lebens geachtet, während jede Form der Geschlechtsvereinigung, der entweder das Ausschließende oder das Beharrliche fehlt, allgemein verbreitet, das weibliche Geschlecht zum Opfer seiner natürlichen Schwäche machen würde, so daß es eine leere Thorheit ist, in der Auflockerung der monogamischen Ehe eine Annäherung an die „Emancipation des Weibes" zu suchen. Aber sie mildert auch die noch viel stärkere, in dem zartesten Alter geradezu als gänzliche Hülflosigkeit sich darstellende Abhängigkeit der Kinder von den Eltern*); ja sie mildert sie nicht blos, sondern sie verwandelt diese Hülflosigkeit in das stärkste Band der Eltern unter einander und an die Kinder. Der Wunsch, die Kinder, das Abbild der eigenen Persönlichkeit, in Zukunft mindestens keine geringere Stufe einnehmen zu sehen, als auf welcher die Eltern selbst stehen, ist die Quelle einer Fürsorge, deren Ziel darin liegt, die Kinder vielmehr zu sich emporzuheben, als unter sich herabzudrücken; und die natürliche Anschließung der Kinder an die Eltern enthält für diese die Aufforderung, jenen wirklich ein Vorbild zu sein, welchem sie sich annähern zu sehen, dem eigenen Wunsche Befriedigung gebe. Indem die Abhängigkeit auf diese Weise von allen Seiten übergeht in ein gegenseitiges Unterstützen, und die einzelnen Glieder der Familie innerlich verschmelzen, darf jeder, wenn auch auf verschiedene Weise theilnehmend, und mitwirkend für das Ganze der Familie, die natürliche Präsumtion des Rechtes bei sich ausbilden, daß keiner sich unwürdig zeige des Ganzen, zu welchem auch er gehört; eines Rechtes, welches verschmäht sich auf den Zwang zu stützen, sondern welchem das Wohlwollen und die Billigkeit freiwillig entgegenkommt, und dessen Inhalt man eben deshalb vielmehr aus der die Familie zusammenhaltenden Gesinnung, der Pietät, d. h. aus der Scheu, das zu stören und zu trennen, was die Natur zusammengefügt hat, als aus besondern Verträgen und Satzungen wird ableiten wollen.

---

*) Wo eine solche Abhängigkeit gesetzlich, wie etwa in den Bestimmungen der Römer über die väterliche Gewalt, sanctionirt ist, mildert die Sitte, was dem Geiste des Familienlebens zuwider ist.

Denkt man sich die Familie von diesen Gesinnungen durchdrungen, so ist sie allerdings nicht mehr blos Naturverhältniß, sondern sie hat schon sittliche Elemente in sich aufgenommen, aber die Innigkeit, die Stetigkeit, mit welcher diese Elemente innerhalb der Familie zu wirken fähig sind, hängt auch dann noch von dem natürlich gegebenen, specifischen Charakter der Familienverhältnisse ab. Daher denn auch die Verderbniß des Familienlebens in irgend einem Theile dessen, was wesentlich dazu gehört und damit zusammenhängt, fast überall gleichmäßig von sittlichen Rückschritten begleitet wird.

Wirft man nun einen vergleichenden Blick auf die angedeuteten vier Hauptclassen der Verhältnisse, durch welche die Lebensweise der Einzelnen unvermeidlich bestimmt wird, die Beschäftigungen und Erholungen, die Gesinnungen, die Dienst- und Familienverhältnisse, so liegt die wichtigste Rücksicht, welche eine speciellere Charakteristik derselben nach ihren möglichen Modificationen und der davon abhängenden Rückwirkung auf das Ganze der sittlichen Bildung würde begleiten müssen, in der Ueberlegung, daß sie nicht vereinzelt, sondern vereinigt, und sich gegenseitig auf das Mannigfaltigste durchkreuzend, die Lebensweise bestimmen. Die meisten Arbeiten z. B. hängen mit Dienstverhältnissen zusammen, so genau, daß es oft schwer zu entscheiden ist, ob der Dienst die Arbeit vorschreibt, oder ob jener deshalb gewählt wird, weil die Arbeit Lust, oder Lohn, oder Ehre bringt. Mit der Arbeit und dem Dienste verzweigen sich Gesinnungen mancherlei Art; Zwangsdienst, Lohndienst, Ehrendienst pflegen sich nicht nur durch die Art der Leistung, sondern auch durch die Gesinnung zu unterscheiden, mit welcher das aufgegebene Werk getrieben wird. Ob der Mensch nur arbeitet aus Gewinnsucht, und die Arbeit als eine Last betrachtet, die er jeder beliebigen abspannenden Erholung gegenüber abzuschütteln strebt, oder ob die Arbeit ihm eine innere Genüge giebt, und er in dem richtigen Wechsel derselben die erhebende Erholung findet, deren er bedarf; ob die Dienstverhältnisse eine Anschließung von innen heraus gestatten, oder nur als Druck von außen mit innerem Widerstreben empfunden werden; ob der gesellige Umgang sich vorzugsweise nach den Erholungen oder nach den Arbeiten richtet, ob er sich auf die Familienverhältnisse beschränkt oder in weitere Kreise hinausgreift u. s. w., — das Alles giebt Unterschiede, nach welchen sich ein Wollen erzeugen wird, welches bald eine Richtung auf die Darstellung der Ideen nehmen, bald ihnen zuwiderlaufen, bald endlich sich haltungslos auf der breiten Fläche des Gewöhnlichen und Gemeinen herumtreiben wird. Selbst der Raum, den in dem Leben des Einzelnen die Arbeit und die Muße, der Dienst und die Unabhängigkeit, die Familienbande, und die Gesinnungen gegen Fremde, auf die Dauer oder nur für bestimmte Zeitabschnitte einnehmen, bestimmt sein Wünschen, Begehren, Streben, Handeln, bestimmt das, was er für sich, neben und mit andern, endlich für oder wider andere dulden, haben und treiben will und kann. So gewiß nun jeder Einzelne für jeden Moment seines Lebens nach allen diesen Rücksichten sich auf einen bestimmten, im Laufe der Zeit vielfach veränderlichen Punkt gestellt findet, so gewiß läßt sich die Mannigfaltigkeit von ganz individuellen Combinationen, nach welchen sich das gestaltet, was unter die allgemeinen Begriffe jener Verhältnisse fällt, nicht durch eine allgemeine Untersuchung vollständig erschöpfen. Deshalb müßten die ausführlichsten Schilderungen hypothetisch angenommener Fälle immer darauf gefaßt sein, ein bloßes Fragment des Gewebes darzustellen, in welchem sich selbst für den Kreis seines eigenen Wollens durch eigene Ueberlegung zu orientiren dem nach Sittlichkeit Strebenden aufgegeben ist. Dazu kommt, daß die Art, wie alle jene Verhältnisse sich gestalten, großentheils von einer langen Vergangenheit abhängt, die sie als Glieder eines größeren Systems, als Symptome allgemeiner gesellschaftlicher Zustände erscheinen läßt. Die Arbeiten und Erholungen, der Verkehr und der Umgang, der Geist des Familienlebens, die Art der Dienstbarkeit und Herrschaft sind auf das innigste verwachsen mit den Sitten und Gewohnheiten, mit der Articulation der Gesellschaft, mit der Bildung des Zeitalters, mit dem Typus der Nationalität, mit den religiösen Vorstellungen, den politischen Einrichtungen, überhaupt mit alle dem, was dem Denken und Wollen der Menschen im Ganzen und Großen eine solche oder andere Richtung giebt. Indem sich durch die Erinnerung an solche Verhältnisse die Betrachtung auf ein größeres Gebiet hingewiesen sieht, erscheint alles bisher Erwähnte nur als Theil eines größeren Ganzen, welches eine Mehrheit kleinerer Gruppen von Individuen oder Verhältnissen einschließt. Deshalb muß nun sogleich der

Hauptbegriff untersucht werden, welcher eine solche Vereinigung in ein größeres Ganze bezeichnet. Dieser Begriff ist der der Gesellschaft.

C. Die Gesellschaft.

Gesellschaftliche Vereinigungen kommen hier nicht als Aufgaben, deren Inhalt durch einen allen Einzelnen vorgeschriebenen Zweck bestimmt ist, sondern zunächst nur als Thatsachen in Betracht. Die Frage ist also jetzt nicht: wie sollten die gesellschaftlichen Vereinigungen der Menschen beschaffen sein, oder wie müßten sie beschaffen sein, um einen bestimmten Werth in Anspruch zu nehmen, sondern: wie sind sie wirklich beschaffen? und welches sind die Bedingungen, von welchen diese ihre Naturbeschaffenheit abhängt? Deshalb darf der Begriff der Gesellschaft nicht gleich von vorn herein auf zu enge Grenzen beschränkt werden. Denn wollte man ihm keine andere Bedeutung verstatten, als die einer bewußtvoll und absichtlich geschlossenen Vereinigung mehrerer Privatwillen zu einem und demselben Zwecke, so würde man dadurch zwar eine solche Vereinigung bezeichnen, welche dem Begriffe der Gesellschaft allein vollständig entspricht; allein man würde sich zugleich die Betrachtung der mannigfaltigen Mittelstufen zwischen der Isolirung und der absichtlichen Vereinigung der Individuen, und damit die Einsicht in die Entstehung und relative Haltbarkeit auch dieser absichtlichen Vereinigungen abschneiden. Denn thatsächlich giebt es eine Verschmelzung und oft sehr zähe Cohäsion der Menschen vor aller absichtlichen Vereinigung der Privatwillen, und die Bildung der Gesellschaft im engern Sinne ist oft nur der Ausdruck dafür, daß jene Verschmelzung, die der Sache nach schon vorhanden war, bewußtvoll ausgesprochen und zur Regel des zukünftigen Verhaltens gemacht wird.

Die Gründe einer solchen Verschmelzung braucht man nun nicht weit zu suchen; sie liegen in allen den Verhältnissen, wo mehrere, die irgendwie mit einander in Berührung gerathen, sich gegenseitig auf einander dergestalt hingewiesen sehen, daß die gegenseitige Anschließung der eigene Wunsch jedes Einzelnen wird. Sie liegen also namentlich in den Bedürfnissen und Geschäften der Menschen, in der für jeden Einzelnen vorhandenen Unmöglichkeit, für sich allein jene zu befriedigen, diese auszuführen, sie liegen eben so deutlich in den Neigungen, wie sie aus der natürlichen Abstammung, dem Umgange, der Gewohnheit, der Sitte sich entwickeln. Ueberhaupt, wie viel Gleichartiges, sich gegenseitig ergänzend Entgegenkommendes, Begegnendes, Förderndes unter einer Menge von Individuen verbreitet ist, so viel Anlaß zur Gesellung ist vorhanden, falls nur die übrigen Bedingungen des äußeren Lebens ein beharrliches Zusammenbleiben und Zusammenwirken gestatten*). So betrachtet, ist die gesellschaftliche Verschmelzung etwas ganz unwillkührliches, allmählig von selbst entstehendes, im Verlaufe der Zeit sich immer wieder reproducirendes; ja die Cohäsion der Menschen wird um so inniger und fester sein, je weniger sich hier die Willkühr einmischt, um an die Stelle des natürlich Gewordenen ein künstlich Gemachtes zu setzen.

So gewiß nun aber auch diese natürliche Cohäsion der Menschen unter einander die Basis aller Gesellschaft ist, so entspricht sie allein doch noch nicht dem strengeren Begriffe der Gesellschaft, insofern darin die Forderung einer solchen Einheit des gesellschaftlichen Bewußtseins enthalten ist, wie sie der Begriff der gesellschaftlichen Persönlichkeit bezeichnet. Diesem Begriffe genügt weder das bloße Wissen der Mehreren von einander, noch die bloße Negation der Conflicte zwischen ihnen, noch die einfache Identität der Ansichten, Meinungen, Gesinnungen, Bestrebungen, welche möglicherweise eine bloße Vielheit der Exemplare darstellt, noch die gemeinsame Unterordnung unter einen Dritten, wie sie bei Dienstverhältnissen, noch endlich selbst das auf einander gegenseitig Rechnen, welches im Verkehr, in der Theilung und Verbindung der Arbeiten vorkommt. Alles das bietet natürliche Anknüpfungspunkte für die Entstehung eigentlich gesellschaftlicher Verbindungen dar, aber es ist noch nicht Gesellschaft im engern

*) Man denke für die Anfänge geselliger Verbindungen an den verschiedenen Einfluß, den der Ackerbau und das Hirtenleben auf die Gesellung hat, an die Schranken, welche locale Hindernisse (Gebirge u. s. w.) der geselligen Verschmelzung entgegenstellen u. s w.

Sinne. Sondern die Gesellschaft, welche ein Wir, eine gemeinsame Persönlichkeit darstellen soll, wurzelt in dem Bewußtsein dieses Wir und in einem aus diesem Bewußtsein hervorgehenden Wollen. Diese Forderung bezeichnet eben die bekannte und gewöhnliche Definition der Gesellschaft: daß sie eine Vereinigung mehrerer Privatwillen zu einem und demselben Zwecke sei. Denn in dem Begriffe des Zweckes liegt es, daß die mehreren Wollenden nicht nur gemeinschaftlich etwas wollen, sondern auch wissen, was sie wollen, und in diesem identischen Wissen und Wollen sich als verbunden erkennen.

Soll also der Begriff der Gesellschaft theoretisch bestimmt werden, so genügt es nicht, wie oben bei der Aufstellung der gesellschaftlichen Ideen, den Inhalt jenes gesellschaftlichen Wissens und Wollens in Musterbegriffen zu bezeichnen, sondern es müssen die Form und die Bedingungen jenes Wir untersucht werden. Das Wir entspricht für eine Mehrheit von Individuen dem Ich des Einzelnen; zugleich bietet es für die Untersuchung den großen Vortheil dar, der längst auf die Untersuchung über das Ich hätte Licht werfen können, daß es keinen Anspruch darauf macht, der Ausdruck einer reellen Einheit der Vielen zu sein. Zwei oder irgend wie Viele, die zu sich selbst Wir sagen, meinen gewiß nicht, daß sie eigentlich nur Einer seien; es ist auf den ersten Blick deutlich, daß das Wir nicht in die Sphäre des Seins, sondern ausschließend in die des Bewußtseins gehört. Während daher das Ich durch den Anspruch, Ausdruck eines Realen zu sein, der theoretischen Speculation die größten Schwierigkeiten entgegenstellt, deren Auflösung in der Nachweisung besteht, daß die Ichheit, das Selbstbewußtsein, sich in dem mannigfaltigen und wechselnden Vorstellungskreise des Individuums bildet, aus ihm als ein formaler, den mannigfaltigsten individuellen Bestimmungen zugänglicher Begriff sich hervorhebt*), verräth das Wir in der Mehrheit der zu ihm gehörigen Individuen sogleich die mannigfaltige und veränderliche Grundlage, auf welcher es beruht; es verräth, daß es keine reelle Einheit der Vielen, sondern nur eine bestimmte Beziehung derselben auf einander bezeichnet. Diese

*) Die Bekanntschaft mit den Grundbegriffen der Psychologie muß hier vorausgesetzt werden.

Beziehung braucht keineswegs das gesammte Wissen und Wollen jedes Einzelnen zu erschöpfen; es reicht hin, wenn irgend welche Theile seines Wissens und Wollens den Punkt der Beziehung der Vielen auf einander bilden. In diesem Punkte müssen sie sich, wie Radien in einem gemeinschaftlichen Centrum begegnen. Aber nicht nur begegnen und auf einander hinweisen müssen sie, sondern auch dieses Hinweisen bemerken und inne werden; und eben indem dieses auf einander hinweisen bemerkt wird, entsteht das Wir, die gesellschaftliche Persönlichkeit. Diese gegenseitige Apperception macht bei dem Wir viel weniger Schwierigkeit als bei dem Ich; denn bei diesem ist sie eine innere der Vorstellungsmassen unter einander, beim Wir ist sie für jedes im Kreise der Gesellschaft eingeschlossene Individuum eine äußere, sich in den Berührungen derselben unter einander leicht erzeugende.

Den Inhalt des gesellschaftlichen Selbstbewußtseins bestimmt demgemäß der Inhalt des gemeinschaftlichen Punktes, in welchem sich die Einzelnen begegnen. Es giebt folglich, wie die Erfahrung in jedem Augenblicke bestätigt, ein höchst mannigfaltiges Wir für jeden Einzelnen, je nachdem seine Beziehungen auf andere in verschiedenen Punkten mit denen jener auf ihn sich begegnen. „Wir Menschen, wir Männer, wir Kaufleute, wir Familienväter, wir Landsleute, wir Volksvertreter" u. s. w., solche Ausdrücke sind nahe liegende Beispiele von der vielfachen gemeinschaftlichen Persönlichkeit, durch welche ein und dasselbe Individuum sich mit andern verknüpft fühlt. Sehr leicht nun wird diese gemeinschaftliche Persönlichkeit nicht blos durch ein ruhiges, gleichbleibendes Verhältniß eines gemeinschaftlichen Wissens, sondern auch durch ein gleiches Streben, durch einen erst durch fortgesetztes Wollen und Handeln zu erreichenden Zweck bestimmt sein können; und daraus erklärt sich die Thatsache, daß es für jeden so vielfache gesellschaftliche Anschließungen geben kann, wie vielerlei Zwecke es für ihn giebt. Deshalb ist unmittelbar gar nicht zu erwarten, daß alle Privatwillen in eine einzige Gesellschaft verschmelzen werden, sondern der natürliche Bildungsgang der Gesellschaft ist zunächst auf die Entstehung mehrerer kleinerer Kreise beschränkt, welche allerdings, nachdem sie sich gebildet haben, zu einem größeren gemeinschaftlichen Ganzen verschmelzen können. Allgemein ausgedrückt: indem die Einzelnen mit ihren Meinungen,

Wünschen, Gefühlen, Interessen, Bestrebungen eingehen in gesellschaftliche Verbindungen, zerlegt die Individualität dessen, womit sie in diese verschiedenen Verbindungen eingehen, ganz von selbst das Wir so vielfach, als wie vielfach jene individuellen Bestimmungen sind; ebenso zerlegt aber auch das Wir die individuelle Ichheit jedes Einzelnen, indem jede der Gesellschaften, welchen er möglicherweise angehört, besondere Ansprüche an ihn macht*); ja die verschiedenen gesellschaftlichen Persönlichkeiten zerlegen einander gegenseitig durch die Individuen, die an mehreren derselben Theil nehmen.

In der Mannigfaltigkeit des Wir liegt ein mannigfaltiges Nicht-Wir. Was von den Wünschen, Interessen, Bestrebungen des Einzelnen nicht eingeht in die Vereinigung mit andern, bleibt isolirt, ist der Träger, der Ausdruck des individuellen Wollens als solchen. So wie hierdurch der Privatwille des Einzelnen gegenübertritt dem gemeinschaftlichen Wollen in der Gesellschaft, so ist durch die Unvereinbarkeit dessen, was jeder für sich selbst will, mit dem, was andere wollen, die Möglichkeit gegenseitiger Hemmungen durch einander gegeben. Vorausgesetzt wird dabei, daß die Privatwillen sich in einer gemeinschaftlichen Sphäre ihres Wollens und Handelns begegnen, innerhalb deren sie sich nicht ausweichen können; dann aber entsteht die Hemmung als eine Negation zwischen ihnen so oft und so vielfältig, als der Effect ihres Wollens durch die Effecte eines gegenüberstehenden Wollens verkümmert wird. Die Hemmung bezeichnet, ohne gerade nothwendig in den Streit ausbrechen zu müssen, die Differenz zwischen dem Effecte des Wollens, der in die Wirklichkeit tritt, und dem Effecte, den das Wollen gehabt haben würde, wenn nicht die hemmende Kraft gegenübergestanden hätte. Seiner Natur nach wirkend gegen die Hemmung wird nun das Wollen an ihr zur

*) Obgleich es scheinen könnte, als setze das Wir das Ich jedes Einzelnen voraus, so ist dies doch falsch. Das Wir kann sich möglicherweise eben so gut mit dem Ich zugleich bilden, und das Ich wird durch ein mannigfaltiges Wir vielfältig umgebildet. Eine strenge Entgegensetzung des Ich und des Wir ist meist erst Resultat eines weitläuftigen psychischen Entwickelungsprocesses; für die ethische Gesellung ist es geradezu von der größten Wichtigkeit, ob das Wir erst hinzutritt zu dem Ich, oder das Ich sich ursprünglich in dem Wir findet, oder sich von dem Wir losreißt.

Kraft, und zwar zur strebenden Kraft, und wo die Interessen der Menschen, vielfach gespalten, theils einander entgegenkommen und zur Verschmelzung geeignet sind, theils aber auch unvereinbar zusammentreffen, wird sich ein verwickeltes Schauspiel vielfach verschlungener Verschmelzungen und Hemmungen darstellen. Wahrhaft verschmelzen kann überhaupt nur das, was von der Hemmung nicht berührt wird oder von ihr übrig bleibt*), und dies gilt eben sowohl von den Einzelnen als von größeren Gruppen, in welchen diese unter einander in gewisser Hinsicht schon verschmolzen sind.

Wendet man nun diese einfachsten Grundbegriffe auf eine Menge von Individuen an, so wird die Art und Weise, wie sich unter ihnen in größeren oder kleineren Gruppen das Wir im Gegensatz zum Ich, das gesellschaftliche Wissen und Wollen gegenüber dem individuellen jedes Einzelnen gestaltet, befestigt, verändert, umbildet, das Gesammtproduct aus den Verschmelzungen und Hemmungen sein, welche aus dem gesammten Wollen aller Einzelnen hervorgehen. Wie weitgreifend daher auch der Begriff der Gesellschaft ist, in seinen besondern Bestimmungen kann er gar nicht ohne Rücksicht auf das, was in den Individuen, welche eingeschlossen sind in den Kreis der Gesellschaft, nicht zur Einheit des gesellschaftlichen Bewußtseins verschmilzt, verstanden werden. Innerhalb dieser Grenzen stellt jede Gesellschaft das Schauspiel einer Masse für und wider einander wirkender, psychischer Kräfte dar, und das innere Schicksal der Gesellschaft hängt von der Zahl, der Größe, der Beschaffenheit, den Verhältnissen, den Veränderungen dieser in ihr wirkenden Kräfte ab. Sollte es jemals gelingen, nach Anleitung der Psychologie diese innere Dynamik der gesellschaftlich wirkenden Kräfte nach genau bestimmten Gesetzen theoretisch kennen zu lernen, so würden diese Gesetze auf eine Räubergesellschaft so gut, wie auf die Rechtsgesellschaft, auf eine Erholungsgesellschaft so gut, wie auf die beseelte Gesellschaft anwendbar sein müssen; denn alle diese Gesellschaften unterscheiden sich nicht

*) Das Uebrigbleibende könnte sogar die bloße Vorstellung sein, daß nichts zur Verschmelzung Geeignetes da ist, und ein solches Bewußtsein würde sich etwa da verrathen, wo mehrere sagten: „wir wollen doch ja keine Gesellschaft in dieser oder jener Beziehung bilden."

dadurch von einander, daß sie eine gesellschaftliche Persönlichkeit zu repräsentiren Anspruch machen, sondern in dem, was dem gesellschaftlichen Gesammtwollen seinen Inhalt, sein Ziel, die Bahn seiner Thätigkeit vorschreibt.

Abgesehen von allen Unterschieden dieser Art läßt sich nunmehr genauer angeben, was allgemein in dem theoretischen Begriffe der Gesellschaft liegt. Zuerst ist unmittelbar deutlich, daß die gesellschaftliche Einheit, wie innig man sie sich auch denken möge, immer nur eine ideale ist. Alle Gesellung als solche liegt in der Sphäre des geistigen Lebens, des Bewußtseins, wie sehr auch das, was in sie hineintreibt und auf ihre Gestaltung einwirkt, von äußeren Verhältnissen abhängen möge. Die wahren Elemente, welche die Gesellschaft wirklich constituiren, sind und bleiben daher die Privatwillen, und es ist nichts als eine leere Abstraction, die Gesellschaft, als ob sie ohne die Privatwillen noch irgend etwas wäre, von diesen loszureißen. Der allgemeine gesellschaftliche Wille existirt als wirklicher Wille nur in den Individuen, die die Gesellschaft bilden; und der allgemeine Geist, der die Gesellschaft beseelen mag, ist nichts als der Gesammtausdruck für den Geist aller Einzelnen, insofern sie sich an einander anschließen, und für einen gemeinschaftlichen Zweck wirken und handeln. Obgleich daher Niemand mit einem andern als mit seinem eigenen Wollen eingehen kann in die Gesellschaft, so gilt er doch für diese nur insofern etwas, als er sein eigenes Wollen dem gesellschaftlichen Zwecke widmet, unterordnet, ja sogar, sofern ein anderes Wollen in ihm jenem Zwecke vielleicht zuwiderläuft, dieses aufzuopfern bereit ist. In dieser Beziehung des Wollens auf den bestimmten Zweck einer Gesellschaft verräth sich sogleich der zweite Factor, der zu ihrem Begriffe gehört, nämlich das Bedürfniß gewisser Formen, durch welche das Verhältniß der Privatwillen zu dem gesellschaftlichen Zwecke bezeichnet und geordnet werde. Die Formen könnten scheinen der Willkühr anheim zu fallen; manche Formen mögen auch wirklich der bloßen Willkühr ihr Dasein verdanken; aber eine Grenze giebt es hier ganz gewiß in der Beziehung der Formen auf den Zweck der Gesellschaft. Jeder gesellschaftliche Zweck verlangt seine eigene Form; Formen, welche die Erreichung eines bestimmten Zweckes unmöglich machen, zerstören die Möglichkeit, die Gesellschaft in diesem Zwecke zusammenzuhalten; und die Formen sind die besten, welche sich der Natur des Zweckes am genauesten anschließen, aus ihm der Natur der Sache nach abgeleitet sind. Deshalb ist der allgemeine Begriff der Gesellschaft höchst verschiedenen Formen zugänglich; was für eine Handelsgesellschaft paßt, paßt nicht für eine Erholungsgesellschaft, die Formen, die eine Armee zusammenhalten, würden eine Akademie zerstören u. s. f. Aber mögen immerhin die Privatwillen zu einem gemeinschaftlichen Zwecke sich vereint haben, mögen auch die Formen gefunden, die Einrichtungen getroffen sein, welche jeden auf die dem Zwecke angemessenste Weise an dem Ganzen der Gesellschaft theilnehmen und dadurch den Zweck selbst erreichen lassen; — soll die Gesellschaft Bestand haben, soll sie nicht scheitern an den Veränderungen der Privatwillen, so wird sich in ihr überdies noch das Bedürfniß einer Macht fühlbar machen, welche den gesellschaftlichen Zweck der Wandelbarkeit der individuellen Willkühr gegenüber aufrecht erhalte. Wo der gesellschaftliche Geist stark genug ist, um dieser Gefahr einer Aufhebung des gesellschaftlichen Zweckes vorbeugen zu wollen, da wird er entweder eine schon vorhandene Macht anerkennen, oder, falls dies möglich ist, eine stiften. Jedenfalls aber beruht die Bedeutung, welche die Macht für die Gesellschaft als solche hat, auf der Kraft, mit welcher sie den gesellschaftlichen Zweck aufrecht zu erhalten fähig und entschlossen ist. Sie soll „das Zutrauen ergänzen," und, wo die wirklichen Abweichungen einzelner Privatwillen es gestört hätten, es wenigstens für die übrigen ersetzen.

Die Beziehung der drei Factoren jeder Gesellschaft, der in dem allgemeinen Wollen verschmolzenen Privatwillen, der Formen des gesellschaftlichen Wirkens, und des Schutzes des gesellschaftlichen Zweckes durch die Macht, ist so beschaffen, daß keiner von ihnen ganz fehlen darf, ohne daß die wirkliche Existenz der Gesellschaft aufgehoben oder gefährdet wird. Am leichtesten, scheint es, würde man unter der Voraussetzung einer absoluten gesellschaftlichen Durchdringung der Privatwillen und einer vollkommenen Angemessenheit der Formen an den Zweck der Gesellschaft die Macht entbehren können; indem dann die Erwartung statthaft sein würde, das, wofür die Macht wirken solle, werde von selbst erfolgen. Aber jene Voraussetzung ist auf die Wirklichkeit nicht anwendbar; und selbst wenn sie es wäre, würde für die gesellschaftliche Macht der Begriff eines Repräsentanten und Interpreten des allgemeinen Willens übrig bleiben. Wo jedoch die Vereinigung der Privatwillen nicht hinreichend stark und zuverlässig, wo die Formen mangelhaft, unzweckmäßig oder gar in der Auflösung begriffen sind, da fängt auch der ganze Begriff der Gesellschaft an, seine volle Bedeutung zu verlieren. Gleichwohl sind diese Factoren, jeder für sich und in seiner Beziehung auf die andern, so beschaffen, daß die möglichen Verschiedenheiten derselben nicht nur mannigfaltige Schranken der Gesellschaft verrathen, sondern auch sich in ihnen keine absolute Bürgschaft für die fortschreitende Entwickelung des gesellschaftlichen Wollens darbietet. Lassen sich Schranken und Mängel dieser Art aus theoretischen, in der Natur der menschlichen Gesellung liegenden Gründen allgemein nachweisen, so gewinnt man dadurch nicht nur einen Maaßstab für die Erwartung, in wiefern die wirkliche Gesellung der Idee der beseelten Gesellschaft werde entsprechen können, sondern jene Nachweisung ist auch unentbehrlich für die Einsicht in die Bedingungen, unter welchen eine Annäherung der wirklichen Gesellung an jene Idee zu hoffen, eine Entfernung beider von einander zu fürchten ist.

Sieht man hierbei zuvörderst auf den Umfang der Gesellung, auf die Menge der in ihr vereinigten Privatwillen, so wird die Gesellung in der Wirklichkeit nicht weiter reichen, als die Communication unter einer Mehrzahl von Individuen mit der nöthigen Leichtigkeit und Sicherheit möglich, als ferner Veranlassung für sie vorhanden ist, von einander gegenseitig Kenntniß zu nehmen, und als endlich, was das Wichtigste ist, ihre particulären Interessen sie auf eine Vereinigung unter einander hinweisen. Particuläre Interessen aber begegnen sich immer nur zufällig und für einen beschränkten Umfang; nur solche Zwecke, welche unabhängig von subjectiver Neigung und Begierde dem auf sie gerichteten Streben eine unmittelbare Würde geben, wären fähig, falls nicht wieder andere Hindernisse hemmend eintreten, für einen immer wachsenden Kreis von Individuen das gemeinsame Band zu sein. Gerade solche Zwecke, wie sie in den Ideen und nur in ihnen liegen, sind aber keineswegs die am allgemeinsten verbreiteten Motive des menschlichen Wollens; unter welchen vielmehr sehr viele sind, die die Einzelnen eher auseinanderhalten, als zusammenbinden. Man wird daher ganz allgemein darauf gefaßt sein müssen, daß keine

Gesellschaft sämmtliche auf demselben Boden sich berührende Individuen vollständig einschließe. Aber wie weit sich auch eine Gesellschaft ihrem Umfange nach erstrecke, so entsteht ferner die Frage nach der Innigkeit der gesellschaftlichen Durchdringung und der Quantität des gesellschaftlichen Wollens. Jene wird schon dadurch vermindert, daß nicht jeder mit der ganzen Mannigfaltigkeit seines Wollens eingeht in den gesellschaftlichen Zweck; was er unabhängig von diesem für sich sein, haben, treiben, genießen und erreichen will, hebt die gesellschaftliche Durchdringung mit den übrigen auf. Denn diese hängt in der Wirklichkeit wesentlich davon ab, mit welchem Theile ihres ganzen Wollens die Einzelnen sich einer bestimmten gesellschaftlichen Verbindung wirklich anschließen. Wo nun den Einzelnen vieles lockt und reizt und in der Zersplitterung seines Wollens ihn hindert, sich einer bestimmten Verbindung ganz und vollständig anzuschließen, wo ebendeshalb dieselben Individuen mehreren gesellschaftlichen Kreisen angehören, und die letzteren sich selbst gegenseitig durch die zu ihnen gehörigen Individuen zerlegen, hindert diese Zerlegung die gesellschaftliche Innigkeit jedes einzelnen Kreises; die Elemente der Gesellung „verdünnen" sich gleichsam und die Cohäsion der Individuen wird in keinem jener Kreise stärker sein, als die übrigen Anziehungspunkte, die auf sie einwirken, es gestatten. Alles aber, was die Innigkeit der Durchdringung hemmt, hemmt auch die Quantität des gesellschaftlichen Wollens, welches mit der Innigkeit zugleich sein Maximum erreichen würde, wenn die gesammte Energie des individuellen Wollens, ungetheilt und ungeschwächt, sich dem gesellschaftlichen Zwecke widmete. So gewiß nun unter einer größern Mehrheit von Willen nicht blos Identität, sondern auch Gegensätze sich finden, Gegensätze, welche trotz ihrer Richtung auf einen gemeinschaftlichen Zweck schon in den Meinungen über die Mittel und die Art der Mitwirkung für jenen Zweck zu Tage kommen können, so gewiß wird ein größeres oder kleineres Quantum des gesellschaftlichen Wollens durch die daraus hervorgehenden Hemmungen der Mehreren unter einander unwirksam gemacht. Gleichwohl wird dieses Quantum der in der Gesellschaft gehemmten Kräfte nicht vernichtet, vielmehr verwandelt es sich in ein Streben wider die Hemmung; nur für den gesellschaftlichen Zweck geht es, so lange die Hemmung dauert, verloren, und zwischen dem Quantum der in einer Gesellschaft gerade jetzt sichtbar wirkenden Kraft und der in derselben Gesellschaft latenten Kräfte kann eine sehr große, und, wenn sie unbeachtet bleibt, sehr gefährliche Differenz bestehen. Denn die schwächern Willen, gleichviel, ob die Unterschiede ihrer Energie ursprüngliche oder allmählig entstandene sind, werden von den stärkeren im umgekehrten Verhältnisse ihrer Stärke gehemmt, aber sie reagiren in demselben Verhältniß, in welchem sie gehemmt werden, und eine Veränderung in dem ganzen Systeme dieser Kräfte vermag oft eine schnelle und gewaltsame Entbindung des gehemmten Theiles derselben herbeizuführen. Für das Quantum des gesellschaftlichen Wollens kommt überdies noch ein Umstand in Betracht, der für die wirklichen Verhältnisse die allgemeinste Bedeutung hat. Die äußeren Gegenstände und Mittel, welche jedem Einzelnen zu Gebote stehen, um an ihnen und durch sie sein Wollen geltend zu machen, sind die Coefficienten der Energie des Wollens selbst. Es entsteht also nothwendig ein Verlust an gesellschaftlicher Wirksamkeit, wenn die Coefficienten nicht nach der Energie der Willen vertheilt sind*); eine Vertheilung, welche gleichwohl schon dadurch gehindert wird, daß die Ungleichheit des Besitzes sich zum größten Theile nicht nach der Befähigung zur gesellschaftlichen Wirksamkeit richtet. Große Güter in den Händen schwacher**), einflußreiche Stellen in den Händen unfähiger Menschen u. s. w. sind naheliegende Beispiele für diese Verminderung des gesellschaftlichen Wollens, welchem eine andere Vertheilung dieser äußeren Mittel eine andere Größe verschaffen würde. Das Schlimmste ist, daß dadurch das gesellschaftliche Wollen nicht nur geschwächt, sondern auch theilweise *verfälscht* wird. Denn schwache Willen mit großen Coefficienten erscheinen nun als stark, starke

*) Man bezeichne den schwächeren Willen durch a, den stärkeren durch $a + b$, die Coefficienten ihrer Wirksamkeit durch α und $\alpha + \beta$, so entstehen vier Producte: $a\alpha$, $a(\alpha + \beta)$, $(a + b)\alpha$, und $(a + b)(\alpha + \beta)$, welche das Quantum der Wirksamkeit jedes dieser Willen bezeichnen und von welchem das erste nothwendig kleiner ist als alle folgenden, das zweite und dritte kleiner als das vierte. In der *Summe* der Producte, welche das Quantum des *gesellschaftlichen* Wollens bezeichnet, fehlt im ungünstigen Falle der Vertheilung die Größe $b\beta$ ganz.

**) Der Egoismus, der sich *aussondert* von dem gesellschaftlichen Interesse, ist auch ein *gesellschaftlich* schwacher Wille.

mit kleinen als schwach; die wirkliche Energie wird zurückgedrängt, und an deren Stelle treten, weil die Verknüpfung der Willen unter einander und nicht die der Sachen mit den Willen die wahre Basis der Gesellschaft ist, fingirte, imaginäre gesellschaftliche Kräfte auf, die der gesellschaftlichen Entwickelung sich anzuschließen weder fähig noch geneigt sind. Dennoch ist die Entstehung solcher fingirter Willen in einer größeren, nur einigermaßen zusammengesetzten Gesellschaft kaum ganz zu vermeiden. Denn schon die fortwährenden Veränderungen, welchen das Quantum des gesellschaftlichen Wollens und noch mehr die Vertheilung dieses Quantums durch die Wandelbarkeit des Güterbesitzes ausgesetzt ist, würden im Stande sein, die Richtung und den Zusammenhang der gesellschaftlichen Thätigkeit den stärksten Schwankungen auszusetzen. Das zunächst liegende Mittel, solchen Schwankungen vorzubeugen, ist die Sanctionirung gewisser Formen, welche den gesellschaftlichen Einfluß an äußere Güter, an Besitz, Aemter, Namen, Alter u. s. w. binden; aber gerade dadurch erlangen diese äußeren Verhältnisse ein Uebergewicht über die Verhältnisse der Willen selbst, und diejenige Verknüpfung der Sachen mit den Willen, welche für die Energie des gesellschaftlichen Wollens die vortheilhafteste sein würde, bleibt mehr oder weniger dem Zufalle ausgesetzt. — Endlich kommt aber neben der Innigkeit und der Energie des gesellschaftlichen Wollens auch noch die Continuität desselben nebst der natürlichen Haltbarkeit der ganzen Verbindung in Betracht. Die letztere ist da von geringer Wichtigkeit, wo der Zweck der Vereinigung nur ein vorübergehender ist und auf die einstige Auflösung der Gesellschaft vielleicht sogleich bei ihrer Stiftung gerechnet wird. Aber wo sie die Individuen, die Geschlechter überleben soll, wo ihr die Aufgabe gestellt ist, den gesellschaftlichen Zweck mitten in dem Wechsel der Generationen festzuhalten und weiter zu entwickeln, da wird es von Wichtigkeit, nach den Bedingungen zu fragen, unter welchen mit dieser Continuität des gesellschaftlichen Wollens die natürliche Haltbarkeit der Verbindung zu erwarten stehe. Die letztere wird nun zwar meistentheils da am größten sein, wo nicht die Willkühr, sondern das Bedürfniß die Gesellschaft erzeugt; dennoch ist es nicht ganz allgemein wahr, daß dasselbe Bedürfniß, welches die Menschen aneinander knüpfte, sie auch zusammenhalten müsse. Es könnte gesellschaftliche Zwecke geben, deren Realisirung eine fortgesetzte Wirksamkeit für sie überflüssig machte; es könnte andere geben, für welche zu wirken die Voraussetzungen gerade dieser bestimmten gesellschaftlichen Thätigkeit (wenn auch nur mittelbar) aufheben könnte. Die Haltbarkeit einer gesellschaftlichen Verbindung wird also wesentlich darauf beruhen, daß sie als das unentbehrliche Mittel für die Erreichung der Zwecke, um deren willen sich die Einzelnen ihr angeschlossen haben, von diesen selbst erkannt wird, und daß sich dadurch die Voraussetzungen in der Gesinnung und dem Willen der Einzelnen immer von Neuem reproduciren, auf welchen ihre Fortdauer beruht*). Wenn diese Bedingungen erfüllt sind, so mag immerhin nicht wenig an der Innigkeit und Energie des allgemeinen Wollens fehlen, so mag das letztere immerhin theilweise gehemmt, zerstreut, unterbrochen, in mancherlei Weise gestört werden, die Gesellschaft im Ganzen wird doch eine Zähigkeit verrathen, die der gänzlichen Auflösung widersteht, starke Stöße von außen ertragen kann und innerlichen Umbildungen und Verbesserungen zugänglich ist. Daß aber jene Bedingungen erfüllt werden, dafür liegt in dem allgemeinen Begriff der Gesellschaft, schon wegen der unvermeidlichen Wandelbarkeit der Privatwillen, keine Bürgschaft. Deshalb fordert jede bestimmte Gesellschaft in dieser Beziehung zu besondern Ueberlegungen auf, in wiefern gerade in ihrem Zwecke und in den bestimmten ihr zugänglichen Mitteln für diesen Zweck jene Bedingungen erfüllt sind oder nicht. Die natürliche Haltbarkeit wird überdies immer geringer werden, je mehrere kleinere, relativ selbstständige Gruppen in einem größeren Ganzen mit einander verknüpft sind; denn diese kleineren Gruppen werden sich aus dem Ganzen aussondern, sobald das Gefühl ihrer Selbstständigkeit, obgleich sie dieselbe vielleicht erst durch eine, in Verbindung mit jenem Ganzen möglich gewordene Entwickelung erhalten haben, das Bedürfniß des Anschließens überwiegt, wie das Loslösen der Familien der Kinder von den Eltern, das Abfallen der Colonien von dem Mutterlande, das Zerfallen größerer

---

*) Man kann vorläufig in dieser Beziehung die verhältnißmäßig sehr große Zähigkeit der Rechtsordnung mit dem schwankenden und fluctuirenden Charakter der Verwaltung vergleichen.

Staaten in mehrere kleinere solche Phänomene in sehr verschiedenen Verhältnissen darstellt.

Diese natürlichen Schranken, welche das Wir, die gesellschaftliche Persönlichkeit in der wirklichen Gesellschaft nur innerhalb gewisser Grenzen werden zu Stande kommen lassen, sind aber nicht die einzigen. Sie beruhen lediglich auf dem Verhältnisse der Privatwillen zu dem durch den Begriff der Gesellschaft geforderten allgemeinen Willen, welches sowohl dadurch, daß die Privatwillen nur mit dem Vorbehalte ihrer Privatinteressen in den gesellschaftlichen Willen eingehen, als auch durch die Hindernisse der vollkommenen Entwickelung ihres gesellschaftlichen Wollens, endlich durch ihre eigene natürliche Veränderlichkeit Abbruch leidet. Andere und eben so wichtige Schranken liegen überdies in dem Verhältnisse der Formen und der Macht zu dem gesellschaftlichen Zwecke.

Die Formen sollen der Ausdruck der Art und Weise sein, in welcher die Einzelnen gemeinschaftlich, wenn auch nach dem abgestuften Verhältnisse ihrer Befähigung, an der Erreichung des gesellschaftlichen Zweckes mitarbeiten. Sie sollen sich also vor allem richten nach dem Zwecke, und nach der Natur der Mittel, welche gerade für diesen Zweck die wirksamsten, bequemsten, sichersten sind. Aber diese Forderung würde nur erfüllt werden, wenn die Formen sich ohne alle Einmischung der Willkühr, des individuellen Vortheils u. s. f. unmittelbar und rein aus dem Zwecke der Gesellschaft, verglichen mit den eben vorliegenden Mitteln seiner Erreichung, entwickelten, und wenn diese Entwickelung nicht nur von einer vollständig ausgebildeten Einsicht, sondern auch von einem über den ganzen Umkreis der Gesellschaft gleichmäßig verbreiteten Willen getragen würde, der entschlossen wäre, sich allen, für das Ganze der Gesellschaft nothwendigen und zweckmäßigen Formen gern und redlich zu unterwerfen. Fehlt nun etwas an dieser Einsicht oder an diesem Willen, — und an dem Willen wird, selbst unter Voraussetzung der Einsicht, überall ohngefähr so viel fehlen, als an der Innigkeit der gesellschaftlichen Durchdringung fehlt; — so werden die Formen, unter der Herrschaft eines nicht in dem Zwecke liegenden Bildungsgesetzes, gleich von vorn herein unvollkommen und unzweckmäßig sich gestalten. Namentlich werden sich auf sie alle die Vorbehalte partieller, den Zweck der

Gesellschaft theilweise ausschließender und beschränkender Interessen, alle die Folgen des Uebergewichts fortpflanzen, welches Einzelne oder größere Gruppen vor ihrer gesellschaftlichen Verschmelzung im Verhältniß zu andern schon besaßen. Werden solche Formen, welche das gesellschaftliche Leben nicht fördern, sondern wie Schmarozerpflanzen an ihm zehren, vollends durch Gewohnheit, Herkommen, Sitte befestigt, vielleicht sogar als Rechtsbestimmungen sanctionirt, so wirken sie nothwendig zurück auf den gesellschaftlichen Geist aller derer, welche sich durch sie belästigt, gehemmt, gedrückt fühlen; die Gesellung stirbt innerlich ab, und schleppt, wo eine förmliche Auflösung derselben unmöglich ist, ein kraftloses Dasein mühsam fort. Gesetzt jedoch, es seien für eine bestimmte Gesellschaft unter bestimmten Verhältnissen durch eine innere Naturnothwendigkeit, durch Glück oder Weisheit wirklich die Formen gefunden worden, die ihr gerade jetzt zusagen, so liegt darin immer noch keine Bürgschaft, daß dieselben Formen unter andern Verhältnissen gleich passend, gleich angemessen sein werden. Je größer und wichtiger, je umfassender, je mannigfaltiger die Zwecke einer Gesellschaft sind, je weniger es in die Willkühr des Einzelnen gestellt ist, ob er sich ihr anschließen wolle oder nicht, je weniger er die Bedingungen dieser Anschließung in seiner Gewalt hat, desto unvermeidlicher werden Veränderungen in den Gegenständen, den Richtungen des gesellschaftlichen Wollens im Ganzen und Einzelnen eintreten; alte gesellschaftliche Kräfte können verschwinden, neue entstehen; das Verhältniß derselben kann sich umbilden; was früher Bedeutung hatte, kann sie verlieren, Neues sie erlangen, die Schwerpunkte des gesellschaftlichen Strebens sich anders vertheilen und anordnen. Sollen nun die Formen diese Umgestaltungen zu begleiten im Stande sein, so müssen sie einen Grad von Geschmeidigkeit und Biegsamkeit haben, der jenen Veränderungen nachgiebt, ohne den gesellschaftlichen Zweck aufzugeben. Die Festigkeit aber, deren sie bedürfen, um der Gesellschaft innere Haltung zu geben und sie vor Verwirrung und Rückschritten zu wahren, läßt sich nicht immer vollkommen mit jener Geschmeidigkeit vereinigen, so daß sich mit den innern Modificationen der Gesellschaft die Formen etwa wie von selbst auf die richtige Weise umbildeten; sondern es ist schon ein Glück, wenn dann, nachdem das Bedürfniß ihrer Veränderung ist gefühlt und erkannt worden, so viel wahrer Gemeingeist vorhanden ist, um mit Bewußtsein und im Interesse der ganzen Gesellschaft an die Stelle des Alten, was entweder nie ein wahres Leben in sich trug oder sich überlebt hat, neue und zweckmäßigere Formen zu setzen. Wie lange es dauert, ehe man diese Bedürfnisse erkennt, wie groß die Last veralteter Formen muß geworden sein, ehe man sie auch von Seiten derer, die sie nicht drücken, anerkennt, und wie dann oft die bittere Noth, die rohe Gewalt, die günstige Gelegenheit den Knoten zerhaut, den der gute Wille, bewaffnet mit der Einsicht, viel früher hätte lösen können und sollen, das lehrt die Geschichte mit deutlichen Zügen, und die Bewunderung, welche jede durchgreifende und gelingende Reformation, jede wirklich ausgeführte Erneuerung eines richtigen Verhältnisses zwischen den gesellschaftlichen Zwecken und Formen zu begleiten pflegt, beweist nur, wie gewöhnlich das Schauspiel eines Mißverhältnisses zwischen beiden ist und in welchem geringen Umfange man mit Sicherheit darauf rechnen kann, daß die gesellschaftlichen Formen dem Begriffe der Gesellschaft entsprechen und nachgeben.

Nicht mindere Bedenken erregt endlich der Begriff der gesellschaftlichen Macht, deren Bedürfniß in der Wandelbarkeit der die Gesellschaft bildenden Privatwillen schon nachgewiesen worden ist. Soll die Macht den Zweck der Gesellschaft gegen die Abweichungen der Privatwillen schützen und aufrecht halten können, so darf auf dem Boden derselben Gesellschaft nicht mehr als eine höchste Macht vorhanden sein; denn mehrere gleich starke Mächte würden, in dem Falle, daß sie wider einander wirkten, sich in ihren Wirkungen aufheben. Zu einer idealen Gesellschaft ist es nun sehr leicht einen obersten Einheitspunkt hinzuzudenken, in welchem sich durch die Anerkennung der Gesellschaft selbst die höchste gesellschaftliche Macht concentrire; es ist eben so leicht, in Gedanken diese Macht durch Verträge zwischen ihr und der Gesellschaft mit der ganzen Majestät des Rechts zu bekleiden, auf daß die Ausübung eines die Privatwillen an dem gesellschaftlichen Zweck festhaltenden, die Verletzung desselben strafenden Zwanges nicht als Willkühr erscheine. Diese Macht ist dann selbst das Product des allgemeinen Willens; sie ist durch ihn gestiftet und übertragen und kann ohne Mühe als auf eine solche Weise gestiftet gedacht werden, daß ihre Beziehung auf den gesellschaftlichen

Zweck zugleich die Schranke ihrer Berechtigung bilde, über welche hinaus oder welcher zuwider wirkend sie ihren Anspruch auf Gehorsam verliere. Gerade hierin liegen aber Voraussetzungen, die sich in der wirklichen Gesellschaft nicht nothwendig realisirt finden. Auf die wirkliche Gesellschaft paßt jener ideale Einheitspunkt, in welchem man die gesellschaftliche Macht vereinigt denkt, so wenig unmittelbar und allgemein, daß vielmehr in ihr bei weitem das Meiste auf die, welche die Macht haben*), ankommt. Die wirklichen Verhältnisse zwischen denen, die keine Macht haben, und denen, welche sie haben, beruhen nun nicht auf blos gedachten, sondern auf wirklichen Kräften. Diese in der Gesellschaft wirklich wirkenden Kräfte ergeben aber zunächst gar nicht nothwendig einen einzigen Schwerpunkt der gesellschaftlichen Macht, sondern es sind sehr mannigfaltige und verschiedenartige Kräfte, welche auf dem Boden der Gesellschaft mannigfaltig vertheilt sein können. Die Möglichkeit des physischen Zwanges ist dabei weder das erste, noch das wesentliche Merkmal des Mächtigen; sie mag passen für sehr rohe und zugleich sehr kleine Kreise; wo diese größer werden, als daß der Mächtige sie durch die Kraft seines eigenen Armes und allenfalls die Verlängerung desselben durch das Schwert selbst beherrschen kann, wo er, um seinem Befehle Gehorsam zu verschaffen, fremder Arme, und somit fremder Willen bedarf, da wird seine Macht auch nur auf dem Einflusse, mit welchem sein Wille auf fremde Willen wirkt, und auf der Sicherheit beruhen, mit welcher er darauf rechnen kann, daß diese fremden Willen den seinigen zu dem ihrigen machen werden. Auf wie vielfache Weise dieser Einfluß erworben, befestigt, erweitert werden kann, so vielfach werden die Arten der Macht sein; und wie vielen Individuen oder Gruppen von Individuen es gelingt, solche Mittelpunkte des Einflusses auf andere zu werden, so viele Machthaber können möglicherweise auf dem Boden derselben Gesellschaft Platz ergreifen. Will man daher die Arten der Macht näher bestimmen, so weist das zurück auf die Arbeiten und Erholungen, die Gesinnungen, die Dienst- und Familienverhältnisse. Bald ist es Bewunderung und Achtung, bald Furcht und Feigheit, bald Gewohnheit und Nachahmung, bald

---

*) Personen, Familien, Stände, Corporationen u. s. w., das ist hier noch gleichgültig.

äußere Noth und Eigennutz, bald Eitelkeit und Herrschsucht, was Einzelne und ihren Willen zu Mittelpunkten eines Kreises macht, der sich ihnen unterwirft, seine Kraft ihnen widmet, und so ihre Macht meist absichtslos, unbewußt, oft selbst wider Willen erzeugt, indem er sie duldet. Man denke an die Macht eines glücklichen Heerführers, an die Macht der Priester, des Reichthums, und hier wieder an den Unterschied des beweglichen und des unbeweglichen, an die Macht der Mode, der Vorurtheile, der Klugheit u. s. w., so wird man eine lange Reihe sehr verschiedenartiger Mächte durchlaufen können, ehe man unter andern auch auf die Macht des Rechtes, des Wohlwollens u. s. w. trifft. Nach dem gewöhnlichen Laufe der Dinge führt das, was die Neigungen der Menschen befriedigt, ihren Leidenschaften schmeichelt, sie in ihren Vorurtheilen gefangen nimmt, viel sicherer zu einem Einfluß auf ihr Wollen und somit zur Macht, als was auf die Existenz eines wahrhaft allgemeinen, die Verzichtleistung auf das bloße Privatinteresse einschließenden Willens rechnet. Wo daher die Privatinteressen zwar theilweis verschmelzen und in dieser Verschmelzung sich dem Mächtigen anschließen, aber auch zugleich dergestalt sich durchkreuzen, daß daraus verschiedene Schwerpunkte der Macht entstehen, da werden die mehreren auf demselben Boden vorhandenen gesellschaftlichen Mächte selbst Gegensätze in sich schließen, durch welche die Einheit der gesellschaftlichen Persönlichkeit gerade in den Punkten, in denen sie sich concentriren sollte, gestört und statt der Einhelligkeit, auf welcher der Begriff der Gesellschaft beruht, die Reibung der Interessen, die Eifersucht des Ehrgeizes, der Streit um die Leitung der gesellschaftlichen Angelegenheiten hervorgerufen wird.

Nun ist es zwar gewiß, daß es für jedes System von Kräften, die sich an einander messen, falls es sich selbst überlassen bleibt und nicht neuhinzutretende Kräfte ihr gegenseitiges Verhältniß immer von Neuem abändern, einen Punkt des Gleichgewichts und somit ein Maaß des Einflusses giebt, den jede dieser Kräfte auf die übrigen wird ausüben können; und es ist eben darum unvermeidlich, daß, indem sämmtliche Mächte ihrem Gleichgewicht sich nähern, die schwächern allmählig immer mehr gehemmt und unterdrückt werden, daß also in dem ganzen Systeme, innerhalb dessen alle jene Kräfte sich zu berühren durch irgend welche Umstände genöthigt werden, eine Tendenz zur Concentrirung der Macht liegt. Setzt man jedoch auch den Fall, daß sich ein solches Centrum der gesellschaftlichen Macht wirklich gebildet habe, und daß diese stark und fest genug sei, um die gegen sie anstrebenden Kräfte niederzuhalten, so entsteht eine zweite Schwierigkeit. Die Eine Macht, welche stark genug ist, um den Zweck der Gesellschaft gegen die Willkühr schützen zu können, wird sie ihn auch schützen wollen? Hat nicht der Mächtige selbst seine Privatinteressen, die dem gesellschaftlichen Zwecke zuwiderlaufen können? Ist es nicht möglich, daß er mit seiner Macht sich gar nicht als ein Glied der Gesellschaft selbst auffaßt, sondern sich über sie und somit außerhalb derselben stellt, und das, was die Gesellschaft hat und treibt, als Mittel für seine eigenen Zwecke braucht? daß er seinen individuellen Willen statt des gesellschaftlichen geltend macht, und das gesellschaftliche Interesse von seinem Privatinteresse und seiner Privatwillkühr verschlingen läßt? Die Möglichkeit eines solchen Mißbrauchs der Macht liegt um so näher, je weniger die Macht sich aus der Gesellschaft selbst entwickelt, sondern von außen zu ihr zukommt*), oder je mehr die Glieder der Gesellschaft, nur zufällig in ihren Privatinteressen mit einander verschmolzen, sich anfangs den Schutz des Mächtigen gefallen ließen, bis dieselbe Macht sich stark genug fühlte, um den Schutz in den Angriff zu verwandeln und ihr Interesse auf Kosten des gesellschaftlichen zu begünstigen. Der Versuch, dem Mißbrauche der Macht durch Theilung derselben entgegenzuwirken, wirft in die Nachtheile zurück, welche das Vorhandensein mehrerer gleich starken Mächte für das Ganze der Gesellschaft hat; und der Versuch, die Macht, welche man fürchtet, einer zweiten Macht zu unterwerfen, welche vor dem Mißbrauche der ersten schütze, führt auf die Nothwendigkeit einer dritten, und somit auf eine unendliche Reihe, welche ungereimt ist, weil jedes folgende Glied derselben größer gedacht werden muß als das vorhergehende, und folglich die Gefahr des Mißbrauchs nicht vermindert, sondern vermehrt. Die Macht an Formen binden, innerhalb deren sie wirken müsse, über welche hinaus sie nicht soll wirken können, heißt

*) Wie bei allen Eroberern, wenn nicht die Klugheit sie Mäßigung und Schonung lehrt.

auf die Voraussetzung bauen, daß die Macht die Formen werde respectiren wollen, eine Voraussetzung, deren Nichtvorhandensein eben jeder Versuch belegt, sich durch gewisse Formen vor dem Mißbrauche der Macht zu schützen.

Läßt sich nun nicht leugnen, daß mit dem Bedürfniß einer obersten, die Zwecke der Gesellschaft schützenden Macht auch die Möglichkeit einer diesen Zwecken zuwiderlaufenden Ausübung derselben gegeben ist, so ist es auch eben so unmöglich, dem gesellschaftlichen Zwecke durch die Macht eine absolute Garantie zu verschaffen, als es unmöglich ist, irgend eine Garantie ohne nähere Bestimmungen der beiden andern Factoren, der Privatwillen und der Formen zu finden. Vielmehr muß man fragen, warum die Macht nicht noch viel häufiger gemißbraucht wird, als es wirklich geschieht, und warum sie, einmal vorhanden, nicht überall entschieden auf den Punkt hineilt, wo die Zwecke der Gesellschaft neben den Privatinteressen des Machthabers verschwinden. Die Antwort auf diese Frage liegt aber in der zweiten: ob, auch noch abgesehen von der Beschränkung, welcher der Machthaber im Hinblick auf die gesellschaftlichen Ideen sich selbst unterwerfen kann und soll, es nicht schon natürliche Schranken der Macht gebe? Nun beruht alle gesellschaftliche Macht allerdings ganz wesentlich auf der Anhänglichkeit, der Bereitwilligkeit, dem Gehorsam, mit einem Wort auf dem immer von Neuem sich erzeugenden Willen derer, für welche sie Macht ist; sie beruht auf der gegründeten Erwartung, gegen jeden, der sich ihr widersetzen würde, seien alle Uebrigen verbunden; und es giebt je nach der verschiedenen Art der Macht verschiedene Bedingungen, auf welche sich diese Erwartung gründet. Deshalb hört die Macht auf, Macht zu sein, wenn sie wider die Bedingungen ihrer Wirksamkeit verstößt; sie wird fallen, wenn sie selbst die Fundamente untergräbt, auf welchen sie ruht. Nur, wo auf den Haufen derer, welchen sie gebietet, der Begriff einer gesellschaftlichen Persönlichkeit gar nicht oder höchst unvollständig paßt, wird sie schlechthin unwiderstehlich und schrankenlos zu wirken im Stande sein; in jedem andern Falle liegt in den natürlichen Schranken derselben die Nothwendigkeit gewisser Rücksichten, die sie auf das Ganze der Gesellschaft auch noch ohne alle höhere Motive nehmen muß, um ihren eigenen gesellschaftlichen Einfluß nicht auf das Spiel zu setzen.

Aus diesem allen erzeugt sich nun die Einsicht in die Gründe, aus welchen die wirkliche Gesellschaft nicht einmal ihrem logischen Begriffe vollkommen und genau entspricht. Denn sie ist in Beziehung sowohl auf jeden einzelnen ihrer wesentlichen Factoren, als auf das gegenseitige Verhältniß derselben zu einander, gewissen Schranken und Oscillationen ausgesetzt. Jede Gesellschaft, welches auch ihr Ursprung, ihr Zweck, ihre Form sein möge, ist, was sie als Gesellschaft ist, nur durch den Gemeingeist, der in ihr herrscht; aber die Ursachen, welche diesem Gemeingeiste selbst und der Möglichkeit, als solcher zu wirken, Abbruch thun, werden in keiner Gesellschaft ganz fehlen. Zwar sind hierbei bedeutende Unterschiede des Mehr und Minder möglich; aber diese Unterschiede hängen selbst wieder von Bedingungen ab, in denen die Gesellschaft mit ihrem Ursprunge zugleich ihre Grenzen findet. Ueberdies hat jede Gesellschaft ihre Geschichte; und diese Geschichte hängt nicht blos von dem ab, was innerhalb der Gesellschaft geschieht, sondern auch von dem, was von außen auf sie einwirkt. Die theoretische Kenntniß einer bestimmten Gesellschaft beruht daher nicht blos auf der Bestimmung der in ihr wirkenden Kräfte und ihrer Verhältnisse, sondern auch auf der Kenntniß ihrer Umgebungen. Für die Ethik ist somit der allgemeine Begriff der Gesellschaft nur eine entfernte Vorbereitung, indem für die Aufgabe eines bestimmten Handelns auf die Kenntniß bestimmter geselliger Vereinigungen, wie sie als Thatsachen vorliegen, gerade das Meiste ankommt. Und deshalb ist es nöthig, um in dieser Linie des Fortschritts von dem Allgemeinen zu dem Besondern wenigstens noch einen Schritt zu thun, aus der unbestimmten Mannigfaltigkeit möglicher Gesellschaften eine hervorzuheben, innerhalb deren alle übrigen Gesellungen entweder geradezu ihren Ort finden, oder mit welcher sie sich doch unvermeidlich durchkreuzen müssen. Diese Gesellschaft ist der Staat.

D. Der Staat.

Wie der theoretische Begriff der Gesellschaft, so beruht auch der theoretische Begriff des Staates nicht nothwendig auf der

Voraussetzung, daß die Ideen selbst die gesellenden Kräfte sind; vielmehr, so lange man bei der Frage stehen bleibt, was der Staat wirklich ist, nicht was er sein soll, wird man den Einfluß, den die Beachtung der Ideen auf den Zweck und die Form der Staatsgesellschaft und das Verhältniß der Macht zu beiden ausübt, nicht höher anschlagen dürfen, als es die factisch gegebenen Zustände des Staatslebens erlauben. Dadurch sondert sich die Untersuchung über die Natur des Staats, die Physiologie desselben, von der Untersuchung über die Idee des Staates; zwei Untersuchungen, welche die Wissenschaft gerade deshalb sondern muß, weil von der Einsicht in die Ergebnisse beider ihre richtige Verbindung in dem thätigen Leben wesentlich abhängt. Nur wird diese Sonderung theilweis dadurch erschwert, daß in die höheren Gestaltungen des Staatslebens die Ideen als bildende und herrschende Kräfte schon mit eingegangen sind, die wirklichen Staaten sich der Idee des Staates schon mehr oder weniger genähert haben. Obgleich daher für diesen Fall die theoretische Betrachtung auch mit darauf wird Rücksicht nehmen müssen, daß die Ideen selbst als lebendige Kräfte zu wirken schon angefangen haben, so hängt doch die Bestimmung der Art, wie sie wirken können, selbst dann noch von allgemeineren Untersuchungen über die Art der Wirksamkeit irgend welcher Kräfte auf dem Boden des Staates ab.

Daß der Staat Gesellschaft ist, daß, wo unter einer Menge neben einander lebender Individuen die Elemente der Gesellung ganz fehlten, da der Begriff desselben gar keine Anwendung mehr zulassen würde, ist richtig; aber bei keiner andern Gesellschaft würde es eine solche Abweichung von dem wirklichen Thatbestande sein, wie hier, wenn man dem Elemente der Gesellung eine unmittelbare, das gesammte Wollen der Individuen gleichmäßig umschließende Bedeutung geben wollte. Denn so wie die Bildung und Entwickelung der Staaten, obwohl in ihren ersten Anfängen sich in das Dunkel der Geschichte zurückziehend, eine sehr allmählige, in ihrem Verlaufe bald schnellen, bald langsamen Veränderungen ausgesetzte ist, und fast niemals den Punkt erreicht hat, wo jeder einzelne, auf demselben Boden Mitlebende, sein gesammtes Thun und Lassen durch seine Beziehung auf den Staat wesentlich und durchgängig bestimmt findet, so ist auch die Art wie der Einzelne dem Staate, den er und in welchem er sich vorfindet, sich anschließt, meistentheils durch ganz andere Rücksichten vermittelt, als welche unmittelbar in der Beziehung seines Wollens auf das Ganze der Staatsgesellschaft als solcher liegt. Faßt man nämlich zuvörderst die Frage nach dem Zwecke des Staates rein empirisch auf, so wäre es der Geschichte gegenüber geradezu falsch, anzunehmen, daß das öffentliche Wohl, oder das Recht, oder die billige Gleichheit, oder die gleichmäßige Beseelung unmittelbar und allgemein sich als der Zweck nachweisen lasse, in welchem und für welchen die Privatwillen sich vereinigen. Sondern zunächst und natürlicherweise findet sich gar keine allgemeine gesellschaftliche Verschmelzung aller mit allen, weder zu einem, noch zu mehreren unter einander selbst wieder verbundenen Zwecken; vielmehr bleibt es meist bei kleineren, partiellen gesellschaftlichen Verbindungen, die an den Interessen, den Bedürfnissen, den Gewohnheiten kleinerer Gruppen von Individuen haften. So verschmelzen unter einander die Familien, die Stämme, die Gemeinden, die, welche die gleiche oder nahe gleiche Stellung des Dienstes oder der Herrschaft haben, die Genossenschaften, die Stände u. s. f. Der Staat ist also streng genommen nicht Eine Gesellschaft, sondern ein System von Gesellschaften. Innerhalb dieser kleineren Gesellungen hat und verfolgt jeder zunächst seine eigenen Interessen, wie sie durch innere und äußere Bedürfnisse sich erzeugen und gestalten; jeder will vor allen die Bedingungen seiner physischen Existenz gesichert wissen, er verlangt freie Wahl und lohnenden Ertrag seiner Arbeit, Genuß des Lebens nach Neigung, Umgang, Erholung, Spielraum für seine Kräfte und Wünsche. In alle dem würde keine Veranlassung für die Entstehung gerade einer solchen Gesellschaft liegen, die durch die specifischen Merkmale des Staates bezeichnet wäre, wenn nur die Befriedigung jener vielfach gespaltenen Interessen und Bedürfnisse bei völliger Ungebundenheit der Einzelnen factisch möglich wäre. Nun ist es zwar der Geschichte und Erfahrung gegenüber eben so falsch, wie Hobbes that, die möglichen Collisionen aller jener auf demselben Boden sich begegnenden Privatinteressen als einen Vernichtungskrieg Aller gegen Alle aufzufassen*), als etwa mit Rousseau, von

*) Ueber die sittliche Thorheit, einen solchen hypothetisch angenommenen

dem Staate nicht anders, als von einem Vertrage Aller mit Allen zu sprechen; dennoch wird sich, wo Collisionen zwischen den Interessen und Bedürfnissen der Einzelnen, Beeinträchtigungen, Störungen des einen durch den andern wirklich eintreten, vor allem andern das Bedürfniß der Sicherheit und Ordnung geltend machen. In diesem Bedürfnisse finden sich ganz unwillkührlich und ohne daß es dabei nöthig wäre, an absichtliche Verträge zu denken, die Einzelnen und die kleineren Gruppen, in welchen jene schon verschmolzen sind, vereinigt, eben dadurch vereinigt, daß jeder zunächst für seine eigenen Zwecke Schutz und Sicherheit verlangt, und wie weit dieser Schutz factisch von einer und derselben Macht erwartet und geleistet wird, so weit erstreckt sich ein Staat. Der Zweck des Staates, d. h. der Zweck, durch welchen sich die Privatwillen in der Staatsgesellschaft noch ohne alle Rücksicht auf ideale Vereinigungspunkte verbunden fühlen, ist also, so lange man den Staat als bloßes Naturgewächs, als das unwillkührliche Product aus der Beziehung aller auf demselben Boden sich begegnenden und durchkreuzenden Interessen und Bestrebungen betrachtet, die Zusammenordnung und Beschützung dieser verschiedenartigen Interessen selbst; und die Einheit dieses Systems von Gesellschaften liegt zunächst in dem gemeinschaftlichen Bedürfniß der in ihm sich durchkreuzenden Gesellungen, neben und gegen einander in der Erreichung ihrer particulären Zwecke geschützt zu sein.

Es ist deshalb sehr natürlich, daß die Gesellung im Staate in der Regel und wo nicht eine Erhebung zu den Ideen dem Gemeingeiste einen höheren Inhalt gegeben hat*), viel

---

Kriegsstand, sowie die natürliche Uebermacht des Starken über den Schwachen für den natürlichen Rechtszustand zu erklären, die sich bei Hobbes und Spinoza nur in den Anwendungen verschieden gestaltet, ist nicht nöthig, etwas hinzuzusetzen.

*) Allerdings giebt es noch andere Bindemittel der Staatsgesellschaft, als jenes Bedürfniß nach Schutz der particulären Interessen, selbst wenn man noch nicht auf einen idealen Inhalt des gesellschaftlichen Bewußtseins sieht. Unter diesen steht gewiß die Volksgemeinschaft, die Nationalität, oben an. Aber die Nationalität bindet nicht nothwendig und allgemein an die Einheit des Staates. Die Deutschen sind Ein Volk, aber nicht Ein Staat; die Engländer in Nordamerika ließen sich durch die gleiche Nationalität nicht

geringer ist, als es gemäß der logisch unvermeidlichen Subsumtion des Begriffs vom Staate unter den der Gesellschaft scheinen könnte. Alle die Ursachen, welche der Innigkeit der gesellschaftlichen Durchdringung, der Energie und dem Umfange des gesellschaftlichen Wollens im Allgemeinen Abbruch thun, wirken im Staate in vergrößertem Maaße*). Und in der That betrachten die Meisten, selbst in weitausgebildeten politischen Ganzen, das, was der Staat fordert und vorschreibt, größtentheils als eine Last, die man aber tragen müsse, wenn man für sein Privatleben, für seine Geschäfte und Wünsche die nöthige Ruhe und Sicherheit genießen wolle. Die Theilnahme, die der Landmann, der Handwerker, der Fabrikant, der Gelehrte u. s. w. an öffentlichen Dingen nimmt, richtet sich in der Regel erst nach der Rückwirkung, welche ein solcher oder anderer öffentlicher Zustand auf ihre particulären Interessen und Bedürfnisse ausübt. Im Durchschnitt sorgt jeder zunächst für sich und die Seinigen, und kümmert sich wenig um den Staat, so lange diese Sorge keine wesentlichen und drückenden Hindernisse findet; erst wo Hindernisse dieser Art auf ein größeres System von Ursachen aufmerksam machen, in welchen sie wurzeln, erwacht gemeiniglich das Interesse an öffentlichen Angelegenheiten, ohne deshalb nothwendig etwas anderes zu sein, als eine veränderte Darlegung des Privatinteresse.

An diese Verdünnung des Elementes der Gesellung, welcher ein bestimmter Staat nothwendig um so mehr anheimfällt, je größer die Zahl und je verschiedenartiger die Richtung der in ihm gemeinschaftlichen Schutz suchenden Interessen ist**), schließen

---

abhalten, einen neuen Staat zu gründen; Deutsche, Engländer, Irländer wandern aus nach Amerika, weil sie als Glieder jenes Staates mehr Befriedigung ihrer particulären Interessen hoffen, als in Deutschland u. s. w.

*) Vgl. oben S. 396 flgg. Es bedarf wohl nicht erst der Erinnerung, daß überhaupt alles, was von der Gesellschaft als solcher gilt, auch auf den Staat seine Anwendung findet, insofern er unter den Begriff der Gesellschaft fällt. Anwendungen dieser Art, zu denen blos eine einfache logische Subsumtion nothwendig ist, dürfen wohl dem Leser selbst überlassen bleiben.

**) Man erinnere sich an den Satz: daß von den Bestrebungen einer Mehrheit von Individuen nur das zur gesellschaftlichen Einheit wahrhaft verschmelzen kann, was von der Hemmung derselben unter einander nicht getroffen wird. (S. 392). Ueberhaupt vergleiche man außer der Einleitung zum

sich nun folgende charakteristische Merkmale sehr leicht an. Als das durchgreifendste Merkmal der Staatsgesellschaft betrachtet man gewöhnlich einen bestimmten Rechtszustand, so sehr, daß man nicht selten selbst der Idee des Staates genügt zu haben glaubte, wenn man ihn ausschließend als Rechtssystem auffaßte. Nun liegt es auch wirklich schon in der Natur der Sache, daß jenes Bedürfniß der Ordnung, des Schutzes, der Sicherheit der particulären Interessen nicht anders wird befriedigt werden können, als durch Feststellung, Anerkennung und Beschützung einer rechtlichen Auseinandersetzung. Wie man sich nun auch diese Rechtsverhältnisse geordnet denke, — streng genommen ist es schon eine die factischen Verhältnisse des Staatslebens weit überschreitende ideale Voraussetzung, daß sie durchgängig auf eine unzweideutige Weise geordnet sind — so wird sich nicht allgemein und mit Sicherheit erwarten lassen, daß sich die Einzelnen innerhalb der Grenzen ihrer Berechtigung halten werden; die Schranken, welche gerade die Grenzlinien des Rechtes der Befriedigung der particulären Interessen auflegen, werden die bestehenden Rechtsverhältnisse häufig als eine Art nothwendigen Uebels erscheinen lassen, und in den minder Berechtigten wird der Wunsch entstehen, die Grenzen, in welche der bestehende Rechtszustand sie einschließt, zu erweitern. Denn das Recht erscheint hier überhaupt nicht, wie es der Idee des Staats nach sein sollte, als Zweck an sich, sondern als Mittel, dessen Zweckmäßigkeit jeder nach der Angemessenheit desselben an seine individuellen Zwecke beurtheilt, und gegen welches er überall insofern anstrebt, als er sich dadurch beengt, gebunden, gedrückt fühlt. Daß eine solche Beengung aber entweder geradezu unvermeidlich ist, oder sich wenigstens factisch sehr häufig durch die Ungleichheit der Berechtigungen und Verpflichtungen fühlbar macht, erklärt sich schon daraus, daß die Zusammenordnung so vieler verschiedenartigen, theilweis einander aufhebenden Interessen unvermeidlich mannigfaltige Unterordnung, theilweise Beschränkung des einen durch das andere wird sein müssen.

II. Bde. von Herbart's Psychologie die Abhandlung „über einige Beziehungen zwischen Psychologie und Staatswissenschaft" in dessen kleinen philos. Schriften Bd. II, S. 331 flgg.

Diese factisch vorhandene, nicht nothwendig durch den Rechtszustand hervorgerufene, sondern gewöhnlich, indem die Macht in der Form des Rechts sich befestigt, erst, nachdem sie sich factisch gebildet hatte, rechtlich sanctionirte Unterordnung der verschiedenen Interessen oder, was dasselbe heißt, derjenigen Individuen oder kleineren Gesellungen, um deren particuläre Interessen es sich handelt, in ihrem Ursprunge und ihren möglichen Umwandlungen zu verfolgen, würde die wichtigste Aufgabe einer Theorie über die Natur des Staates sein. Denn die ungeheuren Ungleichheiten des Könnens, Dürfens und Müssens, der Herrschaft und des Dienstes, des Reichthums und der Armuth, der Arbeit und des Lohnes, der Freiheit und der Abhängigkeit, welche die Auffassung socialer Verhältnisse als Thatsachen vorfindet, sowie die mannigfaltigen Abstufungen und Verwebungen dessen, was zwischen den Extremen dieser Unterschiede liegt, bieten ein so verwickeltes und die ethische Beurtheilung in vielen Fällen so wenig befriedigendes Schauspiel dar, daß die Einsicht in die natürliche Gesetzmäßigkeit dieser gesellschaftlichen Phänomene zwar kein Ersatz sein kann für die ethischen Mängel derselben, aber doch gleichwohl die Bedingung ist für jede, auf die wahrhafte Verbesserung des gesellschaftlichen Zustandes gerichtete absichtliche Thätigkeit. Hier müssen die allgemeinsten Umrisse genügen.

Vor allem andern ist dazu nöthig, die im Staate wirkenden Kräfte, d. h. die Bestrebungen sämmtlicher Mitglieder des Staates und ihr gegenseitiges Verhältniß ins Auge zu fassen. Beides, die Kräfte sowohl, als ihre Verhältnisse zu einander, können sich höchst verschiedenartig modificiren; jede dieser Kräfte aber wird wirken, so viel sie kann. Das Maaß dieser Wirksamkeit jedes Einzelnen hängt ab von der natürlichen Stärke seiner eigenen Kraft, und von dem Grade des Widerstandes oder der Förderung, welchen er von den übrigen Kräften empfängt, mit denen er in Berührung geräth. Die Hemmungen, welchen dabei die Einzelnen in ihrem Wollen unterliegen, werden um so größer werden, je schwächer die Energie ihres Wollens ursprünglich war, und je weniger diese an sich schon geringe Energie durch irgend welche Coefficienten ihrer Wirksamkeit unterstützt wird. Die gesellschaftlichen Kräfte hemmen sich also im umgekehrten Verhältnisse ihrer Stärke. Die Untersuchung wird verwickelter, wenn man noch auf den Grad des Gegensatzes, der Unvereinbarkeit zwischen den verschiedenen Bestrebungen und Interessen sieht; immer aber wird der Erfolg für die schwächeren Kräfte der nachtheiligere sein und sie werden an gesellschaftlichem Einflusse um so mehr verlieren, je stärker die ihnen gegenüberstehenden Kräfte sind; ja es können die Verhältnisse der Kräfte leicht sich so gestalten, daß die schwächeren ganz gehemmt werden, d. h. daß ihr gesellschaftlicher Einfluß gleich Null wird. Wenn man nun Verhältnisse dieser Art in vielfältigen Abstufungen und hinreichender Anzahl im Großen überschaut, so erscheint es als das unvermeidliche und nothwendige Resultat ihrer natürlichen Wirksamkeit, daß abgestufte Grade des gesellschaftlichen Einflusses entstehen müssen. Die stärkeren Kräfte jedoch, die so viel an Macht und Einfluß gewinnen, als die schwächeren verlieren, werden sich, nachdem die schwächeren außer Wirksamkeit gesetzt worden sind, ebenso unter einander messen, und nachdem jede dieser Kräfte sich mit den übrigen in das Gleichgewicht gesetzt hat, welchem sie sämmtlich zustreben, wird die Gesellschaft die Gestalt einer Pyramide annehmen, sei sie nun monarchisch zugespitzt oder aristokratisch mehr oder weniger abgestumpft. Naturgemäß hat wenigstens jede Aristokratie in sich eine Tendenz, sich in die Monarchie zu verwandeln, weil nicht eher in das System der Kräfte ein stabiles Gleichgewicht kommt, als bis die stärkste Kraft sich am meisten emporgearbeitet hat.

Es ist hierbei vorausgesetzt, daß weder neue Kräfte zu dem gesellschaftlichen Ganzen hinzutreten, noch irgend eine bedeutende Veränderung in dem Verhältnisse der vorhandenen Kräfte stattfinde. Obwohl nun diese Voraussetzung auf das wirkliche Staatsleben nicht paßt, so genügt sie doch, um in der Verschiedenheit des gesellschaftlichen Einflusses zugleich den Ursprung der verschiedenen politischen Stände zu erkennen, der für die Anfänge des socialen Bildungsprocesses mit jenem Einflusse parallel läuft*).

---

*) Eine andere Unterscheidung der Stände richtet sich nach den Beschäftigungen und Arbeiten der Menschen; sie durchkreuzt sich mit der Unterscheidung nach dem Grade und der Art des gesellschaftlichen Einflusses, weil die Erfolge der Arbeit diesen modificiren, ebenso aber die Möglichkeit, mit solchem oder anderem Erfolge zu arbeiten, von dem schon gewonnenen gesellschaftlichen Einflusse abhängt.

Abgesehen nämlich von allen Modificationen, die aus individuellen Eigenthümlichkeiten dieses oder jenes Staates hervorgehen, zeigt sich vor allem andern der Gegensatz der Freien und der Abhängigen. Frei ist der Unabhängige, der keines Andern bedarf, um seine Interessen so zu befriedigen, wie er will. Absolut frei wird aber Niemand sein, so gewiß als Niemand ganz isolirt ist; und politische Freiheit bedeutet factisch nichts anderes, als Unabhängigkeit von der nöthigenden Willkühr bestimmter Anderer, keineswegs Unabhängigkeit von dem System der den Staat im Ganzen bildenden und eben darum jeden Einzelnen in ihm mitbeherrschenden Verhältnisse. Politische Abhängigkeit bedeutet eben deshalb Abhängigkeit von der nöthigenden Willkühr bestimmter Personen. Die Abhängigen, Unfreien werden ebendeshalb dienen — müssen, wenn die Gewalt sie einfach unterjocht, wollen, wenn sie ihren eigenen Vortheil in diesem bestimmten Dienstverhältnisse finden oder zu finden glauben. Die Freien aber, die nicht gerade nothwendig die Herrschenden sind, werden doch zur Herrschaft gelangen können; denn ihnen müssen die Schwachen, die nicht auf sich selbst stehen können, sich anschließen, sie kommen in die Lage, die zu benutzen, die von ihnen Hülfe und Nutzen zu erwarten haben. So entsteht der Gegensatz von Patronen und Clienten, der sich in den vielfachsten Formen immer von Neuem erzeugt; und der Patron wird leicht der Herr, wenn der Client den Patron nicht nach Willkühr und eigener Wahl wechseln kann.

Diese Erhebung der Freien zur Herrschaft wird durch einen andern Unterschied begünstigt, der zwar mit dem vorigen zusammenhängt, dennoch aber in Begriffen sich von ihm unterscheiden läßt. Er bezeichnet nicht sowohl die Stellung der Glieder der Gesellschaft gegen einander, als vielmehr die Art, wie sie diese Stellung gegenseitig betrachten und auffassen. Unvermeidlich entsteht nämlich so weit, als jeder das gesellschaftliche Ganze übersieht, in ihm eine Vorstellung von der Bedeutung und dem Einflusse, den die Uebrigen innerhalb des Kreises der Gesellschaft ausüben; es sondern sich in der Auffassung eines jeden die Angesehenen, die Vornehmen von den Gemeinen. Das Ansehn richtet sich am natürlichsten nach dem gesellschaftlichen Einflusse, den einer wirklich hat; erst bei fortgeschrittener Reflexion knüpft es sich an den Gedanken, welchen Einfluß einer haben könnte oder zu haben würdig wäre und darum haben sollte; immer aber werden der Angesehenen weniger sein als der Gemeinen, weil das Ansehn eben darauf beruht, daß der Einzelne aus der Masse der Uebrigen hervorragt.

Combinirt man nun diese beiden Theilungsglieder mit einander, so werden die gemeinen Unfreien die zahlreichste aber die niedrigste Schicht der Gesellschaft ausmachen. In dieser Schicht findet sich das größte Quantum gehemmter Kräfte, welche als solche auf die Staatsgesellschaft keinen directen und unmittelbaren Einfluß gewinnen können. Gleichwohl giebt es auch für sie ein Maaß des Druckes, welches sie ertragen und über welches hinaus sie der Zumuthung eines noch größeren Druckes widerstehen; sie lassen sich viel, aber nicht Alles gefallen. Ihnen gegenüber stehen die freien Angesehenen, der Adel, die natürliche Aristokratie, deren Einfluß auf mancherlei Gründen beruhen kann (Kriegsmacht, Grundbesitz, Geldbesitz, Intelligenz u. s. w.). Sie ist durch ihr bloßes Dasein die wahre gesellschaftliche Macht und wirkt so lange nothwendig als Macht, als die Basis ihres Einflusses nicht wankend wird. Aus dem Adel erhebt sich naturgemäß der Fürst, als der Angesehenste unter den Freien; daher, so lange die Gliederung der Gesellschaft in ihrer ursprünglichen Einfachheit bleibt, die natürliche Eifersucht des Adels gegen die Macht des Fürsten, und die Nothwendigkeit absichtlicher Einrichtungen, um das Emporkommen einer fürstlichen Dynastie zu hindern*). Die freien Gemeinen bilden dagegen den eigentlichen Bürgerstand, der weder herrscht noch dient, sondern als Mittelstand zwischen Fürst und Adel und die unfreien Gemeinen tritt. Politische Selbstständigkeit des Bürgerstandes gehört aber nicht leicht zu den ursprünglichen Zuständen der Staatsgesellschaft, sondern der Uebergang der Unfreiheit in die Freiheit wird für die Gemeinen meist erst durch die inneren Kämpfe der Aristokratie unter einander oder des Adels mit den Fürsten vermittelt, welche Bundesgenossen suchen und sie in den gemeinen Freien finden. Dem vierten Thei-

*) Man denke an die Kämpfe der großen Vasallen mit dem Königthume, und an die ängstliche Sorgfalt, mit welcher die venetianische Aristokratie der Entstehung der Monarchie unter sich selbst entgegenzuarbeiten suchte.

lungsgliede endlich, den *unfreien Angesehenen*, kann in der ursprünglichen Gestaltung der politischen Gesellschaft nicht leicht etwas entsprechen; denn die Angesehenen werden schon durch ihr Ansehen über die Unfreiheit emporgehoben, und die ganz Unfreien werden nicht leicht ein besonderes Ansehen genießen, falls nicht in dem allmähligen Fortschritte der gesellschaftlichen Entwickelung sich das Ansehen nach andern Gründen zu richten anfängt, als nach der Rücksicht auf die Abhängigkeit von andern, d. h. falls sich nicht innerhalb der Gesellschaft *Ehrenpunkte* zu befestigen anfangen, die die Schwerpunkte der öffentlichen Schätzung und dadurch des gesellschaftlichen Einflusses nicht mehr ausschließend mit den Mittelpunkten der äußeren Macht zusammenfallen lassen.

Diesen allgemeinsten Umrissen würde nun freilich eine nähere Analyse bestimmter Staaten und ihrer Geschichte erst ihre concrete Bedeutung geben können; hier muß es genügen, wenn nur die Sätze deutlich hervortreten: daß, indem die Elemente der politischen Gesellschaft durch ihre Gegensätze zu *Kräften werden*, der ganzen Gesellschaft ein natürliches Streben inwohnt, sich nach der Stärke und dem Verhältnisse dieser Kräfte *innerlich zu gestalten*; daß diese Gestaltung von dem Verhältnisse dieser Kräfte selbst abhängt; daß auf sie nothwendig Alles Einfluß hat, was die Menschen in den Familien, Geschlechtern, Stämmen, Gemeinden, Corporationen, in ihren Arbeiten, Geschäften, Gewohnheiten, Gesinnungen, ja selbst in ihren Vorurtheilen und Leidenschaften u. s. w. mit einander verbindet oder von einander trennt; daß sie sich nicht ohne Unterordnung der schwächeren Kräfte vollenden kann, und daß eben deshalb immer verhältnißmäßig Wenige als die Centralpunkte der Macht, des Ansehns, des Einflusses vor der Masse der Uebrigen hervortreten, sich über sie emporheben und sich in dieser Erhebung zu befestigen suchen werden. Von dieser Seite betrachtet ist die *gesellschaftliche* Vereinigung im eigentlichen Sinne im Staate nur so weit möglich, als nach der Hemmung noch verwandte Kräfte übrig sind. Dabei darf man jedoch nicht übersehen, daß allerdings auch eine Verschmelzung *vor* der Hemmung wenigstens in kleineren Kreisen möglich ist, sowie, daß überhaupt schon verschmolzene Kräfte als *Totalkräfte* der Zumuthung der Hemmung ganz anders widerstehen als vereinzelte. Ohne alle genauere Untersuchung braucht man nur an das vis unita fortior und an das divide et impera zu erinnern, um Unterschiede dieser Art fühlen zu lassen.

Wie sehr aber auch jedes System politischer Kräfte zum Gleichgewichte hinstrebt, und eben dadurch zum Staat (status) wird, daß es einer ruhigen und beharrlichen Lage der einzelnen Theile neben einander sich nähert, so wird doch ein vollkommenes Gleichgewicht niemals eintreten, schon deshalb nicht, weil wegfallende oder neuhinzutretende Kräfte das Quantum und die Vertheilung der gesellschaftlichen Gesammtkraft fortwährend abändern. Kräfte, welche ermatten oder ganz verschwinden, indem für sie die Bedingungen ihrer bisherigen Wirksamkeit aufhören, verschaffen den durch sie gehemmten wieder freien Spielraum; Kräfte, welche erstarken oder sich neu erzeugen, führen zu neuen Hemmungen sowohl, als Verbindungen. Dergleichen Veränderungen erzeugen sich schon aus den wandelbaren Bedürfnissen der Menschen, die neue Begehrungen und Bestrebungen herbeiführen; noch deutlicher liegen ihre Veranlassungen in dem Wechsel der die Gesellschaft bildenden Individuen durch Geburt und Tod, in der wachsenden oder abnehmenden Dichtigkeit der Bevölkerung, in den veränderlichen Verhältnissen der Arbeit und des Verkehrs, in der Erweiterung der Kenntnisse, in der Entwickelung und Umbildung des gesellschaftlichen Gedankenkreises, kurz in allem, was auf das Wollen und Streben derer, welche dem Staate angehören, einen merklichen Einfluß gewinnen kann. Hierbei ist zweierlei von besonderer Wichtigkeit*). Plötzlich und rasch zu dem System der eben vorhandenen Kräfte neu hinzutretende entgegengesetzte Gewalten vermögen die älteren Kräfte wider die Gesetze ihres natürlichen Gleichgewichts niederzudrücken; dann werden diese um so stärker reagiren und trotz des Scheines einer augenblicklichen

*) Von dem für eine schon feststehende politische Macht nicht gerade sehr schweren, aber nicht so gar seltenen politischen Kunststück: neue Kräfte, vorzüglich in den untern und mittleren Schichten der Gesellschaft gar nicht entstehen zu lassen, um nicht der dadurch nothwendig werdenden Veränderung des politischen Gleichgewichts, oder vielmehr Uebergewichts des Stärkeren über den Schwachen nachgeben zu müssen, ist hier nicht nöthig zu sprechen. Die mögliche Gesammtkraft des Staates erleidet dadurch gleichwohl einen Verlust, und jene Politik ist daher zum mindesten kurzsichtig.

Nachgiebigkeit den Punkt ihres Gleichgewichts gewaltsam wieder zu erreichen streben; auf heftige Umwälzungen folgen um so heftigere Reactionen und Restaurationen. Andererseits werden Kräfte, die mit den schon vorhandenen, wenn gleich jetzt größtentheils unterdrückten zu verschmelzen fähig sind, diesen selbst eine neue Regsamkeit verleihen und ihnen Gelegenheit geben, sich wirksamer zu erweisen, als dies ohne jene Verbindung der Fall sein würde. Ueberhaupt findet sich in jeder politischen Gesellschaft ein Unterschied zwischen den scheinbaren und den wahren Kräften. Die daraus entstehenden Spannungen (s. S. 396, 397), die sich unter der Oberfläche der Gesellschaft verbergen, zu vermeiden, ist die erste Bedingung, welche erfüllt sein muß, um die Ruhe des Staates zu sichern; denn Kräfte, welche man wider die Gesetze ihres Gleichgewichts niederzuhalten sucht, machen sich zuletzt nothwendig auf irgend eine Art Luft, worüber gewöhnlich nur die staunen, die nicht daran glauben wollen, daß in den tieferliegenden Schichten der Gesellschaft vieles fortarbeitet, was in den Regionen des unmittelbaren gesellschaftlichen Einflusses gerade jetzt nicht bemerkbar ist.

Während nun die Ursachen der Unordnung im Staate, der Umwälzungen und Gewaltthaten, der Zersplitterung in Factionen und Parteien, ihres Kampfes und wechselnden Sieges, wie sie die Geschichte vor Augen stellt, unmittelbar in der Activität derjenigen entgegengesetzten, oft zur leidenschaftlichsten Aufregung gesteigerten Interessen liegen, welche, ohne sich ausweichen zu können oder zu wollen, auf einem gemeinsamen Boden sich anfeinden, so zeigt sich, daß die wahre Ursache der bleibenden Ordnung im Staate nicht in der Unterordnung der verschiedenen Schichten der Gesellschaft unter einander, also auch nicht unmittelbar in dem bloßen Dasein einer höchsten Macht, sondern darin liegt, daß neben der Hemmung die gesellschaftliche Verschmelzung noch stark genug ist, um von den Conflicten und Reibungen, welche stattfinden, nicht aufgehoben zu werden. Jene Verschmelzung ist so gewiß keine unmittelbare Aller mit Allen, als das Privatinteresse in der Regel der Theilnahme an öffentlichen Angelegenheiten vorausgeht und sie bestimmt; aber sie wird mittelbar, reihenförmig, von verschiedenen Punkten nach verschiedenen Seiten hin sich verbreitend, eine Verwebung der Menschen herbeiführen, welche innig und fest genug sein kann, um jede gewaltsame Berührung irgend eines Punktes in diesem Gewebe auch den Andern fühlbar zu machen. Eine Rechtsverletzung z. B. berührt unmittelbar nur den Verletzten, aber mittelbar alle die, in denen der Gedanke der Möglichkeit, einer ähnlichen Verletzung ausgesetzt zu sein, und dadurch das Verlangen entsteht, die einmal geordneten Rechtsverhältnisse ungefährdet zu erhalten. Die Kraft der Ordnung im Staate ist also „die Gesammtkraft aus allen den einzelnen Kräften, welche sich in den einzelnen Staatsbürgern regen, um ein Theilchen der allgemeinen Ordnung im nächsten Kreise, wo ein jeder steht, zu erzeugen und zu erhalten. Unmöglich könnte von einem oder von wenigen Punkten aus eine so große Masse von Menschen in Ordnung gehalten werden, wenn nicht in Allen oder doch in den Meisten ein solches Streben wäre. Der geringste Wind würde diese Masse, wenn sie nicht durch sich selbst verbunden wäre, aus einander stäuben; und bei der geringsten entstandenen Unordnung würde das Gebäude, da es aus so beweglichen Steinen besteht, wie die Köpfe der Menschen sind, in allen Punkten aus einander fahren. Statt dessen zeigt bekanntlich jeder, nur leidlich geordnete Staat, eine ungeheure Kraft, sich nach den heftigsten Erschütterungen wieder herzustellen"*).

Gleichwohl liegt hierin keineswegs, daß etwa das Dasein und die Art der Macht im Staate gleichgültig sei. Vielmehr ist die Macht ein so hervorstechendes Merkmal des Staates, daß man ihn geradezu als Gesellschaft geschützt durch Macht bezeichnen kann. Je mehr nämlich der Staat noch bloßes Naturproduct ist, d. h. je mehr der gesellschaftliche Zweck, der die kleinern Gesellungen in einem Ganzen zusammenhält, in dem gemeinschaftlichen Verlangen Aller liegt, ihre Interessen gegen die Collisionen mit denen der übrigen geschützt zu sehen, desto mehr überwiegt die Beziehung jedes einzelnen Theiles der Gesellschaft auf die, welche die größte Macht in ihr haben, die Beziehung derselben unter einander; die Menschen erkennen die schon vorhandene gesellschaftliche Macht an, sie schließen sich ihr an, lassen ihre Wirkungen sich gefallen, verstehen sich zum Gehorsam

*) Herbart Psychol. Bd. II. S. 31 flgg.

und zum Dienst, falls nur jene Voraussetzung des Schutzes gerechtfertigt wird, ja falls nur überhaupt kein Anderer im Kreise der Gesellschaft sich findet, von welchem Schutz und Sicherheit in höherem Grade mit größerer Zuversicht zu erwarten ist. Die untergeordneten Glieder der Gesellschaft, die sich selbst nicht schützen können, müssen ohnedies die Macht nehmen, wo und wie sie dieselbe finden; sie können sie nicht schaffen; und sie können ihr auch nicht widerstehen, so lange die Quellen, aus welchen diese bestimmte Macht ihre Nahrung erhält, nicht versiegen, oder einen andern Lauf zu nehmen anfangen. Mißbrauch der Macht ist dabei allerdings möglich; daß er nicht wider die Natur der Gesellschaft ist, beweist die Geschichte der Staaten; dennoch ist er nicht unter allen Umständen gleich möglich. (Vergl. oben S. 406). Vielmehr, je klarer und einiger das allgemeine politische Bewußtsein, je stärker die Energie des gesellschaftlichen Geistes ist, desto mehr hat die Macht von dem Versuche eines Mißbrauchs für sich selbst zu fürchten; desto mehr findet sie sich genöthigt, sich selbst in den Schranken zu halten, innerhalb deren sie in der That als Macht wirken kann. Und deshalb besteht die einzige wahre Garantie gegen den Mißbrauch der Macht in der Art, wie nicht blos diese oder jene, sondern alle gesellschaftlichen Kräfte unter sich und mit der Macht verbunden sind. Dieselben Kräfte, welche die Macht tragen, können sie möglicherweise hemmen; und es hängt für jeden bestimmten Staat von dem bestimmten Inhalte des politischen Bewußtseins und des politischen Gesammtwollens ab, bei welchen Befehlen die Macht auf Gehorsam werde rechnen können *).

Fragt man nun endlich nach den Formen des Staats, so bedarf es nur einer Hinweisung auf die Verschiedenartigkeit seiner Elemente und ihrer möglichen Verhältnisse, um die große Verschiedenheit dieser Formen ganz natürlich zu finden. Die vorigen

*) Für die Physiologie des Staates ist gar nicht die Frage nach dem Gehorsam, welchen die Glieder der Gesellschaft dem Machthaber leisten sollen, sondern nur nach dem, welchen sie, ohne Rücksicht auf die Pflicht, lediglich dem Zuge ihres eigenen Interesse überlassen, ihm zu leisten bereit und willig sein werden.

Erörterungen über die innere Gestaltung der Gesellschaft bezeichnen zwar den allgemeinsten Umriß dessen, was in jedem Staate sich wiederfinden wird, nämlich eine Abstufung des gesellschaftlichen Einflusses, die sich nach den Verhältnissen der gesellschaftlichen Kräfte richten wird; aber diese Abstufung ist sehr verschiedenartiger Modificationen fähig; und es läßt sich nicht erwarten, daß dieselben speciellen Bestimmungen sich genau und sämmtlich auch nur in zweien Staaten wiederholen werden. Von dem Gesichtspunkte einer Physiologie des Staatslebens lassen sich nicht einmal bedeutende Unterschiede für die Beurtheilung dieser Formen nachweisen; jede Form wird wenigstens erträglich sein, welche den vorhandenen Bedürfnissen und Neigungen der Menschen entspricht. Die Formen, die sich irgendwie gebildet haben, genügen so lange und in sofern, als sie der angemessene Ausdruck sind für die Art der Beziehung, durch welche die Einzelnen, die Familien, die Corporationen und Stände, die Gemeinden, die Provinzen sich unter einander und zu der Gesammtheit des Staates verknüpft fühlen. Da aber das unvermeidlich eintretende Uebergewicht Weniger über Viele, sich selbst überlassen, eine natürliche Tendenz auf eine wachsende Ungleichheit der Berechtigungen und Verpflichtungen, der Genießungen und Entbehrungen hat, so werden die Formen, insofern sie sehr wesentlich von diesem Uebergewicht mit abhängen, oft genug drückend und unbequem werden. Ja sie können dies schon durch ihr bloßes Dasein, und noch abgesehen von dem, was sie vorschreiben, gestatten und verbieten, in dem Maaße werden, als sie den wirklichen Umfang und die Innigkeit der politischen Gesellung überschreiten, und durch sie eine genauere Beziehung des Einzelnen zu dem Ganzen des Staats gefordert wird, als wozu er sich geneigt und veranlaßt fühlt. Wo sie sich dagegen den Bedürfnissen, Sitten und Gewohnheiten unabsichtlich und wie von selbst anschließen, da erhält der Staat im Ganzen allerdings oft das Ansehn eines Aggregats von Privatwirthschaften, deren jede dem Staate gegenüber eine verhältnißmäßig sehr große Selbstständigkeit und Autonomie besitzen mag und die unter einander nur durch ziemlich lockere Bande zusammenhängen; aber ein solcher gesellschaftlicher Zustand kommt wenigstens in der Geschichte häufig genug vor, um für natürlich erklärt werden zu können, während die durchgreifende Centralisation, die man so häufig da voraussetzen zu müssen glaubt, wo überhaupt vom Staate die Rede soll' sein können, gemeiniglich erst entweder Folge einer übermäßig angewachsenen Uebermacht einzelner Stände, Familien und Individuen, oder der nothgedrungene Versuch einer Abhülfe gesellschaftlicher Verwickelungen und politischer Bedürfnisse, oder im besten Falle der Ausdruck einer fortgeschrittenen gesellschaftlichen Durchdringung ist, in welcher sich die Privatinteressen allmählig in das Interesse des Ganzen auflösen*).

Ueberhaupt sind die Formen derjenige Factor des Staatslebens, bei welchem eine Betrachtungsweise, die lediglich das absichtslos Entstehende und Fortwirkende ins Auge faßt, am wenigsten ausreichen würde. Die Formen bezeichnen nicht nur, was jeder auf seinem bestimmten Punkte für die Gesellschaft zu leisten, sondern auch, was er überhaupt innerhalb derselben zu thun und zu lassen hat. Sie werden daher für das Thun und Lassen des Einzelnen eben sowohl eine negative, als eine positive Bedeutung haben. Denn für die Art und Weise, wie der Einzelne den allgemeinen Zweck an seinem Theile aufrecht erhält, kann es häufig vorzugsweise bezeichnend sein, daß er ihm nicht entgegenarbeitet, sondern sich den Anordnungen fügt, welche zur Erreichung jenes Zweckes nöthig sind. Im Staate sind ebendeshalb die Formen sehr häufig Schranken, Bezeichnungen der Grenzen, innerhalb deren jeder sich in der Verfolgung seiner eigenen Interessen halten soll. Das, was ihn innerhalb dieser Grenzen festhält, ist die Macht, und je wichtiger das Verhältniß der Macht zu den Privatwillen im Staate ist, desto leichter erklärt sich, daß man für die Unterscheidung der Staatsformen sehr häufig nur darauf Rücksicht genommen hat, in wessen Händen die Macht concentrirt ist, wofür es nur der Erinnerung an die Namen der Demokratie, Aristokratie und Monarchie bedarf. Gleichwohl liegt darin eine große Einseitigkeit; denn diese Formen bezeichnen zunächst blos die Formen der Herrschaft. Aber der Staat, wie sehr ihn auch das Befehlen und das Gehorchen charakterisirt, ist doch zu-

*) Vgl. W. Roscher „über die Ausbildung der Staatsgewalt im Kampfe mit den kleinen juristischen Personen" in d. N. Jahrb. d. Gesch. u. Politik 1843. 9tes Heft. S. 231.

gleich ein System von Geschäften; und dieser Gesichtspunkt ist um so wichtiger, als im Staate auf unzähligen Punkten fortwährend so gewiß etwas geschieht, als er kein Aggregat lebloser Massen, sondern eine Verbindung bisweilen höchst lebendiger, immer aber in einiger Regsamkeit begriffener Willen ist. Zu den Geschäften gehören nun nicht blos Personen, die sie vollführen, sondern es gehören dazu auch Kenntnisse und Geschicklichkeiten; es gehören zu den regelmäßig wiederkehrenden Geschäften Bestimmungen darüber, wer und in welcher Weise er sie zu vollführen habe; und hierin liegt eben die sehr wichtige positive Bedeutung der Formen. Nun werden zwar die Geschäfte, welche unmittelbar dem Zwecke des Staates gelten, fast unfehlbar zum größten Theile mit den Functionen der Macht verschmelzen, d. h. es verwandelt sich die Form der Beherrschung in bestimmte Formen der Regierung; und gerade diese Formen der Regierung, d. h. die Bestimmungen der Art und Weise, in welcher die öffentlichen Geschäfte durch die Organe der Macht so oder anders besorgt werden, sind es eigentlich, welche einem bestimmten Staate sein eigenthümliches Gepräge geben. Indem nun nicht jede Form der Regierung zu jeder Form der Beherrschung paßt, und in den bestimmten Formen, in welchen sich Beherrschung und Regierung durchdringen, die Verhältnisse der Macht zu den Privatwillen und der Formen zu dem Zwecke der Gesellschaft mit eingeschlossen sind, kann eine Untersuchung über die möglichen Formen des Staatslebens ohne die gleichmäßige Berücksichtigung aller dabei concurrirenden Factoren immer nur sehr einseitig ausfallen.

Jedoch wie auch die Formen entstanden und beschaffen sein mögen, so wird, vorausgesetzt, daß sie die nöthige Festigkeit gewonnen haben und nicht immer wieder in Gefahr sind, in die Formlosigkeit der bloßen Willkühr zurückzufallen, eine Rückwirkung auf die Art und Weise nicht ausbleiben, wie sich durch sie die Glieder der Staats gehemmt oder gefördert, gedrückt oder gehoben fühlen. Es wird sich also auch ein Bewußtsein zu entwickeln anfangen über die Angemessenheit solcher oder anderer Formen an die Interessen, durch welche die einzelnen Glieder an den Staat gebunden sind. Dieses Bewußtsein braucht für einzelne Individuen, Stände, Corporationen noch gar nicht von der Art zu sein, daß es die Gesammtheit aller im Staate vorhandenen Interessen umfaßt; es liegt im Gegentheile viel näher, daß es sich zuerst in Fragen, Wünschen, Anforderungen regen wird, die dem Standpunkte der Sonderinteressen angehören, welche jeder im Staate als die seinigen verfolgt. Aber entziehen werden sich die Formen einer solchen Kritik nicht können, und die Kritik wird fortschreiten zu dem Versuche, wo möglich solche Formen einzuführen, welche den vorhandenen Interessen entsprechen. Wie weit nun ein solches Bewußtsein in den Gliedern des Staats lebendig, mit welcher Klarheit und Energie es in einen thätigen Willen überzugehen bereit ist, so weit und in dem Grade wird sich das Bestreben regen, eine bestimmte Einrichtung des Staates absichtlich hervorzubringen. Dieses Bestreben ist nun selbst eine aus dem Bewußtsein der Art, wie jeder in der Gesellschaft sich bestimmt findet, hervorgehende gesellschaftliche Kraft; eine Kraft, die allerdings von den Meinungen, den Ansichten der Mitglieder der Gesellschaft abhängt, die selbst mit ihren Vorurtheilen, Fehlern und Irrthümern verwachsen sein kann, die aber dennoch um so stärker und einflußreicher werden muß, je gesteigerter und umfassender jene bewußtvolle Reflexion über die den gesellschaftlichen Zustand bestimmenden Formen ist. Es liegt in der Natur der Sache, daß absichtliche Bestrebungen, die aus solchen Reflexionen hervorgehen, auf dem Boden einer und derselben Gesellschaft verschiedene, ja sogar entgegengesetzte Richtungen einschlagen können; Formen, welche den einen Theil der Gesellschaft hemmen und drücken, begünstigen vielleicht einen andern; was man hier zu erhalten sucht, wird man dort zu verändern streben. Aber wie genau auch die Wirkung dieser Kräfte an die Verhältnisse ihrer Stärke, ihrer Gleichheit und ihres Gegensatzes, und der dadurch bedingten Verbindungen und Hemmungen gebunden ist, und wie wenig auch das, was sich absichtlich erreichen läßt, die Grenzen des naturgemäß Möglichen überschreiten kann, so bezeichnet doch gerade dieser Fortschritt von dem bloßen Geschehenlassen zu dem Streben, dem Ganzen des Staates eine bestimmte innere Construction zu geben, den Punkt, wo der Staat beginnt, sich aus einem Naturproduct in ein Product der Absicht und der Kunst zu verwandeln; nicht als ob dadurch die Naturgesetze, denen seine Bildung und Entwickelung unterliegt, aufgehoben würden, sondern in dem Sinne, daß die

Wirksamkeit jener Gesetze für bestimmte Zwecke absichtlich benutzt und dadurch ein Erfolg erzielt wird, der ohne absichtliche Anordnung sich nicht würde haben erreichen lassen.

Es kommt hier zunächst nur darauf an, dieses Eingreifen der Absicht in die Verhältnisse des politischen Lebens als eine Thatsache aufzufassen. Von der dumpfen Bewußtlosigkeit des Duldens und Genießens, des Befehlens und Gehorchens, des Herrschens und Dienens bis zu einer bewußtvollen Reflexion über die Gründe, die Folgen, und die Gegenmittel solcher Verhältnisse kann es sehr mannigfaltige Abstufungen, sowohl dem Grade als dem Umfange nach geben; aber so roh ist kaum ein Staat in der Geschichte geblieben, daß allen Classen seiner Einwohner Ueberlegungen dieser Art fremd geblieben wären. Schon das Allergewöhnlichste und Gemeinste, nämlich die Selbstliebe, die Sorge für sich und die Seinigen, die Noth auf der einen, die Herrschsucht auf der andern Seite genügt, um solche Ueberlegungen anzuregen. Diejenigen, welche, indem sie den Staat als Naturproduct denken, von dem Begriffe dieses Productes die Rücksicht auf das absichtliche Wollen, durch welches irgend welche bestimmte Formen des Staates mit entstanden sind, vollständig ausschließen, irren daher eben so, als die, welche den Staat ganz und gar als ein Product der Absicht, vielleicht gar der bloßen Willkühr betrachten. Mögen die natürliche Abstammung, die Einheit der Stämme und Geschlechter, die Beschäftigungen, die Gewerbe, die Bedürfnisse, die Sitten und Gewohnheiten und was sonst einem Haufen von Menschen, die nun einmal auf demselben Boden sich zusammenfinden, eine innere Cohäsion giebt, möge alles dieses die natürlichen Bedingungen für eine gewisse Configuration der Gesellschaft darbieten; schon die Anerkennung dessen, was sich auf diese Weise unbewußt gebildet hat, zu einer Norm und Regel des gegenseitigen Verhaltens, also die Erhebung der factischen Zustände zu Rechtsverhältnissen schließt Bewußtsein und Absicht in sich; und alle eigentliche Gesetzgebung, alle Anordnung und Theilung der Geschäfte, alle Sorge für die Befolgung der Gesetze, kurz alles, wodurch der Staat als solcher sein Dasein in der Zeitreihe fortsetzt, ist gar nicht denkbar ohne absichtliche Ueberlegung und Thätigkeit. Möge man also immerhin den Staat selbst nicht machen können; im Staate ist zu allen Zeiten unendlich Vieles,

Wichtiges und Unwichtiges, Heilsames und Verderbliches, Kluges und Verkehrtes wirklich gemacht, es ist auch sehr häufig anders gemacht worden, als es ohne das absichtliche Wollen entweder der Mächtigen, oder der Massen oder wer sonst über die Schwellen des gesellschaftlichen Einflusses sich erheben konnte, würde geworden sein. Ja, wo das, was auf diese Weise wirklich gemacht worden ist oder gemacht werden kann, sich auf die wesentlichen Grundbestimmungen eines concreten Staates bezieht, da wird man, weil ein Staat ohne bestimmte Formen und Einrichtungen nichts als ein leerer Begriff ist, allerdings sagen können, daß der Staat selbst, d. h. dieses bestimmte System von Einrichtungen, in denen seine innere Ordnung besteht und durch welche er sein bestimmtes Gepräge bekommt, gemacht und absichtlich ist hervorgebracht worden. (Vgl. oben S. 252).

Es wäre nun nöthig, um die Umrisse dessen, was die Natur des Staatslebens bestimmt, zu vollenden, auch noch auf die Wirkungen einzugehen, welche das Nebeneinander mehrerer Staaten, die sich einander berühren, für jeden einzelnen haben kann; da offenbar das, was in einem bestimmten Staate geschehen kann oder geschehen muß, von seinen Verhältnissen zu andern Staaten wesentlich mit abhängt. Das deutlichste Beispiel, wie sehr hierdurch die Geschicke der Staaten und der Einzelnen in ihnen bedingt sind, sind die Kriege sammt den Folgen der Niederlagen und Eroberungen, und die, auch im Frieden durch die Furcht oder wenigstens die gegenseitige Spannung der Staaten unter einander weit über das Maaß des innern Bedürfnisses hinaus gesteigerte bewaffnete Macht jedes einzelnen Staates. Daß gerade der Krieg das nächste Beispiel für die Art der Berührung der Staaten unter einander ist, erklärt sich daraus, daß, wo die Verschmelzung der Interessen verschiedener Staaten entweder ganz fehlt oder nur gering ist, da nur die durch den Versuch der gegenseitigen Hemmung entstehende Spannung übrig bleibt. Gelingt die Hemmung, so entsteht dadurch eine directe oder indirecte Abhängigkeit des einen Staates von dem andern; gelingt sie nicht, so wird, wo nicht eine schon weit fortgeschrittene Cultur Einfluß gewonnen hat, der Streit ausbrechen, der hier nicht, wie in jedem einzelnen Staate für sich, durch die gemeinschaftliche Abhängigkeit der streitenden Parteien von einer höhern Macht niedergehalten wird. Die

Verhältnisse mehrerer Staaten zu einander lassen sich überhaupt, je nach ihren verschiedenen Beziehungen auf einander, ebenfalls als ein System für oder wider einander wirkender Kräfte betrachten, nur mit dem Unterschiede, daß Staaten gegen einander unvergleichbar seltener, als die kleineren Gesellungen im Staate, von dem Bedürfnisse eines gemeinschaftlichen Schutzes zu einer solchen gesellschaftlichen Verbindung hingetrieben werden, in welcher sie ihre Selbstständigkeit aufzugeben geneigt oder genöthigt wären. So strebt jeder zunächst sich in sich selbst abzuschließen; und es giebt beinahe für jeden Staat eine Zeit, wo der Fremde als Feind angesehen wurde. Das Interesse, was sie trotz dem unter einander verknüpfen kann, ist daher gemeiniglich entweder das eines gemeinschaftlichen Widerstandes gegen die Uebermacht dritter Staaten, oder das des Austausches, des Verkehrs, sei es des materiellen oder des geistigen, eines Austausches, der zwar einen großen Reichthum von Beziehungen und Rücksichten, aber als Austausch und Verkehr unter Fremden und mit der Fremde darum doch noch lange nicht eine Identität der gesellschaftlichen Persönlichkeit in sich schließt; selbst da nicht, wo an die Stelle der rohen Gewalt eine kluge Nachgiebigkeit und an die Stelle der Feindschaft ein friedliches Einverständniß zu treten begonnen hat.

Jedoch den hypothetischen Gedanken der Möglichkeit, daß unter Umständen ganze Staaten in ein größeres gesellschaftliches Ganze verschmelzen, weiter zu verfolgen, erscheint als ziemlich unnöthig, so lange selbst in den verhältnißmäßig kleinen Ganzen, für welche die Gemeinschaft der Abstammung, der Sprache, der Sitte u. s. w. die stärksten natürlichen Anziehungspunkte darbietet, nur eine unvollkommene gesellschaftliche Durchdringung stattfindet. Vielmehr ist es nothwendig, sich jetzt der Absicht zu erinnern, welche die bisherigen allgemeinen Erörterungen über die Natur der Gesellschaft und des Staates für die praktische Philosophie nothwendig machte. Sie lag in der Frage: wie sich die Naturbedingungen des menschlichen Daseins, unter denen die gesellschaftlichen und politischen Vereinigungen eine wesentliche Stelle einnehmen, zu den Ideen verhalten? und in wiefern die Möglichkeit der Darstellung der Ideen im menschlichen Leben durch diese Naturbedingungen gesichert oder gefährdet erscheine? Das allgemeine Resultat dieser Betrachtung ist die von allen Seiten entgegenkommende Erinnerung an die sittlichen Schranken des Einzelnen für sich, des Einzelnen neben andern seines Gleichen, endlich der Gesellschaft. Denn so wie unter den Veranlassungen, welche in dem Individuum Neigungen, Begierden, Leidenschaften der verschiedensten Art erzeugen, starke und reiche Quellen der Unsittlichkeit sind, so wie die Verhältnisse Mehrerer unter einander sehr leicht auf eine Sinnesart führen, welche dem Gedankenkreise der Tugend entgegengesetzt ist, so fehlt für die vollendete Darstellung der gesellschaftlichen Ideen, wie sie das Ideal der beseelten Gesellschaft verlangt, schon die erste Voraussetzung einer vollkommenen gesellschaftlichen Durchdringung überhaupt; selbst noch abgesehen davon, ob und in welchem Grade Recht, Billigkeit, Wohlwollen und innere Freiheit die die Gesellschaft stiftenden und wahrhaft beseelenden Kräfte sein werden.

Gleichwohl, wie eng auch diese Schranken gezogen, wie langsam und schwierig, wie wenig geradeaus fortschreitend der Weg von der sittlichen Rohheit zur sittlichen Bildung sein möge, es kann nicht behauptet werden, daß diese Schranken einen solchen Fortschritt schlechthin abschneiden. Jeder Sieg der sittlichen Ueberlegung über die rohe Begierde, des Rechtes über die Willkühr, des Wohlwollens über den Haß, den Neid, die Schadenfreude; jede Spur von wahrem Ehrgefühl ist eine Hindeutung auf die Möglichkeit des Guten, und wo etwas erreicht ist, ohne daß die unter allen Umständen gleiche Unmöglichkeit etwas mehr zu erreichen apodiktisch dargethan werden kann, da hebt sich der sittliche Muth, der entschlossen ist, zu versuchen, wie viel von der sittlichen Aufgabe sich werde erreichen lassen. (Vgl. S. 336). Diesen Muth durch den Anblick der Musterbilder zu beleben und durch die Einsicht zu bewaffnen, ist die Aufgabe der Wissenschaft; sie hat deshalb die Pflicht sowohl, als die Befugniß unter gleichmäßigem Hinblick auf die Ideen und auf die gegebenen Naturverhältnisse des menschlichen Lebens zu fragen, aus welchen Bestandtheilen sich ein sittliches Ganze zusammensetzen, welche Anforderungen es an sich selbst machen, auf welche Weise und in welchen Formen es für die Pflege und Erhaltung, Bereicherung und Entwickelung dessen, was innerhalb seiner Grenzen erreicht ist, Sorge tragen werde. Diese Frage bezeichnet aber nichts anderes, als den Versuch, zu bestimmen: wie der Naturzusammenhang des menschlichen Wollens und Handelns in die Articulation des ethischen Organismus wenigstens annäherungsweise aufgelöst werden könne? Der Beantwortung dieser Frage sollen die folgenden Untersuchungen gewidmet sein.

Viertes Buch.

Ueber die Gliederung des ethischen Organismus im menschlichen Leben.

Die Berechtigung, den Begriff des ethischen Organismus zur Bezeichnung der Totalität dessen anzuwenden, was durch die Gesammtheit der Ideen gefordert wird, ist am Ende des zweiten Buches nachgewiesen worden. Dieser Begriff bezeichnet aber keineswegs eine Thatsache, sondern eine Aufgabe; er ist der allgemeinste Ausdruck für die Gesammtheit der praktischen Postulate, denen in der Gesammtheit des menschlichen Wollens genügt werden soll. Er enthält daher nichts von einer Behauptung, als stelle das menschliche Wollen schon einen solchen Organismus dar; sondern er fordert auf zu der praktischen Ueberlegung dessen, was geschehen müßte, damit die Realisirung der sittlichen Aufgaben als gelungen angesehen werden könnte. Möglich ist eine solche Ueberlegung, weil dieser Organismus, als der Organismus eines mannigfaltigen, zur harmonischen Darstellung aller Ideen zusammenstimmenden Wollens, seine Bedeutung für dieselben Willen hat, durch welche er zu Stande kommen soll, und in diesem Falle die Kräfte, durch welche und für welche er allein zu Stande kommen kann, nämlich die durch die Ideen beseelten Willen selbst, bekannt sind. Denn seiner ursprünglichen Bedeutung nach geht der Begriff der ethischen Organisation unmittelbar auf den Werth und die Würde des Wollens selbst, so wie des diesem Wollen entsprechenden Handelns, und erst mittelbar auf die äußeren Gegenstände und Verhältnisse, die als Veranlassung, Mittel oder Erfolg dieses Handelns sich darstellen.

Gleichwohl wird für das Wollen, als Naturerscheinung, dieser Begriff des ethischen Organismus nur innerhalb gewisser Grenzen und unter gewissen Bedingungen eine Anwendung gestatten. Das sichtbar zu machen, waren die Erörterungen des dritten Buches bestimmt; sie sollten zeigen, daß es für den natürlichen Verlauf des Wollens Hindernisse und Begünstigungen des sittlichen Fortschritts gebe, und daß, indem eine vollendete Darstellung des ethischen Organismus nicht in der Art zu erwarten ist, als ob sie sich natürlicherweise von selbst einstellen werde, es nur eine allmählige Annäherung an denselben geben könne, für welche gleichwohl eine genau bestimmte Grenze sich wenigstens nicht allgemein nachweisen läßt. (S. 361 flgg., 428 flgg.). Die Musterbilder alles Wollens, die Ideen selbst, sollen die Kräfte werden, die dem Wollen seinen Zweck und seine Energie geben; und in welchem Grade und Umfange sie so zur wirklichen Macht, die das Leben beherrscht und erhebt, geworden sind, in dem Grade und Umfange kann von dem Dasein, dem wirklichen, lebendigen Dasein eines ethischen Organismus gesprochen werden.

Von welchen Punkten man nun auch jene Annäherung ausgehend, auf welchem Wege man sie fortschreitend sich denke, jedenfalls schließt sie, als der Ausdruck des gesammten auf einem bestimmten Gebiete wirksamen sittlichen Wollens, die formalen Begriffe, welche die Darstellung der Ideen beherrschen und bestimmen, die der Tugend, der Pflicht und des sittlichen Gutes, sammt den Rücksichten auf die Unterschiede des Vollkommenen und Unvollkommenen, des Unmittelbaren und Mittelbaren immer gleichmäßig ein; d. h. diese Annäherung, welche selbst der Fortschritt von der unvollkommenen zur vollkommeneren Sittlichkeit ist, wird nur durch die Continuität des pflichtmäßigen Handelns zu denjenigen Gütern führen können, die in der Werthschätzung des Sittlichen eine Stelle einzunehmen verdienen.

Erwägen nun, welches Wollen und Handeln durch die Aufgabe der Annäherung an die Totalität des sittlichen Organismus gefordert werde, heißt Pflichten erwägen; und die Analyse dieser Aufgabe verlangt einen Leitfaden für die Orientirung in dem Umfange des weiten, durch sie bezeichneten Gebietes. Ihn zu finden, dient die Zusammenfassung dessen, was in dem Begriff des Organismus liegt, mit den allgemeinsten Bedingungen seiner Realisirung. Der Organismus als Ganzes setzt Theile voraus, aber die Verbindung dieser Theile in dem Ganzen ist nicht die eines bloßen Aggregats; denn eine solche Verbindung legt eigentlich nur der Betrachtende den Theilen lei, ohne daß sie ihnen selbst innewohnte. Der ethische Organismus ist ferner eine Totalität, die nur vorhanden sein würde für die Willen, durch welche er da ist; er setzt also ein Wissen und Wollen der Beziehung voraus, in welche jeder Einzelne durch sein Wollen und Handeln zu dem Ganzen tritt. Der Inhalt, die Richtung, die letzten Zwecke dieses Handelns sind ferner durch die Ideen schon bestimmt, welche der Gesellschaft nicht minder als dem Einzelnen gelten. Die Gliederung, die Articulation des ethischen Organismus besteht also in der sittlichen Bildung und Verknüpfung derjenigen Willen, denen es aufgegeben ist, ihn darzustellen; der ganze Begriff verliert seine Anwendbarkeit, wenn man seine Realisirung von den wirklichen Willen, die in ihm und für ihn wirken sollen, losreißt. Das wirkliche Wollen ist aber factisch gebunden an die natürliche Existenz der Individuen, und die sittliche Bildung der Individuen ist das allererste, worauf die Möglichkeit der Entstehung eines ethischen Organismus schlechterdings beruht. Mag es daher auch möglich sein, in bloßen Begriffen das Ganze hier vor den Theilen zu bestimmen, in der Wirklichkeit gehen die Theile dem Ganzen unvermeidlich voraus, oder das Ganze besteht vielmehr nur in den Theilen und durch sie. Folglich ist auch zuerst der Einzelne als solcher Gegenstand der Pflicht. Indem der Einzelne als Gegenstand der Pflicht aufgefaßt wird, ist es ein, nicht auf bloßen Begriffen, sondern auf dem Factum theils des Selbstbewußtseins, theils der wirklich vorhandenen Mehrheit der Individuen beruhender Unterschied, daß der Einzelne als Gegenstand der Pflicht betrachtet werden muß sowohl in seinem Verhältnisse zu sich selbst, als in seinem Verhältnisse zu andern. Dieser Unterschied ist nicht zu verwechseln mit der Eintheilung der Pflichten in solche gegen sich selbst und gegen andere, falls ihr der Sinn untergelegt wird, als ob der Grund der Verpflichtung von der Rücksicht entweder auf sich oder auf andere entlehnt werden solle. Das Motiv des pflichtmäßigen Handelns kann sehr wohl, diesen Unterschied nicht anerkennend, der allgemeine Hinblick auf die Gesammtheit der Ideen sein und der Einzelne sich demgemäß nur als ein dienendes Glied in einem größeren Zusammenhange sittlicher Verhältnisse auffassen, für welchen er, an sich selbst arbeitend, mitarbeite; dennoch wird in der Richtung seines Wollens ein Unterschied übrig bleiben, je nachdem der Gegenstand desselben er selbst oder andere sind.

Jeder Einzelne ist ferner eingeschlossen in die Gesellschaft, in welcher er seine Stelle hat oder sucht, und erst in den gesellschaftlichen Beziehungen der Einzelnen unter einander wurzelt das, was überhaupt auf den Namen einer organischen Gliederung Anspruch machen kann. Den Verhältnissen der Einzelnen zu sich selbst und zu andern Einzelnen treten mithin, als sie umschließend und in sich aufnehmend, die Verhältnisse zwischen der Gesellschaft und den Einzelnen zur Seite, und zwar sowohl insofern die Gesellschaft Gegenstand der Pflicht für den Einzelnen, als insofern der Einzelne Gegenstand der Pflicht für die Gesellschaft ist; beides in dem für die Verhältnisse des Einzelnen zu sich und zu andern schon bezeichneten Sinne. Faßt man endlich die Gesellschaft als Ganzes auf, so bietet sie ebenso einen doppelten Gesichtspunkt dar, je nachdem sie als Gegenstand der Pflicht für sich selbst, oder für und gegen andere Gesellschaften aufgefaßt wird.

Die so gewonnenen Theilungsglieder lassen sich nun auch so anordnen:

Gegenstand der Pflicht ist

I. der Einzelne, a) von Seiten seiner selbst,
b) von Seiten anderer,
c) von Seiten der Gesellschaft;

II. die Gesellschaft, a) von Seiten des Einzelnen,
b) von Seiten ihrer selbst,
c) von Seiten anderer Gesellschaften.

Fragt man jedoch nach der Bedeutung dieser Theilungsglieder, so zeigt sich, daß die beiden Glieder I, c und II, b identisch sind. Denn die Pflicht der Gesellschaft gegen sich selbst kann nichts anderes bedeuten, als die Pflicht derselben gegen die Gesammtheit der Glieder, aus denen sie besteht, d. h. gegen die Einzelnen; darin liegen zugleich mittelbar die Forderungen, welche auch auf die Formen und Einrichtungen der Gesellschaft gehen, von denen ihr Verhältniß zu den Einzelnen abhängt, die sie umschließt; und es bleiben daher nur fünf wesentliche Gesichtspunkte übrig, deren Reihenfolge mit Hinweglassung des Gliedes I, c, zugleich den natürlichen Fortschritt in der Annäherung an die Totalität des ethischen Organismus darstellt.

Die Unterscheidung dieser Gesichtspunkte beruht auf dem einfachen Grundgedanken: daß ein größeres Ganze, welches dem sittlichen Urtheile einen reinen Beifall soll abgewinnen können, sich nur aus Bestandtheilen bilden könne, welche selbst den ethischen Anforderungen entsprechen. So wenig die Wohlgestalt des menschlichen Körpers aus verkümmerten und verzerrten Gliedern zusammengefügt werden kann, so wenig kann der ethische Organismus der sittlichen Durchbildung der kleineren Gruppen entbehren, die in ihm zu einem Ganzen verschmelzen sollen. Diese kleinern Gruppen überspringen, heißt ein Gewölbe ohne Stützpunkte bauen; wie es etwa die Meinung thut, als könne der Begriff eines solchen Organismus gar keine Bedeutung in Anspruch nehmen, als nur im Hinblicke auf die Totalität der menschlichen Gattung. Denn möge sich immerhin die Betrachtung am Ende bis an die Grenzen des Erdballs auszudehnen suchen, die Anfänge derselben liegen in dem Wollen und Streben der Individuen, ohne welche die Gattung nichts ist. Ja selbst die Gegenüberstellung der Einzelnen und der Gesellschaft, falls man bei der letzteren sogleich vorzugsweise an den Staat dächte, ist kaum etwas anderes, als die Bezeichnung sehr weit entlegener Punkte, innerhalb deren sich die sittliche Thätigkeit factisch bewegt; zwischen ihnen liegen die Familien, die Stände, die Gemeinden, die Gesinnungs=, die Dienstverhältnisse, die Arbeiten und Erholungen u. s. w., als der natürliche Grund und Boden, aus welchem das Fürchten und Hoffen, die Zuneigung und Abneigung, das Genießen, Dulden, Entbehren, Thun und Lassen der Menschen hervorkeimt. Alles dieses geht dem Staate voraus; er kann es benutzen, regeln, hemmen oder fördern, ausbilden und umbilden; aber er kann es nicht schaffen oder vernichten. Auf diese natürlich gegebene Mannigfaltigkeit der Verhältnisse sieht sich die Analyse der Bedingungen, unter denen in kleineren oder größeren Kreisen ein ethischer Organismus entstehen kann, immer wieder zurückgewiesen. Es ist daher auch die Unterscheidung der obigen fünf Gesichtspunkte nicht so gemeint, als stellten sie ein Fachwerk dar, nach welchem das Geflecht der gegebenen

Naturverhältnisse des menschlichen Lebens zerschnitten werden solle, sondern sie wollen eben nur ein Leitfaden sein, ausreichend, um sich in dem Fortschritte vom Kleineren und Engeren zum Größeren und Weiteren zu orientiren.

I. Der Einzelne als Subject und Object der Pflicht.

Daß der Einzelne als Gegenstand der Pflicht betrachtet werden dürfe, ja sogar müsse, dafür liegt der Grund in der Bedeutung, welche die Ideen ursprünglich, ohne alle Rücksicht auf die Gesellschaft für die Willensverhältnisse der Individuen haben. Aber wenn die Betrachtung

A. von der Frage ausgeht: inwiefern der Einzelne im Verhältnisse zu sich selbst ein Gegenstand der Pflicht sei, so liegt darin, obgleich die Idee der inneren Freiheit an der Spitze der übrigen Ideen steht und diese umschließt, doch für den natürlichen Entwickelungsgang der Sittlichkeit eine Umkehrung, die nur dadurch gerechtfertigt werden kann, daß es im Fortschritte dieses Entwickelungsganges einen Punkt geben muß, wo der Einzelne sich im Verhältnisse zu sich selbst als Träger und Gegenstand der Pflicht aufzufassen fähig und genöthigt sei. Sich selbst so auch nur denken zu können, setzt nicht nur voraus, daß der Einzelne zum Bewußtsein seiner selbst als einer Person gekommen sei, sondern auch, daß er sein eigenes Wollen nach den Ideen beurtheile; diese Selbstauffassung und Selbstbeurtheilung bezeichnet mithin den Punkt, der hier vorläufig als erreicht angenommen wird. Sodann aber kann die Untersuchung, in wiefern der Einzelne Subject oder Object der Pflicht für sich selbst sei, nicht den Sinn haben, als könne er vollkommen abgeschnitten von den Berührungen mit andern gedacht werden, sondern es wird sie fortwährend der Gedanke begleiten müssen, daß er, indem er sein eigenes Wollen sittlich gestaltet, zugleich ein Glied in der Kette der Uebrigen ist, in deren Mitte auch ihm aufgegeben ist, die Ideen zu realisiren.

Die Gesammtheit aller Ueberlegungen und Thätigkeiten, durch welche der Einzelne sich selbst als Gegenstand des beharrlichen sittlichen Beifalls zu erscheinen versucht, vereinigt sich in dem Begriff der sittlichen Selbstbildung. Ihr Ziel liegt im Ideale der Tugend, der Ausdruck für das Streben darnach im Begriffe der Sittlichkeit; beides weist zurück auf die frühere Bestimmung dieser Begriffe, deren Inhalt hier als bekannt vorausgesetzt wird. (Vgl. oben S. 318 flgg.). Gegenüber den mannigfaltigen Quellen eines sittlich leeren, oder geradezu unsittlichen Wollens wird demnach das Arbeiten an sich selbst eben sowohl für die Beschränkung, als für die Erhebung des eigenen Wollens sorgen müssen; denn es ist eben sowohl darum zu thun, die unbestimmte Mannigfaltigkeit eines, auf irgend welche Veranlassungen entstehenden Wollens in den Dienst der Ideen zu bringen, als das den Ideen entsprechende Wollen zum herrschenden Principe des Handelns zu machen; eine schlechte Kenntniß der menschlichen Natur aber würde die Voraussetzung beweisen, daß die Selbsterhebung unfehlbar und allgemein die Selbstbeschränkung überflüssig mache, da die Erfahrung unzähligemal lehrt, wie dicht neben den besten Vorsätzen das Gemeine und Unwürdige in dem Menschen aufzuschießen droht. Auch nicht blos als disciplinirend wird die Selbstbeschränkung aufgefaßt werden können, sondern sie wird das unsittliche Wollen geradezu ausschließen müssen, obwohl zugestanden werden kann, daß in dem Grade, als die Erhebung zu den Ideen der Energie der innern Regsamkeit schon eine feste und beharrliche Richtung gegeben hat, die disciplinirende sowohl, als die ausschließende Selbstbeschränkung leichter gelingen wird.

Dies vorausgesetzt, schließt der Begriff der sittlichen Selbstbildung zweierlei ein: die Sorge für die Feststellung und Aneignung eines Gedankenkreises, in dem die Ideen selbst die wesentlichen Beziehungspunkte des Mannigfaltigen sind, was er einschließt; und das Streben, die eigene Individualität und ihr Verhältniß zu dem Ideal der Tugend kennen zu lernen. Gelingt die erste Sorge, so bietet sie die Grundlage sittlicher Grundsätze und Maximen dar; sie ist die Quelle dessen, was man Selbstgesetzgebung nennen kann. Der Mensch, dem es um seine sittliche Selbstbildung zu thun ist, kann nicht gleichgültig gegen die Frage sein, was und wie viel ein solches oder anderes Wollen werth sei; er hält den inneren Müßiggang und die sittliche Gedankenlosigkeit von sich ab; er sucht Festigkeit, Allgemeingültigkeit und Unparteilichkeit in den Ueberzeugungen, die das unmittelbare Interesse bezeichnen, das er an dem Werthe des menschlichen Thuns überhaupt nimmt. Darin liegt nun keineswegs, daß das Denken, welches er in sich auszubilden, das Wissen, welches er sich anzueignen strebt, eingeschränkt sei auf die Ideen; gar mancherlei kann, ja muß sich anschließen an diese Sorge, den Inhalt der Musterbilder selbst sich in ungetrübter Klarheit gegenwärtig zu halten; ausgeschlossen bleibt aber von diesem Theile der Selbstbildung allerdings alles, was die leere Wißbegierde des Gedächtnisses und die unreine des Eigennutzes zu wissen und zu benutzen verlangt. Vielmehr bildet die Summe von Ueberzeugungen, die schon Sokrates und Plato mit dem Namen des sittlichen Wissens bezeichnen, den eigentlichen Mittelpunkt für den Gedankenkreis, der für die sittliche Selbstbildung entscheidend ist.

Das zweite, worüber der an sich selbst Arbeitende sich klar werden muß, das Verhältniß der eigenen Individualität zu den Ideen, schließt alles das ein, was man schon längst als Selbstprüfung zum Zwecke der Selbsterkenntniß bezeichnet hat. Denn die Individualität, deren Grundzüge nothwendig viel früher eine gewisse Consistenz gewinnen, ehe der Einzelne fähig wird, sich zum Gegenstande der Selbstbeurtheilung zu machen, ist der Grund und Boden, aus welchem seine Wünsche, Neigungen, Begierden, Leidenschaften, Entschlüsse hervorkeimen. In der Art, wie sich das Individuum von den Dingen, Personen und Ereignissen berührt und angesprochen findet, wurzelt sein unmittelbares Interesse, welches über sein Handeln den Ausschlag giebt; und eben durch das, was es will und nicht will, und an der Art, wie es will, wird es sich selbst ein Gegenstand möglicher Beobachtung. Zwar wird die eigene Individualität, weil alle Selbstauffassung auf der innern Apperception beruht und die höchsten appercipirenden Vorstellungsmassen nicht selbst wieder appercipirt werden, niemals ein Gegenstand einer schlechthin vollendeten Selbsterkenntniß werden; bis auf einen gewissen Punkt wird sie sich selbst ein bloßes, zum großen Theile unverstandenes Factum bleiben; aber es giebt ein Mehr und Minder in der Vollständigkeit, mit welcher der Einzelne in die Construction seines eigenen Innern eindringt. Der Mensch ist sehr wohl im Stande, des Inhalts und der Richtung, wenn auch nicht der letzten geheimen Ursachen seines Wollens inne zu werden. Die letzteren liegen oft in einer Vergangenheit, die er sich zu analysiren nicht mehr im Stande ist; aber das Wollen selbst kündigt sich als ein gegenwärtiges an. Soll nun die Auffassung dieses eigenen Wollens dem Begriffe der Sittlichkeit entsprechen können, so muß nicht nur die Beurtheilung dieses Wollens schon lebendig sein, sondern es muß auch die Individualität mit den Ideen verglichen werden. Denn wenigstens an sich schließt Selbstbeobachtung und Selbstregierung die sittliche Gesinnungslosigkeit nicht aus; es könnte jemand sich selbst ein interessantes Schauspiel sein, ohne alle ernste Frage nach dem Werthe des Schauspielers. Ganz und gar nicht nöthig aber scheint es, die Meinung ausführlich zu widerlegen, als habe die Individualität sammt dem Bewußtsein davon schon als solche einen sittlichen Werth; eine Meinung, die nur dann verführerisch werden kann, wenn man den Begriff der Individualität verstohlener Weise gleichsam eintaucht in die Ideen, und durch die vielfach abgestufte Verschmelzung zwischen den Ideen und der Individualität die stattgefundene Verwechselung der Begriffe vor sich selbst verhüllt. In Wahrheit ist die Individualität, die dem Besten, wie dem Schlechtesten zukommt, nichts als das Naturproduct zunächst der unwillkührlichen Entwickelung, und auf höheren Stufen theilweis der absichtlichen Bildung des geistigen Lebens, welches für jeden die nothwendigen Grenzen bezeichnet, innerhalb deren für ihn eine Annäherung an das Ideal der Tugend möglich ist; aber niemand darf hoffen, das Ganze der Tugend sich auch nur in Gedanken gegenwärtig zu erhalten, der von vorn herein durch die Berufung auf seine Individualität*) der Frage nach dem

*) Diese Berufung auf die bloße Individualität liegt in der Entschuldigung, die häufig ausgesprochen, gewiß aber noch viel häufiger gedacht wird: „ich bin nun einmal so." Hier spricht und denkt das Individuum, das sich kennt, aber einer Forderung, die über der Individualität steht, nicht nachgeben will.

Werthe derselben überhoben zu sein glaubt. Vielmehr ist die Bereitwilligkeit, von der bloßen Individualität loszulassen, eine der ersten Bedingungen, die das Individuum den Ideen gegenüber zu erfüllen hat; und der Kampf mit der eigenen Individualität wird Keinem, der es redlich mit seiner sittlichen Selbstbildung meint, ganz erlassen bleiben.

Die Individualitäten sind ins Unbestimmbare hin verschieden. Jede hat überdies ihre Geschichte; sie wird in der Zeitreihe von dem eigenen Wellenschlage ihres inneren Lebens getragen, der von den äußeren Verhältnissen vielfach unterbrochen, gehemmt oder gefördert, dahin oder dorthin gewendet wird. Verlangt man nun etwa von der praktischen Philosophie, daß sie die möglichen Verhältnisse zwischen den Ideen und der Individualität erschöpfe? erschöpfe nicht blos in Beziehung auf die mögliche Verschiedenheit der Individualitäten, jede als ein Ganzes betrachtet, sondern auch für die einzelnen Punkte der Entwickelungsreihe, die jede derselben durchläuft? was wiederum nicht möglich wäre, ohne alle möglichen äußeren Lagen und Verhältnisse, welche auf die Individualität so oder anders einwirken, mit in Anschlag zu bringen. Das Hülfsmittel allgemeiner Begriffe, dessen sich die Wissenschaft bedient, würde gerade hier dem Zwecke zuwiderlaufen; denn es handelt sich eben um ganz individuelle Verhältnisse. Daher muß gerade das Verhältniß der eigenen Individualität zu den Ideen der sittlichen Ueberlegung und Sorge des Einzelnen überlassen bleiben; denn in der Art, wie er dieses Verhältniß ordnet, und diese Ordnung aufrecht erhält, wurzelt seine eigene innere Freiheit, die ihm keine fremde Ueberlegung und Anweisung weder erzeugen, noch ersetzen kann. (Vgl. oben S. 339 — 341). Eben darum, weil „einem jedem an einer anderen Stelle die Sonne durch die Wolken bricht," jedem aber auch an einer andern Stelle sich hinter sie verbirgt, muß er diesen seinen eigenen Standpunkt, und die Uebergänge von diesem zu einem andern, und das Maaß und die Richtung seiner Bewegung, und was ihn lockt und abstößt, hemmt und fördert, selbst ins Auge fassen.

Ueberläßt man nun aber auch dieses Detail entweder dem paränetischen Vertrage der Ethik, der Einzelnes aus der Masse hervorhebt, um es den Gemüthern nahe zu legen, oder der eigenen vernünftigen Ascese jedes Einzelnen für sich, so weist doch das

Ganze der Gesinnung, die sich in dem Streben nach sittlicher Selbstbildung ausprägen wird, zurück auf den Begriff der Gewissenhaftigkeit. (S. 326). Daß dabei die Wahrhaftigkeit gegen sich selbst vorausgesetzt wird, versteht sich von selbst; wo sie nicht vorhanden wäre, könnte von Selbstbildung nicht mehr oder noch nicht die Rede sein; vollends eine Individualität, für welche die Falschheit gegen sich selbst schon einen Grundzug bildet, bedarf gewaltsamer innerer Umwälzungen, um sich auch nur der Möglichkeit der Selbstbildung nähern zu können. Durch verschiedene Namen nun kann man versuchen, das Verhalten des Gewissenhaften zu sich selbst zu bezeichnen; alle diese Namen werden im Grunde doch nur verschiedene Beziehungen derselben Gesinnung andeuten, ohne daß es durchaus gelingen wird, Begriffe, wie die der sittlichen Besonnenheit, der sittlichen Vorsicht und Umsicht, der Sammlung, der Geistesgegenwart, der Beharrlichkeit u. s. w., aus der Vieldeutigkeit des Sprachgebrauchs vollkommen genau herauszuheben. Allen diesen Begriffen liegt die Erwartung zu Grunde, der Gewissenhafte werde gefaßt sein auf mögliche Störungen durch nicht sittliche Elemente, welche ihm von innen oder außen in den Weg treten möchten; sie bezeichnen die Sorge für die Richtigkeit, die Vollständigkeit, den Zusammenhang des Urtheils und der daraus hervorgehenden Entschließungen, den Gegensatz zur Uebereilung, zur selbstgenügsamen Beschränktheit, zur Verworrenheit und Zerstreutheit. Mit genügender Bestimmtheit läßt sich hier nur ein einziger Begriff, der die übrigen umschließt, hervorheben, der des sittlichen Charakters, den der Gewissenhafte sich zu erwerben, und in dem Grade, als er ihn erworben hat, zu bethätigen sucht.

Zwar mag es Individualitäten geben, in denen das Ganze der sittlichen Gesinnung oder auch nur besonders hervorstechende Züge derselben, getragen von der Gunst der innern Anlage und der äußeren Umstände, sich in harmonischer Regsamkeit von selbst entwickeln; Individualitäten, die, frei von heftigen, durch äußere Gegenstände mannigfaltig umhergetriebenen Begierden, ohne Kampf sich in einem ruhigen Gleichmaaße ihres Verlangens halten, und ohne bestimmte Reflexion auf das sittliche Urtheil, ohne umschauenden Blick auf die Verwickelungen des Lebens, von dem sittlich Mißfälligen sich abwenden; die in jedem gerade jetzt vorliegenden

Falle das Rechte ergreifen und, instinctmäßig abgestoßen von dem Gemeinen und Schlechten, in der Reinheit und Arglosigkeit ihres Herzens die sittliche Güte in der Form der Unschuld darstellen. Liebe und Wohlwollen, Demuth, Hingebung und Vertrauen, Duldung und Nachsicht mögen sich so bisweilen in ihrer reinsten Gestalt zusammenfinden; das gute Herz sich so zur schönen Seele verklären; und wer möchte einer solchen Individualität, die man eher in weiblicher, als in männlicher Gestalt erwartet, den Beifall versagen, der ihr gebührt? Aber das harmonische Gleichmaaß aller Neigungen und die ruhige Sicherheit der Entschließungen, die den sittlichen Beifall an eine solche Individualität fesseln könnte, sind fast eine ideale Voraussetzung; das gute Herz, das nicht mehr ist, als blos dieses, ist denen verdächtig, die die Welt und den Menschen kennen; und wirklich bleibt ihm, wo es nicht wahrhaft und durchaus gut ist, oft nur die bloße Gefühls- und Temperamentstugend übrig, d. h. es zeigt sich in vereinzelten, zufälligen und vorübergehenden Erregungen, zu welchen die Individualität gerade geneigt ist. Wenigstens kann da, wo der Wollende sich blos seiner Individualität überläßt, nicht von eigentlicher Selbstbildung die Rede sein, deren Begriff auf der Unterscheidung zwischen dem beruht, was der Mensch in sich findet, (dem Objectiven, was ohne sein Zuthun in ihm entstanden ist und sich fortwährend regt,) und dem, was er über dieses Objective urtheilt, ihm zugesteht oder versagt, (dem Subjectiven, in welchem er sein wahres Ich zu finden und zu halten sucht). In dem Verhältniß zwischen beiden wurzelt der Charakter, als die feste und beharrliche Gestalt des Willens, als die Art der Entschiedenheit und Entschlossenheit in dem, was das bewußte Wollen eben sowohl einschließt, als ausschließt. Damit sich der Charakter der Individualität gegenüber erhebe, muß sich irgendwie das Subjective von jenem Objectiven sondern; der Mensch muß sein eigenes Wollen, wie es aus der räthselhaften Tiefe der Individualität ihm selbst entgegentritt, zum Gegenstande der Auffassung, des Vorziehens oder Verwerfens zu machen im Stande sein, und zwar zum Gegenstande eines ruhigen und klaren Vorziehens und Verwerfens, in welchem er weiß, was er billigt oder mißbilligt. Schließt sich dieses Vorziehen und Verwerfen der Individualität an, so bestimmt diese selbst den Charakter, tritt es ihr entgegen, so entsteht ein Kampf des Charakters mit der Individualität. Der Mensch muthet sich dann etwas zu, wogegen sein eigenes Wollen gleichwohl streitet; er macht den Versuch, sich selbst zu beherrschen. Gelingt der Versuch, so wird der Mensch seiner selbst mächtig; in diesem Kampfe erprobt und befestigt sich die Stärke des Charakters, und der vollendete Charakter, der in allem seinen Wollen seiner selbst gleich sicher und mächtig wäre, würde eben so über die Leiden und die Anstrengung des innern Kampfes hinaus sein, als die bloße Individualität noch nicht bis zu diesem Kampfe gekommen ist. Erst von dem vollendeten Charakter könnte man sagen, daß er wieder zu einer vollständigen Einheit mit der Individualität durchgedrungen sei; denn das Begehren, welches dem charaktervollen Wollen zuwiderliefe, würde sich dann kaum noch als eine bedeutende Kraft in dem eigenen Innern bemerklich machen; die Bildung des Charakters geht aber meistentheils durch den Gegensatz mit der Individualität hindurch*).

Ist nun Charakter überhaupt die beharrliche Gleichartigkeit des durch das bewußte Vorziehen und Verwerfen bestimmten Wollens, so beruht die Möglichkeit des sittlichen Charakters vor allem auf der Wärme und der durchgebildeten Klarheit derjenigen Beurtheilungen, welche von den Ideen ausgehen und getragen werden, zusammengenommen mit der inneren Wahrhaftigkeit in der Anwendung derselben auf das eigene Wollen, wie es durch die Außenwelt angeregt oder zurückgedrängt wird. Das Streben darnach weist also zurück auf die beiden, oben entwickelten Gesichtspunkte, durch welche der Begriff der Selbstbildung wesentlich

*) Ueber den Unterschied zwischen Individualität und Charakter, sowie über den des objectiven und subjectiven Theiles des letztern vergl. Herbart allgem. Pädagogik S. 100 flgg., S. 297 flgg. Kleine Schrift. Bd. III., S. 396 flgg. Hinter dem, was man im gewöhnlichen Leben eine ausgebildete, in sich fest abgeschlossene Individualität nennt, ruht meist in Wahrheit etwas Höheres, nämlich Charakter. Daß gleichwohl der Charakter, der immer im Verhältniß zur Individualität sich bildet, eine individuelle Färbung annehmen muß, versteht sich von selbst. Von einem bestimmten Charakter kann überhaupt erst die Rede sein, wo das Bestimmende sowohl als das, was bestimmt wird, in Begriffen bezeichnet ist; wie eben für den sittlichen Charakter die Ideen das erste, das mannigfaltige Begehren das zweite sind.

bestimmt wird: Anneignung des durch die Ideen bezeichneten Gedankenkreises und Selbsterkenntniß. Gleichwohl liegt darin noch eine Reihe von Forderungen verborgen, die für das wirkliche Wollen nicht erfüllt werden können ohne Rücksicht auf die Vehikel des sittlichen Fortschritts oder Rückschritts. Die auf sie sich beziehenden Ueberlegungen werden sich zwar ihrem speciellen Inhalte nach für jeden eigenthümlich modificiren, ihr Einfluß auf die sittliche Selbstbildung läßt sich aber gleichwohl allgemein nachweisen.

Der sittliche Charakter soll als „Herr des Verlangens im Dienste der Ideen stehen." Wonach richtet sich also der Inhalt und die Art des Verlangens und worauf beruht die Möglichkeit, es in den Dienst der Ideen zu bringen? Denn daß hier der rohen, ungebändigten Begierde gegenüber die Behauptung der transscendentalen Freiheit, die Berufung auf den bloßen Begriff der Pflicht, und der Fehlschluß von dem Sollen auf die Möglichkeit des Könnens nicht ausreicht, davon kann, unabhängig von allen theoretischen Untersuchungen, schon die Beobachtung menschlichen Treibens und die Gefahr der Nichterfüllung der Pflicht belehren, der jeder in seinem Innern ausgesetzt ist. Schon früher (S. 361 flg.) mußte daran erinnert werden, daß dem sittlichen Urtheile gegenüber diejenigen Vorstellungsmassen stehen, welche an sich keinen sittlichen Gehalt haben, und aus welchen sich in ihrem Zusammenhange mit organischen Reizen, sinnlichen Genüssen, den Bedürfnissen der äußeren Existenz, den Berührungen und Conflicten mit Andern das Heer der wechselnden Wünsche, Neigungen, Begierden und Leidenschaften erzeugt. Dieses mannigfaltige Begehren ist das für den sittlichen Charakter zu bestimmende; will er es in den Dienst der Ideen bringen, so muß er unterscheiden und wählen, was er treiben, haben und dulden, was er unterlassen, entbehren und leiden wolle. Der Kreis dessen, was in den Umfang dieser Begriffe fällt, bedingt aber seine Stellung zu seinen Umgebungen, zu Sachen und Personen; er hängt ab von den Momenten, von denen er seine Lebensweise bestimmt findet; also von seinen Arbeiten und Erholungen, von den Gesinnungs-, Familien- und Dienstverhältnissen. Das rein Innerliche des Umgangs mit sich selbst erweitert sich folglich für den, dem es Ernst ist um seine sittliche Selbstbildung, zu der Ueberlegung, welche Rückwirkung eine solche oder andere Anordnung und Behandlung dieser Verhältnisse auf die Reinheit, den Umfang und die Stetigkeit seines sittlichen Wollens haben wird (s. S. 385 flg.); und das Bestreben, die Gesammtheit dieser Verhältnisse, je nach der individuellen Verflechtung, wie sie gerade jetzt seine concrete Lebenslage bestimmen, so zu benutzen, zu ordnen, und, wo nöthig und möglich, zu verändern, daß daraus, in Verbindung mit der allgemeinen auf das Ganze der sittlichen Aufgabe gerichteten Aufmerksamkeit, die vortheilhafteste Wirkung auf die Articulation des eigenen sittlichen Lebens hervorgehe, — dieses Bestreben, welches den geistigen Blick für das, was die Außenwelt darbietet, gestattet oder versagt, öffnen und schärfen, und der nach außen gehenden Regsamkeit des Wollens Richtung und Maaß geben muß, zeigt die innere Regsamkeit des sittlichen Charakters in den vielfältigsten Berührungen mit der ihn umgebenden Welt und führt ganz von selbst über die Grenzen der eigenen Persönlichkeit hinaus.

Alle die Verhältnisse jedoch, innerhalb deren der sittliche Charakter steht, und die gleichsam die Axen bilden, um die sich das Wollen und Handeln des Einzelnen unvermeidlich in irgend einer Art bewegt, gewinnen gemeiniglich erst nach und nach im Laufe der Zeit ihren, das Leben vorzugsweise bestimmenden Einfluß und stehen nur im allerseltensten Falle in einem vollkommenen Gleichgewicht unter einander. Die Familienverhältnisse sind diejenigen, deren absichtliche Gestaltung am spätesten in die Gewalt des Einzelnen kommt; denn in wiefern er in der Familie erzogen wurde, gehört nicht hierher. Viel früher sind es Beschäftigungen und Gesinnungen, über deren Zweck und Gehalt er sich Rechenschaft zu geben im Stande ist, falls nur nicht von früh an die Beschäftigungen als Arbeiten mehr durch die Gebundenheit des Dienstes, als durch die Möglichkeit einer absichtlichen Wahl bezeichnet sind*). Wem es dagegen nie so wohl wurde, seine

---

*) Gleichwohl sind die Familienverhältnisse diejenigen, welche später für die Mehrzahl der Menschen, deren Blick auf einen engen Kreis gebannt bleibt, die sichersten Haltepunkt darbieten. In ihnen wurzeln, wenn sie nur leidlich geordnet sind, die Gesinnungen der Theilnahme und des Wohlwollens; sie umschlingt eine Kette des Leistens und Empfangens, welche den Unterschied des Verpflichtenden und Verpflichteten fast verschwinden läßt; sie sind der

Arbeiten mit Rücksicht auf seine eigene Bildung wählen zu dürfen, wer seinen Umgang nie seinem inneren Bedürfnisse persönlicher Liebe und Achtung gemäß gestalten konnte, wessen Dienste sammt den dazu gehörigen Arbeiten nur durch lange Reihen von Vermittelungen ihren Zusammenhang mit Zwecken, die an sich einen Werth haben, verrathen; für den wird die Aufgabe der Selbstbildung hauptsächlich darin bestehen, das Störende, Hemmende, Zerstreuende seiner Lebensverhältnisse nicht in den Kern seiner Denkart, seiner Werthschätzung eindringen zu lassen. Unzählige Menschen befinden sich in der Lage, daß, selbst wenn ihnen ein solcher Grad geistiger Bildung beigelegt werden könnte, der vorausgesetzt werden muß, wenn die Aufgabe des Arbeitens an sich selbst überhaupt eine Bedeutung für sie soll haben können, die directe Benutzung ihrer Umgebungen für die innere Regulirung und Veredlung ihres Wollens nur sehr gering sein kann. Es giebt überhaupt in dieser Hinsicht eine Gunst und Ungunst des äußern Schicksals, die großen Verschiedenheiten unterliegen kann; es giebt Veränderungen der Lebenslage, allmählige und gewaltsame, die die bisherigen Haltepunkte erschüttern oder ganz entziehen, und vielleicht durch neue nur kärglich entschädigen; es giebt Erfahrungen, die die Neigung sich anzuschließen, mitzuarbeiten, zu vertrauen, sich hinzugeben schwächen oder vernichten, Erfahrungen, die den Menschen viel klüger machen, aber ihm an der sittlichen Zuversicht zu sich selbst und andern etwas nehmen. Selbst für die stoische Weisheit, sich schlechthin auf sich selbst zu beschränken, — gesetzt, sie wäre für einen Menschen, der nicht einsam auf

---

Beziehungspunkt der Arbeiten, der Sitz der edleren Erholungen; in ihrer Mitte verschwindet auch für den, der an das Joch des Dienstes gebunden ist, das Drückende desselben; sie sind das Asyl des besseren, und oft der einzige Ort, in welchem die edleren Gesinnungen des roheren Menschen wurzeln. Will man den Einfluß der Familie richtig schätzen, so wende man den Blick auf die eine Hälfte der Menschheit, das weibliche Geschlecht; so frage man sich, wie viel Ernst der sittlichen Selbstbildung übrig bleiben würde unter einem Haufen von Menschen, für dessen überwiegende Mehrzahl die Stabilität des Familienlebens unmöglich gemacht wäre oder ihren Werth verloren hätte. Man denke beispielsweise an die stehenden Heere, sowie an den Ernst und an den Sinn für bürgerliche Ehre, Ordnung, Fleiß, Redlichkeit, der erst dann in sehr viele Menschen kommt, wenn sie geheirathet haben.

einer Insel lebt, möglich, — ist es dann zu spät, wenn der Mensch inne geworden ist, wie viel er für seine sittliche Bildung irgend einmal der Berührung mit andern verdankte, und ein sittlicher Charakter, der sich unter so ungünstigen Verhältnissen noch hält, muß schon einen hohen Grad von Stärke und Festigkeit erreicht haben; daß er sich unter einer solchen Ungunst der äußeren Lage bilde, ist wenigstens nicht allgemein zu erwarten.

Indessen gesetzt auch, daß es dem Menschen vergönnt sei, das Wesentliche des Umganges mit sich selbst unter stetigem Hinblicke auf das, was die Gesammtheit seiner Lebensverhältnisse an Beziehungs- und Haltepunkten für seine sittliche Bildung darbietet oder versagt, richtig zu ordnen, gesetzt, daß er dahin gelangt sei, heilig zu halten, was ihn sittlich fördert, daß er empfänglich sei für nachhaltig haftende Eindrücke, daß er den unsittlichen Neigungen, die gerade ihm drohen, entgegentrete, daß er vorbaue, wo er, ohne vorgebaut zu haben, der Versuchung nicht würde widerstehen können, daß er zur rechten Zeit und am rechten Orte jegliches besorge, damit nicht aus unvollständiger Lebensordnung Verwirrungen und Collisionen entstehen, daß er unterscheide, wo und in wiefern er auf das entgegenkommende Wollen Anderer rechnen könne und wo er auf sich allein angewiesen ist; — alles dieses, was im Begriff oder im Umkreise der Bedingungen der Selbstbildung liegt, vorausgesetzt; so bleibt doch noch eine Reihe von Ansprüchen übrig, die man, je äußerlicher man den Begriff der Pflicht gegen sich selbst auffaßte, desto mehr in den Vordergrund der sittlichen Ueberlegungen und Entschließungen zu stellen pflegte, und die, obwohl sie nicht unmittelbar in diesen Vordergrund gehören, doch einen sehr wesentlichen Einfluß auf das Ganze der sittlichen Bildung haben. Diese Ansprüche gelten den Handlungen und Unterlassungen, die sich auf das physische Leben des Menschen und die mit dem körperlichen Organismus zusammenhängenden Bedürfnisse und Begierden beziehen.

Von bestimmten Pflichten der Selbsterhaltung, Mäßigkeit, Enthaltsamkeit u. s. w. kann nur insofern die Rede sein, als die Fortsetzung des physischen Lebens, und die Befriedigung der von organischen Reizen ausgehenden Begierden von dem eigenen Wollen des Menschen abhängt. So gewiß es nun sittliche Anforderungen dieser Art giebt, so wichtig ist es doch, ihnen ihre rechte

Stelle anzuweisen. Zuvörderst ist klar, daß das Meiste, was durch sie geboten oder verboten wird, nicht unmittelbar in den Umfang der von den Ideen bezeichneten Gesinnung fällt, sondern seine sittliche Bedeutung erst mittelbar erlangt; sodann daß diese mittelbare Bedeutung weder unter allen Umständen dieselbe ist, noch schlechthin unter den Gesichtspunkt einer Pflicht gegen sich selbst, sondern eben sowohl unter den einer Pflicht gegen andere fällt.

Was zuerst die Pflichten der Selbsterhaltung anlangt, so haben sie offenbar ihren Haltepunkt darin, daß die Fortsetzung des physischen Lebens sammt der Gesundheit und Regelmäßigkeit seiner Functionen die allgemeine Naturbedingung für die sittliche Wirksamkeit des Menschen in der Sinnenwelt ist, der er eben als Mensch angehört. Der Leib ist das Instrument, ohne welches der Wille nur eine unwirksame innere Regsamkeit bleiben würde; und so wie die Gesundheit des Leibes überhaupt darum, weil sie dem geistigen Leben die Hindernisse nicht in den Weg legt, mit denen es in einem kränklichen Körper zu kämpfen hat, die Energie und Beharrlichkeit des sittlichen Handelns begünstigt, so können besondere Vorzüge körperlicher Kraft und Geschicklichkeit für die Lösung einzelner sittlicher Aufgaben von großem Einflusse sein. Mag man nun positiv der Diätetik und der Gymnastik in ihrer weitesten Bedeutung, als absichtlicher Sorge für die Gesundheit des Körpers und die gleichmäßige Ausbildung seiner Glieder, ganz abgesehen von ihrem Einflusse auf das physische Wohlbefinden, eine sittliche Bedeutung zuschreiben, und folglich auch negativ auf die Unterlassung der, die Gesundheit allmählig untergrabenden, oder das Leben in besondern Fällen gefährdenden, oder die Integrität des Körpers verletzenden Handlungen (Verwegenheit, Selbstverstümmelung u. s. w.) hinweisen; — Handlungen und Unterlassungen dieser Art haben dennoch weder eine gleichmäßig allgemeine, noch eine unbedingte Bedeutung, sondern fallen immer unter die Frage: in wiefern die Fortdauer des physischen Lebens, oder eine bestimmte Beschaffenheit des Körpers die Bedingung für die Lösung der sittlichen Aufgabe sind. Pflicht gegen sich selbst ist dies hier nur insofern, als der Einzelne gerade sich im Dienste der Ideen weiß und erkennt; sie ist es ebenso in Beziehung auf andere, welchen er auf eine bestimmte Weise verpflichtet ist; aber statt der Selbsterhaltung kann eben sowohl die Selbstaufopferung Pflicht werden, wo die bestimmte Aufforderung eines sittlichen Handelns eine Gefährdung des physischen Wohlbefindens, ja des Lebens selbst einschließt*). Das Gewicht, welches man auf diese sogenannten Pflichten der Selbsterhaltung legt, die sich schlechterdings nicht in allgemeingültige Grenzen einschließen lassen, und höchstens die Forderung gestatten: wo keine unmittelbare sittliche Aufforderung gegenübersteht, den Leib zu der Gesammtheit der sittlichen Thätigkeit nicht untauglich zu machen, — dieses Gewicht scheint oft nur eine Verhüllung der natürlichen Selbstliebe in der Form eines sittlichen Gebotes zu sein. Die Ausbildung sittlicher Maximen für dieses Gebiet hängt durchaus von der Unterscheidung individueller Fälle und, mit Beseitigung alles dessen, was an die bloße Klugheits- und Genußlehre erinnern könnte, von dem unparteiischen, aber durch das sittliche Urtheil geschärften Blick auf den Zusammenhang dieser concreten Lebenslage mit der Gesammtheit der sittlichen Werthbestimmungen ab**).

---

*) Wer Beispiele braucht, denke an die Pflicht des Arztes bei ansteckenden Krankheiten; oder er betrachte den Adel der Gesinnung, mit der Plato im Kriton den Sokrates die Erhaltung seines Lebens durch die Flucht ablehnen läßt.

**) Nicht einmal der Selbstmord, d. h. die absichtlich gewollte und bewußtvoll ausgeführte Vernichtung des eigenen Lebens, kann davon ausgenommen werden. Der gewöhnliche Selbstmord, der das Leben als eine Last los sein will, macht freilich keine große Schwierigkeit. Die veranlassenden Ursachen dazu (zerrüttete bürgerliche Verhältnisse, Ausschweifungen, Leidenschaften aller Art u. s. w.) sind in der Regel Folgen entweder unterlassener oder aufgegebener sittlicher Thätigkeiten; der Selbstmord ist da meist die Declaration eines moralischen Banquerots, der sich oft aus alter Zeit her datirt; wo übrigens irgend jemand auf die Fortdauer des Lebens und der Thätigkeit des Selbstmörders zu rechnen befugt war, liegt in der Selbstentleibung ein Unrecht, das oft eine harte Uebelthat ist. Der scheinbare Heroismus des Selbstmordes, der bisweilen einen starken Zusatz von Koketterie hat, verschwindet vor der Ueberlegung, daß die Stärke des Willens, der sich selbst aufgiebt, allemal kleiner ist, als die Stärke desjenigen, der die Last des Lebens, falls es wirklich nur eine Last wäre, zu ertragen fortfährt; und in allen diesen Beziehungen gilt Fichte's strenger Ausspruch: „ich will nicht länger leben, heißt, ich will nicht länger meine Pflicht thun." (Fichte Syst. d. Sittenl. S. 354, eine Erörterung, die nachgelesen zu werden verdient). Daß

Ebenfalls nur eine mittelbare, dennoch aber wegen der vielförmigen Beziehungen auf die Ideen keineswegs unwichtige Bedeutung haben ferner die Forderungen, die sich auf die *Befriedigung der Begierden*, also auf den Genuß beziehen. Was hierher gehört, beschränkt man auf zu enge Grenzen, wenn man lediglich die Mäßigkeit und Enthaltsamkeit in der Befriedigung der *sinnlichen* Triebe hervorhebt; *jede* Begierde bedarf einer ähnlichen Disciplin, als etwa die von dem Geschmackssinn und dem Geschlechtstrieb abhängigen. Wo es darauf ankommt, den Menschen aus der ersten Rohheit herauszuarbeiten, da ist es natürlich, daß die ethische Disciplin sich zuerst auf die Beschränkung jener animalischen Triebe richten wird. Die, durch maßlose, des Gegengewichts eines höhern Interesse entbehrende Befriedigung jedes einzelnen unter ihnen entstehenden Fehler, (Leckerhaftigkeit, Gefräßigkeit, Völlerei, Unkeuschheit u. s. w.) sind, durch wiederholten Genuß einwurzelnd und sich zum Laster steigernd, fähig den Menschen zu brutalisiren und die Möglichkeit seiner sittlichen Erhebung entweder ganz zu vernichten, oder in einem solchen Grade zu erschweren, daß statt der Gründe nur Leiden ihn zur Vernunft bringen können. Sich der Befriedigung dieser Triebe vorherrschend hingeben heißt, sich von der innern Freiheit direct entfernen; es beweist, wenn auch noch keine Schlechtigkeit, aber doch die Gemeinheit einer Gesinnung, für welche die Gegenstände eines reinen

---

gleichwohl zwischen dem Selbstmord eines Cato von Utica und dem eines gemeinen Lüstlings, der das Leben wegwirft, weil es ihm keinen Genuß mehr darbietet, ein *sittlicher* Unterschied ist, ist unmittelbar klar; und wiederum weit verschieden von dem Selbstmord des Cato ist der jenes armen Fabrikarbeiters, dem mit Weib und Kind der Hungertod drohte, und der sich aufhing, weil er wußte, daß nach seinem Tode das Kirchspiel die Seinigen wenigstens nicht verhungern lassen dürfe. Der Mann wollte thun, was in seinem Gesichtsfelde für ihn als die heiligste Pflicht galt, für die Seinigen sorgen. Wer handelt nun sittlicher, der Soldat, der sich für die Herrschsucht seines Kaisers in einem ungerechten Eroberungskriege jeden Augenblick den feindlichen Kugeln aussetzt, oder dieser Mann, den der Druck des Lebens dazu gebracht hatte, zu glauben, daß er seine Vaterpflicht nicht anders erfüllen könne, als durch das Aufgeben des Lebens? Die Beispiele ließen sich noch vielfach abändern, ohne das Gebiet der nackten Wirklichkeit zu verlassen; das Resultat der Betrachtung würde eben kein anderes sein, als das oben ausgesprochene.

Interesse im Verhältnisse zu sinnlichen Genießungen nur einen untergeordneten Werth haben. „Nichts Aeußeres durchaus wollen" und „keinem Aeußeren sich durchaus hingeben" ist dagegen die Maxime, die sich in der Gesinnung des Sittlichen ankündigen wird; eine Maxime, die eben so einen pedantischen Rigorismus, einen ängstlichen Kleinigkeitsgeist ausschließt*), als die leichtfertige Sicherheit, es könne eine unbewachte Neigung nicht zu einer gefährlichen, die innere Ordnung störenden Macht werden. In wie vielfacher Beziehung zu den Ideen aber eine rücksichtslose Befriedigung dieser Triebe, wenn auch keineswegs in allen Fällen auf die gleiche Weise steht, ist kaum nöthig zu bemerken. Selbst die kürzeste Analyse z. B. des Lasters der Trunkenheit lehrt, wie in dem Gefolge desselben ein ganzes Heer sittlicher Uebel den Menschen umringt; Faulheit, Liederlichkeit, rohe Härte, Betrug u. s. w. Ganz eigenthümliche Beziehungen auf das Ganze der sittlichen Lebensordnung hat die Keuschheit. Rein an sich betrachtet läßt sich schwerlich leugnen, daß die naturgemäße Befriedigung des Geschlechtstriebes unter Voraussetzung der Reife des Organismus unmittelbar so wenig ein sittliches Mißverhältniß in sich schließt, als die Befriedigung des Bedürfnisses nach Nahrung oder nach physischer Ruhe; selbst daß jene Befriedigung nicht der Genuß einer Sache, sondern einer Person des andern Geschlechts ist, schließt nicht nothwendig einen sittlichen Tadel ein; denn außerdem ließe sich nicht einsehen, wie die Ehe sittlich gerechtfertigt werden könnte; sondern darin liegt das Eigenthümliche dieser Genießungen, daß an den Genuß hier der Naturproceß der Zeugung gebunden ist und sich an den Geschlechtsact die Möglichkeit der Entstehung eines dritten Wesens knüpft, dessen bloße Existenz, falls ihre Fortsetzung und Entwickelung nicht dem Zufall überlassen bleiben soll, ein beharrliches Band zwischen den Zeugenden ist. Deshalb wird sich der Sittliche den Geschlechtsgenuß nur unter Voraussetzung einer beharrlichen und ausschließenden Geschlechtsgemein-

*) Der pedantische Rigorismus einer mönchischen Ascetik geräth leicht in die Gefahr, der Entsagung und Enthaltsamkeit an sich einen Werth beizulegen, den sie nur als Ausdruck der zuvor gebildeten sittlichen Gesinnung hat, und dadurch die Ideen selbst zu verdunkeln. Daher die Neigung, Fasten, Kasteiungen u. s. w. als bloßes opus operatum für verdienstlich zu halten.

schaft, d. h. nur innerhalb der durch die Ehe und die daran geknüpfte Bildung einer Familie bezeichneten Grenzen erlauben dürfen, so daß eine vorübergehende Vereinigung dieser Art selbst durch den Rausch der Leidenschaft, die für den Augenblick eine wahre und rückhaltslose gegenseitige Hingebung einschließt, nicht schlechthin kann gerechtfertigt werden. Denn daß die Verletzung der Treue nach geschlossener Ehe unmittelbar ein um so größeres Unrecht ist, mit je größerer Zuversicht und Innigkeit der andere Theil auf die Gesinnung einer ungetheilten Liebe rechnet, versteht sich eben so sehr von selbst, als daß der gleiche Vorwurf alle die Verhältnisse treffen wird, wo der eine Theil den andern unter Vorspiegelung unwahrer Gefühle, oder direct durch Verführung blos als Mittel der Befriedigung seiner Lüste gebraucht. Ein unschuldiges Gemüth vergiften, seine Harmlosigkeit in den Strudel der Leidenschaft reißen, seine bürgerliche Ehre aufs Spiel setzen, das alles schließt einen solchen Grad von Schlechtigkeit ein, daß man nicht erst nach Gründen der Verwerflichkeit solcher Handlungen zu suchen braucht, die aber hier bei weitem weniger in der Nachgiebigkeit gegen die sinnliche Begierde, als in den *Gesinnungen* liegen, die ihr zu widerstehen zu schwach waren.

Ueberhaupt ist es ganz unmöglich, für diejenigen Handlungen, welche auf die Befriedigung solcher, entweder dem Ganzen der sittlichen Denkart oder dieser oder jener bestimmten Idee zuwiderlaufenden Begierden gehen, das Verhalten des Einzelnen zu sich selbst von dem gegen Andere streng zu sondern. Außerdem tritt gerade hier das *beschränkende* Moment im Begriffe der Sittlichkeit am bestimmtesten hervor, und man thut den Begierden, welchen der Mensch als Naturwesen unterworfen ist, und die bei einer andern Organisation seines Leibes wegfallen oder sich anders modificiren würden, zu viel Ehre an, wenn man der nothwendigen und unvermeidlichen Nachgiebigkeit gegen sie irgendwie einen positiven sittlichen Werth beilegen zu müssen glaubt; ein Versuch, der allerdings fast unvermeidlich wird, wenn man von der Voraussetzung ausgeht, *alles* Begehren und Wollen müsse unmittelbar unter den Umfang der Ideen fallen. Hunger und Durst stillen, sich durch Kleidung gegen die Härte des Klima schützen u. s. w. ist Forderung des Naturtriebs; Erfahrung und Reflexion lassen seine Befriedigung als nothwendiges Bedürfniß erscheinen;

und die Befriedigung dieses Bedürfnisses sammt dem damit sich verbindenden Genusse ist für den Menschen einer Vervielfältigung und Verfeinerung fähig, die ihn unendlich weit über das Thier hebt, schon deshalb, weil sein geistiges Leben zu reich und zu beweglich ist, als daß er in den rein physischen Genuß, z. B. dieser bestimmten Speise, ausschließend versinken müßte. Geistige Elemente sind fähig, den Genuß zu begleiten und zu modificiren; sie erlösen noch ohne allen eigentlich sittlichen Entschluß den cultivirten Menschen von der rohen Tyrannei der einseitigen Begierde; er frißt nicht einsam, sondern das gesellige Gespräch begleitet die gemeinsame Tafel; die Wahl der Kleidung ist für die Verschönerung in der Form der Erscheinung empfänglich u. s. f. Alles dieses aber verfeinert doch nur die Art des Genusses; sie humanisirt ihn; man kann aber nicht sagen, daß dadurch das Wollen der Objecte, an welche dieser humanisirte Genuß gebunden ist, auch schon ethisirt sei, so etwa, daß die Theilnahme an der geselligen Tafel der Befriedigung des Triebes nach Nahrung einen positiven sittlichen Werth gebe. Sondern es bleibt hier immer nur das Negative, daß das Thierische dadurch mehr und mehr zurückgedrängt, und es dem Menschen möglich gemacht wird, sich in eine Region des Denkens und Wollens zu erheben und in ihr zu halten, für welche ein höherer Maaßstab der Werthgebung gilt, als welcher durch die Rücksicht auf das blos Aeußere wenigstens mitbestimmt ist. Gerade die Triebe, die von dem physischen Organismus ausgehen, erinnern den Menschen am dringendsten an die Schranken seines sittlichen Lebens, wäre es auch nur dadurch, daß ihre Befriedigung unvermeidlich manche sittlich leere Stelle in seinem Wollen herbeiführt; und die Herrschaft über dieselben ist eben die Sorge, diese Schranken sich nicht dergestalt zusammenziehen zu lassen, daß der Platz für ein edleres Wollen immer enger und enger wird. Hierin liegt daher zum Theil die Aufgabe derjenigen sittlichen Selbstbeherrschung, die der Mensch sich zumuthen soll, die wohl zu unterscheiden ist von der, welche auch der Lüstling, der kluge Egoist, der Geizige u. s. w. sich zumuthen. Je weiter die Sittlichkeit fortschreitet, desto mehr nimmt die Nothwendigkeit dieses Kampfes mit sich selbst ab; und darin besteht nicht nur die Wichtigkeit, sondern auch der Werth sittlicher Gewöhnungen, insofern sie aus fortgesetzter Uebung entstehen, deren Impuls in dem sittlichen Entschluß lag.

Dasselbe gilt, um aus der Mannigfaltigkeit des Begehrens welches nicht von den Ideen ausgeht, wenigstens noch ein Beispiel hervorzuheben, auch von den Handlungen, die sich auf den Erwerb und Gebrauch des äußeren Besitzes beziehen. Dem Ganzen der sittlichen Denkart ist auch hier nur die Gesinnung angemessen, die den Nutzen desselben nicht zum unbedingten und ausschließenden Motiv für den Erwerb werden läßt. Dies thut sowohl der Geiz, als die Genußsucht, wobei jener noch überdies in die Thorheit verfällt, das, was als blos nützlich auch nur einen relativen Werth haben kann, zum Objecte einer absoluten Werthschätzung zu machen; während die genußsüchtige Verschwendung wenigstens von dieser Verkehrtheit frei ist. Daß gleichwohl das Streben nach einem genügenden Maaße äußeren Besitzes Pflicht sein kann, sei es, um nicht andern durch Bedürftigkeit zur Last zu fallen, oder um nicht in die Gefahr zu kommen, bestimmte Rechtsansprüche anderer zu verletzen, oder um überhaupt für die Mitförderung sittlicher Zwecke über ausreichende äußere Mittel disponiren zu können, das alles verräth vielfältige Beziehungen der hierher gehörigen Handlungen auf die Ideen des Rechts, der Billigkeit, des Wohlwollens; während es andererseits von selbst einleuchtet, daß jede Unredlichkeit, Härte und Unbilligkeit in der Art des Erwerbs, (Gesinnungen, von denen die letztern, wo der bloße Geschäftsverkehr das Leben vorzugsweise beherrscht, sich häufig hinter die Berufung auf das, was rechtlich nicht verboten ist, verstecken,) gegen diese Ideen verstößt. Sparsamkeit und Wirthschaftlichkeit aber, als die ökonomisch richtige Art in dem erhaltenden Gebrauche des äußeren Besitzes haben nur ein relatives Maaß und einen relativen Werth; wie denn die Entscheidung der Frage, ob der Reichthum oder die Armuth ein sittliches Gut sei, ganz wesentlich von der Gesinnung abhängt, welche den Reichen von seinem Reichthume einen bestimmten Gebrauch machen, und den Armen in seiner Armuth die Aufforderung zu einem bestimmten Streben und Wollen finden läßt.

Faßt man nun das rein Innerliche des Umgangs mit sich selbst zusammen mit der Art, wie der Einzelne die in der Verflechtung seiner Lebensverhältnisse sich ihm darbietenden Momente des sittlichen Fortschritts und Rückschritts, benutzend oder bekämpfend, ordnet, und verbindet man damit sein Verhalten in Beziehung auf das Aeußere, welches als der Gegenstand seines natürlichen Begehrens sich ihm aufdringt, so wird sich die Haltung des sittlichen Charakters als sittliche Ehre, als Selbstachtung bezeichnen lassen. Denn in der Sittlichkeit des Charakters liegt der allgemeine Entschluß, in seinen eigenen Augen nicht der Gegenstand des sittlichen Tadels sein zu wollen. Die Selbstachtung wird zwar nicht Selbstgenugsamkeit sein, sondern Demuth und Bescheidenheit gegenüber den Ideen, welche immer nur unvollkommen, innerhalb beschränkter Grenzen, mit vielen Unterbrechungen dargestellt zu haben sich der Gewissenhafteste gerade am ehrlichsten gestehen wird. Diese aufrichtige Demuth, d. h. das lebendige Bewußtsein der Distanz zwischen dem eigenen Wollen und dem sittlichen Ideale kann sogar unabhängig sein von der eigentlichen Selbstzurechnung eines Fehlers zu dem eigenen Wollen, welche wesentlich nur da eintreten wird, wo der Fehler eine Abweichung von früher gefaßten sittlichen Entschlüssen war; gerade die edelsten Gemüther erkennen die Schranken ihres sittlichen Werthes ohne Selbstbeschönigung an, obwohl sie sich keines absichtlichen Fehltritts zeihen können*). Daher kann sich der sittliche Charakter bei aller Rüstigkeit selbst durch eine sittliche Resignation da zu erkennen geben, wo ein höheres Ziel sich als unerreichbar darstellt und es darauf ankommt, wenigstens das zu

*) Die unwillkührliche Beurtheilung, welche als ein unvermeidliches Gesetz der Werthbestimmung über allem Wollen schwebt, kannten die Alten besser, als die Neuern, die jene Beurtheilung von der transscendentalen Freiheit abhängig machten, und dabei vergaßen, daß es ein höchst mannigfaltiges Wollen im Menschen gebe, welches theils an sich, theils in seinen Verhältnissen zur innern Freiheit beurtheilt wird. Es giebt Urtheile über den Werth des Wollens noch ohne Rücksicht auf die innere Freiheit, aber das aus innerer Freiheit oder Unfreiheit hervorgegangene Wollen unterliegt in dieser Rücksicht einer neuen Beurtheilung. Wer sich nun selbst beurtheilt, nicht blos sein gegenwärtiges, sondern auch sein vergangenes Wollen, der beurtheilt vielleicht von dem Standpunkte der nunmehr gewonnenen innern Freiheit seine frühere Unfreiheit sammt dem mit ihr verbundenen Wollen; und rechnet sich dieses Wollen zum Tadel, wenngleich noch nicht zur Strafwürdigkeit an, wenngleich ein anderer, als er selbst, nur berechtigt wäre, ihm die Unfreiheit, nicht aber das daraus hervorgegangene Wollen anzurechnen. Das

erhalten und zu schützen, was für jetzt zu erreichen vergönnt war. Nur die Verzweiflung an sich selbst kann niemals als Aeußerung des sittlichen Charakters angesehen werden; denn sie bezeichnet eben nichts als das Aufgeben des eigenen sittlichen Wollens; und wenn es Zustände der kraftlosen Zerknirschung giebt, in denen der Mensch, unfähig sich selbst zu erheben, um fremde Hülfe fleht, so sind sie nur der Ausdruck einer moralischen Zerrüttung und Versunkenheit, in denen an die Stelle des Charakters die äußerste Schwäche des Willens getreten ist. — Andrerseits aber wird und kann die Selbstachtung, das sittliche Ehrgefühl sich als ein, der eigenen Würde bewußter Stolz äußern, gegenüber den Urtheilen und Zumuthungen anderer, die das eigene bessere Bewußtsein verwirft. Namentlich gilt dies von solchen Zumuthungen, bei welchen die Voraussetzung einer Nachgiebigkeit schon an sich eine Beleidigung ist. Selbst gegen die äußeren Zeichen der Ehre wird der, welcher sich selbst achtet, nicht gleichgültig sein, insofern die Meinung, die sich darin ausspricht, die Bedingung einer gesicherten sittlichen Wirksamkeit ist; vorzüglich dann, wenn, wie z. B. bei der Amtsehre, ein bestimmter Beruf die Richtung dieser Wirksamkeit wesentlich bestimmt. In je geringerem Grade dies der Fall ist, desto geringer wird der sittliche Charakter das Verhalten anderer gegen ihn anschlagen in Vergleichung mit seinem Verhalten gegen sie.

Jedoch ein nicht kleiner Theil dessen, was die Aufgabe der sittlichen Selbstbildung entweder einschließt oder voraussetzt, erweitert, wie sich schon früher gezeigt hat (S. 448), den Blick dessen, der an sich selbst arbeitet, nothwendig über die Grenzen der eigenen Persönlichkeit; die innere Freiheit schließt die Rücksicht auf die ganze Weite des Gebietes ein, welches die Ideen beherrschen, und die factischen Berührungen mit andern machen diese Rücksicht geradezu zur Pflicht. Von dieser Seite angesehen kann die Aufgabe der Selbstbildung daher auch als die Aufgabe, sich für die Theilnahme an einem größeren sittlichen Gan-

gilt gleichmäßig von den durch sittlichen Irrthum, im Affecte, in der Zerstreuung, Leidenschaft begangenen Handlungen. Daß hierbei die Zurechnung zu Lob und Tadel von der zu Lohn und Strafe unterschieden werden muß, ist schon früher erwähnt. Vgl. S. 95.

zen geschickt zu machen, aufgefaßt werden, und somit führt die Analyse dessen, was zur Selbstbildung gehört, zu den sittlichen Verhältnissen mehrerer zu einander; der sittlich Gebildete wird sich, selbst wenn er sich den Berührungen mit andern entziehen könnte, aufgefordert finden, dies nicht zu thun, und es erscheinen somit

B. die Einzelnen gegenseitig für einander als Gegenstand der Pflicht. Die hierher gehörigen Verhältnisse erinnern nun so unmittelbar an die Ideen des Rechts, der Billigkeit und des Wohlwollens, daß es ganz überflüssig sein würde, diejenigen Gesinnungen und Handlungen, für deren Beurtheilung nur eine einfache Subsumtion unter diese Ideen nothwendig ist, einzeln aufzuzählen. Gleichwohl sind nicht alle diese Subsumtionen so einfach und unmittelbar, daß es ganz überflüssig wäre, bei der Art, wie die Ideen in die concreten Verhältnisse Einzelner zu einander eingreifen können und sollen, zu verweilen; zumal die aus ihrer Beziehung auf die empirischen Verhältnisse des Lebens resultirenden Bestimmungen in dem dadurch geforderten Verhalten der Einzelnen zu einander der sittlichen Gestaltung auch eines gesellschaftlichen Ganzen zum Theil die Richtung vorschreiben.

Bleibt man zunächst bei der Forderung stehen, das sittlich Tadelnswürdige zu meiden, eine Forderung, deren Erfüllung an sich keinen positiven Werth einschließt, gleichwohl aber in Vergleichung mit der Nichterfüllung ihn bekommt; so erheben sich zunächst die Ideen des Rechtes und der Billigkeit. Namentlich die erste soll hier, wie nur eben bemerkt wurde, nicht insofern in Betracht gezogen werden, als die Einzelnen über irgend einen Gegenstand möglicher Disposition eine Uebereinkunft, die eine Rechtsgrenze zwischen ihnen befestigt, schon getroffen haben; es versteht sich von selbst, daß diese als schon anerkanntes Recht Respect fordert. Sondern vor allem andern ist daran zu erinnern, daß das Mißfallen am Streite der Bildung und Anerkennung von Rechtsbestimmungen der Gesinnung nach zu Grunde liegt. Abgesehen von der Respectirung eines schon gestifteten Rechtsverhältnisses liegt in diesem Mißfallen die Aufforderung, die Veranlassung zum Streite zu meiden und so viel möglich zu entfernen. Ihr entspricht die Friedferdigkeit, die Nachgiebigkeit, die Bereitwilligkeit, auf Verhandlungen und Concessionen einzugehen, welche den Zank, die Zwietracht, den Hader entweder gar nicht zum Ausbruche kommen oder wenigstens die Aussicht auf die Beilegung desselben offen lassen. Diese Forderung ist um so wichtiger, je häufiger und unvermeidlicher die Berührungen der Menschen zum Streite, selbst um unbedeutende Kleinigkeiten, führen. Man beobachte im alltäglichen Leben die Verhältnisse zwischen Familiengliedern, Hausgenossen, Nachbarn u. s. w., die oft zu Zänkereien und Mißhelligkeiten über Dinge führen, in die sich die Gesetzgebung des Staates gar nicht mischen kann*); sie sind oft wirklich so unbedeutend, daß es fast seltsam scheinen könnte, für sie die feierliche Sanction unverletzlicher Rechtsbestimmungen anzurufen; und dennoch fallen sie unter dieselbe Beurtheilung, auf welcher die Autorität der Rechtsidee ruht, und die durch den Zank und Hader auch über kleine Dinge hervortretende Nichtachtung dieser Beurtheilung erzeugt unfehlbar eine sittliche Mißgestalt.

Die Frage, wie weit die Nachgiebigkeit gegen fremde Forderungen und Anmuthungen, falls sie nur nicht etwas Unsittliches enthalten, gehen solle, erledigt sich zwar, wo auf beiden Seiten alles gleich ist, von selbst; die praktische Weisung geht dann an beide gleichmäßig; aber gerade dieser Annahme, daß auf beiden Seiten alles gleich sei, entspricht die Wirklichkeit sehr selten, und oft gerade bei den dringendsten Bedürfnissen am wenigsten. Das erinnert nun sehr lebhaft daran, daß in der Rechtsidee **unmittelbar** keinerlei Entscheidung über den Inhalt, die Materie des zu errichtenden Rechtes liegt. Gleichwohl hat schon die Entwickelung der Idee der Rechtsgesellschaft auf den Begriff gewisser **Präsumtionen** eines nicht blos seiner Form, sondern auch seinem Inhalt nach bestimmten Rechtszustandes geführt (S. 249 flg.), zunächst nur unter der allgemeinen Voraussetzung solcher Naturverhältnisse und Naturgesetze, welche die Möglichkeit des Nachgebens nicht von beiden Seiten als gleich erscheinen lassen. Diese Voraussetzung verwandelt sich für die unbefangene Auffassung des factisch Gegebenen in eine **Thatsache**, und diese Thasache ist es, welche jenen

*) Auch die Proceßsucht, die sich darin gefällt, den andern hart an die Grenze des formellen Rechtes zu drängen, gehört hierher, obwohl der Rechtsstreit, der nur möglich ist in der **Rechtsgesellschaft**, kein Streit der Willen ist, sondern, wie der wissenschaftliche, auf der Entscheidung durch Gründe beruht.

Präsumtionen Gewicht und Inhalt verschafft. Solche Präsumtionen gelten nun nicht erst der Rechtsgesellschaft, sondern schon dem Verhalten der Einzelnen zu einander; ja die Rechtsgesellschaft hat für die Ausbildung des Privatrechtes wesentlich diejenigen Präsumtionen zu berücksichtigen, deren Beachtung sich für das Verhalten der Einzelnen zu einander als mehr oder weniger nothwendig erweist, falls nicht der Inhalt des Rechts selbst eine in der Tiefe der Gemüther fortwirkende Veranlassung des Streites sein soll. Läßt man die Rücksicht auf die Gesellschaft vorläufig ganz weg, so stellt sich die Frage so: welcherlei Rechte sich die Einzelnen selbst einander gegenseitig zugestehen würden, falls sie, beseelt von dem Mißfallen am Streite, durch Feststellung rechtlicher Befugnisse und Verpflichtungen die Veranlassungen desselben hinwegzuräumen sich entschlössen? Diese Frage ist gleichbedeutend mit der: in welchen Beziehungen der eine den andern nicht werde antasten wollen, auch dann, wenn über das Object des Streites eine förmliche Rechtsgrenze nicht festgesetzt wäre? oder: welche Befugnisse einer dem andern auch ohne ausdrückliche Uebereinkunft als Rechte zugestehen solle?

Die Beantwortung dieser Frage würde nun, so weit sie ohne Rücksicht auf gesellschaftliche Verhältnisse möglich ist, an die Stelle der sogenannten angeborenen und ursprünglichen Rechte (S. 200 flg.) treten müssen; daß sie sich gleichwohl nicht für alle Complicationen besonderer Verhältnisse mit gleicher Sicherheit beantworten läßt, das verräth nicht nur das unsichere Schwanken des sogenannten Naturrechts über den Inhalt und Umfang der angebornen Urrechte, sondern es gründet sich die Unmöglichkeit, darüber im Allgemeinen aus bloßen Begriffen etwas schlechthin Ausreichendes abzuleiten, auf die unbestimmbar mannigfaltigen Abstufungen in dem Grade und dem Umfange der Ungleichheit, welche zu jenen Präsumtionen führt. Zur Erläuterung der Art, wie sich jene Frage beantworten würde, kann jedoch Folgendes dienen.

Zuvörderst ist die Existenz des Menschen als bloßen Naturwesens an den Leib und seine Gliedmaßen gebunden. Gleichwohl sind Leib und Leben, der Gebrauch der Glieder u. s. w. Dinge, über welche verschiedene Dispositionen möglich sind. Wem nun gilt die Präsumtion des Rechtes, hierüber ausschließend zu disponiren? Zwar, daß ganz gewiß kein anderer auf ein fremdes

Leben und den fremden Leib sammt dem Gebrauch seiner Gliedmaßen ein unmittelbares Recht hat, schließt noch nicht nothwendig den Satz ein: daß dem, dessen Leib es ist, ein Recht darauf angeboren sei; dieser Leib könnte, wenn es um bloße Abstractionen zu thun wäre, als res nullius angesehen werden; und so gar selten sind die Fälle nicht, wo der eine ein Recht, wenn auch nicht auf das fremde Leben, doch wenigstens mittelbar auf den Gebrauch der Glieder des andern erlangt. Jeder Handarbeiter, der eine Handarbeit zu thun verspricht, willigt in einen solchen Rechtsanspruch ein. Aber wenn irgend einer gegen den andern die einseitige Zumuthung erheben wollte, auf die Disposition über seinen Leib und seine Glieder dergestalt Verzicht zu leisten, daß dabei auf seinen Willen gar nichts mehr ankommen sollte, die Zumuthung also, sich schlechthin wie eine Sache behandeln zu lassen, so würde eine Nachgiebigkeit von Seiten dessen, an den diese Zumuthung erginge, in der Verzichtleistung möglicherweise auf seine ganze Existenz eine so ungeheure Ungleichheit, eine solche Widernatürlichkeit einschließen, daß sich an ein solches Zugeständniß, falls es ja gemacht worden wäre, der dringendste Antrieb knüpfen würde, es wieder zurückzunehmen, und um das nackte Leben sammt den allerersten Bedingungen seiner Existenz zu kämpfen. Daß jeder dem andern die ungestörte Fortdauer seines Lebens, die freie Disposition über den Gebrauch seiner Glieder als Recht zugestehe, ist demnach die erste und allgemeinste Präsumtion eines Rechtszustandes, der in sich selbst die mindeste Gewähr seiner Zuverlässigkeit haben soll. Eigentlich genügt es schon, sich zu vergegenwärtigen, daß in Beziehung auf diese Gegenstände eines möglichen Streites keiner ursprünglich ein Recht gegen den andern hat (vgl. S. 204); schon hierdurch ist jedem Einzelnen, auch ohne Berufung auf angeborne Rechte, seine Unabhängigkeit von der Gewalt und Willkühr der andern gesichert, und diese Unantastbarkeit nicht respectiren, heißt einen Streit anfangen, bei welchem die Ungleichheit so groß wie möglich ist. Daher hat nicht nur Mord und Todschlag, Menschenraub und Menschenkauf*), sondern

*) Ueber die Sklaverei hat man oft bemerkt, daß sie als Rechtszustand nicht nur möglich, sondern als solcher auch sehr häufig anerkannt gewesen sei. Allerdings; es hat Gesetze gegeben und giebt deren noch, deren Inhalt die

auch die Zufügung körperlicher Schmerzen, Verletzung und Verwahrlosung, Entziehung und Verfälschung der Nahrungsmittel, willkührliche Auferlegung harter, der Gesundheit schädlicher Arbeiten, gewissenloses Heilverfahren, grundlose Beschränkung der äußeren Freiheit u. s. w., noch ganz abgesehen von den Ansprüchen des Wohlwollens, diese rechtliche Präsumtion gegen sich; jeder, der sich solcher Behandlung ausgesetzt sähe, könnte klagen über ein Unrecht, und zwar um so stärker, je weniger er Ursache gegeben hat, seine Einwilligung zu irgend welchen Beeinträchtigungen dieser Art vorauszusetzen.

Diese Präsumtionen lassen nun überdies Erweiterungen und Modificationen zu, nach denen sich der Inhalt des zuzugestehenden Rechtes richten wird. Der Leib ist nur darum keine gemeine äußere Sache, weil er Träger des persönlichen Willens ist, der in ihm lebt. Den Leib verletzen heißt die Person verletzen; diese Nichtachtung erscheint bei wachsender geistiger Bildung als Beleidigung, als Beeinträchtigung der Ehre, als Person von andern anerkannt und respectirt zu werden. Ein Kind, ein roher Mensch fühlt bei einem Schlage, einem Fußtritt, eben nur den körperlichen Schmerz; den höher Gebildeten verletzt eine solche Behandlung als Zeichen persönlicher Nichtachtung. Was und in welchem Grade dieses oder jenes als Verletzung der äußeren Ehre betrachtet werde, darüber entscheidet häufig die Sitte; in andern Fällen richtet es sich nach dem Bildungsgrade, nach der Denkweise, nach den Gewohnheiten, selbst nach der eigenthümlichen Reizbarkeit des Einzelnen. Daraus entspringen im persönlichen Verkehre eine Menge Rücksichten des einen auf den andern, die vielleicht in den gesetzlich sanctionirten Rechtszustand nur zum Theil einzugehen fähig sind, und die gleichwohl für die Privatbeziehungen der Einzelnen unter einander und zwar darum beachtet sein wollen, weil der eine gegen den andern eine, im Allgemeinen freilich nicht immer gleich genau bestimmbare Präsumtion eines ihm zuzugestehenden Rechtes für sich hat.

Sanction der Sklaverei ist. Aber meint man denn ernstlich, daß diese Gesetze auf klaren Zugeständnissen der Sklaven selbst beruhen? Sklaverei ist und bleibt ein rechtsloser Zustand, den die Gewalt erzeugt und auch nur die Gewalt erhalten, der nie auf die aufrichtige und beharrliche Zustimmung der Betheiligten rechnen kann. Daher in der Gesellschaft überall die dringende Aufforderung, die Dienenden nicht zu Sklaven herabdrücken zu lassen.

Eine bestimmtere Bedeutung erhalten solche Ansprüche da, wo es sich um die Beurtheilung handelt, welcher einer von dem andern ausgesetzt ist. Von jedem, der sich neben andern als denkendes und wollendes Wesen äußert, entsteht in der Auffassung der andern eine Meinung, ein Bild seiner Persönlichkeit. Die Richtigkeit dieses Bildes sammt der darüber ergehenden Beurtheilung hängt nun zwar ab von der Art, wie er sich den Uebrigen darstellt, und von der Fähigkeit der letzteren, ihn aufzufassen und zu beurtheilen. Jedenfalls ist es aber ein natürlicher Wunsch, von andern nicht für schlechter gehalten zu werden, als man ist; sein Bild nicht absichtlich entstellt und verfälscht zu sehen. Gesetzt nun, diesem Wunsche geschähe keine Genüge, gesetzt, die andern nähmen sich heraus, nach Willkühr, ohne Rücksicht auf die Angemessenheit des Bildes an das Abgebildete, die Meinung über die fremde Persönlichkeit irrezuleiten, so hätte der, welchem dies geschähe, die Präsumtion eines Rechtes für sich, sich darüber zu beklagen. Der Gegenstand des Streites wäre hier eben das Bild, als Object einer möglichen Disposition; es würde wider den Willen desjenigen, dessen Bild es ist, anders darüber disponirt, als er selbst wollen kann; die natürliche und unverkünstelte Präsumtion geht dahin, daß das Bild als ein unmittelbares Eigenthum dessen betrachtet werde, den es abbildet. Deshalb nun kann auch ohne Berufung auf angeborne Rechte gesagt werden, daß jeder ein Recht auf Ehrerbietung, auf die Achtung seines guten Namens hat. Darin liegt durchaus nicht, daß er ein Recht habe, über den gegründeten Tadel, die gerechte Geringschätzung anderer sich zu beklagen; die Präsumtion geht blos auf die Angemessenheit des Bildes an den Abgebildeten; aber er darf allerdings schon verlangen, daß andere überhaupt kein Bild von ihm entwerfen, wo sie sich selbst etwa sagen müßten, in Zweifel und Ungewißheit zu sein; jeder darf Vorsicht und Behutsamkeit in der Beurtheilung anderer erwarten. Denn daß außerdem auch die Verkleinerung, die Verleumdung, die Klätscherei, Schmähungen und Beschimpfungen aller Art, rohe Ausbrüche gemeiner Leidenschaften auf der einen, leichtfertiger, bitterer und böswilliger Scherz und Spott auf der anderen Seite mehr oder weniger jener Präsumtion zuwiderlaufen, bedarf kaum einer Bemerkung. Für besondere persönliche Verhältnisse kann jene Präsumtion sich selbst darauf erstrecken, daß der Beurtheilte ein Recht hat, zu fordern, daß andere ihm nicht den Schein erregen oder den Irrthum lassen, von ihm sei ein anderes Bild vorhanden, als wirklich vorhanden ist. Diesen Schein erregt z. B. der Schmeichler, der Liebediener, der insofern, noch abgesehen von der Niedrigkeit des Mittels, durch welches er seine Zwecke zu erreichen sucht, ein Unrecht begeht; diesen Irrthum läßt der, der verleumderische Urtheile da verheimlicht, wo der andere ehrliche Offenheit von ihm erwarten durfte. Verbindet sich übrigens mit Handlungen, welche jene Präsumtion verletzen, noch Uebelwollen, oder wenigstens, wie namentlich bei der Rücksichtslosigkeit gegen die fremde Individualität, ein Mangel an wohlwollendem Zartsinn, oder, wie bei der Schmeichelei und Kriecherei, innere Unfreiheit, so erhebt sich der vereinigte Tadel mehrerer Ideen.

Ein ähnliches Verhältniß geistiger Beziehungen, welches nicht blos der Beurtheilung nach einer Idee unterliegt, sondern sie möglicherweise sämmtlich wider sich aufrufen kann, bezeichnen die Ansprüche auf Wahrhaftigkeit als die Art der gegenseitigen Mittheilung in Wort und That. Die Wahrhaftigkeit erscheint in Beziehung auf vorhandene Aufforderungen zu bestimmten Mittheilungen als Aufrichtigkeit, mit Rücksicht auf die Vollständigkeit und Unumwundenheit der Mittheilung als Offenherzigkeit, Freimüthigkeit, Biederkeit, mit Rücksicht auf die Sicherheit, mit welcher man der geschehenen Mittheilung vertrauen zu können glaubt, als Zuverlässigkeit, in Beziehung auf anvertraute Geheimnisse als Verschwiegenheit, in Beziehung endlich auf die Dauer und Stetigkeit des ganzen Verhältnisses als Treue und Redlichkeit. Allen diesen Formen steht die Lüge gegenüber, d. h. die durch irgend ein Zeichen (in den meisten Fällen durch die Sprache) vermittelte, gegen das eigene bessere Wissen mit der Absicht zu täuschen verbundene Falschheit. Außerhalb des Begriffs der Lüge liegen daher bloße Unwahrheiten, d. h. falsche, aus der eigenen irrigen Meinung*) hervorgegangene Aussagen, sodann diejenigen Formen der Darstellung und Mittheilung, welche ohne die Absicht der Täuschung, in der Umstellung der Wahrheit auf das Verständniß derselben rechnen,

---

*) Nicht: Nichtwissen. Der Nichtwissende kann ohne Verletzung der Wahrheit nicht den Schein erregen, als wüßte er, wo er nicht weiß.

wie der Scherz, die Ironie, die Satyre, vorausgesetzt, daß der andere sie zu verstehen im Stande ist, endlich alle künstlerischen Darstellungen, die ihrer Natur nach nicht gebunden sind an die Wahrheit des Factums. Eingeschlossen aber sind in den Umfang der Lüge alle Formen der Verleitung zum Irrthume, der Verstellung, der Verrätherei, der Zurückhaltung, wo der andere einen Anspruch auf Mittheilung hat, endlich auch bloße Zweideutigkeiten und Unbestimmtheiten, die mit der Absicht zu täuschen verbunden sind. Gleichwohl verrathen die Motive der Lüge eine große Verschiedenheit in dem Verhältniß der That zur Gesinnung. Die gemeinen Lügen mögen immerhin in der Regel aus einem egoistischen Motive hervorgehen, sei es nun Furcht, bei der verhehlenden, ausweichenden, oder Begierde, bei der anstrebenden Lüge; auch mögen die sogenannten Nothlügen sich meistentheils unter die eine oder die andere Classe subsumiren lassen; aber schon bei den sogenannten Höfligkeitslügen kann die Absicht, dem Andern einen Schmerz zu ersparen, sich einmischen, und, was man edle Lügen nennt, kann wesentlich durch ein, sogar mit Selbstaufopferung verbundenes Wohlwollen wesentlich charakterisirt sein. Außerdem kündigt sich für die verschiedenen Modificationen der Lüge von der schüchternen bis zur schamlos-trotzigen, von der an der Grenze des Scherzes stehenden bis zur boshaft-ränkesüchtigen eine solche Verschiedenheit und Abstufung des sittlichen Tadels an, daß daraus wenigstens die Verlegenheit begreiflich wird, in welcher sich die Moral den verschiedenen Formen der Lüge gegenüber dann befinden muß, wenn man die von den verschiedenen Ideen ausgehenden Gründe des Tadels nicht gehörig sondert, um das Maaß ihres Gewichtes in der Beurtheilung concreter Fälle gehörig zu schätzen.

Stelle man nun zuvörderst die Absicht zu schaden bei Seite, welche der Lüge das Merkmal der Bosheit und Arglist giebt und sie ohne Weiteres der Verurtheilung des Uebelwollens unterwirft, so ruft sie doch schon als absichtliche Täuschung Billigkeit und Recht wider sich auf. Denn der Lügende setzt voraus, daß der Belogene ihm Zutrauen und Glauben schenke, er nimmt also eine Gabe in Anspruch, deren Empfänger zu sein unwillkührlich wohl thut, die also auch als Wohlthat durch Wahrheit vergolten zu werden verlangt, und welche durch Lüge und Falschheit zu erwiedern eine um so größere Verletzung der Billigkeit ist, je bewußter, je entschiedener und argloser das Vertrauen und der Glaube war. Je mehr der Vertrauende zu erkennen giebt, daß er vertraut, je bestimmter er erklärt, vertrauen zu wollen, desto bestimmter erscheint sein Vertrauen als That, und desto unzweifelhafter wird die Pflicht des andern, diese That zu vergelten, wie sie verdient. Außerdem liegt in dem Entschlusse, zu glauben, der Wille, das als Wahrheit zu nehmen, was als solche dargeboten wird; der Lügende nun, der sich diesen Willen zueignet, ihn vorgeblich befriedigt, in der That aber ihm zuwider ist, erzeugt durch die Lüge einen Streit, dessen Urheber er allein ist, dessen Tadel daher auch ihn allein trifft, weil ihm allein das mit der scheinbaren Ueberlassung der erwarteten Wahrheit verbundene Versagen derselben zur Last fällt. Er benutzt (acceptirt) und täuscht zugleich die Voraussetzung des andern, daß das Wahrheit sei, was dafür geboten wird; er verletzt folglich ein Recht des andern, welches eben dadurch entsteht, daß er dem andern den Anspruch, auf eine wahrhafte Mittheilung zu rechnen, nicht nur gestattet, sondern auf diese vertrauensvolle Erwartung des andern geradezu den Effect seiner unwahren Mittheilung gründet. In beiderlei Beziehung vermindert sich nun zwar der Tadel, je nachdem die in den bezeichneten Verhältnissen stehenden Willen schwankender und unbestimmter werden, und das Verwerfliche der Lüge kann in concreten Fällen der rohen Einfalt, der gedankenlosen Zerstreuung, der faselnden Unbesonnenheit, der Hinterlist und Falschheit, der boshaften Dummheit gegenüber in einem solchen Grade abnehmen, daß die gute Absicht des Lügenden, falls sie nur wirklich reines Wohlwollen zur Quelle hat, durch den eigenen Werth dieses Wohlwollens ein Uebergewicht über das Verwerfliche der Lüge erlangt*). Dennoch kann niemals von einer eigentlichen Pflicht, die Wahrheit zu verletzen, gesprochen werden, wie die Bezeichnung edle Lügen anzudeuten scheint; sondern alle die Fälle,

*) Man betrachte z. B. die Lüge einer Mutter, die ihrem kranken widerstrebenden Kinde einen Löffel Medicin unter einer falschen Vorspiegelung eingiebt. — Beispiele solcher Art gelten gleichwohl nicht für die sehr häufigen Fälle, wo man wenn auch in guter Absicht lügt, ohne vorher zu fragen und zu versuchen, ob nicht ohne Lüge das Beabsichtigte sich eben so erreichen lasse.

die man hier gewöhnlich anführt, gründen die Tadellosigkeit der Lüge auf eine solche Beschaffenheit des gegenüberstehenden Willens, bei welcher ein vollkommen reines sittliches Verhältniß nicht möglich ist; und die Veranlassungen, bei welchen der bessere Mensch sich eine Unwahrheit gestatten zu dürfen glauben kann, sind immer in einer sittlichen Mangelhaftigkeit der Bedingungen gegründet, unter welchem er zu handeln genöthigt ist. Wenigstens kann die Verletzung der Wahrheit, abgesehen von Wohlwollen, Billigkeit und Recht, niemals vollkommen in Einklang gesetzt werden mit der innern Freiheit; sie untergräbt überdies, selbst in ihren leichteren Formen, die Möglichkeit einer wahrhaft sittlichen Gemeinschaft unter den Menschen, und das Urtheil: daß es in jedem Falle besser gewesen wäre, wenn die lautere Wahrheit unverkümmert und unverfälscht hätte mitgetheilt werden können, enthält eigentlich schon das Eingeständniß, daß es für die Verwerflichkeit der Lüge eine große Menge von Abstufungen, aber schlechterdings keinen absoluten Rechtfertigungsgrund derselben giebt *).

---

*) Die Betrachtung der Verletzung der Wahrheit ist um so wichtiger, weil in dem gemeinen Leben der Menschen, vorzüglich in gesellschaftlich verwickelten Verhältnissen dem schärfer prüfenden Blick eine ungeheure Masse von Unwahrheit sich entdeckt. Von den höchsten Regionen der Gesellschaft bis herab in die niedrigsten ist im öffentlichen, wie im Privatleben viel falscher Schein, es wird unsaglich viel Komödie gespielt. In den conventionellen Höflichkeitsversicherungen, welche persönliche Gesinnungen vorspiegeln, wo keine sind, in den Versicherungen derer, die Verkehr treiben, über die Güte ihrer Waaren und die Unmöglichkeit, sie wohlfeiler abzulassen, wie in dem Treiben der Parteien im Staate und der Art, sich gegenseitig zu bekämpfen, ist viel Unwahrheit; aber der widrige Gesammteindruck solcher Unwahrheit wird allerdings durch die stillschweigende Voraussetzung gemildert, der Kenner der Welt werde schon selbst wissen, was er von dergleichen Versicherungen zu halten habe. (Vgl. S. 373). Wo die Lüge in die conventionellen Formen des gewöhnlichen Lebens eingedrungen ist, hebt sie sich selbst auf; niemand hält sich für einen Lügner, weil er jedem überläßt, wie viel er ihm glauben will; es bleibt nur die reine Gesinnungslosigkeit die mit dem Schein der Wahrheit, wie mit dem der Lüge gleich leichtfertig spielt. Diese Gesinnungslosigkeit, die die verschiedensten Lebensverhältnisse durchdringen kann, und die recht eigentlich ein Erzeugniß der modernen Cultur ist, ins Auge zu fassen, ist viel wichtiger, als extreme Fälle zu erdenken, mit der Frage, ob in ihnen die Lüge erlaubt sei oder nicht. Handelt es sich um solche Einzelnheiten, so kann bemerkt werden, daß Fälle, wie z. B. Fichte (Syst. der Sittenl. S. 387) einen analysirt,

In den so eben entwickelten Verhältnissen ist der Anspruch der einen Person gegen die andere, ihr ein Recht zuzugestehen, in einem geistigen Interesse gegründet, dessen Nichtachtung den Tadel des Streites und der Unbilligkeit ausschließend auf denjenigen fallen läßt, der die in dem Verhältnisse der Personen gegen einander liegende Präsumtion nicht anerkennt. Kehrt man von hier aus zu solchen Verhältnissen zurück, wo die Präsumtion eines zuzugestehenden Rechtes auf den Gebrauch und Verbrauch äußerer Sachen geht, so bietet sich eine solche Menge verschiedener Fälle dar, daß es für eine allgemeine Betrachtung nicht sowohl darauf ankommt, sie zu erschöpfen, als vielmehr nur hervorzuheben, daß auch hier für die Bildung bestimmter Rechtsverhältnisse in der Berücksichtigung der ihnen zu Grunde liegenden natürlichen Präsumtionen der Leitfaden liegt, mittels dessen Ansprüche, die an sich immer schwankend und unbestimmt sein mögen, durch ein deutlich ausgesprochenes und anerkanntes Recht ergänzt und bestimmt werden sollen. Denn daß jede schon geschehene, wenn auch noch nicht durch positive Gesetze sanctionirte Anerkennung fremden Eigenthums eine Pflicht erzeugt, dieses Eigenthum zu respectiren, daß Raub, Diebstahl, Uebervortheilung im Handel und Wandel, Wucher, Verwahrlosung, Betrug jeder Art u. s. w. unmittelbar die Idee des

---

bei weitem nicht die schwierigsten sind, sondern vielmehr solche, auf welche Herbart (Allg. prakt. Philos. S. 157) hinweist, wo es darauf ankommt, nicht nur fremde Geheimnisse zu bewahren, sondern nicht einmal die Existenz eines fremden Geheimnisses gegen indiscrete Frager zu verrathen. Ueberhaupt sei auf die dort (S. 152 — 162) gegebene ausführlichere Entwickelung der verschiedenen Gesichtspunkte, welche bei der Beurtheilung der Lüge in Betracht kommen, hiermit ausdrücklich verwiesen. In den Fällen, die man unter den unbestimmten Begriff der Nothlügen subsumirt, ist die Noth meistentheils keine sittliche, sondern eine aus allerhand andern, oft nichts weniger als sittlichen Rücksichten entspringende. Uebrigens entspricht, was man gewöhnlich übersieht, der sittlichen Weise der Mittheilung eine sittliche Art des Hörens und Aufnehmens des Mitgetheilten. Es giebt eine Gewissenhaftigkeit und Sorgsamkeit in der Auffassung fremder Individualitäten, Meinungen, Ansichten, Charaktere, auf die der Sprechende, der der Auffassung Anderer sich Darstellende zu rechnen ein Recht hat, sobald man ihn zu hören sich bereit erklärt; gegen die aber bald der Dünkel, bald die Faselei, bald der Egoismus verstößt, und deren Mangel sich fühlbar macht, wenn das oberflächlich Aufgefaßte weiter verbreitet und beurtheilt wird.

Rechts, theilweise auch die der Billigkeit wider sich aufrufen, bedarf eben so wenig einer besondern Erörterung, als daß die mögliche Verletzung dieser Ideen einen Umfang hat, der die Grenzen des äußerlich erzwingbaren Rechtes überschreitet. Es giebt viele Formen der Unredlichkeit und Unbilligkeit, welche das positive Recht nicht erreichen kann*) oder nicht erreichen will, das letztere bisweilen deshalb, um nicht hemmend und störend in die Privatverhältnisse der Einzelnen einzugreifen. Hier muß die sittliche Gesinnung der Einzelnen selbst ergänzen, was das Gesetz unbestimmt läßt; wie sehr auch andererseits darin eine Aufforderung für das positive Recht liegt, die gesammten rechtlichen Anordnungen möglichst in die Nähe derjenigen Forderungen zu bringen, die die Gesinnung einer ungeschminkten Rechtschaffenheit an sich selbst stellen würde. Daher kommen hier vorzüglich solche Fälle in Betracht, deren Entscheidung sich nicht auf ein schon anerkanntes Recht gründet, sondern deren Natur selbst Gründe eines erst zu bildenden Rechtes enthält. Die nächsten Beispiele dazu enthält dasjenige, was die Begriffe der Accession und der Formation bezeichnen. Einen Acker sich aneignen und bearbeiten begründet

*) Hierher gehört jede Härte und jede Betrügerei in der Form des Rechts, die gleichwohl vor der Idee des Rechts und der Billigkeit um so verwerflicher sind, weil die Sicherstellung vor dem bürgerlichen Gesetz zum Deckmantel des gleichwohl vorhandenen Unrechts ist. Die Sprüchwörter: inventa lege inventa fraus; summum jus summa injuria widersprechen nicht der Idee des Rechts, sondern machen nur darauf aufmerksam, daß zwischen den Forderungen derselben und dem jeweiligen positiv sanctionirten Rechtszustande eine starke Incongruenz stattfinden kann. Gleichwohl giebt es an sich kein Nothrecht auf fremdes Eigenthum und Leben; der Zustand der Noth ist eben kein Zustand des Rechts; die Nothwendigkeit der Selbsthülfe und Nothwehr zeigt nur, daß es factisch nicht möglich ist, mit dem andern in ein haltbares und vernünftiges Rechtsverhältniß zu treten. Innerhalb der Rechtsgesellschaft tritt an ihre Stelle die gerichtliche Klage, d. h. die Provocation auf den Rechtsschutz der Gesellschaft. Für Fälle, wo diese in dem Augenblicke des fremden Angriffs nicht möglich ist, muß die Rechtsgesellschaft den Umfang, in welchem Nothwehr erlaubt ist, bestimmen; dadurch erst wird dies Bedürfniß der Nothwehr zum Rechte, d. h. das moderamen inculpatae tutelae hängt als Recht von einer vorausgegangenen Anerkennung und Feststellung ab.

an sich noch nicht das Recht auf den Besitz dieses Stückes Land; aber die durch diese Arbeit erzeugten Früchte des Ackers dem, der ihn bearbeitet, nicht zugestehen zu wollen, würde wider eine Präsumtion streiten, die, wenn Niemand da ist, der ein besseres Recht auf sie hätte, unzweifelhaft für den spricht, der den Acker bearbeitet hatte. Wie in diesem Falle, so spricht, alles Andere gleichgesetzt, also namentlich auch abgesehen davon, ob nicht frühere Rechtsverhältnisse die Bearbeitung des Gegenstandes verboten, überall, wo eigener Kraftaufwand, Fleiß, Thätigkeit, Geschicklichkeit dem rohen Stoff eine Gestalt geben, die als Darstellung eines Werthes betrachtet zu werden verdient, oder ihm eine Wirkung, ein Erzeugniß abgewonnen hat, welches nützt, die natürliche Präsumtion für den, dessen Thätigkeit und Arbeit die Ursache jener Gestaltung war. Nicht blos die Frucht des Feldes, sondern auch das Eigenthum an Kunstwerken, Ideen, Erfindungen fällt unter diesen Gesichtspunkt, wobei sich die rechtliche Präsumtion oft noch mit Rücksichten der Billigkeit verbindet, sowohl weil der Arbeiter seinen Lohn verdient, als auch weil es Fälle geben kann, wo es sich nicht mit der Achtung vor dem Werthe der Production vertragen würde, die Bestimmung des Lohnes nicht dem Urheber der Werks zu überlassen. Aber es giebt auch hier mannigfaltige Abstufungen, wo, wie z. B. bei gestrandeten Gütern, bei Anschwemmungen u. s. w., die natürlichen Präsumtionen für das Zugeständniß eines absoluten Eigenthumsrechtes weniger bestimmt sprechen, und wo gegenseitige Concessionen, beschränkte Benutzung der Sachen, getheiltes Eigenthum der Natur der obwaltenden Verhältnisse angemessener sind; es können auch, wie z. B. bei der Benutzung metallischer Schätze in der Tiefe der Erde, Rücksichten auf das öffentliche Wohl eingreifen. Bei der möglichen Unbestimmtheit solcher Fälle giebt es zunächst für die Privatbeziehungen der Einzelnen nur die eine durchgreifende Regel: daß jeder da, wo er sich selbst sagen muß, daß ihm kein klares Recht zusteht, den Dispositionen des andern nicht streitend in den Weg treten soll; er soll ihn, so lange er nicht eine fremde Rechtssphäre verletzt, gewähren lassen; während da, wo das in den Privatverhältnissen unbestimmt Gebliebene als Veranlassung des Streites in die gesellschaftliche Ordnung störend eingriff, für die Rechtsgesellschaft die Aufforderung vorhanden ist, durch positive Bestimmungen einer solchen Rechtsunsicherheit ein Ende zu machen; und zwar nicht durch willkührliche Bestimmungen, sondern mit Rücksicht auf die Natur der Verhältnisse, auf die Richtung des Begehrens, welches aus ihnen sich erzeugt, und auf die Spannungen und Veranlassungen zum Streite, die aus der Hemmung solchen Begehrens entstehen würden. —

Während auf diese Weise die Anwendung der Rechtsidee vielfältig auf das Bedürfniß einer gesellschaftlichen Ordnung hinweist, ist für das Verhalten der Einzelnen zu einander noch eines Falles zu gedenken, in welchem sich die Idee der Billigkeit auf eigenthümliche Weise geltend macht. Auch hier mag ganz übergangen werden, was sich im Verkehr des Lebens bei Diensten, Gefälligkeiten, Benutzung fremder Arbeit u. s. w. einer unmittelbaren Subsumtion unter diese Idee darbietet; unter den mannigfaltigen Arten des Wohlthuns und Wehethuns zeichnet sich eine aus, wo die bloße Gesinnung des gegenüberstehenden Willens selbst schon That ist. Diese Gesinnung ist das Wohlwollen, dessen Gegenstand zu sein für jedes unverdorbene Gemüth so sehr eine Quelle des Wohlseins ist, daß das wahre, nicht erheuchelte Wohlwollen schnöde zurückzuweisen als Rohheit oder Härte empfunden wird. Es ist überdies eine Wohlthat, deren Wirkung die Gemüther unmittelbar verknüpft, ohne Dazwischenkunft eines äußeren Gutes, welches, zum Genusse dargeboten, oft nur als Symbol der Gesinnung betrachtet werden soll. Diese Wohlthat als solche verlangt Vergeltung. Nicht als ob der Wohlwollende Vergeltung verlangte; je reiner sein Wohlwollen ist, desto weniger wird er nach der Vergeltung fragen, die ihm etwa würde; aber für den Empfänger der That ist die Aufforderung vorhanden, so gewiß er das beabsichtigte, für ihn gewollte Wohl annimmt und empfindet. Gestattet nun die Eigenthümlichkeit dieser Wohlthat jede beliebige Vergeltung? Kann man die Gesinnung abbezahlen mit einem beliebigen äußern Objecte, das dem andern als Aequivalent für die Hingabe des Innersten und Eigensten, was er hat, dienen könnte? Es ist wohl deutlich, daß die Wohlthat, die in der Gesinnung des Wohlwollens liegt, erwiedert und vergolten werden kann nur durch die Gesinnung; und so führt dieses Verhältniß auf den Begriff der Dankbarkeit, als des die Gesinnung des Wohlwollens durch die gleiche Gesinnung vergeltenden Wohlwollens.

Dieser Begriff erscheint hier viel enger begrenzt als im Sprachgebrauche des gewöhnlichen Lebens, wo man jede Art von Vergeltung, auch wenn sie mit der Gesinnung des Wohlwollens nichts zu thun hat, durch das Wort Dank bezeichnet. Wo aber Wohlthaten, die nicht aus der Gesinnung des Wohlwollens hervorgingen oder nicht einmal mit ihr verknüpft waren, zu vergelten sind, da genügt Abbezahlung, Gegendienst u. s. w., die man nicht Dank nennen sollte*), wenn man für den eigenthümlichen sittlichen Werth des Verhältnisses, welches das Wohlwollen zwischen den Gemüthern stiftet, eine bestimmte Bezeichnung übrig behalten will. Dankbarkeit als Gesinnung gebührt nur der Gesinnung; aber die Gesinnung kann auch nur durch die Gesinnung vergolten werden, und zwar nur durch die Gesinnung des Empfängers, keines Dritten, dessen Gesinnung keine vergeltende, sondern eine ursprüngliche Gabe wäre, die mit dem, was vergolten werden soll, in keinem Zusammenhange stände.

Gleichwohl zeigt eine genauere Analyse dieses reinen Gesinnungsverhältnisses eine Schwierigkeit, die zwar die Pflicht der Dankbarkeit nicht aufhebt, aber ihre mögliche Erfüllung als ein Ziel erscheinen läßt, welches nicht vollständig erreicht werden kann. Das Wohlwollen hat kein Motiv; ursprünglich und unmittelbar widmet es sich dem fremden Willen; die Dankbarkeit als vergeltendes Wohlwollen aber hat ein Motiv, die Absicht zu vergelten. Insofern ist sie kein reines Wohlwollen, also auch nicht der vollkommen adäquate Ausdruck der Vergeltung, welche hier gefordert wird. Gerade darum liegt nun in der Pflicht der Dankbarkeit zunächst für den Dankenden die Aufforderung zu einer fortschreitenden Reinigung der Gesinnung; „die zum Danken geneigte Sinnesart unterläßt nicht, sich selbst das Wohlwollen anzumuthen,

---

*) Von solchen Verhältnissen gilt, was Herbart allg. prakt. Philos. S. 140 sagt: „Man dürfte wünschen, daß die Empfänger minder geneigt wären, sich, dem Geber gegenüber, unvollkommener zu fühlen." Uebrigens vergl. man ebendas. S. 147 flgg. In dem Obigen liegt aber auch zugleich die religiöse Bedeutung der Dankbarkeit. Man denke sich die reine Güte des Höchsten gegenüber einer Welt, die, des Dankes fähig, ihm nicht eine Spur einer vergeltenden Gesinnung entgegenbrächte, so liegt darin um so mehr Widriges, je reiner und umfassender das schöpferische Wohlwollen gedacht wird.

welches dem empfangenen Wohlwollen entsprechen könnte; diese Anmuthung hält die Aufmerksamkeit gespannt, wehrt üble Eindrücke ab, belebt die Regungen der Zuneigung; und, wenn sie schon selbst keine klingende Saite ist, dient sie wenigstens denen, die etwa erklingen möchten, zur Verstärkung der Resonanz *)." Andrerseits, das vergeltende Wohlwollen, dessen Erwartung für den Wohlwollenden nicht das Motiv *seines* Wohlwollens war, enthält für ihn die gleiche Aufforderung zur Erwiederung der Gesinnung, die ihm zurückkommt. So verknüpft der Dank die Gemüther durch *gegenseitiges* Wohlwollen; und erinnert an eine sich gegenseitig verstärkende Anziehungskraft, oder an zwei Körper, die, ihr Licht einander gegenseitig zuwerfend, in verdoppeltem Glanze strahlen. Wo eine solche Gesinnung die Gemüther durchdringt und durch die ganze Lebenslage immer wieder von Neuem erzeugt wird, da kann selbst die Frage verschwinden, welcher von beiden Theilen eigentlich der Verpflichtete sei, so wie auch da, wo ein ursprüngliches Wohlwollen frei aus der Tiefe der Gemüther einander entgegenkommt, kaum noch gesprochen werden kann von einer *Pflicht* der Dankbarkeit, die dann schon erfüllt wäre, bevor sie *als* Pflicht empfunden würde.

Von dem Gesagten läßt sich die Anwendung auf die entgegengesetzte Gesinnung des *Uebelwollens* machen. Wie dem Wohlwollen, so würde auch ihm in den verschiedenen Gestalten des Hasses, des Grolls, der Schadenfreude, des Neides die gleiche Gesinnung entsprechen; und der Uebelwollende wenigstens hätte sich nicht zu beklagen, wenn er seinen Haß durch fremden Haß vergolten sähe. Aber würde der Vergeltende darin eine Aufforderung finden, seine Gesinnung dem Begriff des Uebelwollens so nahe wie möglich zu bringen, so würde das Uebelwollen des andern darin neue Nahrung finden, und dieses so verstärkte Uebelwollen würde die Saat eines neuen Uebelwollens sein. So entstände auch hier eine Reihe einander erzeugender Glieder, für die weder eine Verminderung, noch ein Ende abzusehen ist, in welcher vielmehr die Summe des Verwerflichen, des Uebelwollens, ins Unendliche hin wächst, *wenn nicht der*, den ursprünglich das fremde Uebelwollen traf, auf die Vergeltung Verzicht leistet, das fremde

*) *Herbart* Allg. prakt. Philos. S. 150.

Uebelwollen sich selbst überläßt, und mit dem zweiten Gliede der Reihe auch die Entstehung aller übrigen abschneidet. Und in der That, die Folgen einer solchen Vergeltung sehen und das widrigste aller widrigen Verhältnisse, das eines sich gegenseitig ins Unendliche hin verstärkenden Uebelwollens vermeiden wollen, würde für den innerlich Freien ein innerer Act sein, wo die Beurtheilung unmittelbar in den Entschluß übergehen würde; er würde verzeihen, was so vergolten, wie es vergolten zu werden verdiente, gleichwohl zu immer größeren Mißverhältnissen führen würde. Hierin liegt nun wesentlich die sittliche Aufforderung sowohl, als das Maaß der Großmuth, die gerade da, wo das fremde Uebelwollen als solches am tiefsten verletzt, am nothwendigsten ist. Es giebt, so lange man die Einzelnen blos als solche einander gegenüber und nicht als Glieder des Lohnsystems und der Rechtsgesellschaft auffaßt, keine unbedingte Pflicht, Uebelthaten, die nicht gerade aus Uebelwollen entsprangen, sich schlechthin gefallen zu lassen; aber es giebt eine Pflicht, das Uebelwollen selbst unvergolten zu lassen, nicht aus Rücksicht auf den Uebelwollenden, sondern um das wachsende Mißverhältniß zu vermeiden, zu welchem der Weg der Vergeltung, einmal betreten, hier fortführt*). Selbst die Vergeltung der Uebelthat ohne Uebelwollen muß sich frei zu halten suchen vor dem Verdachte des Hasses; denn Haß erzeugt Haß, und das Uebelwollen, wie es auch entstehe, ist überall ein sittliches Uebel.

Wie vielfach aber auch Recht und Billigkeit in die Beziehungen der Einzelnen zu einander ordnend eingreifen mögen, die Erfüllung der Pflichten, die auf diese Ideen, einzeln oder verbunden, zurückgeführt werden können, führt immer nur zur Vermeidung des sittlich Tadelnswürdigen. Makellos und rein dazustehen von

---

*) Es giebt bekanntlich auch eine Großmuth, welche auf die Vergeltung Verzicht leistet, weil sie sich über den Beleidigungen des andern fühlt, also die beabsichtigte Uebelthat nicht als solche empfindet; es giebt aber auch eine affectirte Vergeltung, welche, ohne die Uebelthat als solche empfunden zu haben, aus Herrschsucht, Stolz sich rächt, um den andern in die Grenzen zurückzudrängen, in die man ihn eingeschlossen wünscht. In diesem Falle wird auch oft als Uebelthat angerechnet, was nicht als solche beabsichtigt war; solche Gemüthsart stellt sich im Kleinen oft als Empfindlichkeit und Reizbarkeit, im Großen als argwöhnische Tyrannei dar.

Unrecht und Unbilligkeit jeder Art, mag in dem Gedränge menschlicher Begierden und Leidenschaften noch so hoch angeschlagen werden müssen; der Werth, den diese Tadellosigkeit in Anspruch nimmt, erscheint als positiv doch erst im Vergleich mit den gegenüberstehenden Mängeln und Fehlern. Was also den Beziehungen der Einzelnen zu einander einen von der bloßen Vermeidung des Tadelnswerthen unabhängigen, an sich selbst positiven Beifall sichern wird, ist allein das Wohlwollen und das Wohlthun, insofern es aus der Gesinnung des Wohlwollens hervorgeht. Es liegt einfach im Begriffe des Wohlwollens, daß es nicht nur alle Formen und Aeußerungen des Uebelwollens, die häufig genug zu Unbilligkeit und Ungerechtigkeit aller Art, zur Gewalt, zur Grausamkeit, Hartherzigkeit u. s. w. führen, ausschließt, sondern auch den bloßen Mangel des Wohlwollens, die kalte Gleichgültigkeit, die Selbstsucht und den Egoismus, der, als die herrschende Richtung des Wollens gedacht, allen sittlichen Regungen den Platz zu verbauen im Stande ist.

Eigenthümlich ist es dabei dem Wohlwollen, daß, während Recht und Billigkeit, insofern sie die Unterlassung der rechtswidrigen und unbilligen That verbieten, stark und nachdrücklich an die Pflicht erinnern, es dem Pflichtbegriff sich am meisten entzieht und eben deshalb ganz in der Nähe des Tugendbegriffs bleibt. Es giebt keine Motive für das Wohlwollen; Wohlwollen aus Pflicht wäre kein reines Wohlwollen*). Das Wohlwollen läßt sich daher nicht gebieten; frei und ursprünglich muß es sich in den Gemüthern regen; je unabhängiger von jeder fremden Rücksicht, um desto reiner und schöner. Deswegen ist jede Regung der natürlichen Theilnahme, der Gutmüthigkeit, des liebreichen Entgegenkommens ein Schatz, der gehegt und gepflegt sein will, weil solche Regungen sich am ersten zu der Gesinnung des wahren Wohlwollens ausbilden können.

---

*) Hiermit ist nicht gesagt, als thäte der Wohlwollende mehr als seine Pflicht; denn jede Verminderung und Verunreinigung des Wohlwollens begleitet ein minderer Beifall, jede Spur des Uebelwollens trifft der sittliche Tadel. Sondern nur das liegt in dem Obigen, daß für den Wohlwollenden selbst der Begriff der Pflicht nicht das erzeugende Princip seiner Gesinnung sein kann, wie er das erzeugende Princip für die Befolgung der Ideen des Rechts und der Billigkeit sein kann und soll.

Wie mannigfaltig sich nun das Wohlwollen, da, wo es nicht blos als vorübergehende Anwandlung, sondern als beharrliche Gesinnung vorhanden ist, äußern könne, ist schon deshalb nicht nöthig im Einzelnen aufzuzählen, weil von einer solchen Gesinnung vorausgesetzt werden muß, daß sie den ganzen Kreis der sich ihr darbietenden Gelegenheiten auszufüllen bereit und bemüht sein werde. Es wird nicht nur das fremde Bedürfen und Begehren, was schon da ist, zu befriedigen suchen, sondern auch dem erst noch zukünftigen, vorausgesetzten fremden Wollen sich widmen. Bezeichnet man jene Richtung als mittheilende, diese als erziehende Liebe (S. 279), so liegt darin zugleich die Rücksicht auf die Art, wie das Wohlwollen mit den übrigen Ideen in dem Bewußtsein des innerlich Freien sich begegnen, von ihnen sein sittliches Maaß erhalten wird. In beiderlei Hinsicht kann es sowohl darbieten, als dulden und geschehen lassen; die äußere Darstellung der Gesinnung kann je nach Umständen sowohl eine positive, als eine negative Form annehmen.

Bleibt sich nun auch das Wohlwollen in allen diesen verschiedenen Formen seiner Erscheinung gleich, so, daß jegliches menschliche Verhältniß, das auch nur einen kleinen Beisatz wahren Wohlwollens in sich schließt, dadurch unfehlbar veredelt und verschönt wird, so können doch die Fragen nach den bestimmten Handlungen, zu denen es fortschreiten soll, sehr verwickelt werden. Diese Verwickelungen entstehen hauptsächlich durch die Beschaffenheit des fremden Wollens und die Verflechtung äußerer Verhältnisse, nach denen das Wohlwollen, sobald es in der wirklichen Welt zu handeln beginnt, sich zu richten nicht umhin kann. Es giebt eine Unbilligkeit und Ungerechtigkeit des Wohlwollens, wenn es dem einen entzieht, was es dem andern gewährt; es giebt eine Geduld und Nachsicht mit fremden Schwächen und Fehlern, eine Nachgiebigkeit gegen die fremde Individualität und Gemüthsart, eine Dienstfertigkeit und Gefälligkeit, die möglicherweise aus Wohlwollen gegen andere sittliche Verhältnisse mannigfaltig verstoßen kann. Gleichwohl liegt in der Gesammtheit der Ideen nicht der geringste Grund, aus welchem das Wohlwollen als so schwach, so gedanken- und urtheilslos gedacht werden müßte, daß es sich nicht in jedem einzelnen Falle selbst fragen sollte, wie sich mit einem bestimmten Handeln die Rücksichten auf das Ganze der sittlichen Lebensordnung verbinden werden.

Diese Rücksichten nun können sehr verschieden ausfallen, je nachdem der Wohlwollende seine Beziehungen zu andern blos als Privatverhältnisse oder als Glieder eines größeren sittlichen Ganzen betrachtet. Besonders deutlich ist dies in Beziehung auf diejenige Form des mittheilenden Wohlwollens, die man gewöhnlich als äußere Wohlthätigkeit bezeichnet. Daß der Wohlwollende gern bereit sein wird, unmittelbar gegenwärtige fremde Noth nach Kräften zu lindern, daß sich nach dem Grade seines Wohlwollens die Größe der Opfer richten wird, die er bringt, daß die Art, wie er giebt und hilft, nicht nur von eitler Ostentation frei sein, sondern sich auch mit der Sorge verbinden wird, den Hülfsbedürftigen die Nothwendigkeit, Wohlthaten anzunehmen, nicht als einen Druck empfinden zu lassen, das alles ist bekannt; eben so, daß die Größe des Mitzutheilenden bedingt ist, nicht nur durch das Maaß des fremden Bedürfnisses, durch das Vermögen des Gebenden, und seine anderweitigen Verpflichtungen, sondern ganz wesentlich auch durch die Rücksicht auf die Folgen der Wohlthat für den Empfänger. Denn der Wohlwollende kann selbst nicht wollen, daß seine That für den Empfänger Quelle eines Uebels werde. Unbedachte Privatwohlthätigkeit kann auch die Keime der faulen Arbeitsscheu pflanzen, die Rohheit gemeiner Begierden begünstigen, die Unverschämtheit groß füttern, die freche, betrügerische Zudringlichkeit mästen; in solchen Fällen kann es sogar Pflicht werden, nicht nur den Empfänger die Wohlthat fühlen zu lassen, wenn Hoffnung vorhanden ist, daß er sich so bewogen finde, wenigstens dadurch zu vergelten, daß er den Wohlthäter durch eigene Kraftanstrengung der Nothwendigkeit fortgesetzter Wohthaten überhebe, sondern auch die Wohlthat geradezu zurückzuhalten. Die beste Art wohlzuthun ist im Allgemeinen die, den Bedürftigen in eine Lage zu versetzen, wo es ihm möglich wird, durch eigene Thätigkeit sich ein ruhiges Wohlsein zu verschaffen. Aber diese Art der Wohlthätigkeit muß auf den eigenen guten Willen des Empfängers rechnen; und wo sie nicht auf ihn rechnen kann, da handelt es sich darum, die mittheilende Liebe zu verbinden mit der erziehenden, ob es vielleicht gelinge, einen solchen Willen in ihm zu erzeugen, der den Plänen des Wohlwollens ein nachhaltiges

Gelingen verspreche. Nur hängt die Möglichkeit einer solchen Erziehung in den meisten Fällen bei weitem mehr von gesellschaftlichen*) Einwirkungen und Einrichtungen ab, als von dem Privatverkehre der Einzelnen unter einander. Ein vollständig ausgebildetes Verwaltungssystem erlaubt sogar den Gedanken, daß die Privatwohlthätigkeit in der gesellschaftlichen Sorge ganz aufgehe, wie denn auch die öffentliche Aufmerksamkeit auf das, was hierher gehört, in dem Grade zuzunehmen pflegt, in welchem die wirkliche Gesellschaft sich der Idee des Verwaltungssystems nähert. Nicht als ob dadurch das Wohlwollen in dem eigenen Innern jedes Einzelnen überflüssig würde; gerade das Verwaltungssystem rechnet ganz bestimmt auf den Geist einer allseitig entgegenkommenden Güte; sondern in der Art seiner Aeußerung würde sich jeder anschließen an das nicht blos hier und da, sondern durchgreifend Hülfreiche und Förderliche.

Mindere Verwickelungen scheinen in der Regel da obzuwalten, wo das Wohlwollen als erziehendes auf die Erweckung der fremden Empfänglichkeit, die Erzeugung des fremden Wollens und Könnens gerichtet ist. Der Begriff der Erziehung ist hier zunächst ganz allgemein zu fassen; er bezeichnet dann eine solche absichtliche Einwirkung auf den Zögling, durch welche sich dessen Wollen und Können der Absicht des Erziehenden gemäß gestalte. Diese Beziehung auf das Wollen des Zöglings, folglich auch auf die Bildung des Gedankenkreises, aus welchem dieses Wollen als sein eigenes Wollen entspringt, unterscheidet die Erziehung von der bloßen Gewöhnung und Dressur. Gleichwohl bleibt dadurch der Zweck der Erziehung noch ganz unbestimmt; wie vielfach die Zielpunkte menschlichen Wollens gedacht werden können, sammt der Möglichkeit, das Wollen auf sie hinzulenken, so vielfach können die Zwecke der Erziehung sein. Der Wohlwollende nun wird den Zweck verfolgen, von welchem er überzeugt ist, daß dessen Erreichung für den Zögling die reichste Quelle des Wohlseins sein werde, und insofern wird sich die Richtung der Erziehung nach der

*) Nicht gerade: politischen; Armenpflege und Armenschulen als Angelegenheiten der Gemeinden oder sonst irgend welcher Vereine sind Ausdruck einer gesellschaftlichen Thätigkeit, die zwischen den reinen Privatverhältnissen und dem Staate mit mancherlei Abstufungen in der Mitte stehen.

Werthgebung richten, welche das Vorziehen und Verwerfen des Erziehers bestimmt. Die erziehende Liebe des sittlich Gebildeten wird folglich wesentlich von dem Bestreben beseelt sein, den Zögling derjenigen Güter, die in seiner eigenen Schätzung am höchsten stehen, d. h. der Sittlichkeit theilhaftig zu machen. Die sittliche Erziehung wendet sich mithin ganz eigentlich an das bewußte Wollen des Zöglings; denn zur Sittlichkeit erziehen heißt machen, daß der Zögling sich selbst finde als wollend und handelnd gemäß einem Ideale, welches der Erzieher ihm in der Voraussetzung angeeignet hat, daß so erzogen worden zu sein, der Zögling einst als Wohlthat empfinden werde. Das nächste Motiv für den Erzieher wird also das Wohlwollen sein; die Richtschnur für die Art, wie dieses Motiv die Quelle bestimmter pädagogischer Einwirkungen werden soll, liegt in dem Hinblick auf die Gesammtheit aller Ideen, sammt den Bedingungen, unter welchen sie für das Wollen des Zöglings zur belebenden und beseelenden Kraft seines eigenen innern Lebens werden können. Ist nun der eigentliche Zielpunkt der sittlichen Erziehung die Charakterstärke der Sittlichkeit, so liegt der Weg zur Erreichung dieses Zieles in der Benutzung aller der Bildungsmittel, in der Verbindung aller der Einwirkungen, als deren Erfolg sich die Entstehung und Befestigung des sittlichen Charakters erwarten läßt; darnach richtet sich die Peripherie der erziehenden Thätigkeit, in deren Umfang Vieles fallen kann, was im Zusammenhange des menschlichen Lebens nützlich, ja unentbehrlich ist, die sich aber wenigstens, falls sie auf den Namen der sittlichen Erziehung Anspruch machen will, niemals so zersplittern darf, daß jener Beziehungspunkt aus dem Centrum beliebig auf die Seite geschoben oder ganz aus dem Auge verloren würde.

Hiernach bestimmt sich der Ort, welchen die Pädagogik als Kunstlehre der rechten Erziehung in dem Zusammenhange der praktischen Philosophie einnimmt. Pädagogik als Wissenschaft ist gleichsam ein Zweig, der aus dem gemeinsamen Stamme der Ethik herauswächst und einer eigenen Entwickelung fähig und bedürftig ist, aber losgerissen von dem Organismus, dessen Theil er ist, verdorren würde. Daß übrigens die Aufgabe der Erziehung nicht blos aus dem Begriff der erziehenden Liebe des Einzelnen, sondern auch aus der Idee des Verwaltungssystems und der beseelten Gesellschaft sich erzeugt, daß sie für die Darstellung dieser Ideen geradezu beinahe das wichtigste und durchgreifendste Mittel ist, kann hier noch übergangen werden; überall findet jedoch der volle und ganze Begriff der Erziehung nur da seine Anwendung, wo der Erzieher sich der Bildsamkeit des Zöglings vollständig bemächtigen und ununterbrochen von möglichst vielen Seiten auf ihn einwirken kann, also zunächst bei der heranwachsenden Jugend. Gleichwohl giebt es eine absichtliche Einwirkung der Einzelnen auf einander, auf welche der Begriff der Erziehung in abgestuften Graden paßt, nämlich in solchen Verhältnissen, welche nicht auf der Aufgabe der Erziehung beruhen, aber erziehende oder verziehende Elemente zulassen. Beispiele dafür bieten unter vielen andern die Verhältnisse der Herrschaft zum Gesinde, des Lehrherrn zum Lehrling, des Vorstehers zu den Untergebenen dar. Diese Verhältnisse sind zunächst auf Leistungen gegen Lohn gegründet; aber sie führen so nahe Berührungen herbei, daß sie mannigfaltige Einwirkungen positiv durch Beispiel, Lehre, freundlichen Rath, negativ durch Warnung, Entfernung der Veranlassungen zur Unsittlichkeit, Aufrechthaltung der Zucht und Ordnung u. s. w. gestatten. Man denke aus ihnen jede Spur eines durch sittliche Denkart geleiteten Wohlwollens hinweg, man beschränke sie auf den bloßen Begriff der rechtlich stipulirten Abbezahlung, ohne alle Frage darnach, was nun der Bezahlte weiter thun und treiben werde; so fallen die Individuen wie gleichgültige Atome auseinander, es verschwindet für sie, noch ganz abgesehen von den Folgen, welche eine rücksichtslose Kälte gerade gegen die große Masse von Individuen, die der Aufsicht und Leitung wegen Mangels eigener Bildung am meisten bedürfen, für den sittlichen Zustand der Gesellschaft haben wird, das Einzige, was ihre sonstige sittliche Kahlheit einigermaßen ersetzen kann. Zu verkennen ist nicht, daß dieser Geist der erziehenden Liebe seltener wird, wo entweder die Abstände der Bildung die Menschen weit aus einander halten, oder die bloße Rücksicht auf formell bestimmte Rechtsverhältnisse in den gesellschaftlichen Institutionen vorherrscht. Wo Bevormundung dessen, der ihrer bedarf, für Entwürdigung der Menschheit gilt, wo, wie in Nordamerika, der Dienstbote darauf pocht, daß ihm, wenn er seine Arbeit abgethan, Niemand weiter etwas zu befehlen habe, da verstummt allmählig auch die wohlwollendste

Sorge. Der bloße Rechtsschutz der individuellen Freiheit mag immerhin unbilligem Drucke vorbeugen; den Geist der Theilnahme und Fürsorge, der sich bisweilen gerade deshalb entwickeln kann, weil die Rechtsverhältnisse noch nicht haarscharf abgegrenzt sind und der individuellen Behandlung des einzelnen Falles manches überlassen bleibt, kann er nicht ersetzen. Umgekehrt, je mehr die Verhältnisse der Einzelnen auf der Gesinnung des Wohlwollens beruhen, desto vielfältiger wird die Anwendung sein, welche der Begriff der Erziehung auf sie zuläßt; am sichersten und reinsten da, wo die Fortdauer des Wohlwollens wesentlich mit abhängt von gegenseitiger Achtung, von der Gleichheit des sittlichen Strebens, von der Harmonie der Denkart und Gefühlsweise. So erziehen sich Freunde, Ehegatten u. s. w. fast unwillkührlich, indem jeder in der Meinung und Gesinnung des andern die Aufforderung findet, sich ihm so darzustellen, daß er auf die Fortdauer seiner Achtung und Liebe rechnen könne; jeder dem andern als Vorbild geltend, dessen sich unwürdig zu beweisen er sich selbst zur Unehre würde rechnen müssen. —

Die bisherigen Erörterungen über die Bedeutung, welche die verschiedenen Ideen für die Verhältnisse der Einzelnen zu einander haben, richteten sich *nach der Verschiedenheit dieser Ideen* selbst. Es läßt sich nun allerdings noch eine andere Ausführung derselben Aufgabe denken, welche, von den *gegebenen Verhältnissen* der Einzelnen ausgehend, fragt, wie jedes derselben durch sämmtliche Ideen bestimmt wird. Die kurzen Andeutungen über den allgemeinen Charakter der Beschäftigungen, der Dienst-, Gesinnungs- und Familienverhältnisse, die das dritte Buch enthält, müßten zu diesem Zwecke weiter ins Einzelne verfolgt werden. Man gewönne dadurch eine Charakteristik dieser concreten Verhältnisse vom sittlichen Gesichtspunkte aus. Es würde sich dabei zeigen, daß es wegen der *Natur* dieser Verhältnisse für jedes derselben einen *Typus* des bestimmten sittlichen Werthes giebt, den es in sich aufzunehmen vorzugsweise fähig ist. Vorzugsweise, nicht gerade ausschließend; denn die Rücksicht auf die Gesammtheit der Ideen soll keinem Verhältnisse ganz fehlen; aber nicht jedes concrete Verhältniß enthält gleich dringend die Aufforderung, gerade diese oder jene bestimmte Idee zu beachten. Darnach richten sich die bestimmten Pflichten, die jemandem kraft dieses bestimmten

31 *

Verhältnisses zu andern obliegen. So mag hier das Recht, dort die Billigkeit, dort endlich das Wohlwollen in einer ihrer Gestalten und Anwendungen in den Vordergrund treten, gleichsam die sittliche Substanz gerade dieses Verhältnisses bilden; concrete Bestimmungen dieser Art hängen sehr wesentlich von der Natur der gegebenen Lebensverhältnisse, von den Gelegenheiten, Veranlassungen und Aufforderungen zu einem bestimmten Handeln ab, die gerade sie mit sich führen. Auf diese Weise würden sich nun die besondern und bestimmten Pflichten, z. B. des Erziehers gegen den Zögling, des Arztes gegen den Kranken, des Kaufmanns gegen seine Kunden, des Geistlichen gegen die Gemeindeglieder, der Ehegatten, der Geschwister, der Seitenverwandten, der Nachbarn unter einander, des Rechtsanwalts gegen seine Clienten, des Dieners gegen den Herrn, und umgekehrt ableiten lassen. Diese Beispiele sind mit Absicht so bunt durch einander geworfen worden, um sogleich bemerklich zu machen, daß, wollte man über bestimmte Pflichten, die in der Anwendung der Ideen auf solche Verhältnisse wurzeln, etwas den individuellen Fall wirklich Treffendes sagen, man sehr tief in das Detail des Lebens eingehen müßte. Denn wenn man z. B. irgend ein Verhältniß des Verkehrs oder des Dienstes seinem allgemeinen Begriffe nach auffaßt, und daraus die Pflichten der Ehrlichkeit, der Treue u. s. w. ableitet, so ist das immer noch eine sehr allgemeine Abstraction, die höchstens die sittlichen Grenzen bezeichnet, innerhalb deren der einzelne Fall liegt. Die bestimmte Art der Ehrlichkeit und Treue, auf die es bei der Entscheidung über das bestimmte Handeln zumeist ankäme, hängt gerade von der Individualität des einzelnen Falles ab, der nicht unter einen einzigen allgemeinen Obersatz, sondern unter eine Mehrheit, mit Beziehung gerade auf diesen Fall sich eigenthümlich bestimmender Obersätze fällt. Alter, Geschlecht, bürgerliche Stellung, Bildungsgrad, nähere oder entferntere persönliche Beziehungen, Charakter und Individualität, der Blick auf Vergangenheit und Zukunft, neu eintretende Ereignisse führen hier unbestimmbar verschiedene, vielfach abgestufte und höchst veränderliche Modificationen herbei. Dazu kommt endlich, daß die sittliche Bedeutung solcher Verhältnisse, in denen es sich zunächst nur um Pflichten Einzelner gegen andere Einzelne zu handeln scheint, ohne Rücksicht auf die gesellschaftliche Ordnung sehr oft gar nicht vollständig erwogen werden kann. So entwickelt sich ein Gewebe sittlicher Rücksichten, dessen mögliche Verknüpfung die Wissenschaft zwar ins Einzelne zu verfolgen den Versuch machen könnte, dessen besondere Structur aber für jeden Einzelnen ein Gegenstand seiner eigenen Untersuchung und Ueberlegung sein und bleiben muß. Und deshalb mußte es hier genügen, vielmehr auf die Grundlage und den wesentlichen Inhalt der Gesinnung zu verweisen, die der sittlich Gebildete für diese Behandlung seiner concreten Verhältnisse mitbringen wird, als bei jenen mannigfaltigen Einzelnheiten selbst zu verweilen*). Aus der Beziehung dieser Gesinnung auf die bestimmten Verhältnisse, in denen sich jeder gerade findet, hat er sich seine Pflichten selbst zu construiren; und deshalb wurde schon früher (S. 337) gesagt, daß das Kategorische des sittlichen Imperativs einer nicht allgemein bestimmbaren Mannigfaltigkeit hypothetischer Modificationen unterliege.

Je mehr nun jeder Einzelne die Verflechtung dieser individuellen Verhältnisse und die Art beachtet, wie er sich in die Mitte derselben gestellt findet und in sie einzugreifen fähig oder verpflichtet ist, desto weniger werden ihm die Einzelnen und er selbst unter ihnen isolirt erscheinen, sondern die gesellschaftlichen Verhältnisse werden in seiner Auffassung und Ueberlegung die Stelle einnehmen, die ihnen gebührt. Ganz unwillkührlich findet sich der Einzelne als Glied der Gesellschaft, ja als Glied mehrerer, unter

*) Das Ungenügende, das in der Aufzählung der einzelnen Pflichten für die einzelnen concreten Lebensverhältnisse liegt, wie sie die ältere Moral zu leisten suchte, hat seinen Grund hauptsächlich in der Allgemeinheit und der dabei unvermeidlichen Unbestimmtheit der so gewonnenen Vorschriften. Der üble Wille findet solchen Vorschriften gegenüber leicht Ausflüchte, die in der Berufung auf die Individualität des einzelnen Falles sogar gegründet sein können, der gute Wille des sittlich Gebildeten eilt dieser Vorschrift voraus und betrachtet sie als etwas Ueberflüssiges. Was die ältere Moral durch empirische Aufzählung zu erreichen suchte, findet sich in der sogenannten „speculativen Ethik" der neuern Schulen als Construction der „Gestalten" wieder, in der sich die Idee ihr Dasein gebe. Daß solche Constructionen im Grunde doch nur eine empirische Basis haben, ist im ersten Buche gezeigt worden; daß keine Construction dieser Art, selbst wenn sie wirklich Construction aus Begriffen wäre, das Detail des Lebens erschöpft, lehrt ein unbefangener Blick auf die Verhältnisse des wirklichen Lebens ohne Mühe. Vgl. Herbart kl. philos. Schrift., Bd. III, S. 242.

sich verschiedener Gesellschaften; als Glied einer Familie, eines Standes, einer Gemeinde, einer Kirche, eines Staats. So wie daher das Streben nach persönlicher sittlicher Bildung ihn unfehlbar über die Grenzen seiner eigenen Persönlichkeit hinaustreibt, so verwandeln sich auch für den Blick auf die schon vorhandene Gesellschaft die Privatverhältnisse der Einzelnen in Glieder eines größern Ganzen, und es entsteht die Frage nach den Pflichten, die der Gesellschaft als solcher gelten. Diese Frage würde selbst dann entstehen, wenn es überhaupt noch keine Gesellschaft gäbe. Denn der bloße Gedanke einer möglichen Gesellung würde sich mit Beziehung auf die gesellschaftlichen Ideen in die Aufgabe verwandeln, eine solche Gesellschaft, auch wo sie noch nicht vorhanden wäre, zu stiften; es würde sich die Sorge für ein größeres sittliches Ganze erheben, welches die Einzelnen in sich aufzunehmen und sie zu überdauern fähig wäre. Mit Rücksicht auf ein solches Ganze kann daher auch gesagt werden, daß, je reiner und vollkommener sich die Verhältnisse der Einzelnen unter einander gestalten, desto geeigneter sie werden, sich in die Einheit eines ethischen Organismus zusammenzufügen, und das sittliche Verhalten gegen Andere erscheint eben so als eine Pflicht gegen die Gesellschaft, als das Streben nach sittlicher Selbstbildung mit Rücksicht auf die Stellung des Einzelnen in der Mitte der Uebrigen als eine solche aufgefaßt werden konnte.

II. Die Gesellschaft als Object und Subject der Pflicht.

Um vorläufig einen Leitfaden für die Untersuchung darzubieten, wurden oben (S. 435 flgg.) die Einzelnen von der Gesellschaft unterschieden. Darin lag die Möglichkeit, daß auch der Einzelne ein Gegenstand der Pflicht für die Gesellschaft sei; aber dieses Glied der Eintheilung entzog sich einer besondern Erörterung, so lange die Gesellschaft selbst als durch ethische Rücksichten noch nicht bestimmt gedacht wurde. Bezieht man nun, um zu solchen Bestimmungen zu gelangen, den Begriff der Pflicht auf die Gesellschaft, d. h. betrachtet man diese als Subject oder Object der Pflicht, so muß der Fall, daß mehrere Gesellschaften unter einander in sittliche Verhältnisse treten, so lange bei Seite gesetzt werden, bis der Begriff der sittlichen Organisation jeder einzelnen Gesellschaft einen Inhalt gewonnen hat. Es bleiben also zunächst nur die beiden Fälle übrig, daß die Gesellschaft Pflicht sei für den Einzelnen und für sich selbst. Hier nun kann der Einzelne nicht aufgefaßt werden als außerhalb der Gesellschaft stehend; es handelt sich eben um seine Stellung in derselben und die daraus entstehenden Pflichten. Ebenso existirt keine Gesellschaft außerhalb der Einzelnen, die sie bilden; und die Pflichten der Gesellschaft gegen sich selbst sind zugleich Pflichten sowohl des Einzelnen als Mitglieds der Gesellschaft gegen sie, als der Gesellschaft gegen die Einzelnen. Beide endlich, die Gesellschaft, wie die Einzelnen in ihr, stehen unter der Herrschaft der Ideen, und jene Unterscheidung zwischen den Pflichten der Einzelnen gegen die Gesellschaft und dieser gegen jene und somit gegen sich selbst reducirt sich daher auf die allgemeinen Fragen: in welchem Wollen werden sich die Einzelnen zur Gesellschaft vereinigen, damit diese die Würde eines ethischen Ganzen in Anspruch nehmen könne? und in welchen Formen wird sich ihre sittliche Thätigkeit gliedern, damit die verschiedenen Aufgaben, welche die Eine Idee der beseelten Gesellschaft umschließt, möglichst vollständig realisirt werden?

Versetzt man sich hierbei sogleich in die Idee der beseelten Gesellschaft, so scheint die Antwort auf diese Frage sehr leicht zu sein. Man wird sich dann eine absolute Innigkeit der gesellschaftlichen Durchdringung vereinigt mit der größten Energie des gesellschaftlichen Wollens denken; man wird die Formen sich unmittelbar aus den ethischen Zwecken des Rechts, des öffentlichen Wohles, der Vergeltung entwickeln lassen; man wird, ohne die möglichen Abweichungen der Privatwillen, ohne die Unangemessenheit der Formen an die Zwecke der Gesellschaft in Anschlag zu bringen, die Macht entweder überflüssig oder vollkommen bereit finden, sich den gesellschaftlichen Zwecken genau anzuschließen; man wird mit einem Worte keine besondere Ueberlegung nöthig zu haben glauben, weil alles, was durch die richtige Ueberlegung und das ihr angemessene Handeln erreicht werden könnte, schon als realisirt vorausgesetzt wird. Vorausgesetzt, — in einem Denken, welches eine ideale Welt mit der wirklichen verwechselte, und die Mängel der letzteren über dem Musterbilde vergäße! Aber dem Vergessen der wirklichen Gesellschaft und ihrer sittlichen Schranken ist längst schon durch frühere Betrachtungen vorgebaut worden, und die Erkenntniß der Gründe dieser Schranken zeigt, daß sie die sittliche Durchbildung der Gesellschaft zwar nicht unmöglich machen, aber ihr immer nur eine allmählige Annäherung an das Ideal der beseelten Gesellschaft gestatten.

Vor allem Andern muß man sich gegenwärtig halten, daß man den Grad der wirklich vorhandenen gesellschaftlichen Durchdringung nicht zu hoch anschlagen dürfe. In jeder wirklichen Gesellschaft giebt es neben den Verschmelzungen unzählige Hemmungen; und jede dieser Hemmungen raubt dem Gemeingeiste etwas an seiner Allgemeinheit und Energie. Sodann sind die Ideen, die für die beseelte Gesellschaft das einzige Medium der Gesellung sein sollen, gar nicht die ursprünglich gesellenden Kräfte;

in der wirklichen Gesellschaft muß man oft schon froh sein, wenn neben den egoistischen Interessen, die die Einzelnen an einander binden, die Rücksicht auf die Ideen Platz findet. Ferner ist nicht jeder, der in der Gesellschaft lebt, darum mit seinem Wollen und Thun auch schon etwas für die Gesellschaft; und obwohl sich jeder in gewissen geselligen Kreisen vorfindet, in denen er aufwächst, so liegt darin doch noch keineswegs eine Entscheidung, ob er sich der gegebenen Gesellschaft überhaupt, noch weniger, ob er sich ihr in sittlicher Weise anschließen werde. Endlich können, selbst vorausgesetzt, daß irgend welche sittliche Elemente unter den Vielen, die auf einem und demselben Boden neben und mit einander leben, sich erzeugt haben, große Unterschiede in der Art stattfinden, wie dieses Quantum sittlichen Wissens und Wollens auf die Einzelnen vertheilt ist. Daher die sittliche Entwickelung der Gesellschaft bald von der Einwirkung ausgezeichneter Persönlichkeiten abhängt; (wohin nicht blos die Religionsstifter und Gesetzgeber, sondern auch diejenigen gehören, welche in kleineren Kreisen, in den Familien, den Gemeinden u. s. w. einen veredelnden Einfluß ausüben;) bald aber auch der Einzelne, ausgesetzt der Macht des schon gebildeten gesellschaftlichen Geistes, von ihm die Richtung seines Wollens empfängt. In beiden Fällen erscheint der Einzelne in einem gewissen Sinne als außerhalb der Gesellschaft stehend, dort indem er die Gesellschaft, hier indem diese ihn zu sich emporzuheben sucht*). Aber dieses Außerhalb könnte nur als vorübergehend betrachtet werden, indem das Ziel der Erziehung in beiden Fällen die Ausgleichung der sittlichen Differenz zwischen dem Einzelnen und der Gesellschaft sein würde. Auch ist dieses Außerhalb insofern nicht als eine Trennung zwischen dem Einzelnen und der Gesellschaft zu verstehen, als doch eine Berührung und Einwirkung beider mit und auf einander dabei angenommen wird; könnte diese nicht angenommen werden, so entzöge sich das ganze Verhältniß

*) Derselbe Unterschied kann bei dem unsittlichen Handeln stattfinden, wenn der Einzelne (aus Herrschsucht, Egoismus u. s. w.) die in der Gesellschaft schon vorhandenen sittlichen Gestaltungen zu zerstören sucht, oder die Verderbniß der Gesellschaft die sittliche Bildung des Einzelnen hemmt oder verdirbt.

dem Begriffe der Gesellschaft oder wenigstens einer Tendenz zu derselben.

Fragt man nun zuvörderst, wie sich diese Tendenz zur Gesellung in dem sittlich Gebildeten äußern wird, so kann, vorzüglich wenn man größere gesellschaftliche Verhältnisse im Sinne hat, der Fall nur selten eintreten, wo es einer Ueberlegung für ihn bedürfte, ob er überhaupt Gesellschaft stiften solle. „Man kann sich andern, nicht eben so andere sich gesellen;“ Gesellschaft ist immer schon da; daher könnte zuerst nur die Frage entstehen: welcher der gegebenen Gesellschaften er sich anschließen solle? Für unzählige Menschen entscheidet sich diese Frage ganz einfach durch die Unmöglichkeit, sich die Gesellschaft, in welcher sie leben wollen, zu wählen; aber auch da, wo eine Wahl frei stände, muß sich diese Wahl wenigstens entscheiden, damit nicht die beschränkte Kraft des Einzelnen wirkungslos im Unbestimmten sich verliere. Diejenige Gesellschaft wird nun hier den Vorzug gewinnen, mit welcher in sittlich wirksame Verhältnisse zu treten die nächste Gelegenheit und Aufforderung vorhanden ist. Diese bietet in der Regel das Vaterland dar, an welches sich der Einzelne ohnedies durch die Familie, die Gemeinschaft der Sprache und Sitte, und durch die Anmuthung, ihm die Anfänge seiner eigenen sittlichen Bildung zu verdanken, gebunden findet. Nur sehr wenige Menschen sind innerlich und äußerlich befähigt, (denn die innere Befähigung reicht ohne die Bedingungen der äußern Wirksamkeit nicht aus,) ihre sittliche Thätigkeit über die Grenzen des Landes, dem sie durch ihre Geburt angehören, ohne Verlust für die Reinheit und Präcision derselben zu erweitern. Für den Staatsmann oder Fürsten, für den Dichter und Denker mag in einzelnen Fällen der Gedanke an eine kosmopolitische Wirksamkeit etwas weniger als eine Chimäre sein; für die ungeheure Mehrzahl derer, die überhaupt etwas für die Gesellschaft wirken können, ist die Gesinnung des Patriotismus diejenige Erweiterung ihres gesellschaftlichen Strebens, innerhalb deren allein, und selbst dann noch bei weitem öfter mittelbar, als unmittelbar, auf eine bestimmte Wirkung zu rechnen ist. Gleichwohl liegt darin nicht, daß der Einzelne an sein Geburtsland sittlich schlechthin gebunden sei. Wo es ihm die Bedingungen einer solchen sittlichen Thätigkeit, wozu er gerade sich specifisch befähigt und innerlich aufgefordert fühlt, entschieden versagt, da mag er sich einen andern Wirkungskreis suchen; er mag sich anschließen, wo die Möglichkeit der sittlichen Anschließung vorhanden ist.

Welche Wahl aber auch in dieser Rücksicht der sittlich Gebildete treffe, zweierlei liegt ihm in seinem Verhältnisse zur Gesellschaft unbedingt ob: er muß sich mit der Gesellschaft bekannt machen in Beziehung theils auf die in ihr schon vorhandenen oder noch fehlenden Elemente der Sittlichkeit, theils auf die in ihr sich vorfindenden Vehikel des Fortgangs oder Rückgangs; und sodann: er muß ein Bewußtsein seiner Individualität zu gewinnen suchen, um die Art seiner Anschließung an diese concrete Gesellschaft zu bestimmen, um den Punkt zu finden, von welchem aus er an den sittlichen Aufgaben der Gesellschaft Theil nehmen könne. Kenntniß und Theilnahme sollen in jedem die Grundlage eines ächten Gemeingeistes bilden. Die Bethätigung dieses Gemeingeistes ist der Entschluß, nach dem Maaße und der Richtung der persönlichen Kraft eine bestimmte Stelle in der Gesellschaft auszufüllen. Mit einem Worte: die allgemeinste Pflicht des Einzelnen gegen die Gesellschaft ist, sich einem Berufe zu widmen und zwar einem bestimmten, „denn nur durch bestimmte Leistungen vermag der Einzelne in den Mittelpunkt der gesellschaftlichen Freiheit zu gelangen." (S. 289). Durch diese sittliche Beziehung auf die Gesellschaft unterscheidet sich der Beruf von der bloßen Beschäftigung und der Arbeit. Beschäftigen wird sich jeder, wie er kann und mag; arbeiten, Geschäfte treiben, wie er muß und wie ihn sein Vortheil treibt; einen Beruf hat er nur, indem er seine Geschäfte nicht als bloße Privatsache, sondern zugleich in ihrer Bedeutung für die Gesellschaft betreibt und betrachtet. Soll der Beruf etwas Sittliches bezeichnen, so sollte man nicht das Verhältniß des Einzelnen zur Gesellschaft darunter verstehen, vermöge dessen er mit ihr gegen gewisse Vortheile gewisse Leistungen austauscht, sondern nur dasjenige, vermöge dessen er einen Theil der sittlichen Gesammtaufgabe in Beziehung auf die Gesellschaft zu der seinigen macht. Allerdings ist nur der geringste Theil menschlicher Arbeiten so beschaffen, daß die Beziehung auf den sittlichen Gehalt der Gesellschaft in ihnen so unmittelbar in die Augen springt, wie etwa bei den Arbeiten des Richters, des Lehrers und Erziehers oder ähnlichen; die meisten erscheinen vielmehr zunächst als bloße Privatsache, als untergeordnete Glieder in dem Systeme der Bedürfnisse und Genießungen, wie die Arbeiten der zahlreichen dienenden Classe, der Handwerker, der Kaufleute u. s. f. Obgleich indessen jene eine unmittelbare Wirkung auf die innere Articulation der beseelten Gesellschaft einschließen, diese meist nur eine mittelbare zulassen, so hängt doch auch bei den ersteren die Reinheit und Vollständigkeit ihrer Wirkung fast ganz und gar von dem Geiste ab, in welchem sie erfüllt werden; ob nämlich die Einzelnen sie nur als einen Lohndienst oder wirklich als sittlichen Beruf treiben. Und etwas von dieser Gesinnung kann und soll überhaupt jedem Arbeiter innewohnen; in jedem, der ein Geschäft treibt, das nur nicht unsittlich ist in sich selbst, soll sich das Bewußtsein entwickeln, daß das Ganze auch auf seine Leistung rechne, und daß diese Leistung tüchtig und gut darzustellen, ihm in den Augen der Gesellschaft zur Ehre gereichen werde. Dieses Bewußtsein bezeichnet ganz allgemein und ohne Rücksicht auf besondere gesellschaftliche Auszeichnungen das, was man Standesehre nennen kann. Um freilich ein solches Selbstgefühl zu erzeugen, muß die Gesellschaft namentlich den niederen Classen entgegenkommen; erst wenn und in welchem Grade es sich in diesen gebildet hat, kann die Gesellschaft auch auf sie mit Sicherheit rechnen. Eine Gesellschaft, die sich nicht die Mühe geben will, den natürlichen Egoismus und die natürliche Uncultur der niedern Classen zu heilen, wird das Dasein derselben immer nur als eine Last empfinden, deren sie gleichwohl nicht entbehren kann.

Daß zu der Erfüllung eines bestimmten Berufes Kenntnisse und Geschicklichkeiten gehören, daß jene erworben, diese geübt sein wollen, daß es folglich eine Vorbereitung auf den Beruf gebe und daß diese Vorbereitung zur rechten Zeit so weit vollendet werden müsse, daß sie eine hinlängliche Gewähr für die individuelle Tauglichkeit darbiete, das alles versteht sich von selbst. Eine große, schwerlich jemals ganz zu hebende Schwierigkeit liegt hier darin, daß die Vorbereitung auf einen bestimmten Beruf in der Regel früher beginnen muß, als jene beiden Bedingungen, Kenntniß der vorhandenen Gesellschaft und der in ihr wirksamen Vehikel des Fortschritts oder Rückschritts, und Vergleichung der eigenen Individualität mit den verschiedenen möglichen Berufsarten, von dem Einzelnen selbst mit einer Klarheit erfüllt werden können, die ihm die Ueberzeugung gebe, daß sein äußerer Beruf zugleich sein innerer sei. Dazu kommen in vielen Fällen die Beschränktheit der äußeren Lage, der Gang der Ereignisse, die den Einzelnen bald hierhin, bald dorthin führen, und ihm keine stetige Verfolgung des betretenen Weges gestatten, endlich gesellschaftliche Einrichtungen, die nicht jedem jede Stelle in der Gesellschaft zugänglich machen; selbst in dem eigenen Innern stehen gerade den bessern Menschen, die es mit der Aufgabe ihres Lebens ehrlich meinen, oft Umwandlungen bevor, die sie an ihrer Befähigung für einen bestimmten Beruf zweifeln lassen. Daher geschieht es, daß nicht immer die rechten Menschen an die rechten Stellen kommen; und dadurch erleidet die Gesellschaft gerade bei denen den größten Verlust, deren Befähigung geeignet wäre, in bestimmten Kreisen eine directe Einwirkung auf sie auszuüben. Dem Verluste so vieler Kräfte und den verderblichen Fehlgriffen, die hier in der Wirklichkeit häufig sind, kann wenigstens zum Theil dadurch entgegengewirkt werden, daß zuerst die Gesellschaft selbst d i e Ursachen derselben möglichst hinwegräume, die nicht in dem natürlichen Entwickelungsgange des Einzelnen selbst liegen; daß sie also den verschiedenen Berufsarten eine allgemeine und nur von der Rücksicht auf Tüchtigkeit und Befähigung abhängige Zugänglichkeit sichere; sodann dadurch, daß die Abrichtung und Einübung der Einzelnen nicht der eigentlichen E r z i e h u n g zu geistiger Selbstständigkeit vorgreife oder sie verdränge. Denn eine solche Erziehung allein kann den Einzelnen auf den Punkt stellen, wo er, sich selbst betrachtend, nach eigner Einsicht r i c h t i g bestimmen und w ä h l e n kann, was er der Gesellschaft sein könne, was nicht. Außerdem werden die Schwierigkeiten in der Wahl des Berufs um so mehr verschwinden, je mehr die specifische Verschiedenheit der Berufsarten sich in der gemeinschaftlichen Beziehung derselben auf gleiche oder verwandte Zwecke ausgleicht; dadurch würde sich vielleicht eine größere Leichtigkeit der Uebergänge und ein innerer Zusammenhang der durch sie geforderten Thätigkeiten bilden, die dem Einzelnen von seinem individuellen Standpunkte aus mannigfaltige Wege eröffneten. Die daraus für ihn erwachsende Begünstigung würde die Annäherung der wirklichen Gesellschaft an die beseelte Gesellschaft wenigstens theilweis von selbst herbeiführen; denn je mehr sich die sittlichen Bestrebungen der Gesellschaft mit denen des Einzelnen begegnen, je bereitwilliger folglich auch der Einzelne ist, auf dasjenige Individuelle, was sich jenen nicht anschließen kann, Verzicht zu leisten, desto leichter wird es ihm werden, in die Richtung des gesellschaftlichen Wollens einzugehen.

In der Wahl und Erfüllung eines bestimmten Berufs liegt aber auch zugleich die Hinweisung auf die Grenzen der Thätigkeit, welche dessen Bestimmtheit dem Einzelnen anweist. So gewiß jeder wollen soll, der Gesellschaft alles das zu sein, was er ihr sein kann, so gewiß soll er ihr das nicht sein wollen, was er ihr nicht sein und leisten kann. Dieses Zurücktreten, dieses Sich-selbst-Beschränken ist durchaus nothwendig, wo aus dem gesellschaftlichen Wirken vieler einzelnen, verschiedenartig Befähigten und Gebildeten, ein harmonisches Ganze entstehen soll; wo jeder sich vordrängt und zufährt, alles verstehen, anordnen, ausführen will, da müssen eben so Mißverhältnisse entstehen, als wenn in einem Concerte jedes Instrument alle übrigen ersetzen wollte. Die Gründe für die Grenzen der Geschäftigkeit liegen in den Grenzen individueller Kraft und Befähigung, und in der, gerade in der Gesellschaft nothwendigen Rücksicht auf die Thätigkeit und Befähigung anderer. Wo verschiedenartige Zwecke durch ein gemeinschaftliches Zusammenwirken sollen erreicht werden, da dürfen sich die wirkenden Kräfte, jede einzeln genommen, nicht zersplittern, wenn ein großes und bedeutendes Gesammtresultat hervortreten soll; die besondern Energien bestimmter, und darum allerdings, jede für sich betrachtet, einseitiger Bestrebungen, sind allein geeignet, nach Rücksichten der Vollkommenheit (S. 308) den größtmöglichen Totaleffect hervorzubringen. Andrerseits giebt es Arbeiten und Aufgaben, von denen der Einzelne sich wird sagen dürfen, daß sie nur durch ihn gelöst werden können, Verhältnisse, wo gerade auf ihn gerechnet wird, und daraus entstehende unübertragbare Pflichten; aber es giebt deren noch weit mehrere, wo er selbst auf die Mitwirkung anderer rechnen, ihre größere Befähigung anerkennen muß, und wo ihnen vorgreifen, das aufgegebene Werk vielleicht aufhalten oder unmöglich machen würde. Daß jeder seine Schuldigkeit thue, unverdrossen, ohne Nebenabsichten, präcis, so, daß andere mit Sicherheit auf ihn rechnen können, dieses τὰ αὑτοῦ πράττειν, in welchem Plato den eigentlichen Ausdruck für den Begriff der δικαιοσύνη fand, schließt daher selbst eine Resignation nicht aus, die sich das Handeln lieber versagt, als sich der Gefahr aussetzt, durch fragmentarische, vielleicht nicht einmal richtig angelegte Versuche andern den Platz eines richtigeren Thuns zu verbauen. An diese Resignation sich zu erinnern ist um so wichtiger, je energischer der Trieb ist, sich selbst in einer mannigfaltigen Geschäftigkeit darzustellen, und je leichter daraus ein falscher Enthusiasmus entspringt, der die eigene Vorliebe mit dem Ideale gesellschaftlicher Einrichtungen verwechselt und über beiden die Bedingungen der Ausführung vergißt. Die Quellen dieses Triebes sind bei weitem nicht immer ein unverfälschtes Interesse an der sittlichen Gestaltung der Gesellschaft, sondern oft Eitelkeit, Ehrsucht, Herrschsucht, die einen großen Kreis zur Folie des eigenen Glanzes machen will, die es nicht ertragen kann, sich unterzuordnen, und mit dictatorischer Härte in Verhältnisse eingreift, welche zu respectiren die eine oder die andere von den Ideen selbst unmittelbar gebietet. Je stärker die dadurch hervorgerufenen Kraftäußerungen sind, je mehr sie durch äußere Umstände begünstigt werden, desto leichter vermögen sie den Einzelnen über die Grenzen hinauszutreiben, innerhalb deren für ihn eine tadellose sittliche Thätigkeit möglich war, und desto gewisser werden sie nicht nur die Gesellschaft verwirren, sondern auch den Einzelnen in Ansprüche und Collisionen verstricken, denen er unterliegen muß, oder deren Wirkungen er nur durch neue Gewaltschritte entgehen kann.

Gleichwohl liegt in der Hinweisung auf diese Grenzen der Geschäftigkeit nicht das Geringste von jener indolenten Gleichgültigkeit gegen das Ganze der gesellschaftlichen Angelegenheiten, die, wo auch der Hand versagt wäre, wirksam einzugreifen, sich einen freien Blick und die Gesinnung der lebendigen Theilnahme zu bewahren zu träge oder zu gedankenlos ist. Vielmehr schließt diese Gesinnung schon die erste Forderung ein, welche der Einzelne in Beziehung auf die Gesellschaft zu erfüllen hat, die der Kenntniß und Theilnahme; nur dadurch, daß sie in allen Einzelnen lebendig ist, kann verhindert werden, daß die Theilung der Arbeit nicht die innere gesellschaftliche Einheit auflöse, und die geistige Verknüpfung des Ganzen in einen äußerlichen Aggregatzustand verwandle. Soll die gesellschaftliche Verknüpfung überdies eine

Tendenz zur beseelten Gesellschaft enthalten, so muß der Gedankenkreis jedes Einzelnen sich nicht nur zu den Ideen erheben, sondern auch, in der wirklichen Gesellschaft, zu der Reflexion auf die Mittel und Bedingungen erweitern, von welchen gerade hier und jetzt ein Fortschreiten zum Bessern abhängt; er muß eine Empfänglichkeit in sich cultiviren, die sich für die Leistungen der übrigen und ihr Verhältniß zu den gesellschaftlichen Aufgaben nicht spröde abschließt. So bleibt jeder, betrachtend, theilnehmend, urtheilend, in dem allgemeinen Centrum der gesellschaftlichen Bestrebungen, in welche er gleichwohl handelnd nur von einer bestimmten Seite her eingreift; und diese vielseitige Empfänglichkeit für alles Schöne, Gute und Edle, welches von Verschiedenen auf den verschiedenen Stellen der Gesellschaft erstrebt wird, zusammengenommen mit der ausgezeichneten Tüchtigkeit seiner besondern Leistungen bezeichnet die Aufgabe des Einzelnen in seiner Beziehung auf die Gesellschaft*).

Der Pflicht des Einzelnen, sich der Gesellschaft auf eine bestimmte Weise darzustellen und darzubieten, entspricht nun aber auch eine Pflicht der Gesellschaft, die sittlichen Leistungen der Einzelnen anzuerkennen. Diese Forderung läuft im Allgemeinen darauf hinaus, daß, so wie den Bestrebungen des Einzelnen, so auch den öffentlichen Einrichtungen eine Tendenz zur sittlichen Gesellung angemuthet wird. Sie gilt daher zunächst und am dringendsten denen, die auf das Ganze der Gesellschaft den stärksten und durchgreifendsten Einfluß haben, d. h. den Mächtigen. Gleichwohl ist es nicht nöthig, das Verhältniß der Macht zur beseelten Gesellschaft jetzt schon in den Vordergrund der Betrach-

---

*) Vgl. oben S. 289. In Beziehung auf die von dem hier Ausgesprochenen verschiedene Ableitung dieser Forderung bei Herbart (Allg. pr. Philos. S. 239 flgg.) mag bemerkt werden, daß die Theilung der Aufgaben allerdings im Culturſysteme eine Stelle hat, daß aber die Nothwendigkeit einer solchen Theilung wesentlich in den Schranken der individuellen Kraft und Befähigung liegt, und überhaupt ihre wahre Bedeutung nur da hat, wo es sich um die vermittelnden Thätigkeiten handelt, welche die gesellschaftliche Darstellung der Ideen bedingt. Allerdings kann nicht leicht einer zugleich Sachwalter und Geistlicher und Arzt sein; aber es hätte keinen Sinn, zu sagen: der eine solle sich vorzugsweise der innern Freiheit, der andere der Rechtlichkeit, ein dritter des Wohlwollens u. s. w. befleißigen.

tung zu rücken; jene Anmuthungen mögen also als Pflichten der Gesellschaft gegen sich selbst und dadurch zugleich gegen den Einzelnen, insofern sein Wollen von einer Tendenz zur sittlichen Gemeinschaft geleitet ist, betrachtet werden; wobei es einerseits von der bestimmten Structur einer concreten Gesellschaft abhängt, welchen Personen, als den in gewisser Hinsicht mächtigsten, die Erfüllung derselben zunächst obliegt, andrerseits die Ansprüche, welche diese Pflichten bezeichnen, diesen Personen gegenüber schon vorläufig als Präsumtionen für den Inhalt des öffentlichen Rechtszustandes betrachtet werden können.

Hierher nun gehört vor Allem die Pflicht der Gesellschaft, die Hindernisse möglichst hinwegzuräumen, welche die Innigkeit der gesellschaftlichen Durchdringung und die Energie des gesellschaftlichen Wollens mehr oder minder beschränken (S. 396 flgg.). Denn die Rechtsgesellschaft, das Verwaltungssystem u. s. w. sollen vor allem Gesellschaft sein, und was die Gesellung überhaupt hindert, hindert auch die Gesellung für einen bestimmten sittlichen Zweck. Alle Gesellung aber fordert Leichtigkeit und Sicherheit der Mittheilung, damit die Vielen sich verständigen und im Einverständniß bleiben können. Was also als Medium der Mittheilung dienen kann, soll ausgebildet, gepflegt und geschützt werden. Diese Pflicht gilt nun zwar jedem Einzelnen, für jeden besondern Fall, wo er sich eines Mittels der Mittheilung bedient; es wiederholen und verstärken sich durch Rücksichten auf die Gesellschaft hier alle die Betrachtungen, welche namentlich über die Pflicht der Wahrhaftigkeit schon früher sind ausgeführt worden (S. 466 flgg.); ja es entstehen hier ganz bestimmte Pflichten in Beziehung auf den Gebrauch und die Ausbildung z. B. der Sprache, als des wichtigsten Mittel der Communication unter vernünftigen Wesen; denn wer die Sprache verwirrt und verdirbt, verwirrt und verdirbt den Gedankenkreis, dessen Zeichen sie ist, und vernichtet oder erschwert wenigstens die Möglichkeit eines wahren Einverständnisses. Eine allgemeinere und die Gesellschaft als solche näher angehende Bedeutung bekommt aber diese Pflicht durch die Forderung der Oeffentlichkeit dessen, was das Ganze der gesellschaftlichen Interessen berührt. Oeffentlichkeit ist eigentlich nur ein verschiedener Ausdruck für Gesellung in Beziehung auf den geistigen Verkehr der Glieder der Gesellschaft unter einander; man denke alle

Oeffentlichkeit dessen, was die Interessen der Gesellschaft berührt, hinweg, so wird, trotz eines gemeinschaftlichen Commando, wenigstens das Bewußtsein der Gesellung allmählig verschwinden. Der Grad der Oeffentlichkeit, der in einer Gesellschaft herrscht, ist daher auch wirklich so ziemlich der directe Maaßstab für den Grad ihrer innern Verbindung. Nun liegt zwar darin keineswegs, daß alle Geschäfte, welche im Interesse der Gesellschaft nothwendig abgethan werden müssen, gleichsam alle einzelnen Acte des gesellschaftlichen Lebens öffentlich vollführt werden sollen. Bei sehr vielen würde das unmöglich, bei andern vielleicht unzweckmäßig und schädlich sein; und es ist für jede Classe von Geschäften Aufgabe einer besondern Ueberlegung, in wiefern ein gewisser Grad und eine bestimmte Form ihrer öffentlichen Ausführung zulässig und wünschenswerth ist. Wohl aber sollen die Gründe sowohl als die Resultate aller gesellschaftlichen Maaßregeln und Thätigkeiten der öffentlichen Kenntniß nicht entzogen werden; denn die Kenntniß ist die Bedingung nicht nur der Theilnahme, sondern auch der Kritik und Controle, welche auszuüben die Gesellschaft ein Interesse hat. Die bestimmte Befugniß, die Theilnahme, Kritik und Controle auf eine innerhalb der Gesellschaft direct wirksame Weise auszuüben, weist nun zwar auf das Verhältniß der Privatwillen und der gesellschaftlichen Formen zur Macht zurück; daß aber innerhalb der Gesellschaft gewisse Organe der Oeffentlichkeit der Macht gegenüber vorhanden und anerkannt seien, ist eine nothwendige Forderung, wenn nicht die gesellschaftlichen Angelegenheiten in die Gefahr kommen sollen, zu bloßen Privatsachen derer zu werden, welche an der Spitze der Gesellschaft stehen.

Soll ferner der Gemeingeist sich aus den eigenen Willensregungen der Einzelnen erzeugen, diese zur Einheit der gesellschaftlichen Persönlichkeit verschmelzen, so gehört dazu freie Regsamkeit aller Kräfte und Bestrebungen, die sich dem sittlichen Organismus anzuschließen fähig sind. Die Innigkeit der gesellschaftlichen Durchdringung läßt sich nun einmal nicht befehlen und erzwingen; aber sie läßt sich als eine in demselben Grade wachsende Größe erwarten, in welchem der Einzelne für die Darstellung seiner innern Regsamkeit, für die Befriedigung seiner Bedürfnisse und Interessen in der Gesellschaft Gelegenheit, Förderung, Schutz findet. Auf der Freiheit dieser Regsamkeit beruht überdies das Vorhandensein der Kenntnisse, der Geschicklichkeiten, der Gesinnungen, deren die Gesellschaft in jedem Augenblicke auf tausend Punkten bedarf, welche sie benutzen muß, ohne sie erzeugen zu können, deren Erzeugung, Aneignung und Ausbildung vielmehr immer von der individuellen Thätigkeit der Einzelnen abhängt. Mögen also diese Thätigkeiten sich theilweis auch noch als Ausdruck eines particulären Interesse, besonderer Neigung und Vorliebe, vielleicht selbst eines Egoismus ankündigen, der unmittelbar nur für sich, nicht für die Gesellschaft sorgt, aber wenigstens dem Ganzen der gesellschaftlichen Zwecke nicht hemmend in den Weg tritt, — die Gesellschaft soll den Einzelnen in allen diesen Fällen gewähren lassen; sie soll die Privatinteressen, so lange sie nicht widerrechtlich und unbillig mit einander streiten, schonen, sie soll der Individualität einen Spielraum lassen oder selbst eröffnen, innerhalb dessen sie sich selbst genügen kann. Sie soll nicht drücken und hemmen, wo es nicht nöthig ist, sie soll sich vielmehr dergestalt über der Gesammtheit der möglicherweise streitenden Privatinteressen halten, daß sie dem Drucke, den einzelne Theile der Gesellschaft ihrer Natur nach gegen andere auszuüben geneigt sind, entgegenarbeitet. Denn jede unterdrückte Kraft geht als solche für die Gesellschaft verloren, und die Energie der gesellschaftlichen Gesammtkraft hängt wesentlich von der freien Wirksamkeit aller gesellschaftlichen Partialkräfte ab. Durch die Sorge für sie sichert sich die Gesellschaft ihre innere Gesundheit, sie vermeidet gefährliche Spannungen und Reibungen, sie hindert das trügerische Schauspiel fingirter Kräfte (S. 397 flg.), die mehr wirken sollen, als sie neben den wahren Kräften wirken können, und die eben dadurch die letzteren veranlassen, in der Tiefe der Gesellschaft fortzuarbeiten und sich Bahn zu brechen, wie sie können. So stellt sich die Betrachtung schon dann, wenn man die freie Regsamkeit der Kräfte als Bedingung der Innigkeit und Energie des gesellschaftlichen Wollens ins Auge faßt; noch mehr würde sich diese Forderung durch die Ansprüche des Verwaltungssystems verstärken. Denn freie Regsamkeit ist schon an sich selbst und noch ohne Rücksicht auf die Wirkungen, die sie nach sich zieht, für jeden, der ein Verlangen darnach hat, eine Quelle des Wohlseins, der Befriedigung, die die Gesellschaft, wo sie sich auf den Standpunkt des Wohlwollens erhebt, ohne

32 *

anderweite Gründe sittlicher Nothwendigkeit ihm nicht wird verkümmern wollen.

Als eine schlechthin unbedingte wird nämlich ohnedies diese Forderung freier Regsamkeit Niemand auffassen, der sich erinnert, daß überhaupt keine Art von Freiheit einen andern Werth hat, als den ihres Gebrauchs, und daß in einer Gesellschaft, welcher eine Richtung auf das Ideal der beseelten Gesellschaft soll beigelegt werden können, für die bloße Willkühr kein Platz ist. Die Freiheit der eigenen Kraftentwickelung wird zwar die Geneigtheit des Anschließens erzeugen; aber sie giebt dem gesellschaftlichen Wollen noch keinen Inhalt, viel weniger einen würdigen Inhalt; als bloße Freiheit und Ungebundenheit könnte sie auch das Schlechte, das jeden würdigen Inhalt Auflösende und Zerstörende sein. Es giebt Neigungen, Begierden, Interessen, die sich den gesellschaftlichen Ideen nicht anschließen können oder wollen; Begierden des platten Egoismus, der Habsucht, der Herrschsucht, der Ungerechtigkeit, der Unbilligkeit u. s. f., Particularinteressen, welche über einzelne Corporationen und Stände verbreitet dem öffentlichen Wohle in den Weg treten, bei Vertheilung gemeinsamer Lasten Ausnahmen für sich verlangen u. s. f. Eben so bestimmt als die Forderung: alle die Kräfte, die den sittlichen Zwecken der Gesellschaft nicht entgegentreten, nicht zu hemmen, erhebt sich daher die: denjenigen Kräften keinen freien Spielraum zu gestatten, deren Wirksamkeit mit den gesellschaftlichen Ideen unverträglich ist. Es giebt nicht nur Menschen, die zu nichts taugen, sondern auch solche, deren Wollen in einem größeren oder kleineren Umfange sich in Conflict mit dem Rechte, dem öffentlichen Wohle setzt u. s. w. Gegen sie befindet sich die Gesellschaft in einem Kampfe; und gerade darin wurzelt das Bedürfniß einer zwingenden Macht, und zwar so tief und in einem solchen Umfange, daß die Praxis des gesellschaftlichen Lebens sehr häufig kein anderes Auskunftsmittel hat finden können, als die Verwandlung jedes Anspruchs, der von irgend einer der Ideen ausgeht, in ein Rechtsgebot sammt der Verknüpfung des Rechtes mit Zwangsmaaßregeln, deren Ausübung in den verschiedenen Gestaltungen der Polizei, der Civil- und Criminaljustiz noch heute bei vielen als die eigentliche und wesentliche Function der gesellschaftlichen Macht gilt. Aber der Zwang berührt immer nur das, was auf die Oberfläche der Erscheinung tritt; er trifft die äußere Handlung, nicht die Gesinnung; er „drängt das Schlechte in den Winkel;" er bindet der Bosheit die Hände, ohne ein besseres Wollen zu erzeugen; und je allgemeiner, je unvermeidlicher die Anwendung äußerer Zwangsmaaßregeln ist, desto weiter, kann man sagen, ist eine Gesellschaft von dem Ideal ihrer sittlichen Beseelung entfernt.

Diese mangelhaften und unsicheren Wirkungen des Zwanges kann nun nichts anderes ergänzen, als die Sorge für eine möglichst allgemein und gleichmäßig verbreitete sittliche Cultur*), deren Erfüllung eine Pflicht der Gesellschaft nicht blos gegen die Einzelnen, sondern auch gegen sich selbst als Ganzes ist. Was an dem Menschen culturfähig ist, ist zunächst sein geistiges Leben, sein Denken und Wollen; und die Bedingung aller sittlichen Cultur ist die Befreiung von der einseitig beschränkten Vertiefung in die Objecte der sinnlichen Auffassung und von der rohen Gewalt der Begierden und Leidenschaften. Der Reichthum und die vielseitige Beweglichkeit eines richtig ausgebildeten Gedankenkreises zusammengenommen mit der sittlichen Entschiedenheit eines charaktervollen Wollens drückt das aus, was der geistigen Cultur einen Werth und für die ethischen Zwecke der Gesellschaft eine Bedeutung giebt. Was also irgend Nahrung für jene, und feste Haltepunkte für diese darbietet, soll die Gesellschaft dem Einzelnen nicht nur nicht versagen oder verkümmern, sondern sie soll es ihm wo möglich zur Aneignung und weitern Entwickelung darbieten. Insofern die hierauf gerichtete gesellschaftliche Thätigkeit absichtlich, nach einem von verschiedenen Punkten aus auf dasselbe Ziel hinarbeitenden Plane, sich in geordneten, auf eine bestimmte Weise in einander eingreifenden, einander fördernden Einrichtungen darstellt, erhebt sich die Gesellschaft zum Cultursystem. Da nun das Cultursystem in seiner Vollendung gedacht eben sowohl das Sittliche einschließt, und in dieser Hinsicht fast nur ein anderer Ausdruck für die beseelte Gesellschaft ist, als auch in der Reihenfolge der Geschlechter als Mittel der Erzeugung,

---

*) Wo die Gesellschaft Staat ist, und der Staat auf der Gemeinschaft des Volks beruht, liegt darin die Aufgabe einer sittlichen Nationalbildung.

Erhaltung und Veredelung des allgemeinen sittlichen Geistes wirkt, so bietet es sehr verschiedene Seiten der Betrachtung dar, die zum Theil einige rückwärtsgreifende Bestimmungen nöthig machen.

Zuvörderst ist der Gedanke fern zu halten, als hänge der Werth der Cultur lediglich von dem größeren oder kleineren Quantum irgend eines Wissens, Könnens und Wollens ab. Die Beurtheilung nach Rücksichten der Vollkommenheit wird sich zwar auch hier als begleitender Factor geltend machen; aber darüber, daß er den Begriff der sittlichen Cultur nicht bestimmt und also für sich allein betrachtet auch den Begriff des Cultursystems nicht erzeugt, genüge es, auf frühere Erörterungen zurückzuweisen (S. 176 flgg.). Eben darum bedarf es einer besondern Untersuchung der Frage: welche Bedeutung Wissenschaft, Kunst und Religion, denn diese Begriffe bezeichnen die Gebiete, welche die Grundlage aller höhern geistigen Bildung enthalten, für die Organisation der beseelten Gesellschaft haben. Das bloße Dasein irgend eines Wissens, irgend welcher künstlerischer Productivität und Receptivität, irgend welcher religiöser Bedürfnisse, Gefühle und Ueberzeugungen giebt an sich und unmittelbar dem Menschen noch keinen sittlichen Werth, sondern dieser sittliche Werth dessen, der nach dem Wissen u. s. w. strebt, könnte lediglich der Richtung seines Wollens auf jenen Besitz gelten. Zwar die Religion, wenn sie etwas mehr ist, als ein bloßer Complex statutarischer Dogmen und äußerer Gebräuche, schließt ihrer Natur nach die Gesinnungen der Dankbarkeit, des Vertrauens, der Ehrfurcht vor dem Höchsten ein, und enthält in diesen Gesinnungen selbst schon sittliche Elemente*); aber das Vorhandensein des Wissens,

*) Religion, als Glaube, ist überaus wichtig für die inneren Zustände, für das Befinden des Menschen; aber der Inhalt dieses Glaubens richtet sich, insofern er nicht blos äußerlich aufgenommen wird, sondern in dem eigenen Innern des Menschen sich erzeugt und befestigt, wesentlich mit nach den Gesinnungen. Wie der Mensch, so ist seine Religion. Wo die Religion blos als statutarisches Dogma überliefert wird, steht sie in der Regel in einem sehr lockeren Zusammenhange mit der Gesinnung; sie erzeugt höchstens Unterwerfung und äußere Werkheiligkeit, aber sie giebt keine wahre sittliche Haltung. Aber auch als Glaube, gestützt auf Gesinnung, ist sie zunächst allen Modificationen der Gesinnung unterworfen und bleibt insofern immer noch etwas Individuelles. Dennoch gehört der religiöse Glaube zu den

werde es nun als empirische Masse oder als speculative Verarbeitung derselben gedacht, und ebenso die Darstellung und Aneignung des Schönen in den verschiedenen Zweigen der Kunst kann möglicherweise von der Rücksicht auf die ethischen Ideen ganz unberührt bleiben; das Interesse daran kann sich dergestalt in den Gegenstand vertiefen, daß die Frage nach dem Werthe dieses Interesse und der Art seiner Beziehung auf das Ganze des sittlichen Lebens übersehen wird. Denn allerdings giebt es ein eigenthümliches Interesse an dem Wissen; und zwar theils ein empirisches, theils ein speculatives. Die Befriedigung des einen wie des andern ist aber zunächst die Befriedigung eines Begehrens, welches dort durch die Neuheit, die Mannigfaltigkeit und den Wechsel

---

allerstärksten gesellschaftlichen Kräften, schon deshalb, weil er einen Gegenstand hat, vor welchem alle übrigen gesellschaftlichen Unterschiede in Nichts verschwinden, und welchem gegenüber alle Gläubigen auf einer Linie stehen; die Religion verbrüdert die Menschen, weil sie ihnen das Bewußtsein der Gleichheit vor dem Höchsten giebt. Daher der Widerstand der Bekenner einer und derselben Religionsform gegen jeden ungleichmäßigen Druck einer weltlichen Macht; selbst, wo sie an den Begriff einer hierarchischen Aristokratie, an den Gedanken eines näheren Verhältnisses der Priester zur Gottheit gewöhnt sind, üben sie diesen Widerstand um so hartnäckiger aus, wenn eine außerhalb dieser Hierarchie liegende Macht sich in das einmischt, was auch nur entfernt das religiöse Interesse zu beeinträchtigen scheint. Daher drohen unter Voraussetzung eines innigen religiösen Glaubens Reibungen zwischen Kirche und Staat vielmehr dem letzteren, als der ersteren, mit Gefahr. Die Frage nach dem Verhältniß zwischen Kirche und Staat aber, insofern es nicht blos historisch aufgefaßt, sondern beurtheilt wird, um darnach zu entscheiden, wie es sich gestalten soll, scheint gar keine bestimmte Antwort zuzulassen, wenn man nicht von gewissen Bestimmungen darüber ausgeht, was der Staat, und was die Kirche will. An sich ruht der Staat, vorzüglich wenn er zunächst nur als Rechtssystem aufgefaßt wird, so wenig auf der Kirche, als die Kirche auf dem Staate; sondern die Kirche ist eine von den partiellen Gesellungen, die auf dem Boden der politischen Gesellschaft sich vorfinden, deren Umfang aber die politischen Grenzen eines Staates häufig überschreitet. So berühren und durchdringen sich Staat und Kirche unvermeidlich. Sind dadurch mögliche Conflicte gesetzt, so entsteht das Bedürfniß einer Vermeidung derselben durch bestimmte Rechtsnormen, und die Bereitwilligkeit zu einer solchen rechtlichen Auseinandersetzung muß der Kirche so gut, wie dem Staate, zugemuthet werden. Wie aber diese Grenzlinien gezogen werden sollen, das hängt wesentlich davon ab, in welchem Grade und Umfange der Staat oder die Kirche sich

des Gegebenen aufgeregt wird, hier in den Fragen nach der Gesetzmäßigkeit und dem Zusammenhange des empirisch Aufgefaßten wurzelt. Dort entwickelt sich aus der natürlichen Neugierde die Wißbegierde, die zur Gelehrsamkeit führt, hier entsteht die Speculation in ihrem ganzen Umfange. Den empirischen Forscher lockt das äußerlich Unbekannte, den Denker quält ein Problem, dessen Beantwortung ihm noch nicht hat gelingen wollen in das Ganze eines mit sich zusammenstimmenden Gedankenkreises einzuordnen. Das Interesse an dem Wissen wächst mit jedem Fortschritte, der zugleich einen Rückblick auf die überwundenen Schwierigkeiten einschließt, so sehr, daß einzelne Individuen die Aufgabe ihres Lebens in der Erweiterung und Berichtigung des Wissens suchen. Ihnen

---

die wahre Beseelung der Gesellschaft zur Aufgabe gemacht haben. In dem letzten ethischen Ziele sollen sich Staat und Kirche begegnen; denn etwas Höheres, als die vollkommene Ausbildung und Erhaltung einer gleichmäßigen sittlichen Organisation der Gesellschaft kann auch die Kirche, wenigstens so weit sie auf irdischem Boden wirkt, weder erstreben noch erreichen. Nun kann aber eben so die Kirche den Staat, als der Staat die Kirche an sittlicher Bildung überragen; und d a r n a c h wird es sich richten, ob diese oder jener sich dem andern unterordnen soll. Auf keinen Fall aber kann es dem Staate gleichgültig sein, welche Ueberzeugungen und Gesinnungen die in seinem Gebiete vorhandenen religiösen Gemeinschaften beseelen und sich im Dogma, im Cultus, und in ihrem Einflusse auf die Verhältnisse des Lebens wirksam äußern; noch weniger kann es ihm gleichgültig sein, wenn etwa die Kirche unter der Herrschaft einer außerhalb des ganzen Staatsgebietes stehenden absoluten Macht stände, welche den Ungehorsam gegen die Ordnung des Staats möglicherweise zur Pflicht machen könnte. Ein großes Unglück ist es, wenn dann das egoistische Interesse eines hierarchisch gegliederten Standes sich hinter die Heiligkeit der Religion versteckt und die Gemüther fanatisirt. Und hierin eben liegt die große Wohlthat des Protestantismus, daß, so lange er sein Princip nicht aufgiebt, in ihm eine solche Macht nicht möglich ist; daß seine Geistlichen sich als Glieder des Volks fühlen dürfen und sollen; daß er die Auffassung des positiv Gegebenen der e i g e n e n Prüfung und Ueberzeugung des Einzelnen nicht entzieht, und daß er, weit entfernt, diejenigen sittlichen Thätigkeiten, für welche der bloße Glaube nicht ausreicht, zu beschränken, vielmehr fähig ist, sich jeden wahrhaft sittlichen Fortschritt anzueignen. Eine Kirche, von welcher der Staat für seine sittlichen Zwecke nicht zu fürchten, sondern nur zu hoffen hat, ist ein unschätzbares Gut, und ihr Einfluß wird sich der Thätigkeit des Staats ergänzend und unterstützend anschließen; religiöse Gemeinschaften aber, die sich sittlichen Fortschritten unzugänglich zeigen, kann der heilige Name der Religion nicht vor dem Urtheile bewahren, daß sie ein Uebel sind.

ist die Forschung das Süßeste, θεωρία ἥδιστον, ein sehr bezeichnender Ausdruck für eine Güterlehre, welche von willenslosen Urtheilen über den Werth des Wollens nichts weiß, und die Befriedigung der wesentlichen Neigungen der menschlichen Natur zum höchsten Zielpunkt erhebt, die aber gleichwohl darin irrt, daß sie diesen Trieb der Forschung, der sich factisch nur bei überaus wenigen Menschen in dem Umfange vorfindet, daß sie in der Theorie ihre höchste Befriedigung suchen, zu einem wesentlichen, ja vielleicht zu dem einzigen wesentlichen Triebe der menschlichen Natur macht.

Nicht weit davon verschieden ist an sich betrachtet das Verhältniß des Menschen zum Schönen, wie es die verschiedenen Künste nicht blos, sondern auch die Natur der Betrachtung darbieten. Das Schöne hat seinen Werth in sich selbst, das Kunstwerk will keinem fremden Zwecke dienen; aber der ästhetische Werth desselben als einer Sache ist nicht nothwendig die Quelle für einen Werth des Wollens, welches auf seine Hervorbringung oder Betrachtung gerichtet ist. Vielmehr droht gerade hier, eben wegen des unmittelbaren Beifalls, den das Schöne für sich in Anspruch nimmt, die Gefahr, die Reinheit dieses Wohlgefallens an dem Spiele der Kunst sammt dem hieraus sich entwickelnden Begehren zu verwechseln mit der Beurtheilung dieses Begehrens selbst, und die Empfänglichkeit für die Schönheit der Erscheinung als ein Surrogat derjenigen Gesinnungen zu betrachten, deren Ansprüche unmittelbar das eigene Wollen und Handeln treffen.

Obgleich also Wissenschaft und Kunst zunächst nur eine mittelbare Bedeutung für die sittliche Organisation der Gesellschaft haben, so ist diese doch so durchgreifend und entscheidend, daß sich kein anderes Mittel der sittlichen Bildung ihnen substituiren läßt. In ihnen lernt zuvörderst jeder Einzelne etwas kennen, was unabhängig von der individuellen Begierde und Leidenschaft eine reine Hingebung verträgt und in Anspruch nimmt; sich vertiefend in die Aufgaben der Forschung, in die Auffassung des Schönen kommt der Mensch los von der unmittelbaren Gewalt des rohen psychischen Mechanismus; er gewinnt eine Nahrungsquelle seines geistigen Lebens, die es reich, stark, beweglich macht; die es von dem Stumpfsinn und der Beschränktheit erlöst, an welche die Gedankenlosigkeit und die bloße Genußsucht gebunden ist. Unwillkührliche Anerkennung des Wahren und des Schönen fordert die Wissenschaft und die Kunst; dadurch treten beide in eine Linie mit der ethischen Beurtheilung; dadurch lehren sie den Menschen, daß es überhaupt etwas gebe, was über die Willkühr schlechthin erhaben ist. Wo daher das Interesse für die Wahrheit, wenn auch zunächst nur für die empirische und theoretische, und noch nicht für die ethische Wahrheit, wo ein reines Interesse an dem Schönen in der Gesellschaft verbreitet ist, eröffnet sich ein Reich der allgemeinen geistigen Freiheit, in welchem die sittliche Freiheit sich anbauen kann. Denn je reiner sich dieses Interesse entwickelt, desto weniger wird es allzuweit entfernt bleiben von der Anerkennug der eigentlich ethischen Werthbestimmungen, desto ungesuchter wird es sich auch über die Frage nach dem wahren Gehalte dessen, was an dem Wollen und Handeln Gegenstand des Beifalls und der Achtung ist, mit ausdehnen. So bemächtigen sich Wissenschaft und Kunst selbst der sittlichen Ueberzeugungen des Menschen; aber sie bemächtigen sich derselben nicht in Form einer äußeren Autorität, einer willkührlichen Tyrannei, sondern als Lehrerinnen, die das eigene Denken des Menschen an die Natur der Sache weisen, ihn eine eigene, von äußeren Rücksichten unabhängige Ueberzeugung gewinnen, ihn das Musterhafte im Spiegel der Kunst mit der unmittelbaren Klarheit der Anschauung erblicken lassen. Eine solche Sinnesart allein ist fähig, der beharrliche Vereinigungspunkt Vieler zu werden. Denn nichts, was blos individuell ist, kann die Menschen dauerhaft an einander binden; nur das Wahre, das Edle, das Classische in jeder Art vermag eben darum, weil es über die Willkühr erhaben ist, die Willkühr zu fesseln und die mannigfaltigen Bestrebungen Vieler harmonisch auszugleichen. Bedarf also die Gesellschaft des Einverständnisses, des gemeinsamen Geistes, der da weiß, was er will, und will, was er als das Rechte und Vortreffliche weiß, so giebt es keine andere Region, in welcher zuversichtlich auf dieses Einverständniß für die Dauer gerechnet werden kann, als das Reich der Wahrheit, der Wissenschaft.

Somit bedarf das Leben allerdings der Schule; aber die Schule darf sich nicht abschließen gegen das Leben. Sie muß sich die Frage gefallen lassen: was ihre Bestrebungen nützen, eine Frage, die keineswegs die Absicht hat, zu erforschen, was Wissenschaft und Kunst einbringen, welche äußere Bedürfnisse des physischen Lebens sie befriedigen. Diese Frage geht vielmehr geradezu auf die Beziehung zwischen ihnen und den höchsten Zwecken der Gesellschaft; sie betrachtet die ihnen geltenden Bestrebungen eben als Glieder eines sittlichen Ganzen, und weit entfernt, dadurch beide an einem niedrigen Maaße zu messen, bietet sie vielmehr den höchsten dar, an welchem irgend eine geistige Regsamkeit gemessen werden kann. Sie weiß sehr wohl, daß jede neue Entdeckung und Erfindung, jede Erweiterung und Umbildung des wissenschaftlichen Gedankenkreises, jede veränderte Richtung des Geschmacks eine Quelle veränderter Willensrichtungen werden kann, wenn nicht sogleich, doch allmählig im Laufe der Zeit; sie weiß, daß in alle diesem sich das innerste Leben der Nation ausarbeitet; sie weiß vor allem, daß Kenntniß Macht ist. Eben deshalb verlangt und erwartet die praktische Ueberlegung hier nicht einen unmittelbaren, handgreiflichen Erfolg; sie läßt Wissenschaft und Kunst in ihren Kreisen gewähren, sie verlangt sogar, daß beide, damit sie ihr Werk recht treiben, sich in ihre Aufgaben ganz vertiefen; aber sie kann diese Vertiefung nicht als den letzten und höchsten Zweck anerkennen. Es giebt auch eine todte Gelehrsamkeit, die für das Individuum höchstens den negativen Nutzen hat, daß sie ihm eine unschuldige Beschäftigung darbietet, und die Quellen der nach außen hin greifenden Leidenschaften theilweise verstopft; es giebt auch einen unfruchtbaren Luxus der Künste, der die gesellschaftlichen Interessen verschlingt; und gerade der praktischen Philosophie geziemt es am wenigsten, Wissenschaft und Kunst ohne Rücksicht auf die Art, wie sie in das Ganze der gesellschaftlichen Angelegenheiten eingreifen, zu preisen.

Gleichwohl weist der Satz: Kenntniß ist Macht, noch auf eine andere Seite der Betrachtung hin, die vorzugsweise der Wissenschaft im weitesten Sinne des Wortes gilt. Nicht blos als die Pförtnerin des Reiches einer allgemeinen geistigen Freiheit, sondern auch als Inhaberin bestimmter Kenntnisse, als Lehrerin bestimmter Geschicklichkeiten hat diese ein allgemeines gesellschaftliches Interesse, durch welches sie nach den verschiedensten Richtungen in das Ganze der Gesellschaft eingreift. Und gerade in dieser Beziehung, wo es sich um das bestimmte Verhältniß solcher und anderer Kenntnisse zu solchen und andern Zwecken handelt, ist nichts schädlicher als das Vorurtheil, es gebe eine bestimmte Grenze der wissenschaftlichen Forschung, welche erreicht zu haben ein für allemal genüge. Der Vorwurf der Unfruchtbarkeit wird hier nicht selten namentlich gegen die speculative Forschung, gegen die Philosophie und gegen die Mathematik erhoben. Zwar wie ungerecht er gegen die letztere sei, hat man einsehen gelernt, seitdem diese abstracteste aller Wissenschaften in Verbindung mit der Naturforschung die ungeheuerste Wichtigkeit für das Verwaltungssystem erlangt hat; und hätte es der Philosophie gelingen können, sich in einem gleich ununterbrochenen Fortschritt auszubilden, wie der Mathematik, so würde dieses Vorurtheil gegen sie eben so verstummen, wie das gegen die Mathematik. Wenn nun auch das Eigenthümliche der Philosophie darin liegt, daß sie ihrer Natur nach vorzugsweise in das Innere der geistigen Regsamkeit eingreift, so läßt sich doch von keiner Theorie, ruhe sie nun auf speculativer, oder mathematischer, oder auf empirischer Grundlage*), im voraus behaupten, daß sie keinerlei in die Gestaltung äußerer Lebensverhältnisse direct eingreifende Anwendung gestatten werde. Hätte die Philosophie auch nichts anderes aufzuweisen, als die Aufgaben der Psychologie, deren Lösung wieder von der Metaphysik abhängt, so würde der in vielen Punkten geradezu entscheidende Einfluß des psychologischen Wissens auf die Pädagogik, die Politik, die Rechtspflege u. s. w. die Philosophie, auch als bloße Theorie betrachtet, als eines der wichtigsten Instrumente praktischer Wirksamkeit erscheinen lassen. Niemand kann im Voraus ermessen, welchen Einfluß ein fortgeschrittenes Wissen hier erlangen kann; und so wie keine Theorie abgeschlossen ist, so lange sie nicht eine äußere Anwendung mit Sicherheit gestattet, so wird umgekehrt jede vollendete Theorie ganz von selbst zu äußeren Anwendungen führen**), und deshalb soll man niemals die theoretische Unter-

*) Daß jede vollständige Theorie streng genommen diese dreifache Basis gleichmäßig voraussetzt, oder wenigstens einer dreifachen Controle speculativer, mathematischer und empirischer Beziehungen entgegensieht, braucht hier nicht ausführlich auseinandergesetzt zu werden.

**) Sehr wahr sagt Jacobi (Werke Bd. VI., S. 10 flg.), nachdem er einige Beispiele „von den Vortheilen, welche der Fleiß weniger den Wissenschaften geweihter Männer allen Classen der menschlichen Gesellschaft zu wege

suchung nach dem engen Maaßstab dessen, was bis jetzt dabei herausgekommen ist, messen.

Bedürfte es sonst noch einer Empfehlung wissenschaftlicher und künstlerischer Cultur, so mag daran erinnert werden, daß die Dummheit unendlich mehr Schlechtes gebiert, als die Bosheit, daß die geistige Armuth den Menschen zu dem Staube niederdrückt, auf dem er wandelt, und daß die Verkümmerung und Knechtung des Gedankens bis jetzt noch immer zur Verkümmerung und Knechtung des Wollens geführt und es zum Spielball der List und Gewalt gemacht hat.

Wie nun aber eine bestimmte Gesellschaft in ihrem Kreise für die allgemeine geistige Cultur zu sorgen habe, das hängt wesentlich davon ab, welche Elemente und Richtungen derselben sich in ihr schon vorfinden, und welche Mittel ihr für deren weitere Entwickelung zu Gebote stehen. Zu einer directen und positiven Einwirkung ist die Gesellschaft hier um so mehr verpflichtet, und muß auch äußerlich um so mehr dazu berechtigt werden, je weniger noch die Thätigkeit der Einzelnen in ihr eine Richtung auf höhere geistige Cultur hat. Denn wo eine solche Regsamkeit, begünstigt von der äußeren Lage des Lebens, schon vorhanden ist, da würde der directe Einfluß der Gesellschaft mehr hemmen, als fördern; die geistige Energie der Production oder Aneignung entzieht sich ihrer Natur nach einer äußeren Controle, und die Gesellschaft muß in Gebieten, die kein Machtgebot vertragen, auch den Schein

---

gebracht hat" aus Fontenelle angeführt hat: „Man genießt diese wirklich unzähligen Vortheile uneingedenk des Ursprungs, uneingedenk des Weges, auf welchem sie zu uns gelangten. Niemand erwägt, wie mancherlei hier zu erfinden nöthig war; und wenige möchten fähig sein, die Geisteskraft auch nur zu ahnen, welche bei einer jeden dieser Erfindungen, um sie zu beginnen und zu vollenden, in Anwendung kommen mußte. Es ist aber der Erinnerung werth, daß die unzähligen Verrichtungen, die uns jetzt allgemein mit einer gedankenlosen Fertigkeit von Statten gehen, auf diese Weise nicht geschehen könnten, wäre der Gedanke, das angestrengteste Nachsinnen nicht vorausgegangen ... So verkündigt jede Werkstätte von Handwerkern und Künstlern dem darauf Achtenden einen unsichtbar gewordenen Geist, der hier wirkte und hinterließ, und davon ging, nachdem er vollendet hatte; verkündigt ohne Rede, stellt schweigend dar jene ins Unendliche sich vermannigfaltigende Einbildungskraft, welche jedweden, der Bewunderungswürdiges zu fassen weiß, in gedankenvolles Erstaunen setzen muß."

desselben meiden. Talent, Wahrheitsliebe und Begeisterung lassen sich nicht befehlen; nicht einmal der Fleiß, dem es nicht um den äußeren Erfolg, sondern um den inneren Gewinn zu thun ist. Es ist daher jederzeit ein Glück für die Gesellschaft, nicht nur wenn einzelne ausgezeichnete Geister in ihr auftreten, die wie strahlende Punkte nach irgend einer Richtung hin Licht verbreiten, sondern auch, wenn wenigstens ein Theil ihrer Mitglieder aus eigenem Triebe den ganzen Schatz des bis dahin gewonnenen Wissens und Könnens sich anzueignen strebt. Denn diese sind vorzugsweise fähig, die Organe zu werden, durch welche das bis jetzt Gewonnene in wirksamen Verkehr mit dem Leben gesetzt und durch die Adern der Gesellschaft verbreitet werden kann. Wie richtig, wie vielseitig, wie sehr in Gesinnung und Charakter übergegangen die geistige Cultur dieser Individuen ist, davon hängt geradezu der Einfluß ab, den die Gesellschaft auf die Erziehung und durch die Erziehung gewinnen kann. Denn daß der Begriff der Erziehung hier auf dem Gebiete der Gesellschaft nicht blos als Ausdruck eines individuellen Wohlwollens, sondern als Ausdruck der öffentlichen Sorge der Gesellschaft für ihren eigenen Werth wiederkehrt, ist kaum nöthig zu bemerken. Was schon früher über den Zweck der Erziehung im Allgemeinen gesagt worden ist (S. 480 flgg.), wiederholt sich hier; nur die Frage wird entstehen, ob die Gesellschaft als solche auf das nachwachsende Geschlecht einen unmittelbaren erziehenden Einfluß im engsten Sinne des Wortes in Anspruch nehmen solle. Denn je inniger man sich die gesellschaftliche Durchdringung, je genauer man die Beziehungen des Einzelnen auf das gesellschaftliche Ganze denkt, desto mehr verschwindet der Einzelne als solcher, und desto näher liegt die Aufforderung an die Gesellschaft, sich des Einzelnen von vorn herein ausschließend und vollständig zu bemächtigen, um ihn so zu erziehen, wie sie oder die Mächtigen in ihr ihn erzogen haben wollen*). Die Entscheidung dieser Frage ist, vorausgesetzt, daß man mit reinem Willen, ohne die Erziehung als Mittel für irgend

*) In dieser Beziehung genügt es nicht blos an Plato und Fichte mit ihrer ausschließend öffentlichen Erziehung zu denken, sondern auch an die Art muß erinnert werden, wie z. B. Napoleon und der katholische Klerus sich der Erziehung zu bemächtigen gesucht haben.

welche egoistische Zwecke zur abrichtenden Dressur degradiren zu wollen, das wahre Ziel derselben aufrichtig im Auge behält, eigentlich rein theoretischer Natur; sie hängt davon ab: ob die öffentliche Erziehung fähig sei, den sittlichen Zweck aller Erziehung mit gleicher Sicherheit zu erreichen, wie die Familie. Nun kann man es wohl als zugestanden annehmen, daß die eigentlich ethischen Elemente der Erziehung nirgends näher und sicherer beisammen liegen, als in einem wohlgeordneten Familienleben, und daß eine Losreißung der Erziehung von der Familie ein Verlust sein würde, der sich durch nichts ersetzen ließe*); ja die Familie ist zum Theil gerade deshalb ein so wesentliches Glied des ethischen Organismus, weil sie der natürliche Ort der eigentlichen Erziehung ist, und weil umgekehrt die Sorge für die Erziehung in der Familie die Cohäsion, Innigkeit und die sittliche Würde des Familienlebens nährt und erhält. Die Gesellschaft kann, wenigstens auf dem dermaligen Standpunkte ihrer eigenen sittlichen Ausbildung, hier wenig mehr thun, als daß sie für die Möglichkeit des einen Theils dessen, wodurch erzogen werden kann, nämlich für die Möglichkeit des richtigen Unterrichts, sorgt, und dabei nicht vergißt, daß der Unterricht, welcher Art er auch sei, nicht blos auf die Kenntnisse und Geschicklichkeiten, welche äußeren Lebenszwecken dienen, berechnet sein soll. Sie muß sich selbst den Begriff eines erziehenden Unterrichts aneignen, und in der Einrichtung der Unterrichtsanstalten auf dessen Realisirung hinarbeiten, namentlich in solchen Lehranstalten, welche, nicht auf den schon vorausgesetzten Fundamenten fortbauend, sondern diese Grundlagen selbst besorgend, einen nicht nach freier Wahl zu benutzenden Unterricht darbieten, und den Zögling an gewisse Unterrichtsgegenstände binden. Diese Rücksicht wird um so wichtiger, wo auf die Ergänzung des im öffentlichen Unterrichte Dargebotenen durch den sittlichen Geist der Familie nicht mit Sicherheit gerechnet werden kann; ein Fall, der besonders bei den niedern Volksclassen eintritt. Daher können in dieser Beziehung an eine Dorf- und Armen-

*) Man vergleiche unter andern Herbart „über Erziehung unter öffentlicher Mitwirkung" (Kleine philos Schriften Bd. I, S. 209 flgg.).

schule möglicherweise höhere Ansprüche gemacht werden*), als an ein Gymnasium und eine Universität, welche der Zögling erst in einem Alter betritt, wo die Grundzüge des sittlichen Charakters sich schon gebildet haben. Mit dieser Frage nach dem wahrhaft erziehenden Einfluß des öffentlichen Unterrichts eröffnet sich überhaupt ein weites Feld der Untersuchung und Kritik, welches aber der Pädagogik und ihren Anwendungen überlassen bleiben muß; hier muß es genügen, die Stelle bezeichnet zu haben, welche das Unterrichtswesen, als der Ausdruck der Art, wie sich die Gesellschaft an der Gesammtheit der geistigen Bildung ihrer Mitglieder betheiligen kann, in dem gesellschaftlichen Organismus einnehmen soll. Daß, wo der Druck äußerer Verhältnisse kein Interesse an der Erhebung des geistigen Lebens aufkommen läßt, wo rohe Erholungen mit harter Arbeit wechseln, wo die Nothwendigkeit, sich durchzuhelfen, wie es eben geht, die platte Gemeinheit der Sinnesart nährt und keiner niedrigen Leidenschaft vorbaut, daß da ein nur leidliches Mitarbeiten an der Erziehung von der Familie gar nicht oder nur in sehr unvollkommener Weise erwartet werden kann, ist leider wahr; und in solchen Fällen entsteht für die Gesellschaft die Präsumtion eines Rechtes, wenigstens ein Minimum von Theilnahme an den öffentlich dargebotenen Erziehungsmitteln zu verlangen und nöthigenfalls zu erzwingen. Daß aber, wo die Mitwirkung der Familie fehlt, da die Gesellschaft bei dem besten Willen sich in der Regel mit sehr kümmerlichen Resultaten begnügen muß, ist eben so wahr, und zeigt, daß die auf dem Boden der Gesellschaft vorhandenen pädagogischen Kräfte sich von allen Seiten gegenseitig unterstützen müssen, wenn die große Aufgabe der Erziehung befriedigend gelöst werden soll.

Erweitert man freilich den Begriff der Erziehung über die Gesammtheit aller möglichen Einwirkungen auf Sinnesweise und Denkungsart, denen der Einzelne von Seiten der Gesellschaft, vielleicht sogar, ohne daß diese sie ausdrücklich beabsichtigt, ausgesetzt

---

*) Daher namentlich für diese Anstalten die Wichtigkeit eines zweckmäßigen Religionsunterrichts, indem die Religion diejenige Form ist, in welcher das Sittliche mit der relativ größten Sicherheit und Energie an die gebracht werden kann, die sich nicht zu einer denkenden Betrachtung dessen erheben, was dem Leben Würde und innern Halt giebt.

ist, so liegen eine Menge pädagogischer Mittel in ihrem Umkreise, die ihre leise und allmählige Einwirkung um so weniger verfehlen werden, je weniger es in der Gewalt des Einzelnen steht, sich ihnen zu entziehen. Die Gesellschaft arbeitet an der Erziehung oder Verziehung ihrer Mitglieder unaufhörlich durch ihre Institutionen, durch die Art der öffentlichen Geschäftsführung, durch die Gelegenheiten zu eigner Thätigkeit, die sie ihnen darbietet oder abschneidet, durch die Begünstigungen und Hemmungen, die der Einzelne in ihrer Mitte erfährt, durch die Art, wie sie ihn anstellt, belohnt, bestraft, hervorzieht oder zurücksetzt, selbst durch den Stoff der Beurtheilung und Kritik, den sie ihm darbietet. Die Gesammtheit des öffentlichen Geistes ist die Atmosphäre, in der jeder nothwendig athmet; und die Beschaffenheit dieses öffentlichen Geistes würde, von dieser Seite betrachtet, eine *mittelbare* Bedeutung gewinnen, auch wenn sie nicht als der Ausdruck des gesellschaftlichen Wollens schon an sich eine unmittelbare Bedeutung hätte. Jedenfalls kann manches, was hierher gehört, obschon es an sich als gleichgültig erscheinen möchte, durch mittelbare Rücksichten ein großes Gewicht bekommen*).

Die Aufmerksamkeit auf Specialitäten dieser Art kann jedoch die Beachtung der allgemeinen *Richtungen* nicht entbehrlich machen, welche die geistige Cultur, meist unter dem Einfluß ausgezeichneter Repräsentanten derselben, im Ganzen und Großen nimmt. Das geistige Interesse concentrirt sich je nach der Verschiedenheit der Zeitalter, bald um diesen, bald um jenen Punkt; es ist insofern nicht sicher vor *Einseitigkeiten*. Es ist aber auch mannigfaltigen *Verfälschungen* ausgesetzt, wo die geistige Arbeit zum Spiele der Eitelkeit, des falschen Ehrgeizes, der flüchtigen Unterhaltung herabsinkt, wo sich Parteisucht und Rechthaberei einmischt, wo Künste und Wissenschaften einem leeren äußeren Glanze dienen, und ihren Zusammenhang mit der sittlichen Gesinnung verlieren oder noch gar nicht gewonnen haben. Wo endlich eine vielförmige, in *sich selbst gespaltene*, auf disparate Zwecke hinarbeitende Cultur, wo der Streit der Systeme, der Kampf particulärer wissenschaftlicher Interessen, übertriebene Mei-

*) Man denke z. B. an die Frage nach dem pädagogischen Einfluß der *öffentlichen Hinrichtungen* u. s. w.

nungen von der Wichtigkeit einzelner Theile und Fächer das Urtheil über das Vortreffliche und wahrhaft Nützliche irre machen, und die Gemüther mehr spalten als vereinigen, da läßt sich eine große und bedeutende Wirkung des Cultursystems auf das Ganze der gesellschaftlichen Angelegenheiten nicht erwarten. Die nachtheiligen Wirkungen dieser Mängel werden in der Regel nur dadurch minder fühlbar, daß die Spaltung der Meinungen Zeit braucht, um in weiten Kreisen um sich zu greifen, wobei sie in einer reichgegliederten Gesellschaft bald auf Gegenkräfte stößt, und daß die Grundlagen der gesellschaftlichen Ordnung, meistentheils ein in der Vergangenheit langsam angewachsenes, auf die Gegenwart vererbtes Capital, von jenen Zwistigkeiten nicht berührt werden. Daher in kleinen oder jungen Staaten Veränderungen des Culturzustandes schneller und tiefer eingreifen, als in großen und alten.

Kann nun auch diesen möglichen Mängeln des Cultursystems, wenn sie nicht sowohl darin bestehen, daß es an geistiger Regsamkeit, an Kenntnissen und Geschicklichkeiten fehlt, als vielmehr darin, daß das vorhandene Quantum dieser Regsamkeit sich verwickelt und verwirrt, von Seiten der Gesellschaft, namentlich durch die in ihr bestehende oberste Macht, nicht unmittelbar und direct abgeholfen werde*), so genügt es doch auf keinen Fall, daß das weite Reich der höheren geistigen Interessen geöffnet, und so viel möglich jedem zugänglich gemacht werde, sondern auch darauf kommt es an, daß die Ergebnisse aller hierauf gerichteten Bestrebungen in das innere Leben der Gesellschaft verarbeitet werden. Hier ist es nun, wo der Einzelne und die Gesellschaft sich begegnen müssen. Soll jener einen Beruf wählen, dessen Ausübung eine sittliche Frucht für die Gesellschaft tragen kann, soll er sich daher der Gesellschaft anbieten, damit diese nicht im Ungewissen bleibe über den Willen und die Kraft ihrer Mitglieder, so muß

*) Mittelbar kann es allerdings geschehen; wenigstens ist die Verschlechterung des Culturzustandes oft genug von den Höfen ausgegangen und hat ihren Weg von den obern in die unteren Regionen der Gesellschaft genommen. Es setzt schon eine große Selbstständigkeit und gleichmäßige Verbreitung einer richtigen Cultur voraus, wenn das bloße Beispiel der Großen und Angesehenen die Meinungen der Massen und dadurch ihre Achtung oder Geringschätzung sammt den damit zusammenhängenden Bestrebungen nicht bestimmen soll.

diese ihrerseits nicht blos, wie oben gesagt wurde, alle sittlichen Berufsarten anerkennen und gewähren lassen, sondern in ihrem eigenen Interesse liegt ihr die Sorge ob, den Einzelnen nach der Richtung und dem Maaße seiner Ausbildung ins Auge zu fassen, um ihm die Stelle anzuweisen, die er auszufüllen befähigt ist. Das gerade Gegentheil dieser Anmuthung ist die Zerschneidung der Gesellschaft in verschiedene Kasten. Das Kastenwesen macht nicht nur eine allgemeine gesellschaftliche Durchdringung unmöglich, sondern selbst abgesehen von dem harten und unbilligen Drucke, den meistentheils die bevorzugten Kasten auf die andern ausüben, raubt es auch der Gesellschaft alle die Vortheile, die aus der freien Entwickelung und Benutzung jeder individuellen Kraft erwachsen können. Als ein ursprünglicher gesellschaftlicher Zustand kann es, trotz dem, daß es gerade in der starrsten Form an den Anfängen der bekannten Geschichte steht, nicht betrachtet werden; die stärkeren gesellschaftlichen Kräfte müssen schon ein bedeutendes Uebergewicht über die schwächeren gewonnen haben, um dergleichen schroffe Absonderungen zu sanctioniren und zu einem Gesetze der unabänderlichen Nothwendigkeit zu machen; und selbst dann noch bedarf es der Autorität des religiösen Glaubens und der Begünstigung von Naturverhältnissen, welche Ruhe und Stetigkeit des Lebens zum Bedürfniß machen, um die starre Form der Trennung zum Widerstande gegen die natürliche Regsamkeit des Wollens fähig zu machen. Dennoch ist es eigentlich nur die absolute Starrheit solcher Trennung, die durch künstliche Mittel würde unterstützt werden müssen; denn eine natürliche Neigung, wenigstens die Ausübung der gesellschaftlichen Functionen und den Genuß der gesellschaftlichen Vortheile sich zu reserviren, hat jede Art der Aristokratie; und da eine gesellschaftliche Abstufung überall nothwendig eintritt und der Begriff eines verschiedenen gesellschaftlichen Ranges selbst den Ideen des Lohnsystems und der beseelten Gesellschaft nicht fremd ist, so ist es wesentlich nur die Unmöglichkeit, daß der Einzelne seine Stelle in der Gesellschaft selbst suche und im Verhältniß seiner gesellschaftlichen Leistung auch wirklich erhalte, was eine kastenartige Sonderung der Stände und Berufsarten mit der Idee der beseelten Gesellschaft unverträglich macht. Denn nicht das zufällige Moment der Geburt, sondern die persönliche Tüchtigkeit und Befähigung soll das entscheidende sein; deshalb soll die Gesetzgebung dem Kastengeiste vielmehr entgegenwirken, als ihn begünstigen, damit sich die wirkliche Stellung der Individuen in der Gesellschaft derjenigen Rangordnung nähern könne, die ihnen ein von den Ideen geleitetes Urtheil anweisen würde. Von unmittelbarer Wichtigkeit ist dies für die Gesellschaft, wo sie des Einzelnen für die Ausübung bestimmter öffentlicher Functionen bedarf; sie beraubt sich hier selbst einer der wichtigsten Garantien für die richtige Ausübung dieser Functionen, wenn sie die Uebertragung derselben in Form von Aemtern von anderen Rücksichten, als denen der Tauglichkeit und Tüchtigkeit abhängig macht. Aber die Aufgabe, die wirkliche Rangordnung derjenigen anzunähern, die den Ideen entspricht, erstreckt sich auch noch über die eigentliche Anstellung des Einzelnen hinaus auf die verschiedene Schätzung der Stände und Berufsarten. Jeder Stand und jedes Geschäft soll die ihm gebührende Ehre genießen; die Gesellschaft soll ein richtiges Bewußtsein darüber sich bilden und erhalten, wie viel jeder für das Ganze der gesellschaftlichen Zwecke werth sei; die öffentliche Meinung soll keine Art von Arbeiten für ehrlos erklären, auf welche, wie untergeordnet sie auch sei, in dem Systeme der gesellschaftlichen Beziehungen mitgerechnet werden muß. An den herrschenden Ehrenpunkten, ihrer Vertheilung und dem verschiedenen Gewicht, welches ihnen beigelegt wird, läßt sich auch wirklich der sittliche Gesammtzustand der Gesellschaft mit ziemlicher Sicherheit erkennen, und bedeutende Veränderungen der öffentlichen Schätzung sind gewöhnlich das Vorzeichen gesellschaftlicher Umwandlungen. Denn der Einfluß beruht auf der Meinung, und steigt oder fällt mit der Meinung, die sich in der öffentlichen Schätzung seiner Ehrenhaftigkeit und Wichtigkeit ausspricht.

Hier nun würde sich wieder ein weites Feld von Betrachtungen öffnen über die Art und die Größe des Antheils, den die Repräsentanten der verschiedenen Geschäfte und Berufsarten an der Gesammtheit der gesellschaftlichen Aufgaben nehmen können und sollen. In jeder gegebenen Gesellschaft findet sich eine gewisse, im Laufe der Zeit meistentheils wachsende Theilung der Arbeit, nicht blos der technischen, sondern auch der intellectuellen vor; eben darum würden sich diese Betrachtungen für jede gegebene Gesellschaft individuell modificiren. Bliebe man bei den Unterscheidungen stehen, die sich durchschnittlich mit ziemlicher Allgemeinheit in den Ländern unseres Erdtheils gebildet haben, so könnte man überlegen, welche gesellschaftliche Bedeutung die Geistlichen, die Dichter und Künstler, die Richter, die Rechtsanwälte, die Aerzte, die großen und die kleinen Grundbesitzer, die Kaufleute, die verschiedenen Classen der Gewerbsmänner u. s. w. entweder wirklich haben oder doch haben könnten und sollten. Einige dieser Geschäfte würden ihren bestimmten Ort im Rechtssystem oder Verwaltungssystem finden; für andere würden sich nicht mit gleicher Leichtigkeit bestimmte Stellen nachweisen lassen; noch andere könnten Elemente in sich enthalten, die einer Assimilation in den sittlichen Organismus nicht fähig wären; endlich könnten manche Stellen, deren Ausfüllung für die sittlichen Interessen der Gesellschaft von Wichtigkeit sein würde, noch leer sein oder sich mit unvollkommenen Surrogaten begnügen müssen. Es käme überdies darauf an, zu untersuchen, wie die kleineren Gesellungen im Staate, auf deren Verwebung und Verflechtung der Organismus des Ganzen beruht, die Familien, die Stände, die Gemeinden u. s. f. ihrer innern Construction und ihrem äußeren Einflusse nach mehr oder weniger fähig sind, zu einer organischen, innerlich lebenskräftigen Gliederung zu verschmelzen. Ohne Rücksicht auf die bestimmten Elemente eines concreten Staates werden aber in allen diesen Beziehungen allgemeine Bestimmungen für sich allein der praktischen Thätigkeit niemals eine ausreichende Norm darbieten können. Allgemein läßt sich zwar fordern: daß alle Gesinnungen, Kenntnisse und Geschicklichkeiten, welche für die Lösung der gesellschaftlichen Aufgaben nöthig sind, ihre Repräsentanten auch wirklich finden, und folglich die geistige Bildung der Stände, die sich nach den verschiedenen Geschäften gesondert haben, den Forderungen ihres Berufs auch wirklich entspreche; daß die verschiedenen Arbeiten richtig, d. h. so, wie es die Natur der Aufgabe fordert, getheilt seien, daß aber diese Theilung nicht in die Zersplitterung einer unzusammenhängenden Vielheit übergehe, sondern daß die selbstständige Energie namentlich der kleineren Gesellungen sich in der Verknüpfung des Ganzen richtig begegne und unterstütze; endlich daß solche Gesellungen und Beschäftigungen, welche die Darstellung der gesellschaftlichen Ideen hemmen oder unmöglich machen würden, aus der Gesellschaft verdrängt oder wenigstens ihres gesellschaftlichen Einflusses beraubt werden*). Die Art aber, wie diesen Forderungen genügt werden kann, würde für jeden Staat je nach Maaßgabe seiner inneren Construction und der gerade in ihm zu einer bestimmten Zeit vorhandenen Bedingungen eines möglichen Fortschrittes sich verschiedenartig modificiren. —

Die bisherigen Erörterungen bezogen sich zunächst nur auf die allgemeinen Bedingungen, welche erfüllt sein müssen, wenn dem Einzelnen und der Gesellschaft eine Tendenz zur Annäherung an das Ideal der beseelten Gesellschaft soll zugeschrieben werden können. Der Begriff einer richtigen und gleichmäßig verbreiteten Cultur bezeichnet das Gebiet, in welchem eine allgemeine gesellschaftliche Durchdringung allein möglich ist, und umschließt zugleich die Gesammtheit der Mittel, mit welchen das gesellschaftliche Wollen ausgerüstet gedacht werden muß, um einen erkennbaren Effect seiner Wirksamkeit zu erreichen. Schreitet man nun von dieser allgemeinen Voraussetzung zu der Frage nach den bestimmten Zwecken fort, die dem gesellschaftlichen Wollen vorgezeichnet sind, so weist das einestheils zurück auf die gesellschaftlichen Ideen, anderntheils auf den Staat, als diejenige Gesellschaft, welche als der Inbegriff aller kleineren Gesellungen, und somit als der Grund und Boden gegeben ist, auf welchem die gesellschaftlichen Ideen realisirt werden können. Hierdurch tritt das Musterbild des Staatslebens in Gegensatz zu der Natur desselben, nicht in dem Sinne, als ob die letztere dem ersteren gegenüber sollte vernichtet werden, oder als ob der Staat als ethisches Gemeinwesen irgend etwas außerhalb der Grenzen und Bedingungen seiner natürlichen Existenz erreichen könnte, was beides unmöglich wäre, sondern so, daß die natürliche Regsamkeit der in dem Staate wirkenden Elemente und Kräfte in die Wege geleitet werde, welche die Ideen vorzeichnen. Dabei wird eben so wenig, als bei der sittlichen Bildung des Einzelnen, sowohl der

*) Daß gewisse Formen des Familienlebens, des Corporationsgeistes, gewisse Lebens- und Erwerbsarten u. s. w. aus der beseelten Gesellschaft würden verschwinden müssen, versteht sich von selbst (z. B. Spielhäuser u. s. w.). In dieser Beziehung hat jede Gesellschaft mit einer individuellen Last zu kämpfen, je nachdem solche oder andere unsittliche Elemente sich in ihr consolidirt haben.

Begriff einer bald ausschließenden, bald disciplinirenden sittlichen Beschränkung, als der der sittlichen Erhebung zu entbehren sein, und es kommt lediglich auf die schon erlangte sittliche Durchbildung des Staats und auf das bestimmte Verhältniß seiner einzelnen Glieder zu der Gesammtheit der sittlichen Aufgaben an, ob jener oder dieser Begriff für ihn eine vorherrschende Anwendung fordere. Wenn aber gerade der Staat als der Träger der sittlichen Gesammtentwickelung bezeichnet wird, so ist damit keineswegs eine Thatsache, sondern eine Aufgabe ausgesprochen, deren vollständige Lösung, noch abgesehen von den Hindernissen, welche in den Verhältnissen mehrerer Staaten unter einander liegen können, durch die sittliche Durchbildung aller der Elemente bedingt ist, welche sich im Staate berühren und durchdringen. Gleichwohl läßt sich nicht behaupten, daß die Idee des Staats, wie sie hier vorläufig bezeichnet ist, nie und nirgends in die Wirklichkeit einzutreten begonnen hätte; es ist factisch falsch, daß etwa überall und immer die bloße Willkühr der Macht an der Stelle des Rechtes herrsche; es ist eben so falsch, daß die bloße Rücksicht auf das Recht das einzige Motiv der gesellschaftlichen Thätigkeit gewesen sei oder noch sei; sondern Wohlwollen, Billigkeit, innere Freiheit sammt den Rücksichten auf eine richtige Cultur bestimmen schon jetzt, theilweis sehr wesentlich, den Begriff dessen, was der Staat wirklich ist und erstrebt.

Wollte man nun versuchen, die Darstellung der Idee des Staats etwa unmittelbar von der Idee der beseelten Gesellschaft, oder der des Verwaltungssystems, oder selbst der des Lohnsystems aus zu construiren, so würde man damit den Naturbedingungen des Staatslebens nicht hinreichend entsprechen. Denn eben weil der Naturbegriff des Staats darauf beruht, daß zunächst jeder Einzelne Schutz für seine Privatinteressen von der im Staate herrschenden Macht sucht, ist das erste und dringendste Bedürfniß des Staates eine durchgreifende Rechtsordnung; der erste Schritt, den das Staatsleben thun muß, um sich der Idee zu nähern, ist die Ausbildung des Rechtsstaates. Indem hiermit die Gesammtheit des Staates und seiner Einrichtungen an die Idee des Rechts gebunden wird, erscheint dieses zuvörderst nicht als Mittel zu andern Zwecken, sondern selbst als Zweck, auf dessen Erreichung für den Staat, insofern er eben blos als Rechtsstaat aufgefaßt wird, die innere Würde desselben beruht; sodann handelt es sich hier nicht blos um particuläre Rechtsverhältnisse zwischen einzelnen Gliedern des Staates, seien es nun physische oder moralische Personen, sondern um eine allgemeine, die Totalität aller auf dem Boden des Staates vorhandenen Verhältnisse durchdringende Rechtsordnung. Das erste setzt voraus, daß das Mißfallen am Streite innerhalb einer Gesellschaft, als entscheidendes Motiv der Anerkennung und Respectirung bestimmter Rechtsverbindlichkeiten, hinlänglich verbreitet, das zweite, daß wenigstens die Absicht vorhanden sei, keinen Widerstreit zwischen den particulären Rechtsbestimmungen unter einander und mit der Möglichkeit einer allgemeinen rechtlichen Ordnung zuzulassen. In beiderlei Beziehungen wird das wirkliche Staatsleben mit Unvollkommenheiten zu kämpfen haben, die nur durch Einrichtungen vermindert werden können, die nicht unmittelbar in der Idee der Rechtsgesellschaft, sondern erst mittelbar in den Bedingungen ihrer Darstellung begründet sind.

Unvollkommenheiten dieser Art verräth schon die Entstehung des Rechtes, die, historisch betrachtet, bei weitem nicht immer von klaren, deutlichen, bestimmten und unzweideutigen Willenserklärungen ausgeht, sondern zu ihrer ursprünglichen Basis weit häufiger die Art hat, wie sich die Einzelnen in ihren Bedürfnissen, Leistungen, Forderungen und Zugeständnissen in einander fügen, bald weil sie müssen, bald weil es ihnen bequem und nützlich ist. Allen diesen Producten der Gewohnheit, des Herkommens, der Sitte, der Bedürfnisse, die den Stoff der Rechtsordnung vorbereiten, tritt nun die Idee der Rechtsgesellschaft mit der Forderung gegenüber, das, was als Recht gelten soll, bestimmt und unzweideutig auszusprechen und als Recht zu sanctioniren. Hierin liegt an sich keineswegs die Nothwendigkeit, daß an die Stelle des natürlich Gewordenen ein anderer willkührlich gemachter Inhalt trete; vielmehr steht, falls jenes den Bedürfnissen der Betheiligten wirklich angemessen ist, zu erwarten, daß sie es gern als Recht anerkennen werden. Wohl aber liegt darin die Forderung, daß, insofern jene Sanction eine von der Gesellschaft als solcher ausgehende, oder wenigstens von ihr anerkannte sein soll, der Inhalt des Rechts zum Gesetze, d. h. zum Ausdruck des allgemeinen, ausdrücklich als rechtsbeständig anerkannten Willens derer erhoben werde, die die Gesellschaft bilden. Das, wodurch der Staat zum Rechtsstaat wird, ist also das Dasein des Gesetzes; und es liegt einfach im Begriff des Rechtsstaates, daß keine Macht und Willkühr in ihm einen wirksamen Einfluß in Anspruch nehmen kann wider das Gesetz oder über die Grenzen hinaus, innerhalb deren das Gesetz die Willkühr gestattet. In demselben Grade, als über die möglichen Conflicte der Willen keine gesetzlich entscheidende Norm vorhanden und anerkannt ist, wird der Ausschlag ausgebrochener Streitigkeiten immer wieder von der Naturgewalt der streitenden Kräfte abhängen, während im entgegengesetzten Falle das Recht an die Stelle der Gewalt tritt, und die Achtung vor dem Gesetze der Schutz auch dessen wird, der sich selbst nicht würde schützen können.

Diese allgemeine Forderung einer gesetzlich anerkannten Rechtsordnung enthält, noch abgesehen von den mancherlei Modificationen, denen sie ohne Verletzung ihres wesentlichen Inhalts unterliegen kann, eine eben so allgemeine Schwierigkeit in sich. Gesetz und Recht beruhen streng genommen auf der Einstimmung aller derer, für welche sie gelten sollen; also zunächst aller gerade jetzt Lebenden. Träten diese irgend einmal alle zugleich vom Schauplatz ab, rückte plötzlich eine ganz andere Gesellschaft an ihre Stelle, so würde es nicht widersinnig sein, wenn diese neue Gesellschaft von der rechtlichen Ordnung der abgetretenen sich nicht gebunden fände, sondern die Arbeit der Rechtserzeugung von vorn begönne. Aber in der Wirklichkeit stellt die Reihenfolge der Generationen ein mit unzähligen Fäden an den verschiedensten Punkten in einander eingreifendes Gewebe dar, welches, indem es an einer Menge von Stellen theilweis abreißt, an eben so viel andern Stellen sich wieder anknüpft und fortsetzt. Der Staat und die Gesellschaft stirbt nicht, während die Einzelnen in ihm immer Andern Platz machen. Jede neuheranwachsende Generation bedarf aber selbst einer Reihe von Jahren, ehe sich in ihr Urtheil und Wille entwickelt, und lange vorher, ehe sie diesen Punkt erreicht, nimmt sie schon einerseits Theil an den Wohlthaten der ohne ihr Zuthun auf dem Boden der Gesellschaft entstandenen und sanctionirten Rechtsordnung; andererseits wächst sie unwillkührlich allen den Verpflichtungen, Beschränkungen und Lasten entgegen, welche die schon bestehende Ordnung ihr auferlegt. Soll nun diese Ordnung unabhängig von der individuellen Willkühr sich erhalten können, so gilt für die Neuhinzutretenden ganz einfach die Pflicht des Beitretens (S. 241), des sich Anschließens an die vorhandene Ordnung, falls sie überhaupt als Glieder dieses Staates betrachtet sein wollen. Denn von einem unmittelbaren Zwangsrechte des Staates, den Einzelnen zum Beitritt zu nöthigen, oder ihm den Austritt aus diesem bestimmten Staate durch Gewalt, Entziehung von Gütern u. s. w. unmöglich zu machen, liegt in dem Begriffe der Rechtsgesellschaft eben so wenig etwas, als von der Befugniß eines oder mehrerer Einzelnen, eine Veränderung der schon sanctionirten Rechtsordnung zu erzwingen. Gleichwohl ist es, damit der Beitritt nicht blos stillschweigend vorausgesetzt werde, dem Geiste des Rechtsstaates angemessen, daß, wenn der Einzelne die Grenze der Unmündigkeit erreicht hat und eigener Ueberlegung und Wahl fähig geworden ist, die Erklärung seines Beitritts ausdrücklich von ihm verlangt wird, damit sein Verhältniß als Bürger dieses Staates keinem Zweifel unterliege. Selbst hierin liegt noch eine unvermeidliche Unvollkommenheit; denn nur in den seltensten Fällen wird der Einzelne das ganze System der Rechtsordnung in allen seinen Theilen und mit Rücksicht auf alle die Folgen, die es für seine Stellung in der Gesellschaft hat oder erlangen kann, auch nur überschauen können; und könnte er es auch überschauen, so würde meist die Unmöglichkeit, aus diesem Staate sich in einen andern zu begeben, ihm den Mangel seiner Einstimmung zu beschwichtigen gebieten. Diese Unvollkommenheit verringert sich nun zwar größtentheils dadurch, daß nicht jeden alle Theile der Rechtsordnung gleichmäßig berühren; gleichwohl geht gerade aus ihrer Unvermeidlichkeit hervor, wie nöthig jenes Beitreten sei, damit nicht fortwährend auf den verschiedensten Punkten Recht und Friede gebrochen oder wenigstens in Frage gestellt werde. Ueberdies liegt darin, daß jeder Einzelne in die schon bestehende Rechtsordnung hineinwächst, und zunächst die Pflicht hat, seinerseits den Streit nicht anzufachen, für den Staat als Ganzes nicht im Geringsten die Unmöglichkeit, über die Vermächtnisse vergangener Jahrhunderte so zu disponiren, wie es die veränderten Bedürfnisse einer spätern Zeit verlangen; jede Rechtsordnung ist als Erzeugniß der Geschichte den Wandelungen der Geschichte zugänglich, und die Idee des Rechts verbietet nicht, das Recht nach dem gerade jetzt vorhandenen Bedürfniß umzugestalten und zu verbessern. (Vgl. oben S. 200).

Indem ferner der Staat einestheils die particulären Rechtsverhältnisse seiner Mitglieder in sich aufnimmt und sanctionirt, anderntheils als gesellschaftliches Ganze jedem Einzelnen und den kleineren Gesellungen gegenübertritt, entsteht eine Sonderung zwischen Privatrecht und öffentlichem Recht. In Beziehung auf diese Sonderung muß vor allem anerkannt werden, daß sie vielmehr auf der Natur des Staates, als auf den gesellschaftlichen Ideen beruht, und daß ihre Bedeutung und ihr Umfang wesentlich durch das Verhältniß bedingt ist, in welches sich in dem Bewußtsein der Gesellschaft die Rücksicht auf die gesellschaftlichen Ideen zu den Naturbedingungen des Staatslebens gesetzt hat. Ginge die Gesetzgebung unbedingt von dem Grundsatze aus, daß sämmtliche Privatinteressen vollständig aufgehen sollten in das gesellschaftliche Interesse, so würde darin eine so gewaltsame Abstraction von den gegebenen Bedürfnissen der Menschen liegen, daß sie gerade durch die Forderung einer absoluten gesellschaftlichen Durchdringung jede relative gesellschaftliche Anschließung vernichten oder gefährden würde. Wo daher das Bedürfniß des Schutzes stark, aber der gesellschaftliche Geist schwach ist, wird, wie im mittelalterlichen Staate, die Rechtsordnung, selbst bis zu den Verhältnissen der Mächtigsten im Staate hinauf, vorzugsweise den Charakter eines oft seltsam verwickelten Systems privatrechtlicher Bestimmungen annehmen; erst da, wo sich der Einzelne in seinem Kreise hinlänglich frei und sicher fühlt, und die Gleichartigkeit gewisser das Ganze der Gesellschaft durchdringender Interessen zum allgemeinen Bewußtsein gekommen ist, wird der Begriff des öffentlichen Rechtes dem des bloßen Privatrechtes gegenüber treten. Deshalb lassen sich aber auch die Grenzen zwischen Privatrecht und dem innern Gesellschaftsrecht nicht allgemein und unabänderlich festsetzen. Zwar, wo der Begriff des Rechtsstaates lebendig geworden ist, wird das Privatrecht niemals als etwas außerhalb der Grenzen des Staates Fallendes gedacht werden können; die rechtliche Wirksamkeit der Dispositionen, welche die Einzelnen unter einander treffen, hängt immer von ihrer Uebereinstimmung mit dem Gesetze ab, und der Staat allein kann die Erfüllung der rechtlichen Verbindlichkeiten der Einzelnen unter einander mit

Sicherheit garantiren; aber welche Verhältnisse der willkührlichen Disposition den Einzelnen schlechthin überlassen bleiben, welche andere entweder mit Rücksicht auf das eigene Interesse des Einzelnen, oder von dem Gesichtspunkte des gesellschaftlichen Interesse aus aufgefaßt und ganz oder zum Theil der Privatwillkühr entzogen werden sollen, das richtet sich nach der Art und dem Grade der gesellschaftlichen Entwickelung. Das naheliegendste Beispiel für die Verschiedenheit der Ansichten über das, was zum Privat- und was zum öffentlichen Rechte gehöre, bietet die, aus dem bloßen Privatrecht allmählig immer entschiedener in das öffentliche hinübergetretene Stellung des Criminalrechtes dar; eben so ließe sich denken, daß Manches, was jetzt unbestritten Gegenstand des Privatrechtes ist, z. B. manche Bestimmungen über die dem Bedürfniß proportionale Vertheilung des Eigenthums, in die Sphäre des öffentlichen Rechtes überginge; wie denn das sogenannte Obereigenthum und die Militärgewalt des Staates jetzt schon Theile des öffentlichen Rechts sind, obgleich das Eigenthum und die Disposition über den eigenen Leib an sich Privatsache des Einzelnen ist.

Im Allgemeinen läßt sich darüber vielleicht nur so viel mit Sicherheit bestimmen. Der Begriff des Rechtsstaates gestattet nicht nur eine Sonderung zwischen Privatrecht und öffentlichem Recht, sondern diese ist sogar nothwendig, wenn nicht durch die Ansprüche der Gesellschaft als solcher an den Einzelnen das Maaß des gesellschaftlichen Bedürfnisses überschritten und eine gesellschaftliche Anschließung erzwungen werden soll, die in den Gemüthern nicht vorhanden ist und sich folglich nicht halten kann. Gleichwohl soll, wo der Staat über den Schutz der schon vorhandenen Rechtsverhältnisse hinausgehend, die Bahn einer absichtlichen Gesetzgebung betritt, keine an sich blos privatrechtliche Bestimmung ohne Rücksicht auf ihren Zusammenhang mit dem Ganzen der Gesellschaft ausgesprochen werden. Je inniger der Zusammenhang aller einzelnen Theile der Gesellschaft unter einander wird, desto geringer würde der Gegensatz zwischen diesen beiden Rechtsgebieten werden; und die Ausgleichung dieses Gegensatzes würde, wo sie wirklich eine Folge der allgemeinen gesellschaftlichen Durchdringung wäre, keineswegs als eine lästige Bevormundung des Einzelnen erscheinen. Nur würde sie allerdings in den meisten

Fällen nicht ausgehen von der Idee der Rechtsgesellschaft, sondern nur auf die Gestaltung derselben zurückwirken; ihre Quelle würde viel häufiger das Wohlwollen, die Billigkeit, die innere Freiheit sein; daher es denn nicht zu verwundern ist, wenn die, welche den Staat nur als Rechtsgesellschaft betrachten, auf eine möglichst scharfe Sonderung, und wo möglich Erweiterung des reinen Privatrechtes dringen; und zwar für die wirklichen Verhältnisse des Staatslebens, mit um so besserem Grunde, je mehr die ganze Rechtsordnung zur Zeit meist nichts anders ist, als ein Zaum gegen den Mißbrauch der Macht sowohl in den höheren, als in den niederen Regionen der Gesellschaft.

Gerade dieses Verhältniß der gesellschaftlichen Macht zu denen, über welche sie herrscht, ist nämlich dasjenige, von dessen Gestaltung der Rechtsstaat wesentlich abhängt, weil, was in den untergeordneten Kreisen des Staats geschieht, von dem Einflusse der Macht abhängt, welche selbst ihrer Natur nach am meisten frei und unabhängig dasteht. Zuerst kann hier die Frage, ob die Idee des Rechtsstaats mannigfaltige Ungleichheiten der Macht gestatte, nicht verneint werden, schon weil das Bedürfniß einer schützenden Macht dem Staate viel früher das Dasein giebt, als er die Idee des Rechts sich als Zweck aneignen wird; sodann weil die Idee des Rechts an sich gegen ungleiche Berechtigungen keinen Einspruch thut; endlich weil, wenn das allgemeine Bedürfniß des Schutzes sich in ein Bedürfniß des Rechtschutzes verwandelt, gerade um des Rechts willen die Macht unentbehrlich bleibt. Daß dieses Bedürfniß um so größer ist, je weniger die Achtung vor dem Rechte in den einzelnen Mitgliedern der Gesellschaft Wurzel gefaßt hat, daß aber gleichwohl die mögliche Wirksamkeit der Macht auf der Verbindung derselben mit dem überwiegenden Theile der übrigen gesellschaftlichen Kräfte beruht, ist schon früher gezeigt worden. Soll nun die Macht stark genug sein, um das Recht im ganzen Umkreise der Gesellschaft schützen zu können, so darf ihr keine zweite gleich starke gegenüberstehen; der Rechtsstaat fordert Einheit der Staatsgewalt. Aber die Staatsgewalt soll in ihm nicht blos factisch, sondern auch rechtlich die stärkste sein; sie soll nicht blos Macht, sondern auch das Recht zur Ausübung der Macht haben; alle übrigen gesellschaftlichen Mächte sollen sich daher ihr als dem höchsten Repräsentanten der Idee des Rechts unterwerfen;

jeder einzelne **Bürger** sich ihr gegenüber als **Unterthan** betrachten. Somit ist die Staatsgewalt die höchste, die oberste; ihr Inhaber (gleichviel, **wer** dieser Inhaber sei) der Souverain. Andererseits soll die Staatsgewalt nicht angesehen werden als außerhalb der Gesellschaft stehend; sie hat als höchster Repräsentant des gesellschaftlichen Zweckes **keinen Privatzweck**, ihr Zweck ist die Aufrechthaltung von Recht und Friede, und an diesen Zweck ist sie ihrem Begriffe nach **gebunden**. Nicht die Gesellschaft dient ihren, sondern sie dient den Zwecken der Gesellschaft; oder weil das Verhältniß von Herrschaft und Dienst für die gleichmäßige Beziehung mehrerer Willen auf einen und denselben Zweck gar nichts wesentlich bezeichnendes ist, der Zweck der Gesellschaft, das Recht, **ist** ihr eigener, und umgekehrt*).

Deshalb nun kann das Verhältniß der Staatsgewalt zu der Gesammtheit aller Glieder des Staates durchaus nicht als ein bloßes Privatverhältniß der Machthaber zu den Unterthanen betrachtet werden, ohne den Begriff des Rechtsstaates aufzugeben. Denkt man sich ferner die Ideen, und zwar zunächst die Idee des Rechts, als **zusammenfallend** mit der Macht, d. h. die Macht im Dienste der Ideen, so wird dieses ganze Verhältniß keine Schwierigkeit darbieten, während in demselben Grade, als dies nicht der Fall wäre, Schwierigkeiten entstehen, mit deren Ueberwindung das wirkliche Staatsleben zu allen Zeiten zu kämpfen gehabt hat.

Vor allen Dingen läßt sich die Macht weder beliebig schaffen, noch, wo sie einmal vorhanden und sich zu behaupten stark genug ist, beliebig wegschaffen. In der Regel ist sie factisch viel früher da, als sie rechtlich anerkannt wird; sie befestigt sich meist dadurch, daß sie den einflußreichsten Classen der Gesellschaft Vortheile darbietet, und von denen, die einmal auf die Schwelle der Gesellschaft herabgedrückt sind, nicht gehemmt wird. Sie ist viel häufiger stillschweigend, als ausdrücklich anerkannt worden; sie ist aber eben so oft Gegenstand des hartnäckigsten, die tiefsten Fundamente der

---

*) Der factische Unterschied des Gebieten-**Könnens** und Gehorchen-**Müssens** verwandelt sich im Rechtsstaat in den des Gebieten-**Dürfens** und Gehorchen-**Sollens**, dergestalt, daß dieses **Dürfen** und **Sollen** in dem anerkannten Rechte seine, über jede blos individuelle Willkühr erhabene Quelle und eben darin seine sittliche Grenze hat.

Gesellschaft erschütternden Streites gewesen. In allen diesen, durch die natürliche, von keiner Idee geregelte Wirksamkeit der gesellschaftlichen Kräfte herbeigeführten Phänomenen liegt nun zunächst nichts, was nothwendig eine Tendenz zum Rechtsstaate hätte; höchstens die Klugheit ist für eine Macht, die da weiß, daß sie zuletzt doch auf der Meinung beruht, ein allgemeines Motiv einer gesellschaftlichen Wirksamkeit, die die Interessen der Gesellschaft nicht allgemein und gewaltsam wider sie aufruft. Aber die Regsamkeit der gesellschaftlichen Kräfte verschwindet nicht ohne weiteres den Ideen gegenüber, sie wirkt im Rechtsstaate so gut, wie im Naturstaate; und kann in ihm durch die Form des Rechts sogar noch einen sehr wichtigen Coefficienten erhalten. Muß also die Gesellschaft die Macht nehmen, wie sie sie, vielleicht noch überdies bewaffnet mit der Form des Rechtes, vorfindet, so erklärt sich auch das Mißtrauen, welches die übrigen Glieder der Gesellschaft dem Mächtigsten gegenüber nicht nothwendig aus Egoismus, sondern auch im Interesse der Rechtsidee sehr häufig empfinden. Der Träger der Staatsgewalt, der Souverain, muß nothwendig ein Einzelner, oder eine Corporation, ein Stand, eine Versammlung Mehrerer u. s. w. sein; und die Machtfülle des ganzen Staates, auf diese Weise in die Hände eines Einzigen oder Weniger concentrirt, droht mit der Möglichkeit des Mißbrauchs. Das Gesetz, welches über der Willkühr auch des Souverains steht, ist eine Norm, eine Regel, aber keine Macht; wer stark genug sein soll, das Gesetz gegen jede andere Willkühr aufrecht zu erhalten, dessen Macht läßt auch befürchten, daß er das Gesetz nach seiner Willkühr durchbrechen werde. An dieser Stelle also entsteht die Frage nach Garantien gegen den möglichen Mißbrauch der Macht; aber die Bedingungen des Rechtsstaats drehen sich auch, so lange man jene Garantien in etwas Aeußerem sucht, gegenseitig im Kreise. Dagegen, daß der unrechtliche Wille der Unterthanen keine rechtswidrigen Wirkungen haben könne, soll die Staatsgewalt sicher stellen; möglichen rechtswidrigen Handlungen der Staatsgewalt aber entgegenzuwirken, würde noch eine größere Macht in den Händen des Volks voraussetzen; worin eben läge, daß die Staatsgewalt nicht die höchste und ausschließende Macht habe, und es würde wieder die Frage nach der Garantie gegen den Mißbrauch dieser zweiten Gewalt entstehen. Nun hat man bekanntlich vielfältig versucht, die Garantien in den Formen des Staats, in der Verfassung, zu suchen. Aber alle Formen, wie man sie denken möge, nehmen, rechtlich anerkannt, die Gestalt von Gesetzen an, und Gesetze an sich betrachtet sind keine reell wirkenden Kräfte; sie werden zu Kräften erst durch die Willen derer, welche sie achten und ihnen Autorität verschaffen. Deshalb können die Formen eine Bürgschaft nur für die untergeordneten Kreise im Staate, nicht für den Rechtsstaat selbst darbieten; der Zwang, ohne den sich Viele das Recht gar nicht wollen denken können, ist immer nur ein Rechtsmittel im Staate, aber weder die sittliche, noch die factische Basis des Staates, schon weil er überhaupt nur dann als wirksam gedacht werden kann, wenn die Grundlagen des Rechtsstaats ohne ihn schon festliegen. Die wahre Garantie der Rechtsordnung kann also nur in der rechtlichen Gesinnung derjenigen gefunden werden, von deren gesellschaftlichem Einfluß die Aufrechthaltung des Rechtszustandes abhängt. Dafür giebt es sehr mannigfaltige Grade; aber wo auch immer irgend ein Theil des Staates seine Kraft gegen die allgemeine Rechtsordnung auflehnt, da entsteht wenigstens ein Kampf, in welchem der Staat mehr oder weniger auf die Stufe des bloßen Naturstaates zurücksinkt. Man kann sich hier eben so eine gewaltthätige Regierung gegenüber einem Recht und Ordnung achtenden Volke, als ein aufrührerisches Volk gegenüber einer gerechten Regierung denken. Die Verhältnisse, welche zwischen ihnen eintreten können, fallen streng genommen außerhalb des Begriffs des Rechtsstaats; wobei jedoch die Gewaltthaten, welche von der einen oder der andern Seite geschehen mögen, insofern je nach der Individualität des einzelnen Falles einer verschiedenen Beurtheilung unterliegen, als sich das Mißfallen am Streite nicht nothwendig unter beide Theile gleich vertheilt, sondern je nach der Veranlassung des Streites auch den einen Theil ausschließend treffen kann. Daß gewaltsame Staatsumwälzungen, die den Umsturz der zu Recht bestehenden Verfassung herbeiführten, weit öfter durch die Fehler der herrschenden Personen, Familien und Stände, als durch blinde Neuerungssucht und anarchische Volksleidenschaften hervorgerufen worden sind, das darf weder die Geschichte, noch die Philosophie verhehlen; gleichwohl kann eine Revolution, sei sie Staatsstreich oder Empörung, niemals als etwas in dem sittlichen Entwickelungsgange des Rechtsstaates Nothwendiges angesehen werden. Revolutionen sind Naturphänomene, die eine längere oder kürzere Aufhebung der Rechtsordnung bezeichnen; und die Nachweisung der Ursachen, warum unter gegebenen Verhältnissen eine Revolution eintrat, kann die Beurtheilung der Parteien, die in dieselbe verwickelt waren, zwar begründen, aber nicht an ihre Stelle treten. Leider verwickeln sich, wo einmal die entfesselte Gewalt die Schranken des Rechts durchbrochen hat, Recht und Unrecht häufig dergestalt, daß es für ein menschliches Auge unmöglich wird, das Urtheil über beide absolut richtig zu vertheilen.

Alles dieses weist nun darauf zurück, daß die Möglichkeit, der Idee des Rechtsstaates ein wirkliches Dasein zu verschaffen, darauf beruht, daß die stärksten gesellschaftlichen Willen von der Idee des Rechts aufrichtig durchdrungen sind. Unter dieser Voraussetzung, aber auch nur unter ihr, ist die Idee eine Macht. Wo nun die sittliche Cultur nicht blos ein leerer Name und ein äußerer Firniß, sondern der Ausdruck des wahren geistigen Lebens der Nation ist, da darf ein Wollen, welches sich die Idee aneignet, auf überwiegend allgemeine Anschließung und Unterstützung rechnen. Einem gebildeten, ohne Anmaßung und Eitelkeit willensstarken, von der Heiligkeit des Rechtszustandes durchdrungenen Volke gegenüber ist der Despotismus der Willkühr, wenigstens auf die Dauer, unmöglich; und eine Staatsgewalt, die niemals auf die Mitwirkung und Anschließung des bessern und zugleich einflußreichen Theiles der Staatsbürger rechnen könnte, würde, trotz aller äußeren Formen der Macht, nur fruchtlos mit Hindernissen zu kämpfen haben. Deshalb ist die in allen Kreisen der Gesellschaft verbreitete Achtung vor dem Gesetze, der allgemeine oder wenigstens überwiegende Wille, schlechthin keine Willkühr, die gegen das Gesetz verstößt, weder sich selbst zu erlauben noch andern zu gestatten, das letzte Fundament einer rechtlichen Ordnung; und dieser Wille selbst ist nicht eine Sache des subjectiven Beliebens, sondern Pflicht, für jeden, der eingeschlossen ist in den Kreis der Gesellschaft.

In Wahrheit ist es jedoch nicht sowohl diese sittliche Nothwendigkeit, die Achtung des bestehenden Rechtszustandes gegenüber jeder Willkühr zur entscheidenden Norm des Thuns und Lassens zu erheben, was verschiedene Meinungen über die Aufgabe des

Staates erzeugt, als vielmehr die Frage: was denn als Recht anerkannt und wem es als solches zugestanden werden solle? Indem diese Frage auf die Materie, den Inhalt der Rechte geht, welche die verschiedenen Staatsgenossen, jeder für sich, oder je nach ihren kleineren Verbindungen in der Familie, den Gemeinden, den Ständen u. s. w. in Anspruch nehmen, handelt es sich nicht mehr blos darum, daß überhaupt die Form des Rechtes das entscheidende Moment für die Ordnung des Staates sei, sondern um bestimmte Rechtsbefugnisse und Rechtspflichten. Erst durch Bestimmungen dieser Art gewinnt der Rechtszustand eine Articulation, eine innere Gliederung der einzelnen Theile des Staates in ihrer Beziehung auf die übrigen und somit auf das Ganze. Denn indem jeder nach seinem Rechte fragt, und folglich den Uebrigen gewisse, rechtlich zu sanctionirende Zugeständnisse anmuthet, treten die Glieder des Staates einander gegenüber und suchen sich in ihren Rechtssphären von einander abzugrenzen. Das Motiv dieser Abgrenzung ruht zunächst wieder auf der natürlichen Verschiedenheit der Bedürfnisse, Geschäfte, Gesinnungen u. s. w., und kann, sich selbst überlassen, allerdings zu einer Sonderung führen, die den Begriff der Rechtsgesellschaft in Gefahr bringt; dann nämlich, wenn über der Abgrenzung das Bewußtsein der Zusammengehörigkeit verloren geht und der Staat nur eine Summe (ein Aggregat) verschiedener Rechtssphären unter einer gemeinsam schützenden Herrschaft darstellt. Daher die allgemeine Aufgabe entsteht, der Abgrenzung der Rechtssphären das Bewußtsein der Zusammengehörigkeit nicht zum Opfer zu bringen. Daß diese Aufgabe nur durch die ganze Gestaltung des öffentlichen Lebens und auf dem Gebiete des Rechts nur durch die Art, wie das Verhältniß der Staatsgewalt zum Volke geordnet ist, also durch die Verfassung des Staats erreicht werden kann, kann schon hier vorläufig bemerkt werden.

Bevor man jedoch jene Frage nach dem, was als Recht anerkannt werden soll, zu beantworten unternimmt, ist es nöthig, sich klar zu machen, daß sie ohne Rücksicht auf die in einem bestimmten Staate gegebenen gesellschaftlichen Verhältnisse durchaus nicht mit Sicherheit, also überhaupt nicht schlechthin beantwortet werden kann, schon deshalb, weil es niemals möglich ist, den Staat von vorn anzufangen, sondern alles, was in das Staatsleben eingeführt werden soll, durch sein Verhältniß zu dem, was vorher schon im Staate war, mit bestimmt wird. Daher läßt sich die Idee des Staates wohl in allgemeinen Begriffen bezeichnen, aber nicht dergestalt individualisiren, daß man behaupten könnte, jeder gegebene Staat müsse sich dieser Idee auf demselben Wege zu nähern suchen. Es gilt hier, nur nach einem größeren Maße, dasselbe, was über das Verhältniß der Individualität zur Tugend bemerkt werden mußte (S. 441 flg.). Denn auch der Staat hat seine Individualität, die noch dazu eine viel breitere und verwickeltere Grundlage hat und viel mannigfaltigeren Umbildungen ausgesetzt ist, als die des Einzelnen. Nur inwiefern also gewisse Grundverhältnisse des gesellschaftlichen Lebens in allen Staaten sich wiederholen, und die Ideen wenigstens das Ziel bezeichnen, welchem die Gestaltung des Staatslebens sich nähern soll, liegt darin eine Hinweisung auf das, was, wo es noch nicht Recht wäre, als Recht anerkannt und sanctionirt werden soll. In dieser Beziehung tritt nun auch für die Gesellschaft, die sich als Rechtsstaat ausbilden will, der Begriff gewisser Präsumtionen eines zu bildenden Rechtszustandes an die Spitze der ganzen Betrachtung (S. 251. 256 flg. 280 flg. 461 flg.), ein Begriff, der einer fortgesetzten Specialisirung fähig ist, weil er eben darauf beruht, daß die gegebenen Verhältnisse nicht ignorirt, sondern in ihren möglichen Beziehungen auf die Ideen ins Auge gefaßt werden sollen. Unbeugsam ist er freilich da, wo das factisch Vorhandene, historisch Gewordene den Ideen zuwiderläuft; hier fordert er geradezu eine Umwandlung des gesellschaftlichen Wollens, eine Aufhebung gesellschaftlicher Formen, innerhalb deren eine Darstellung der Ideen nicht möglich ist; aber er wird nie vergessen lassen, daß die sorgsame Benutzung der factisch schon vorhandenen Vehikel des Fortschrittes zum Bessern die allein wirksame Bedingung für die Erreichung jedes höhern Zieles ist.

Will man nun diese Präsumtionen innerhalb der bezeichneten Grenzen näher entwickeln, so tritt das Verhältniß zwischen der Staatsgewalt und den übrigen Gliedern des Staates, also, wenn man die letztern zunächst noch als ununterschiedene Masse durch den Begriff des Volkes bezeichnet, zwischen der Staatsgewalt und dem Volke deshalb an die Spitze, weil von der rechtlichen Gestaltung dieses Verhältnisses der ganze Rechtsorganismus in allen seinen Theilen mehr oder weniger abhängt. Die allererste und dringendste Präsumtion ist hier, daß das Verhältniß zwischen der Staatsgewalt und dem Volke *rechtlich*, d. h. allerdings: nicht blos durch Gewohnheit, Sitte, Herkommen, sondern durch ein von den Betheiligten selbst ausdrücklich anerkanntes *Staatsgrundgesetz* geordnet sei. Mit andern Worten: es soll überhaupt eine Staats*verfassung* als *rechtliche* Norm des Verhältnisses zwischen der obersten Gewalt im Staate und der Gesammtheit der Unterthanen anerkannt sein. Daß es oft lange dauert, ehe ein Staat eine Verfassung in diesem Sinne erhält, ist bekannt; ebenso, daß die wichtigsten Elemente einer Verfassung oft viel früher factisch vorhanden sind und sich allmählig entwickeln, als sie ausdrücklich zu Recht anerkannt werden; endlich auch, daß in einer solchen historischen, aus der eigenen Lebensthätigkeit eines bestimmten Staates hervorgehenden, von ihr wenigstens in ihren wesentlichen Theilen getragenen Entwickelung die sicherste Bürgschaft, wenn auch nicht ihrer absoluten Vortrefflichkeit, doch ihrer Natürlichkeit und *Haltbarkeit* liegt. Gleichwohl erhebt sich in dieser Hinsicht der Staat erst dann zum Rechtsstaat, wenn dieser Inhalt seiner factisch bestehenden Verfassung zu der *Form* des Rechts erhoben wird. Es wäre ein Irrthum, wenn man dem Dasein einer staatsgrundgesetzlich sanctionirten Verfassung in dem Sinne eine entscheidende Wichtigkeit beilegte, als ob irgend eine Verfassung als bloße Form die Garantie ihrer rechtlichen Wirksamkeit in sich selbst tragen könnte; das Entscheidende ist vielmehr, daß ohne sie ein unzweifelhafter öffentlicher Rechtszustand nicht möglich ist, weil es dann sogar an einem *Maße* fehlt, an welchem sich die Willkühr von dem Gesetze unterscheiden ließe. Die Willkühr selbst zum einzigen Gesetz zu erheben, ist die Maxime des *Absolutismus*, der immerhin so lange die natürliche Form des Staatslebens sein mag, als das Gefühl der Unterthänigkeit jedes Einzelnen es noch zu keiner gesellschaftlichen Durchdringung hat kommen lassen, dessen, unter Umständen möglicherweise selbst wohlthätige Wirksamkeit aber niemals den Mangel kann vergessen lassen, daß die Idee des Rechts dann nicht bis hinauf in die höchste Spitze der Gesellschaft reicht. Die Art der Beherrschung ist dann immer nur ein Factum, kein rechtlich geordnetes Verhältniß.

Die speciellen Determinationen, denen der allgemeine Begriff der Staatsverfassung zugänglich ist, richten sich, wenn man nicht blos die Stellung, welche der gesellschaftliche Mechanismus den Mitgliedern des Staats factisch anweist, sondern die Art und Weise ins Auge faßt, in welcher die Verfassung die allgemeinste Grundlage für die innere Organisation des Staates darbieten soll, wesentlich nach der Unterscheidung der Functionen, deren Ausübung der Rechtsstaat zu seiner Erhaltung und Entwickelung bedarf, und nach der Bestimmung der Art, in welcher die Mitglieder des Staats zur Theilnahme an der Ausübung dieser Functionen berechtigt sind. An der Spitze jener Functionen steht die Gesetzgebung, als der Ausdruck für die Art, in welcher der Staat dem Bedürfnisse einer ausdrücklichen Darlegung, Befestigung, und, wo es nöthig, einer Veränderung des Rechtszustandes genügen kann; die zweite von dem Dasein des Gesetzes abhängige Function ist die Vollziehung der Gesetze, in deren Umfang sowohl die richterliche Entscheidung über das streitige und verletzte Recht, als die eigentlich verwaltende Thätigkeit fällt. Die Gesetzgebung und Vollziehung sind Functionen einer und derselben Staatsgewalt; denn weder eine gesetzgebende Gewalt, die die Vollziehung der Gesetze nicht fordern könnte, noch eine vollziehende, die sich unabhängig hinstellte von der gesetzgebenden, würde ihrer gemeinschaftlichen Beziehung auf das Ganze desselben Staates entsprechen. Gleichwohl verlangen diese verschiedenen Functionen verschiedene Organe; ihre Erfüllung ist nur dadurch möglich, daß bestimmte Personen zu derselben berechtigt und verpflichtet sind; und in der Verschiedenheit der Art, wie sich die Theilung der öffentlichen Geschäfte mit der Pflicht und Befugniß bestimmter Personen, diese Geschäfte auszuüben, durchkreuzt, besteht eigentlich die Verschiedenheit der Verfassung.

In der letzteren Beziehung ist nun allerdings die zu Recht anerkannte Bestimmung darüber, wer der Inhaber der obersten Macht im Staate sei, zwar nicht das allein, aber doch ein wesentlich unterscheidendes Moment, und es gehört hierher der bekannte Unterschied zwischen Demokratie, Aristokratie und Monarchie. Die reine Demokratie beruht ihrem Begriffe nach darauf, daß jeder Einzelne im Staate gleichmäßig Mitherrscher sei; der Souverain in ihr ist das Volk, das Gesetz Darlegung des Volkswillens, jeder Einzelne im Volke berechtigt, gleichmäßig um seine Zustimmung zu dem, was als Recht soll sanctionirt werden, gefragt zu werden. In diesem Sinne einer absolut gleichen Berechtigung aller Einzelnen zur Theilnahme an die Staatsgewalt ist jedoch die Demokratie in doppelter Rücksicht schlechthin unmöglich. Erstlich bedarf sie, wenn nicht auf jedem Punkte Lücken und Verwirrung entstehen sollen, für die Ausführung der öffentlichen Geschäfte gewisser Personen, denen das souveraine Volk bestimmte Functionen der Staatsgewalt übertrage, d. h. Beamte; zweitens muß, da vollkommenes Einverständniß Aller über jeden einzelnen Punkt der Gesetzgebung niemals mit Sicherheit zu erwarten ist, wenigstens die Stimmenmehrheit als das Entscheidende anerkannt werden, so daß der Einzelne für den Fall, daß er sich in der Minorität befindet, auf die Wirksamkeit seines Antheils an der Souverainetät Verzicht leisten muß. Daher auch eine Demokratie in jenem vollen und strengen Sinne des Wortes niemals bestanden hat; die factische Ausübung der Volksherrschaft, d. h. der *gleichmäßigen* Herrschaft aller *Einzelnen* im Volke ist sowohl durch die Uebertragung von Aemtern, als durch die Ausschließung der mit der Mehrheit nicht Stimmenden unvermeidlich beschränkt. Aber diese Beschränkung geht sogleich noch weiter durch die Ausschließung der Dienenden, der Besitzlosen, der Abhängigen, der Frauen, der Kinder, der Unmündigen u. s. w. von der Theilnahme an der Staatsgewalt; und wo irgend eine Demokratie bestanden hat, hat sich der Begriff und die Berechtigung der Vollbürger meist sehr scharf von der untergeordneten Stellung derer getrennt, welche in diesem Sinne nicht zum Volke, sondern nur zur Masse der Einwohner gehörten. Denn alle Ursachen, welche einen verschiedenen gesellschaftlichen Einfluß Verschiedener bedingen, wirken unvermeidlich darauf hin, daß die Demokratie, wo das Princip derselben rechtlich anerkannt wäre, der allerkünstlichsten Stützen ihrer Erhaltung bedürfen würde. Gleichwohl ist gerade sie am allerwenigsten dergleichen künstlichen Einrichtungen zugänglich; die Massen sind niemals fähig oder geneigt, auf weitaussehende und vielfach verzweigte Ueberlegungen dieser Art sich einzulassen, und das Princip der demokratischen Gleichheit wird weit öfter durch die Gewaltthaten eines launenhaften Volkswillens, als durch die stetig wirkende Kraft gesetzlich anerkannter Institutionen aufrecht erhalten. Der Ostracismus in seinen höchst verschiedenen Modificationen ist die Erbkrankheit der Demokratie; und gleichwohl schützt er das souveraine Volk nicht davor, in die Hände der schlauen Herrschsucht zu fallen. Wo daher der Staat nicht auf sehr enge Grenzen beschränkt ist, wo nicht eine große Einfachheit und Einerleiheit der Geschäfte, des Vermögens, der gesellschaftlichen Bedürfnisse, der Denkart, Bildung und Sitte herrscht, stellt die Demokratie meist einen, bald mit den heimlichen Waffen der List, bald mit den offenen der Gewalt geführten Kampf der verschiedenen Stände, Interessen, Parteien und Factionen dar; sie wird dadurch gewöhnlich zur öffentlichen Unwahrheit und ist am wenigsten im Stande, die von der individuellen Willkühr der Einzelnen, wie der Massen unabhängigen Zwecke der Gesellschaft in einer richtig organisirten Verknüpfung der gesellschaftlichen Kräfte zu realisiren. Die Demokratie, die wenigstens der Form des Rechts nach dem Niedrigsten und Ungebildetsten so viel Theilnahme an der Staatsgewalt zugesteht, wie dem Höchsten und Gebildetsten, in welcher die Stimmen immer nur gezählt, nicht gewogen werden, ist, so lange eine ausreichende geistige und politische Bildung der Massen nicht wirklich vollkommen gleichmäßig verbreitet ist, am meisten der Gefahr ausgesetzt, daß das wahre gesellschaftliche Interesse sich atomistisch zersplittere und ein Raub des Mangels an Einsicht oder an gutem Willen werde.

Gleichwohl kann es mit Recht zweifelhaft erscheinen, ob die Aristokratie und Monarchie blos ihres Unterschiedes von der Demokratie wegen eine unbedingte Präsumtion *für sich* haben. Zuvörderst ist bekannt, daß, so wie *zwischen* der Demokratie und der reinen Aristokratie oder Monarchie eine Menge Uebergänge möglich, so auch diese selbst sehr mannigfaltiger Modificationen fähig sind, und die Art, wie sie für die Darstellung der gesellschaftlichen Zwecke wirken können und werden, hängt von diesen Modificationen sehr wesentlich ab. Den Vorzug der *Natürlichkeit* haben zwar beide vor der Demokratie voraus; denn es ist unvermeidlich, daß in jedem Staate sich die Schwerpunkte der gesellschaftlichen Macht der Zahl nach verringern, je mehr sich die gesellschaftlichen Kräfte ihrem Gleichgewichte nähern; eben darum hat aber die Aristokratie eine Neigung, sich in sich selbst abzuschließen und sich einestheils vom Volke auszusondern, anderntheils der Entstehung einer Alleinherrschaft aus ihrer eigenen Mitte entgegenzuarbeiten. Eine Aristokratie, die sich fühlt, ist ihrer Natur nach so eifersüchtig auf die Gewalt der Fürsten, als das Volk nur immer eifersüchtig sein kann auf den überwiegenden Einfluß der Aristokratie (s. oben S. 416); und die Coalition der Aristokratie mit der Monarchie tritt gewöhnlich erst dann ein, wenn das Volk, das Bürgerthum, eine politische Bedeutung zu gewinnen anfängt, wie denn überhaupt die Verschmelzung oder der Gegensatz der gesellschaftlichen Mächte sehr veränderlich ist, so lange sie lediglich dem Zuge ihrer natürlichen Interessen folgen. Sodann hängt sehr viel davon ab, welche Art von Kraft für die Aristokratie und theilweis auch für die Monarchie die natürliche Basis der Macht ist. Die Priester-, die Militäraristokratien, die Aristokratie des Reichthums, so wie die, bei fortschreitender Ausbildung des Staatslebens niemals ganz ausbleibende der Intelligenz haben einen sehr verschiedenen Charakter; und dieser wird wieder dadurch wesentlich modificirt, ob die herrschende Classe sich lediglich durch die Geburt aus sich selbst ergänzt, oder noch auf andere Weise zugänglich ist. Dieser letztere Unterschied bestimmt namentlich eine wesentliche Verschiedenheit der Monarchie, je nachdem die Befugniß zur Ausübung der höchsten Gewalt auf Erbschaft oder Wahl beruht, welcher letztere Fall ganz eigentlich eine Uebertragung der Staatsgewalt zu nennen ist, und sich, wo nicht der Monarch selbst seinen Nachfolger ernennt, selbst der äußeren Erscheinung nach, von der Aristokratie nur dadurch unterscheidet, daß die Uebertragung auf Lebenszeit geschieht.

Im Allgemeinen nun sind diese verschiedenen Formen der Beherrschung, deren genauere Unterscheidung auf die theoretische Untersuchung über den Staat zurückweist, an sich betrachtet, rechtlich möglich, d. h. es läßt sich denken, daß jede derselben, gleichviel ob sie ausdrücklich gestiftet oder, als factisch vorhandene, später gesetzlich sanctionirt wird, zu Recht anerkannt werde. Scheidet man ferner die Willkühr von dem Gebrauche der irgendwie rechtlich constituirten Staatsgewalt aus, so erheben sich, in wessen Händen dieselbe auch concentrirt sein möge, neben den natürlichen Schranken derselben ganz von selbst sittliche Schranken, und es gehört zum Begriffe des Rechtsstaates, daß diese sittlichen Schranken als Rechtspflichten von Seiten derer oder dessen, welchen die Ausübung der Staatsgewalt zusteht, anerkannt und respectirt werden. Es würde daher den Begriff des Rechtsstaates der Sache nach aufheben, wenn das Staatsgrundgesetz etwa lediglich in der Bestimmung bestände, daß das subjective Belieben des Regenten das jedesmal absolut gültige Gesetz sei; denn ein solches Zugeständniß würde, zum Recht erhoben, den Anspruch auf die Sicherheit alles andern Rechtes vernichten. Eine solche Stellung der Staatsgewalt zum Volke würde überdies den Begriff des Staats als einer Gesellschaft aufheben; denn jene würde sich dann gänzlich ausscheiden von der Gesellschaft d. h. der gemeinschaftlichen Darstellung des Staatszweckes durch vereinigtes Wollen. Der kürzeste Ausdruck für dieses Verhältniß ist das bekannte: l'état c'est moi; ein Satz, der dem Gegebenen gegenüber eine handgreifliche Unwahrheit ist und der als Rechtsprincip der vollständigste Widersinn wird, wenn man mit ihm den Begriff des Staats als einer Gesellschaft vereinigen will.

Deshalb schließt nun auch der Begriff des Rechtsstaates, gleichviel ob sich die oberste Macht im Staate in einem herrschenden Stande, oder in einem Individuum, dem Monarchen, concentrirt findet, den Begriff einer schlechthin unumschränkten Macht, insofern in ihr die Befugniß eines schlechthin willkührlichen Gebrauchs derselben mitgesetzt ist, aus; und die Möglichkeit, Schranken für den Gebrauch der Macht rechtlich zu sanctioniren, sei es durch eine rechtsverbindliche Erklärung von Seiten des Machthabers, die das Volk acceptirt, oder durch einen ausdrücklichen Vertrag *) zwischen dem Volk und dem Regenten, kann

*) Diejenigen, welche so viel Gewicht darauf legen, daß der Begriff des Vertrags für die höchsten Regionen des Staatslebens keine Bedeutung habe, weil der Staat als Naturerscheinung nicht auf einem beliebigen Vertrage beruhe (was allerdings richtig ist), sollten nicht vergessen, daß viele Verfassungen ihre wichtigsten Bestimmungen durch ausdrückliche Verträge zwischen Fürst und Volk erhalten haben. Und selbst, wenn dies niemals der Fall gewesen wäre, würde der Begriff des Staatsvertrags für den Begriff des Rechtsstaats unentbehrlich sein, weil das Recht nun einmal nur auf

eben so wenig geleugnet werden, als sich behaupten läßt, daß diese Schranken überall dieselben sein müßten. Die sittliche Anmuthung zu Concessionen, welche rücksichtlich der Grenzen der Macht wahrhaft nothwendig wären, sich bereit zu zeigen, geht dabei an die Machthaber; und wo die Einführung und Umbildung einer Verfassung, die der Thätigkeit der Staatsgewalt gesetzliche Wege und somit auch gesetzliche Schranken vorschreibt, nicht auf friedlichem Wege zu Stande kommt, liegt darin nur der Beweis, daß die Rücksicht auf die Idee des Staates noch nicht das wahrhaft treibende Motiv für die Beziehung der Macht auf die Gesellschaft geworden ist. Fragt man darüber die Geschichte, so lehrt sie freilich, daß Concessionen dieser Art bei weitem öfter Folgen eines innern Kampfes, als eines den wahren gesellschaftlichen Interessen allseitig entgegenkommenden guten Willens gewesen sind, und so groß ist meistentheils die Unvollkommenheit menschlichen Strebens, daß man froh sein muß, wenn, nachdem durch den Streit ein Schritt vorwärts geschehen ist, über das, was in Folge desselben rechtlich zugestanden und anerkannt war, nicht von Neuem der Streit ausbricht.

Wenn nun soeben ausgesprochen wurde, daß die Beschränkungen der Staatsgewalt gegenüber dem Volke nicht nothwendig überall und unter allen Verhältnissen dieselben sein müssen, so führt dies allerdings auf den alten, schon seit Aristoteles bekannten, dennoch aber oft verkannten Satz: daß es unmöglich sei, eine absolut beste Verfassung auch nur als bloßes Gedankenbild zu entwerfen. Denn der Begriff der Verfassung weist durchaus zurück auf die, eben jetzt vorhandene, von der ganzen Vergangenheit abhängige gesellschaftliche Construction des Staats; die fast unmerklich, aber in vielen Fällen unwiderstehlich wirkenden Kräfte, die in den Sitten, Gewohnheiten, Erinnerungen, Kenntnissen und Neigungen eines bestimmten Volkes liegen, bedingen das, was dessen Bedürfnissen angemessen ist oder nicht, dergestalt, daß das an einem bestimmten Orte, in einer bestimmten Zeit höchst Passende und Zweckmäßige, zu einer andern Zeit und an einem an-

---

der stillschweigenden oder ausdrücklichen Einwilligung der Betheiligten beruht, und jede nur stillschweigende Einwilligung Zweifel übrig läßt, die nur durch ausdrückliche Erklärungen gehoben werden können. Vgl. oben S. 206 flg.

dern Orte als höchst unzweckmäßig erscheinen, ja vielleicht als ein lästiger Druck empfunden werden würde. Wenn daher zu einer bestimmten Zeit bestimmte Wünsche und Bestrebungen für die Gestaltung der Verfassung laut werden, so haben sie, wie nothwendig sie auch aus einer jeweiligen Entwickelung oder Verwickelung des Staatslebens hervorgehen mögen, darum noch nicht eine schlechthin universelle Bedeutung, sondern finden das Maaß ihrer Beurtheilung in der Beschaffenheit der concreten Fälle, auf welche sie sich beziehen, zusammengehalten mit der Würde der Gesinnung, die sich in ihnen ausspricht.

Gleichwohl würde die Idee des Staates so gut wie keine Bedeutung haben, wenn sich nicht wenigstens die Richtung bezeichnen ließe, die eine Verfassung nehmen muß, oder der sie wenigstens nicht unüberwindliche Hindernisse entgegensetzen darf, wenn von einer möglichen Annäherung an die Idee der beseelten Gesellschaft soll gesprochen werden können. Wo eine solche Richtung wirklich vorhanden ist, da treten die verschiedenen Formen der Beherrschung, da tritt namentlich der auf sie gegründete Unterschied zwischen Republik und Monarchie in den Hintergrund. Denn in beiden Fällen erscheint der Staat als Gemeinwesen (res publica), die Organisation desselben als gemeinsame Angelegenheit, und die Form der Beherrschung, eben weil sie meistentheils in der Geschichte des Staats wurzelt, hat dann eigentlich nur die Bedeutung des historischen Grund und Bodens, auf welchem die gesellschaftlichen Ideen ihrer Darstellung entgegengeführt werden. Deshalb mag es auch erlaubt sein, die allgemeinsten Präsumtionen des Verfassungsrechtes hier nur unter Voraussetzung der erblichen Monarchie zu betrachten. Denn die Monarchie hat nun einmal in den europäischen Staaten die tiefsten historischen Wurzeln; sie bietet als erbliche überdies den unschätzbaren Vortheil dar, daß die unmittelbare oder mittelbare Ausübung der Staatsgewalt dem Streite des Ehrgeizes und der Herrschsucht entrückt ist; sie stellt, wo der Staat nur nicht gar zu klein ist, den Monarchen auf eine Höhe, die ihn der kleinlichen Eifersucht selbst gegen die, welche ihm zunächst stehen, überhebt und ihn in die vielfachen Conflicte particulärer Interessen nicht verflochten werden läßt; sie begründet in dem Wechsel der Generationen die Möglichkeit einer gegenseitigen Anhänglichkeit zwischen der Dynastie und dem Volke; ja die Majestät und Heiligkeit des Staates scheint in den Augen der Völker mit verstärktem Glanze zu leuchten, wo die Fülle einer Macht, die sich stützt auf die Würde der Ideen, in der Hand eines Einzigen vereinigt ist.

Die Präsumtionen eines zu bildenden Rechtszustandes, welche dem Verhältnisse zwischen Fürst und Volke gelten, falls die Bestimmungen darüber die Grundlage für den Staat als ein wahres Gemeinwesen bilden sollen, beziehen sich der obigen Unterscheidung der wesentlichen Functionen der Staatsgewalt gemäß entweder auf die *Gesetzgebung* oder auf die *Vollziehung* der Gesetze. Nun ist unmittelbar klar, daß das Gesetz von denen, *für* welche es Gesetz sein soll, gekannt und anerkannt sein muß; und darin liegt nicht nur, daß die Gesetzgebung an gewisse Formen gebunden sein muß, von deren Erfüllung die Voraussetzung abhänge, daß irgend eine Bestimmung der Staatsgewalt gesetzliche Kraft habe, sondern auch, daß dem Volke ein solcher Antheil an der gesetzgebenden Gewalt rechtlich zugestanden werde, daß wenigstens *wider seine Zustimmung* nichts zum Gesetz erhoben werden darf. Diese Forderung ist die allgemeinste und dringendste; denn es bleibt immer widersinnig, daß die Bestimmung über das, was als Recht gelten soll im Staate, als Gebot und Verbot hingestellt werde, ohne die, *für* welche es gelten soll, auch nur darum zu fragen. Die Vertheidiger der absoluten Monarchie suchen dieser *Forderung*, die sich allerdings auf die *Idee* des Rechtsstaates gründet, durch die ideale *Voraussetzung* auszuweichen, daß der Machthaber oder die, welche er zu unmittelbaren Organen seines Willens wählt, mit Einsicht, Weisheit und Reinheit des Willens dergestalt ausgerüstet seien, daß eine Theilnahme des Volks an der Gesetzgebung für überflüssig, wo nicht sogar für schädlich erachtet werden könne. Gäbe es eine absolute Sicherheit, daß diese Voraussetzung immer zutreffen *müsse*, so möchte man bei den großen Schwierigkeiten, denen eine *richtige* Ausübung jener Theilnahme von Seiten des Volkes unterliegt, ihnen beistimmen; aber dann bedürfte es kaum noch der Gesetze, sondern man könnte zurückgehen auf die platonische Abneigung vor allen geschriebenen Gesetzen, und die Erzeugung und Handhabung des Rechts ohne allen Umweg dem vollendeten Weisen, der an der

Spitze des Staates stände, überlassen *). Aber so lange die Einsicht und die Tugend eines Einzelnen an Schranken gebunden sind, die ihn weder das Detail der Gesellschaft vollständig übersehen, noch das Richtige und Zweckmäßige unfehlbar erkennen, noch das als zweckmäßig Erkannte gleichmäßig wollen lassen, so lange vielmehr seine Einsicht und sein Wollen von Einflüssen abhängt, die beides irreleiten können, so lange wird die Unhaltbarkeit jener Voraussetzung immer wieder zu der ausgesprochnen Forderung führen. Immerhin mag in einzelnen Fällen die Weisheit des Regenten und derer, welche ihm zunächst stehen, die Einsicht und den guten Willen des Volkes überragen; es fehlt wirklich nicht an Beispielen, wo das Volk einzelne Fürsten als Gesetzgeber zu verehren die gegründetste Veranlassung hatte; auch würde die gesetzgeberische Willkühr, die es unternehmen möchte, dem ganzen Rechtszustande eine von den Sitten, den Gewohnheiten, den Bedürfnissen des Volks weit abweichende Richtung zu geben, nothwendig auf Hindernisse und Schranken stoßen, weil die Natur der Dinge, die sich in der Gesammtheit der gesellschaftlichen Interessen wirksam zeigt, allemal stärker ist, als die Macht Eines oder weniger Einzelnen. Dennoch würde auch dann noch die Gesetzgebung an den Grundsatz gebunden werden müssen: daß sie einen Inhalt haben solle, von welchem vorausgesetzt werden könne, daß ihn das Volk selbst in seinem eigenen wohlverstandenen Interesse zu Recht anerkannt haben würde. Ob nun aber dieser Grundsatz werde befolgt werden oder nicht, ja ob es bei mangelnder Kenntniß dessen, was in dem ganzen Umkreise der Gesellschaft sich als wünschenswerth und nothwendig ankündigt, überhaupt möglich sei, ihn zu befolgen, bleibt immer ungewiß, so lange es keinen verfassungsmäßig gesicherten Weg giebt, auf welchem das Volk seine Bedürfnisse darlegen und durch diese Darlegung einen directen und wirksamen Einfluß auf den Inhalt der Gesetzgebung ausüben kann. Denn daß das bloße Dasein einer irgend wie großen Anzahl von „ruhigen Beobachtern" **), gesetzt auch, es sei ihnen gestattet,

*) Politic. 294 a. Im unvollkommenen Staate will bekanntlich auch Plato die Gesetze an die Stelle der persönlichen Intelligenz gestellt wissen Leg. IX, 874 e flgg.

**) Herbart allg. prakt. Philos. S. 350.

das Resultat ihrer Beobachtung in Form einer Beurtheilung auszusprechen und zum Inhalt der „öffentlichen Meinung“ zu machen, für sich allein Fehlgriffe weder mit Sicherheit verhüten, noch, wenn sie geschehen sind, sie ohne Weiteres gut machen kann, liegt am Tage. Selbst die Theilnahme an dem Ganzen der Gesellschaft wird hinter der engherzigen Beschränktheit particulärer Interessen zurücktreten, wo nicht dem Volke ein rechtlich anerkannter Weg offen steht, auf die gesellschaftliche Ordnung einen Einfluß auszuüben, und niemals wird die kleinern Kreise des Staates ein wahrer Gemeingeist, ein echter Bürgersinn durchdringen, wenn er nicht in dem größeren Spielraum, sich zu entwickeln, Gelegenheit, sich zu bethätigen, hat. Wo es für die rechtliche Grundlage des Staatswesens, die Gesetzgebung, keine dem Begriffe der Gesellschaft angemessenen Organe eines gesellschaftlichen Wollens giebt, da werden die öffentlichen Angelegenheiten immer wieder in Gefahr kommen, als Privatsache derer behandelt zu werden, die an der Spitze des Staates stehen *).

Wie bestimmt aber die obige Forderung ausgesprochen werden kann, so gestattet doch die eben so wichtige Frage: durch

*) „Unsere Staatsverfassungen wollten keinen Bürgersinn. Erinnern Sie sich doch der langsamen mühseligen Erhebung des dritten Standes unter dem Drucke des Lehnsystems, gedenken Sie der Zünfte und Corporationen aller Art, dieser kleinen geselligen Mittelpunkte, in denen zuerst der Keim der Verbrüderung unter den Menschen keimte; sehen Sie nach, wie wenig diesen Anfängen eines Gemeinwesens gestattet wurde, weiter fortzuschreiten, enger zu verschmelzen, wie fremdartig sie überall dem System der Landesregierung blieben, von der sie nur geduldet, in die sie niemals wahrhaft verarbeitet wurden; bedenken Sie die fortwährende, althergebrachte Trennung des Adels vom Bürgerstande, vermöge deren eigentlich der Adel sammt dem Landesherrn den Staat zu bilden schien; — und sagen Sie mir: wann war es besser? und wann konnte es besser sein? ..... Jetzt weiß man nun ziemlich allgemein, daß es kein Ruhm für die verschiedenen Stände ist, wenn sie möglichst weit auseinandertreten. Aber die Praxis in unseren Staaten, der Geist der Geschäftsführung wird noch lange dabei stehen bleiben, daß, dem Buchstaben des Platon gemäß, Jeder das Seine thun soll, ohne sich um die andern zu kümmern; woraus folgt, daß jeder nur Privatangelegenheiten kennt, das Oeffentliche und Allgemeine aber als Privatsache der Herrscher und Minister behandelt wird.“ Herbart klein. philos. Schr. Bd. II. S. XI.

welche Organe das Volk die Theilnahme an der Gesetzgebung auszuüben befugt sein solle, nicht eine gleich allgemeine Antwort. Daß die directe Theilnahme aller Einzelnen im Volke darunter gemeint sei, wird Niemand wähnen, der auch nur einen flüchtigen Blick auf die Unmöglichkeit, auf diesem Wege überhaupt ein Einverständniß zu gewinnen, und auf die Unfähigkeit der Meisten, geworfen hat, sich zur Einsicht in die wahren gesellschaftlichen Bedürfnisse zu erheben. Die Theilnahme kann also nicht für alle eine unmittelbare, sondern muß für die Meisten eine mittelbare sein, und diese mittelbare Theilnahme führt zum Begriffe der Repräsentation, der Volksvertretung. Die Vertretung des einen durch den andern, Vieler durch Wenige, kann zunächst der Ausdruck eines bloßen Naturverhältnisses sein. So vertritt der Vater die unmündigen Kinder, der Mann die Frau, der Herr den Diener; und sie bleibt diesem Charakter sehr nahe, wenn sie auf den Wege der Uebertragung eines Privatrechtes entsteht, und auf der Erklärung oder Voraussetzung beruht, daß die Willenserklärungen des Vertreters für Willenserklärungen des Committenten angesehen werden und dieselbe rechtliche Wirkung haben sollen. Faßt man die politische Vertretung so auf, so wird sie ganz eigentlich eine Vertretung der particulären Interessen der einzelnen Stände, Gemeinden, Corporationen, vielleicht selbst einzelner Individuen sein; eine Verschmelzung dieser verschiedenen, möglicherweise untereinander streitenden Interessen würde sich nur zufällig zu der Rücksicht auf das Ganze der Gesellschaft erheben, sie würde nicht ihrer politischen Bestimmung nach an das letztere gebunden, es würde keine Pflicht für sie vorhanden sein, es als solches im Auge zu behalten. Wo sich daher der Begriff des Staates als eines, die einzelnen kleineren Kreise in ihm umschließenden und tragenden Ganzen über den Particularismus der Provinzen, Stände u. s. w. erhoben hat, da verlangt die Bestimmung der Volksvertretung allerdings wesentlich eine Beziehung auf ihn als Ganzes. Darin liegt etwas Künstliches; aber das Künstliche ist hier zugleich eine künstlerische Aufgabe, deren Erfüllung die Idee der beseelten Gesellschaft fordert. Es ist schon viel gewonnen, wenn der Grundsatz Geltung gewonnen hat: daß die Repräsentanten des Volks nicht an besondere Aufträge ihrer Committenten gebunden sind, sondern nach eigener freier Ueberzeugung ihre Functionen als Vertreter des Gemeinwesens auszuüben haben; denn es wird sich ohnedies in jeder repräsentativen Versammlung der Einfluß der particulären Interessen unwillkührlich fühlbar machen und jene allgemeine Forderung zum Theil unerfüllt lassen. Erklärt man aus einem allgemeinen Mißtrauen gegen alle künstlichen Staatseinrichtungen jene Loslösung der Volksvertretung von den verschiedenen Sonderinteressen für eine Fiction, so bleibt allerdings kaum etwas anderes übrig, als der Versuch, die Gesammtheit des Staates durch die Gesammtheit aller speciellen Interessen vertreten zu lassen, und zwar in dem Verhältniß, in welchem diese Interessen selbst für das Ganze des Staats von Wichtigkeit sind; ein Versuch, der wenigstens das für sich hat, daß er in Uebereinstimmung mit der gegebenen Gliederung der Gesellschaft Gelegenheit giebt, die verschiedenartigen Interessen in eine gegenseitige, geregelte Berührung zu bringen, und aus der Einsicht in ihre Vereinbarkeit oder Nichtvereinbarkeit allmählig einen wahren Gemeingeist entstehen zu lassen. Und dieses Ziel müssen doch zuletzt auch diejenigen im Auge haben, die der Volksvertretung zunächst nur das nachrühmen, daß sie den verschiedenen Elementen der Gesellschaft, dem Landmann, dem Gewerbsmann, dem Adel, dem Klerus, u. s. w. Gelegenheit geben unter den Augen der Staatsgewalt, durch gemeinsame Ueberlegung, mithin ohne gewaltsamen Streit ihre Interessen an einander zu messen und auf diese Weise eine heilsame Verschmelzung zwischen demokratischen, aristokratischen und monarchischen Elementen zu vermitteln. Denn wäre hierbei die Rücksicht auf das Resultat, welches jeder für die Interessen seines Standes herauskommen sieht, das Letzte, so wäre darin eben nichts weniger, als eine wahre gesellschaftliche Verschmelzung der verschiedenen gesellschaftlichen Elemente und Kräfte enthalten.

Jedenfalls wird aber die Art und Gesinnung, in welcher die Volksvertretung in das Ganze der öffentlichen Angelegenheiten eingreift, ganz wesentlich davon abhängen: welchen bestimmten Personen diese Vertretung entweder an sich zustehe oder übertragen werde. Der letztere Fall führt auf eine Repräsentation durch Wahl, die, wenn sie nicht die ganze Vertretung illusorisch machen soll, durch die Mitglieder des Volks selbst ausgeübt werden muß. Dabei entstehen die Fragen: wer berechtigt sein soll zu wählen? und wer befähigt, gewählt zu werden? sammt allen näheren Bestimmungen, die für die Beantwortung dieser Fragen nöthig sind. Die schlechteste Art der Wahl würde nun die sein, welche, unter gleicher Theilnahme aller Einzelnen im Volke, durchaus nur nach numerischen Verhältnissen geordnet wäre, so etwa, daß man das Land nach der Kopfzahl seiner Bewohner in eine Anzahl Bezirke theilte, deren jeder wieder blos nach numerischen Verhältnissen eine Anzahl Volksvertreter zu ernennen hätte. Denn niemals sollen die öffentlichen Angelegenheiten der Gefahr ausgesetzt werden, durch eine bloße Mehrheit von Stimmen, die man lediglich zählt, ohne sie zu wägen, entschieden zu werden; überall, wo es sich um Fragen handelt, deren Beantwortung nicht von dem bloßen Belieben, sondern von Gründen abhängt, ist die Entscheidung durch die Majorität doch zuletzt ein bloßes Auskunftsmittel, wo ein anderes Mittel vernünftiger Entscheidung nicht zugänglich ist. Gäbe es im Gegentheile im Volke Männer, die die gesellschaftlichen Bedürfnisse und Verhältnisse genau kennen, deren wahrhaft guter Wille fähig wäre, sie über alle Parteilichkeit zu erheben, deren Charakter geprüft und deren Geist hell genug wäre, um das verschiedene Gewicht der gesellschaftlichen Forderungen auf der Wage eines feinen Urtheils zu unterscheiden, die die Erfahrungen des täglichen Lebens nicht blind gemacht hätten gegen die Forderungen der Ideen, und die kein leerer Enthusiasmus an die Grenzen des Unausführbaren hintriebe; die sich weder von dem Vorurtheile für das Alter, noch von dem Reize der Neuheit blenden ließen; Männer, die, so ausgerüstet, als solche vom Volke gekannt und geehrt wären, die folglich auch das Ansehn und Vertrauen genössen, welches die Gemüther der Menge an sie knüpfte; Männer endlich, die dieses Vertrauen durch Umsicht und Mäßigung zu erwiedern verständen, und die gleichwohl unabhängig von der veränderlichen Volksgunst die Kraft hätten, den Weg der Pflicht niemals aus dem Auge zu verlieren; — wäre es möglich, eine mäßige Anzahl solcher Männer ohne die Formalitäten eines künstlichen Wahlmodus mit Sicherheit zu finden, so würden sie diejenigen sein, die vor allen andern verdienten, als Vertreter des Volks anerkannt zu werden. Solche Männer zu finden, sie aus der Menge als Vertreter des Volks hervorzuheben, muß als das Ziel aller Bestimmungen über die Fähigkeit, zu wählen und gewählt zu werden, betrachtet werden; das Gemeinwesen verliert nichts, wenn diejenigen, denen Kenntniß, Einsicht, guter Wille fehlt, von dieser wichtigsten gesellschaftlichen Function ausgeschlossen bleiben. An welche Bedingungen zu diesem Zwecke die Wahl geknüpft werden soll, hängt aber meist von den concreten Verhältnissen dieses oder jenes Staats ab, und nur so viel ist allgemein deutlich, daß eben bei der Unsicherheit über die persönliche Befähigung des Einzelnen die beschränkenden Rücksichten auf Alter, Stand, bürgerliche Unbescholtenheit, äußeren Besitz und den davon abhängigen Census doch zuletzt nur Hülfsmittel sind, jene Unsicherheit auf möglichst enge Grenzen zu beschränken und die Wahrscheinlichkeit so viel wie möglich zu sichern, daß der Erfolg der Wahl die Besten, Tüchtigsten, Verständigsten in die repräsentative Versammlung vereinigen werde. Mit Wahrscheinlichkeiten dieser Art, für die es allerdings ein Mehr oder Weniger giebt, wird man sich in der Wirklichkeit meist begnügen müssen; und deshalb ist es allerdings Sache der Klugheit, die keineswegs Egoismus und Herrschsucht zu sein braucht, auf das verschiedene Maaß der äußeren Interessen, die die Einzelnen im Volke an den Staat knüpfen, ein Gewicht zu legen und in ihm eine Garantie für die Art ihrer Theilnahme an den öffentlichen Angelegenheiten zu suchen. Darin liegt auch der Grund, warum für große, verschiedenartig zusammengesetzte Staaten eine von der Wahl unabhängige Repräsentation gewisser Stände, die durch die Größe und den Umfang ihres gesellschaftlichen Einflusses hervorragen, in hohem Grade nützlich und nothwendig sein kann, als ein wohlthätiges Gegengewicht bald gegen die Beweglichkeit des veränderlichen Volkswillens, bald gegen die Uebergriffe der Macht. Alle die mannigfaltigen und schwierigen Fragen, die hierher gehören, und die in der Wirklichkeit viel häufiger der Lauf der Ereignisse, als voraussehende Weisheit entscheidet, greifen überhaupt so sehr in die concreten Verhältnisse ein, daß es genügen muß, nur den Punkt bezeichnet zu haben, auf welchem sie als Bedingungen für die größere oder geringere Wahrscheinlichkeit der Darstellung und Entwickelung des Rechtsstaates im Zusammenhange der praktischen Philosophie entstehen.

Aus demselben Grunde muß alles das hier übergangen werden, was sich auf die specielle Bestimmung des **Umfangs** und der **Art** der Theilnahme, die das Volk durch das verfassungsmäßige Organ seiner Repräsentanten an der Gesetzgebung zu nehmen berechtigt werden soll, so wie auf die **Formen** bezieht, an welche diese Theilnahme gebunden werden kann. Wollte man der Regierung nur die Vollziehung der Gesetze überlassen, die Gesetzgebung aber ganz in die Hände des Volks legen, so würde das die Macht im Staate zur Dienstbarkeit herabsetzen heißen; selbst diejenigen Verfassungen, die dem Principe nach auf demokratischen Grundlagen beruhen, müssen dem Repräsentanten der Staatsgewalt zum mindesten ein Veto zugestehen, welches ihn nicht blos zum Werkzeuge des Volkswillens werden läßt. Eben dieses Recht aber, einem von der Regierung beabsichtigten Gesetze durch Nichtzustimmnng die gesetzliche Sanction zu versagen, ist auch das Minimum, welches der Volksvertretung zustehen muß, wenn ihr Einfluß auf die Gesetzgebung nicht blos illusorisch sein soll. Bloße Negationen ergeben nun allerdings noch nichts Positives, am wenigsten einen wahren Fortschritt des Staatslebens; und zwischen jenen negativen Grenzbestimmungen können sehr mannigfaltige Abstufungen des Rechtes liegen, um Gesetze zu bitten, sie zu beantragen, endlich sie vorzuschlagen und unter gewissen Bedingungen durchzusetzen. Auf die verschiedenen Bestimmuugen hierüber wird man in der Regel ein um so größeres Gewicht legen, je weniger Einmüthigkeit zwischen der Regierung und dem Volke vorhanden ist. Dann tritt aber auch gewöhnlich der Parteigeist an die Stelle des wahren Gemeingeistes; ein Verhältniß, welches schon an sich einen Mangel gesellschaftlicher Durchdringung voraussetzt. Parteien, und namentlich politische Parteien wird es zwar unvermeidlich so lange geben, als nicht sowohl über die Zwecke der Gesellschaft, als auch über die Mittel zur Erreichung derselben vollständiges Einverständniß herrscht; und daß durch die Kämpfe derselben der Fortschritt des Ganzen jeweilig gefördert werden kann, soll nicht geleugnet werden. Gleichwohl kann der Kampf derselben, die eben als Parteien immer in der Gefahr sind, **ihre** Bestrebungen mit dem allgemeinen Interesse der Gesellschaft zu verwechseln und dieses jenen unterzuordnen, nicht als ein Kennzeichen der inneren Vortrefflichkeit des Staatslebens angesehen werden; und eine Opposition um der Opposition willen, gleichviel ob der Regierung gegen die Volksvertreter, oder dieser gegen jene, ist doch zuletzt nichts, als die verwerfliche Lust am Streite, die die Grundlagen des bestehenden Rechtszustandes auf die Länge unterhöhlt und das Vertrauen auf die rechtliche Gesinnung untergräbt, die ihn in letzter Instanz trägt. Wo die Organe der Staatsgewalt nicht einträchtig zusammenwirken, erzeugt die Reibung nothwendig eine Hemmung, die irgend einen Theil der gesellschaftlichen Kräfte verzehrt, der besser hätte benutzt werden können. —

Die zweite Hauptclasse der Functionen der Staatsgewalt, die Vollziehung alles dessen, was zur Aufrechthaltung der gesellschaftlichen Ordnung gehört, verlangt ihrer Natur nach andere Bedingungen ihrer richtigen Erfüllung, als die Gesetzgebung. Von dieser Seite betrachtet erscheint der Staat nämlich nicht sowohl als ein System frei überlegender Willen, sondern vielmehr als ein System von Geschäften, für deren Ausführung das Gesetz zwar die Grundlage und die Grenzen vorschreibt, für welche aber die Ueberlegung und Einstimmung, die zur Aufstellung des Gesetzes selbst gehört, wegfällt. Vor allen Dingen muß die Staatsgewalt, als Vollstreckerin des Gesetzes, auf Gehorsam rechnen können; sie muß allerdings in dem Grade concentrirt sein, daß sie als Organ des Gesetzes präcis, rasch und wirksam handeln kann; die Vollziehung des Gesetzes muß deshalb der obersten Macht im Staate wenigstens dergestalt überlassen bleiben, daß sowohl die Befehle zu dieser Vollziehung von ihr ausgehen, als auch ihr die nächste Controle über sie allein zusteht. Insofern sie dazu einer größeren oder geringeren Anzahl von Personen bedarf, die unter ihrer obersten Leitung die öffentlichen Geschäfte besorgen, entsteht das Bedürfniß von Staatsbehörden und Staatsbeamten, deren Wirksamkeit als abhängig von dem Auftrage der obersten Gewalt, Staatsdienst ist. Das Amt ist diejenige Art des Berufs, in dessen Begriff die Beziehung auf die Zwecke der Gesellschaft unmittelbar liegt; und unter Voraussetzung des Gesetzes sind die Pflichten desselben zunächst durch den Inhalt des Gesetzes, und erst dann durch die Beziehung zu der Person des Vorgesetzten bestimmt; diejenigen Fälle natürlich ausgenommen, wo das Gesetz selbst dem individuellen Ermessen des Vorgesetzten freien Spielraum läßt, und der **Befehl** desselben der ausreichende Grund bestimmter Anforderungen an seine Untergebenen ist.

So einfach sich auch diese Begriffe im Allgemeinen gestalten, so darf das doch die Schwierigkeiten ihrer Anwendung auf die concreten Verhältnisse nicht verkennen lassen. Zuerst: je mannigfaltiger und verschiedenartiger die öffentlichen Geschäfte sind, desto schwieriger wird die **richtige Theilung** derselben, so wie die davon abhängige Organisatition der Behörden. Nächstdem wird die **verschiedene Beschaffenheit** der Geschäfte eine verschiedene Einrichtung der besondern mit ihrer Besorgung beauftragten Behörden nothwendig oder wenigstens zweckmäßig machen. Endlich wird für jede Thätigkeit der vollziehenden Gewalt die Frage übrig bleiben: wo denn die Garantie liege, daß die Geschäftsführung auch wirklich dem Gesetze gemäß, und nicht die individuelle Willkühr dessen, dem ein Theil der öffentlichen Gewalt übertragen war, an die Stelle des Gesetzes getreten sei?

Versucht man nun, die höchst mannigfaltigen Rücksichten, welche die vollständige Beantwortung dieser Fragen in sich schließt, auf allgemeine Grundsätze zurückzuführen, so bietet sich für die beiden ersten kaum ein anderer dar, als die Hinweisung auf die verschiedene **Natur** der Geschäfte und die Eigenthümlichkeit der Art und Weise, wie sie einen Theil der gesellschaftlichen Ordnung tragen und stützen sollen. Daß ungleichartige Geschäfte gesondert, gleichartige vereinigt werden sollen, fordert eben nur die **Natur** derselben, und dieser Gesichtspunkt wird dann von entscheidender Wichtigkeit, wo durch Vermischung ungleichartiger Geschäfte die Gefahr entsteht, daß die Lösung von Aufgaben, die in dem Umfange der gesellschaftlichen Zwecke liegen, gehindert und verdorben werde. Eines der nächstliegenden Beispiele ist hier die nothwendige Absonderung der **Gerichte** von allen übrigen Zweigen der vollstreckenden Gewalt; die Unabhängigkeit derselben von jeder nicht auf das Gesetz gestützten oder den Zweck des Richteramts irgend einem andern Zwecke unterordnenden Willkühr. Innerhalb dieser allgemeinen Forderung bleibt immer noch ein weiter Spielraum für eine sehr verschiedenartige Organisation derselben, die sich theils nach der Unterscheidung der verschiedenen Arten der Rechtsverletzung und des Rechtsstreites, die der Competenz der einzelnen Gerichtshöfe zugewiesen werden sollen, theils nach der Geltung richten wird, welche die Entscheidung einer richterlichen Behörde im Verhältniß zu einer höhern, ihr Urtheil nochmals prüfenden hat. Dazu kommt die ganze verwickelte Frage nach der Zweckmäßigkeit des Gerichtsverfahrens d. h. nach den Bedingungen, die aus der Natur der verschiedenen Rechtsstreitigkeiten für die Schnelligkeit, Zuverlässigkeit, Wohlfeilheit der richterlichen Entscheidung, so wie für das Vertrauen oder Mißtrauen sich ableiten lassen, welche die Art und der Erfolg der richterlichen Thätigkeit bei der Gesammtheit der Mitglieder des Staates hervorruft. In allen diesen Beziehungen entscheiden, da der Zweck, die Anwendung und Aufrechthaltung der Gesetze, durch den Begriff des Gerichtes schon feststeht, Rücksichten der Zweckmäßigkeit; aber das Zweckmäßige wird auch hier nicht für alle Fälle dasselbe sein, sondern die ganze Mannigfaltigkeit concreter Lebensverhältnisse, die das richterliche Einschreiten herbeiführen, fordert Berücksichtigung. Machen schon die verschiedenen Aufgaben der Criminal- und der Civiljustiz möglicherweise ganz verschiedene Ansprüche, so können die verschiedenen Arten der Rechtsverletzungen und Rechtsstreitigkeiten noch zu mancherlei speciellen Modificationen führen; und eine genaue Analyse der, die einzelnen Classen dieser Verhältnisse charakterisirenden, individuellen Merkmale muß sich mit der Rücksicht auf die mehr oder minder wahrscheinlichen Folgen solcher oder anderer Einrichtungen verbinden, um individuelle, für das Bedürfniß der richtigen Geschäftsführung ausreichende Bestimmungen daraus abzuleiten. Es handelt sich hier, wie überall, wo ideale Zwecke in einen gegebenen Stoff hineingebildet werden sollen, nicht um Deductionen aus allgemeinen Begriffen, sondern um eine Wahl zwischen Möglichkeiten, die eine solche oder andere Behandlung gegebener Verhältnisse nach jenen Zwecken gestatten. Dieser Wahl arbeitet gewöhnlich das gesellschaftliche Bedürfniß vor; die Sitte und Gewohnheit ergänzt bisweilen, wenigstens theilweise, partielle Fehlgriffe und Unvollkommenheiten; in jedem Falle giebt es aber für sie Erfahrungen und Belehrung durch Erfahrung, die als Leitfaden für die Ueberlegung benutzt werden sollen. An diesen Belehrungen und den darauf gegründeten Wahrscheinlichkeiten, zusammengenommen mit dem festen und unverrückten Hinblick auf die ethischen Aufgaben des Staates finden die verschiedenen Meinungen über Bureaukratie und collegialische Einrichtung der Behörden, über Oeffentlichkeit und Mündlichkeit gewisser Theile der Justiz, über die zweckmäßigsten Formen des Criminal- und des Civilprocesses, und über die selbstständige Gerichtsbarkeit einzelner Corporationen und Individuen im Gegensatze zu den unmittelbar vom Staate eingesetzten richterlichen Behörden, und andere bald allgemeinere, bald speciellere ihre Prüfung, Widerlegung oder Bewährung.

Die Frage endlich nach der Garantie für die Gesetzmäßigkeit der Handlungen der vollziehenden Gewalt ist von so durchgreifender Wichtigkeit, daß sie noch auf eine Präsumtion des Verfassungsrechtes führt, für welche die Theilnahme der Volksvertretung an der Gesetzgebung nicht ausreicht. Die nächste Garantie liegt jedenfalls in der Verantwortlichkeit jedes Untergebenen in allen Zweigen des Staatsdienstes gegen seinen Vorgesetzten. Aber die Wirkung dieser Verantwortlichkeit hängt nothwendig davon ab, daß der Vorgesetzte die Forderungen des Gesetzes in sein eigenes Wollen aufnimmt; also, wie auch die Rangordnung der Behörden abgestuft sein möge, davon, daß die Personen, welche an der Spitze bestimmter Geschäftszweige stehen, den Willen haben, keine Gesetzwidrigkeit zu dulden. Aber einerseits kann das Vorhandensein dieses Willens zweifelhaft sein; eine je größere Gewalt in den Händen eines Einzelnen liegt, desto größer mag die Verlockung gedacht werden, ihre Anwendung an das Gesetz nicht zu binden; andrerseits erscheint es als eine unbedachte Voraussetzung, daß jede gesetzwidrige Handlung einer Unterbehörde zur Kenntniß der höchsten Staatsbeamten gelangen müsse. Die letztere Rücksicht führt auf die Nothwendigkeit, daß jedem Einzelnen, der sich in seinem Rechte gekränkt glaubt, das Recht der Beschwerde zugestanden werde; die erstere führt zu der Frage, wie der Begriff der Verantwortlichkeit auch auf diejenigen ausgedehnt werden könne, deren Anordnungen gegenüber gleichwohl jeder Einzelne als Unterthan muß betrachtet werden. Dieses gilt namentlich von der Monarchie, wo es über der Person des Monarchen, als dem Repräsentanten des Staates, keine Behörde geben kann, der das Recht, ihn zur Verantwortung zu ziehen, zugestanden werden könnte, und die gleichwohl die Bethätigung des Rechts der Willkühr eines Einzigen überlassen würde, wenn sie die Befehle und Handlungen des Monarchen von der Gebundenheit an das Gesetz eximirte. Dieser doppelten Rücksicht wird nun der Form nach dadurch genügt werden können, daß nicht der Monarch selbst, sondern die von ihm ernannten obersten Organe der Staatsgewalt, die Minister, die Functionen der vollziehenden Gewalt ausüben und die persönliche Verantwortlichkeit für dieselbe übernehmen. Die Fiction, die hierin liegt, daß der Monarch angesehn werden soll als ein solcher, der Nichts Gesetzwidriges thun könne, ist in sofern etwas mehr als eine bloße Fiction, als darin zugleich mit liegt, daß ein Befehl der vollziehenden Gewalt, für welchen der betreffende Minister die Verantwortlichkeit nicht übernommen hätte, als rechtlich nicht verbindlich soll betrachtet werden dürfen. Jedenfalls aber paßt der ganze Begriff einer solchen Verantwortlichkeit nur in repräsentative Verfassungen. Und eben deshalb wird die Frage: wem die höchsten Organe der Staatsgewalt verantwortlich sein sollen? sich dann am natürlichsten dahin beantworten, daß dafür nicht eine besondere Behörde, eine Art Ephorat, festgestellt zu werden braucht, sondern daß die verfassungsmäßigen Organe des Volks diese Verantwortung in Anspruch zu nehmen berechtigt werden sollen. Wie hoch man übrigens auch dieses Recht der Stände wird anschlagen müssen, so liegt es doch in der Natur der Sache, daß, an welche Bedingungen und Formen seine Ausübung auch gebunden sein möge, der wichtigste Theil seiner Wirkung nicht sowohl juridischer, als moralischer Art sein wird; ein Minister, der es nicht für unehrenhaft und seiner Stellung unwürdig betrachtet, sich einer gegründeten Anklage auszusetzen, würde neben solchen Handlungen, die ihm Verantwortlichkeit zuziehen, wohl auch den Versuch wagen, sich den Wechselfällen eines Staatsprocesses auszusetzen, die verhältnißmäßig für ihn gewöhnlich eine größere Wahrscheinlichkeit eines glücklichen Ausgangs darbieten möchten, als für den Kläger. —

So wie nun schon für die wesentlichen Bestimmungen einer Verfassung, die dem gesellschaftlichen Wollen die Annäherung an die beseelte Gesellschaft nicht soll unmöglich machen, hier die allgemeinsten Umrisse genügen mußten, so ist es noch viel weniger möglich, alle die Präsumtionen für die rechtliche Ordnung im Einzelnen aufzuzählen, welche aus der Natur der gegebenen Verhältnisse einerseits, und aus den übrigen Ideen andrerseits sich würden ableiten lassen. Denn daß sich im Staate ein großer Theil der Präsumtionen wiederholt, welche schon die sittlichen Verhältnisse zwischen den Einzelnen wesentlich bestimmen, daß also Niemand als rechtlos, daß vielmehr Unantastbarkeit der Person und des Eigenthums als die allgemeine Grundlage der rechtlichen Ordnung soll angesehen werden, versteht sich nach dem früher Entwickelten (S. 461 flgg.) von selbst. Dazu treten die Ansprüche auf Ehre und guten Namen (S. 464), auf Freiheit in der Wahl des Berufs (S. 493, 496 flgg.), auf die Bedingungen der geistigen Cultur (S. 509 flgg.) u. s. w. Die Dringlichkeit, mit welcher diese Präsumtionen auf Beachtung Anspruch machen, ist der Art und dem Grade nach sehr verschieden; die Gesetzgebung aber darf in keinem dieser Punkte bedeutend hinter dem Bildungszustande der Gesellschaft zurückbleiben, wenn sie nicht die gesellschaftliche Durchdringung in Gefahr bringen will. Ueberdies aber wird eine nur leidliche Gesetzgebung hier vieles ausdrücklich ergänzen und ordnen, was der sittlichen Uncultur der Einzelnen mit Sicherheit nicht würde überlassen bleiben können. Hierher gehören als weitgreifende Beispiele die Bestimmungen über zweifelhafte Ansprüche auf Eigenthum, die Milderung und gesetzliche Beschränkung der Dienstverhältnisse, ganz vorzüglich aber die Fürsorge für solche Personen, deren eigener Ueberlegung die Leitung ihrer Angelegenheiten ohne Gefahr und Nachtheil nicht würde überlassen werden können. Die Fürsorge der Rechtsordnung für Unmündige und Waisen, die Beschränkung der Gültigkeit von Privatverträgen, die nicht auf freier Ueberlegung, sondern auf List, Betrug, Irrthum, Gewalt beruhen, oder deren Inhalt an sich unsittlich oder gemeinschädlich ist, diese ganz nahe liegenden, keineswegs aus einer idealen Ferne herbeigeholten Beispiele zeigen deutlich, daß die Idee des Rechts allein d. h. die Erfüllung der bloßen Forderung, daß überhaupt *irgend* ein System von Bestimmungen vorhanden sei, die als Norm zur Vermeidung des Streites respectirt werden sollen, nicht ausreicht, um eine nur leidliche gesellschaftliche Ordnung zu begründen, daß aber gleichwohl das Recht die *Form* ist, in welche sich *alles* gesellschaftliche Wollen fügen muß, damit es nicht als Willkühr erscheine. Daher wird gerade für denjenigen Theil dieses Wollens, der auf einen positiven Werth Anspruch machen kann, die Rechtsordnung nicht das positiv treibende Princip sein, sondern nur eine Sicherung und Beschützung der Grenzen darbieten können, innerhalb deren sie ihrerseits diejenige freie Bewegung erlaubt oder verbietet, welche die übrigen Ideen fordern oder versagen. Die Beantwortung der Frage, bis auf welchen Punkt die Gesetzgebung sich erlauben dürfe, der Privatwillkühr hier hemmend oder vorschreibend entgegenzutreten, hängt jedoch zu genau mit dem Inhalte und dem Grade der Innigkeit des gesellschaftlichen Geistes zusammen, als daß sie sich allgemein beantworten ließe; wohl aber läßt sich annehmen, daß wo dem Volke ein wirksamer Antheil an der Gesetzgebung rechtlich zusteht, da dem Einzelnen manches Opfer mit größerer Wahrscheinlichkeit seiner Zustimmung werde auferlegt werden können, als da, wo die Staatsgewalt blos durch Befehle, die lediglich von ihr ausgehen, normirend und entscheidend eingreift. —

Unter der Voraussetzung nun, daß die Gesellschaft, wenigstens in dem einflußreichern und bessern Theile ihrer Mitglieder, also zunächst durch die verfassungsmäßigen Organe ihres Wollens sich über die Idee des bloßen Rechts zu erheben im Stande sei, wird sich die Rechtsordnung mit Benutzung aller Hülfsmittel einer richtigen und allgemein verbreiteten Cultur von selbst durch die Rücksicht auf die Ideen des Lohnsystems, des Verwaltungssystems und der beseelten Gesellschaft zu veredeln suchen. Je höhere Ziele hiermit die Gesellschaft oder wenigstens der bessere Theil derselben anerkennt, desto größer werden aber auch die Schwierigkeiten ihrer Erreichung, schon deshalb, weil hier ganz besonders der Satz gilt: daß das Bessere der Feind des Guten ist, d. h. daß auf die Erreichung eines entfernter liegenden Zieles nicht mit Zuversicht wird gerechnet werden können, wenn nicht die Erreichung des näheren schon gelungen ist und die darauf ruhende gesellschaftliche Ordnung sich schon hinlänglich befestigt hat.

Die enge Verbindung des Rechtssystems mit dem Lohnsystem, so wie die Art, wie aus dieser Verbindung mit Rücksicht auf die Vergeltung der Uebelthaten der Begriff und die Aufgabe des Strafrechts innerhalb der durch die Idee der Vergeltung gezogenen Grenzen entsteht, ist schon früher (S. 260 — 274) nachgewiesen worden. Ohne nun das zu wiederholen, was darüber die früheren Erörterungen schon enthalten, ohne namentlich den für den Rechtsstaat sich von selbst verstehenden Satz zu entwickeln: daß das Recht der Strafgesetzgebung sowohl, als der Strafvollziehung, mit Verzichtleistung auf alle Privatrache und Privathülfe*), als ein jede Privatwillkühr ausschließendes Attribut der höchsten gesellschaftlichen Autorität angesehen werden solle, muß doch auf die großen Schwierigkeiten eines Criminalrechts und Criminalverfahrens, welches von der sittlichen Scheu, jene Grenzen zu überschreiten, aber auch von der Pflicht, den Forderungen der Vergeltung genug zu thun, beseelt wäre, aufmerksam gemacht werden. Eine reiche Quelle dieser Schwierigkeiten liegt schon darin, daß gewisse Rechtsverletzungen als Verletzung nicht blos des Betheiligten, sondern der Gesellschaft, der öffentlichen Ordnung und Sicherheit angesehen werden. Denn obgleich dies im Ganzen unzweifelhaft ein Fortschritt der gesellschaftlichen Entwickelung ist, so entstehen dadurch doch die Fragen: ob die Verletzung der Gesellschaft oder die des Einzelnen als das die Größe des Verbrechens vorzugsweise bestimmende Moment betrachtet werden solle? welche Vergehen überhaupt die Gesellschaft aus beiden Gesichtspunkten oder nur aus dem der Privatverletzung ansehen, und wie hoch sie die der gesellschaftlichen Sicherheit zugefügte Uebelthat anschlagen dürfe**)? Ueberdem ist in den meisten Fällen die Verletzung der Gesellschaft von Seiten des Verbrechers nur culpa, während die Verletzung des Einzelnen dolus sein kann, und es unterliegt hiermit streng genommen die Beurtheilung einer und derselben Handlung ganz verschiedenen Rücksichten. Sieht man ferner auf die Größe der Strafbarkeit, die sich ursprünglich nach der Größe der beabsichtigten und bewirkten Uebelthat richtet, so kann dieselbe That unter verschiedenen Umständen einer sehr verschiedenen Strafbarkeit unterliegen. Wer einem Reichen eine Summe Geldes raubt, und dessen Reichthum kennt, der hat factisch weniger Uebel zugefügt, und vielleicht auch beabsichtigt, als wenn er dieselbe Summe dem Armen nimmt,

*) Daß dadurch die Möglichkeit, in gewissen Fällen Nothwehr gesetzlich zu erlauben, nicht ausgeschlossen wird, ist schon bemerkt worden.

**) Hierin scheint der Sache nach der schwankende Unterschied zwischen bloßen Vergehen und Verbrechen zu wurzeln.

dessen letzte Stütze sie war. Ob Unterschiede dieser Art durch die allgemeine Rücksicht auf die öffentliche Sicherheit, die in beiden Fällen gleichmäßig gestört sei, überall vollständig ausgeglichen werden, ist wenigstens eine Frage, über welche die Gesetzgebung, um an einem bestimmten Strafmaß überhaupt einen festen Anhaltepunkt zu haben, hinwegzueilen sehr geneigt ist, obgleich jene Berufung auf die Störung der Rechtsordnung, welche bei jeder Rechtsverletzung gleichmäßig eintritt, zu viel beweist. Nimmt man dazu noch die Rücksicht auf die Strafmittel, welche der menschlichen Gerechtigkeit zu Gebote stehen, auf ihre Dürftigkeit einerseits gegenüber den mannigfaltigen Arten absichtlicher Uebelthaten, und ihre Plumpheit andererseits gegenüber dem Bedürfniß einer feinen und dem Maaße der Schuld genau entsprechenden Abstufung; überblickt man die Verschiedenheit der Art, in welcher eine und dieselbe Strafe von verschiedenen Individuen als Strafe empfunden wird; versetzt man sich in die Mitte der Fragen, welche die möglichen Abstufungen des verbrecherischen Wollens, die Complicationen zwischen Absicht und Zufall, Vorsatz und Verlockung, Leichtsinn und Bosheit, endlich die Zweifel über die Zurechnungsfähigkeit verbrecherischer Handlungen hervorrufen; erinnert man sich, welchen Schwierigkeiten schon die Feststellung des Thatbestandes bei geschehenen Verbrechen unterliegen kann, und welche Rückwirkung der allgemeine Vorblick auf dieselben für die Art der Untersuchung haben muß, deren Maaßregeln gleichmäßig darauf berechnet sein sollen, den Schuldigen nicht entschlüpfen zu lassen und den Unschuldigen wo möglich auch nicht einmal der moralischen Qual und den drückenden äußeren Nachtheilen eines Criminalprocesses auszusetzen; sieht man auf die Wirkungen, die die zugefügte Strafe auf die moralische Besserung oder Verhärtung des Verbrechers, so wie auf die Stellung haben wird, die er nach überstandener Strafe in der Gesellschaft zu behaupten oder sich wieder zu erringen fähig sein werde; überlegt man endlich, daß es Uebelthaten giebt, die das äußere Gesetz und die äußere Strafe gar nicht erreichen kann und die aller menschlichen Gerechtigkeit zu spotten scheinen: so eröffnen sich hier ganze Classen specieller Untersuchungen, deren Wurzeln allerdings in dem Gebiete der praktischen Philosophie liegen, auf deren Verzweigung mit der Gesammtheit aller gesellschaftlichen Verhältnisse diese aber nur hinweisen kann. Daß man alle diese Fragen, einzeln und in ihrer gegenseitigen Verbindung ins Auge zu fassen und den Versuch, jene Schwierigkeiten wenigstens theilweis zu überwinden, zum Gegenstand einer gesellschaftlichen Sorge zu machen angefangen hat, während frühere Jahrhunderte ihre Praxis meist nach den Forderungen eines rohen Terrorismus richteten, der auf alle feineren Unterscheidungen wenig Gewicht legte, das ist selbst ein großer gesellschaftlicher Fortschritt. Gleichwohl wird das Urtheil nicht zu hart klingen, daß die Ausübung der Strafgerechtigkeit, so weit sie in den Umfang menschlicher Befähigung fällt, immer mit großen Unvollkommenheiten behaftet bleiben wird. Deshalb führt gerade die Idee der Vergeltung directer, als irgend eine andre Idee auf den religiösen Glauben an eine moralische Ordnung der Dinge, die die Grenzen des irdischen Daseins, wie genau sich auch die gesellschaftlichen Einrichtungen den ethischen Forderungen anschließen mögen, überschreitet und die sittlichen Verhältnisse, denen hier nur unvollkommen oder gar nicht genügt wird, zu ergänzen bestimmt sei. Diesen Mängeln gegenüber ist es daher auch im Allgemeinen nicht zu verwundern daß innerhalb des Staates das ganze Strafrecht im Durchschnitt vielmehr aus dem Gesichtspunkte eines Mittels für die Sicherung und den Schutz der Rechtsordnung, als aus dem eines absoluten, durch die Thätigkeit des Staates vollständig erreichbaren gesellschaftlichen Zweckes betrachtet wird, ja daß es von Seiten seiner unvermeidlichen Unvollkommenheit Manchem wenigstens theilweis nur als ein nothwendiges Uebel erscheint. Ist aber eine solche Auffassung irgendwie gegründet, so liegt darin zugleich die allerdringendste Hinweisung auf das Cultursystem und das Verwaltungssystem, denen es aufgegeben ist, die Gesinnungen zu veredeln und die Quellen der Uebelthaten zu verstopfen, die, wenn sie einmal geschehen sind, allerdings der verdienten Strafe anheimfallen.

Indessen die Vergeltung der Uebelthaten erschöpft nicht die Aufgaben des Lohnsystems. Daß nun der zweiten Aufgabe desselben, der Vergeltung der Wohlthaten, noch nicht so bestimmt ausgeprägte gesellschaftliche Formen und Einrichtungen entsprechen, wie jener ersten, würde ein Zeichen großer Mangelhaftigkeit der gesellschaftlichen Einrichtungen sein, wenn nicht einestheils die Anerkennung und Belohnung des Verdienstes die Organisation des Staatslebens wenigstens zum Theil wirklich durchdringen könnte, ohne daß sie sich durch die äußere Existenz bestimmter Behörden zu erkennen gäbe, und anderntheils die Frage sehr nahe läge, wie groß denn die Summe der Thätigkeit sei, die von der Absicht, der Gesellschaft als solcher wohlzuthun, erzeugt oder auch nur begleitet werde. Denn die Gesellschaft ist zunächst nur verpflichtet, dem zu vergelten, der ihr absichtlich wohlthut; mittelbare, nicht beabsichtigte Vortheile, die ihr durch die Thätigkeit der Einzelnen erwachsen, verpflichten nicht sowohl zu ausdrücklichen Acten gesellschaftlicher Vergeltung, als vielmehr nur zu der allgemeinen Sorge, daß Verdiensten dieser Art der gebührende Lohn auch wieder mittelbar aus ihren Wirkungen für den Thäter entgegenkomme. Dagegen liegt es aber allerdings in der Aufgabe des Staates als eines Lohnsystems, daß er die Leistungen der Einzelnen, die er im Interesse der Gesellschaft fordert oder annimmt, im Verhältniß mit der Wichtigkeit derselben zu vergelten bereit sei. Hierher gehört namentlich alles, was sich auf die Belohnung der öffentlichen Beamten bezieht, sowohl was die äußeren Vortheile, deren Genuß ihnen die Bedingungen ihrer Existenz und Wirksamkeit sichert, als was die Ehre anlangt, die der Staat besonderen Arten des Staatsdienstes, oder bestimmten durch ihr Verdienst ausgezeichneten Personen zollt*). Indem aber durch dieses Verhältniß des Staates zu denen, welche ihm unmittelbar als gesellschaftlichem Ganzen ihre Kräfte widmen, zugleich Lasten für die Gesellschaft erwachsen, die das, womit vergolten werden soll, darbringen und aufbringen muß, verwickelt sich diese Pflicht durch die doppelte Rücksicht auf die, welche empfangen, und auf die, welche leisten sollen; und der Staat darf

*) In die Forderung, daß dem Maaße des Verdienstes die billige Vergeltung entspreche, ist z. B. die Rücksicht auch darauf mit eingeschlossen, daß, wenn den pflichtgetreuen Beamten Krankheit, Unglück, Alter unfähig machen, die Pflichten seines Amtes fernerhin auszuüben, ihm die Bedingungen der äußeren Existenz nicht abgeschnitten werden; weil immer eine (namentlich in der Demokratie sehr häufige) Unbilligkeit darin liegt, wenn ein Dienstverhältniß, welches eine lange weitläuftige Vorbereitung fordert, und vielleicht die Möglichkeit, sich andere Quellen der äußeren Existenz zu eröffnen, ausschließt, als ein solches behandelt wird, welches nur für die Zeit der wirklichen Diensterfüllung zum Lohn verpflichte.

das Verhältniß zwischen diesen Ansprüchen, die beide auf die Billigkeit zurückweisen, nicht aus dem Auge verlieren, um nicht auf der einen oder der anderen Seite gegen die Billigkeit zu verstoßen. Der positiven Pflicht nämlich, wirklich vorhandenes Verdienst zu vergelten, tritt sogleich die negative zur Seite, auf die schon die früheren Entwickelungen hingewiesen haben (S. 256 flg.), keinerlei durch besondere Verdienste nicht gerechtfertigte Ungleichheit zu begünstigen, also auch einer solchen, vielleicht drückenden Ungleichheit der Rechte durch die Gesetzgebung entgegenzuarbeiten. Hierher gehört nicht nur die Gleichheit aller Mitglieder des Staates vor dem Gesetz überhaupt, sondern auch ganz speciell, die Aufforderung zu der Sorge einer gleichen Vertheilung der Lasten, die der Staat im Interesse des Ganzen den Einzelnen aufzulegen genöthigt ist. Es versteht sich von selbst, daß diese Gleichheit die allergrößte Ungleichheit sein würde, wenn sie als die Gleichheit des Geleisteten ohne Rücksicht auf die Proportionen der Leistungsfähigkeit aufgefaßt würde. Wie diese letztere zu ermitteln, nach welchen Gesichtspunkten sie zu benutzen sei, ist die Aufgabe von Untersuchungen, die ganz speciell in das empirische Detail der Lebensverhältnisse eingehen müssen; hier muß es genügen daran erinnert zu haben, daß die Forderung, den Resultaten einer solchen Untersuchung praktische Geltung zu verschaffen und die daraus hervorgehenden Normen rechtlich zu sanctioniren, direct aus der Beachtung hervorgehe, die der Staat der Idee der Billigkeit zu zollen hat.

Faßt man endlich den Begriff des Lohnsystems nicht blos von Seiten dessen auf, was der Staat als Ganzes in seinem Verhältniß gegen die Einzelnen zu leisten und zu verhüten hat, sondern fragt man sich, in wiefern die gesellschaftliche Ordnung dafür sorgen könne und solle, daß die Verhältnisse der Einzelnen untereinander nicht dem Tadel der Unbilligkeit unterliegen, so ist es wenigstens nicht unmöglich, sich ein gesellschaftliches Ganze so geordnet zu denken, daß die Rechtsordnung, auf welcher es ruht, Unbilligkeiten im Verkehre der Einzelnen unter einander vorbeuge und abhelfe, und dafür sorge, daß ihre Leistungen unter einander sich möglichst richtig ausgleichen. Für einzelne Arten möglicher Unbilligkeiten wird es hier thunlich sein, durch bestimmte Gesetze Vorsorge zu treffen; wie z. B. durch Gesetze gegen Wucher und Betrug; da jedoch, wo die Ausgleichung der Leistungen der Vielen unter einander auf allgemeineren gesellschaftlichen Formen beruht, reichen specielle Anordnungen für einzelne Fälle nicht aus, sondern in dieser Beziehung weist die Realisirung des Lohnsystems vielfach auf die Verbindung mit dem Verwaltungssystem hin, insofern dieses im Stande ist, einen solchen Einfluß auf den Gang des Verkehrs und das Verhältniß namentlich zwischen Arbeit und Lohn zu gewinnen, daß dadurch die Ansprüche der Billigkeit zugleich mit befriedigt würden. Die Zwecke des Verwaltungssystems überschreiten nämlich die des Lohnsystems dergestalt, daß die Voraussetzung erlaubt ist, in der Erreichung der letzteren werde die Erreichung der ersteren, so weit sie sich auf Vergeltung der Wohlthaten beziehen, mit eingeschlossen sein.

Soll nun die Beziehung des Verwaltungssystems, dessen Zwecke die höchsten (eben darum aber nicht die ersten und dringendsten) sind, die der Staat sich aneignen kann, auf die gegebenen Naturverhältnisse des Staatslebens in allgemeinen Umrissen nachgewiesen werden, so zeigen sich sogleich solche Schranken der Realisirung dieser Idee, daß es nicht zu verwundern ist, wenn die Darstellung derselben im Staatsleben, so weit die Geschichte reicht, immer nur höchst fragmentarisch und lückenhaft geblieben ist. Das Verwaltungssystem fordert ein unbeschränktes, von allen Punkten der Gesellschaft aus gegenseitig entgegenkommendes Wohlwollen; es fordert den Geist der Liebe und der Aufopferung, der bisweilen die kleineren Gesellungen, die Freundschaft, die Familie, in seiner Fülle und Schönheit durchdringt, als allgemeinen Geist. Ist nun diese Gesinnung schon in engern Kreisen schwer zu erreichen und noch schwerer in ihrer ungetrübten Reinheit aufrecht zu erhalten, so würde es fast eine chimärische Voraussetzung sein, auf sie allein die Maaßregeln der Verwaltung zu gründen, und die freiwillige Befolgung derselben ohne weiteres zu erwarten. Während Recht und Billigkeit durch Gesetze geordnet, und bis auf einen gewissen Punkt selbst durch Zwang und Strafe gesichert werden können, käme es hier unmittelbar auf eine Gesinnung an, die sich schlechterdings nicht erzwingen läßt. Deswegen wird es gerade hier von entscheidender Bedeutung, daß die Gesellschaft nicht auf einem allgemein verbreiteten Wohlwollen, sondern auf der Verwebung höchst verschiedenartiger Privatinteressen beruht, die sich als solche geltend zu machen suchen; und so lange diese Basis der gesellschaftlichen Verhältnisse nicht in den Tiefen der Gemüther sich umwandelt, wird die Frage ganz müßig erscheinen, welche Organisation ein gesellschaftliches Ganze annehmen würde, dessen Mitglieder mit Hintansetzung ihres Privatinteresse von einem reinen Wohlwollen beseelt wären. Daraus folgt, daß die Voraussetzung, auf welcher eine praktisch anwendbare Auffassung des Verwaltungssystems größtentheils beruht, nur die eines, der Gesammtheit der Privatinteressen gegenüberstehenden Wohlwollens ist, und diese Voraussetzung bezeichnet auch die hier unmittelbar sich aufdringende Forderung, daß die Sorge für das allgemeine Beste dem Staate anheimfalle. In ihr kündigt sich der Anspruch an das Wohlwollen der gesellschaftlichen Autorität an, von deren Anordnungen der Einzelne einen günstigen Einfluß auf sein Wohlbefinden erwartet, ohne vielleicht ausdrücklich sich selbst die Gesinnung des Gemeingeistes anzumuthen. Eben hierin liegt aber für die Maßregeln der Verwaltung die Schwierigkeit, daß sie suchen müssen, wo möglich die Totalität aller Privatinteressen zu befriedigen, daß sie aber da, wo das nicht möglich ist, wo positive Opfer zugemuthet werden müßten, auf ein bereitwilliges Entgegenkommen der Betheiligten nicht mit Sicherheit rechnen können. Diese Schwierigkeit wird dadurch zum Theil vermindert, daß der öffentlichen Sorge für die größtmögliche Summe des Privatwohls die Bestrebungen der Einzelnen soweit fördernd entgegenkommen werden, als die letzteren den wohlthätigen Einfluß der Maßregeln der Verwaltung auf ihre eigenen Angelegenheiten inne werden; ja es kann selbst ein vollständiger Egoismus dieser Art den Schein des Gemeingeistes annehmen, wenn in den Einzelnen die Einsicht entsteht, daß ihr Wohl mit dem des Ganzen unzertrennlich verknüpft ist und daß man sich manche kleine Nachtheile gefallen lassen müsse, um desto größere Vortheile sicher genießen zu können. Dieser Gemeingeist, dessen Quelle die verständige Ueberschauung der Bedingungen des eigenen Vortheils ist, mag sogar als ein nothwendiger Durchgangspunkt angesehen werden, damit sich wenigstens allmählig ein reinerer, von dem bloßen Privatinteresse unabhängiger Gemeingeist erzeuge; dennoch entspricht es dem wahren Geiste des Verwaltungssystems eben so wenig, „den Egoismus des einen durch den Egoismus des andern zu zügeln", als ihre egoistischen Bestrebungen unter einander zu verschmelzen und durch einander zu begünstigen.

Bei alledem darf nicht übersehen werden, daß, wo im Umkreise der Gesellschaft irgendwo die Rücksicht auf das allgemeine Beste zum bestimmenden Motiv gewisser Anordnungen und Thätigkeiten geworden ist, wo also ein reines Wohlwollen dem übrigen nichtwohlwollenden Theile der Gesellschaft gegenübersteht, da der Werth dieser Gesinnung sammt dem des daraus hervorgehenden Handelns dadurch nicht gemindert wird, daß die, welche die Wirkungen eines solchen Handelns empfinden, dieselben nur von dem Gesichtspunkte der Nützlichkeit auffassen. Das Wohlwollen kann gar keinen andern Zweck haben, als für den fremden Nutzen zu sorgen, und wie vielfach sich der Begriff des Nützlichen der Masse menschlicher Bedürfnisse gegenüber spaltet, so vielfach sind die Aufgaben des Verwaltungssystems. Aber der Begriff des Nützlichen umspannt nicht nur sehr Vielerlei, sondern dieses Viele, als wirkliche Quelle der Benutzung und des Genusses dargeboten, wirkt auf die, welche es sich aneignen, möglicherweise sehr verschiedenartig, und eine Verwaltung, die nicht nur die Befriedigung momentaner Wünsche und Begierden, sondern die Continuität der Lebensverhältnisse im Auge behält, wird nicht blos die unmittelbaren, sondern auch die mittelbaren, oft sehr entfernten, aber darum nicht minder wichtigen Folgen ihrer Maßregeln überlegen müssen. Ein Wohlwollen ferner, welches sich dem Ganzen der Gesellschaft widmet, wird frei sein müssen von particulärer Vorliebe und parteiischer Begünstigung einzelner Theile des gesellschaftlichen Ganzen; ihm ziemt nur eine gleichschwebende Aufmerksamkeit auf alle Bedürfnisse, die in dem ganzen Umkreise der Gesellschaft vorhanden sind; es ist endlich nicht beschränkt auf die wirklich vorliegende Empfänglichkeit, sondern es wird als erziehende Liebe auf die Erweckung und Veredlung dieser Empfänglichkeit selbst einzuwirken suchen.

Diese Sätze, die nur eine kurze Rückweisung auf die frühere Entwickelung der Idee des Verwaltungssystems sind, erinnern nun jedenfalls daran, daß man die Aufgaben der Verwaltung in einem viel zu beschränkten Sinne auffaßt, wenn man sie neben der Sorge für die Abwendung des Gemeinschädlichen, was aus moralischen Unregelmäßigkeiten und der Ungunst der Naturverhältnisse und Naturereignisse erwachsen kann, blos auf die Frage nach den Bedingungen der Erzeugung der größtmöglichen Menge sogenannter materieller Güter beschränkt. Ohne Zweifel gehört sowohl jene negative, verhütende und vorbeugende, als diese positive, darbietende und fördernde Thätigkeit zu den wesentlichen Aufgaben der Verwaltung, und es bedarf kaum der Bemerkung, daß an dieser Stelle sich, wie an einer andern die Aufgaben der Pädagogik, die der Volkswirthschafts- und Staatswirthschaftslehre erzeugen, deren wesentlicher Beziehungspunkt das allgemeine Beste, die Nationalwohlfahrt ist, so weit sie von der Benutzung äußerer Objecte und Verhältnisse abhängt. Eben so nahe liegt in der Anerkennung einer vorbeugenden, abwendenden Thätigkeit der Verwaltung die Erinnerung an einen Theil dessen, was man bald so, bald anders unter dem weitschichtigen Begriff der Polizei zusammenfaßt.*) Dennoch dringt der Geist des Wohlwollens

*) Für die allmählige, anfangs sehr fragmentarische Ausbildung der Einsicht, daß die Zwecke eines gesellschaftlichen Ganzen durch den Begriff des bloßen Rechtszustandes nicht erschöpft werden, sind die mannigfaltigen Umbildungen des Begriffs der Polizei, so wie die Art, wie man die Aufgaben des Rechts-, des Verwaltungs-, Lohn- und Cultursystems, so gut es gehen wollte, in ihm unterzubringen suchte, sehr charakteristisch. Es gab eine Zeit, wo man ihr alles zutheilte, was nicht unmittelbar zur Justiz, zu den Finanzen und dem Militärwesen gehörte. Daher der Unterschied zwischen Sicherheits- oder Ordnungs- und Zwangspolizei, und Wohlfahrtspolizei, die sich dann selbst zur Culturpolizei erweiterte. Zu jener rechnete man alle der Ungewißheit, dem Verluste und der Beeinträchtigung der Rechte vorbeugenden, die Ausführung von Rechtsverletzungen und Verbrechen erschwerenden, ihre Entdeckung sichernden oder erleichternden, die Veranlassung dazu entfernenden Maßregeln; ein Complex von Aufgaben, aus welchem sich in neuerer Zeit der Begriff der Präventivjustiz ausgesondert hat; zu der letztern zog man die Sorge für die Vermehrung und zweckmäßige Benutzung materieller Güter (Güter-, Handels-, staatswirthschaftliche Polizei), die Sorge für das leibliche Wohl, vorzüglich durch Abwendung oder Milderung der Folgen schädlicher Naturereignisse (Bevölkerungs-, Gesundheits- oder Medicinalpolizei, Armenpolizei), die Sorge für öffentliche Sitte, Ehrbarkeit und Anstand (Sittenpolizei), endlich sogar die für Religion, Wissenschaft und Kunst (Unterrichts- und Culturpolizei im engern Sinne). Natürlich mußte eine solche Erweiterung dieses Begriffs in demselben Grade als unpassend erscheinen,

nicht blos auf die Erzeugung materieller Güter, sondern auch auf die Sorge für eine solche Vertheilung derselben, daß da-

---

als man einsah, daß die eigenthümliche Art des polizeilichen Einschreitens zur vollständigen Lösung dieser Aufgaben nicht nur nicht geeignet, sondern zum großen Theile geradezu hinderlich sei. Daher der Begriff der Polizei sich hat gefallen lassen müssen, wieder auf seine natürlichen Grenzen zurückgewiesen zu werden; so daß der Kreis ihrer Wirksamkeit auf die Entfernung von Nachtheilen und Hindernissen der öffentlichen Ordnung und gemeinen Wohlfahrt beschränkt wird, die aus Naturereignissen und moralischen Unregelmäßigkeiten drohen. Dadurch wird die Beziehung der Polizei auf das Rechtssystem, Verwaltungssystem, Lohnsystem und Cultursystem zwar nicht aufgehoben, aber doch die Täuschung abgeschnitten, als könne eine bloe polizeiliche Thätigkeit das, diesen gesellschaftlichen Zwecken geltende active und positive gesellschaftliche Wollen ersetzen. — Eine ähnliche Allmähligkeit des wissenschaftlichen und eben so des praktischen Fortschritts verräth die Art, wie sich aus der Finanzwissenschaft und der Sorge für die Vermehrung des öffentlichen Einkommens die Staatswirthschafts- und Volkswirthschaftslehre herausgearbeitet haben. Daß für die Größe des Staatseinkommens nicht die Künste einer egoistischen Plusmacherei, sondern der wohlgegründete Wohlstand der Nation die wahre Basis ist, und daß der letztere wieder zum großen Theil auf der Intelligenz, Thätigkeit und Willenskraft der Nation beruht, diese einfache Einsicht hat allmählig den ganzen Gesichtspunkt, aus welchem diese Untersuchungen behandelt und ihre Resultate ins Leben eingeführt wurden, verändert und die Nationalökonomie dem wahren Geiste des Verwaltungssystems genähert, während man früher das Finanzwesen oft nur aus dem Gesichtspunkte des Nutzens derer betrachtete, die über das Staatseinkommen bisweilen sehr willkührlich disponiren durften oder zu dürfen glaubten. — Eben so bezeichnend ist endlich auch, daß die Bestimmungen solcher Verfassungen, die dem Volke eine angemessene Theilnahme an der Gesetzgebung sichern, sich meist aus der Bewilligung der Steuern und Abgaben entwickelt oder allmählig an sie angeschlossen haben; ein deutlicher Beleg dafür, daß das Interesse an öffentlichen Angelegenheiten sich zunächst nach der Rückwirkung derselben auf das Privatinteresse der Einzelnen richtet. Da das Volk unzweifelhaft ein sehr starkes Interesse daran hat, daß die Staatslasten gleichmäßig vertheilt werden, daß ihre Aufbringung von unbequemem Druck und schädlichen Folgen für den allgemeinen Wohlstand so frei wie möglich sei, daß sie endlich zu den Zwecken, für welche sie bestimmt sind, gewissenhaft verwendet werden, so pflegt die verfassungsmäßige Befugniß des Volks, auf die Bestimmung der Höhe, der Art der Erhebung und Verwendung des Staatseinkommens einen wirksamen Einfluß auszuüben und über die Verwendung desselben Rechenschaft zu fordern, gewöhnlich als ein besonderes Recht aufgeführt und die Ausübung dieses Rechtes, namentlich auch

durch den wesentlichen Bedürfnissen aller Classen der Gesellschaft abgeholfen werde, und zum mindesten nicht überwiegend große Gütermassen sich in den Händen Weniger anhäufen, während andere Theile der Gesellschaft massenweise der Armuth anheimfallen. Daß, wo solche Erscheinungen, wie der Pauperismus, aus dem ganzen Systeme der gesellschaftlichen Formen und der in ihnen arbeitenden Kräfte hervorgehen, sich Vieles dem Einfluß absichtlicher Hülfe entzieht, daß die Nothwendigkeit der Dinge und der unvermeidliche Zug der Verhältnisse hier bisweilen stärker ist, als die Gegenkräfte, die eine veränderte Gesetzgebung, die Organisation der Arbeit, die Eröffnung neuer Erwerbsquellen so großen Uebeln entgegenstellen kann, ist nicht zu leugnen; aber ebendeshalb wird man wenigstens untersuchen müssen, wo die Grenzscheide zwischen dem Unvermeidlichen und der Wirksamkeit möglicher Hülfe liege, und den Grad der öffentlichen Wohlfahrt niemals blos nach der Summe dessen, was Object der Genießung werden kann, sondern zugleich mit nach dem wirklichen Wohlgefühl bestimmen dürfen, welches das Dasein der Gegenstände und Hülfsmittel, die auf den Namen von Gütern Anspruch machen, über alle Theile der Gesellschaft verbreitet. Deshalb fallen in dem Umfang des Verwaltungssystems noch ganze Classen von Aufgaben, die mit der Production, und selbst mit der Vertheilung solcher Güter, deren allgemeiner Maßstab das Geld ist, nicht in unmittelbarer Verbindung stehen. Denn das Wohlbefinden des Menschen hängt nicht blos von dem ab, was er hat

rücksichtlich der Verweigerung der Steuern, als eines der stärksten Schutzmittel der bürgerlichen Freiheit betrachtet zu werden. Gleichwohl ist es nicht nöthig, das Recht der Steuerbewilligung, so wie die Controle des Staatshaushalts als ein besonderes Recht aufzustellen, sobald, unter der Voraussetzung, daß die Beiträge des Einzelnen zu den nothwendigen Bedürfnissen des Staats in gesetzlicher Form bestimmt und gefordert werden, die Theilnahme der verfassungsmäßigen Organe des Volks an der Gesetzgebung überhaupt, so wie das Recht der Controle über die Ausführung der Gesetze anerkannt ist. Daß übrigens das Recht der Steuerverweigerung zwar gegen jeweilige und partielle Uebergriffe, gegen einzelne unzweckmäßige Verwaltungsmaßregeln der Regierung schützen, aber nicht die moralische Grundlage ersetzen kann, auf welcher allein die Verfassung sicher ruht, daß also auch in diesem Rechte keine ausreichende äußere Garantie für die Aufrechthaltung der Verfassung liegt, darüber genügt es auf das früher Gesagte zurückzuweisen.

und genießt, sondern auch von der Art, wie er es hat und genießt; es wird, wo überhaupt eine innere Regsamkeit des geistigen Lebens sich zu entwickeln beginnt, überdies nicht weniger durch das bestimmt, was er treiben und thun kann, als durch die Art, wie er das Unerreichbare zu entbehren, das Unvermeidliche zu tragen im Stande ist. Wenn nun das Handeln nach eigener Neigung und Wahl die Quelle eines Wohlgefühls ist, welchem jeder Druck von außen hemmend entgegentritt, so liegt im Geiste des Verwaltungssystems, vorzüglich wenn man die Maßregeln desselben als von der gesellschaftlichen Macht ausgehend denkt, gewiß die Forderung der Verzichtleistung auf ein störendes Eingreifen, auf ein Bevormunden solcher, übrigens tadelfreier Thätigkeiten, durch welche der Einzelne seinen Bedürfnissen und Wünschen selbst zu genügen fähig ist; nicht blos deshalb, weil der Einzelne in dieser eigenen Sorge für sein Wohl andere der Mühe überhebt, für ihn zu sorgen, und somit die Pflicht, der Gesellschaft nicht zur Last zu fallen, erfüllt, sondern auch deshalb, weil die ungehinderte und freie Uebung und Entwickelung der eigenen Kraft verkümmert zu sehen, unvermeidlich ein Mißbehagen nach sich zieht, welchem der Wohlwollende durch Hinwegnahme der drückenden Schranke zuvorzukommen suchen wird. Gerade dieser, hier nur ganz allgemein ausgesprochene Gedanke greift sehr tief in das Ganze der gesellschaftlichen Organisation ein; er bestimmt nicht nur die Rechtsverhältnisse der Einzelnen unter einander sehr mannigfaltig, sondern die Klagen über das „Zu viel regieren" des „Beamten-" und „Polizeistaates" einerseits, sowie über die lästige Bevormundung der individuellen Kraft und Thätigkeit durch die Beaufsichtigung des patriarchalischen Familienstaates andererseits finden in ihm allerdings einen Stützpunkt. Daß dabei ein solcher Grad der Bildung des Volkes vorausgesetzt werden muß, kraft dessen der Einzelne sich nicht nur befähigt, sondern auch verpflichtet fühlt, nach dem Verhältniß seiner eigenen freien Thätigkeit, die für ihn die Quelle seines Wohlbefindens ist, zu dem Ganzen der gesellschaftlichen Interessen zu fragen, hebt gleichwohl die Pflicht der gesellschaftlichen Macht nicht auf, alle Maßregeln zu vermeiden, die die Nothwendigkeit einer solchen Bevormundung verewigen würden, und hier ist es, wo der Begriff der erziehenden Liebe im weitesten Sinne des Worts seine Bedeutung auch für das öffentliche Leben gewinnt. Die Erziehung des Volkes zu einem solchen Grade rechtlicher und sittlicher Selbstständigkeit, der eine fortgesetzte Bevormundung der Einzelnen in ihm mehr und mehr wahrhaft unnöthig macht, wird sie übrigens auch auf die Länge unmöglich machen, und jede Staatsgewalt, welche die Aufgabe des Staats als eines sittlichen Systems von Willen, die in freier Harmonie zusammenstimmen, im Auge behält, soll groß genug denken, um der gleichmäßigen Entwickelung der Volkskraft hinlänglich freien Spielraum zu gönnen oder auch zu verschaffen, damit es im Gefühl seiner eignen Kraft sich seines politischen Lebens freuen könne *). Die Rückweisung auf die Forderungen des Cultursystems, die darin enthalten ist, ist sehr natürlich, weil eine richtige, allgemein verbreitete Cultur allein die Haltpunkte darbietet, welche die zerbrechlichen Stützen einer beengenden Aufsicht und eines auf allen Punkten der Gesellschaft fühlbaren Zwanges unnöthig machen.

Diese Hinweisung auf das Cultursystem gewinnt aber für die Zwecke der Verwaltung auch noch aus andern Gründen eine Bedeutung. Zunächst dadurch, daß die wissenschaftliche Cultur allein im Stande ist, die Kenntnisse, die zur besten Verwaltung gehören, zu erzeugen, und daß nur eine gleichmäßige Verbreitung derselben sie da, wo sie nöthig sind, zum zweckmäßigen Gebrauche abzuliefern im Stande sein wird. Denke man sich aber ferner den positiven Zweck der Verwaltung, die Erzeugung des Wohlbefindens, namentlich durch Darbietung dessen, was ein Mittel oder Object des äußeren Genusses ist, erreicht, so droht der natürliche Einfluß des Genusses auf das Begehren und Wollen der Menschen mit nicht geringen Gefahren. Der gesteigerte und vervielfältigte Genuß erzeugt neue Begierden; er zerstört die schmerzlose Zufriedenheit eines einfachen, in den bescheidenen Grenzen des na-

*) Der bekannte Satz: alles für das Volk, nichts durch das Volk, klingt wohlwollender, als er ist. Manches kann für das Volk geschehen, was es selbst für sich nicht gethan haben würde; aber sehr Vieles kann nur dadurch etwas für das Volk bedeuten, daß es durch das Volk selbst geschieht, d. h. durch diejenigen, welche unabhängig von den Anordnungen der obersten Gewalt, das Vertrauen des Volkes besitzen und verdienen.

turgemäß Nothwendigen sich ruhig fortbewegenden Lebens; er fesselt den Blick an die bunte Mannigfaltigkeit, an die künstliche Verfeinerung und Steigerung eingebildeter Bedürfnisse, ohne daß es immer möglich sein wird, die Befriedigung dieser Bedürfnisse herbeizuschaffen. Zudem giebt es unvermeidliche Uebel und Entbehrungen, die die verweichlichte Genußsucht nicht zu ertragen vermag; es giebt nothwendige Anstrengungen, denen sich der nicht wird unterziehen wollen, der gewohnt ist, sich ängstlich zu fragen, ob der mögliche Erfolg sich der Mühe der Anstrengung verlohne. Kommt es also darauf an zu bestimmen, welche Sinnesart dem Menschen, unabhängig von den Gegenständen seiner Genießungen, wenigstens ein ruhiges Wohlsein vorzugsweise sichere, so ist es nicht eine weitgreifende, mannigfaltig umhergetriebene Begehrlichkeit, die sich abwechselnd zwischen Genuß, Abspannung und Mangel herumtreibt, sondern es ist die Mäßigung und die Kraft, im Nothfall auch zu ertragen und zu entbehren. Die Erziehung der Nation zur Frugalität, zur Sparsamkeit, zur unverdrossenen Arbeitsamkeit, endlich selbst etwas von spartanischer Abhärtung gehört also in der That sehr wesentlich zu den Aufgaben einer Verwaltung, der es nicht sowohl um das Dasein gewisser Gegenstände, die Objecte der Genießung werden können, als vielmehr direct um die Art, wie die Menschen sich in der Mitte der Gegenstände finden und befinden, zu thun ist. Ein verweichlichtes und maaßlos begehrliches Geschlecht zu befriedigen ist unendlich schwer, vielleicht unmöglich; und ein mäßiges, nüchternes, genügsames Volk von einfachen Sitten wird in Wahrheit glücklicher sein, als ein anderes, das, in der Mitte aller Hülfsmittel einer raffinirten Civilisation, einer Unzahl von Genüssen gegenüber von dem Gedanken der Unmöglichkeit gequält wird, die ganze Summe dieses Genusses zu erschöpfen. Schlimmer aber als alles dieses ist, daß die Genußsucht nicht nur nicht zum ruhigen Genügen kommt, sondern daß sie die Gesinnung verdirbt, und zwar gerade in dem Punkte, auf welchem der ethische Gehalt des Verwaltungssystems beruht. Einseitig und unbedacht ausgeführt bringt dieses die Gesellschaft in Gefahr, dem bloßen Kaufmannsgeist, der unreinen Gewinnsucht, dem Luxus, der Schwindelei anheimzufallen. Hiermit ist aber die Möglichkeit eines im Umkreise der Gesellschaft allmählig weiter greifenden Wohlwollens größtentheils abgeschnitten, und von dieser Seite betrachtet steht das Verwaltungssystem in einem großen Nachtheil namentlich gegen die Rechtsordnung, welche die Gesinnungen, auf denen sie beruht, schon bei einem leidlichen Grade von Angemessenheit an die Bedürfnisse der Gesellschaft reproducirt, während der Erfolg einer nur auf das Aeußere gerichteten Verwaltung diese Gesinnung untergräbt. Den großen, hierin keimenden Uebeln kann nun nichts das Gegengewicht halten, als die ernsthafteste Sorge dafür, daß die gesellschaftliche Schätzung dessen, was für ein Gut gehalten wird, sich möglichst in der Nähe der Idee halte d. h. daß vermöge einer tüchtigen Nationalbildung statt des passiven Genusses die Thätigkeit und zwar die Thätigkeit für würdige Zwecke das stärkste Interesse für sich gewinne, und daß kraft dieses Interesse der Einzelne die Quellen seines Wohlbefindens nicht ausschließend in dem suchen lerne, was theilweis immer von äußeren Zufälligkeiten, und von Verhältnissen abhängt, welche menschliche Kraft und Einsicht niemals vollkommen zu beherrschen vermag. Und von diesem, sehr wesentlichen Gesichtspunkte aus muß es als ein Fortschritt in der Auffassung des Verwaltungssystems anerkannt werden, daß die Nationalökonomie zu der Einsicht gekommen ist, daß die Nationalwohlfahrt nicht ausschließend nach den materiellen Gütern abgeschätzt werden könne, sondern daß die geistigen Güter mit eingerechnet werden müssen; wie unabhängig auch übrigens diese Kräftigung und Veredlung des geistigen Lebens von den Gesetzen sein möge, nach welchen das erzeugt und benutzt werden muß, was zu des Leibes Nahrung und Nothdurft und zur Bequemlichkeit und Anmuth des äußeren Lebens gehört.

— —

Faßt man nun die Gesammtheit der Zwecke, welche die verschiedenen Ideen jede für sich und jede in ihrer möglichen Beziehung auf die übrigen dem Staate als einem gesellschaftlichen Ganzen vorzeichnen, in die Idee der beseelten Gesellschaft zusammen, und fragt man, bis auf welchen Punkt sich die Darstellung dieser Idee werde hoffen lassen, so liegt in dem ganzen Verhältnisse dieser Idee zu den wirklichen Willen, die sich vermittelst der gesellschaftlichen Formen in dem gemeinschaftlichen Mittelpunkte der gesellschaftlichen innern Freiheit begegnen sollen, daß die sittliche Beseelung der Gesellschaft niemals einen reicheren Inhalt und einen größeren Umfang haben wird, als für welchen die übrigen sittlichen Musterbilder in dem Wissen und Wollen der Mitglieder der Gesellschaft selbst eine lebendig und bewußtvoll wirkende Kraft geworden sind. Ist nun schon die vollendete Tugend des Einzelnen ein Ideal, um wie viel mehr wird es die vollendete Tugend der Gesellschaft sein? der Gesellschaft, die schon als bloße Vereinigung des Wollens in der Einheit einer gesellschaftlichen Persönlichkeit unvermeidlichen Schranken unterliegt und in welche nothwendig alle Unvollkommenheiten eingehen, denen das sittliche Wissen und Wollen der Einzelnen unterworfen ist? Gleichwohl ist gewiß, daß in dem Grade, aber auch nur in dem Grade, als die Einzelnen und die kleineren Gesellungen im Staate, die Familien, die Gemeinden, die Corporationen, die Stände, sich zur wahren inneren Freiheit erheben, die Bedingungen einer sittlichen Verschmelzung derselben zu einem größeren, in der selbstständigen sittlichen Thätigkeit seiner einzelnen Glieder harmonisch zusammenstimmenden Ganzen vorhanden sind; und dadurch erlangt die sittliche Lebensordnung dieser kleineren Kreise eine solche Wichtigkeit, daß ohne ihre sittliche Durchbildung an eine richtige Gliederung des Ganzen nicht einmal gedacht werden kann. Somit erscheint der Staat selbst als eine Form, die den sittlichen Gehalt aller der Willen, die ihn bilden, in sich einschließt. Die Mittel, durch welche auf den untergeordneten Stufen der sittlichen Entwickelung die zunächst mit der äußeren Erscheinung des Unrechts und des Bösen kämpfende Thätigkeit des Staates vorzugsweise charakterisirt ist, Zwang und Gewalt, würden um so überflüssiger werden, je mehr dieser Gegensatz zwischen dem Sittlichen und Unsittlichen verschwände. Wäre dieser Punkt in den einzelnen Staaten erreicht, dann möchte es etwas mehr, als eine poetische Erhebung sein, an die gleichmäßige sittliche Beseelung des ganzen Menschengeschlechts zu denken. Allerdings findet sich auch jetzt schon die praktische Ueberlegung der Bedingungen, an welche die Realisirung der Idee des Staates für jeden einzelnen Staat gebunden ist, über die Grenzen der einzelnen politischen Gesellschaften hinaus, auf die Verhältnisse derselben zu einander dringend hingewiesen; aber was sich hier von wahrhaft sittlicher Organisation zeigt, ist wenig mehr als ein Fragment einer kaum begonnenen, zur Zeit noch immer den erschütterndsten Wechselfällen ausgesetzten sittlichen Bildung. Daß ein Theil der vorhandenen Staaten sich zu scheuen beginnt, die einfachen und schlichten Grundsätze des Rechtes, der Billigkeit, des Wohlwollens denen der List, der Gewalt, des Betrugs, des Eigennutzes, der Herrschsucht gegenüber zu verleugnen, muß anerkannt werden; daß aber diese Grundsätze in diesen Verhältnissen schon so festgewurzelt seien, als das in dem Innern einzelner Staaten wirklich wenigstens zum Theil der Fall ist, daß sie durch diese Festigkeit schon eine ausreichende Basis eines gegenseitigen Vertrauens der Staaten zu einander darböten, das darf geleugnet werden. So lange das sogenannte Völkerrecht noch nicht viel mehr ist, als der Ausdruck wenig umfassender und ziemlich schwankender Gewohnheiten, und so lange die Zuversicht zu der gegenseitigen, freiwilligen Achtung dieses Rechtes noch nicht groß genug ist, um die unausgesetzte Unterhaltung einer, über das innere Bedürfniß jedes einzelnen Staates weit gesteigerten bewaffneten Macht als überflüssig erscheinen zu lassen, so lange wird man sich erlauben dürfen, alle Reden vom Völkerrecht und der Völkermoral zu einem guten Theile für bloße Decorationen einer Gesinnung zu halten, die ihre eigennützigen Zwecke nur so weit beherrscht, als sie muß, und die nicht Lust hat, den Forderungen dessen, was über alle Willkühr erhaben ist, mehr nachzugeben, als wozu sie die Furcht vor der fremden Gewalt zwingt. So lange der Krieg, diese, trotz alles Heldenmuths, der in ihm zu Tage kommen kann, unsäglich rohe Anwendung der mit den ausgedachtesten Hülfsmitteln gegenseitiger Vernichtung ausgerüsteten physischen Gewalt, gerade in den wichtigsten Fällen für das letzte und einzige Mittel gehalten wird, durch welches sich die Spannung zwischen den Staaten in gewaltsamen Explosionen Luft macht, so lange man sogar zugestehen muß, daß gewaltsame Erschütterungen dieser Art von Zeit zu Zeit nothwendig scheinen, um das Leben der Völker vor Stockung und Verdumpfung zu bewahren, so lange hat man nicht Ursache, weder auf die Herrschaft der Vernunft, noch auf die Kunst der sittlichen Erziehung im Großen stolz zu sein, die der Trägheit und Ueppigkeit statt eines in der Tiefe der Gemüther sich erzeugenden Interesse nur die Geißel der äußeren Noth entgegenzusetzen weiß. Unter solchen Umständen wird man selbst noch daran zweifeln dürfen, ob die Hoffnung sicher begründet sei, daß plumpe Eroberungskriege, Kriege, die aus den Leidenschaften oder Launen eines Einzigen hervorgehen, wenigstens in einem Theile der bewohnten Erde nicht mehr möglich seien; und selbst wenn dies wäre, wenn nur der Kampf allgemeiner Interessen oder Principien als die einzige noch mögliche Veranlassung zu Kriegen anerkannt werden müßte, so würde dadurch die Art dieser Entscheidung an ihrem Werthe nichts gewinnen, wie ungleich sich auch der sittliche Tadel vertheilen könnte, der die kämpfenden Parteien träfe. Denn leider liegen die Angelegenheiten der Menschheit noch so, daß der Kampf um die heiligsten Güter, wo kein anderes Mittel übrig bleibt, von einer Glorie der Bewunderung umstrahlt wird, über der man leicht die tiefe sittliche Nacht vergißt, die da herrschen mußte, wo ein Volk so hart gedrängt werden konnte, daß ihm kein anderes Mittel übrig blieb, um das nicht ganz zu verlieren, dessen Besitz allein dem Leben einen Werth gibt.

Durch solche Betrachtungen sieht sich die praktische Ueberlegung, obgleich es ihr nicht ziemt, den Blick vor den größeren gesellschaftlichen Verhältnissen zu verschließen, doch immer wieder auf die engern Kreise des Privatlebens zurückgewiesen, und sichert dadurch dem Einzelnen das Bewußtsein nicht nur seines eigenen sittlichen Werthes, sondern auch seiner Bedeutung für die Gesellschaft. In dem großen Strome der Menschheit erscheint jeder als ein verschwindender Punkt; und dennoch besteht die Menschheit nur aus den einzelnen Menschen, die Gesellschaft nur aus den wirklichen Willen, welche sie bilden. Was sittlich erreicht werden kann, kann nur in ihnen und durch sie erreicht werden. Kein Wille kann daher, insofern er überhaupt da ist und irgendwie eingreift in die Außenwelt, schlechthin für nichts geachtet werden. Aber jeder greift nur auf einer bestimmten Stelle, für einen bestimmten Umfang, in einer individuell bestimmten Weise ein in das Ganze der menschlichen Gesellung und Gesittung; kein Einzelner beherrscht es ausschließend und vollständig. Mittelbar arbeitet also jeder an dem Ganzen, indem er an sich selbst arbeitet; die Wahl des Berufs und dessen Erfüllung setzen die sittliche Selbstbildung voraus, und was jeder in die Gesellschaft mitbringt an sittlichem Wollen und Wirken, das ist ein mitbestimmendes Element ihres Werthes. Möge also immerhin der Einzelne, die sittlichen Musterbilder vor Augen habend, und vor allem bemüht, das Gemeine und Schlechte von sich selbst abzuhalten, seine Thätigkeit beschränken auf seinen Kreis, möge er dabei nicht der Rücksicht auf Andere vergessen, die neben und mit ihm wirken, möge er endlich der Unvollkommenheit der menschlichen Natur den Tribut zahlen, daß das an sich Werthlose, aber Unvermeidliche im Leben einen Theil seiner Kraft in Anspruch nehme; — durch alles dieses setzt er sich und seiner Beziehung zum Ganzen nur Grenzen, welche mit einem leeren Enthusiasmus unbesonnen überspringen zu wollen, ihn um die Möglichkeit der Präcision seines eigenen Handelns bringen würde. So festhaltend an den Bedingungen und Grenzen der Gegenwart, bietet die Wirksamkeit der Einzelnen, die der Geist der sittlichen Wahrheit frei, einig und stark macht, zugleich den besten Theil der Bürgschaft für das dar, was sich von der irdischen Zukunft hoffen läßt, die eben so von den Bedingungen abhängt, welche die Gegenwart vorbereitet, wie diese aus der Gesammtheit der vergangenen Zustände sich entwickelt hat.

Der irdischen Zukunft! — Die Ethik versetzt den Menschen in ein Reich von Zwecken, die unabhängig von allen Zeitbedingungen feststehen, deren Erstrebung aber gleichwohl unvermeidlich in die Zeitreihe fällt. Deshalb wendet sie sich, wo es um ein bestimmtes Handeln zu thun ist, an ihn als Erdenbürger, obwohl sie sehr wohl weiß, daß die Bestimmung, die der Mensch sich selbst geben soll, nicht nothwendig an dieses Erdenleben gebunden ist. Welchen Formen des Daseins und Wirkens der Einzelne nach diesem Erdenleben entgegengehe, kümmert sie nicht unmittelbar; aber daß die Menschheit in dem Wechsel der Generationen auf demselben irdischen Schauplatz, dem der Einzelne eine Zeit lang angehört, fortdauern wird, an diese Thatsache muß sie den Einzelnen erinnern. Jede Gegenwart zehrt von den Capitalen der Vergangenheit; und nur wenn das Capital sittlicher Einsicht und Kraft, welches die Vergangenheit auf die Gegenwart vererbt hat, erhalten und vermehrt wird, kann der Wunsch eines endlichen Sieges des Guten zur begründeten Hoffnung sich gestalten. Insofern diese Hoffnung, dieser Glaube an die einstige sittliche Vollendung des Menschengeschlechts von religiösen Voraussetzungen mit abhängt, wird der Ernst des sittlichen Strebens die tröstende und erhebende Gesellschaft der Religion nicht ausschlagen; aber er wird sich ebensowenig mit kleinmüthiger Aengstlichkeit an sie allein anklammern, und darüber vergessen, daß der eigene sittliche Werth nur auf der Güte und Reinheit des eigenen Wollens beruht.

Verbesserungen und Berichtigungen.

S. 34 Z. 4 v. u. l. wird. Die Imperative der Sittlichkeit dagegen sind kategorisch
= 74 = 6 v. o. st. transscendenten l. transscendentalen
= 95 = 17 v. u. st. warum hat sich die Vernunft l. warum hat sich nicht die Vernunft
= 108 = 3 v. o. streiche: unmittelbare
= 135 = 16 v. u. st. Gegenstück l. Seitenstück
= 148 = 3 v. o. st. aus l. und
= 162 = 2 v. u. st. lasse l. läßt
= 170 = 17 v. o. st. gar wohl l. wohl gar
= 195 = 13 v. u. st. eines l. eines solchen
= 215 = 18 v. o. st. nämlich die l. nämlich den
= 221 = 10 v. o. st. wechselndes l. wachsendes
= 234 = 13 v. u. st. welches l. welches sich
= 244 = 16 v. o. st. in ihn l. in ihm
= 261 = 15 v. o. st. gedachten l. gedrohten
= 286 = 3 v. u. st. Idee l. Ideen
= 324 = 23 v. o. st. Vollkommenheit l. Unvollkommenheit
= 350 = 7 v. o. st. unmittelbar l. mittelbar
= 353 = 3 v. u. st. Verbindung l. Vorbedingung
= 364 = 4 v. o. st. Zwar l. Auch
= 371 = 11 v. u. st. wieder l. einander
= 374 = 13 v. u. st. wieder der wichtigste l. einer der wichtigsten
= 381 = 16 v. o. st. einer Familie l. der Familie
= 384 = 7 v. o. st. leere l. baare
= 447 = 9 v. u. st. Der Kreis l. Den Kreis
= 467 = 18 v. o. streiche: wesentlich
= 471 = 16 v. u. st. ist l. gemacht wird
= 472 = 2 v. u. st. eingriff l. eingreift
= 534 = 6 v. o. st. an die l. an der
= 542 = 11 v. o. st. in dem größeren l. in den größeren.